대한민국 0.2% 세계 13위의

어업 이야기

저자 | **박정숙**

부산수산대학교(현 부경대학교) 해양생물학과 졸업
부산수산대학교 해양생물학 석사
영국 Stirling대학교 해양생태학 박사
부경대학교 시간강사
해양수산부 국립수산과학원 입사
유엔환경프로그램 지역해사무소 근무
현재 해양수산부 국립수산과학원 근무

대한민국 0.2% 세계 13위의

어업 이야기

2013년 1월 30일 초판 1쇄 발행
2014년 9월 20일 초판 2쇄 발행

지 은 이 | 박정숙
펴 낸 이 | 이찬규
펴 낸 곳 | 선학사
등록번호 | 제10-1519호
주 소 | 462-807 경기도 성남시 중원구 사기막골로 45번길 14 (우림2차) A동 1007호
전 화 | 02) 704-7840
팩 스 | 02) 704-7848
이 메 일 | sunhaksa@korea.com
홈페이지 | www.북코리아.kr

값 25,000원

ISBN 978-89-8072-249-5

대한민국 0.2% 세계 13위의

어업 이야기

박정숙 지음

선학사

잃어버린 시간에 대한 변명…

책머리에

바다와 더불어 28년, 하지만 어업전문가도 아니고 어업 관련하여 대단한 학식을 갖춘 사람도 아니다. 해양환경을 전공한 평범한 연구자로 어업은 그저 인간이 바다와 하천 같은 수면을 이용하는 방법 중의 하나로 자연생태계로부터 인간이 받는 수혜 즉 생태계 서비스(ecosystem services)쯤으로 생각했다.

헌법 제35조에 보장된 환경권 즉 건강하고 쾌적한 환경에서 생활할 권리에 대해서도 환경은 인류의 복지, 기본적 인권, 생존의 향유에 필요불가결한 것이라는 지극히 원칙론적 입장에서 자연생태계의 순기능과 기후변화를 포함한 인간의 개입으로 나타나는 생태계의 역기능을 비교하며 해양환경의 보호와 보존을 위한 관리를 강조하여 왔다.

어느 날 아주 우연히 해양환경뿐만 아니라 지구환경을 보호하고 보존하는 궁극적인 목적은 우리가 보편적 삶을 살아가기 위한 것이며, 육상환경과 달리 인간의 접근성이 제한된 해양환경은 해양과학(marine science)이 아닌 어업의 형태로 인류의 역사와 함께 하여 왔다는 너무도 뻔한 사실을 깨닫게 되었다. 하지만 우리나라는 대륙중심의 세계관과 농업중심의 경제구조로 반만년 이상 유지되어왔기 때문에 우리 국민의 유전자에 각인된 바다 또는 해양의 흔적은 뚜렷하지 않을 수도 있다는 생각을 하였다.

삼면이 바다로 둘러싸인 천혜의 어업조건을 가진 우리나라가 수산강국으로서의 입지를 다진 것은 1970년대 후반 혹은 1980년대이다. 하지만 당시에도 우리나라 전체인구와 국민총생산(GNP)에서 어가인구와 어업생산금액이 차지하는 비중은 모두 2% 남짓하여 어업은 여전히 소수집단(minority)이었다. 어업에 대한 정부정책과 대국민 인식의 전환시점은 1945년 8.15광복 이후로 거슬러 올라가며, 우리나라 어업발전은 1962년부터 시행된 경제개발5개년계획과 때를 같이 하고 있다.

지난 한 세기를 뒤돌아보면 전반기에는 36년의 일제강점기와 3년 1개월 동안 치러진 한국전쟁이, 후반기에서는 한강의 기적이라 불리는 놀라운 경제성장이 떠오른다. 이 시기의 어업은 늘 그래왔듯 소수집단으로 머물고 있었지만 원조경제로 대변되는 1950년대와 국가경제재건을 위해 외화가 절실했던 1960년대에 어업은 수산물 수출을 통해 외화유동성을 공급하는 성장동력으로 국가경제에 기여하였다. 따라서 1950년대에서 1970년대까지 우리나라 어업의 전개과정은 어업을 통해 국가경제를 발전시키고자 하는 개발도상국의 성장모델이 될 수 있다. 사상 유래 없이 원조수혜국에서 공여국이 되어 공적개발원조(ODA)를 지원하는 오늘날 우리 입장에서 어업의 발전을 통해 국가경제발전의 초석을 마련했던 과거 우리의 경험을 성장모델로 개발하여 어업 분야 공적개발원조사업을 수행하는데 적극 활용할 필요가 있다.

우리나라는 불과 50년 만에 농업국가에서 수출주도형 산업국가로 변신하여 2011년에 무역 1조원시대를 열었다. 2012년 1분기 기준으로 우리나라 명목 국내총생산(GDP)에서 수출이 차지하는 비중은 58.1%로 산업구조는 과거와 다르다. 오늘날 어업의 현실을 숫자로 보면 전체인구에서 어가인구의 비중은 0.35%, 국내총생산(GDP)에 어업생산액과 어업부가가치의 비중은 0.3%로 어업의 정치적 · 경제적 · 사회적 입지는 크게 위축되어 있다.

어업은 크게 두 가지 의미로 사용된다. 좁은 의미로는 어로와 양식어업만을 지칭하지만 넓은 의미로는 어로와 양식어업 외에 어업으로 생산된 수산물을 이용하는 2차 · 3차산업을 아우르는 수산업과 동의어로 사용된다. 이 책에서는 어업과 수산업을 애써 구분하려 하지 않았다. 어업은 천혜의 수산생물자원과 이를 이용할 사람(어업인)이 있어야 성립할 수 있다. 수산자원을 이용함에 있어서 어구와 어선은 가용(可用)할 수산자원의 양과 어업행위를 할 수 있는 공간의 규모를 결정하는데 중요하다. 하지만 수산생물자원은 유한하기 때문에 어민수(노동력)의 증가, 어구의 발전과 어선세력의 강화로 생산량을 증가시키는 데에는 한계가 있다. 여기에 수산물 수요에 공급이 따라 가지 못하게 되면 자원을 두고 경쟁하게 된다.

한 나라의 어업제도는 궁극적으로 수산자원과 수면을 이용하여 자국의 수산물 수요를 안정적으로 공급하고, 어업을 통한 경제적 파급효과를 통해 산업 부문을 활성화시키는 국가전략이라고 할 수 있다. 어업제도의 성공과 실패는 지속가능한 수준에서 어업생산량을 확보하는 것으로 수산자원과 수면의 보호 및 관리가 전제되어야 한다.

어업뿐만 아니라 모든 경제활동은 법과 제도에서 자유롭지 못하고, 어업정책을 시행함에 있어서도 정치적 · 경제적 · 사회적 합의과정을 거쳐야 한다. 우리나라 어업을 어업인, 입법부 그리고 행정부 삼자의 측면에서 평가한다면 2012년 우리나라 어업의 만족지수는 몇 점이나 될까?

어업에 의한, 어업을 위한, 어업의 국가정책이었으면 좋겠지만 국가정책에는 항상 우선순위가 있다. 우리나라 전체인구에서 어가인구의 비중은 0.35%, 국내총생산에서 어업생산액과 어업부가가치의 비중은 0.3%라는 것은 엄연한 현실이다. 하지만 어업은 국가의 식량안보와 직결되기 때문에 어업의 가치를 통계수치에 나타난 숫자만으로 평가하기에는 무리가 있다. 그렇다면 어업정책의 순위를 논하는데 있어 입법부도 행정부도 어업인도 아닌 일반국민은 어업을 어떻게 이해하고 있을까? 어업을 생계로 하고 있는 사람에게 국민은 소비자이다. 지금까지 우리는 소비자들이 공감할 수 있고, 납득할 수 있는 어업자료를 정리해본 적은 있는지 자문해볼 필요가 있다.

어업에 대해 잘 모르는 사람이 100년 시계열의 각종 자료를 정리하여 우리나라 어업의 현주소를 되짚어 보려 애썼다. 이 책은 완전하지 않다. 이 책의 부족한 점, 잘못된 점이 이 책을 쓴 진짜 이유이다. 이 책의 취지는 대한민국 국민의 0.2%가 종사하는 어업에 대한 객관적인 자료를 만들어 어업을 국민과 함께 이해하자는 것이다. 우리나라 어업의 기본제도인 수산법업의 제정 목적에서 명시된 어업의 민주화에 대해 같이 고민해보자는 것이다. 우리나라 어업의 발전을 위하여….

우리나라 어업이야기를 객관화하기 위해 식민지시대 전후에서는 국가의 주권적 권리행사에 비중을 두었고, 광복 후 자주적 어업시대에서는 어업 부문의 이익이 국익보다 우월적 지위에 있을 수 없음을 분명히 하여 어업을 어업적 시각으로 해석하여 상대적 박탈감에 빠져 어업의 가치를 저평가하거나 어업의 미래를 암울하게 전망하는 위험을 배제하려 하였다. 또한 어업의 중요성을 일방적으로 강조하는 우(愚)를 범하지 않으려 하였다.

2012년 10월 어느 멋진 날에

저자 박정숙

차 례

책머리에 6

제1장 서 론 15

제2장 한일합방 이전 어업 24

1. 한일합방 이전 우리나라 어업 25
   1) 선사시대 27
   2) 삼국시대와 통일신라시대 32
   3) 고려시대 39
   4) 조선시대 50
2. 한일합방 이전 일본의 어업 74

제3장 왜구의 침입 78

1. 삼국시대와 통일신라시대 80
2. 고려시대 92
3. 조선 전기 112
4. 삼포왜변, 사량진왜변과 을묘왜변 129
5. 조선 후기 135

제4장 강화도조약에서 한일합방까지 어업 137

1. 대항해시대와 산업혁명 138
2. 일본의 메이지유신과 산업혁명 143
3. 1875년 운요호사건 156
4. 한일합방 이전의 어업협정 및 어업법 160
   1) 1883년 조일통상장정 제41관 164

2) 1889년 조일통어장정 ······ 182
3) 1904년 한일양국인민어채조례 ······ 185
2. 어업협정 반대운동 및 정부의 협정 개정 노력 ······ 186
3. 개항에서 한일합방 전까지 일본 어업의 침투 ······ 192
1) 합법적 입어와 불법어업 ······ 194
2) 조선해역에 입어한 일본 어민의 감독 ······ 198
3) 이주어촌 건설과 동양척식주식회사 ······ 200
4) 포경어업과 포경어업관리법 ······ 203

제5장 8.15광복 이전의 어업제도 ······ 207
1. 1908년 어업법 및 한일어업협정서 ······ 210
2. 1911년 어업령 ······ 220
3. 1929년 조선어업령 ······ 230

제6장 8.15광복 이후의 어업제도 ······ 252
1. 8.15광복에서 수산업법 제정 전까지 ······ 256
1) 군정청 법령 제27호 어획권 무효 및 그 이후 ······ 258
2) 군정청 일반고시 제4호 어업시설에 관한 건 ······ 260
3) 어업취체규칙 ······ 261
4) 어업에 관한 임시조치법 ······ 266
2. 1953년 수산업법 제정 ······ 276
3. 수산업법 개정 ······ 303
1) 1950년대와 1960년대 수산업법 개정 ······ 304
2) 1970년대와 1980년대 수산업법 개정 ······ 310
3) 1990년대 수산업법 개정 ······ 316
4) 2000년대 이후 수산업법 개정 ······ 332

제7장 한일합방 이후의 어업현황 ········ 362
1. 어가인구와 어가구수 ········ 363
2. 어선세력 ········ 372
3. 어업생산량 ········ 382
4. 어가경제 ········ 388

제8장 어업과 제도 ········ 395
1. 어업과 인구 ········ 396
2. 어업과 제도 ········ 404
1) 식민지시대 수산자원의 침탈 및 남획 ········ 405
2) 8.15광복 후 어업과 어업제도 및 정책 ········ 421
3. 지속가능한 수산업 ········ 490

제9장 결 어 ········ 498
1. 일본의 수산자원 침탈기에 대한 회고 ········ 500
2. 자주적 어업 발전에 대한 회고 ········ 506
1) 생산요소 투입 측면 ········ 510
2) 수산자원과 해양환경 측면 ········ 513
3. 우리나라 어업이 나아가야할 방향 ········ 520

표 차례

표 1. 삼국사기 신라본편에 기술된 왜구침략 요약 /82
표 2. 고려사 및 고려사절요에 나타난 왜구침략 기록요약 /93
표 3. 태조 때 왜구 침략 기록요약 /113
표 4. 태종 때 왜구침략 기록요약 /118
표 5. 세종 때 왜구침략 기록요약 /127
표 6. 성종과 연산군 때 왜구침략 기록요약 /128
표 7. 연도별 조선해역 입어한 일본인 현황 /195
표 8. 연도별, 도별 이주어촌 분포 (단위: 어촌수) /201
표 9. 1911년 조선총독부 어업령시행규칙에서 면허어업 종류 /223
표 10. 1911년 조선총독부 어업령시행규칙에서 허가어업 종류 /225
표 11. 면허어업의 종류 /231
표 12. 면허를 받아야 하는 어업의 종류 /232
표 13. 허가를 받아야 하는 어업의 종류 /233
표 14. 어업법, 어업령 그리고 조선어업령에서 어업권 /235
표 15. 포경어업의 조업구역과 허가정한수 /237
표 16. 기선저예망어업 조업구역과 허가정한수 /237
표 17. 잠수기어업의 조업구역과 허가정한수 /238
표 18. 1946년 군정청 어업취체규칙에서 면허 및 허가어업의 종류 /262
표 19. 조선어업령과 수산업법의 조문수 구성 비교 /280
표 20. 제정 수산업법과 1963년 개정법의 구성 비교 /306
표 21. 면허어업의 종류 /307
표 22. 허가어업의 종류 /308
표 23. 1963년과 1975년 수산업법의 구성 비교 /311
표 24. 1984년과 1990년 수산업법의 구성 비교 /317
표 25. 수산업법의 목적, 정의 및 적용수면 비교 /319
표 26. 수산업법에서 면허어업의 종류 /320
표 27. 21세기 제정된 수산업 관련 법 /333
표 28. 1990년과 2007년 수산업법의 구성 비교 /349
표 29. 1911~1942년 어가구수 및 어가인구 /365
표 30. 우리나라 인구 및 어가 현황 /368

표 31. 한국인과 한국에 거주한 일본인 소유의 어선척수 비교 /373
표 32. 어선세력 변화 /375
표 33. 어업별 년대별 어선세력의 변화 /382
표 34. 1911~1932년 어업생산량 /383
표 35. 어업별 연평균생산량(톤) /386
표 36. 해면양식어업 분류군별 생산량(톤) /386
표 37. 1911~1942년 어업생산량 및 어업생산금액 /389
표 38. 1898~1908년 사이 한반도 해역에서 일본인 어업현황 /407
표 39. 1911~1921년 사이 어업현황 /410
표 40. 일제 식민지시대 어업통계 평균 비교 /504
표 41. 자율관리형 어업 통계 현황 /519

그림 차례

그림 1. 기선저예망(왼쪽)과 잠수기어업(오른쪽) 조업구역 /236
그림 2. 우리나라 인구 추이 /364
그림 3. 1906~1942년 한국에 거주하던 일본인 현황 /364
그림 4. 1911~1932년 한국인과 당시 한국에 거주하던 일본인의 어가구수 및 어가인구 /366
그림 5. 우리나라 어가인구 및 어가구수의 변화추이 /366
그림 6. 어가구당 평균구성원수 및 전업어가 비중의 변화추이 /369
그림 7. 1960~1989년 어업경영자가구와 피고용자가구 /370
그림 8. 1970~1989년 경영자 및 피고용자어가의 전 · 겸업현황 /370
그림 9. 연령별 어가인구 구성 /371
그림 10. 어선척수의 추이 /373
그림 11. 어가구당 평균어선척수의 변화추이 /375
그림 12. 동력어선과 무동력어선 척수 /376
그림 13. 1964년 당시 어선의 건조 년도별 척수 /376
그림 14. 동력선의 선질별 어선척수의 추이 /378
그림 15. 동력선의 비중, 척당 평균톤수 및 평균마력 /379
그림 16. 5년 이하와 21년 이상 선령의 어선비중 /379
그림 17. 톤별 어선척수의 변화 /380
그림 18. 어업별 어선척수, 척당 톤수 및 마력수 추이 /381

그림 19. 연간어업생산량 추이 /383
그림 20. 어업별 연간어업생산량 추이 /385
그림 21. 어선 한 척당 연간어업생산량 추이 /387
그림 22. 1953~1976년 농가와 어가의 소득비교 /390
그림 23. 어가, 농가 및 도시근로자가구의 연평균소득 비교 /392
그림 24. 2005~2009년 수산물 판매금액별 어가구 비중 /392
그림 25. 연간어업생산금액의 추이 /393
그림 26. 세계어업생산량 추이 /397
그림 27. 우리나라 어업생산량 및 추정 수산물수요량 /399
그림 28. 연간어업생산량과 수산물수출입량 /402
그림 29. 최근 우리나라 국민의 식품수급 추이 /403
그림 30. 우리나라 연간어업생산량의 추이 /418
그림 31. 광복 전후 연근해어업생산량의 추이 /474
그림 32. 내수면 어로어업 연간생산량 추이 /475
그림 33. 2012년 우리나라 수산관계법 체계도 /507
그림 34. 연근해, 원양 및 양식어업 생산량 추이 /512

제1장

서 론

2012년을 기준으로 우리나라 어업 100년을 뒤돌아보기 위한 첫 관문은 불행히도 일제 식민지(植民地)[1]와 마주하는 일이다. 일본 식민지는 대한제국(大韓帝國)[2]이 국권(國權)[3]을 빼앗긴 1910년 8월 29일부터 일본의 무조건 항복으로 제2차 세계대전(1939~1945년)이 종식되어 광복을 맞은 1945년 8월 15일까지 36년이다. 하지만 어업의 관점에서 보면 한일합방(韓日合邦)이 되기 이전에 일본은 이미 대한제국의 어업권(漁業權)[4]을 장악하고 있었다. 이를 두고 일부에서는 한일합방에 앞선 어업합병(漁業合併)이라 하기도 한다.[5] 과연 그럴까?

한 나라의 주권은 하루아침에 빼앗을 수 있는 것이 아니며, 어업은 국가산업의 한 부문에 불과하다. 우리나라 어업을 보다 객관적으로 이해하기 위해서는 오천년 역사에서 어업은 한 번도 국가경제의 중심이었던 적이 없었고, 어업을

---

1) 식민지는 정치적 · 경제적으로 다른 나라에 예속되어 국가로서의 주권을 상실한 나라로 경제적으로는 식민지 본국에 대한 원료 공급지 · 상품시장 · 자본 수출지의 기능을 하며, 정치적으로는 종속국이 된다.

2) 대한제국은 1897년 10월 12일부터 1910년 8월 29일까지의 조선의 국명이다.

3) 국권(國權)은 국민과 국토를 지배하는 국가의 최고권력으로 주권과 통치권을 말한다. 주권(主權)은 국가의사를 최종적으로 결정하는 권력으로 대외적으로 국가의 독립을 의미한다. 통치권(統治權)은 주권에 의하여 결정된 국가의사를 실현하기 위한 권력으로 그 형식적 내용에 따라 입법권 · 행정권 · 사법권으로 나누어진다. 민주주의국가에서 주권은 국민에게 귀속되어 있으며 통치권은 헌법에 의하여 구성된 국가기관이 행사한다.

4) 어업권은 어업법(漁業法)에 의거하여 일정한 구역에 있어서 특정의 어업을 독점적으로 영위할 수 있는 권리이다.

5) 장수호, '조선시대 말 일본의 어업 침탈사', 2011년, 블루앤노트.

식민지(植民地, colony)

식민지의 어원은 '인간이 집단적으로 오래 거주하던 땅을 버리고 새로 이주한 곳의 토지'라는 뜻의 라틴어 colōnia이나 '타국에 지배되어 종속적인 위치에 있는 지역'이라는 파생적 의미를 포함한다. 오늘날에는 식민지 대신 해외영토 또는 속령 등의 용어가 사용된다.

인류의 역사에서 식민지가 중요한 의미를 갖기 시작한 것은 15세기말부터 대항해시대(Age of Discovery)까지 유럽 강대국들이 아메리카대륙이나 카리브해역에서 식민지를 확대하면서 부터이다. 대항해시대는 15세기 초부터 17세기 초까지 유럽강대국들이 배로 세계의 바다를 누비며 대륙 간 항로를 개척하여 좋은 의미든 나쁜 의미든 간에 새로 개척한 세계에서 탐험과 무역을 시작하던 시기이다. 지리적으로 미지의 세계에 대한 동경과 탐험은 언제나 있어왔지만 15세기 유럽에서 시작된 대항해시대만큼 활발했던 적은 없었다. 대항해시대의 선두는 대서양을 접하고 있는 포르투갈로 당시 이슬람세력의 팽창으로 아시아와 육로(陸路)무역이 어렵게 되자 해로(海路)를 통해 인도, 중국과 무역하려 하였다.

근대세계사에서 지배국과 식민지간의 밀접한 정치·경제적 관계는 이주민의 정착이 용이한 온대지역에서는 정주형(定住型) 식민지가, 이주민의 정착이 어려운 아열대나 열대지역에서는 착취형(搾取型) 식민지가 발전하였다. 인간이 살고 있지 않던 외딴 섬과 같은 극히 예외적인 경우를 제외하면 식민지가 된 지역의 원주민은 때로 말살의 대상이었고, 대부분은 차별적 지배를 받았다. 이러한 식민지는 19세기 후반 제국주의(帝國主義)[6)]시대에 지배와 피지배체계로 전 세계에 확산되었다. 식민지 통치방법은 식민지 지배국에 따라 직접통치와 간접통치 또는 동화정책의 유무 등에 차이가 있으나 어떠한 경우에도 식민지는 억압과 착취의 대상이 되었다.

제1차 세계대전(1914~1918년) 전후로 민족주의와 사회주의 이념이 확산되어 식민지지역에서 독립운동이 전개되기 시작하였고, 우리나라에서 1919년 3.1독립운동이 일어났다. 이러한 자주독립의 움직임은 제2차 세계대전(1939~1945년) 후에 더욱 가속화되어 식민지의 정치독립이 실현되었다.

통한 산업부문의 이익이 국익보다 우월적 지위에 있을 수 없음을 인정해야 한다. 또한 주변국과의 관계와 국제동향도 함께 고려되어야 한다.

---

6) 제국주의는 자국의 정치적·경제적 지배권을 다른 민족·국가의 영토로 확대시키려는 국가의 충동이나 정책으로 일반적으로는 1870년부터 20세기 초에 걸쳐 나타난 독점자본주의(獨占資本主義)에 대응하는 정치적·경제적 구조를 총칭하는 말로 쓰인다.

신라(BC 57~935년)가 당나라(618~907년) 중심의 세계질서에 편승한 이래 우리나라는 전통적으로 중국과의 관계를 중시하며 대륙중심의 세계관에 종속되어 있었다. 구한말[7]에는 청나라(1636~1912년)가 조선에 대한 종주권(宗主權)[8]을 행사하고 있었다. 일본은 조선을 식민지로 삼기 위해서는 먼저 청나라가 조선에 행사하는 영향력 즉 종주권을 배제해야 했고, 이를 위해 청일전쟁(1894~1895년)을 일으켰다. 청일전쟁이 발발한 배경에는 동학농민운동[9]이 있는데 역사의 인과관계에서 우국충정(憂國衷情)의 뜻이 반드시 그 취지에 부합하는 결과를 낳는 것이 아님을 보여주는 일례라고 할 수 있다.

청일전쟁에서 승리한 일본은 러시아의 남하정책을 견제하고 만주와 한반도에서의 지배권을 확보하기 위해 10년 뒤 러일전쟁(1904~1905년)을 일으켰다. 러일전쟁에서 기선을 잡은 일본은 강제로 1904년 제1차 한일협약(第一次韓日協約)[10]을 체결하여 대한제국의 내정간섭을 대외적으로 공식화할 수 있게 되었다. 전쟁에서 승리한 일본은 다시 강압적으로 1905년에 제2차 한일협약(第二次韓日協約)[11]을 체결하였다. 이로써 대한제국은 외교권을 박탈당하고 일본인 설치한 통감부(統監府)[12]를 통해 보호정치를 받는 일본의 보호국 위치가 되었다. 또한 러일전쟁 중 독도의 군사적·정략적 가치를 인식한 일본은 독도를 무주지(無主地)로 규정하고 시마네현(島根縣)에 강제로 편입하였다.[13] 1910년 한일합

7) 구한말은 조선 말기에서 대한제국(1897~1910년)까지의 시기이다.
8) 종주권은 한 나라가 국내법의 범위 안에서 다른 나라의 내정이나 외교를 지배하는 특수한 권력이다.
9) 동학농민운동은 1894년 2월 전라북도 고부민란을 시작으로 동학교도 전봉준(1855~1895년)이 중심이 되어 일으킨 반봉건(反封建)·반외세(反外勢)운동이다. 동학농민운동을 진압하기 위하여 조선 정부가 청나라에 요청한 파병을 빌미로 일본은 조선에 자국의 군대를 파견하였다.
10) 제1차 한일협약을 한일협정서라고 하기도 하며, 정식명칭은 외국인용빙(傭聘)협정이다. 이 협약에 의해 재정고문과 외국인 외교고문을 두게 되어 고문정치가 시작되었다.
11) 제2차 한일협약은 을사조약 또는 을사보호조약으로 더 잘 알려져 있다.
12) 통감부는 일본이 대한제국을 강압하여 체결한 제2차 한일협약(을사조약)에 따라 대한제국을 식민지화하기 위하여 설치한 기구이다.
13) 시마네현은 일본에서 독도와 가장 가까운 지역으로 오키섬(隱岐諸島)에서 독도까지의 거리는 160km이다. 고종(1852~1919년, 재위기간 1863~1907년)은 1900년 10월25일 독도가 조선 영토임을 밝힌 대한제국 칙령 제41호를 제정하였다. 그러나 1905년 1월28일 일본 내각은 독도의 영토편입을 의결하고, '국제고시'를 하는 대신 시마네현 고시 제40호를 통해 독도를 시마네현에 편입시켰다. 시마네현은 1905년 2월 22일 현청 게시판에 독도의 명칭을 다케시마

방이 되기 전에 일본은 통감부를 통해 식민지 통치에 필요한 조치를 일사분란하게 처리하였고, 일본 각의(閣議)[14]는 '합병 후의 대한(對韓) 통치방침'까지 결정한 상태였기 때문에 한일합방은 대한제국의 국호를 박탈하는 형식적인 절차에 불과하였다고 해도 과언이 아닐 것이다. 당시 일본은 주변 열강으로부터 대한제국의 식민지 통치를 인정받았다.

1908년 대한제국의 농상아문(農商衙門)[15]은 통감부의 지시로 우리나라 최초의 근대적 어업제도인 어업법(漁業法)을 제정하였다. 어업법은 대한제국 연해에서 일본인의 어업권을 인정하였을 뿐만 아니라 대한제국 연해에서 조업하는 일본 어민이 한국인과 같이 내국법의 적용을 받게 하여 일본이 우리나라 연해를 장악할 수 있는 법적 기반을 마련하였다. 같은 해 한일어업협정서(韓日漁業協定書)가 체결되어 일본인은 대한제국의 연해뿐만 아니라 전 국토에서 내수면어업(內水面漁業)도 할 수 있게 되었다. 이를 두고 한일합방에 앞선 어업합병(漁業合併)[16]이라 하기도 하는데 어업법이 제정되기 전인 1905년에 이미 제2차 한일협약(을사조약)이 체결되어 대한제국은 사실상 일본의 식민지와 다름없는 일본의 보호국이 되어 있었다. 대한제국의 국권이 피탈되는 과정에서 어업권을 지키지 못했던 것은 당연하다고 봐야 한다.

1908년 제정된 어업법의 배경에는 1883년 체결된 조일통상장정(朝日通商章程)[17]이 있다. 조일통상장정은 1876년 우리나라가 근대 국제법에 기초하여 외국과 최초로 체결한 강화도조약(江華島條約)[18]에 근거한 것으로 우리 측의 요구

(竹島)로 하고 오키섬의 관할로 한다는 내용을 발표하였다. 2005년 시마네현 의회는 독도를 자신들의 부속 도서로 고시한 날을 기념하기 위해 2월 22일을 '다케시마의 날'로 지정하였다.

14) 각의는 내각(內閣)이 그 직무와 직권을 행하기 위한 회의이다.

15) 농상아문은 1차 갑오개혁(1894년 7월~12월)때 기존의 의정부 산하의 육조(六曹)를 개편하여 농업·상업·수산업·종목(種牧, 산림과 축산)·지질 등을 관장하기 위하여 설치한 중앙관청이다. 농상아문은 2차 갑오개혁(1894년 12월~1895년 7월)때 공작·교통·체신·건축·광산 등의 사무를 담당하던 공무아문(工務衙門)과 통합되어 농상공부(農商工部)가 되었다.

16) 장수호, '조선시대 말 일본의 어업 침탈사', 2011년, 블루앤노트

17) 조일통상장정은 엄격히 말해 어업협정은 아니나 전체 42개 조항 중 제41조에서 전라도, 경상도, 강원도, 함경도 4도 연해에서 일본인의 어업을 처음으로 허용하였다.

18) 강화도조약은 고종(1852~1919년, 재위기간 1863~1907년) 13년에 조선과 일본 간에 체결된 수호조약으로 정식 명칭은 조일수호조규(朝日修好條規)이며, 한일수호조약(韓日修好條約) 또는 병자수호조약(丙子修好條約)이라고 하기도 한다.

로 일본과 다년간의 양자협상을 통해 맺어진 통상조약이다. 강화도조약(조일수호조규)을 체결하기에 앞서 1875년 일본은 조선에 통상수교를 요구하며 의도적으로 포함외교(砲艦外交)[19] 형태의 운요호사건(雲揚號事件)을 일으켰다.

운요호사건은 일본이 영국에서 수입한 근대식 군함 '운요호'가 조선의 해안을 연구한다는 구실로 불법적으로 강화도 앞바다에 침투한 것이다. 강화해협[20]은 역사적으로 조선의 국방안보상 가장 중요한 보장지중지(保障之重地)[21]의 해상관문으로 1866년 병인양요[22] 이후 강화해협 입구에 외국 군함의 항행을 금지한다(海門防守他國船愼勿過)는 비석을 세우고, 일체 외국배의 통항을 금지하고 있었다. 심지어 항행권(航行權)[23]이 없는 내국선의 통항조차 금지하던 수역이었다. 일본 군함의 불법적인 영토침략행위에 대한 정당방위로 해안경비를 서던 조선 수군이 방어적 공격을 가하자 일본군은 보복성 함포공격을 가하며 영종진(永宗鎭, 오늘날 영종도)에 상륙하여 조선 수군을 공격하였을 뿐만 아니라 민간인을 대상으로 살육, 약탈, 방화까지 자행하고 퇴각하였다. 일본은 사건을 조작하여 조선 정부에 운요호사건의 책임을 추궁하며 군사력을 동원하여 강화도조약(조일수호조규)을 강압적으로 체결하였다. 강화도조약의 체결로 쇄국정책을 고수하던 조선은 개항하게 되었다.

1875년 운요호사건에서 보여준 포함외교는 일본의 독창적인 외교전술이 아니다. 일본의 에도막부(1603~1867년)[24]는 조선의 홍선대원군(1820~1898년)이 쇄국

19) 포함외교는 분쟁 당사국의 한쪽이 자기의 요구를 관철하기 위하여 다른 나라에 함대를 파견하여 압력을 가함으로써 상대방으로부터 유리한 조건을 끌어내는 외교수단이다.

20) 강화해협은 고려시대에는 40년에 걸친 대몽항쟁(對蒙抗爭)을 벌인 군사 근거지였으며, 조선시대 병자호란(1636~1637년)때에는 최후의 보루가 되었던 곳으로 국방상 중요하기 때문에 강화도 전체를 요새화하여 외적의 침략에 대비해 왔다. 19세기 강화도는 구미제국 열강의 침입(1866년 프랑스와의 병인양요, 1871년 미국과의 신미양요 등)을 받았다.

21) 보장지중지에서 보장(保障)의 사전적 의미는 적의 접근을 막기 위하여 돌이나 흙 등으로 만든 견고한 구축물이며, 중지(重地)는 매우 중요한 땅이므로 둘 단어를 합하면 적을 막는 중요한 요지라는 뜻이 된다.

22) 병인양요는 1866년(고종 3년) 홍선대원군이 천주교 금압령을 내려 프랑스 선교사와 천주교인 8천여 명을 학살한 것에 대항하여 프랑스 함대가 강화도에 침범한 사건이다. 프랑스 함대는 수군의 공격을 받고 철수하였다.

23) 항행권은 선박이 항해할 수 있는 권리이다.

24) 에도막부는 일본사에서 세 번째로 나타난 최후의 막부로 도쿠가와 이에야스(德川家康,

정책(鎖國政策)[25)]을 펼친 것처럼 1825년 '이국선타불령(異國船打拂令)'을 발표하여 일본 연안에 접근하는 외국선은 발견되는 즉시 포격하여 쫓아내고, 상륙한 외국인을 체포하게 하였다. 운요호사건을 일으키기 23년 전인 1853년 미국의 동인도 함대 사령관 M. C. 페리제독은 함대를 이끌고 우라가(浦賀)에 입항하여 일본에 통상을 요구하였다. 통상요구를 거절하던 일본은 결국 미국의 포함외교에 굴복하여 1854년 미일화친조약(美日和親條約)을 체결하고, 시모다(下田)와 하코다테(函館) 두 개 항구를 개항하여 문호를 개방하였다. 1858년에는 미일수호조약(美日守護條約)이 체결되었다. 일본이 미국과 맺은 이 두 조약은 치외법권을 비롯하여 미국에 일방적으로 유리한 최혜국 대우[26)]를 규정하고 있을 뿐만 아니라 일본이 임의로 관세를 정할 수 없는 협정관세제(協定關稅制)를 채택하고 있어 일본의 자주권이 상실된 불평등조약이다. 미국에 문호를 개방한 일본은 같은 해 영국, 프랑스, 네덜란드, 러시아와 잇따라 불평등조약을 체결하였다.

우리나라가 일본으로부터 입은 재산상의 손실과 인명피해의 역사는 일본 해적집단인 왜구(倭寇)의 침입을 받기 시작한 신라시대로 거슬러 올라간다. 왜구는 아무리 규모가 크고 가공할 피해를 입혔다고 해도 일개 도적떼에 불과한 해적집단일 뿐이다. 오천년 역사에서 국가단위로서 일본의 침략을 받은 것은 1592년 임진왜란과 1875년 운요호사건 두 번이다. 임진왜란 이후 약 300년 동안 잠잠하던 일본이 느닷없이 조선에 개항을 요구하며 그것도 국방상 민감한 해역을 불법적으로 침입하여 운요호사건을 일으킨 배경에 대해 다시 한 번 깊이 생각해볼 필요가 있다.

우리에게 굴욕적이었던 한일합방과 일본의 식민통치를 시계열로 펼쳐서 세계로 눈을 돌려보면 지구상에는 200여 개국이 있으며, 이 중 절반은 아시아와 아프리카에 위치하고 있다. 18세기에서 20세기 초반 사이 서구열강 또는 다른 나라의 보호국 또는 식민지 통치를 받지 않은 아시아 국가는 1948년 건국된 이

1543~1616년)가 천하통일을 이루고 1603년 에도(지금의 도쿄)에 수립한 일본의 부케정권(武家政權)으로 15대에 걸쳐 265년 존속하였다.

25) 쇄국정책은 다른 나라와 관계를 맺지 않고, 문호를 굳게 닫아 서로 통상하지 않는 정책이다.

26) 최혜국 대우(most-favored-nation treatment, 最惠國待遇)는 통상이나 항해조약 등에서 한 나라가 어떤 외국에 부여하고 있는 가장 유리한 대우를 상대국에도 부여하는 일 것을 말한다.

스라엘[27)]을 제외하면 중국, 일본, 태국, 터키 등으로 손가락으로 꼽을 수 있는 몇 개국뿐이다. 아프리카의 거의 모든 나라는 식민통치를 경험하였고 몇 개 섬은 아직도 서구열강의 식민지(해외영토 또는 속령)로 남아있다. 영국은 18세기에서 20세기 초까지 아시아와 아프리카대륙에서 가장 많은 식민지를 확보하고 있던 나라로 당시 40여 개국을 보호국 또는 식민지국으로 지배하였다. 이 시기 프랑스, 포르투칼, 스페인, 벨기에, 네덜란드, 독일 등도 규모의 차이는 있었지만 식민지 통치국으로 군림하였다.

열강(列强)[28)]의 식민지정책에 대한 역사적 평가를 접고 근대사를 보면 식민지 수탈은 당시의 시대적 대세였다. 1910년 한일합방은 우리 측 입장에서는 국권을 상실하는 굴욕이었지만 일본 측 입장에서는 대한제국을 흡수하여 통치영역을 확대하는 것이었다. 또 하나 주목할 점은 과거 식민통치를 하였던 나라들은 —유럽 몇 나라가 현재 재정위기를 맞아 고전하고 있다고 해도—여전히 잘 사는 나라들이다. 반면, 아시아와 아프리카에는 지금도 못사는 나라들이 집중해 있다. 단지 과거 식민지 통치를 받았다는 이유만으로 반세기 또는 한 세기가 지난 지금까지도 절대빈곤상태를 극복하지 못하고 있다고 말하기는 어렵다.

우리나라는 20세기 초 36년간 일본의 식민 지배를 받았지만 21세기 세계국가경제순위 14위로 G20[29)] 회원국이다. 더욱이 8.15광복 후 한국전쟁(1950~1953)을 겪었고 남북으로 분단되었다. 한국전쟁이 휴전한 1953년 우리나라 국내총생산(GDP, Gross Domestic Product)은 13억 달러로 세계에서 두 번째로

---

27) 이스라엘은 1948년 팔레스타인지역에 건국된 유태민족의 국가이다.

28) 열강은 여러 강한 나라라는 뜻으로 이들 강대국들은 국제문제에 있어 큰 역할을 담당하며, 시대적 흐름을 주도하기도 한다.

29) G20(Group of 20)은 1999년 9월에 개최된 국제통화기금(IMF) 총회에서 G7과 신흥시장이 참여하는 기구를 만드는 데 합의하여 같은 해 12월 창설되었다. 회원국은 미국, 프랑스, 영국, 독일, 일본, 이탈리아, 캐나다 등 G7에 속하는 선진 7개국과 유럽연합 의장국에 한국을 비롯한 아르헨티나, 오스트레일리아, 브라질, 중국, 인도, 인도네시아, 멕시코, 러시아, 사우디아라비아, 남아프리카공화국, 터키를 포함하는 신흥시장 12개국을 더한 20개국이다. 유럽연합 의장국이 G7에 속할 때에는 19개국이 된다. G20회의는 매년 정기적으로 회원국의 재무장관과 중앙은행 총재들이 만나 회담하다가 2007년 미국발 서버프라임사태로 세계금융위기가 발생한 것을 계기로 2008년부터 정상급 회의로 격상되었다. 2010년 G20정상회의가 서울에서 개최되었다.

못사는 나라였다. 서울올림픽이 개최되었던 1988년까지만 해도 국내총생산은 2천억 달러에 약간 모자라는 수준이었으나 2000년대 후반 1조 달러로 성장하였다. 지난 반세기 동안 우리 경제가 이렇게 비약적으로 발전을 할 수 있었던 데에는 여러 대내외적 요인이 복합적으로 작용한 결과이지만 무엇보다 1960년대 초반부터 착수된 일련의 산업화 과정 또는 노력으로 가능할 수 있었다. 우리나라가 그 때 산업화에 동참하지 않았더라면 지금의 모습과 많이 달라져 있을 것이다.

산업화(産業化, industrialization)는 생산활동의 분업화와 기계화에 따른 사회·문화구조의 변화로 좁은 의미로 공업화라고 하기도 한다. 산업화는 18세기 중엽 영국에서 일어난 산업혁명(産業革命)에서 시작되었다. 일부에서는 기술부분의 혁신을 산업혁명으로, 기술혁신으로 수반되는 정치·경제·사회·문화 등의 구조변화를 산업화로 구분하기도 한다. 우리나라의 산업화는 1875년 운요호사건을 빌미로 일본의 강압에 의해 1876년 체결된 강화도조약의 이행조치로 개항하면서부터 시작되었다고 할 수 있다. 우리나라를 개항시킨 일본도 우리보다 23년 앞서 미국에 의해 개항하였다. 일본은 1854년 개항 이후 메이지유신(明治維新)[30)]을 통해 산업화에 필요한 국가 전반에 걸친 대대적인 개혁을 실시하였다. 우리나라도 1876년 개항 이후 갑오개혁(甲午改革, 1894~1896년)[31)]을 단행하였다. 하지만 강화도조약은 일본의 대륙침략의 첫 신호탄으로 갑오개혁이 추진될 무렵 일본은 이미 대륙침략의 의지를 구체화하여 청일전쟁(1894~1895년)을 일으켰다.

산업혁명은 농업사회에서 공업사회로 나아가 산업사회로의 전환을 말하며

---

30) 메이지유신은 1854년 미국의 무력에 굴복하여 문호를 개방하면서 서구의 군사력에 위기를 느낀 일본이 260여 년 간 존립하던 에도막부(江戶幕府, 1603~1867년)를 타도하여 700여 년에 걸쳐 이루어진 무인정치(武人政治)를 끝내고 왕권을 복구하는 일련의 변혁과정이다. 1876년 국왕을 중심의 새 정권을 수립하였고, 다음 해 5개조의 어서문(御誓文)을 발표하여 사회전반에 걸친 대대적인 개혁을 착수하였다. 이후 일본은 중앙집권체제 강화와 산업육성, 군비확충을 위한 부국강병정책을 펼쳤고, 헌법을 제정하였으며 의회를 개설하였다. 하지만 당시 일본 헌법은 국왕의 신성불가침을 규정하여 의회가 왕권을 견제할 수 없게 되어 있었다. 결과적으로 일본의 산업화 또는 근대화는 국수주의, 군국주의, 제국주의로 치닫게 되었다.

31) 갑오개혁은 1894년(고종 31년) 7월 초부터 1896년 2월 초까지 약 19개월간 3차례에 걸쳐 추진된 일련의 개혁운동이다.

산업혁명 초기부터 적극적으로 동참하여 산업화를 이룬 서구열강들은 보다 저렴한 공업제품의 원료를 확보하고, 생산한 공산품을 판매할 수 있는 새로운 시장을 개척하기 위하여 해외식민지 경영에 눈을 돌리고 있었다. 19세기는 서구열강의 식민지 쟁탈전 시대였다고 할 수 있다. 식민지 경영의 대상은 부존자원이 풍부하지만 산업화가 거의 이루어지 않은 아시아와 아프리카 국가들이었다. 일본이 우리나라를 식민지로 삼으려 한 것도 이와 같은 시대적 추세와 맞물려 있다.

신석기시대 있었던 농업혁명과 더불어 인류의 역사를 바꾸어 놓은 산업혁명의 여파로 식민지 무역이 성행하고, 식민지 쟁탈을 위해 전쟁을 불사하던 시대에 일본의 식민통치를 단순히 수산자원의 강탈기 또는 어업의 침탈기로 규정하고 넘어간다면 우리나라 어업을 객관화시키기 어렵다. 우리나라 어업을 보다 객관적으로 이해하기 위해서는 국권피탈과정에서 주변국간의 나라와 나라의 관계, 국제동향 그리고 국내정세까지도 고려해야 한다.

우리나라 어업을 이해하기 위해서는 1910년 한일합방 이전에 우리나라 어업의 발전과정(제2장)과 어업활동의 장이 되는 바다에 대한 전통적 접근방식과 같은 기본지식이 필요하다. 바다에 대한 우리나라의 전통적 접근방식은 왜구의 침입사를 통해 간접적으로 조명하였다(제3장). 제2장과 제3장의 토대 위에 제4장에서 강화도조약(조일수호조규)부터 한일합방까지 체결된 일련의 어업협정을 본다면 어업을 어업적 시각으로만 바라보는 우(愚)는 범하지 않을 것이다. 제5장과 제6장에서 8.15광복 이전과 이후의 어업제도를, 제7장에서 한일합방 이후 어업현황을, 제8장에서는 어업과 제도를 기술하여 우리나라 어업의 과거와 현재를 직시하고, 나아가 보다 건설적인 어업의 미래를 그려보고자 하였다.

끝으로 이 책에서 인용한 자료 중에는 인터넷 검색으로 찾을 수 있는 내용도 포함하고 있는데, 이 같은 자료에 대해서는 그 출처를 일일이 밝히지 않았음을 분명히 한다.

제2장

한일합방 이전 어업

어업의 역사는 인류역사와 그 역사적 출발시점을 거의 같이 하고 있다. 대륙 북방으로부터 동진하여 한반도에 이주해온 우리의 조상들은 유목민족으로 이주 전부터 어업에 종사한 경험이 있었을 것으로 보고 있다.[1] 농경으로 정착생활을 하기 이전에 다시 말해 농경이 지배적인 생산부문으로 등장하기 전까지 생산형태는 어로(漁撈)를 기본으로 하였을 것이며, 부수적으로 수렵과 식용식물의 채집이 병행되었을 것이다.

우리나라 역사가 태동할 때 주요 식용자원을 공급하던 어업은 신석기시대 이후 농경문화가 정착되면서 점차 농업을 보조하는 산업수단으로 그 역할이 축소되었다. 우리나라 최초의 국가인 고조선(BC 2333~108년)에서 신라(BC 57~676년)와 통일신라(677~692년)를 거쳐 고려(918~1392년)에 이어 조선(1392~1910년)으로 이어지는 장구한 세월 동안 국가경제는 농업을 중심으로 이루어졌다. 어민의 경우에도 어업을 전업으로 하기 보다는 대부분 반농반어(半農半漁)의 생업형태로 종사하였다.

우리나라는 전통적으로 농업중심국가로 유지되어왔기 때문에 농업의 발전과정과 농지 또는 토지제도에 대해서는 중고등학교 국사교과서에 비교적 자세히 기술되어 있다. 하지만 어업과 어장(漁場)[2]제도에 대해서는 거의 다루지 않고 있다. 실제로 고려시대 이전의 우리나라 어장제도에 대한 기록은 많지 않

1) 한국민족문화대백과, 1991년, 한국정신문화연구원
2) 어장은 농사를 짓는 토지와 같이 어업활동이 이루어지는 장소이다.

다. 어장제도의 큰 틀은 경작지(耕作地)의 이용 및 소유개념 발전과 변천과정 - 심지어는 정치 · 사회적 혼란기의 왜곡과정과 - 거의 유사하므로 관련 토지제도 내용을 일부 삽입하였다. 토지제도는 또한 구한말의 시대상을 반영하고 있어 우리나라 어업제도를 이해하는 데에도 도움이 된다.

우리나라를 기술할 때 자주 등장하는 설명이 삼면이 바다로 둘러싸여 있다는 것이다. 이는 국토면적에 대한 해안선 길이의 비율이 세계 최장이며, 동남서 근해의 총면적이 약 1,487,000km², 그 용적은 약 1,724,000km³로 육지면적의 7배에 달하는 광대한 해역을 가지고 있다는 것이다. 여기에 어업을 언급할 때 우리나라는 해황(海況)[3]이 고르고, 수산자원이 풍부하여 어업을 할 수 있는 자연조건을 갖추었다는 설명이 추가된다. 이런 천혜의 어업조건에도 불구하고 조선시대까지 우리나라 어업의 발전은 주목할 수준이 못된다. 우리나라 어업은 1910년 한일합방 이후 일본이 수산자원을 수탈할 목적으로 적극적인 어업개발 정책을 펼치면서 양적으로 질적으로 발전하였다고 보는 것이 무난하다. 이는 오천년 역사에서 무려 4900여 년 동안 농업중심의 경제구조로 국가가 운영되면서 같은 일차산업인 어업을 천시하는 사회풍토가 만연해온 것과 무관하지 않을 것이다.

일제강점기부터 오늘날에 이르는 우리나라 어업을 보다 객관적으로 이해하기 위해서는 1910년 한일합방 이전의 우리나라와 일본의 어업에 대해 개략적으로 알아볼 필요가 있다.

1. 한일합방 이전 우리나라 어업[4]

현행 수산업법(水産業法)[5]에서 어업은 수산동식물을 포획 · 채취하거나 양식하는 사업으로 정의된다. 전자는 수계(水系)에 천연적으로 서식하는 어패류나

---

3) 해황은 해양의 물리적 요인(수온, 염분 등)의 분포 양상을 말한다.
4) 이 부분은 한국민족문화대백과(1991년, 한국정신문화연구원)의 어업 내용을 요약하면서 일부 내용을 첨가하였다.
5) 수산업법은 우리나라 어업제도를 다루는 기본법으로 1953년 제정되어 지금까지 세 차례 전부 개정을 포함하여 40여 차례 개정되었다.

해조류를 포획하거나 채취하는 어로어업(漁撈漁業)을, 후자는 수산동식물을 인위적으로 길러서 수확하는 양식어업(養殖漁業)을 말한다. 인류의 역사에서 어업의 발전은 소위 말하는 잡는 어업(어로어업)에서 기르는 어업(양식어업)으로 전개되었다. 조선시대까지 우리나라 어업은 어로어업을 중심으로 이루어졌고, 양식어업이 본격화 된 것은 불과 최근 50년 사이이다.

어업은 어업활동이 이루어지는 장소에 따라 해면어업(海岸漁業)과 내수면어업(內水面漁業)으로 구분되기도 하며, 인간이 수면에 접근할 수 있는 용이함 때문에 역사적으로 내수면어업이 해면어업보다 앞서 발전하였다. 해면어업은 다시 연안으로부터 떨어진 거리에 따라 연안어업(沿岸漁業), 근해어업(近海漁業), 원양어업(遠洋漁業)으로 분류될 수 있다. 하지만 현행 수산업법에서 연안어업과 근해어업은 연안에서부터 떨어져 있는 거리가 아니라 어선의 톤수로 구분하고 있다. 연안어업은 일반적으로 아침에 출어하여 석양에 돌아올 수 있는 거리 안에서 이루어지는 어업으로 그 규모도 작고 경영형태도 어가어업(漁家漁業)[6] 중심인데 반해 근해어업과 원양어업은 규모도 크고 경영형태도 자본제적 기업형 어업이 주종을 이루고 있다. 연안어업이라고 해서 반드시 영세어가의 어업만 있는 것은 아니어서 대형정치망어업(大形定置網漁業)처럼 기업형 어업도 있다. 근해어업과 원양어업을 위해서는 먼 바다로 항해할 수 있는 선박제조 기술, 항해술 그리고 이에 합당한 어구(漁具) 및 어로기술 등이 갖추어져야한다.

15세기 초 포르투갈을 필두로 대항해시대(大航海時代, Age of Discovery 또는 Age of Exploration)가 개막되었는데, 이 같이 항해시대가 개척될 수 있었던 것은 원거리 항해가 가능한 대형 범선[7]을 제작할 수 있었기 때문이었다. 참고로 1765년 영국의 제임스 와트(1736~1819년)가 증기기관을 발명한 이래 미국의 로버트 풀턴(1765~1815년)이 증기선[8]을 발명하여 1807년 처음으로 상업운항에 성공하였고, 1880년 미국은 세계 최초로 증기선을 포경어업에 도입하였다.[9] 20세기 초

6) 어가어업에서 어가는 가족노동력을 중심으로 한 개인경영으로 어업을 영위하는 세대 및 어업경영체에 고용되어 있는 어업종사자 세대를 총칭한다.
7) 범선은 선체에 세운 돛으로 바람을 받아 풍력을 이용하여 추진하는 배이다.
8) 증기선 또는 기선(汽船, steamship)은 증기 · 기계 등을 동력으로 하여 추진하는 배이다.
9) A. Howard Clark, The American Whale-fishery, 1877~1886, Science 9(217) 321~324, 1887

한일합방 당시까지 우리나라는 근해에도 제대로 진출하지 못하고 있었다.

예수 그리스도가 태어난 해를 기원으로 하는 서력(西曆) 이후 1910년 한일합방까지 우리나라 어업발전은 같은 기간 이루어진 농업발전과 비교할 수 없을 정도로 저조하다. 어업이 더디게 발전한 데에는 전통적으로 농업중심의 국가경제구조 유지, 바다 또는 해양을 등한시하는 대륙중심의 세계관, 어업을 천시하는 사회적 풍토, 잦은 왜구의 침입으로 바다의 접근성을 제한하는 정책 등이 복합적으로 작용한 결과이다. 우리나라 어업발전과정을 시대별로 정리하여 보면 다음과 같다.

1) 선사시대

우리 조상들이 한반도로 이주하여 정착하게 된 것은 선사시대(先史時代)부터라고 알려져 있다. 한반도는 천혜(天惠)적으로 삼면이 바다로 둘러싸여 있을 뿐만 아니라 국토면적에서 하천이나 호소가 차지하는 면적이 상대적으로 많아 수산자원이 풍부하여 수산물을 쉽게 획득할 수 있는 지리적 조건을 갖추고 있어 수계의 수산동식물을 이용하는 어업은 우리나라 역사와 함께 시작되었고, 한반도에 정착한 우리 조상들은 수산물을 다른 곡물이나 수렵산물보다 먼저 식용으로 이용하였을 가능성이 높다. 선사시대는 구석기시대에 이은 신석기(BC 8000년경), 청동기(BC 2000~1500년경) 그리고 초기 철기(BC 400~100년)시대로 구분된다.

(1) 수산물 이용

신석기시대 말기에 대륙으로부터 농경문화가 유입되어 식량을 생산하는 원시농경이 시작되었다. 농경으로 정착생활을 하기 이전의 사람들은 수렵, 채집, 어업 등으로 생활을 영위하였다. 어업에 적합한 한반도의 천혜적 지리조건과 획득과정의 용이함 때문에 이 시대 사람들은 하천이나 해안에 풍부한 어패류(魚貝類)를 식용으로 이용하였고, 어업은 주요한 생업이었다. 당시 사람들은 어류와 패류는 물론이고 다른 수산동물도 이용하였지만 이 중 가장 비중 높은 것은 패류였으며 패류 중에서도 굴과 대합이 가장 많았다. 패류는 비교적 보존성이 좋아 오늘날에도 그 흔적이 많이 남아 있을 수 있다고 보이나 그보다는 당시의 어구와 어로기술을 고려할 때 자원량이 풍부한 패류를 쉽게 채취할 수 있었기 때문이라고 보인다. 더욱이 패류는 정착성으로 이동거리가 멀리 않다.

(2) 어로활동

신석기시대(BC 8000년경) 어로활동은 주로 하천이나 해안 각지에 산재해 있는 신석기시대 패총(貝塚)[10]과 다른 유물과 유적을 통해 알 수 있다. 신석기시대 패총에서 도미, 삼치, 대구, 가오리, 졸복 등의 어류와 성게, 따개비, 고래, 바다표범(海豹) 등의 뼈가 출토되었다. 함경북도 대초도의 청동기시대(BC 2000~1500년경) 유적에서는 명태, 방어, 상어, 가자미, 은어 등의 뼈가, 초기 철기시대(BC 400~100년) 패총에서는 참돔, 농어, 다랑어(참치), 대구 등의 뼈가 발견되었다. 특히 고래 뼈는 신석기시대뿐만 아니라 그 뒤에 형성된 패총에서도 계속해서 출토되고 있다. 신석기시대에서 청동기시대 전후로 추정되는 국보 제285호 울주 대곡리 반구대 암각화[11]에는 다양한 종류의 고래, 거북, 물개 등의 해양생물이 새겨져 있을 뿐만 아니라 포경어업을 사실적으로 표현하고 있다. 하지만 당시 포경어업이 얼마나 적극적으로 행하여졌는지에 대해서는 더 고찰해볼 필요가 있다.

(3) 어구 및 어로기술

신석기시대 빗살무늬토기 유적에서 자주 발견되는 낚싯바늘, 작살, 어망의

---

10) 패총은 해안이나 강 주변 등에 살던 선사시대 사람들이 버린 조개, 굴 등의 껍데기가 쌓여서 무덤처럼 이루어진 유적으로 조개무덤이라고 하기도 한다. 패총은 신석기시대 이후에 계속 형성되어 청동기시대를 거쳐 초기 철기시대가 끝날 때까지 여러 곳에 형성되었다. 현재까지 발견된 것으로는 1907년 일본인 학자 이마니시 류(今西龍)가 최초로 발굴한 김해 조개무지를 비롯하여 함북 웅기, 함남 북청(北靑), 황해도 몽금포(夢金浦), 경기도 덕적도(德積島), 경남 웅천(熊川), 고성(固城), 양산(梁山), 마산(馬山), 동래(東萊), 부산 동삼동(東三洞) 및 경기도 옹진군(甕津郡) 시도(矢島) 등이 대표적이다.

11) 반구대 암각화는 1965년 사연댐 축조 이후인 1971년 발견되었으며, 매년 4~5개월 침수와 노출이 반복되어 훼손이 가속화되고 있다.

추로 사용되었던 추석(錘石, 봉돌) 등의 어구를 보면 이 시대 사람들은 단순히 패류를 채집하는데 그치지 않고 이미 조어구(釣漁具),[12] 작살, 망어구(網漁具)[13] 및 기타 어구를 이용하여 어패류를 포획하였음 알 수 있다. 어로방법에서 창이나 작살은 기술수준이 낮은 단계에서 가장 흔히 행해지는 것으로 당시 주요어법이었을 것이다. 패총에서 발견되는 정교한 골조침(骨釣針)[14]이나 청동기시대 유물 가운데 청동 제조침을 만드는 주형(鑄型)이 있는 것을 보아 당시 조어업(釣漁業, 낚시어업)이 상당히 성행하였음을 알 수 있다. 또한 패총이나 주거지에서 발견되는 석추(石錘)나 토추(土錘) 등의 어망추(漁網錘)는 오늘날 어구의 주류를 이루는 망어구(網漁具)가 선사시대부터 이미 사용되고 있었음을 보여준다.

신석기시대 어로기술의 발달단계를 고려할 때 내수면어업(內水面漁業)의 비중이 상당히 높았을 것으로 보인다. 하지만 조어구나 망어구 등의 어구가 강 주변뿐만 아니라 해안에서도 발견되고 있고, 발견되는 해산어획물의 비중으로 보아 해면어업(海面漁業)도 널리 보급되어 있었음을 알 수 있다. 따라서 농경이 지배적인 생산부문으로 등장하기 전까지 어로, 수렵, 식용식물의 채집 등의 생산형태가 병행되었을 것이다.

(4) 원시상태 자연물

신석기시대 말기에 식량을 생산하는 원시농경이 시작되었지만 당시 농경의 기술수준으로 미루어 보아 충분한 식량을 공급하지 못했을 것이므로 어업은 여전히 주요한 식량 생산부문 - 적어도 주요한 보조식량생산부문 - 이었을 것이다. 이 무렵 해면(海面), 해변(海邊), 하천(河川), 호수(湖水) 등과 같이 어업활동이 이루어지던 곳은 원시상태의 자연물(自然物)[15] 또는 자연공물(自然公物)[16]로

12) 조어구는 수산동물을 미끼로 유인하여 조침(釣針, 작은 쇠갈고리)에 걸리게 하는 낚시어구(angling gear)를 말한다.

13) 망어구는 그물어구를 말한다.

14) 조침은 낚시에서 미끼를 꿰어 어류를 잡는데 이용하는 작은 쇠갈고리로 골조침은 동물의 뼈로 만든 낚시어구이다.

15) 자연물은 자연계에 있는, 저절로 생긴 물체이다.

16) 자연공물은 하천(河川), 해변(海邊), 늪 등과 같이 천연(天然) 그대로의 상태(狀態)로서 이미 인간(人間)의 공용(公用)에 이바지 할 수 있는 실체물(實體物)이다.

누구나 자유롭게 이용할 수 있었을 것이다.

토지의 공동소유

고대국가가 형성되기 이전의 토지제도에 관한 기록은 많지 않지만 주민들은 대체로 마을공동체생활을 하며, 토지는 원칙적으로 마을공동체에서 공동으로 소유하여 공동생산과 공동분배를 하였을 것으로 보고 있다. 공유(共有)의 원칙에 입각하여 혈연과 지연으로 결합된 이 같은 원시공동체가 해체되는 과정에서 계급분화가 이루어져 족장에 의한 토지지배가 성립하였다고 보는 것이 일반론이다.

(5) 고대국가 형성

고대국가[17)]가 형성되기 이전에는 공동생산과 공동분배를 원칙으로 하는 혈연과 지연으로 결합된 원시공동체[18)]를 구성하고 있었다. 단군신화에 입각한 우리나라 최초의 국가인 고조선(BC 2333~108년)[19)]은 청동기시대에 건국되었고, 청동기문화는 농업생산량의 향상으로 이어졌을 것이고, 농업기술의 발전은 잉여생산물을 발생시켜 이에 대한 차별분배가 점차 계급분화를 가져왔다고 보고 있다.

우리나라에 철기문화가 도입된 시기는 기원전 4세기경으로 알려져 있었다.[20)] 하지만 최근 북한의 연구[21)]에 의하면 우리나라에 철기문화가 도입된 시

---

17) 고대국가는 역사상 민족이 미개상태에서 문명상태로 이행할 때 처음 형성된 국가로 그 성격에 대해서는 나라마다 학자마다 견해를 달리하고 있다. 동양에서는 원시시대 이래 공동체는 계급분화 이후에도 존속하여 공동체의 수장에게 권력이 집중되고, 일반 공동체원은 모두 수장에 의해 노동력을 착취당하는 노예적 존재와 다름없었다고 보는 견해가 많다. 또한 동양에서는 고대국가를 공동체 또는 총체적 노예제에 기반을 둔 전제국가로 규정하기도 한다.

18) 원시공동체는 혈연과 지연으로 구성된 독립단위의 인간집단으로 인류최초의 사회단계이다.

19) 고조선은 요동(遼東)과 한반도 서북부 지역에 존재한 우리나라 최초의 국가로 기원전 2333년에 단군왕검이 건국한 이래 2225년간 존속하다가 우거왕 때인 기원전 108년 중국 한나라(BC 206~AC 220년)와의 전쟁에서 패하여 멸망하였다. 요동은 중국 요하(遼河, 랴오허강)의 동쪽 지방으로 지금의 요녕성(遼寧省) 동남부 일대이다.

20) 전상운, '한국과학기술사', 1966년, 과학세계사

21) 북한에서 1997년 출판된 5권으로 구성된 '조선기술발전사' 제1권 원시고대편을 말한다.

기는 적어도 기원전 12세기, 길게 잡으면 15세기로 거슬러 올라갈 수도 있음을 보여준다. 12세기 유적인 평양 강동군 송석리 문선당 1호 석관무덤에서 발견된 순도가 높은 쇠로 만든 거울의 절대연도가 3104 ± 179년이며, 평양 강동군 항목리 1호 고인돌[22]에서는 탄소공구강[23]으로 볼 수 있는 쇠줄칼과 쇠활촉이 출토되었다.

기원전 12세기는 메소포타미아에서 철기기술을 독점하던 고대제국 히타이트(Hittite)제국[24]이 멸망한 시기이다. 역사가들은 기원전 12세기까지 철기문화는 아주 제한적이었으나 이후 히타이트제국이 독점하던 철을 야금(冶金)[25]하는 기술이 이집트와 이란을 중심으로 전 세계에 급속히 전파되어 철기문화가 보편화되었다고 보고 있다. 북한학자의 주장이 사실이라면 우리민족은 히타이트제국이 멸망한 직후 광활한 아시아 초원지대를 거쳐 철기문화를 아주 초기에 받아들였을 가능성이 있다.

고조선시대에 도입된 철기문화는 서기 2세기 무렵 남부지방에도 전파되어 초기철기문화[26]가 시작되었다. 가야(BC 1세기~562년)[27]의 우수한 철기문화는 이미 잘 알려져 있다. 초기 철기시대의 유적지에서는 발달한 청동기문화의 유물이 함께 발견되는 일이 많다. 철기문화의 확산으로 농경에서 철제 농기구 사용이 보편화되어 농업의 생산량이 향상되면서 점차 농업이 지배적인 생산부문으

22) 고인돌은 우리나라 청동기시대 대표적인 무덤양식이다.
23) 탄소공구강은 불순물이 적은 0.60~1.50%의 탄소를 함유한 공구용으로 사용되는 고탄소강으로 담금질로 강도와 경도를 개선하고, 뜨임(tempering)에 의해 적당한 점성 강도를 부여한다.
24) 히타이트제국은 현재 시리아와 팔레스타인에 걸쳐 있었다.
25) 야금은 광석에서 금속을 추출·정련하여 사용목적에 적합한 필요한 형상으로 만드는 기술이다.
26) 초기철기시대를 한국고고학에서는 일반적으로 BC 300년에서 서력기원 전후시기까지로 보고 있으며, 서력기원 전후로부터 AD 300년까지를 원삼국시대(原三國時代)라 하며, 이 시기를 합쳐 철기시대라 하기도 한다.
27) 가야는 BC 1세기부터 AD 6세기 중엽까지 주로 경상남도 대부분과 경상북도 일부 지역을 영유하고 있던 정치체(政治體)였다. 가야의 문화기반은 서기전 1세기 낙동강 유역에 유입된 세형동검(細形銅劍) 관련 청동기 및 초기철기문화이다. 서기 2~3세기에 걸쳐 김해의 가야국을 중심으로 12개 소국들이 합친 변한(弁韓) 소국연맹 즉 전기 가야연맹체를 이루었고, 발전된 철기생산 능력과 양호한 해운 입지조건을 바탕으로 주변지역과 교역하였다. 김해 가야국의 우월성은 철 생산, 철기 제작기술과 무력의 측면에서도 확인할 수 있다. 김해 대성동 2호분에서 출토된 다량의 덩이쇠(鐵鋌)와 종장판 정결 판갑옷(縱長板釘結板甲), 철제 재갈 등의 유물은 이를 보여준다. 가야는 신라 법흥왕(재위기간 514~540년)에 의해 멸망하였다.

로 등장하게 되었다. 농업의 발달로 어업의 상대적 비중은 줄어들게 되었지만 선사시대부터 이용되고 있던 각종 어구와 어법이 철기문화로 더욱 발전하게 되었다.

유사시대(有史時代)로 내려오면 중국문헌인 삼국지(三國志) 위지(魏志),[28] 후한서(後漢書)[29] 동이전(東夷傳) 등에 고대 부족국가들의 - 부여,[30] 옥저,[31] 동예[32] - 어로생활을 짐작할 수 있는 기록이 남아있다. 또한 이들 자료들은 수산물이 중국과의 조공(朝貢)[33]에서 중요한 부분을 차지하고 있었음을 보여준다.

2) 삼국시대와 통일신라시대

우리나라는 전통적으로 하천과 연안지역을 중심으로 어업이 성행하였지만

---

28) 삼국지 위지는 서진의 진수가 쓴 중국 삼국시대의 정사로 후한(後漢)의 운세가 기울기 시작하던 189년부터 진나라의 사마염이 천하를 통일하는 280년까지의 기록을 담고 있다. 사기, 한서, 후한서와 함께 중국 전사사(前四史)로 불리며 이십사사(二十四史) 중의 하나이다.

29) 후한서는 중국 남북조시대(南北朝時代, 420~589년) 남조(南朝) 송(宋)의 범엽(范曄)이 편찬한 기전체(紀傳體) 사서(史書)로 광무제(光武帝)에서 헌제(獻帝)에 이르는 후한(後漢)의 13대 196년 역사를 기록하고 있다. 기전체는 역사를 군주의 정치관련 기사인 본기(本紀)와 신하들의 개인 전기인 열전(列傳), 통치제도 · 문물 · 경제 · 자연 현상 등을 내용별로 분류해 쓴 지(志)와 연표(年表) 등으로 기록하는 편찬 체재이다.

30) 부여(夫餘)는 서기전 2세기경 부터 494년까지 북만주지역에 존속했던 예맥족(濊貊族, 한반도 북부와 중국의 동북부에 살던 민족)의 국가로 북부여라고 하기도 한다. 기원에 관해서 중국 기록인 논형(論衡)과 위략(魏略)에서는 시조인 동명(東明)이 북쪽 탁리국(槖離國)에서부터 이주해와 건국하였다 하며, 삼국지 동이전에서는 당시 부여인들이 스스로를 다른 곳에서 옮겨온 유이민의 후예라 하였다고 전한다.

31) 옥저(沃沮)는 함경남도 해안지대에서 두만강 유역일대에 존재했던 고대종족으로 옥저는 대국들 사이에 위치해 있어 대국들의 지배를 받았다. 처음에는 위만조선(衛滿朝鮮)에 예속되어 있었으나 서기전 2세기 말 중국 한(漢)나라에 의해 위만조선이 멸망하고 한군현이 설치되는 과정에서 서기전 107년 현도군(玄菟郡)의 일부가 되었다. 현도군은 요동(遼東)에서 개마고원을 넘어 동해안으로 이르는 동서를 잇는 공도상(孔道上, 중요한 길목)에 설치되었는데 동쪽 끝이 바로 옥저였다. 위만조선은 고조선의 역사발전 단계상에서 후기에 해당한다.

32) 동예(東濊)는 지금의 원산, 안변 일대에서부터 경상북도 영덕에 이르는 동해안 지역과 강원도 북부지방에 거주했던 초기 고대국가로 삼국지(三國志) 위서(魏書) 동이전(東夷傳)에 의하면 3세기 전반 무렵 동예는 북쪽으로 고구려와 옥저(沃沮)와 접하고, 남쪽으로 진한(辰韓)에 이어지며, 서쪽으로 낙랑군(樂浪郡)과 접했다고 전한다. 인구는 2만여 호(戶)에 혼인과 장례 등의 풍속과 언어가 고구려와 비슷했으며, 의복은 다른 점이 있었다고 한다.

33) 조공은 종속국이 종주국에 때를 맞추어 예물을 바치던 일 또는 그 예물을 말한다.

농경문화가 정착된 이후 어업은 농업 또는 식생활의보조적 위치를 지키는 수준에 머물게 되었다. 신라(BC 57~935년)와 백제(BC 18~660년)는 처음부터 농경문화에 기초하여 출발하였으나 고구려(BC 37~668년)의 초기 생활수단은 농경보다는 수렵과 목축 위주였으며 영토 확장으로 정복지를 지배하면서부터 농경의 비중이 점차 높아지게 되었다. 삼국시대의 어업에 대한 기록은 그다지 많지 않다.

(1) 삼국시대

원삼국시대(原三國時代)[34]를 포함한 삼국시대에는 철기문화의 보급으로 개량된 철제 어구가 이용되어 어업생산성이 향상되었다. 또한 벼농사의 일반화와 함께 삼(麻)재배가 성행하여 어망(漁網)의 재료공급이 원활하게 되어 망어업(網漁業)이 발전하여 널리 보급되었다. 어업생산력 향상을 위한 기술적 전제가 되는 조선술과 항해술도 발전하였다. 대륙붕[35]을 덮고 있는 육지와 가까운 연해(沿海)의 풍부한 수산자원 다시 말해 우수한 어장(漁場)이 발달한 천혜의 조건에서 이에 부응하는 삼국시대 조선술은 어선의 건조를 가능하게 하였을 것이므로 당시 어업은 상당한 수준으로 발전하였을 것으로 보고 있다. 신석기시대에서 청동기시대 전후로 추정되는 국보 제285호 울산 반구대 암각화에 새겨져 있던 포경어업(捕鯨漁業)은 삼국시대에도 지속되어 당시 사람들은 고래 고기를 식용하였다고 한다.

고구려(高句麗, BC 37~668년)는 깊은 계곡과 험한 산으로 이루어진 반면 넓은 못이 적은 지리적 조건으로 삼국 중에서 어업이 가장 뒤떨어져 있었다. 하지만 광개토대왕(375~413년, 재위기간 391~413년)의 영토 확장[36]으로 점차 내수면어업에

34) 원삼국시대는 예수 그리스도가 태어난 해를 기원으로 하는 서력을 전후로 한 시기부터 300년경까지의 3세기를 말하며, 우리나라 고고학 편년(編年)상 초기철기시대 이후에 등장하였다. 편년은 지질학에서 주로 지층의 층서나 기타 전후관계를 식별할 수 있는 기준에 의해서 지질학적인 여러 정보들을 연대순으로 정리한 체계로 연대순으로 역사를 편찬한 것을 말하기도 한다.

35) 대륙붕(大陸棚, continental shelf)은 해변으로부터 깊이 약 200m까지의 완만한 경사의 해저지형이다.

36) 고구려는 졸본(卒本, 고구려의 첫 수도로서 지금의 중국 요령성(遼寧省) 환인(桓仁)지역)지방에서 일어나 한반도 북부와 중국 둥베이(東北)지방을 무대로 하여 발전한 고대국가로 19대

서 해면어업으로 진출하게 되었다. 삼국사기(三國史記)[37] 고구려본기(高句麗本紀)에는 당시 어량어업(魚梁漁業)이 행해졌다고 기술하고 있다. 어량은 하천이나 해안에 발을 설치하여 내왕하는 어류를 포획하는 원시적 정치어구(定置漁具)[38]로 이러한 어량어업이 삼국시대와 통일신라시대에 성행하였다고 전해진다.

어량어업(魚梁漁業)

어량어업은 수산동물을 잡기 위해 물 속에 둘러 꽂은 나무를 설치하는 일종의 함정어구인 어량을 이용한 어업으로 세계 도처에서 일찍부터 발달하였다. 어구자재가 획득하기 쉬운 것으로 만들어졌고, 구조와 설치방법도 간단하여 어량을 설치하는데 필요한 자연조건이 구비된 곳에서는 쉽게 어량어업을 할 수 있었기 때문이다.

우리나라에서 어량어업은 선사시대부터 시작되었던 것으로 보이며, 어량은 때로 어구 자체를 지칭하는 것이 아니고 그것을 설치하는 어장을 말하는 경우도 많다. 어량은 하천에 설치되는 것과 해양에 설치되는 것 두 가지가 있으며 양자는 구조와 어법에 있어서는 상당한 차이가 있다. 일반적으로 하천어량이 해양어량보다 먼저 발달하였고, 어느 나라를 막론하고 초기의 하천어량은 대동소이한 구조를 가진다.

하천어량은 그 어법이 하천의 유세(流勢, 물살)와 어구장치를 이용하여 어획대상을 강제적으로 함정에 들어가게 하는 것이므로 강제함정어구라고 할 수 있다. 하천어량 중에는 오늘날처럼 다소 복잡한 구조의 발을 친 것이 일찍부터 있었는데, 이는 해양어량과 비슷하다. 해양어량이 발달됨에 따라 하천어량어업은 점차 그 비중이 낮아졌다.

왕인 광개토대왕(375~413년, 재위기간 391~413년)의 영토 확장으로 요동지방을 비롯한 만주지역을 확보하였고, 백제를 공격하여 한강 이북에 진출하였다. 광개토대왕 뒤를 이은 장수왕(394~491년, 재위기간 413~491년)은 수도를 국내성(현 위치는 확인 되지 않고 있음)에서 평양으로 옮기고, 적극적으로 남하정책을 펼쳐 한강유역을 확보하였다.

37) 삼국사기는 고려 인종(1109~1146년, 재위기간 1122~1146년)의 명을 받아 김부식 등이 1145년경에 편찬한 삼국시대의 정사로 본기 28권(고구려 10권, 백제 6권, 신라 · 통일신라 12권), 지(志) 9권, 표 3권, 열전 10권으로 이루어져 있다.

38) 정치어구는 한 어기(漁期) 동안 일정한 장소에 고정해 놓고 어획물을 어획할 때만 조작하는 어구(漁具)이다.

고구려 탄생설화에 나오는 양(梁)

세종실록지리지(世宗實錄地理志)[39]에는 고구려를 세운 주몽(朱蒙, 동명성왕, BC 58~19년, 재위기간 BC 37~19년)의 탄생설화에 양(梁)에 든 고기를 잡아가는 자가 있다는 말이 나오는데 여기서 양(梁)은 어량(漁梁)의 약칭이다.

백제(百濟, BC 18~660년)[40]는 한반도의 서남해안에 위치하여 좋은 어장을 확보할 수 있는 지리적 조건을 갖추고 있었으며, 고대국가를 완성한 이후 어업의 발전이 두드려졌다. 삼국사기(三國史記) 백제본기 개로왕(재위기간 455~475년)조에는 비단과 해산물이 당시 중국과의 교역에서 중요하였고 기술하고 있다.

신라(新羅, BC 57~935년)는 박혁거세(BC 69~AD 4년)가 영남지방을 중심으로 세운 고대국가로 삼국사기(三國史記) 신라본기 탈해왕(재위기간 57~80년)의 전설에 의하면 탈해왕은 낚시를 생업으로 삼았다는 내용이 나오는데 이는 신라시대 이미 동해안에서 낚시어업이 행해졌음을 보여 준다. 또한 삼국유사(三國遺事)[41]에는 비록 전설이기는 하지만 동쪽 바닷가에서 고기를 잡고, 미역을 따며 살았다는 연오랑과 세오녀 부부의 기록이 있다. 해조류(海藻類) 관련하여 중국의 의서(醫書)인 본초습유(本草拾遺)[42]에 의하면 신라인은 허리에 새끼줄을 매고 바다 속에 잠수하여 대엽조(大葉藻)를 채취하였다고 한다. 중국의 의서인 남해약보(南海藥譜)에도 신라인이 곤포(昆布, 다시마)를 채취하여 중국에 수출하였다고 기술

---

39) 세종실록지리지는 1454년(단종 2년)에 완성된 세종장헌대왕실록(世宗莊憲大王實錄)의 제148권에서 제155권에 실려 있는 전국지리지이다.

40) 백제의 건국설화에 의하면 고구려의 시조인 동명성왕의 아들 비류와 온조가 남쪽으로 내려와 비류는 미추홀(오늘날 인천), 온조는 위례성에 각각 자리를 잡아 정착하였다. 비류는 나라를 세우지 못했으나 온조는 BC 18년에 나라를 세우고 나라이름을 백제라 하였다고 한다. 위례성은 백제의 도성으로 그 명칭의 유래에 대해서는 여러 설이 있으나 한강을 가리키는 아리수(阿利水)와 욱리하(郁利河)의 '아리'와 '욱리'에서 기원하였다고 보고 있다.

41) 삼국유사는 고려 충렬왕(1236~1308년, 재위기간 1274~1308년) 때 보각국사(普覺國師) 일연(一然, 1206~1289년)이 신라, 고구려, 백제 3국의 유사(遺事, 유전(遺傳)하여 오는 사적)를 모아 지은 역사서이다.

42) 본초습유는 중국 당나라 진장기(陳藏器)가 편찬한 의서로 모두 10권이라고 알려져 있으나 원서는 전해지지 않고 있다.

하고 있다. 이로써 신라가 일찍부터 해조류를 채취하였고, 당시 잠수어업(潛水漁業)이 이루어졌음을 알 수 있다. 또한 천연빙을 채취하여 저장하였다가 여름철에 사용했다는 경주 석빙고(石氷庫)는 식품, 특히 어류와 같이 쉽게 부패되는 종류를 저장하는데 사용되기도 하였을 것이다.

고구려, 백제, 신라는 시기적 차이를 두고 부족국가의 연맹체 수준에서 점차 중앙집권국가[43]로 발전하였다. 서기 4세기 이전 삼국시대 초기까지만 해도 토속신앙[44]이 우세하였다. 하지만 중앙집권적 고대국가체제가 구축되면서 종전의 다양한 신앙을 통합할 수 있는 새로운 종교 또는 새로운 국가체제를 지지해 줄 수 있는 통치이념과 사상적 기반이 필요하게 되었다. 이 무렵 체계적인 교리와 세계관을 갖춘 불교가 외교적 통로를 통해 삼국에 전래되었다.

불교는 서기 372년 중국 동진[45]에서 백제로, 384년 중국 전진[46]에서 고구려로, 5세기에 고구려의 묵호자[47]에 의해 신라로 전해졌다. 초기 불교는 귀족과 왕실을 중심으로 수용되어 국가체제의 정비와 왕실의 권위를 높이는 수단으로 이용된 측면이 있었으나 불교가 공인[48]되면서 점차 일반인에게 확산되었다. 백제의 노리사치계[49]는 우리나라 최초로 일본에 불교를 전파하였다.

---

43) 중앙집권적 고대국가가 형성된 시기는 고구려는 태조왕(재위기간 53~146년), 백제는 고이왕(재위기간 234~286년), 신라는 내물왕(재위기간 356~402년) 때로 보고 있다.

44) 토속신앙은 복을 기원하고 나쁜 기운을 물리치기 위해 민간에서 행해졌던 신앙행위로 민속신앙이라 하기도 한다.

45) 동진(東晉)은 진(晉)나라 후반에 해당하는 중국의 왕조(317~419년)이다.

46) 전진(前秦)은 중국 5호16국(五胡十六國) 중의 하나(351~394년)로 진(秦)이라 하기도 한다. 5호16국은 진나라 멸망부터 남북조시대(304~439) 사이에 중국 북부를 중심으로 5호(흉노, 갈, 선비, 저, 강)가 세운 13국과 한족이 세운 3국의 총칭이다.

47) 묵호자(墨胡子)는 출생과 사망연대가 알려지는 않은 고구려 중기 승려이다. 신라 미추왕(?~284년) 또는 눌지왕(?~458년) 때 일선군(오늘날 경북 구미)에서 굴을 파고 숨어 살다가 신라 공주의 병을 고쳐주어 그 공으로 왕으로부터 불법을 펼치도록 허락받았다. 한국인으로는 불교경전을 처음 배워온 아도(阿道)와 동일인이라는 설이 있다.

48) 삼국시대 불교가 공인된 시기는 고구려는 소수림왕(재위기간 371~384년), 백제는 침류왕(재위기간 384~385년), 신라는 법흥왕(재위기간 514~540년) 때 이다.

49) 노리사치계(怒利斯致契)는 출생과 사망연대가 알려지지 않은 백제 귀족으로 552년 성왕(재위기간 523~554년)의 명에 의하여 석가모니불 금상 1구, 번개(幡蓋, 불법의 위덕을 나타내는 깃발과 우산모양의 장식물) 약간, 경론(經論, 부처의 가르침을 기록한 경(經)과 그 가르침을 주석 · 연구 · 정리 · 요약한 논(論)) 약간 권을 일본에 전하였다.

삼국시대 말 6세기 무렵 불교가 융성해지면서 점차 육식문화가 쇠퇴하게 되었다. 가야를 멸망시킨 신라 법흥왕(재위기간 514~540년)과 독실한 불교신자였던 백제의 법왕(재위기간 599~600년)은 살생금조령(殺生禁條令)을 내려 모든 짐승의 포획을 금지하고, 사냥도구와 어구를 수거하여 불태워버렸다고 한다. 이러한 조치가 장기간에 걸쳐 어업을 금지시키지는 않았겠지만 당시 어업활동에 적잖은 타격을 주었을 것이다.

(2) 통일신라시대

신라는 7세기 중엽 고구려와 백제를 멸망시키고 삼국을 통일하였다. 통일신라시대에 이르면 장보고(?~846년)[50]의 해상활동과 일본인들이 말하는 신라 출신의 해적집단을 지칭하는 신라구(新羅寇)[51] 등의 기록으로 미루어보아 바다 또는 해양을 무대로 활발한 활동이 이루어졌음을 알 수 있다.

통일신라시대(統一新羅時代)에는 활발한 해상활동과 함께 바다를 기반으로 하는 어업활동도 번성하였을 것으로 보고 있다. 이 시대 어업과 관련하여 해동역사(海東繹史)[52]는 나잠업(裸潛業)[53]을 포함한 해면어업이 상당한 수준으로 발달하였고, 다시마를 비롯한 해조류 채취도 활발하였다고 기록하고 있다. 따라서 잠

50) 장보고는 신라의 무장으로 일찍이 당나라(618~907년)에 건너가 군인으로 활약하다 신라에서 잡혀간 노비(奴婢)의 비참한 처우에 분개하여 사직하고 귀국하였다. 해적들의 인신매매를 근절시키기 위해 흥덕왕(재위기간 826~836년)의 허락을 얻어 1만의 군사로 해로(海路)의 요충지인 청해(淸海, 지금의 완도)에 해군기지를 설치하여 해적과 왜구를 소탕하였다. 840년 일본에 무역사절을, 당나라에 견당매물사를 보내어 삼각무역을 하는 등 활발한 해상활동을 하였기에 해상왕이라 불린다. 장보고가 청해진에 해군기지를 건설한 828년 5월을 기념해 1996년 바다의 날이 제정되었다. 바다의 날은 매년 5월 31일이다.

51) 신라구(新羅寇)는 통일신라시대 일본 규슈지방과 대마도 등으로 진격해서 물자를 약탈한 신라 출신의 해적 집단을 말한다. 일본에서는 신라의 입구(新羅の入寇, しらぎのにゅうこう) 또는 한구(韓寇, かんこう)라고 하기도 한다. 대규모의 해적행위가 일본의 사서(史書)에 존재하여 유민 외에도 지방호족이나 국가에서 관여했다는 설이 주장되고 있으며, 해적의 배후를 반신라 감정에 편승하여 조작한 것으로 추정하기도 한다. 그러나 어느 것도 정설로 확인된 바는 없다.

52) 해동역사는 조선후기 실학자 한치윤(1765~1814년)이 단군조선으로부터 고려시대까지의 역사를 서술한 필사본으로 85권 6책이다. 필사본(筆寫本)은 손으로 글을 써서 만든 책이다.

53) 나잠업은 해녀들이 잠수하여 패류와 조류를 채취하는 어업이다.

수어업(潛水漁業)은 그 기원은 분명하지 않지만 이 시기 상당히 성행하였을 것으로 보인다. 당시 해면어업은 주로 육지와 가까운 연해(沿海)에 위치한 어장(漁場)을 중심으로 이루어졌을 것이다. 포경어업과 관련하여 바다사자, 바다표범, 물개 등을 왕에게 상납하였다는 기록이 있다. 또한 해변에 좌초한 고래를 잡아 그 가죽은 왕에게 상납하고, 고기는 식용으로 하고, 고래 기름은 불을 밝히는 등유로 사용하였다는 기록도 있다.

삼국사기(三國史記) 고구려본기(高句麗本紀)에서 기술된 어량어업(魚梁漁業)은 삼국시대에 이어 통일신라시대에도 계속 행해졌다. 어량은 하천이나 해안에 인위적으로 구조물을 설치하여 왕래하는 어류를 포획하는 정치성(定置性) 어구이다. 어량이 설치된 어장은 자연공물(自然公物)에 어구라는 인공(人工)이 가미되어 선점(先占)에 의한 점유(占有)의 형태였을 것이다. 어량어업의 역사를 당시 토지제도와 함께 고려하면 오래 전부터 점유해온 어량어장에 대해 의제적(擬制的)[54] 소유개념도 인정되었을 것 같다. 공동체 수장 또는 그에 준하는 계급적 지배자가 공동체를 대신하여 어장이용에 대한 권한을 장악하고, 피지배층의 공동체 구성원들은 어장의 실질적 이용자로 노동력을 제공하였을 것이다.

통일신라시대에는 서기 6세기 이후 번성하게 된 불교가 점차 대중화되어 백성들의 생활 속에 자리 잡아 불교문화를 만들어가고 있었다. 미술사적 관점에서 통일신라시대를 불교조각의 전성기라고 하는데, 이는 이 시대에 불교가 얼마나 융성하였는지를 대변해준다. 불교문화의 영향으로 이 시대에 삼국시대 말기의 살생금조령(殺生禁條令) 같은 것이 내려졌는지는 알 수 없으나 당시 번성했던 불교문화는 적극적으로 어업을 개발 또는 발전시키는 의욕을 위축시키고, 살생을 하는 어민을 천시하는 사회적 풍조가 확산되는데 기여하였을 것이다. 통일신라시대에 이은 고려시대에 불교는 국교의 지위에 올라 숭상되었다.

---

54) 의제는 본질은 같지 않지만 법률에서 다룰 때는 동일한 것으로 처리하여 동일한 효과를 주는 것이다.

7세기 후반까지 원시공동체 최후단계[55]

신라가 삼국통일을 이룩한 7세기 후반까지 우리나라 토지제도는 혈연과 지연으로 결합된 원시공동체의 최후단계인 농업공동체였다고 보고 있다. 가옥(家屋)과 가대지(家垈地, 집터)는 개인소유가 되었지만 경작지(耕作地)는 아직 공동체에 의하여 소유되었다. 공동체 소유의 경작지는 정기적으로 공동체 구성원 사이에 분할(分割)되어 구성원들은 자기 몫으로 할당된 토지를 주기적으로 일정한 기간 번갈아가며 경작하였다.

농업공동체 구조에서 개개의 대가족제(세대공동체) 중심의 개별경작이 발전하면서 경작지의 정기적 분할현상은 점차 사라지게 되었다. 노동단위도 공동체에서 개별 가족으로 이행되었으며, 경작지 소지분(所持分)은 상속되어 각 가족이 개별적으로 토지를 이용하게 되면서 공동경작은 소규모 개별적 생산형태인 소경영적 생산양식으로 전환되게 되었다. 생산수단의 기본이 되는 경작지가 사유화되면서 농업공동체는 해체되고, 계급사회인 지연단체(地緣團體)로서의 촌락공동체가 형성되었다.

아시아지역에서 원시공동체가 계급사회의 촌락공동체(村落共同體)로 이행되는 과정은 서구와 달리 경작지에 대한 개별적 사유는 제대로 실현되지 않고, 공동체 구성원인 경작자에게 토지에 대한 점유(占有)만 허용되는 형태로 발전하였다. 공동체의 수장이 계급적 지배자로 공동체를 대신하여 토지에 대한 소유권을 장악하고, 공동체 구성원들은 피지배계층이 되었다. 공동체 수장에 의한 토지의 지배와 소유는 공동체를 하나로 통합하여 국가를 건설한 최고수장 즉 국왕의 소유로 발전하여 토지의 국가소유가 성립하였다고 보는 견해도 있다.

3) 고려시대

10세기 초 신라의 옛 영토를 다시 통일한 고려시대(918~1392년)까지도 어업에 관한 자료는 많지 않으나 일반적으로 고려도경(高麗圖經),[56] 고려사(高麗史),[57] 고려사절요(高麗史節要)[58] 등이 자주 인용되고 있다.

---

55) 한국민족문화대백과(1991년, 한국정신문화연구원)의 토지제도를 참고하였다.

56) 고려도경은 1123년(인종 1년) 고려 중기 송나라 사절의 한 사람으로 고려에 왔던 서긍(徐兢)이 지은 책으로 모두 40권이다. 정식명칭은 선화봉사고려도경(宣和奉使高麗圖經)이다.

57) 고려사는 조선 초기 세종대왕(1397~1450년)의 교지를 받아 1449년 김종서(1390~1453년), 정인지(1396~1478년) 등이 문종(1414~1452년) 1년인 1451년에 완성한 총 139권의 기전체 고려시대 역사서이다.

(1) 수산물 이용

고려도경(高麗圖經) 잡속(雜俗) 어(漁)조에는 다음과 같은 내용이 실려 있다. 첫째, 고려에서는 양과 돼지를 기르는데 양고기와 돼지고기 등의 축육(畜肉)은 왕공(王公)과 귀인(貴人)이 아니면 먹지 못한다. 둘째, 세민(細民)[59]은 미꾸라지, 전복, 방(蚌, 조개), 주모(珠母, 진주조개), 문합(文蛤, 대합), 하왕(蝦王, 새우), 자해(紫蟹, 게), 굴, 거북손(龜脚) 등의 수산물을 많이 먹는다. 당시 백성들이 수산물을 많이 소비한 이유는 기호라기보다는 육류공급이 부족했기 때문이라고 보인다. 셋째, 해조와 곤포(다시마)는 귀천 없이 모두 즐기고 있으나 냄새가 비리고 맛이 짜 오래 먹을 것은 못 된다.

고려도경에 기술된 어획물에는 어류로는 내수면어종인 미꾸라지만 언급되어 있고, 나머지는 모두 패류와 갑각류 등에 한정되어있다. 고려도경(高麗圖經)을 보완하는 자료를 포함하는 고려사(高麗史)와 고려사절요(高麗史節要) 등에 기록된 수산물의 종류는 오늘날 우리 연안에서 분포하는 수산물을 거의 망라하고 있기 때문에 고려도경에서처럼 당시 어획물이 패류와 갑각류에 한정된 것이 아님을 알 수 있다. 하지만 전체어업에서 포패업(捕貝業)[60]이 차지하는 비중이 높았던 것은 사실이다.

(2) 어업실태

고려도경(高麗圖經)은 고려시대 어업에 대한 유용한 기록을 다수 포함하고 있다. 어부들은 썰물이 질 때 배를 섬에 대고 고기를 잡았다. 굴과 합(蛤, 조개)과 같은 패류는 조수가 빠져도 퇴거하지 못하므로 이를 많이 포획해도 그 자원이 없어지지 않았다. 포패업(捕貝業)은 전체어업에서 가장 많은 비중을 차지하고 있었으며, 많이 포획되었던 패류는 간단히 가공된 형태로 유통까지 되었다. 또한 해조류는 귀천을 막론하고 좋아했다는 기록으로 보아 이 시대에 채조업(採藻

---

58) 고려사절요는 조선 전기 문종(1414~1452년) 2년 때 김종서 등이 편찬한 고려시대의 역사서이다. 편년체로 기전체인 고려사와 함께 고려시대를 연구하는데 아주 중요한 사료이다.

59) 세민은 가난하고 비천한 백성을 말한다.

60) 포패업은 조개류를 채취하거나 취급하는 것이다.

業)[61]이 성행하였음을 짐작할 수 있다.

고려도경은 망어업(網漁業) 관련하여 그물 만드는 기술이 유치해서 어망은 소포(성기게 짠 베)로 대용하여 고기를 걸러서 잡으므로 비능률적이라고 기술하고 있다. 소포어망이 비능률적이라고 한 것은 그 당시 망어업의 발달 수준과 망어구의 구조를 이해하는 데 도움이 된다. 고려시대에 결절망(結節網)[62]이 전혀 사용되지 않은 것은 아니지만 소포로서 망지(網地, 그물감)로 삼은 무결절어망(無結節漁網)이 주로 사용되었던 것 같다.

고려시대 신분제도

중세 고려시대 신분제도는 크게 지배층, 서민층, 천민층으로 구분된다. 지배층은 왕실과 종친, 척신(戚臣, 왕의 외척), 공신 등으로 이들이 지방관을 차지하였고, 지방호족들이 향직(鄕職)[63]을 맡았다.

과거제도는 788년 신라 원성왕(재위기간 785~798년) 때 당나라(618~907년)의 영향으로 도입되었으나 신라의 신분제도인 골품제가 유지되고 있어 과거제로 관리를 발탁하는 데에는 한계가 있었다. 본격적인 과거제 도입은 고려 광종(재위기간 949~975년) 때이며, 이후 천인과 노비를 제외한 왕족과 귀족, 지방의 향족이 시험을 통해 등용되는 관료제도가 확립되었다. 하지만 고위 귀족층이 자식들이 과거를 통하지 않고 관리로 등용되는 음서제도와 병행되어 가계(家系)에 의해 관직에 등용될 수 있었다. 관직은 점차 세습되어 새로운 지배층을 형성하여 이들이 문무관의 정직(正職)을 맡을 수 있는 양반계층이 되었다.

중간계층이라 할 수 있는 서민층(良人)의 중심은 대다수 농민으로 이 중 16세에서 59세까지 남자(丁)는 병역과 조역 등의 국역(國役)을 담당하기도 하였다. 천인계층은 진척(津尺), 역정(驛丁), 양수척(楊水尺, 禾尺, 백정), 재인(才人, 광대), 상인(商人), 공장(工匠), 악공(樂工), 노비(奴婢) 및 향(鄕), 소(所), 부곡(部曲), 도민(島民) 등이었다.

61) 채조업은 해조류를 채취하는 어업을 말한다.
62) 결절망은 매듭을 지어 역은 망을 말한다.
63) 향직은 고려시대 문산계(文散階)·무산계(武散階)와 함께 사용된 품계이다.

(3) 어촌과 어민의 사회적 위치

고려시대에 특산물을 생산하는 천민 촌락 가운데 어량소(魚梁所)와 곽소(藿所)가 있었다. 어량소에서는 어류를, 곽소에서는 미역을 생산하여 현물지대(現物地代)[64]의 하나인 공세(貢稅)[65]로서 공납하였다. 이로 미루어 보아 중세[66] 신분제도가 확립되어 있던 고려시대에 어민의 사회적 위치는 농민과 같은 양인(良人)이라기보다는 천인(賤人)에 가까웠으며, 어업을 천시하는 사회적 풍토가 만연하였던 것으로 보인다.

(4) 어량어업

고려시대에는 어량(魚梁)어업이 발달하여 당시 어업에서 중심적 위치를 차지하고 있었다. 어량은 하천에 설치된 것이 많았지만 해면(海面)에도 설치되어 조기, 청어 등을 비롯한 각종 어류와 갑각류가 많이 어획되었다고 한다.

고려사(高麗史)에 의하면 현종(992~1031년, 재위기간 1009~1031년)은 1016년에 탄생한 왕자에게 금은기(金銀器), 비단, 토지, 노비, 염분(鹽盆) 등과 함께 어량을 하사하였다는 기록이 있는데 여기서 어량은 어량어장을 말한다. 따라서 이 시대 어량어장이 토지 등과 함께 하사(下賜)대상이었음 알 수 있다. 또한 어장에 설치된 어구의 소유주체뿐만 아니라 어장에 대한 소유주체가 설정되어 독점적 이용이 허용되었다는 것으로 해석된다. 더 이상 어장은 자연공물(自然公物)의 선점(先占)에 의한 점유(占有)의 형태가 아니라는 말이다.

고려시대에 어량어장은 경제적 가치가 높았기 때문에 토지와 마찬가지로 권문세가의 점탈(占奪)[67]대상이기도 하였다. 이는 어장의 독점적 이용권을 확보하는데 권력이 선점에 의한 관습적 점유 또는 어장의 실질적 이용보다 우위에 있었다는 것으로, 특히 고려 후기와 같은 사회적 혼란기에 이런 현상이 두드러졌을 것이다.

---

64) 현물지대는 농민이 생산한 농산물로 지급하는 지대(地代)로 화폐거래가 활발하지 않았던 시대에 성행하였다.
65) 공세는 매년 바치는 공물(貢物)이다.
66) 고려시대는 역사의 시대적 구분상 중세(中世)에 해당된다.
67) 점탈은 남의 것을 강제로 빼앗아 차지하는 것이다.

고려시대 토지제도는 12세기 초부터 붕괴되기 시작하여 1170년 무신(武臣)의 난[68] 이후 권문세족들의 농장 확대와 사원전 팽창이 심각한 사회문제로 대두되었다. 거기에 1231년에서 1259년 까지 29년에 걸쳐 6차례 거듭된 몽고의 침입으로 전 국토가 황폐화되었다. 오랜 전쟁으로 인한 정치·경제·사회적 혼란은 재력과 노동력을 가진 탐욕스러운 권문세력가들에게 황무지를 개간하여 토지를 확대하고 불법적으로 토지를 점탈할 수 있는 기회를 제공하였다. 이러한 권문세가의 토지 사유화는 어량어장의 사점(私占)으로 확산되어 어장은 점차 사점화(私占化)되어갔고, 나아가 고려 말기의 숙폐(宿弊)가 되었다.

고려시대 어장(漁場)의 소유형태와 어업의 경영형태는 토지와 마찬가지로 국가의 관리와 처분에 기초한 어장지배, 어장주(감영,[69] 수영,[70] 왕실 소유 등)의 조세수취(租稅受取)에 기초한 어장지배, 그리고 어민의 어장 용익권(用益權)[71]에 기초한 어장지배로 구분할 수 있다. 앞의 두 가지 유형의 어장은 세금을 징수할 수 있는 권한을 가진 의제(擬制)적 소유주에 의한 지배이다. 세 가지 중 어떤 형태의 어장이라도 현실적 실질적 소유주는 어민이다. 소유주라고 해도 어장은 토지와 달리 물권(物權)[72]이 아니므로 그 자체를 양도하거나 담보로 설정할 수 없고 다만 어장을 배타적으로 이용하여 이익을 향수(享受)[73]할 수만 있었을 것이다.

---

68) 무신의 난은 고려 제18대 왕인 의종(1127~1173년, 재위기간 1146~1170년) 때 무관(武官)을 경시하고 문관(文官)을 우대하는 정책에 불만을 품어 정중부, 이의관 등의 무신들이 일으킨 정변이다. 이후 무신이 집권한 1170년에서 1270년 사이를 무신정권시대라고도 한다. 고려시대(918~1392년)를 전기와 후기로 구분할 때 무신의 난을 기준으로 삼기도 하며, 무신의 난이 발발하고 61년 뒤에 약 30년에 걸쳐 몽고로부터 6차례 침입을 받아 고려는 심한 혼란 속으로 빠져들게 되었고, 1392년 멸망하였다.

69) 감영(監營)은 각 도의 관찰사(觀察使)가 거처하는 관청이다.

70) 수영(水營)은 수군(水軍) 절도사(節度使)의 군영(軍營)이다. 각도에는 관찰사가 수사직을 겸직하거나 별도로 전임직의 수사(水使)가 편성되었다. 강원도, 함경도, 평안도 등 해양방위보다 육로의 방비가 중시되었던 지역에서는 관찰사가 수사를 겸했을 뿐 전임수사가 편성되지 않았다. 반면 경상도, 전라도 등과 같이 해양방위가 보다 중시된 지역은 관찰사가 겸하는 수사 이외에 전임수사가 배정되기도 하였다.

71) 용익권은 남의 소유물 또는 권리를 그 본체를 변경하지 않고 일정 기간 사용·수익하는 물권으로 일종의 인역권(人役權, 특정인의 편익을 위하여 다른 사람의 동산 또는 부동산을 이용하는 물권)이다.

72) 물권은 특정한 물건 또는 재산권을 직접·배타적으로 지배하여 이익을 향수하는 권리이다.

73) 향수는 어떤 혜택(惠澤)을 받아 누리는 것이다.

약 500년간 지속된 고려시대 어업은 아주 더디게 발전하였고, 고려 말기에 어업은 다소 쇠퇴한 것으로 보인다. 고려시대 어업이 이 같이 저조했던 이유를 정리하면 다음과 같다. 첫째, 고려사회의 봉건적 수탈(收奪)의 가혹성을 들 수 있다. 당시 국가에서 공세(公稅)로 징수하는 어획물 외에 어량세(漁梁稅)[74]와 해세(海稅)[75]를 지나치게 징수하였다. 특히 궁가(宮家) 및 권문세가가 어량을 사점화하여 사어세(私漁稅)를 과다하게 징수하여 어업활동을 위축시켰다. 둘째, 고려 말 왜구(倭寇)의 빈번한 침입은 어업활동에 치명적이었고, 일부 연안지방의 어업은 거의 전멸하게 되었다. 마지막으로 고려시대에 융성해진 불교문화의 영향으로 내려진 살생금단(殺生禁斷)의 풍조는 몇 번의 금어조처(禁漁措處)를 취하게 함으로써 어업활동을 약화시켰다. 고려시대 불교는 국교(國敎)였다.

고려 전기 토지제도[76]

고려시대 토지제도인 전시과(田柴科)[77]는 976년 경종(재위 기간 975~981년)때 제정되어, 목종(재위기간 997~1009년), 현종(재위기간 1009~1031년), 덕종(재위기간 1031~1034년)때 수정·보완되어 문종(재위기간 1046~1083년)때 최종적으로 정비되었다.

전시과제도는 관료에게 토지를 지급하는 것이 아니라 일정한 토지에 대해 조세를 받을 수 있는 권리인 수조권(收租權)을 주는 것으로 원칙적으로 세습이 금지되었다. 전시과는 토지에 생산되는 현물수확의 수취를 전제로 하는 것으로 귀족관료의 생활기반이 녹읍[78]과 식읍[79]에 의한 노동력을 포함한 지역지배에서 일정 면적의 토지에 대한 지배로 옮겨졌다는 것에 의미가 있다.

---

74) 어량세는 어량(魚梁)에서 거두어들이는 세금이다.

75) 해세에는 魚稅(어세), 鹽稅(염세), 船稅(선세) 세 가지가 있다. 어세는 잡은 어획물의 무게에 따라 내는 세금이며, 염세는 소금을 생산할 때 내는 세금이다. 선세는 무역하는 배에 부과는 세금으로 일종의 관세라고 볼 수 있다.

76) 한국민족문화대백과(1991년, 한국정신문화연구원)의 토지제도를 참고하였다.

77) 전시과에는 전지(田地, 경작용 토지)와 시지(柴地, 땔감을 얻는 땅 즉 초채지(樵採地)가 있다.

78) 녹읍(祿邑)은 신라에서 고려 초기까지 관료들에 직무대가로 일정지역에 세금을 거둘 수 있는 수조권(收租權)을 준 것으로 일종의 월급이다.

79) 식읍(食邑)은 왕족, 공신, 대신들의 공로에 대한 특별보상으로 주는 토지이다.

전시과 체제에서 토지는 국가에 지세를 납부하는 공전(公田, 국유지)과 해당 토지에서 지대수취의 경영이 행하여지는 사전(私田)으로 구분된다. 공전(公田)은 사실상 농민들의 사적 보유지였음에도 불구하고 이 시대 농민의 토지소유가 제대로 형성되지 않았다. 사전(私田)에는 궁원전, 사원전, 양반전, 군인전 등이 있었으며, 이 중 양반전은 사전의 대표적인 위치에 있었다.

양반전이 공전(公田)위에 설정되었다면 자영 소농민에 의한 자가경영이라 할 수 있으며, 이 경우 양반이 수취하는 세금은 국고에 수납되어야 할 부분을 국가의 지시에 따라 지정한 관료에 귀속되는 형식이 된다. 반대로 양반전이 수조자(收租者)가 본래 사유한 사유지 또는 재래의 호족들의 농장이 일단 회수되었다가 분급수조지(分給收租地)의 재원으로 설정되었다면 지대수취를 목적으로 하는 소작제 경영형태가 된다. 이 두 견해는 양반의 지주적 성격을 해석하는데 중요하며, 현재로서는 소작농으로 보는 견해가 우세하다.

문종(재위기간 1046~1083년) 때 사전(私田)의 확대와 과점의 문제가 발생하였고, 1170년 무신의 난 이후 권문세족들의 농장 확대와 사원전(寺院田)[80] 팽창은 심각한 사회문제로 대두되었다.

고려의 대몽항쟁 29년

12세기 말에서 13세기 초 동아시아정세는 북중국과 만주지역에는 금나라(1115~1234년)가 남중국지역에는 송나라(960~1279년)가, 몽고 남서쪽에는 서하(西夏)[81]가 그리고 한반도에는 고려(918~1392년)가 자리 잡고 있었다. 몽고고원을 중심으로 만주와 중국 북부 등의 지역에 걸쳐 거주하던 유목민목인 몽고족을 통합한 칭기즈칸(1155~1227년)은 1206년 칸(汗)의 지위에 올랐으며 주변국에 대한 정복전쟁을 추진하였다.

1차 침입: 1229년 칭기즈칸의 뒤를 이은 오고타이는 요동 방면의 공격을 재개하였고, 1231년 8월 고려를 침입하였다. 1차 침입으로 몽고군은 고려의 국경 군사구역인 북계(北界) 여러 성을 공략하는데 성공하였다. 또한 북계지역의 지배를 보다 항구화하기 위해 72명의 다루가치(達魯花赤)를 점령지 및 요충지에 설치하여 정치적 영향력을 강화하였으며, 탐마적군(探馬赤軍)을 배치하여 다루가치를 보호하는 한편 군사지배를 실현하

80) 사원전은 불교사원에 소속된 토지이다. 고려시대에는 불교를 국교로 삼았기 때문에 불교사원이 물질적인 면에서 많은 재산을 소유할 수 있었다.

81) 서하는 11~13세기에 중국 서북부의 오르도스(Ordos)와 간쑤(甘肅) 지역에서 티베트 계통의 탕구트족이 세운 나라이다.

려 하였다. 1232년 1월 화의(和議)가 성립되어 몽고군이 철수하였다.

2차 침입: 1232년 몽고와 화의를 맺었으나 고려의 본의가 아니었다. 게다가 몽고가 개경에 파견한 다루가치의 오만무례한 행동과 몽고로부터의 과중한 공물요구는 고려 군신들의 분노를 샀다. 당시 무신집정(武臣執政)이던 최우(崔瑀, ?~1249년)는 몽고군이 수전(水戰)에 약한 것을 이용하여 1232년 6월 16일 수도를 강화도로 옮기고, 각지 주민들을 산성과 주변 섬에 이주시켜 보호하는 등 몽고에 대한 항전태세를 분명히 하였다. 또한 이를 전후하여 서북면과 서경에서 다루가치를 습격하는 일도 있었다.

고려에서 북계수복운동과 재항전 움직임이 일어나자 이에 자극을 받은 몽고는 다시 고려를 침략하였다. 1232년 몽고군은 조선 조정의 개경환도(開京還都)를 요구하면서 침입하여 경상도까지 남하하여 약탈과 파괴를 자행하였다. 하지만 12월 수주(水州, 오늘날 수원시)의 속읍인 처인성(處仁城, 오늘날 용인시)에서 적장 사르타이가 사살되자 지휘관을 잃은 몽고군은 서둘러 철수하였다.

고려와의 전쟁에서 패하고 돌아간 몽고는 주변 동진국(1216~1233년)과 금나라를 정벌하느라 약 2년 동안 고려에 신경을 쓰지 못했다. 1233년에 동진국을, 1234년에는 금나라를 차례로 멸망시키고 계속해서 남송(1127~1279년)을 공격하였다.

3차 침입: 1235년 몽고는 다시 고려를 침략하였는데, 이 전쟁은 1차, 2차 침입의 패배에 대한 보복성으로 경상도와 전라도까지 침공하여 전 국토를 유린하였다. 3차 침입은 5년에 걸쳐 장기간 지속되었는데 이 무렵 고려가 불력(佛力)에 의지해 몽고군을 격퇴하고자 팔만대장경(八萬大藏經)을 조판하기 시작하였다. 고려의 항전도 결코 만만치 않았으나 몽고군에게 결정적인 타격을 가하지 못한 채 전쟁이 장기화됨에 따라 고려의 국토는 황폐화되고, 백성들은 극심한 피해를 입었다.

고려는 1238년 몽고에 보내 강화를 제의하고 철군을 요청하였다. 몽고는 고려 국왕의 친조(親朝)[82]를 조건으로 고려의 요구를 받아들여 다음해 철수하였다. 그러나 국왕이 직접 외국에 입조(入朝)[83]하는 것은 역사상 전례가 없는 일이라 고종(1192~1259년)이 모후 유씨(柳氏)의 상(喪) 중임을 핑계로 왕족 신안공 전(新安公 佺)을 왕의 동생이라 하여 국왕 대신 입조시켰다.

1239년 신안공은 귀국하였지만 몽고는 해도(海島)에 있는 민호(民戶)를 육지로 돌아오게 하고 그 수효를 점검해 보고할 것, 인질을 보낼 것, 반몽행위를 한 고려 관원들을 몽고

82) 친조는 임금이 몸소 나라를 다스리는 것을 말하나 여기에서는 고려 국왕이 몽고 조정(朝廷)에 나가 다른 몽고 신하와 함께 참렬(參列)하는 것을 말한다.

83) 입조는 벼슬아치가 조회에 들어가거나 외국인이 조정(朝廷)에 참렬하는 것으로 고려 국왕이 몽고 조정에 참렬한다는 말이다.

로 압송할 것 등 새로운 요구를 해왔다. 하지만 이때 마침 몽고에서 오고타이가 죽고 칸의 계승을 둘러싼 내분이 일어나 고려에서 더 이상 전쟁을 수행하기 어려웠다. 고려는 신안공의 종형(從兄)인 영녕공 준(永寧公 綧)과 귀족 자제 10명을 몽고에 인질로 보내는 것만으로 몽고와 화의하였다.

4차 침입: 몽고에서 약 5년 간의 내분 끝에 구육(뒤에 定宗)이 즉위하여 자국의 안정을 이루게 되자 고려 국왕의 친조와 출륙환도(出陸還都)가 이루어지지 않았음을 이유로 1247년 다시 고려를 침입해왔다. 몽고는 군대를 이끌고 개경 및 강화 연안까지 쳐들어와 강화도 정부를 압박하였다. 하지만 1248년 몽고에서 구육이 죽고 다시 칸의 지위계승을 둘러싼 내분이 생기자 몽고군은 곧장 철수하여 전쟁이 전국적으로 확대되지는 않았다. 고려 측의 피해도 크지 않았다.

5차 침입: 1251년 내분을 수습하고 칸에 즉위한 몽케(뒤에 憲宗)는 사신을 보내와 국왕의 친조(親朝)와 출륙환도(出陸還都)를 재촉하였고, 고려는 국왕의 친조를 약속하였다. 몽고는 재차 사신을 보내와 국왕의 출륙을 요구하였으나 고려가 응하지 않자 1253년 고려를 침략하였다. 고려군의 치열한 항쟁에도 불구하고 몽고군은 전국 각지에서 약탈과 파괴를 자행하여 피해가 커지자 고종(1192~1259년)은 강화도를 나와 승천부에서 사신을 맞이하였고, 뒤에 왕자 안경공 창(安慶公 淐)을 몽고로 보내 국왕을 대신하여 친조하게 하여 화의가 이루어졌다.

6차 침입: 5차 침입 후 몽고군이 철수하고 반년이 지나자 몽고는 고려 정부의 완전한 개경환도(開京還都)를 요구하면서 1254년 다시 고려를 침입하여 전 국토를 유린하였다. 고려사에 의하면 이 한 해 동안 몽고에 포로로 끌고 간 고려인이 2만여 명이었으며, 몽고군이 지나간 자리에는 잿더미만 남았다고 한다. 하지만 고려는 경상도와 전라도에서 별초군(別抄軍, 임시 특별부대)을 뽑아 올려 강화도 수비를 강화하고, 각 지방에서는 별초군과 백성들이 끈질기게 항전하여 몽고군에 막대한 타격을 주었다. 몽고군은 고려 측의 태도변화를 기다리면서 일단 북계로 철수하였다.

1256년 고려가 출륙환도 할 기미가 보이지 않자 몽고는 다시 공격을 재개하였다. 서해안지역을 주로 공략하면서 강화도 갑곶(甲串) 맞은편에 군사를 집결시켜 강화도에 있는 고려 정부를 위협하였다. 고려의 항전도 만만치 않아 몽고군에게 커다란 타격을 주었다. 때마침 몽고에 사신으로 파견된 김수강의 외교활동이 일정한 효과를 거두어 몽고군은 모두 철수하였다.

몽고군 철수 후 고려는 국왕친조와 출륙환도를 지연시켰고, 1257년에는 해마다 보내던 공물마저 중단하였다. 같은 해 6월에 재차 공격해와 서해도, 양광도, 충청도 등지를 약탈하는 한편 국왕의 친조 대신 태자의 입조로 요구조건을 완화하였다. 고려 측에서 요구를 받아들여 강화가 성립되는 듯하였으나 고려가 태자의 입조를 시행하지 않고, 안경공(安慶公)을 다시 보내자 몽고의 공격은 재개되었다.

1258년 유경, 김준 등이 강화도에서 무신집정(武臣執政) 최의(崔竩)를 살해하자 그 동안 항전을 고집하던 최씨 정권이 붕괴되었다. 이와 동시에 최자, 김보정 등을 중심으로 대몽강화론(對蒙講和論)이 강력하게 대두되었고, 몽고와의 화의교섭이 급진전 되었다. 고려는 1258년 12월에 박희실과 조문주를 몽고 헌종 몽케의 행영(行營)에 보내 최의의 살해소식을 알리고, 출륙환도(出陸還都)와 태자의 입조(入朝) 시행을 약속하였다. 이때 몽고와 체결한 협정에는 '출륙환도는 3년을 기한으로 개경의 복구공사가 완료되면 시행한다'는 조항이 있었다. 이는 즉각적인 출륙환도를 거부하고 벼랑 끝 외교전술을 구사할 수 있는 여지를 주었다.

1259년 5월에 고종(1192~1259년)이 강화도에서 나와 승천부에서 몽고의 사신을 맞이하였다. 태자 친조(親朝) 약속에 따라 태자 전(倎, 뒤의 元宗)을 몽고에 파견하였다. 이로써 화의가 성립되었고, 29년 동안 계속된 전쟁은 완전히 끝나게 되었다.

29년 전쟁 종전 후: 몽고와의 강화가 고려 측의 일방적인 항복을 의미한 것은 아니어서 당시 고려는 태자의 입조로 고려의 풍속을 바꾸지 않을 것(不改土風), 몽고 사신의 빈번한 왕래를 자제할 것, 개경환도를 재촉하지 말 것, 몽고군을 모두 철수시킬 것, 다루가치를 두지 말 것 등을 관철시켰다. 이러한 외교적 성과는 전쟁기간에 보여준 고려인들의 끈질긴 저항에 힘입어 얻어진 것이었다. 1259년 강화가 성립된 직후 몽고에서는 몽케가 죽고 내전 끝에 쿠빌라이(뒤의 世祖)가 즉위하여 남송에 대한 공격도 중지한 채 국내의 안정을 꾀하고 있어 고려에 무리한 요구를 하면서 압박할 필요가 없었다. 고려에서도 고종이 죽고 원종(1219~1274년, 재위기간 1259~1274년)이 즉위하여 몽고와의 화의관계를 그대로 유지하였다. 원종 2년에는 태자 심(諶, 뒤의 忠烈王)이 입조하였고, 1264년 역사상 처음으로 국왕이 친조하였다.

고려 후기 토지제도 문란[84)]

12세기 초부터 문란해지기 시작했던 토지제도는 1170년 무신의 난 이후 권문세족들의 농장 확대와 사원전(寺院田) 팽창으로 심각한 사회문제로 대두되었다. 농장은 왕실, 귀족, 고급관료, 사원 등의 권력자들이 사적으로 대규모 토지를 소유·지배하는 형태이다.

---

84) 한국민족문화대백과(1991년, 한국정신문화연구원)의 토지제도를 참고하였다.

농장형태의 토지지배는 통일신라시대부터 존재하여왔으나 급속히 확산된 것은 12세기 후반이다.

농장은 점탈, 개간, 사패지[85] 지급, 기부, 장리(長利),[86] 매입 등 다양한 경로를 통해 성립하였는데, 이 중에서 주목할 것은 개간과 불법점탈이었다. 권력자들이 개간한 토지는 국왕의 사패를 받아 공신전(功臣田) 등의 명목으로 등록해서 면세특권을 얻어내는 것이 상례였다. 불법적 점탈행위가 성행하는 가운데 약 30년에 걸쳐 6차례의 몽고침략을 받으면서 국토가 황폐해져 방대한 면적의 황무지가 늘어났다. 이 같은 사회적 혼란은 재력과 노동력을 가진 탐욕스러운 귀족들에게는 황무지를 개간하여 토지를 확대하거나 독점하는 기회가 되었다.

농장 확대는 대토지의 사유와 지배를 전제로 성립된다. 농장에는 지배의 거점으로서 장사(莊舍)가 설치되었고, 장주(莊主), 장두(莊頭), 간사(幹事)가 상주하면서 농장경영과 관리를 맡았다. 이들은 대부분 노복(勞復)으로 도읍에서 정치의 권좌에 앉아 있는 농장주의 대리인 자격으로 농장을 지배하였다. 경작노동은 노비 또는 양인의 전호(佃戶)가 맡았다. 농장 안에는 경작노동을 하는 많은 전호 농민이 살고 있었다. 농장에서 경작노동을 하는 소작농을 노비와 동렬로 파악되는 것이 상례였기 때문에 이들의 위치는 노비적 색채가 강하다고 할 수 있다. 양인을 노예적 위치로 파악하는 이유는 농장주가 자기 농장에 국가의 수취(受取)가 미치는 것을 막고-국가에 바쳐야 할 세금을 포탈하고-예속 농민에 대한 독점적 지배를 위한 방법으로 악용하였기 때문이다.

고려 말 대내외 동향

고려 말 대외적으로 한(漢)족이 몽골족이 세운 원나라(1271~1368년)를 멸망시키고, 명나라(1368~1644년)를 건국하였다. 대내적으로는 원나라 간섭기에 정권을 잡은 권문세력(친원보수파)과 달리 성리학[87]을 수용한 신진사대부(친명개혁파)가 등장하였다. 사전개혁(私田改革)에 있어 친원보수파와 친명개혁파의 입장은 첨예하게 달랐다. 신진사대부 중에서도 고려 왕조를 유지하면서 개혁하자는 온건파와 고려를 멸하고 새로운 나라를 건국하자는 혁명파로 나누어졌다.

85) 사패지(賜牌地)는 고려와 조선시대 임금이 내려준 토지를 말한다.
86) 장리는 돈이나 곡식을 꾸어 주고, 받을 때 한 해 이자로 본래 빌려줬던 곡식의 절반 이상을 받는 변리(邊利)이다.
87) 성리학은 송나라(960~1279년)와 명나라(1368~1368년) 때 성립된 학설이다.

고려 말 토지제도 개혁

친명성향의 혁명파 신진사대부 이성계(1335~1408년)는 1388년 위화도회군[88]을 단행한 후 당시 문란한 토지제도를 개혁하기 위하여 1389년 양전사업(量田事業)[89]을 실시하고, 1390년에는 급전도감(給田都監)을 설치하여 기존의 공사전적(公私田籍)을 불태우고, 1391년 새로운 전제(田制)의 기준이 되는 과전법(科田法)을 공포하였다. 과전법은 권문세력의 사전을 몰수하여 국유화함으로써 구지배세력의 경제기반을 와해시키는 동시에 1392년 건국되는 조선의 경제기반을 확립시켰다.

4) 조선시대

삼국시대 이후 통일신라(BC 57~935년)와 고려(918~1392년)에 이어 조선(1392~1910년)으로 이어지는 오랜 역사시간 속에서 국가경제의 중심은 농업이었다. 어민들도 절대다수가 어업을 전업으로 하지 않고, 농사를 지으면서 어업도 함께 하는 반농반어(半農半漁)의 생업형태를 취하고 있었다.

반농반어의 생업형태만 고려하면 과거 계급사회에서 어민의 위치는 농민과 같은 양인(良人)으로 볼 수도 있다. 하지만 조선 초기부터 어염업(漁鹽業)[90]은 천업(賤業) 내지는 고역(苦役)으로 여겨졌고, 어부나 염부들을 어한(漁漢), 염한(鹽漢) 또는 축말자(逐末者)라 불렀던 점과 전업어촌을 망소(網所), 곽소(藿所) 등 천민마을을 지칭하는 소(所)로 호칭한 점을 고려할 때 어민의 사회적 신분은 양인보다는 천인(賤人)에 가까운 것으로 보인다. 조선시대에는 어업과 어민을 천시하면

88) 위화도회군의 배경에는 우왕(재위기간 1374~1388년) 즉위 후 고려가 외교정책을 친명에서 친원으로 바꾸어 두 나라 관계 악화되었다. 명나라가 쌍성총관부 관하지역을 영유하기 위해 철령위(鐵嶺衛) 설치를 통고하자 명나라의 고려 전진기지인 요동정벌론(遼東征伐論)이 제기되었다. 요동정벌론에 반대한 이성계가 위화도(威化島)에서 회군(回軍)을 결심하고 우왕을 폐위하고, 우왕 아들 창왕(재위기간 1388~1389년)을 즉위시켰다. 하지만 우왕과 창왕이 이성계를 암살하려는 계획이 발각되어 둘은 살해되고, 고려의 마지막 왕 공양왕(재위기간 1389~1392년)이 즉위하였다.

89) 양전사업은 고려 말 사전(私田)이 확대되는 과정에서 은결(隱結)되어 국가의 지배에서 빠져 있던 토지를 국가소유로 편입시키고, 토지등급을 조사하는 토지조사사업으로 국가재정의 수취원(收取源)을 확대하였으며, 합리적인 지대징수(地代徵收)를 할 수 있게 하였다.

90) 어염업은 어업과 제염을 말한다.

서도 어업은 각종 세금의 징수대상인 동시에 권문세가의 수탈(收奪)의 대상이 되었다. 이와 같은 천시와 수탈은 조선시대 어업발전을 가로막는 장애요인으로 작용하였을 것이다.

조선시대 신분제도

조선시대의 신분제도 또는 신분계층은 크게 양반, 양민, 천민으로 구분된다. 양반은 지배계층이며, 양민과 천민은 피지배계층이다. 조선시대 신분제도는 대체로 고려의 것을 계승한 것이어서 그 구조에서 본질적 차이는 없으나 고려와 달리 적서(嫡庶)의 차별이 심하여 양반의 첩자손인 서얼(庶孽)은 사족(士族)이 기피하는 무관(武官) 말직을 차지하는 등 특수층을 형성하였다. 이들과 함께 기술관과 서리(胥吏) 등으로 진출하는 중인(中人)과 더불어 양반과 양인(良人)의 중간계층을 이루었다.

고려 후기 중국에서 전래된 유교(儒敎)를 통치이념으로 하는 조선시대에는 직업에 따라 신분계급을 구분하였는데, 양반, 양민(상민), 천민들의 직업상의 귀천(貴賤)은 사농공상(士農工商) 순서이다. 사(士)는 관료와 선비(유생)를 주축으로 하는 양반계층을, 농(農)은 대부분 양민의 업이었으며, 공(工)과 상(商)은 천업으로 생각되었다. 이와 같은 계급질서는 조선사회의 근간이 되었다. 직업별 신분차별은 1894년 갑오개혁[91] 이후 점차 무너지게 되었지만 118년이 지난 오늘날에도 그 잔재가 남아있다.

조선시대 어업에 대한 대표적인 문헌으로 조선왕조실록(朝鮮王朝實錄),[92] 신증동국여지승람(新增東國輿地勝覽),[93] 임원십육지(林園十六志),[94] 자산어보(玆山魚譜)[95]

91) 갑오개혁은 1894년(고종 31년) 7월 초부터 1896년 2월 초까지 약 19개월간 3차에 걸쳐 추진된 일련의 개혁운동으로 갑오경장(甲午更張)이라고 하기도 한다.

92) 조선왕조실록은 조선을 개국한 태조 이성계부터 철종에 이르기까지 25대 472년간의 역사를 연월일 순서에 따라 편년체로 기록한 책으로 1,893권 888책이다. 필사본(인쇄하지 않고 손으로 써서 만든 책), 인본(인쇄한 책), 정족산본(사본)과 태백산본(부산 거제동 행정안전부 국가기록원 부산기록정보센터에 있는 조선왕조실록) 등이 일괄적으로 국보 제151호로 지정되었다. 1997년에는 훈민정음과 함께 유네스코(UNESCO) 세계문화유산으로 등록되었다.

93) 신증동국여지승람은 1530년(중종 25년)에 이행, 윤은보, 신공제, 홍언필, 이사균 등이 동국여지승람을 증수하여 편찬한 55권 25책으로 조선 전기의 대표적인 관찬지리서이다. 동국여지승람은 1481년(성종 12년)에 50권으로 편찬되었다.

94) 임원십육지는 조선 후기 실학자 서유구(1764~1845년)가 저술한 박물학서로 113권 52책의 필사본으로 임원경제십육지(林園經濟十六志)라고 하기도 한다. 이 책은 전원생활을 하는 선

등이 있다. 이들 문헌을 통해 조선시대 수산물의 종류가 다양하였고, 어업이 동서남해안 전역에서 이루어졌으며, 어획량이 상당하였다는 것을 알 수 있다. 조선시대 어업을 기술하는데 편의상 임진왜란(1592~1598년)을 기준으로 전기와 후기로 구분하였다.

(1) 조선 전기

① 수산물의 종류

조선 전기에 간행된 몇 가지 관찬(官撰)[96] 지리서에는 어획물의 종류가 비교적 상세히 수록되어 있다. 세종실록지리지(世宗實錄地理志)[97]에는 98종의—어류 44종, 패류 12종, 해조류 19종, 기타 수산물 13종—수산물과 그 밖에 가공품 및 기타 24종이 기록되어 있다. 이 보다 80년 뒤에 간행된 신증동국여지승람(新增東國輿地勝覽)에는 세종실록지리지와 거의 같은 수준인 95종의—어류 51종, 패류 16종, 해조류 13종, 기타 15종—수산물이 기술되어 있다.

세종실록지리지와 신증동국여지승람에 기록된 수산물을 1910년 한일합방 전후 당시 농상공부 수산국과 조선총독부 농상공부가 발행한 한국수산지(韓國水産志)[98]에 기록된 103종과—어류 60종, 패류 18종, 해조류 6종, 해수류 6종, 기타 10종—비교해보면 해수류(海水流, 해양 포유동물)를 따로 분류하고 있는 것을 제외하면 거의 같다. 따라서 조선 전기에 오늘날 어획되는 주요 수산물이 거의 다 어획되었음을 알 수 있다. 패류로는 굴 종류와 전복이 주로 포획되었으며, 해조류로는 미역, 김, 다시마, 청각 등이 주로 채취되었다. 기타 수산동물로는

비에게 필요한 지식과 기술 그리고 기예와 취미를 기르는 백과전서로 생활과학서의 성격을 지니고 있다.

95) 자산어보는 1814년(순조 14년)에 정약전(1758~1816년)이 귀양 가 있던 흑산도 연해의 수족(水族)을 취급한 어보(魚譜)로 3권 1책이다.

96) 관찬은 정부에서 편찬한 책이다.

97) 세종실록지리지는 1454년(단종 2년)에 완성된 세종장헌대왕실록(世宗莊憲大王實錄)의 제148권에서 제155권에 실려 있는 8권의 전국지리지(全國地理志)로 본서가 편찬되기 이전의 관찬 지리지와 관계가 깊다.

98) 한국수산지는 1908년부터 1911년에 걸쳐 전국 연안 도서와 하천의 수산의 실상을 조사하여 기록한 4권 4책이다.

새우류가 많았다.

② 내수면어업과 해면어업

관찬지리서(官撰地理書)를 통해 본 조선 초기 어업의 특징 중의 하나는 담수어(淡水魚)와 소하성 어류(溯河性魚類)[99]가 큰 비중을 차지하고 있었다는 것이다. 특히 은어(銀魚)[100]가 분포지역이 광범위하여 각지에서 많이 어획되었다. 은어 외에도 열목어, 누치, 쏘가리, 황어, 잉어, 붕어 등의 담수어류와 연어, 송어, 숭어, 농어 등의 소하성 어류가 많이 어획되었다. 이러한 어류가 많이 잡혔다는 것은 당시 이들 어류를 대상으로 하는 내수면어업(內水面漁業)이 상당히 성행하였음을 말한다. 하지만 어업전체로 보면 해면어업(海面漁業)의 비중이 더 높았다.

조선 전기 해면어업은 주로 내만(內灣)과 천해(淺海)를 중심으로 육지에 근접된 연안에서 주로 이루어져 어선도 소형이었다. 이로써 이 시기 어업 관련 기술의 발달수준이 상당히 낮은 단계에 있었음을 짐작할 수 있다. 이는 제3장 '왜구의 침입'에서 언급하겠지만 조선 초기 잦은 왜구의 침입으로 육지와 멀리 떨어진 바다에서의 어업활동을 정책적으로 제한한 것과 무관하지 않다.

③ 어전어업

조선 전기의 어구 및 어법에 관한 기록은 대부분이 어량(魚梁) 또는 어전(漁箭)에 관한 것이다. 고려시대 대표적인 어구였던 어량은 조선시대에도 성행하여 세종실록지리지(世宗實錄地理志)에 의하면 전국에 약 360여 통의 어량이 설치되어 있었다고 한다. 지역별 분포를 보면 충청도 136개소, 황해도 127개소, 전라도 50개소, 경기도 7개소, 함길도(함경남북도) 2개소였다. 강원도와 평안도(평안남북도)의 어량에 대한 기록은 없다. 세종실록지리지에서 기술된 내용을 정확한 통계라고 보기는 어려우나 당시 어전의 수와 그 분포상황을 이해하는 데 도움이 된다.

99) 소하성어류는 생애의 대부분을 바다에서 생활하고 번식기가 되면 알을 낳기 위하여 본래 태어났던 하천으로 돌아오는 물고기이다.

100) 은어는 어릴 때 바다로 나갔다가 다시 하천으로 돌아오는 어류로 맑고 깨끗한 1급수에 서식한다.

어전(漁箭)

고려시대의 사료와 조선 초기에 사용되던 어량(漁梁)은 성종(1457~1494년, 재위기간 1470~1494년) 이후 어전(漁箭)이라 불렸다. 이는 이 무렵 어민들은 어량을 어살로 호칭하고 있었고, 어살의 한문식 표현이 어전이었기 때문이라고 추측된다. 조선 후기에는 어전을 홍(篊) 또는 어홍(漁篊)이라 하기도 하였다.

어전을 사점(私占)하는 폐단은 고려시대부터 내려온 숙폐(宿弊)였기 때문에 조선을 건국한 태조 이성계(1335~1408년, 재위기간 1392~1398년)는 건국 이후에 실시한 전제(田制)개혁의 일환으로 어장제도(漁場制度)에 대해서도 개혁을 단행하여 어전을 사점하는 폐단을 근절시키려 하였다.

조선시대 기본법전인 경국대전(經國大典)[101]에는 어전을 사점하는 것을 금하는 규정이 있었다. 하지만 이 규정은 잘 지켜지지 않았고, 어전을 사점하는 폐단은 날로 심해져갔다.

신증동국여지승람(新增東國輿地勝覽)는 세종신록지리지에서 기재되어 있지 않았던 평안도 여러 곳에 어량이 설치되었다고 기록하고 있다. 따라서 조선 전기에 어량은 지역별로 그 수에서 차이가 있었지만 동서남해안 전 해역에 설치되어 있었음을 알 수 있다. 어량(漁梁) 또는 어전(漁箭)은 조선 전기에도 여전히 대표적인 어구였다.

세종실록지리지에 의하면 조선 전기 어전(漁箭)의 분포는 주로 서해안에 편재되어 있는데, 이는 서해안의 지형, 간만차(干滿差),[102] 조류(潮流)[103] 등의 자연조건이 소극적인 어구인 어전을 설치하는 데 알맞기 때문으로 보인다. 서해안의 어량어업은 일찍부터 수익성이 큰 어업으로 발달하였다. 어전에서 어획한 수산물의 대부분은 해산어로 당시 어전의 대부분이 해양어전이었음을 알 수 있다.

예종(1450~1469년, 재위기간 1468~1469년) 때 편찬된 경상도속찬지리지(慶尙道續撰地理志)[104]에 의하면 경상도의 도처에 어전이 설치되어 있었다고 한다. 밀양도

101) 경국대전은 조선 건국 초의 법전인 경제육전(經濟六典)의 원전(原典)과 속전(續典) 그리고 그 뒤의 법령을 종합해 만든 조선시대 두 번째 통일 법전이다.

102) 간만차는 고조(high water)와 저조(low water) 때 높이의 차이이다.

103) 조류는 조석(潮汐)에 의해 일어나는 해수의 주기적 흐름이다.

104) 경상도속찬지리지는 경상도지리지를 보완하기 위하여 1469년 편찬되었다.

호부에 있는 어전은 남천(南川)에 설치하여 은어를 어획하였고, 다른 여러 지방에서도 하천에 어전을 설치하였다는 기록으로 보아 조선 전기에 하천어전도 성행하였음을 알 수 있다. 하지만 다른 자료와 비교해 보면 이 시기 하천어전은 이미 해양어전에 압도당하고 있었던 것으로 보인다.

해양어전은 밀물 때 연안으로 들어와 썰물 때는 빠져 나가는 어류나 기타 수산동물의 퇴로를 어전의 양쪽 날개 부분이 차단하여 함정부분으로 유도하여 어획하는 것으로 유도함정어구라 할 수 있다. 이 점에 있어서 강제함정어구인 하천어전과 어법에서 차이가 있다. 어전의 규모에 있어서 일반적으로 하천어전은 소규모인 데 반하여 해양어전은 규모가 컸다. 해양어전도 설치장소, 어획대상, 설치목적 등에 따라 크기에서 차이가 있었다. 조선 전기에 대표적인 어전어업 어획물은 조기였다. 조기나 청어 등을 대량으로 어획하기 위해 서해안에 설치했던 해양어전은 그 규모가 상당히 큰데 반해 자가소비용 어류를 어획하기 위해 설치된 해양어전은 그 규모가 아주 작았다고 한다.

중종실록(中宗實錄)[105]에 어전은 공역(功役)[106]이 심대(甚大)하여 빈민이 설치할 수 없다는 구절이 있는 것을 보면 조선 초기에 이미 상당히 규모가 큰 어전이 있었음은 확실한 것 같다. 조선시대에는 관(官)에서 어전을 설치하여 가난한 백성에게 관리하도록 하였다. 또한 어전에 등급을 매겨 대장을 만들어 호조(戶曹),[107] 도(道), 고을에 비치하여 일정한 어전세(漁箭稅)[108]를 거두어 들였다.

④ 망어업

조선 전기에는 여러 가지 망어업(網漁業)도 성행하였다. 당시 사용되었던 어망의 명칭이나 구조는 정확하게 알 수 없으나 여러 가지 어망이 각지에서 사용되었다는 기록과 망지(網地)가 마사(麻絲)로 제조되었다는 기록이 세종실록지리

105) 중종실록은 1506년 10월부터 1544년 12월까지 중종(1488~1544년) 재위 38년 3개월간의 역사를 다루고 있으며, 1550년(명종 5년)에 이기(李芑)의 주재 하에 간행되었다.

106) 공역은 국가나 공공단체가 과하는 병역(兵役) 또는 부역(賦役)이다.

107) 호조는 조선시대 호구(戶口, 호적상의 가구수와 인구), 공부(貢賦, 나라에 바치던 물건이나 세금), 전량(錢糧, 돈과 곡식), 식화(食貨, 음식과 재물)에 관한 일을 관장하던 관서로 육조(六曹) 중의 하나이다. 지관(地官) 또는 지부(地部)라고 하기도 한다.

108) 어전세는 수확한 어획물의 무게에 따라 징수하는 세금이다.

지와 신증동국여지승람에 남아 있다.

조선 전기 토지제도[109)]

고려(918~1392년)가 멸망하기 1년 전에 시행된 과전법(科田法)은 조선시대(1392~1910년)의 기본적인 토지법이 되었다. 과전법은 전현직 관료들에게 등급에 따라 일정한 토지를 지급하는 분급수조지(分給收租地)제도로 국가로부터 받은 토지는 농민이 경작하였고, 관료(田主)들은 토지를 경작하는 농민(田戶)들로부터 경작의 대가로 세금을 거두어 생활하게 하였으며, 관료가 사망하면 그 토지는 반납하는 것이 원칙이었다.

과전법에서 전주(田主)는 과전을 받는 의제적 소유주이며, 전호(田戶)는 민전주(民田主)로 실질적 소유주이다. 따라서 전호가 고의로 경작의무를 태만히 하여 전주에 손해를 입히는 경우를 제외하고는 그 소경전에 대한 권리가 침해되지 않았다. 과전법에 의한 토지개혁은 경자유전(耕者有田)[110)]에 의한 균등분배가 아니고 수조권을 재분배하는 것으로 토지소유의 불균형과 빈부격차에서 발생하는 사회적 모순을 내포하고 있었다.

과전법이 시행되고 75년째인 1466년 세조(재위기간 1455~1468년)는 전·현직 관료를 막론하고 지급하던 사전(私田)을 폐지하고, 현직 관리에게만 수조지(收租地)를 분급하는 직전법(職田法)을 실시하였다.

현직 관리에게만 수조지(收租地)를 분급하는 직전법(職田法)은 농업기술의 발달로 인한 생산력 향상과 농민경제의 발달에 따라 토지 소유자인 전호(田戶, 소작 농민)의 권리와 사적 소유권이 안정되어 가는 추세를 반영하고 있다. 또한 전주(田主)가 직접적으로 전호를 지배하는 것을 차단하고, 국가가 농민을 직접 지배하는 방향으로 정책을 추진한 것이다. 통일신라시대 이래 지속된 봉건적 경제제도였던 수조권(收租權)에 기초한 토지의 점유관계가 폐기되고, 토지 소유권에 기초한 농업생산관계가 점차 부상하는 새로운 발전방향을 보여주는 것이라 할 수 있다.

직전법이 시행되고 3년 뒤인 1470년 성종(재위기간 1470~1494년)은 국가가 경작자에게서 직접 수조(收租)하여 관료나 공신에게 해당액을 지급하는 관수관급제(官收官給制)를 실시하는 새로운 토지분급제도인 직전세(職田稅)로 전환되었다. 이로써 관료의 직접적인 수조권한은 폐지되었고, 국가가 토지와 농민을 직접 지배하게 되었다.

조선 건국 이후 기본토지제도였던 과전법(科田法)이 붕괴되어 자영소농민은 경제적 기반을 상실하게 되었다. 이로써 수확량의 2분의 1을 세금으로 내는 병작반수제(竝作半收制)가

109) 한국민족문화대백과(1991년, 한국정신문화연구원)의 토지제도를 참고하였다.
110) 경자유전은 농지를 직접 경작하는 농민이 토지를 소유하는 원칙을 말한다.

성행하게 되었다. 이로써 병작반수제의 피해로 몰락한 자영 소농민을 흡수하여 점차 대토지 농장을 경영하는 토지 소유의 편재현상이 나타나기 시작했다. 1466년 사전(私田)을 폐지하고, 현직에 있는 관리에게만 수조지를 분급하는 직전법이 실시되었다.

15세기 말 이후, 직전(職田)[111]의 부족과 재정고갈이 만성화되면서 직전세(職田稅)의 일부 혹은 전부를 국가재정으로 전용하는 정책이 자주 실시되었다. 16세기에 이르러서는 직전세의 지급이 일시적으로 중단되었을 뿐만 아니라 그 분급액도 줄어들고 연분(年分)도 거의 하하년(下下年)으로 고정되어, 직전의 경제적 의미가 미비해졌다.

1518년 토지소유의 편재를 타개하기 위하여 정전법(井田法)[112], 균전법(均田法)[113]을 실시하자는 주장이 대두되었으나 당시 상황으로 수용되기 어려운 제안들이었다. 결국 도시귀족과 지방향호들에 의한 대토지 겸병(兼并)이 진행되는 과정에서 영세소농민만 경작지를 상실하고 몰락의 길로 내몰리게 되었다. 결과적으로 농장의 확대로 인하여 무전실토(無田失土)한 농민이 증가하였다. 농장에서는 신분상으로는 양인이지만 농장주에 예속된 양인전호(良人佃戶)의 수가 점점 늘어났다.

상징적으로 남아있던 직전법(職田法)도 1557년 명종(재위기간 1547~1567년) 때 없어졌다. 직전의 폐지 이후 왕족이나 관료에게 토지를 지급하는 제도는 완전히 없어졌으나 대부분의 왕족이나 관료들은 이미 광대한 농장을 소유하고 있었으므로 국가로부터 토지를 지급받지 않아도 그렇게 큰 타격을 입지 않았다. 또한 관료신분의 세습화로 사실상 토지도 세습되고 있었다.

고려시대 전시과(田柴科) 체제하의 농민을 고대적 위치에 있었다고 한다면 소작농민이 지주에게 지대를 부담하는 조선시대 농민은 중세적이라고 할 수 있다. 중세적 농민은 고려 중기 이후 농장을 중심으로 형성된 토지를 개인이 지배하게 된 것과 관련이 있다. 지주(地主)와 전호(田戶)의 소작관계에 입각한 지주적 토지제도는 임진왜란(1592~1598년) 이전에 이미 구축된 것으로 보인다.

조선을 전기와 후기로 구분할 때 임진왜란(1592~1598년)을 기준으로 삼을 만큼 임진왜란 7년 전쟁과 전후복구과정은 조선사회에 커다란 영향을 미쳤다.

---

111) 직전은 1466년(세조 12년) 현직 관리만을 대상으로 분급한 수조지(收租地)의 명칭이다.

112) 정전법은 중국 최초의 토지제도로 주나라 때에 실시되었다고 한다. 정방형의 토지를 우물 정(井)자형(1정=900무)으로 9등분하여 8가구가 제각기 사전으로 경작하고, 중앙의 토지 100무는 공전으로 경작하여 그 수확물은 모두 세금으로 나라에 바치는 제도였다.

113) 균역법은 나라의 모든 땅을 공유지로 삼고 백성에게 고르게 경작지를 나누어줘 세금을 받아들이는 제도로 중국 북위(北魏) 때 시작되어 당나라 때까지 시행되었다.

임진왜란(1592~1598년)

도요토미 히데요시(1537~1598년)가 대륙침공의 의도를 구체적으로 드러낸 것은 1585년경부터였다. 일본을 통일하는 마지막 단계에 이르러 규슈(九州)정벌을 마친 도요토미 히데요시는 1587년 대마도주(大馬島主)에게 명나라(1368~1644년)를 정복하기 위해 조선에 협조를 요청하라고 명령하였다. 하지만 조선 사정에 정통한 대마도주는 이 계획이 무모하다고 판단하여 조선에 통신사 파견을 요청하라고 건의하였다.

대마도주는 1587년 일본국왕사(日本國王使)를 조선에 파견하여 일본에서 있었던 그 동안의 사정을 설명하고, 통신사 파견을 요청하였다. 하지만 조선 조정은 수로미매(水路迷昧)를 이유로 통신사 파견을 거절하였다.

도요토미 히데요시는 조선에 대한 첫 번째 외교가 실패하자 다시 대마도주의 알선으로 1588년과 1589년 두 차례 조공과 함께 조선이 일본에 통신사를 파견해 줄 것을 간청하여 왔다. 또한 앞서 왜구(倭寇)의 앞잡이가 되어 노략질한 조선인을 잡아 보내오기도 하였다. 이에 조선은 1590년 3월 통신사 일행을 파견하였고, 다음해 이들 통신사 일행은 일본의 답서를 가지고 귀국하였다.

도요토미 히데요시의 답신에는 종래의 외교관례에 따르지 않는 무례한 구절과 정명가도(征明假道)[114]를 뜻하는 글이 있어 조선에 대한 침략의도를 분명히 하였다. 하지만 1591년 통신사 일행이 귀국 보고를 하는 자리에서 정사 황윤길(서인파)은 왜가 반드시 침략할 것이라고 한데 반해 부사 김성일(동인파)은 왜가 침략할 동정이 없다고 서로 상반된 보고를 하였다.

일본이 조선을 침략할 것이라는 서인(西人)파의 보고를 당시 동인(東人)세력은 서인들이 일본 침략을 빌미로 서인이 직면한 정치적 위기를 모면하려 한다고 판단하였다. 두 당파의 엇갈림으로 조선 조정은 의견을 수렴하지 못했다.

당시는 조선의 지배계급은 당파를 중심으로 분열하여, 이른바 동인과 서인의 붕당정치(朋黨政治),[115] 서로 반목질시(反目嫉視)하고 있어 중앙에서는 국가와 국민의 생존과 안위가 직결되는 국방정책조차 마련하지 못하고 있었다. 통신사 일행의 보고에 앞서 이이(1536~1584년)[116]가 왜적의 침입을 대비하기 위하여 10만양병설(養兵說)을 주장

114) 정명가도는 일본이 조선에 명나라를 치는 데 필요한 길을 빌려 달라고 요구한 것으로 그 의도는 조선과 동맹을 맺고 명나라를 치자는 것이었으나 조선은 단호히 거절하였다. 이를 빌미로 임진왜란이 일어났다.

115) 붕당정치는 과거에 관료들이 서로 파벌을 이루어 정권을 다투던 것으로 당쟁(黨爭)이라고 하기도 한다.

116) 이이(李珥)는 조선 중기 유학자이자 정치가로 우리나라 18대 명현(名賢) 중의 한 사람이다. 현실과 원리의 조화와 실공(實功)과 실효(失效)를 강조하는 철학사상을 제시하였고, 동호문

하였으나 받아들여지지 않은 것도 이런 이유에서였다.

1591년 귀국한 조선 통신사 일행보다 한 달 뒤에 제3차 일본의 사신일행이 조선에 도착하여 일본이 가도입명(假道入明)[117]하리라는 통고를 하였다. 일본의 요구에 응하지 않으면 전쟁이 일어날 것이 뻔하였기 때문에 조선 조정은 일본의 서계(書契)[118] 내용과 함께 일본의 국내 상황을 명나라에 알렸다. 한편 경상도와 전라도 연안의 여러 성(城)을 수축하게 하고, 각 진영의 무기를 정비하는 등 일본의 침략에 대비하였지만 너무 늦었었다.

조선에 대한 4년에 걸친 외교교섭 노력이 실패로 돌아가자 일본은 1592년 조선을 침공하여 임진왜란을 일으켰다. 일본은 조선을 침략하기에 앞서 사전 준비를 철저히 하였다. 일본을 통일하는 과정에서 겪은 오랜 내전으로 연마한 병법, 무예, 축성술(築城術), 해운술 등을 정비하고, 군사를 모아 훈련을 시켰고, 무엇보다 새로운 무기인 조총을 대량으로 생산하였다. 하지만 조선 관군의 무기는 재래식 활과 창뿐이었다.

조선은 뒤늦게 왜군의 침공에 대비하였지만 대비가 소홀하여 1592년 4월 부산에 상륙한 왜군은 20일 만에 서울을, 60일이 채 안 되어 평양을 함락시켰다. 거의 무방비 상태였던 조선의 전 국토는 일순간에 함경도까지 짓밟혔다. 조선이 육상전(陸上戰)에서 속수무책으로 당하며 패전을 계속하고 있을 때 해상전(海上戰) 상황은 다르게 전개되고 있었다.

전라좌수영 수군절도사였던 이순신(1545~1598년)은 왜군의 침입 보고를 받자마자 출동하여 옥포에서의 첫 해전에서 승리를 거둔 후 당포, 당항포, 한산도, 부산 등지에서 계속해서 전과를 거두었다. 특히 한산대첩[119]에서의 승리는 전세역전의 발판을 마련하였다. 이순신제독의 활약으로 조선군은 해상권을 장악하여 전라도 해안으로 진출하려던 왜군의 작전은 분쇄되었다.

1593년 선조(1552~1608년, 재위기간 1567~1608년)는 파천(播遷)[120] 가는 도중에 명나라(1368~1644년)에 사신을 보내 파병을 요청하였고, 명나라는 원군을 파병하였다. 한편 조선 측의 강화반대에도 불구하고 명나라의 적극적인 개입으로 강화회담이 성사되어 명나라 심유경(沈惟敬) 등과 함께 우리 측 황진이 통신사로 파견되었다. 강화

답(東湖問答)과 성학집요(聖學輯要) 등의 저술을 통해 조선사회의 개혁을 주장하였다. 1590년 조선 통신사가 일본으로 파견되기 전인 1583년에 병조판서가 되어 선조에게 시무육조(時務六條)를 바치며 십만양병설 등의 개혁안을 주장하였다. 그러나 당쟁을 조장한다는 동인(東人)의 탄핵을 받아 관직에서 물러났다.

117) 가도입명은 명나라로 가는 길을 빌려달라는 말이다.

118) 서계는 조선시대 일본과 내왕한 공식외교문서이다.

119) 한산대첩은 진주성싸움, 행주산성싸움과 더불어 임진왜란 3대첩으로 꼽힌다.

120) 파천은 임금이 도성을 떠나 다른 곳으로 피란하는 것이다.

회담이 계속되는 동안 전쟁은 소강상태로 들어갔고, 명나라는 왜군의 재공격이 없을 것이라 판단하여 주력부대를 철수시켰다.

5년간 계속된 명·일간의 강화회담은 1596년 9월 일본 오사카성(大阪城)회담에서 결렬되었다. 결렬 이유는 명나라는 도요토미 히데요시를 일본의 왕으로 삼아 입공(入貢)[121]을 허락한다는 봉공안(封貢[122]案)으로 국면을 해결하려 하였다.

하지만 도요토미 히데요시는 명나라 황녀를 일본의 후비(后妃)로 삼게 할 것, 조선의 8도 중 4도를 할양(割讓)[123]할 것, 감합인(勘合印, 무역인장)을 복구할 것, 그리고 조선의 왕자와 대신 12명을 인질로 삼을 것 등을 요구하였다. 명나라 심유경은 이 요구를 본국이 받아들이지 않을 것을 알고 거짓으로 본국에 보고하였다. 명나라는 봉공안에 의해 1596년 도요토미 히데요시를 일본 국왕에 봉한다는 칙서와 금인(金印)을 보내왔지만 화의는 같은 해 9월 결렬되었다.

일본은 1596년 12월에 재침하여 왔다. 이때는 조선도 왜군의 재침에 대비하여 경상도를 비롯한 각도의 산성을 수축하는 등 군비를 갖추고 있었다. 명나라도 원군 5만5천명을 즉시 출동시켰기 때문에 일본군 재침은 경상도를 중심으로 맴도는 데 그쳤다.

이순신(1540~1598년) 제독은 1597년 9월 명량대첩에서 대승을 거두고 원균(1540~1597년) 등이 빼앗긴 제해권(制海權)을 회복하였다. 이순신제독은 임진왜란 최후의 해전인 노량대첩에서 승리하고 장렬한 최후를 마쳤다. 1598년 8월 도요토미 히데요시가 죽자 왜군은 총퇴각하여 7년간의 전쟁도 끝이 났다.

(2) 조선 후기

① 수산물의 종류

조선시대에는 각종 수산자원, 특히 연안자원은 오늘날과는 비교할 수 없을 정도로 풍부하였다. 조선 말기에 이르러 몇몇 어종의 생산이 감소하기도 하였지만 오늘날 말하는 수산자원의 고갈(枯渴)현상은 아니었다. 당시에 가장 많이 어획되었던 어종은 명태였다. 여러 기록을 종합해 보면 적어도 19세기 전반기에 명태가 대표적인 다획(多獲)성 어종으로 등장하였음을 알 수 있다. 명태 다음

121) 입공은 조공(朝貢)을 바치는 것이다.
122) 봉공은 벼슬을 봉하여 주고, 조공을 받치게 하는 것이다.
123) 할양은 땅이나 물건 따위를 한 부분 떼어내서 남에게 넘겨주는 것이다.

으로 많이 잡힌 어류는 조기, 청어, 대구 등이었으며, 멸치도 19세기 전반에 이미 대량으로 어획되었다. 또한 갑각류에 속하는 새우도 이에 못지않게 많이 어획되고 있었다. 구한말에 이르러 이들 어종은 당시 어업을 대표하는 6대 어업으로 자리 잡게 되었다. 이 밖에 각종 어류, 패조류 및 기타 수산동물도 조선 전기에 비해 더 많이 어획되었다.

② 어전어업

조선 후기에 접어들면서 각종 망어업(網漁業)이 발달하여 어전어업의 입지는 상대적으로 축소한 것으로 보인다. 하지만 서해안을 중심으로 많은 어전(漁箭)이 도처에 설치되어 어전어업은 계속 성행하였고, 입지조건이 좋은 어전어장은 경제적 가치가 높았기 때문에 토지와 함께 권문세가의 점탈(占奪)대상이 되었다. 조선시대 각종 사료에서 나타나는 어전에 대한 기록은 대부분 어전을 사점(私占)하는 폐단을 지적하고, 이를 혁파하자는 주장에 관한 것으로 이는 역설적으로 당시 어전어업이 얼마나 중요한 어업이었는지를 보여준다. 한편 어장이 사점화(私占化)되었다는 것은 독점적인 어장의 이용권이 인정되었다는 것으로 이는 오늘날 어업권과 입어권의 원형이라고 할 수 있다.

영조(1694~1776년, 재위기간 1724~1776년) 때 제정된 균역청사목(均役廳事目)[124]에 의하면 호남지방의 어전은 염장(簾長, 양쪽 날개의 길이)과 임통(함정부분) 수심을 기준으로 대·중·소 3등급으로 구분하였다. 대전(大箭)에 속하는 것은 염장 500~600파(把) 내지 300파, 임통 수심(水深) 2장(丈)[125]에 달하는 것으로 되어 있고, 소전(小箭)은 염장 80여파, 임통 수심이 반장인 것으로 되어 있었다. 당시 양선척(量船尺)을 보면 1파의 길이는 오늘날의 약 1.5m에 해당하므로 당시 대어전의 양쪽 날개 길이는 수백 미터에 달하였음을 알 수 있다. 구한말의 조사기록을 보면 당시 어전 가운데에는 실제로 양쪽 날개의 길이가 400간(間) 즉 700여 미터에 달하는 것이 있었음을 알 수 있다.

호남지방에서는 어전을 염장과 임통 수심을 기준으로 3등급으로 나눈 뒤 이

124) 균역청사목은 1752년 조선 영조 때 시행된 균역법의 주요내용과 균역청에서 관장하던 사무를 수록해 놓은 책이다.

125) 장(丈)은 척관법(尺貫法)의 길이단위로 1장은 10자[尺]이며, 미터법으로 3.03m에 해당한다.

를 다시 수익(收益)의 다과에 따라 각각 3등급으로 나누어 모두 9등급으로 구분하였다. 9등급에 들지 않는 소규모 어전은 염장이 10여 파(약 15m)에 불과하였으며, 임통도 없는 것으로 소소전(小小箭)이라 하여 과세에서 특별취급을 하였다. 이로써 함정부분이 없는 간단한 구조의 소규모 원시적인 어전도 조선 후기까지 사용되고 있었음을 알 수 있다. 어전 규모의 차이는 호남지방뿐만 아니라 다른 지방에서도 마찬가지였을 것으로 보인다.

어전(漁箭)의 구조

어전의 구조는 조선 영조 때 시행된 균역법(均役法)의 주요내용과 균역청에서 관장하던 사무를 수록해 놓은 균역청사목(均役廳事目)을 통해 대략적으로 파악할 수 있지만 그 구조는 시대에 따라 다소 차이가 있었다. 조선 말기 이전의 어전이 어떤 구조였는지 상세히 알려져 있지 않다.

1910년 한일합방 전후인 1908년에서 1911년까지 4년에 걸쳐 당시 농상공부 수산국과 조선총독부 농상공부가 발행한 한국수산지(韓國水産誌, 1908년) 제1집 제7장에는 어전구조를 상세히 기술하고 있다. 방사형 또는 활처럼 굽은 형태로 세운 지주에 대, 갈대 또는 싸리나무 등으로 만든 발을 치고, 그 중앙의 1개소 또는 중앙 및 좌우 양쪽 날개(염총)의 각 1개소에 함정부분(임통)을 설치한 것으로 되어 있다. 이는 당시 일반적으로 볼 수 있었던 전형적인 어전의 구조로 이 밖에 여러 가지 형태의 어전이 있었다. 지형에 따라 양쪽 날개 중에서 한쪽 날개가 결여된 것도 있었는데, 균역청사목에서 '…혹은 반양을 차단한다'고 한 것은 이를 두고 한 것으로 보인다.

어전 중에는 양쪽 날개의 그 일부 또는 전부에 발을 치는 대신 가지가 붙은 대나무나 나뭇가지를 조밀하게 세운 것도 있었고, 함정부분만은 발 대신에 그물을 설치한 특이한 것도 있었다고 한다. 후자는 어전과 정치망의 절충형 어구라고 할 수 있다. 해양어전은 주로 간만의 차가 큰 간석지에 설치되었으며, 어획대상은 조수를 따라 연안에 내왕하는 모든 수산동물이었다.

영조 때 실시한 균역법(均役法)으로 감소된 재정수입을 보충하기 위한 수단으로 해세(海稅)[126]를 거두기 위해 어전(漁箭)을 사점(私占)하는 것을 금지하는 조치

126) 해세에는 魚稅(어세), 鹽稅(염세), 船稅(선세) 세 가지가 있다. 어세는 잡은 어획물의 무게에

를 강화하기도 하였으나 이 역시 일시적 효력을 발생하는 데 그쳤다. 결국 조선시대의 어장제도는 토지제도가 밟아온 길, 특히 임진왜란(1592~1598년) 이후 극심해진 토지제도의 문란과 토지국유제의 허구화와 같은 길을 밟았다고 할 수 있다. 망어업(網漁業)이 발달되고, 외국의 각종 어구 및 어법이 도입되기 시작했던 조선 말기에 이르러서 어전어업은 점차 쇠퇴하게 되었다.

③ 망어업

1750년 영조(1694~1776년, 재위기간 1724~1776년) 때 균역법(均役法)[127]을 실시한 것을 계기로 제정되었던 해세(海稅)의 규정에 어전 및 각종 어망의 명칭과 그에 대한 세액이 명시되어 있다. 당시에는 지인망류(地引網類)[128]에 속하는 후릿그물(揮罹網), 선망(旋網)[129]의 일종인 거휘리(擧揮罹), 청어자망(靑魚刺網)인 세망(細網)[130], 조기 어획용 그물인 주목망(柱木網)[131] 등이 사용되었다. 또한 전라도 영광지방에서 사용한 면휘망(綿揮網),[132] 면변망(綿邊網), 대고(大罟), 갈망(葛網), 행망(行網) 등은 모두 그 길이를 기준으로 과세한 것으로 보아 지인망류(地引網類)

따라 내는 세금이며, 염세는 소금을 생산할 때 내는 세금이다. 선세는 무역하는 배에 부과는 세금으로 일종의 관세라고 볼 수 있다

127) 균역법은 조선시대 군역(軍役)의 부담을 경감하기 위하여 만든 세법으로 종래 인정(人丁) 단위로 2필씩 징수하던 군포(軍布)가 여러 폐단을 일으키고, 농민경제를 크게 위협하는 지경에 이르게 되자 2필의 군포를 1필로 감하는 한편 균역청을 설치하여 감포(減布)에 따른 부족재원을 보충하는 대책을 마련하게 하였다. 이를 뒷받침하기 위해 어전세(漁箭稅), 염세(鹽稅), 선세(船稅) 등을 균역청에서 관장하여 보충한다는 등의 균역법(均役法)이 제정되어 1751년 9월에 공포되었다.

128) 지인망은 평탄한 해안, 강, 호숫가에서 그물 입구를 육지로 향하여 투망 하고 육지에서 그물을 당겨 어획하는 어업으로 멸치, 숭어, 농어 등 연안성 어류를 대상으로 하는 재래식 어업이다.

129) 선망은 고기 떼를 둘러서 잡는 그물어업이다.

130) 세망은 주로 청어 어획용으로 사용되었던 그물어업으로 그 역사가 깊은 재래식 자망(刺綱)의 일종으로 경상도 북부 연안에서 주로 사용되었다.

131) 주목망은 원추형 낭망(囊網) 또는 대망(袋網)을 지주와 닻으로 고정시켜 조류를 따라 왕래하는 어류가 어망 속에 들어오는 것을 기다려 잡는 재래식 어망이다.

132) 면휘망은 바다나 강에서 어류를 잡는 데 쓰는 큰 그물로 일찍부터 우리나라에서 개발된 지인망(地引網)의 일종이다. 그 구조가 간단하고 사용법도 쉬워 원시시대부터 사용되었을 것으로 생각되며, 문헌상으로 후릿그물이 휘리(揮罹)라는 명칭으로 자주 등장하게 된 시기는 조선후기 부터이다.

나 자망류(刺網類)[133]였던 것으로 보인다. 이들 명칭에 나타나 있는 바와 같이 18세기에 이미 면사(綿絲)가 어망(漁網)의 망지(網地, 그물감)로 사용되고 있었던 것은 우리나라 망어업(網漁業) 발달사에서 특기할 만한 것이다.

구한말에 이르러 조사된 주요 어망구(漁網具)로는 줄시(乼矢)[134], 장시(杖矢),[135] 거망(擧網)[136] 등과 같은 어장(漁帳)[137]에 속하는 대형 정치망(定置網)류[138] 외에 주목망(柱木網),[139] 설망(設網),[140] 중선망(中船網),[141] 궁선망(弓船網),[142] 선망(網船網)[143] 및 각종 지인망(地引網)[144]류 및 자망(刺網)[145]류 등이 있었다. 당시 어망의

133) 자망류는 어획 대상생물의 몸둘레보다 작은 망목의 그물을 고기가 다니는 길목에 설치하여 망목에 끼도록 하여 잡는 어구이다.

134) 줄시는 어류를 잡는데 이용한 재래식 정치망으로 조선시대 대표적인 어망이다.

135) 장시는 그물을 말뚝으로 된 지주로 고정시킨 재래식 정치망으로 줄시(乼矢)와 마찬가지로 경상남도 연안 일대에서 주로 대구 또는 청어를 어획하기 위하여 설치하였다.

136) 거망은 조선시대에 많이 설치되었던 정치망이다.

137) 어장은 고기잡이 장치로 한국수산지(韓國水産誌) 제1집에는 경상도지방의 줄시(乼矢), 장시(杖矢)와 함경도, 강원도, 경상도의 거망(擧網)을 총칭하여 어장이라고 하였다.

138) 정치망은 어구를 일정한 장소에 일정 기간 동안 설치하여 어획하는 어구어업으로 자루 모양의 그물에 테와 깔때기 장치를 한 어구를 어도에 부설하여 대상생물이 들어가기는 쉬우나 되돌아 나오기 어렵도록 장치한 어구와 잠망(蠶網)과 장망(張網) 등 함정어법을 쓰는 어구를 말한다.

139) 주목망은 긴 원추형의 낭망(囊網) 또는 대망(袋網)을 지주와 닻으로 고정 시켜 조류를 따라 내왕하는 어류가 어망 속에 들어오는 것을 기다려 잡는 재래식 어망이다.

140) 설망은 견지에 낚싯줄을 감고 줄을 감았다 풀었다 하면서 어류를 잡는 견지낚시에서 미끼를 담아 물 밑으로 내리는 그물주머니이다.

141) 중선망은 조선시대 많이 사용되었던 재래식 어망으로 원추형의 긴 자루와 같이 생긴 어망 2통(統)을 어선의 양 현(舷)측에 달고 어장에 이르러 닻으로 어선을 고정시키고, 조류를 따라 내왕하는 어류가 어망 속으로 들어가는 것을 기다려 어획하는 것이다.

142) 궁선망은 어류를 잡는 재래식 망어구로 앞이 넓고 뒤가 좁은 반두와 같이 생긴 어망을 뱃머리(船首)에 달고 다니면서 조류를 따라 오는 새우 또는 뱅어, 조기새끼 및 기타 잡어를 잡는데 쓰였으며, 재료로는 삼실(麻絲)을 사용하였다.

143) 선망은 자루의 양쪽에 기다란 날개가 있고, 그 끝에 끌줄이 달린 그물을 기점(육지나 배) 가까이에 투망해 놓고, 끌줄을 오므리면서 끌어당겨, 그물을 기점으로 끌어들여서 잡는 데 쓰이는 어구어법이다. 또한 기다란 사각형의 그물로 어군을 둘러싼 후 그물의 아랫자락을 죄여서 어군이 도피하지 못하도록 하여 고등어, 다랑어 등을 어획한다.

144) 지인망은 평탄한 해안, 강, 호숫가에서 그물 입구를 육지로 향하여 투망 하고 육지에서 그물을 당겨 어획하는 어업으로 멸치, 숭어, 농어 등 연안성 어류를 대상으로 하는 재래식 어업이다.

145) 자망은 어획하고자 하는 고기의 몸둘레보다 작은 망목을 한 그물을 어도에 쳐서 고기가

망지(그물감) 재료로는 볏짚, 칡껍질, 삼베 등이 많이 사용되었고, 면사나 견사로 짠 어망도 있었다고 한다. 망어업의 구조와 형태는 여러 가지가 있으나 방사형으로 펼쳐진 양쪽 날개와 함정 부분으로 구성된 것이 일반적이었다. 망어업의 조업수역은 대체로 내만이나 천해였으므로 어업에 사용된 어선도 그에 알맞게 건조된 소형 어선이었다.

④ 조어업

조선 후기에는 조어업(釣漁業, 낚시어업)이 성행하였다. 임원경제지(林園經濟志)[146]에는 야간에 불을 밝혀 고등어를 조획(釣獲)하는 어법이 소개되어 있는데, 이로써 고등어의 추광성(趨光性)[147]을 이용한 조어업이 19세기 전기에 이미 개발되어 있었음을 알 수 있다.

꾲히게 하여 잡는 방법이다.

146) 임원경제지는 조선 후기에 농업정책과 자급자족의 경제론을 편 실학적 농촌경제정책서로 임원십육지(林園十六志) 또는 임원경제십육지라고 하기도 한다. 순조(1790~1834년, 재위기간 1800~1834년) 때 실학자 풍석(楓石) 서유구가 만년에 저술한 것으로 일상생활에서 긴요한 일을 살펴보고, 이를 알리고자하여 산림경제(山林經濟)를 토대로 한국과 중국의 저서 900여 종을 참고, 인용하여 엮어낸 농업 위주의 백과전서이다.

147) 추광성은 생물체가 빛 자극에 대해 나타내는 주성을 말한다.

조어업(釣漁業)

조어업은 각종 조어구(釣漁業, 낚시어구)를 사용하는 어업의 총칭으로 조어구는 일반적으로 수산동물을 미끼로 유인하여 조침(釣針)[148]에 걸리게 하는 어구라고 할 수 있다.

조어업은 일본조어업(一本釣漁業)과 연승어업(延繩漁業)으로 나누어진다. 일본조어업에 사용되는 조구류(釣具類)는 조어구를 조작하여 어획대상이 조침에 걸릴 때마다 끌어올리는 것으로 낚싯대를 사용하는 간조구(竿釣具, 대낚시), 낚싯줄을 손으로 조작하는 수조구(手釣具, 손줄낚시)와 낚시를 어선으로써 끄는 예승조구(曳繩釣具)로 구분된다. 예승조구는 대개 의이침(擬餌針, 꼬임낚시)을 사용하여 의이(가짜 미끼)를 살아있는 것처럼 보이게 함으로써 어류를 유인한다. 일본조 중에는 오징어일본조에서 보는 바와 같이 미끼를 전혀 사용하지 않는 것도 있으며, 일본조는 외줄낚시라고도 한다.

연승류는 수평으로 설치한 한 줄기의 긴 간승(幹繩, 모릿줄)에 조침이 달린 다수의 지승(枝繩, 아릿줄)을 같은 간격으로 단 것으로서, 일정시간 동안 수중에 매달아두었다가 끌어올리는 조어구이다. 연승은 주낙이라고도 한다.

⑤ 나잠업

제주도를 중심으로 잠녀(潛女, 해녀)가 잠수하여 패류와 해조류를 채포하는 나잠업(裸潛業, 잠수어업)이 행해졌다.

⑥ 양식어업

조선 후기에 이르러서도 어업은 어로(漁撈) 영역을 벗어나지 못하고 있었고 양식어업으로 거론할 만한 것은 해태양식업(海苔養殖業)뿐이었다. 조류양식(藻類養殖) 가운데 유일하게 김양식이 이루어지고 있었다. 조류양식은 우리나라에서 상당히 긴 역사를 가지고 있으나 그 기원에 대해서는 여러 가지 설이 있다. 한 예로 김여익(金汝瀷)의 묘비 비문에 의하면 그가 1640년(인조 18년)부터 전라남도 광양의 태인도(太仁島)에 와서 살면서 처음으로 김을 양식하기 시작했다고 되어 있다. 따라서 김양식업의 역사가 17세기 중엽으로 거슬러 올라감을 알 수 있다.

김양식은 19세기에 이르러서 본격화 되었다. 김이 가장 많이 양식되던 지방

148) 조침은 미끼를 꿰는 작은 쇠갈고리이다.

은 울산만, 낙동강 유역, 하동, 완도, 임자도, 위도 등이었고, 이 중에서 가장 번성하였던 곳은 광양이었다. 이와 같이 남해안을 중심으로 김양식업이 비교적 활발히 전개되었으나 양식방법에 있어서는 초기단계를 벗어나지 못하는 수준이었다.

⑦ 수산품 제조 및 가공

조선 후기 수산제품은 제조와 가공기술이 발달하지 못하여 어획물은 주로 소건품(素乾品),[149] 염건품(鹽乾品)[150] 등의 건제품 또는 물고기 식해(食醢)[151]나 젓갈과 같은 발효제품으로 가공되었다. 이들 수산제품은 부패방지 목적의 저차가공품(低次加工品)으로 가장 많이 제조된 것은 건제품이었고, 건제품 중에서도 소금을 사용하지 않는 소건품이 가장 많았다. 염제품도 많이 제조되기는 했으나 조선시대에 염업(鹽業)이 발달하지 못하여 소금이 비쌌기 때문에 염제품을 제조하는데 어려움이 있었다. 청어는 훈제품(燻製品)으로도 많이 가공되었다. 멸치는 일기불순으로 건조가 불가능할 경우에는 비료로 사용하기도 하였다고 한다. 이 밖에 어유(魚油), 어피(魚皮) 및 약재로 사용하기 위한 가공품도 제조되었다.

조선 후기에 이르러서는 화폐경제의 발달로 각종 수산가공품이 전국적 규모로 유통되었다. 명태의 동건품(凍乾品)[152]이 그 대표적인 품목이었으며, 이 밖에도 조기가 굴비로, 청어는 관목(貫目, 말린 청어)으로, 멸치는 소건품(素乾品)으로, 새우는 젓갈로 가공되어 유통되었다.

⑧ 자본제 경영

조선 후기 화폐경제와 수산물유통의 발달로 주요어업은 대규모 자본제적 경영형태로 발전되어 갔다. 자본제적 어업은 18세기 중엽부터 이미 상당한 규모로 이루어지고 있었는데, 그 중 주요한 것은 어전어업, 방렴어업,[153] 어장어업

149) 소건품은 수산물(낙지, 대구, 오징어, 다시마, 미역 등)을 그대로 또는 적당한 크기로 잘라서 씻은 뒤 말린 것이다.
150) 염건품은 주로 굴비나 대구 등을 소금에 절여 만든 제품이다.
151) 식해는 생선을 토막 쳐 소금, 조밥, 무, 고춧가루 등을 넣고 버무려 삭힌 발효음식이다.
152) 동건품은 겨울에 어류를 바깥에 널어 얼렸다 녹였다를 반복하면서 말리는 방법으로 만든 제품이다.

(漁帳漁業)[154], 중선어업[155], 후릿그물어업[156] 등이었다.

조선 후기 대규모 어업에 의한 대량생산경영이 성립할 수 있었던 주요인은 상품유통이 발달하였기 때문이다. 상품경제의 발달은 또한 소상품을 생산하는 어업을 발전시켰다. 이 시기에 어업은 상품생산으로 전개됨과 동시에 가족노동의 범위를 벗어난 대규모 어업이 등장하기 시작하였다. 이는 자본제적 경영형태가 발생할 수 있는 가능성을 보여주기도 한다.

조선 후기에 진행된 농민층 분해과정에서 자유로운 임금노동자가 배출되었기 때문에 그 가능성은 더욱 높아진다. 그러나 이는 어디까지나 자본제 경영의 발전 가능성이지 당시 모든 대규모 어업이 자본제 경영으로 이루어졌다는 것은 아니다. 당시 대규모 어업 중에는 어촌의 혈연 · 지연적 유대와 생산수단의 공유를 매개로 소규모 생산자들이 결합한 공동경영형태가 많았을 것이다. 이러한 경영형태는 아무리 규모가 크다고 해도 확대된 어가경영(漁家經營)에 불과하다. 하지만 초기공장[157]단계에 속하는 자본제적 어업경영의 형태가 부분적으로 형성되어 발전하고 있었다.

---

153) 방렴어업은 발을 세워 어류를 잡는 재래식 어구의 일종으로 우리나라에서 방렴이 어구로 고안된 역사는 매우 오래되었으며, 주로 경상도 연안에서 많이 설치되었던 것으로 보인다. 1469년에 편찬된 경상도속찬지리지(慶尙道續撰地理志)에는 여러 곳을 막아 물이 한 군데로만 흐르도록 하여, 그곳에 통발을 놓아 고기를 잡는 장치인 어량(魚梁물)이 있었던 것으로 되어 있다. 어획물로는 은어가 많으나 대구나 청어도 있었다. 은어와 기타 담수어를 잡는 어량은 하천에 설치한 것이었으나 대구나 청어를 잡는 어량은 바다에 설치한 것이었다. 이는 어량이라고 말하고 있으나 어구 · 어법상으로 방렴이었다고 보아야 한다.

154) 일반적으로 어장이라고 하면 남해안에서 많이 설치되었던 줄시와 장시를 가리키는 것이라고 볼 수 있다. 어장어업은 규모가 컸고 수익성도 높았기 때문에 그 어장(漁場)의 경제적 가치 또한 컸다. 조선시대에 어장어장(漁帳漁場)은 관유와 민유가 있었는데, 전자는 대개 궁내부 직할에 속하는 것이었으며 일정한 어장사용료를 정하여 민간에게 임대되었다.

155) 중선어업은 중선(中船)을 주축으로 어선을 이용하여 회유하는 고기를 적극적으로 포획하는 어선어업이다.

156) 후릿그물어업은 배로 그물을 바다 속으로 둥글게 던져 넣은 다음 그 그물 양쪽의 벼리를 땅 위에서 끌어 올리는 어업이다.

157) 초기공장은 자본주의적 생산 발전과정에서 기계공업으로 가던 과도적 형태의 매뉴팩처(manufacture)를 말한다.

조선후기 토지제도[158)]

임진왜란(1592~1598년)이 치러지는 7년 동안 국토가 심각하게 황폐화되어 전쟁 전 150여만 결이던 전국의 경작지는 전후 30만결로 급감하였다. 전후복구작업은 흉년과 정묘호란[159)]과 병자호란[160)](1627~1637년)으로 지연되어 19세기 초까지도 경작지 면적은 145만결로 임진왜란 이전 상태로 회복되지 않았다.

전후 혼란기에 권력가들은 재력을 배경으로 황무지를 불하받아 토지를 개간한 후 궁방전宮(房田)[161)]을 새로 설정하여 소유하는가 하면 일반 농민의 민전(民田)을 헐값에 매입하거나 농민에게 불법적인 압력을 가해 강탈하는 방법으로 궁방전을 획득하였다.

왕족에 대한 토지지급은 직전법(職田法)이 폐지되어 중단되었지만 임진왜란 후 새롭게 설정한 궁방전으로 왕족에 대한 토지지급이 사실상 재개된 거나 마찬가지였다. 궁방전의 피해를 막기 위해 영조(재위기간 1724~1776년)는 속대전(續大典)[162)]에서 토지지급과 수취액(收取額)을 법제화하기도 하였다. 하지만 궁방전의 폐단은 1894년 고종(재위기간 1863~1907년)이 제도개혁[163)]을 할 때까지 지속되었다.

---

158) 한국민족문화대백과(1991년, 한국정신문화연구원)의 토지제도를 참고하였다.

159) 정묘호란은 광해군(1575~1641년, 재위기간 1608~1623년)을 몰아내고 인조반정으로 실권을 잡은 서인들이 광해군의 중립적인 외교정책을 부정하고, 후금(1636년 국호를 청으로 개정)과 관계를 끊고, 친명배금(親明排金)정책을 추진하였다. 이에 후금은 인조(재위기간 1623~1649년) 때인 1627년 1월 조선을 침략하였고, 전쟁은 후금과 형제의 맹약을 맺는 것으로 두 달 만에 종료되었다.

160) 조선은 정묘호란 후 후금의 요구를 들어 1628년 이후 중강(中江)과 회령(會寧)에서의 무역을 통해 조선의 예폐(禮幣, 외교관계에서 교환하는 예물) 외에도 약간의 필수품을 공급해 주었다. 하지만 청나라(1636~1912년)는 맹약을 깨고 양국관계를 종전의 형제지국에서 군신지의(君臣之義)로 개정할 것 등을 요구를 해왔고 조선이 이에 응하지 않자 1636년 12월 조선을 침입하였다. 다음해 1월 굴욕적인 강화조약이 체결되어 청나라군이 철수하였다.

161) 궁방전은 조선시대 왕실의 일부인 궁실과 왕실에서 분가 독립한 궁가에 급여한 전토로 면세특권이 있었다. 궁전은 유토면세(有土免稅)와 무토면세(無土免稅)의 토지로 구분되었다. 유토면세는 일정한 토지의 관할권과 수조권(收租權)을 소유한 공전(公田)이며, 무토면세는 일정한 땅의 수조권만을 가진 것으로 사전(私田)이었다.

162) 속대전은 영조(1694~1776년, 재위기간 1694~1776년) 때의 문신 김재로 등이 왕명을 받아 1746년에 편찬한 6권 4책의 법전이다. 조선 초기에 편찬한 경국대전(經國大典)의 속전(續典)이다.

163) 1894년 갑오개혁 때 면세특권과 무토면세의 수조권(收租權)이 폐지되고, 유토면세를 황실소유로 이관하고, 강제로 빼앗은 토지를 경작자에게 돌려주었다. 유토면세는 왕실의 사유지인 내수사전(內需司田)이나 궁방전(宮房田)의 절수전결(折受田結)에 대해 조세를 면제하는 것이다. 무토면세전은 단순히 민전(民田) 즉 민유지 위에 설정된 수조지(收租地)로서 국고에 상납하여야 할 전세를 각 궁방이 대신 수납하는 권리만 인정되었다.

임진왜란(1592~1598년)과 두 번의 호란(1627~1637년)으로 경작지(耕作地)가 격감하여 국가재정이 어려워졌다. 심지어 군비조달까지 어려워지자 둔전(屯田)[164]을 경영하였다. 한편 임진왜란 이후 일반 농민의 경작지를 강제로 편입하거나 헐값에 매입하는 모입민전(募入民田)이 극성을 부리고 있었다. 이런 폐단을 없애기 위해 절수(折受)의 형식에서 토지를 사들이는 정책으로 전환하였는데, 이는 억지로 토지를 사들이는 폐단만 불러왔다.

역둔토(驛屯土)[165]의 사유화도 나타나기 시작하였고, 궁반전과 마찬가지로 관둔전에서도 민전을 빼앗거나 자기 전토를 세력 있는 자에게 기증하는 형식으로 그 명의로 투탁(投托)[166]하여 경작하는 폐단이 발생하였다. 결과적으로 국고수입원인 원결(元結)은 감소하고 면세지만 확대되었다.

전후 중앙정부의 통제력이 약화되자 양반관료, 지방행정의 실무자인 아전과 지방 유력자들의 대토지를 집적(集積)하여 관료적 지주(地主)가 등장하게 되었다. 또한 토지대장인 양안(量案)에서 빼내는 은결(隱結)이 급속히 늘어났다.

은결(隱結)의 방법으로는 토지를 개량할 때 관원과 결탁하여 토지면적의 일부 혹은 전부를 빼거나, 개간지(開墾地)를 황무지로 허위보고하거나, 신전(新田)을 보고하지 않는 것 등이 있었다. 조선 후기 토지 결수가 세종 때의 160만여 결보다 항상 밑돈 원인은 왜란과 호란으로 국토가 황폐화된 것 외에 은결이 증가하였기 때문이었다. 조선 후기의 토지소유 상태를 양안분석연구로 살펴보면 약 10% 내외의 부농(富農)이 전체농지의 43%를 점유하고 있었던 것으로 나타났다.

조선 후기 농업기술의 발달로 경작지를 확대하여 경영하는 부농(富農)이 성장하여 공전(公田)의 경작권을 상실한 농민이 관료적 지주 또는 부농과 소작관계를 형성하는 봉건제적 토지의 사적 소유관계가 나타나게 되었다. 토지 겸병(兼幷, 대토지 농장경영)[167]의 성행으로 소경영 농민은 소작인으로 전락하여 가혹한 수탈(收奪)에 시달렸다. 또한 조선

164) 둔전은 국가기관이 경비를 조달하기 위하여 직접 경영하는 토지이다.
165) 역둔토는 조선시대 역의 경비를 충당하는 역토와 경비를 위하여 역에 주둔하는 군대가 자급자족을 위하여 경작하는 둔전을 아울러 이르는 말이다.
166) 투탁은 남의 세력에 기댄다는 것으로 세력 있는 자나 기관에 의탁함을 말한다. 예를 들어 자기 전토를 세력 있는 자에게 기증하는 형식을 취하여 그 명의로 경작하는 행위이다.
167) 겸병은 아울러 병합한다는 뜻으로, 특히 남의 토지 따위를 합쳐 가지는 것을 말한다. 겸병과 탈점 등을 통한 사전(私田)의 확대와 이로 인한 조세수취의 감소는 국가재정을 마비시킬 정도였으므로 이를 혁파하기 위해 많은 노력이 제기되었으나 그 성과는 미비하였다.

후기에 문란해진 삼정(三政)[168]의 수탈체제 위에서 지주의 소작료(小作料)라는 중복적인 수탈체제가 성립되었다.

조선 중기 소작료는 일반적으로 병작반수(竝作半收)에 의한 1/2이었으나 후기로 가면서 2/3 가까이 치솟게 되었다. 지주들은 흉년이 들어도 소작료를 내려주는 일은 거의

---

168) 삼정은 조선 후기 국가재정의 근간을 이루었던 전정(田政), 군정(軍政), 환정(還政)을 말한다. 전정은 토지에 대한 전세, 대동미 및 그 밖의 여러 가지 세를 받아들이던 것으로 1444년(세종 26년) 제정된 공법(貢法)에 의한 전품육등법(田品六等法)과 연분구등(年分九等)에 준한 전세를 부과하여 징수하는 수취행정이다. 이 징수제도는 공정하고 정확한 양전(量田)과 연분이 실시되어야 하였으나 20년마다 시행되어야 하는 양전이 제대로 행해지지 않았고 연분도 토호와 수령들의 농간으로 물의를 빚었다. 게다가 임진왜란 뒤로 궁방전(宮房田) 등의 여러 면세전은 늘어나고 삼수미(三手米, 조선 후기 5군영(五軍營) 가운데 하나였던 훈련도감(訓鍊都監)에 소속된 사수(射手)·포수(砲手)·살수(殺手) 등 삼수군(三手軍)의 경비를 충당하기 위해 세금으로 거두어들인 쌀), 공미(貢米, 조공으로 바치는 쌀로 대동미라고 하기도 함) 등의 세의 징수는 갈수록 늘어갔다. 일부 수령과 아전들의 은결(隱結)은 점점 늘어갔고 농민들은 도결(都結, 여러 가지 명목의 세를 통틀어 논밭의 결수단위로 부과하는 세금), 방결(防結, 세력자와 관(官)이 세금을 유용하는 방식) 등을 이유로 실제 세액의 몇 배를 징수당하기도 하였다. 18세기 말에 이르러서는 농민들이 농지를 경작하고 싶어도 그에 따른 수취를 두려워하여 경작하지 못할 만큼 그 폐해가 극심하였다.

군정은 군적(軍籍)에 따라 번상병(番上兵)을 뽑고, 보포(保布)를 정급(定給)하여 주는 병무행정이다. 15세기 말부터 번상병들이 보포를 내고 군역을 면제받는 관례가 생겨난 뒤 임진왜란을 겪으면서 군정은 실제로 군포를 부과하여 거두는 수취제도로 변질되었다. 그 뒤 양반세족들과 연관이 있는 사람들과 여유가 있는 농민들은 모두 군역을 벗을 수 있어 군보(軍保)가 줄어들자 가난한 군보에 대한 군포 징수는 도를 넘어 황구첨정(黃口簽丁, 현역이 장정에게 과하는 병역세)과 백골징포(白骨徵布, 이서(吏胥)들이 사복을 채우기 위해 죽은 사람을 생존해 있는 것처럼 군적과 세부에 강제로 등록하여 세금을 거둬들인 것)와 같은 불법징수가 성행하였다. 이와 같은 군정의 문란은 1750년(영조 26년) 군포 2필을 1필로 줄이는 균역법(均役法)의 제정으로 부담이 줄기는 하였으나 기본적인 것은 그대로여서 가난한 양인들은 계속해서 군포의 부담에 시달렸다. 이러한 군포의 수취는 흥선대원군(1820~1898년)이 집권하여 신분과 상관없이 호포나 호전(戶錢)을 내도록 하는 호포법(戶布法)을 시행하면서 완전히 폐지되었다.

환정은 춘궁기에 농민에게 식량과 씨앗을 빌려주었다가 추수한 뒤에 돌려받는 구빈(求貧)과 비축을 겸한 행정이다. 15세기 말부터 빌려준 곡식을 돌려받지 못하는 경우가 늘어나고 보관하던 곡식이 자연손실로 줄어들게 되자 빌려준 곡식의 10분의 1을 모곡이라 하여 더 돌려받는 십일취모법(什一取耗法)을 시행하였다. 1514년(중종 9년) 무렵에는 모곡의 10분의 1을 국가회계에 등록하는 제도를 만들어 환정을 국가세입의 일부로 정하였다. 임진왜란 등의 전란을 겪으면서 환곡은 계속 늘어났고, 시간이 갈수록 그 폐해가 본격화되어 19세기에 일어난 민란의 중요한 원인이 되기도 하였다.

없었고, 군포[169]는 군포대로 징수하였다. 더욱이 환곡(還穀)[170]의 고리를 감당할 수 없는 소작농이 야반도주하여 유랑민이 속출하였다. 농촌을 버리고 떠나는 이농민은 농민의 분화를 촉진시켰다.

조선 후기에 와서도 전국 경작지 면적에서 공전(公田)의 비중이 압도적이었다. 일반 농민의 경작지뿐 아니라 소작제에 의하여 경영되는 양반, 관료, 지방 유력자들의 소유지도 사실상 공전이었다. 소작제의 지주(地主)는 대개 양반과 향호(鄕豪)[171]층이었으나 그렇다고 지주의 자격이 반드시 사회적 지위로 결정된 것은 아니었다. 신분이 낮은 상민이나 심지어는 노예도 양반보다 많은 토지를 소유하여 납속수직(納粟授職)[172]하는 경우가 흔히 있었다. 조선 후기 이러한 현상이 현저해졌다.

공전(公田)의 소유자는 그들이 소유하는 토지의 양에 따라서 국가에 바치는 조세(租稅) 외에 공부(貢賦)[173], 역역(力役)[174] 및 기타 많은 잡세를 부담하였다. 조세는 곡물로 바치고, 공부는 지방토산물로써 바쳤다.

임진왜란(1592~1598년) 이후 지방의 공납(貢納)에서 여러 폐단이 생겨났다. 공납은 지방의 특산물을 부담하는 제도인데 현지에서 생산되지 않는 물품을 공납으로 부과하는 불산(不算)과세가 많았다. 이로 인해 지방에서 납부할 공물(貢物, 특산물)을 중간에서 관리들이 대신 납부하고 농민에게 대가를 받는 방납(防納)이 성행하였다.

방납업자(防納業者)들은 농민들에게 높은 대가를 요구하여 농민의 부담은 늘어난 반면 국가수입은 오히려 감소하였다. 방납의 폐해가 심각해지자 광해군(재위기간 1608~1623년)은 선혜청(宣惠廳)[175]을 두어 공물을 쌀로 통일하여 바치게 하는 대동

---

169) 군포는 조선 시대에 병역을 면제해 주는 대신 받았던 베이다.

170) 환곡은 흉년이나 춘궁기(春窮期)에 곡식을 빈민에게 대여하고 추수기에 이를 환수하던 진휼제도(賑恤制度)로 환상(還上) 또는 환자(還子)라고도 한다.

171) 향호는 지방의 유력자를 말한다.

172) 납속수직은 조선시대 군량미 등 부족한 재정을 보충하거나 흉년 또는 기근이 들었을 때 굶주린 백성을 구제할 목적으로 백성에게서 곡물과 돈을 받고 국가가 납속에 응한 자에게 일정한 특전을 부여한 정책을 말한다.

173) 공부는 일정한 관청을 두어 주관하지 않고, 관청별로 받아들이게 하였으므로 혼란이 많았다. 또한 전결(田結) 표준, 민호(民戶) 표준을 병행함으로써 폐단이 많았을 뿐만 아니라 공납자 본위가 아니고 수요자측이 중심이 되었기 때문에 불평이 많았다.

174) 역역은 국가가 백성의 노동력을 무상으로 징발하던 수취제도이다. 재래의 수취체제인 조(租, 농작물을 바치는 것)·용(傭, 부역을 시키는 것)·조(調, 가업을 거두어들이는 것) 가운데 용(傭)에 해당되는 것으로 전세, 공납과 같은 현물 상납의 수취제도와 관련이 있다.

175) 선혜청은 조선시대 대동미(大同米), 대동포(大同布), 대동전(大同錢)의 출납을 관장한 관청이다.

법(大同法)을 실시하였다. 대동법은 임진왜란과 두 번의 호란(1627~1637년)으로 전국의 토지가 황폐화되고, 국가수입이 심각하게 감소된 시기에 시행되었다. 공납으로 징수하던 공물을 국가가 선정한 공인(貢人)이 구입하여 납부하게 하고, 대금은 선혜청의 대동미로 지불하였다. 이후 화폐보급으로 대동미는 점차 대동전(大東錢)으로 대치되었다.

대동법 실시로 등장한 공인은 공납 청부업자인 어용상인(御用商人)[176]으로 산업자본가로 성장하여 조선 후기 수공업과 상업의 발달을 촉진시켰다. 또한 화폐유통을 촉진시키고, 운송활동의 증대를 가져와 교환경제(交換經濟)[177]체제로 전환되도록 하였다. 이러한 경제여건의 변화로 상공인층이 사회적으로 성장하고, 농민의 분화를 촉진되어 종래의 신분질서가 와해되는 데 영향을 주었다.

17세기 금속화폐의 유통은 전통적인 봉건적 자연경제를 점차로 해체시키고, 농민의 경제생활에 치명적인 영향을 미쳤다. 금속화폐가 일반상품에 통용되기 시작하자 농민들은 소비, 사치성향, 투기, 사행심 등에 쉽게 현혹되었다. 이런 환경에서 지주(地主)들의 고리대금업이 성행하게 되었고, 희생된 농민들은 토지를 빼앗기는 악순환으로 이어졌다. 당시 국가경제의 주축인 농촌경제가 이 지경에 이르렀음에도 조선 후기는 명분을 통한 권력투쟁인 당쟁(黨爭)으로 시종일관하였다.

한편 자연경제에 의존한 농촌의 해체과정에서 이렇다 할 권력배경이 없이 경제활동과 경영수완으로 부를 축적한 농촌 출신의 부농(富農)이 출현하게 되었다. 이들은 국가기관 혹은 대지주의 토지를 비교적 싼 지대로 빌려 몰락한 농민을 고용하여 토지를 경작함으로써 부를 축적하였는데, 이는 지주적 농업경영이긴 하지만 농민을 일종의 임금노동자로 고용한 기업적 경영으로 볼 수도 있다. 서민지주의 등장으로 지주(地主)와 전호(田戶)의 소작관계에 입각한 지주적 성격의 신분적 예속성은 약화되었다.

궁반전(宮房田)과 둔전(屯田)은 면세특권을 가지고 있어 대동미(大同米)[178] 등의 잡부와 조세가 면제되어 있었다. 이 외에도 조선 전기부터 국가기관의 경비를 조달하기 위하여 지방관청에서 경영하는 관둔전(官屯田), 아무전(衙務田) 등과 교통의 중로(中路)에 설정된 역전, 원전 그리고 학교전, 능묘전, 제전 등의 토지는 면세특권이 부여되어 있었다. 이와 같은 면세전이 1807년 순조(1790~1834년, 재위기간 1800~1834년) 때 당시 기준으로 전국토지의 14% 수준이었다고 한다.

---

176) 어용상인은 자신의 이익을 위하여 권력자나 권력기관에 영합하여 권력자의 비호를 받으며 궁중이나 관청 따위에 물건을 대는 상인이다.

177) 교환경제는 개인 또는 일정한 집단 사이에서 재화(財貨)를 교환함으로써 영위되는 경제이다.

178) 대동미는 조선시대 공물(貢物) 대신 바친 쌀이다.

면세(免稅)와 면역(免役)의 특전이 부여되어 있는 각종 명분의 토지에는 세금을 포탈(逋脫)할 목적으로 세력 있는 자에게 기증하는 형식을 취하여 세력자 명의로 경작하는 공전(公田)이 포함되어 있었다. 이러한 투탁전(投托田)은 명목이야 어떻든 간에 실제적으로는 민전(民田)이었으므로 뒤에 소유관계에 많은 혼란이 생겨 소속이 불명한 경우가 많았다.

일본과 치른 임진왜란(1592~1598년)과 청나라와 치른 두 번의 호란(1627~1637년)으로 중앙정부의 통제력이 약화되어 사전(私田)이 확대되자 거대한 토지를 소유한 관료적 지주(地主)가 등장하였다. 반대로 공전(公田)의 경작권을 상실한 농민은 관료적 지주와 소작관계를 형성하게 되어 토지의 사적 소유관계가 나타나게 되었다.

또한 농지의 황폐화로 일부 농민이 개간 등을 통해 토지를 집적(集積)하고, 상업과 수공업이 활성화되고, 화폐유통으로 교환경제가 발전하면서 자본을 축적하여 토지를 매입할 수 있는 여건이 조성됨에 따라 농민 출신의 지주와 이제까지 보던 관료 출신의 지주가 아닌 다른 배경의 신흥지주가 등장하였다. 다시 말해 근대적 토지소유현상이 성립되기 시작하였다.

2. 한일합방 이전 일본의 어업

일본 연안지역에서는 신석기시대 이전부터 어류와 패류를 채취하였다. 가마쿠라시대(室町時代, 1180~1333년)[179]에 어업을 주업으로 하는 어촌이 형성되기 시작하였으며, 어류 · 해조류 · 패류 · 소금 등을 연공으로 받쳤다고 한다. 무로마치시대(室町時代, 1336~1573년)[180]에 어업은 전문화되어 점차 근해어업(近海漁業)까지 진출하고 있었다. 또한 도시의 발달, 교통망의 정비, 화폐유통 등으로 상업이 발전하면서 어업도 점차 조직화되었다. 에도시대(江戸時代, 1603~1867년)[181]에는 어구와 어법이 발달하여 지예망(地曳網)[182]어업이 전국적으로 이루어지게

179) 가마쿠라시대는 일본 역사상 최초의 무신정권시대로 가마쿠라 막부가 창립되어 존속한 150년을 말한다.

180) 무로마치시대는 아시카가 다카우지(足利尊氏)가 정권을 잡아 멸망할 때까지 약 240년간을 말하며, 아시카가가문이 권력을 잡았기 때문에 아시카가시대(足利時代)라고도 한다.

181) 에도막부는 일본사에서 세 번째로 나타난 최후의 막부로 도쿠가와 이에야스(德川家康, 1543~1616년)가 천하통일을 이루고 1603년 에도(지금의 도쿄)에 수립한 일본의 부케정권(武家政權)으로 15대에 걸쳐 265년 존속하였다.

되었고, 원양어업(遠洋漁業)이 시작되어 어장이 확대되었다.

일본의 어업제도 측면에서 701년에 만들어진 일본 최고(最古)의 성문법인 대보령(大寶令) 부속령(雜令)에는 해면, 하천, 호수, 늪 등은 누구나 자유롭게 사용할 수 있음을 원칙[183]으로 하고 있어, 특정인이 독점적으로 어장(漁場)을 이용하는 권리를 인정하지 않았다. 오늘날 어업권, 입어권의 원형이라고 할 수 있는 어장이용독점권은 에도시대에 봉건제도[184]가 확립되면서부터 등장하였다. 구체적으로 연안어장은 토지와 비슷한 개념으로 지방영주가 소유하여 연안의 어촌마을 주민들은 지방영주에게 조공을 받치는 조건으로 거주지 수면을 독점적으로 이용하였다. 하지만 외해(外海)에서의 어업활동은 개방되어 있었다. 당시 대부분의 어민은 봉건영주에 예속된 농노적 위치에 있었다. 따라서 봉건영주제도가 지속될수록 연안어장은 점차 사점화(私占化)[185] 되어갔다.

에도시대(1603~1867년) 초기만 해도 연안과 접하고 있는 마을 중에는 어업에 종사하지 않은 곳이 상당수 있었다고 한다. 점차 어업인구가 증가하여 어장분쟁이 빈번해지자 자연스레 어장의 재편성이 이루어져 1900년 어업법(漁業法)[186]이 제정되기 전에 이미 마을과 접해있는 연안어장과 어선어업어장을 포함하는 개념인 지선해면어장제(地先海面漁場制)가 정착되어 있었다. 한편 새로운 어구어법의 발달로 남획을 방지하기 위하여 공동어입구역에서 연안 어촌마을이 중심이 되어 협정을 체결하여 자율적으로 규제하려는 움직임이 일어나고 있었다.

1874년 메이지정부[187]는 태정관[188] 포고(太政官布告)를 통해 종전의 어업관습

---

182) 지예망은 연안에 그물을 쳐두었다가 양끝을 끌어올려 고기를 잡는 그물어업이다.

183) 자연물(自然物) 또는 자연공물(自然公物)의 개념이다.

184) 일본어로 '磯猟は地附き、根附き次第、沖は入会'이다.

185) 참고로 우리나라에서 어장의 사점화(私占化)는 1170년 무신의 난을 기준으로 고려 후기에 나타났다.

186) 어업법이 제정으로 일본 어업사에 처음으로 법률에 근거하여 어업을 국가차원에서 통제할 수 있는 제도적 기반을 마련하였다.

187) 메이지정부는 일본이 메이지유신(明治維新)으로 막부체제를 해체하고, 왕정복고를 통한 중앙통일권력을 확립하는 변혁과정에서의 일본 정부를 말한다. 일반적으로 그 시기는 1841년의 덴포개혁(天保改革)부터 1877년의 세이낭전쟁(西南戰爭)까지로 보고 있다.

188) 태정관은 일본 율령제에서 사법 · 행정 · 입법을 맡는 최고 국가기관이다. 율령제(律令制)란 법률에 의해 운영되는 국가를 말하며, 유력한 지방세력들이 가지고 있던 권력이 국가로 집중되는 것으로 중앙집권국가로 볼 수 있다.

을 타파하기 위하여 해면관유(海面官有)의 원칙에서 어장 차구제(借區制)를 실시하였다. 다시 말해 지방영주에게 할당된 해면을 국가가 소유하고, 어업자들은 해면사용신청을 제출하고 해면사용료를 국가에 내는 것이다. 이 제도는 시행 초기부터 찬반논란에 휩싸였을 뿐만 아니라 당초 시행의도와는 달리 어장쟁탈을 위한 분쟁을 야기하였다. 제도 시행 1년 뒤인 1875년 태정관달(太政官達)에서 어업자에게 부현세(府県税)[189]를 징수하고, 어업단속은 가능한 한 종래의 관습에 따른다고 개정하였다.

1874년 해면관유(海面官有) 원칙에 의한 차구제(借區制) 도입은 1873년 메이지 정부가 지방영주가 소유한 영지와 그에게 예속된 농민을 정부에 반환하게 하고(版籍奉還, 판적봉환), 토지소유권을 인정하되 토지에 대해 세금을 부과하는 지조개정(地租改正)[190]과 일맥상통한다. 하지만 농업에 적용하여 성공한 개혁이 어업에서 실패한 이유에 대해서는 더 고찰할 필요가 있다.

막부시대의 봉건적 어업질서가 해체되지는 않았지만 이 무렵 독립자영어민이 등장하고 있었다. 또한 규모를 키운 개별 어업경영자가 점차 어장을 잠식하게 되자 이로 인한 어장분쟁이 빈번하게 되었다. 여기에 당시 몰락한 농민이 어촌에 유입되어 어촌경제가 어려워지자 메이지정부는 국가적으로 통일된 어업규칙을 제정하는 일을 더 이상 미룰 수 없게 되었다.

메이지정부가 어업실태를 제대로 파악하지 않고 성급하게 농업에 적용한 개혁원칙을 어업에 도입하려 하였기 때문에 해면관유 원칙에 의한 차구제는 호응을 받지 못했다. 1885년 메이지정부는 어업조합준칙(漁業組合準則)을 제정하여 어업조합을 조직화하고, 어장구역과 조업규율을 조합규율로 규정하도록 하였다. 하지만 조약규칙을 통해 종래의 관습을 뛰어넘는 어장구역을 정하는 것 자체가 무리였기 때문에 어업분쟁은 끊이지 않았다.

---

189) 부현세는 일종의 지방세이다. 1871년 메이지정권은 이전까지 지방통치를 담당하던 각번을 폐지하고, 지방통치기관을 중앙정부가 통제하는 부와 현으로 일원하는 행정개혁을 단행한데 이어 1878년 부현이 세금을 징수할 수 있게 하였다.

190) 지조개정은 봉건영주제 타파로 중앙집권제를 확보하고 안정적인 조세로 일본의 공업화를 이루는 긍정적인 면 이면에는 지조개정 후 세금을 낼 수 없는 자영농민이 토지를 팔고 소작농으로 전락하거나 도시 노동자로 이주하는 부작용을 초래하였다.

1900년 일본 최초로 법률에 근거한 국가통제 어업제도로 전문 35조로 구성된 어업법(漁業法)이 제정되어 다음 해에 시행되었다. 어업법은 어업권(漁業權)의 대상이 되는 면허어업(免許漁業)과 근해어업처럼 어업권 대상이 되지 않은 자유어업(自由漁業)으로 구분하였다. 어업권은 어구를 설치하는 정치권(定置權) 어업, 수면을 구획하는 구획(區劃)어업, 정치나 구획어업은 아니나 면허가 필요하다고 인정되는 특별어업권, 앞의 3종 어업을 제외한 수면을 전용하는 전용(專用)어업권 4가지였으며 어업권은 행정관청에서 면허되었다. 또한 어업권은 상속, 양도, 공유 및 대부할 수 있게 하였다. 자유어업에 대해서는 자원의 번식보호 및 어업단속이 필요하다고 판단되면 지방장관이 어업자의 수 또는 자격을 정하여 어업조정을 기할 수 있게 하는 어업자원관리에 관한 내용도 포함하고 있었다. 어업법이 메이지유신이 출범한지 33년 만에, 대일본제국 헌법이 공포되고 12년 뒤에 제정된 것은 늦은 감이 있다.

1900년 제정된 어업법은 어업권(漁業權)의 성격을 명확하게 규정하지 않아 어업권 제도가 쉽게 정착하지 못했고, 어업조합제도 등도 미비하여 법제정이 논의될 때부터 개정여론이 일어났다. 막상 법이 시행되자마자 법개정에 대한 여론이 거세게 빗발쳤다. 결국 어업법은 제정 9년만인 1909년 메이지어업법으로 전면 개정되었다. 종래 관습을 기반으로 어업권제도, 어업허가제도, 어업단속제도 등을 규정하였다. 어업권은 면허기간이 20년이고 갱신할 수 있지만 신규면허에 대해서는 신청자 선원주의(先願主義)[191]를 적용했기 때문에 한 번 받은 어업권은 반영구적이어서 뒤에 수면(水面)을 계획적으로 이용하는데 걸림돌로 작용하였다.

메이지어업법은 제2차 세계대전(1939~1945년) 이후 일본의 민주화정책의 일환으로 어업개혁이 시행되어 1949년 현행 어업법이 제정됨으로써 메이지어업법은 40년 만에 폐지되었다. 어업개혁 당시 일본은 메이지어업법에 근거하는 구(舊)어업권에 대해 보상금을 지불하여 일제히 말소시키고, 새로운 어업권을 계획적으로 면허하였다. 구어업권에 대한 보상금 총액이 180억 엔[192]이었다고 한다.

---

191) 선원주의는 최초로 면허를 신청한 사람에게 특권을 주는 제도이다.
192) 일본 Wikipedia, 검색어 어업권 '漁業權'.

제3장

왜구의 침입

우리나라는 지리학적으로 육로(陸路)로 연결되는 중국대륙과 해로(海路)로 연결되는 섬나라 일본의 중간에 위치하고 있다. 신라가 당나라(618~907년) 중심의 세계질서에 편승한 이래 우리나라는 전통적으로 중국과 밀접한 관계를 유지하며 대륙중심의 세계관에 종속되었다. 다시 말해 바다 또는 해양의 이용과 개발에 있어서는 대체로 소극적이었다. 당시 대륙중심의 세계관에서 자유롭지 못했던 섬나라 일본은 우리나라를 통해 대륙과 교류하였다.

옛날에는 일본을 왜(倭) 또는 왜국(倭國),[1] 일본인은 왜인(倭人)이라 하였다. 왜인의 침입은 삼국시대부터 있어 왔지만 고려 말에 이르러서는 국가의 존폐가 위협받을 정도가 되었다. 왜구(倭寇)는 왜인의 구도집단(寇盜集團, 도적떼)을 줄여서 부른 것으로,[2] 왜구라는 용어는 신라를 침입한 왜인들에게 부터 적용된 것은 아니고 고려 후기부터 조선 초기까지 우리나라와 중국 연안에서 도적행위를 하던 일본인 해적집단의 총칭으로 사용되기 시작하였다고 보고 있다. 왜구의 기원에 대해서는 여러 설이 있으나 아직 정설로 축약된 것은 없는 것 같다.

일본 본토와 거리가 멀고 조선과 가까운 그러나 척박한 환경의 대마도(對馬島)[3]와 이키도(壹岐島)[4] 등지의 섬사람들은 오래 전부터 생계를 위해 우리나라와

1) 왜국은 670년 국명을 일본으로 개호하였다.
2) 장수호, '조선시대 말 일본의 어업 침탈사', 2011년, 블루앤노트
3) 대마도는 우리나라와 일본 열도 중간 위치한 섬으로 대마도에서 가장 가까운 일본 본토 후쿠오카까지의 거리(약 140km)보다 부산까지의 거리(약 50km)가 더 가깝다.
4) 이키도는 나가사키현(長崎縣)에 속한 섬으로 쓰시마해협에서 대마도와 사가현(佐賀縣) 중간에

중국 연안지역을 침입하여 약탈해가는 해적활동을 하였다. 따라서 우리나라는 이웃 섬나라 일본 사이에 가로놓인 바다를 두고 일본과 어업갈등에 앞서 왜구(倭寇)의 침입으로 오랜 세월 경제적·정신적 손실과 인명피해를 입었다.

신라시대(BC 57~935년)부터 임진왜란(1592~1598년) 전까지 왜구가 우리나라를 침입하여 가공할 피해를 입히고 갔다고 해도 어디까지나 도적떼에 불과한 해적집단이었다. 하지만 임진왜란 때 일본인은 성격상 종전의 왜구가 아닌 왜적(倭敵)으로 국가단위의 침략을 강행하였으나 퇴각하여 돌아갔다. 임진왜란 종전 후 277년 뒤에 일본은 운요호(雲揚號)라는 군함을 끌고 와 조선에 개항을 요구하는 제국주의적 침략자로 그 성격을 달리하였다. 1875년 운요호가 대한제국 영해를 불법적으로 침해한 것은 식민지 획책을 위한 전초전으로 이후 36년간의 철저한 사전준비를 거쳐 1910년 마침내 대한제국의 국권을 빼앗아 36년간 식민지 통치를 하고 물러갔다.

중국대륙 중심의 세계관이 지배하던 시대에 잦은 왜구의 침입은 가장 원초적인 방법으로 해양을 이용하는 어업 다시 말해 어업활동의 장이 되는 바다에 대한 접근성을 제한하게 하였다. 왜구의 침입이 극에 달한 고려 말에서 조선 초기[5]까지 지구의 반대쪽에서는 대항해시대(Age of Discovery)[6]의 서막이 준비되고 있었다. 좋은 의미든 나쁜 의미든 대항해시대의 개막으로 동양과 교류하게 된 서양은 18세기 산업혁명의 여파를 타고 19세기 제국주의적 침략과 해외식민지 확보에 눈을 돌리게 되었다. 이런 시대적 흐름은 돌고 돌아 대한제국이 일본의 식민지로 전락하는데 기여하였다.

잦은 왜구의 침입으로 입은 경제적 손실과 인명피해보다 더 가공할 피해는 1875년 운요호사건 이후 대한제국의 국권이 피탈되는 과정에서의 36년과 일제 식민지 36년이다. 왜구는 조선이 바다를 적극적으로 이용·개발하고 해양을

위치하고 있다.

5) 왜구의 침입이 본격화된 고려 충정왕(재위기간 1349~1351년)부터 왜구의 근거지인 대마도를 정벌을 하고 왜인의 회유책으로 삼포를 개항한 조선 세종대왕(재위기간 1418~1450년)까지를 말한다.

6) 대항해시대는 15세기 초부터 17세기 초까지 약 200년간을 가리키며, 유럽 강대국들의 배가 세계 바다를 누비며 대륙 간 항로를 개척하여 새로 개척한 세계에서 탐험과 무역을 시작하던 시기이다.

통해 활발하게 무역을 하는 해양의 시대로 나아가지 못하게 발목을 잡은 데 한몫을 단단히 하였다. 그렇다고 우리나라 어업이 잦은 왜구의 침입 또는 침략으로 발전하지 못했다고 하는 것은 지나친 확대해석이다.

우리나라 어업의 발전을 가로막은 결정적인 요인은 중국대륙 중심의 세계관, 농업중심의 경제구조, 사농공상(士農工商)의 사회적 신분제도였다고 보는 것이 타당하다. 조선이 바다를 건너오는 왜구 또는 국가단위로 침략해 오는 왜적의 침입에 수동적으로 방어하면서 바다에 대한 접근성을 스스로 차단하여 해양을 폐쇄적 공간으로 축소하는 동안 섬나라 일본은 근해에 이어 점차 원양에 진출하여 어장을 확대하였다.

왜구의 침입에 의한 우리나라의 일방적 피해라는 시각을 바다를 적극적으로 이용·개발하려는 의지로 돌려보면 왜구의 침입에 대한 우리의 대응태세가 퍽이나 소극적이었고, 영해(領海)를 지키던 우리 수군(水軍)이 상당히 취약하였음을 알 수 있다. 통일신라시대 해상왕 장보고(?~846년)의 삼각무역과 조선시대 이순신(1545~1598년)장군의 거북선과 임진왜란에서의 승전이라는 제한된 역사적 사실만으로 우리가 전통적으로 취약했던 해양중심의 세계관을 은폐 또는 축소할 수는 없을 것 같다.

이 장에서는 왜구의 침입사를 통해 우리나라가 전통적으로 가지고 있던 바다에 인식과 접근방법을 간접적으로 조명하였다. 고려 말에서 조선 초기까지 극에 달했던 왜구의 침입 중에 주목할 만한 침입에 대해서는 국방연구소가 출판한 한민족전쟁통사(韓民族戰爭通史)의 고려시대편과 조선시대편을 인용하여 필요 이상으로 자세히 언급하기도 하였다. 또한 왜구의 침입관련 향후 스토리텔링이 될 만한 정보도 삽입하였다. 왜구의 침입사를 시대별로 정리하면 다음과 같다.

1. 삼국시대와 통일신라시대

삼국유사(三國遺事)[7]와 삼국사기(三國史記)[8]에 의하면 우리나라를 침략한 왜구

---

7) 삼국유사(三國遺事)는 고려 충렬왕(1236~1308년, 재위기간 1274~1308년) 때의 보각국사(普覺

의 기록은 기원전 50년 신라의 시조 박혁거세(BC 69~AD 4, 재위기간 BC 57~AD 4년)[9] 때로 거슬러 올라간다. 서기 5세기까지 기록된 왜구의 침략횟수는 30여 차례이다(표 1). 서기 14년 남해왕(재위기간 4~24년) 때와 이로부터 약 450년 뒤 자비왕(재위기간 458~479년) 때인 459년에 왜인이 병선 100여 척으로 침략하였다는 것과 유례왕(재위기간 284~298년)과 자비왕 때 왜구가 신라 주민 1천여 명을 생포하여 갔다는 것으로 보아 왜구를 단순한 도적떼로 보기에는 그 규모가 너무 크다. 또한 남해왕과 자비왕 사이 450년의 시차 동안 왜인 병선의 규모나 성능도 많이 향상되었을 것이다.

지마왕(재위기간 112~134년)은 121년 동쪽 변방에서 왜구의 침범이 빈번해지고, 대규모 왜병이 침략할 것이라는 소문이 퍼지자 123년 왜국과 수교하였다. 왜국과 수교한 이후 약 85년 동안 삼국사기나 삼국유사에서 왜구에 대한 기록이 없는 것으로 보아 한 동안 왜구의 침략이 잠잠해진 것으로 보인다. 하지만 208년 내해왕(재위기간 195~230년) 때 왜국은 수교를 깨고 신라를 침략해 왔다. 249년에는 내해왕의 아들 석우로(昔于老)가 왜국에 의해 살해되는 일도 있었다.[10]

國師) 일연(一然, 1206~1289년)이 신라, 고구려, 백제 3국의 유사(遺事, 전래되어오는 기록)를 모아서 지은 역사서이다.

8) 삼국사기(三國史記)는 조선 인종(1109~1146년, 재위기간 1122~1146년)이 1145년경에 김부식 등에게 편찬하게 한 삼국시대의 정사로 본기 28권(고구려 10권, 백제 6권, 신라 · 통일신라 12권), 지(志) 9권, 표 3권, 열전 10권으로 이루어져 있다.

9) 삼국사기 신라본기에서 혁거세거서간 8년에 왜인이 군사를 몰고 변방을 침범하고자 하다가 시조가 신덕(神德)이 있다는 말을 듣고 돌아갔다(八年 倭人行兵 欲犯邊 聞始組有神德 乃還)는 기록이 있다. 하지만 여기서 왜인은 대마도나 일본 열도 방면의 왜(倭)가 아니라는 주장도 있다.

10) 신라 내해왕의 유언으로 아들 석우로(?~249년)를 대신하여 조분왕(230~247년)이 후계를 이었다. 조분왕은 석우로를 자신의 태자로 삼아 다음 왕위에 오를 수 있게 하였다. 조분왕은 즉위 후 석우로를 신라의 골품제도에서 관등명 2위인 이찬에 임명하고, 대장군으로 삼아 230년 삼국시대 작은 나라인 감문국(경북 김천시 개령)을 토벌할 것을 명하였다. 석우로는 감문국을 무너뜨려 신라의 속국으로 만들었다. 신라가 감문국을 토벌한 이유는 당시 감문국이 독자세력을 구축하려는 움직임이 있었고, 감문국 배후에 가야와 왜국이 있었던 것으로 보인다.

231년 가야와 가까운 왜국이 신라의 도읍지인 금성(지금의 경주)을 공격하였으나 왜군은 병력 1천여 명을 잃고 퇴각하였다. 232년 왜군이 다시 쳐들어오자 석우로는 사도(沙道)에서 바람과 화공으로 두 달 동안 치열하게 싸워 대승하였다. 이 때 왜군은 전함을 모두 잃고 전 병력이 몰사하여 이후 왜국은 함부로 군대를 동원하지 못하게 되었다고 한다.

244년 조분왕은 석우로를 재상격인 서불한(舒弗邯)에 임명하고 병사를 겸하게 하였다.

표 1. 삼국사기 신라본편에 기술된 왜구침략 요약

년 도	왜인 침략	수교 및 기타
BC 50년	변방 침입	
14년	왜선 100척 해안지방 침입	
73년	목출도[11] 침입	
121년	동쪽 변방 침입	123년 왜국과 수교
208년	수교 깨고 국경 공격	
232년	수도 금성(경주)[12] 포위	왜구 1천여 명 살획(殺獲)
233년	동해 변방 침입	
249년	서불한(舒弗邯) 석우로 살해	

245년에 북진정책을 추진하던 고구려가 침입해오자 전장에 나갔던 석우로는 패하여 부하들과 동고동락(同苦同樂)하면서 사기를 진작시키고 있었다. 그러다 247년 신라의 세력권내에 있던 사량벌국(沙梁伐國, 삼국시대 초기 경북 상주지역에 있었던 작은 나라)이 배반하여 백제와 결합하려 하자 석우로가 이들을 토벌하여 사량벌국을 멸망시켰다.

조분왕 사후 왕위 계승권 순위에서 밀려있던 첨해왕(재위기간 247~261년)이 석연찮게 왕위에 올랐다. 첨해왕은 조분왕과 전혀 다른 방식의 외교를 구사하여 고구려와 왜국과 화친을 맺었다. 당시 국정을 맡고 있던 석우로는 이를 못마땅하게 여겨 주변 사람들과 어울린 자리에서 왜국의 왕을 모독하는 욕설을 - 조만간에 왜국의 왕을 염전의 노비로 만들고, 왕비는 식모로 만들 것이다 - 하였다. 석우로의 말이 왜국 사신의 귀에 들어가면서 왜국과의 관계가 급속히 냉각되었다.

왜국은 군대를 동원하여 신라를 공격해왔다. 이에 첨해왕는 석우로에게 왜군 장수를 찾아가 사과하도록 하였다. 왜장 우도는 사과하러 온 석우로를 잡아 화형 시키고 군대를 철수하여 본국으로 돌아갔다. 다시 말해 석우로가 왜의 진영에 스스로 찾아가 책임을 지고 죽음을 당함으로써 왜군을 물러가게 한 것이다. 석우로가 말실수를 하였다고 해도 한 나라의 왕족이자 재상인 석우로를 화형 했음에도 첨해왕은 아무런 조치도 취하지 않았고, 이로 인해 왕실과 백성들로부터 큰 원망을 들었다.

석우로가 249년 왜군에게 화형당해 죽자 석우로의 부인(명원부인)은 훗날 왜국의 사신을 태워 죽였다는 이야기가 있다. 석우로의 부인은 조분왕의 딸로 내해왕의 장남인 태자 석우로와 혼인하였다. 석우로와 명원부인의 후손이 신라 제16대 왕인 흘해왕(재위기간 310~356년)에 즉위하였다.

삼국사기에서 전하는 석우로에 관한 기록은 원래 계절풍을 이용한 왜구의 침범이 잦았던 동해안의 우유촌(于柚村, 지금의 울진으로 추정)지역에서 민간으로 전승(民間傳承)되어 오던 이야기였는데, 뒤에 신라왕족의 영웅설화로 확대되었다고 보는 견해도 있다.

11) 목출도(木出島)는 일본의 대마도로 추정되는 신라시대의 지명으로 삼국사기와 대동지지(大東地志)에 74년 왜인이 목출도에 침략하자 탈해왕은 각간(角干) 우오를 보내 막으려 하였으나 실패하고, 우오가 죽었다는 기록이 있다. 이 기록에 나타난 목출도가 섬이라고 할 때 당

(계속)

년 도	왜인 침략	수교 및 기타
283년	금성(경주) 공격	
287년	일례부(경북 구미) 습격	신라주민 1천여 명 잡아감
292년	사도성(경북 영덕) 공격, 함락	왜구 격퇴
294년	장봉성 공격	
295년	빈번하게 성읍 침범	300년, 312년 왜국과 수교
346년	풍도 침입, 금성 포위	
364년	대규모 침입	왜구 300여 명 살획(殺獲)
393년	금성 공격	
399년	백제와 연합하여 공격	고구려 원병 요청
405년	경주 명활산성 공격	402년 왜국과 우호
407년	동쪽 변방 침입	408년 왜인 대마도에 병영 설치
415년	풍도 침입	
431년	경주 명활산성 포위	
440년	동, 남쪽 변방 침입	
444년	금성 포위	
459년	왜선 100여척 월성 침입	왜구 절반 익사
462년	서라벌(경주) 침입 활개성[13] 습격	신라주민 1천여 명 잡아감
463년	삽량성(경남 양산) 침략	
476년	동쪽 변경 침입	
477년	다섯 길로 침입	
482년	변경 침입	

시 신라 해안에는 왜인이 침입할만한 섬이 없었다는 점으로 보아 대마도일 수밖에 없다. 당시 가야의 세력이 김해지방에 미쳤다면 거제도는 신라영토일 수가 없다. 대동여지도 상에 나타난 섬으로는 울산 대화강(大和江) 하류의 명산(鳴山), 죽도(竹島), 동백도(冬柏島) 등이 있으나 이 섬들은 무인도이거나 주민이 거의 살지 않았으며, 동래(東萊) 앞바다에 오륙도와 몇 개의 섬도 사정이 이와 비슷하였다. 이러한 섬에 적이 쳐들어왔을 때 일국의 재상이 대군을 몰고 바다에 나아가 싸우지는 않았을 것이다.

12) 금성은 신라부터 통일신라까지 계속된 도읍지로 지금의 경주로 보고 있다.

13) 활개성은 명활산성의 다른 이름이다.

(계속)

년 도	왜인 침략	수교 및 기타
486년	변경 침입	
497년	변경 침입	
500년	장봉진(경북 포항) 침입, 함락	

삼국사기 신라본편에 기재된 3세기 왜구의 침입은 모두 9차례이다. 287년부터 왜인의 변방 침입이 잦아들자 293년 유례왕(재위기간 284~298년)은 사도성(沙道城, 경북 영덕으로 추정)을 개축하고, 사벌주(沙伐州, 경북 상주)에 거주하는 호민 80여 가구를 옮기게 하였다고 한다.

300년 기림왕(재위기간 298~310년)과 312년 흘해왕(재위기간 310 ~356년)은 왜국과 수교를 맺었다. 수교는 왜국의 왕이 사신을 보내와 아들의 혼인을 청하여 아찬(阿湌)[14] 급리(急利)의 딸을 일본 왕자에게 출가시켜 성사되었다. 왜국과 맺은 수교로 4세기 중반까지 왜구의 침략에 대한 기록이 뜸해졌다. 왜국의 왕은 344년 다시 사신을 보내 신라에 혼인을 청하였으나 흘해왕이 이를 거절하자 345년 일방적으로 국교를 단절하고 345년 풍도(風島)를 침략하여 변방을 약탈하고, 금성(지금의 경주)을 포위하였지만 패하고 돌아갔다. 내물왕(재위기간 356~402년) 때인 364년 대규모 왜병이 쳐들어오자 초우인(草偶人)[15] 수천 개를 만들어 옷을 입히고 무기를 들려 토함산 기슭에 벌여 세우고, 병사 1천명을 따로 부현(斧峴) 동쪽에 매복시키는 방법으로 왜병을 전멸시켰다.

한편 백제 아신왕(재위기간 392~405년)은 광개토왕(374~413년, 재위기간 391~413년)[16]이 주도하는 고구려의 남하정책에 대응하기 위해 고심하였다. 아신왕은

---

14) 아찬은 신라시대의 17등 관계(官階) 중의 제6등 관계로 아척간(阿尺干)이라 하기도 하였다.

15) 초우인은 풀로 만든 허수아비를 말한다.

16) 광개토왕은 즉위 초 예성강을 경계로 그 동안 일진일퇴를 거듭해온 백제에 적극적인 공세를 취하여 392년에는 석현성(石峴城, 경북 문경)을 비롯한 10개 성을 빼앗고, 이어 난공불락의 요새임을 자랑하는 관미성(關彌城, 강화 교동도 또는 예성강)을 20여 일만에 함락시켰다. 394년에는 빼앗긴 땅의 탈환을 위해 침공해온 백제군을 수곡성(水谷城, 지금의 황해도 신계)에서, 395년에는 패수(浿水, 예성강)에서 각각 격퇴하고 8천여 명을 사로잡았다. 396년에 광개토왕이 직접 수군을 이끌고 백제의 한강 너머에까지 진격하여 백제의 아신왕으로부터 많

397년에 태자 전지를 왜국에 볼모로 보내 화친을 맺고, 399년 왜군과 연합하여 신라를 공격하였다.[17] 이에 신라 내물왕(재위기간 356~402년)은 고구려에 원병을 요청하였고, 다음해 광개토왕이 보병과 기병 5만 명을 파견하여 신라에 침입한 백제·가야·왜 연합군을 격파하였다. 또한 신라에 침입한 왜구를 소탕하였다. 이 부분은 왜구의 침략이라기보다는 삼국 간에 벌어진 전쟁이나 왜국과 관련된 당시 삼국의 역학관계를 이해하기 위해 언급하였다.

402년 실성왕(재위기간 402~417년)은 내물왕(재위기간 356~402년)의 아들 미사흔(未斯欣)을 왜국에 볼모로 보내[18] 우호조약을 맺었지만 왜국은 조약을 어기고, 405년 경주 명활산성을 침략해 패하고 돌아갔다. 왜국에 볼모로 간 미사흔을 충신 박제상[19]이 데려오는 일화가 전해지고 있다. 실성왕은 408년 대마도 정벌을 계

은 전리품 챙겼을 뿐만 아니라 영원히 노객(奴客, 신하가 임금을 상대하여 자기를 낮추어 이르던 일인칭 대명사)이 되겠다는 맹세를 받고 백제왕의 동생과 대신들을 인질로 잡아갔다.

17) 백제 아신왕이 고구려 광개토대왕에게 노객(奴客)이 되기를 맹세한 것은 백제 건국 이후 최대 치욕으로 이를 만회하기 위하여 399년 임나가야, 안라(安羅), 왜(倭)와 연합하여 고구려와 연결되어 있는 신라를 공격하였다. 이에 신라 내물왕은 고구려에 원군을 요청하여 고구려가 보내온 원군으로 왜구를 물리쳤다.

18) 신라 내물왕은 392년 사촌동생인 실성을 고구려에 볼모로 보냈다. 401년 신라로 돌아온 실성은 내물왕 사후에 즉위하여 실성왕(재위기간 402~417년)이 되었다. 실성왕은 즉위하자마자 과거 자신을 볼모로 보낸 내물왕의 아들 미사흔을 왜국에 볼모로 보내 우호조약을 맺었다.

19) 실성왕은 박제상(363~419년)에게 왜국에 볼모로 가있는 미사흔을 데려와 달라고 했다. 이에 박제상은 신라를 배신하고 도망친 것으로 꾸며 왜국에 갔지만 왜국이 쉽게 믿어주지 않았다. 신라가 박제상의 가족을 잡아 가두었다는 소식을 듣고서야 왜국은 박제상을 믿어 주었고, 마침내 미사흔을 만날 수 있었다. 박제상은 미사흔에게 함께 낚시를 하다 밤에 몰래 신라로 탈출할 것을 권했다. 둘이 같이 탈출하면 의심받을 것을 간파한 박제상은 왜국에 혼자 남았다. 박제상의 용기와 지혜에 감탄한 왜국의 왕이 자신의 신하가 될 것을 제안을 하였지만 '차라리 신라 땅의 개, 돼지가 될지언정 왜 나라의 신하가 되지는 않을 것이오. 차라리 신라 땅에서 갖은 매를 맞을지언정 왜 나라의 벼슬은 받지 않겠노라(寧爲鷄林之犬㹠, 不爲倭國之臣子, 寧受鷄林之箠楚, 不受倭國之爵祿)'라고 하였다(삼국유사). 왜국의 왕은 박제상을 장작불로 온 몸을 태운 뒤 목을 베어 처형하였다.

실성왕은 박제상의 죽음을 안타까워하며 그를 대아찬(大阿飡, 신라 17관등 중 제5등 관계)에 추증하고, 그의 부인을 국대부인(國大夫人)으로 책봉했으며, 둘째 딸을 미사흔의 아내로 삼게 하였다. 삼국사기에서 귀족출신의 박제상을 열전에 넣어 소개한 것은 유교적 이데올로기의 적합하였기 때문이라는 의견도 있다. 한편 박제상의 부인은 치술령(지금의 울산 울주군 두동면) 고개에 올라가 왜국을 바라보면서 남편을 기다리다 죽어 망부석이 되었다는 설화도 같이 전해지고 있다.

획하였으나 서불한 미사품(未斯品)의 건의로 중지하였다. 삼국사기에 기록된 5세기 왜구의 침입은 14차례였다.

677년 삼국통일 이전 신라

6세기 신라 법흥왕(재위기간 514~540년)은 정복활동을 활발히 전개하면서 삼국 간의 항쟁을 주도해 나가기 시작하였다. 또한 법흥왕은 이차돈[20]의 순교를 기점으로 불교를 국교로 공인하여 내부의 결속과 단결을 꾀하고, 국호를 사로국[21], 서라벌[22]에서 덕업을 일신에 망라한다는 뜻의 신라(新羅)로 개칭하였다.

법흥왕의 뒤를 이은 진흥왕(534~576년, 재위기간 540~576년)은 북쪽으로 함경남도지역, 서쪽으로는 한강유역까지 영토를 확장시켰다. 또한 국가발전을 위한 인재를 양성하기 위하여 화랑도(花郎道)를 국가적인 조직으로 개편하고, 불교 교단을 정비하여 사상적 통합을 도모하였다. 진흥왕 이후 신라는 북으로 팽창하여 북진정책을 추진하여 영역을 확장시켰고, 554년 관산성(管山城, 충북 옥천)전투에서 백제 성왕(재위기간 523~554년)을 전사시킴으로써 한강유역의 패권을 장악하였다.

고구려가 수나라(518~618년)와 당나라(618~907년)의 침략을 막아내는 동안 신라 내부에서는 신흥 귀족인 김춘추(604~661년, 재위기간 654~661년, 태종무열왕)가 가야[23]계 세력의 필두인 김유신(595~673년)과 제휴하여 권력을 장악하여 집권체제를 강화하였다. 이어 신라는 고구려와 백제에 대항하면서 삼국 간의 항쟁을 주도하였다.

---

20) 이차돈(502 또는 506~527년)은 신라의 승려로 한국 불교사상 최초의 순교자이다. 527년 순교(殉教)를 자청하여 만일 부처가 있다면 자기가 죽은 뒤 반드시 이적(異蹟)이 있을 거라고 예언하였다. 순교 후 예언대로 그의 잘린 목에서 흰 피가 나오고 하늘이 컴컴해지면서 꽃비가 내리는 기적이 일어났다. 그의 순교가 조신(朝臣, 조정에서 벼슬이 있는 신하)들의 마음을 움직여 신라에서 불교가 공인되었다

21) 사로국은 진한(辰韓) 12국 중에 경주에 위치한 소국으로 신라의 모체가 되었다.

22) 초기 신라의 국호(國號)이다.

23) 신라는 532년 가야 연맹의 중심국인 경상남도 김해, 진해 지역에 있던 금관가야를 멸망시켜 낙동강 하구의 영역을 복속시켰고 563년 최종적으로 대가야를 정복함으로서 신라는 낙동강 주변을 장악하였다. 이후 가야연맹이 있었던 지역에서 반발의 기운이 일자 신라는 금관가야의 왕(구형왕)의 후예 등을 진골귀족으로 편입시켜 가야계의 반발을 희석시키려 하였다.

삼국통일 이전 고구려와 수·당 투쟁

서기 6세기에서 7세기 초의 한반도 주변정세는 553년 신라와 백제 동맹이 깨졌고, 신라 진흥왕(재위기간 540~576년)은 북진정책을 추진하였다. 수나라(518~618년)가 위·진·남북조로 분열되어 있던 중국을 589년 통일하여 고구려는 요동에서 수나라의 위협을 받게 되었다. 당시 동아시아의 정세는 돌궐-고구려-백제-일본을 연결하는 남북진영과 수나라-신라로 연결하는 동서세력으로 갈라져 대립하고 있었다.

고구려 영양왕(재위기간 590~618년)은 신라의 북진정책으로 한강유역과 함경도 일대를 상실하자 남하정책을 포기하는 대신 서진정책을 단행하여 요서지방을 공격함으로써 수나라와 충돌하였다. 598년 수나라 문제(文帝)는 30만 수륙군을 이끌고 고구려를 침략하였으나 성공하지 못하고 물러갔다.

수나라 양제(煬帝)는 돌궐족을 복속시킨 뒤 612년 113만 대군을 이끌고 요하(遼河, 랴오허강)를 건너 요동성(遼東城)을 공격하였으나 고구려의 결사적인 항전으로 실패하였다. 같은 해 양제(煬帝)는 다시 30만 병력을 앞세우고 압록강을 건너 침입해왔으나 을지문덕장군이 살수(薩水, 청천강)에서 섬멸하여 불과 2,700여 명만이 살아 돌아갈 수 있었다.

수나라는 618년 내란으로 멸망하고, 당나라(618~907년)가 건국되었다. 이때 고구려는 당나라와 대립하면서 돌궐 등과는 내왕하였기에 당나라 태종은 즉위 후 고구려를 침략할 야심을 보였다. 이에 대응하기 위하여 고구려는 다롄(大連)과 부여성(扶餘城)을 연결하는 천리장성을 쌓기 시작하였다. 연개소문(?~666년)이 정권을 잡은 뒤 당나라에 대한 고구려의 태도는 더욱 강경해졌고, 백제와 연합하여 당나라와 연결된 신라를 자주 공격하였다.

당나라는 돌궐을 복속시키고 서역을 평정하는 한편 고구려의 세력권 내에 있던 거란족을 꾀어 고구려를 배반하게 하는 등 침공태세를 갖추었다. 고구려 마지막 왕인 보장왕(재위기간 642~668년) 때인 645년 당 태종은 30만 대군을 앞세우고 요하를 건너 요동성에 이어 안시성(安市城)을 공격하였지만 고구려는 약 60일의 사투 끝에 당나라의 공격을 막아냈다. 당나라는 2차(647년), 3차(648년)에 걸쳐 고구려를 침입하였으나 모두 실패하였다.

삼국통일 이후 신라의 당나라에 대한 투쟁

당나라(618~907년)가 신라와 연합하여 백제와 고구려를 멸망시킨 것은 신라를 이용하여 삼국의 영토 전체를 장악하려는 야심 때문이었다. 이러한 당나라의 야욕을 신라로서는 감수할 수가 없었다. 이에 신라는 고구려와 백제의 유민들과 연합하여 당나라와 정면대결을 하였다.

신라는 고구려 검모잠(?~670년)의 부흥군을 원조하여 당나라세력을 축출하는 것을 꾀하고, 한편으로 백제 옛 땅에 군대를 출동시켜 당나라군을 각처에서 격파하였다. 671년(문무왕 11년) 신라는 결국 사비성(泗沘城, 충남 부여)을 함락시킴으로써 백제의 옛 땅에 대한 지배권을 완전히 장악하였다. 이에 당나라는 태종무열왕(604~661년, 재위기간 654~661년)의 둘째 아들인 김인문(629~694년)[24]을 신라의 왕으로 임명하고, 신라정벌을 감행하였다.

675년 신라는 남침해 오던 당나라의 20만 대군을 매소성(買肖城, 경기도 연천군 청산면 대전리)에서 격파하여 나·당전쟁의 주도권을 장악하였다. 676년 금강 하구의 기벌포(伎伐浦, 충남 서천군 장항읍 일대 지명으로 금강 하구에 해당)에서 당나라 수군을 섬멸하여 당나라의 세력을 한반도에서 완전히 몰아냈다. 이로써 신라는 677년 2월 25일 삼국통일을 달성하고, 한반도의 대동강~원산만 이남에 대한 지배권을 거머쥐었다.

신라는 가야, 백제, 고구려, 보덕국(報德國)[25] 등 한반도 내부에 있던 국가들을 차례로 멸망·병합시켜 나갔다. 또한 676년 당나라 군대를 한반도에서 축출하여 삼국통일을 달성하였다. 이에 대해 신라에 의한 민족단일국가 성립에 의미를 두는 견해와 한반도 남부지역만을 통합한 불완전한 통일이라는 반론이 있다.

신라는 당나라와 연합하여 660년에 백제, 668년에 고구려를 멸망시키고, 당나라와 치열한 투쟁을 거쳐 677년 2월 25일 삼국을 통일하여 통일신라시대를 열었지만 왜구의 침략은 끊이지 않았다.

신라 문무왕(재위기간 661~681년)은 내가 죽으면 호국용(護國龍)이 되어 왜적을 막겠으니 바다에 묻어 달라고 유언했을 정도로 당시 왜구의 침략은 심각했다.

---

24) 김인문을 당나라가 왕으로 임명하였지만 태종무열왕(김춘추) 사망 후 그의 맏아들 김법민이 문무왕으로 즉위하였다.

25) 보덕국은 신라가 고구려를 멸망시킨 다음에 금마저(金馬渚, 전북 익산)에 설치했던 고구려 유민의 나라로 670~684년까지 존속하였다.

신문왕(재위기간 681~692년)은 문무왕이 왜구를 진압하고자 경주에 짓기 시작한 감은사(感恩寺)를 완성하였다.

삼국유사에 의하면 722년 성덕왕(재위기간 702~737년)은 왜구의 침입으로부터 경주를 보호하기 위하여 관문성[26)]을 쌓았으며, 삼국사기에 의하면 731년 왜국 병선 300척이 동해안을 습격하였다.

애장왕(788~809년, 재위기간 800~809년)은 803년 일본과 우호를 수교하였고, 804년, 806년, 808년 세 차례 일본 사신이 신라를 방문하였다. 하지만 왜구의 침략은 계속되었다.

해상왕 장보고(?~846년) 귀국

장보고는 일찍이 당나라 서주(徐州)에 건너가 무령군소장(武寧君小將)이 되었다. 당시 중국의 동해안 지역에는 남으로는 양자강 하구 주변에서, 북으로는 산동성(山東省) 등주(登州)까지 많은 신라인들이 거주하고 있었다. 그들 중에는 운송업과 상업에 종사하는 자도 있었고, 양주(揚州), 소주(蘇州), 명주(明州) 등지에서 아라비아와 페르시아 상인과 교역하는 사람도 있었다. 또한 중국, 신라, 일본을 왕래하며 국제무역에 종사하던 사람도 많았다.

당시 당나라(618~907년)와 신라는 중앙의 집권력이 느슨해져 흉년과 기근이 들면 각지에서 도적이 횡행하게 되었다. 당나라 해적은 신라 해안에 출몰해 많은 주민들을 잡아가 중국에서 노예로 팔았으며, 무역선을 위협하기도 하였다. 당나라 해적들이 신라인을 잡아가 노예로 파는 것에 분노한 장보고는 중국에서 크게 입신하지 못하자 신라로 귀국하였다.

당나라에서 귀국한 장보고(張保皐)는 흥덕왕(재위기간 826~836년)에게 청해진(淸海鎭, 전라남도 완도)에 해군기지를 건설해 황해의 무역로를 보호하고 해적을 근절시킬 것을 주청하였다. 하지만 당시 진골귀족 간의 대립이 심한 데다 귀족연립정권적 성격을 띤 중앙정부는 당시 해상무역까지 신경을 쓸 여유가 없었다.

---

26) 원래 이름은 모벌군성 또는 모벌관문이었는데 조선시대에 관문성으로 부르게 되어 오늘에 이르고 있다. 삼국유사에는 관문성을 쌓는데 총 39,262명이 동원되었다는 기록이 남아 있다.

828년 마침내 왕의 승인을 받은 장보고는 지방민을 규합해 일종의 민군(民軍)을 조직하여 1만여 명의 군대를 확보하여 청해진을 건설하였다. 청해진은 건설될 때부터 장보고를 중심으로 한 독자적인 세력의 성격을 띠고 있었고, 그에게 내려진 청해진대사(淸海鎭大使)라는 벼슬도 신라의 관직체계에는 없는 별도의 직함이었다. 장보고가 청해진에 해군기지를 구축하자 신라는 서·남해에 출몰하던 당나라 해적과 일본 왜구를 모두 소탕하여 동중국해 일대 해상권을 장악하였다. 또한 해상권을 토대로 당나라, 일본, 남방, 서역과 아랍의 여러 나라와 국제무역을 하였다.

장보고(?~846년)의 몰락과 신라 해상활동 쇠퇴

중앙진출을 꿈꾸던 장보고는 833년 민애왕(817~839년, 재위기간 838~839년)[27]을 죽이고, 신무왕(재위기간 839년 4~7월)[28]을 옹립하였다. 장보고는 자신의 딸을 신무왕의 왕비로 보내 외척의 정권을 잡았다. 하지만 신무왕이 4개월 만에 죽자 그의 아들이 문성왕(재위기간 839~857년)에 즉위하였다. 845년 장보고는 자신의 딸을 문성왕의 차비(次妃, 둘째 왕후)로 보내려 하였으나 신라귀족들의 반대[29]로 좌절되었다. 한편

27) 원성왕(재위기간 785~798년)의 증손 김명(金明, 뒤에 민애왕)은 김제륭(뒤에 희강왕)과 정치적 입장을 같이 해왔다. 흥덕왕(재위기간 826~836년) 사후 그의 사촌동생(김균정)과 5촌 조카(김제륭)가 왕위를 다투게 되었고, 궁궐에서 이들의 지지세력들 간에로 싸움이 일어나 김균정이 전사하였다. 김균정의 아들(김우징)을 포함한 그의 지지파 일부는 청해진으로 도망쳐 장보고에게 의탁하였다. 왕위계승싸움에서 이긴 김제륭이 희강왕(재위기간 836~838년)에 즉위하였으나 실질적인 정치 주도권은 김명과 이홍이 가지고 있었고, 이들이 난을 일으키자 희강왕은 자진하고, 김명이 왕위에 올라 민애왕(재위기간 838~839년)이 되었다.

28) 민애왕이 즉위하자 청해진에 피신해 있던 김균정의 아들 김우징은 장보고의 힘을 빌려 군사를 이끌고 경주를 침략하였다. 민애왕은 도주하다 병사들에 의해 살해되었다. 839년 4월 김우징은 신라 제45대 왕(신무왕, ?~839년)이 되었으나 같은 해 7월 병사하였다.

29) 장보고는 828년(흥덕왕 3년) 해적을 토벌하고자 한다는 청원을 하여 승낙 받음으로써 청해에 진(鎭)을 설치하였으며, 해상무역을 통한 경제력과 아울러 1만에 달하는 강한 군사력도 소유하고 있었다. 그는 신라 혜공왕(758~780년, 재위기간 765~780년) 이후 중앙통제력이 약해진 신라 국내 정황과 당(唐)의 안록산의 난 이후 당의 통제력이 약화된 틈을 타서 신라와 당나라 사이의 해상무역을 독점하며 세력을 키워왔다. 참고로 안록산의 난(755~763년)은 당나라 현종이 양귀비에 빠져 지내자 환관과 외척정치가 시작되었고, 이들의 전횡과 부패로 기존의 제도가 붕괴되고 관리들이 타락하게 되자 당나라 절도사인 안록산과 그의 부하들이 일으킨 난을 일으켰다.

청해진과 중앙정부 사이에는 대립과 반목이 심화되고 있었다.

장보고의 세력에 불안을 느낀 조정에서 한때 장보고의 부하였던 염장(閻長)을 자객으로 보내 그를 살해하였다. 장보고가 죽은 뒤 그의 아들과 부장 이창진(李昌珍)에 의해 청해진 세력은 얼마간 유지되었다. 일본에 무역선과 회역사(迴易使)[30]를 보내어 교역을 계속하기도 하였다. 하지만 얼마 뒤 염장을 비롯한 중앙군의 토벌을 받아 청해진은 완전 궤멸되었다.

851년(문성왕 13년)에 청해진 주민을 벽골군(碧骨郡, 전라북도 김제)에 이주시키고, 청해진을 폐쇄하였다. 장보고는 불의에 피살되었으나 그는 8세기 후반 이후 신라인의 해상활동의 한 정점이 되었다. 장보고의 몰락은 신라의 해상활동의 쇠퇴를 의미하며 한편으로 신라 말기 각지에서 등장하는 호족세력의 선구적 존재이기도 하였다.

흥덕왕(재위기간 826~836년) 사후 신라의 내란으로 4년 동안 왕이 4번이나 교체되었다. 신무왕(재위기간 839년 4~7월)은 장보고에게 감의군사(感義軍使)[31] 직책과 완도 근처에 식읍(食邑) 2,000호를 하사하였다. 문성왕(재위기간 839~857년)은 장보고를 진해장군(鎭海將軍)에 임명하였다. 또한 840년 일본에 무역사절을, 당나라에도 견당매물사(遣唐賣物使)[32]를 보내어 삼각무역을 실시하였다. 846년 장보고 살해 후 몇 년 뒤인 851년 청해진이 폐쇄되자 왜구는 다시 침략을 재개하였다. 일본은 화친 제안을 해오면서 한편으로 끊임없이 통일신라를 침략하였다.

통일신라는 왜구가 침입하였을 때 수성(守城)과 매복 · 기습작전으로 타격을 가하기도 하고, 침입에 대비하기 위하여 전함을 개조하여 수군을 강화하고 산성을 축조하여 방어 전력과 시설을 보완하기도 하였으나 왜구를 근절시키지 못했다. 한편 왜인 또는 왜구와의 관계개선을 위하여 외교적으로 노력을 하였고, 문화 · 경제적 교류도 거듭되었음에도 불구하고 왜구의 침입은 계속 되었

30) 회역사는 통일 신라 시대 장보고가 중개무역의 이익을 취하기 위해 일본에 보낸 무역 사절단이다.

31) 신라가 장보고에게 내린 명예관직이다.

32) 신라 말기 장보고가 당나라에 보낸 무역사절이다. 신라가 삼국을 통일한 후 문화와 산업이 발달에 따라 조공을 통한 공무역(公貿易)이 활발해졌다. 공무역의 번성과 더불어 민간무역도 활발해지자 당나라는 780년(선덕왕 1년)에 신라와 발해 등과의 사무역(私貿易)을 금지하기도 하였다.

다. 왜구를 근절하기 위해 대마도 정벌론이 대두되기도 하였지만 왜구를 제압할 수 있는 수군력이 뒷받침되지 않았기 때문에 실행에 옮기지 못했다. 여기서 주목할 점은 통일신라가 진취적이며 적극적인 공세로 해양에 진출하여 해상 제해권(制海權)[33] 을 장악하였을 때 왜구가 크게 위축되었다는 것이다.

936년 후삼국의 통일과 고려 건국

통일신라시대 말기에 견훤(867~936년)이 후백제(900~936년)를, 궁예(?~918년)가 후고구려(901~918년)를 건국하였다. 신라, 후백제, 후고구려가 분립하였던 시기를 후삼국시대라고 한다.

태조 왕건(877~943년, 재위기간 918~943년)이 고려를 세웠다. 왕건은 신라가 당나라와의 전쟁에서 승리하여 677년 삼국을 통일하고부터 259년 뒤 936년 신라와 후백제를 합병하여 후삼국을 통일하였다.

후삼국통일은 신라가 당나라의 힘을 빌려 백제와 고구려 땅 일부를 정복한 형태의 통일보다 훨씬 완전한 통일이었고, 외세의 힘과도 무관한 자주적 통일이었다. 이렇게 하나가 된 한반도는 20세기 한국전쟁 휴전으로 1953년 남북이 분단되기 전까지 일천년 이상 유지되었다.

2. 고려시대

고려시대(918~1392년) 사료를 대표하는 사료인 고려사(高麗史)[34]와 고려사절요(高麗史節要)[35]에 의하면 왜구의 침입은 고종(1192~1259년, 재위기간 1213~1259년) 때인 1223년에 금주(김해)를 침입한 것이 처음이며, 이후 100년 동안 기록에 나타나는

---

33) 제해권은 전시 또는 비상사태 하에서 자국이 필요로 하는 해역을 자유롭게 사용할 수 있을 뿐만 아니라 적국이 자국을 공격하기 위한 목적으로 일정한 해역을 자유롭게 사용할 수 없도록 하는 능력 또는 그 상태를 말한다.

34) 고려사는 조선 초기 김종서(1390~1453), 정인지(1396~1478) 등이 세종(1397~1450년, 재위기간 1418~1450년)의 교지를 받아 만든 고려시대의 역사책으로 세가(世家) 46권, 지(志) 39권, 연표 2권, 열전 50권, 목록 2권 총 139권으로 되어 있다.

35) 고려사절요는 조선 문종(1414~1452년, 재위기간 1450~1452년) 때인 1451년 김종서 등이 편찬한 고려시대의 역사서로 35권 35책의 활자본이다. 고려사와 함께 고려시대를 연구하는데 아주 중요한 사료이다. 활자본은 활자를 조판하여 찍어낸 책이다.

왜구의 침입은 10여 차례이다. 왜구의 침입이 본격화된 것은 충정왕(1337~1352년, 재위기간 1349~1351년) 때부터이며, 우왕(1365~1389년, 재위기간 1374~1388년) 때 최고조에 달해 국내정세가 파국에 이를 지경이었다. 고려사와 고려사절요에 기재된 것 중에 자주 언급되는 왜구의 침입을 표 2에 정리하였다.

표 2. 고려사 및 고려사절요에 나타난 왜구침략 기록요약

년 도	왜구 침략	비고
1223년	5월 금주(김해) 침입	왜구 격퇴
1225년	4월 왜선 2척 경상 연해주(州)와 현(縣) 침입	왜선 2척 나포, 왜구 전원 생포
1226년	음력 1월 경상 거제 침입 5월 경상도 웅신현(熊神縣, 마산 인근) 침입	현령 진용갑 격파 왜구 격퇴
1227년	4월 왜구 선단 금주 침입	
1280년	5월 합포(마산) 침입, 어민 2명 납치	
1323년	6월 군산도에서 조운선[36] 약탈 7월 추자도(楸子島) 침입	 고려인 포로 데려감
1350년	2월 고성, 죽림, 거제 등지 침입 4월 왜선 100여척 전남 순천부 침입 및 남원, 구례, 영광, 장흥 등지에서 조운선 약탈 5월 왜선 66척 순천부 침입 6월 왜선 20척 합포 침입 병영 및 고성, 회원 등 여러 곳 방화, 장흥부 안양군 침입 11월 동래군 침입	합포천호(合浦千戶) 최선 등이 격파, 왜구 300여 명 참살[37] 왜선 1척 포획, 왜구 13명 참살
1351년	8월 왜선 130척 자연도(영종도)와 삼목도(인천 운서동에 있는 섬) 및 남양쌍부현(안산) 침입 11월 남해현(南海縣) 침입	

36) 조운선(漕運船)은 국가에 수납(收納)하는 조세미(租稅米)를 지방의 창고에서 경창(京倉, 서울

(계속)

년 도	왜구 침략	비고
1352년	3월 교동(喬棟)[38] 침입 안흥, 서산, 강화 등지에 침입 9월 왜선 540여 척 합포(마산) 침입	왜구 격퇴
1353년	9월 왜선 50척이 합포(마산) 침입	
1358년	왜선 400여척 오예포 침입	최영장군[39] 격파
1359년	대촌(제주) 빈번하게 침입	
1364년	3월 왜선 213척 교동 침입	
1374년	4월 왜선 자연도(영종도) 침입 4월 왜선 350척 합포 침입, 군영(軍營)과 병선(兵船) 모두 불사르고 주민 5천여 명의 인명 피해	수군 재정비[40]
1375년	8월 전라도 낙안과 보성 침입 9월 덕적도, 자연도(영종도) 침입	
	11월 경상도 김해부 관아 습격, 이후 대구까지 진출하여 함락	
1376년	왜선 600여척 제주도 침입 7월 충남 홍산 침입 11월부터 그해 겨울 경남지방의 진주, 함안, 동래, 양산, 언양, 기장, 고성, 울산, 진해, 반성 등 침입	성주 고신걸 방어 최영장군 홍산대첩[41] 화통도감[42] 설치

한강가에 있는 창고)에 운반하던 선박이다.

37) 1350년 경인년에 침입한 왜구를 칭하는 경인왜구를 말한다. 이후 왜구가 본격적으로 출몰함을 의미하는 역사 용어로 정착되었다.

38) 교동은 예성강, 임진강, 한강이 만나는 삼각주로 발달한 섬이다.

39) 최영장군(1316~1388년)이 무인으로서 두각을 나타낸 것은 1358년 오예포(吾乂浦)에 침입한 왜선 400여척을 격파하면서 부터이다. 최영장군은 이후에도 여러 차례 왜구를 격퇴시켰다.

40) 공민왕(1330~1374년, 재위기간 1351~1374년) 말기에 왜구의 주요 침입지인 연해의 방어력 강화를 위해 각지에 성을 쌓고 진수군(鎭戍軍)이라 불리는 지방군을 증설했다. 또한 수군에 해당하는 기선군(騎船軍)을 재정비했다. 바닷가와 섬 출신으로서 배를 조종하는데 뛰어난 자들을 뽑아 수군에 배속하고, 그들에게 벼슬을 주었다.

41) 1376년 7월 왜구가 충남 연산(連山)에 있는 개태사(開泰寺)에 침입하여 원수(元帥) 박인계를 죽이는 등 행패가 심각하자 최영장군(1316~1388년)은 자진해서 출정하여 왜구를 거의 전멸

(계속)

년 도	왜구 침략	비고
1377년	4월 여미현(해미) 침입, 기병까지 동원 남양, 안성, 종덕 등지 침입 양광도[43] 침입, 개경 공격 시도[44] 왜선 200여척 제주도 침입	
1380년	8월 왜선 500여척 금강 어귀 진포구 및 지리산 부근 황산 침입	이성계 황산대첩[45]
	왜선 500여척 금강 어구 진포구 침입	왜선 전멸(진포해전)[46]
1383년	왜선 120척 합포(마산), 관음포 침입	정지 남해대첩[47]
1389년		박위 대마도 1차 정벌[48]

시켰다.

42) 화통도감(火 都監)은 화약 및 화기(火器)제조를 맡아보던 임시관청으로 고려 말 중국으로부터 화약이 전래되어 공민왕(재위기간 1351~1374년) 말기에는 화약을 제조할 수 있는 수준에 이르렀다. 우왕(재위기간 1374~1388년)은 1377년 최무선(1325~1395년)의 건의에 따라 화약 및 화기의 제조를 담당하는 화통도감을 설치하여 20여 종에 달하는 화기를 제조하였다. 화기는 고려 말 왜구를 격퇴하는 데 사용하였다. 창왕(1380~1389년, 재위기간 1388~1389년)이 1389년 조준(1346~1405년)의 상소를 받아들여 화통도감을 폐지하였다.

43) 양광도(楊廣道)는 고려시내 지방행정구역인 5도(道)의 하나로 지금의 경기 남부, 강원 일부와 충청 대부분을 차지하는 지역이다

44) 왜구가 양광도를 침입한 것은 고려군을 양광도로 유인하여 개경을 급습하기 위한 기만술책의 일환이었다. 이러한 왜구의 기도는 고려군에 생포된 간첩의 자백에 의해 밝혀졌다. 만일 왜구가 양광도 여러 마을을 공격하면 최영장군(1316~1388년)이 군사를 거느리고 내려갔을 것이고, 이 같은 최영장군의 이동에 따른 군사공백을 틈타 개경을 급습하려 했던 것이다. 한편 왜구의 양광도침입이 횡행(橫行)하자 수원, 양성과 안성에 이르는 지역에 사람의 자취가 없어졌을 만큼 삭막해졌는데 체복사(體覆使, 지방에 보낸 임시 벼슬) 최인철은 수하 장수들을 독려하여 왜적 50여 명의 목을 베었다고 조정에 거짓으로 보고하였다.

45) 1380년 9월에 이성계(1335~1408년) 등이 전라도 지리산 부근 황산(荒山, 黃山)에서 왜구를 크게 무찌른 전투로 최무선이 만든 신무기인 화포를 처음 사용해 묶어놓은 적의 함선을 모두 불태워 대승을 거두어 격렬했던 왜구의 만행에 쐐기를 박는 계기가 되었다.

46) 고려는 금강 어귀 진포구(鎭浦口) 침입한 왜구를 대응하기 위하여 나세를 상원수로, 심덕부와 최무선을 부원수로 임명하여 전함 100여 척으로 왜선 500여 척을 진압하였다. 이때도 최무선이 만든 화포가 승전에 결정적인 역할을 하였다.

47) 남해대첩은 관음포대첩이라고 하며 최영(1335~1408년)의 홍산대첩, 이성계(1335~1408년) 황산대첩, 나세(1320~1397년) 등의 진포대첩 등과 더불어 고려 4대 승첩으로 꼽힌다. 또한 관음포대첩으로 왜구들이 고려 수군에 대한 두려움을 갖게 하였고, 세계 해전사에서 함포(艦

고려 무신의 난과 몽고

태조 왕건(877~943년, 재위기간 918~943년)이 고려를 건국한 이래 11세기 말에 이르러서는 최고 절정기의 번영을 누렸다. 하지만 12세기에 들어서자 귀족사회 내부 모순이 축적되어 점차 동요[49]되기 시작하였다. 1170년 무신의 난이 일어나 1백년간의 무신정권이 성립되었다.

고려는 1231년부터 1259년까지 29년에 걸쳐 6차례 몽고의 침략을 받아 끈질긴 대몽항전을 벌였으나 끝내 강화하여 이후 80여 년간 원나라(1271~1368년)의 간섭을 받게 되었다. 몽고의 침입은 본 장에서 다루는 왜구는 아니나 외국의 침입에 대한 고려의 항쟁력과 전후 고려가 겪은 정치·사회·경제·문화적 혼란은 조선시대 임진왜란과 비교할 만하다.

13세기 초 칭기즈칸(1155~1227년)은 몽고의 유목부족을 통합하고 1206년 칸의 지위에 오른 뒤 주변국을 정복하기 시작하였다. 칭기즈칸은 중국과 중앙아시아, 동유럽 일대를 정복하여 인류 역사에서 가장 넓은 영토를 지닌 몽골제국인 원나라의 기초를 쌓았다.

고려의 국력신장과 사회안정이 지속되던 11세기 말까지 고려사와 고려사절요에 왜구의 침입에 대한 기록이 없는 것으로 보아 고려 전기 왜구의 침입은 거의 소강상태였던 것으로 보인다. 하지만 12세기에 들어 그 동안 축적된 사회

砲)로 적을 물리친 최초의 전투라는 큰 의의를 지니고 있다

48) 창왕(1380~1389년, 재위기간 1388~1389년)은 1389년 2월에 경상도원수 박위로 하여금 병선 1백여 척을 이끌고 대마도를 정벌하도록 하였다.

49) 고려사회의 동요는 1126년 이자겸의 난과 1135년 묘청의 난에서 잘 드러나고 있다. 이자겸의 난은 고려 인종(1109~1146년, 재위기간 1122~1146) 때 최고 권력자였던 척신(戚臣, 왕의 외척이 되는 신하) 이자겸(?~1126년) 등이 '십팔자(十八子)'가 왕이 될 것이라는 도참설(圖讖說)을 내세워 인종을 폐위시키고, 스스로 왕위를 찬탈하고자 일으켰던 반란이다.
이자겸의 난 이후 김부식(1075~1151년)과 같은 개경문벌출신의 귀족이 부상하여 정권을 주도하였다. 대외적으로 당시 동아시아에는 여진족이 세운 금나라(1115~1234년)가 새로운 강자로 등장하여 고려는 금나라에 신하의 예를 취하는 등의 외교로 대외적 안정을 꾀했다. 한편 묘청(?~1135년)과 같은 서경(지금의 평양)출신의 신진관료들도 등장하였다.
묘청의 난은 인종(13년) 서경천도파(서경 출신 신진관료)가 개경 문벌귀족에 대항해 일으킨 정변이자 정권싸움이다. 하지만 당시 문벌귀족정치에 대한 불만과 금나라(1115~1234년)에 대한 사대에 반대하는 민중의 호응으로 거의 1년에 걸친 항쟁을 전개할 수 있었다는 점에서 민중항쟁의 성격도 가지고 있다. 이러한 면에서 묘청의 난은 12세기 농민봉기의 서막이었다고 볼 수 있다.

내부모순으로 점차 동요하기 시작하였으며, 1170년 무신의 난[50] 이후 사회적 혼란이 심화되었다.

고려 전기 잠잠하던 왜구가 1225년, 1226년, 1227년 연달아 침입해왔다(표 2). 이에 고려는 평화적으로 왜구를 근절시키기 위해 1228년 박인(朴寅)을 최초로 일본에 파견하였고, 일본은 박인 일행이 보는 앞에서 왜구 90명을 처형하였다고 한다. 또한 고려사절요에는 사신으로 갔던 박인이 돌아올 때 화친을 바라는 막부의 편지(첩문, 牒文)[51]을 가져왔다고 되어있다. 원종(1219~1274년, 재위기간 1259~1274년)은 1260년에 감문위녹사 한경윤과 권지직사관 홍저를, 1263년에 대관서승 홍저를, 첨사부녹사와 곽왕부를 각각 파견하여 왜구금지(倭寇禁止)를 요청하였으나 실효를 거두지 못하였다.

한편 몽고족을 통합한 칭기즈칸(1155~1227년)의 후예들이 세운 원나라(1271~1368년)가 1231년 고려를 침입해왔다. 고려는 이로부터 29년간 1259년까지 모두 6차례 몽고의 침략을 받아 끈질긴 대몽항전을 벌였으나 끝내 강화하여 이후 80여 년간 원나라의 간섭을 받게 되었다. 고려가 원나라와 함께 두 차례 일본 원정을 강행한 것은 왜구의 침입은 아니지만 당시 상황을 보충하기 위하여 간략히 정리하였다.

고려와의 진쟁이 끝나자 원나라는 일본 지배에 눈을 돌리게 되었다. 원나라 세조(1215~1294년)[52]는 일본에 항복을 권하기 위해 모두 6차례에 걸쳐 원나라 사신을 일본에 파견하였다. 이 같은 원나라의 의도에 대해 양자강(揚子江 또는 長江)을 방패삼아 저항하는 송나라(960~1279년) 정벌의 일환으로 보는 견해가 있다. 원나라는 송나라 양양성(襄陽城) 공격(1268~1273)을 전후로 일본초유(日本招有)를 계획하였는데, 그 목적은 해상으로 연결된 송나라와 일본의 통교관계를 끊어

50) 무신의 난은 고려 제18대 왕인 의종(1127~1173년, 재위기간 1146~1170년) 때 무관(武官)을 경시하고 문관(文官)을 우대하는 정책에 불만을 품어 정중부, 이의방 등의 무신들이 일으킨 정변이다. 이후 무신이 집권한 1170년에서 1270년 사이를 무신정권시대라고도 한다. 고려시대(918~1392년)를 전기와 후기로 구분할 때 무신의 난을 기준으로 삼기도 하며, 무신의 난이 발발하고 61년 뒤에 약 30년에 걸쳐 몽고로부터 6차례 침입을 받아 고려사회는 심한 혼란 속으로 빠져들게 되었고, 1392년 멸망하였다.

51) 첩문(牒文)은 하급 관사에서 상급 관사로 보고하는 공문서의 일종이다.

52) 몽골제국의 제5대 칸이며 원나라의 시조이다.

송나라를 고립시키는 것이었다. 일본이 원나라의 요구에 불응하자 원나라는 고려를 전진기지로 삼아 무력으로 일본을 굴복시키려 했다. 하지만 원나라의 일본정벌은 고려의 삼별초항쟁(三別抄抗爭, 1270~1272년)[53]으로 지연되었다.

원나라는 1274년 제1차 일본정벌에서 큰 손실을 입었는데도 불구하고 일본정벌을 포기하지 않았다. 탐라(耽羅, 제주도)에 목마장(牧馬場)[54]을 두고 일본을 정벌하기 위해 정동행중서성(征東行中書省)이라는 관부(官府)를 설치하였다. 한편 원나라는 일본의 반응을 타진하기 위해 2회에 걸쳐 일본에 사신을 보내어 국서(國書)를 전달했으나 일본은 사신들을 모두 살해하였다.

제1차 일본 원정

1274년 제1차 원정에서 고려와 원나라 연합군은 합포(合浦, 경남 마산)를 출발할 때 군세는 병력이 2만5천 명, 함선이 9백 척이었다. 이 가운데 원나라의 병력이 2만 명, 고려의 병력이 약 5,300명이었으나 함선과 군량은 모두 고려가 부담하였다.

일본군은 군세를 규합해 연합군에 대전했으나 공성과 야전에 능숙하고, 화기를 사용하는 연합군의 적수가 되지 못했다. 하지만 일본군의 강력한 저항과 때마침 불어온 태풍으로 연합군은 많은 함선과 병사를 잃었다. 이때 돌아오지 못한 병사가 절반이 넘었다고 한다. 제1차 일본원정의 실패를 태풍뿐만 아니라 연합군 내부의 의견충돌로 인한 군사작전상의 문제로 보는 의견도 있다.

제1차 일본정벌에 실패하였지만 원나라는 1279년 송나라를 멸망시키고, 고려 충렬왕(1236~1308년, 재위기간 1274~1298년, 복위 1299~1308년) 때인 1281년 제2차 일본정벌을 단행하였다. 그동안 일본원정에 소극적이었던 고려도 이때는 적극적이었다. 충렬왕은 일본원정에 적극 협력함으로써 고려에 파견되어 있던 홍

53) 삼별초항쟁은 몽고와의 전쟁(1231~1259년) 중에 강화도로 이전한 정부가 1270년 개경환도(開京還都)를 하게 되자 이를 반대하여 일어난 항쟁으로 삼별초는 최씨 무신정권 때 만들어진 사병적 성격의 군대이다. 개경환도를 몽고에 대한 항복이라 판단한 배중손장군(?~1271년)이 중심이 되어 강화도에서 항쟁을 시작하여 몽고군에 밀려 진도로, 제주도로 옮겨 항쟁을 계속하였다. 하지만 여·몽 연합군에 의해 진압되었다. 삼별초항쟁은 몽고에 항복을 반대하는 고려인의 자주의식의 표현이다.

54) 목마장은 말을 먹여 기르는 곳이다.

다구[55] 등의 부원세력(附元勢力)을 축출하여 자신의 측근세력을 육성해 왕권을 강화하고자 했으며, 또한 고려를 침략하는 왜구를 근절하려는 의도도 있었다.

제2차 일본 원정

1281년 제2차 일본원정에는 병력 4만 명과 함선 9백 척이 동원되었다. 병력은 원나라가 3만 명, 고려가 1만 명을 동원하였으며 함선 900척은 고려가 부담하였다. 여기에 중국 강남지역에서 차출된 병력 약 10만 명과 함선 약 3,500척이 더해졌다.

연합군 공격에 대해 일본의 저항은 예상 외로 강했고, 또 다시 태풍을 만나 인명과 함선의 막대한 손실을 입고 제2차 정벌도 실패로 끝났다. 두 차례에 걸친 일본정벌의 실패는 초원지대를 누비는 기마민족의 특성상 태풍과 해전에 미숙했던 것이 주요한 이유가 되었지만 원나라군의 사기저하도 실패의 한 요인이었다. 당시 송나라 유민들마저 일본정벌의 불리함을 알고, 종군하기를 꺼렸다고 한다.

원나라가 두 차례의 일본 원정에 실패한 것은 몽고군이 해전에 약하다는 점 외에 침공의 시기를 잘못 잡아 태풍의 영향을 입은 탓인데 일본에서는 이를 두고 일본은 신이 돕는 불패의 나라 이른바 신풍사관(神風史觀)을 낳는 계기가 되었다. 대륙의 기마민족인 원나라는 그렇다 치더라도 유사 이래 줄곧 영해(領海)를 지배해 왔던 고려가 두 차례의 태풍을 피하지 못한 것은 쉽게 이해하기 어렵다. 한편 고려가 몽고와 연합하여 두 차례 일본 정벌에 참여한 이후 고려와 일본의 양국관계는 극도로 악화되었고, 사절의 왕래도 단절되었다.

고려는 29년에 걸친 몽고와의 전쟁(1231~1259년)과 1274년과 1281년 2차례에 걸친 원나라의 일본정벌에서 전진기지 역할을 하면서 과중한 부담을 안게 되어 경제적으로 거의 파탄지경에 이르게 되었다. 이런 상황에서 왜구의 침략은 정치 · 경제 · 사회 · 문화 등 각 분야에 걸쳐 엄청난 피해를 가중시켰다.

충숙왕(1294~1339년, 재위기간 1313~1330년, 복위 1332~1339년) 때인 1323년 왜구가 추

55) 홍다구(1244~1291년)는 고려시대 원나라에 귀화한 무장이다. 고려에 들어와 봉주에 둔전총관부를 설치했고, 삼별초의 난을 토벌했다. 원나라가 일본 정벌을 계획하자 조선 공사를 가혹하게 독촉했고, 제2차 일본정벌 때 태풍으로 군사를 잃고 돌아갔다.

자도(楸子島)에 침입하여 만행을 부렸으며, 군산 앞바다에서 조운선(漕運船)[56]을 약탈하였다(표 2). 왜구의 침입이 본격화된 것은 충정왕(1337~1352년, 재위기간 1349~1351년) 때이며, 재위기간 3년 동안 10차례의 침입을 받았다. 특히 1350년 경인왜구[57]이후 왜구의 침입이 대형화되었고, 그 빈도도 급증하였다. 같은 해 왜선 100여 척이 순천부에 침입하여 남원, 구례 등지에서 조운선을 약탈하였다. 1350년부터 고려가 멸망한 1392년까지 42년 동안 왜구의 침입은 기록된 것만 496회이다. 당시 고려의 정치적, 경제적 혼란은 왜구의 침입을 가능하게 한 하나의 원인이 되었다. 더욱이 29년간 대몽항쟁(1231~1259년)에도 불구하고 결국 원나라(1271~1368년)와 화친을 맺어 원나라의 간섭을 받고 있었던 고려는 사실상 왕조를 지킬 수 있는 군사력마저 상실한 상태였다.

충정왕 뒤를 이은 공민왕(1330~1374년, 재위기간 1351~1374년) 재위 중에 70여 차례 왜구의 침입을 받았다. 또한 1359년과 1361년 두 차례 홍건적의 침입[58]을 받았다. 한편 중국에서 원나라가 망하고, 명나라(1368~1644년)가 건국되어 대외관계도 복잡해졌다.

공민왕(1330~1374년, 재위기간 1351~1374년) 때인 1352년 안흥, 서산, 강화 등지에 침입한 왜구를 격퇴하였고, 1358년에 왜구가 교동(喬桐)[59]에 침입하자 경성에

---

56) 조운선(漕運船)은 국가에 수납(收納)하는 조세미(租稅米)를 지방의 창고에서 경창(京倉)에 운반하는 데 사용하였던 선박이다.

57) 경인왜구는 1350년 왜구가 고성, 죽림, 거제 등지에 침입해오자 합포천호(合浦千戶) 최선, 도령, 양관 등이 이를 격파하여 왜구 300여명을 참살한 것으로 이때가 경인년이어서 경인왜구라고 불렀다.

58) 홍건적의 난은 중국 중원(中原)에서 이민족(몽고족) 왕조인 원나라(1271~1368년)의 지배를 타도하고, 한족 왕조인 명나라(1368~1644년) 건국을 계기로 일어난 종교적 농민반란으로, 붉은 천으로 머리를 싸매어 동지를 표시하였기 때문에 홍건적이라 하였다. 홍건적은 만주로 진출하여 랴오양(遼陽)을 점령하였다가 원나라 군대에게 쫓기게 되자 퇴로를 한반도로 잡아 4만의 무리를 이끌고 압록강을 통해 1359년 12월 고려를 침범하여 의주(義州), 정주(靜州), 인주(麟州), 철주(鐵州) 등을 차례로 함락한 데 이어 서경(西京, 평양)을 함락하였다. 그러나 고려군의 반격을 받아 서경을 버리고 퇴각하였으나 고려군의 추격을 받고 궤멸되어 겨우 300여 명만 살아남아 압록강을 건너 달아났다. 이후 홍건적들은 수군을 동원하여 황해도와 평안도의 해안지대를 침범하다가 1361년 10월에는 10여 만의 홍건적들이 압록강을 통해 고려를 재침입하였다. 고려군은 대적하여 싸웠으나 개경이 함락되었고, 홍건적은 이후 수개월 동안 개경을 중심으로 머물면서 잔학행위를 자행하였다. 일부는 인근의 주현(州縣)과 원주(原州), 안주(安州) 등지까지 가서 침탈하였다. 1362년 1월 홍건적의 난이 평정되었다.

계엄을 내리고 홀치와 충용위 등을 파견하였으며, 1358년 오예포(吾乂浦)를 침입한 왜구를 양광과 전라도 왜구체복사인 최영장군이 왜선 400여 척을 격파하여 왜구를 물리쳤다(표 2). 1370년에는 왜선 350척이 합포(마산)를 침입하여 군영과 병선을 불살라 당시 피살된 군인 수가 500여 명이었다. 이는 왜구가 정규군과 대항할 정도의 전력을 갖추고 있었다는 말이다. 377년에 왜구는 양광도(楊廣道)[60]를 침입하여 개경에 상주하고 있는 병력을 유인하여 수도를 공격할 시도까지 하였다.

고려 후기 왜구가 극성을 부렸던 이유

비록 실패하였지만 1272년과 1281년 두 차례에 걸친 원나라와 고려의 일본정벌로 일본은 심각한 타격을 받았다. 거기에 일본 내부적으로 막부(幕府)가 교체되어 왕조가 남북으로 갈라져 서로 싸우는 남북조시대(1312~1392년)시대기를 맞아 중앙통치력이 지방에 제대로 미치지 못하고 있었다. 남북조시대에 대외적으로 중국은 원나라(1271~1368년)에서 명나라(1368~1644년)로 교체되고 있었고, 고려의 사정도 여의치 않았다.

원나라와 고려의 정벌로 일본 무사들과 백성들의 생활은 극심한 상황에 빠지게 되었고, 특히 일본 서부지방의 구주(九州)와 인근의 섬지역 사람들이 입은 피해가 컸다. 이어지는 남북조의 대립과정에서 일본 내에서 불만을 가진 집단이 등장하게 되었다. 또한 원나라와 고려의 일본원정 이후 고려가 일본에 대해 소극적인 자세를 취하자 일본 내 불만세력과 일본의 남북조시대 혼란기를 맞아 중앙통제력에서 벗어난 일본 서부 연해 주민들과 대마도(大馬島), 일기도(一岐島), 박다도(博多島) 등을 비롯한 섬사람들이 해적집단으로 변하여 고려와 중국 연안을 침입하여 약탈과 파괴행위를 자행하기 시작하였다.

일찍이 일본은 지역토산물의 진상과 그에 대한 사여(賜與)[61]의 형식으로 고려와 교역해 왔고, 교역을 통해 일본인은 부족한 물품을 반입해 갈 수 있었다. 고려가 국내사정으로 이러한 교역을 억제하자 일본인 특히 식량이 부족하였던 연안지역 사람들에게는 타격이 될 수밖에 없었다. 그들은 필수품을 얻기 위해 비정상적인 방법인 약탈을 강행하였다. 일본 막부의 통제력이 약해지면서 대마도나 일기도의 토호세력들이 약탈행위를 부추기기도 하였다. 왜구는 식량을 약탈하는데 그치지 않고, 양민을 학살하거나 포로로 끌고 갔다.

---

59) 교동은 예성강, 임진강, 한강이 만나는 삼각주로 발달한 섬이다.

60) 양광도는 고려시대 지방행정구역인 5도(道)의 하나로 지금의 경기 남부, 강원 일부, 충청의 대부분을 차지하는 지역이다.

61) 사여는 나라나 관청(官廳)에서 금품(金品)을 백성(百姓)에게 내려주는 것이다.

공민왕 때는 원나라(1271~1368년)의 간섭을 배제하고, 개혁을 추진하여 어느 정도 국력을 회복하고 있었다. 하지만 공민왕의 죽음과 우왕(1365~1389년, 재위기간 1374~1388년)의 즉위로 정치세력간의 갈등이 깊어졌다. 또한 오랜 몽고와의 전쟁으로 황폐해진 농토가 채 복구도 되지 않은 가운데 원나라의 세력을 빙자한 권력층이 불법을 일삼아 백성들의 생활은 극심한 곤경에 빠지게 되었다. 또한 당시 고려가 직면한 대내외적 정치 · 사회 · 경제의 혼란과 동요로 점차 대규모 해적집단으로 변질되고 있는 일본 연해민들의 초기 침략을 제대로 대응하지 못하여 왜구의 침입을 부추기는 결과가 되었다.

1374년 고려 수군(水軍) 정비 이전 해안방비

충정왕(1337~1352년, 재위기간 1349~1352년) 때부터 특히 1350년 경인왜구 이후 왜구의 침입이 본격화 되었으나 당시 고려는 왜구가 자주 출몰하는 남해안 지역에 대략 2, 3십리[62] 내지는 5, 6십리 간격으로 허술하게 방수처를 설치하고 거기에 병력을 배치하여 해안의 방비를 맡기고 있는 실정이었다.

반면 왜구는 매우 치밀하고 교활한 방법으로 고려 연해지역을 침략하였다. 선단의 규모가 큰 경우에는 연해를 배회하다 육지에 기습적으로 상륙하여 고려 방수군과 정면으로 맞서 격파하고, 신속히 식량 등을 약탈하여 도주하였다. 규모가 작을 때에는 고려군이 배치되지 않은 지역을 골라 은밀히 상륙하여 신속히 약탈을 마치고 도주하였다.

공민왕(1330~1374년, 재위기간 1351~1374년)은 왜구의 침입을 근절시키기 위해 적극적인 공세를 취할 수 있는 군사력이 없었다. 이는 공민왕이 배원자주성회복운동(排元自主性回復運動)을 추진함에 따라 고려가 대왜구정책(對倭寇政策)보다는 북진정책에 주력한데서 기인하는 것으로 고려의 국방상 취약점이기도 하였다.[63] 불규칙한 왜구의 침입을 육전(陸戰)위주의 방어 전략만으로는 근절할 수 없게 되자 공민왕 말년에는 수전(水戰)위주의 공격 전략으로 전환하여 1374년 수군을 재건하였다. 해군(海軍)을 양성하여 해적(海賊)을 방어하자는 이희(李禧)

62) 1리는 393m이다.
63) 한민족전쟁통사(II, 고려시대편), 1993년 국방군사연구소

의 건의를 받아들여 왜구의 주요 침입지인 연해의 방어력을 강화하기 위해 각지에 성을 쌓고 진수군(鎭戍軍)이라 불리는 지방군을 증설했다. 또 수군에 해당하는 기선군(騎船軍)을 다시 정비했다. 바닷가와 섬 출신으로서 배를 조종하는 데 뛰어난 자들을 뽑아 수군에 배속하고, 그들에게 벼슬을 주었다.

왜구 때문에 조세운송체제까지 전환

왜구가 국고수입의 원천인 조세를 운반하고 보관하던 조운선과 조창(漕倉)[64]을 약탈하자 국가재정은 파탄으로 몰리고 있었다. 이에 조세를 내륙으로 운반하려는 육운(陸運)을 시도해 보았으나 실패하였다. 국가의 재정수입이 날로 줄어들자 녹봉을 지급하지 못하고, 군량미까지 부족한 상황이 초래되는 등 고려는 심각한 경제적 위기에 봉착하였다.

왜구의 침입이 극에 달한 것은 우왕(1365~1389년, 재위기간 1374~1388)[65] 때로 재위기간 14년 동안 378회 침입을 받았다. 1374년 9월 왜구가 도성 지근거리까지 몰려오자 개경 일원에 계엄을 선포하였다. 하지만 왜구는 안주를 침략하고, 밀성(密城, 밀양)에 침입하여 관아를 소각하고, 식량을 약탈하고 주민을 납치해 갔다. 1375년 왜구는 다시 밀성을 침입하여 민가를 불 지르고, 식량을 약탈해갔다. 한편 경양현(慶陽縣, 충남 천원 직산)에 침입한 왜구와의 전쟁에서 관군이 패하자 왜구는 침략지역을 해안에서 내륙으로 확대해 나갔다. 이는 고려가 조운(漕運)[66]을 폐지하고 조세운송체제를 육운(陸運)으로 전환하여 해안지역만 침략해서는 식량을 약탈하기 어려워졌기 때문이기도 하다.

왜구는 점점 대범해져 떼를 지어 고려군이 주둔하고 있는 연해에 나타나 식량제공을 요구하는가 하면 대규모 침입을 예고하면서 위협과 공갈을 가하기 시작하였다. 1375년 왜구의 두목인 등경광(藤經光)이 무리를 거느리고 전라도

64) 조창(漕倉)은 고려와 조선시대에 조세로 거둔 현물을 모아 보관하고 이를 중앙에 수송하기 위해 수로(水路)연변에 설치한 창고 및 이 일을 담당하던 기관으로 세곡의 수납, 보관, 운송하였다.

65) 우왕 때 왜구 침략에 대한 내용은 1993년 국방군사연구소가 발간한 한민족전쟁통사(II, 고려시대편)을 일부 인용하였다.

66) 조운은 현물로 거두어들인 각 지방의 조세를 선박으로 수도까지 운반하던 제도이다.

원수 김선치가 관할하는 서해연안으로 들어와 식량을 제공하지 않으면 침략하겠다고 위협하였다. 고려 조정은 밀직부사 김세우를 현지에 보내 김선치로 하여금 왜구를 순천, 연기 등지에 나누어 수용하고, 술과 음식을 후하게 대접한 다음 이들을 죽여 버릴 것을 명령하였다. 하지만 이런 사실이 사전에 누설되어 등경광을 비롯한 왜구 대부분은 도주해 버리고 겨우 3명만 죽였다. 이 사건 이후 왜구의 살육행위는 더욱 잔혹해져 부녀자와 영아까지 남김없이 죽여 전라도와 양광도 연해의 주군은 텅 빈 폐허가 되었다.

1375년 8월 왜구는 전라도 낙안과 보성에 침입하여 내륙으로 진출하려 하였다. 이 무렵 경상도 해상에서는 경상도 부원수 윤승순이 왜구 20명을 죽여 왜구의 연안 침입을 저지하였다. 그 해 9월 왜구는 대규모 선단을 이끌고 덕적도와 자연도(영종도)에 출현하여 개경으로 진출하려는 기세를 보였다(표 2). 마침 고려 정예군이 북방에 배치되어 있어 고려 조정은 개경, 양광, 전라도, 경상도 등지에서 신병을 모집하여 판삼사사 최영(1316~1388년)과 이성계(1335~1408년)에게 신병을 거느리고 동강과 서강에서 왜구를 방어하도록 하였다. 덕적도와 자연도에 출현한 왜구는 한 동안 개경으로 진출하지 않고, 두 섬을 거점으로 양광도(楊廣道) 의 영주(천안), 목주(목촌), 서주(서산), 결성 등지를 돌며 약탈하였다. 이에 11월 양광도 안무사 반인계가 왜선 2척을 섬멸하였으나 왜구의 기세는 수그러들지 않았고, 여전히 양광도 해안에 출몰하면서 약탈과 살육을 자행하였다. 12월까지 왜구는 관군과 대치하면서 일진일퇴(一進一退)를 거듭하는 공방전을 계속 하였다.

1375년 11월 경상도 해안지역을 침입한 왜구가 김해부 관아를 소각하고 약탈하자 경상도도순문사 조민수가 맞서 싸웠으나 패배하였다. 왜구는 승세를 타고 낙동강을 따라 내륙 깊숙이 대구까지 진출하였다. 고려군은 왜구와 격전을 벌였으나 다수의 사상자만 내고 대패하여 대구를 함락 당했다. 왜구는 대구를 점령하여 경상도 내륙으로 침투할 수 있는 교두보를 확보하자 선단 수십 척이 그 뒤를 따라 김해로부터 황산강을 거슬러 북상하여 밀성(밀양)을 공격하였다. 그러나 경상도도순문사 조민수가 요격하여 왜구 수십 명을 참살하자 왜구는 더 이상 진전하지 못하고 낙동강 하류로 퇴각하였다.

왜구의 침략으로 수도 천도설까지

왜구는 해적집단으로 배를 가지고 침입하여 해안지역에 상륙하여 약탈하면서 내륙지방까지 침략하여왔다. 왜구의 규모는 천차만별이었으나 대규모의 침략 시에는 500여 척의 배를 몰고 침략한 경우도 있었다. 배의 크기에 따라 왜구의 수는 많고 적음에 차이가 있었으나 중간 정도의 배를 타고 침략하는 경우 배 한 척에 30명 정도가 탈 수 있었던 것으로 미루어 보어 몇 천명이 침략하는 경우가 있었음을 알 수 있다. 20척 정도의 배를 몰고 침략하였다고 해도 400명 정도의 왜구가 침략한 것이 된다.

왜구는 처음에는 배를 타고 침략하기 쉬운 동해안과 남해안 지역에 자주 나타났으나 시간이 흐를수록 전 지역에 걸쳐 출몰하였다. 특히 우왕(1365~1389년, 재위기간 1374~1388년) 때에는 개경에 가까운 개풍과 강화도, 예성강 일대에 이르기까지 왜구가 침략하여 개경(개성)의 수도를 옮기자는 여론이 일어나기도 하였다. 또한 왜구의 침입으로 개경에 계엄령이 내려지자 이에 따른 민심의 동요, 천도론의 대두로 인한 조정 상하의 불안감, 연변 관청의 파괴와 민가의 약탈 등은 정치적 불안을 가중시켰다.

1377년 왜구는 양광도(楊廣道)를 침입하여 개경의 병력을 유인하여 수도를 공격하려 하였다(표 2). 서해의 조운(漕運)은 두절되고 1천 명이 넘는 왜구가 내륙 깊이 쳐들어와 군현(郡縣)을 공격하고, 약탈을 자행하여 이 일대 해변지역은 무인지경이 되었다. 심지어 왜구가 예성강 강구에까지 들어와 개경에서 여러 번 소동을 일으키자 내륙인 철원으로 도읍을 옮기자는 주장까지 나왔다.

우왕(1365~1389년, 재위기간 1374~1388) 때 왜구의 격퇴는 국가의 중대사 가운데 하나가 되었다. 또한 왜구로 가장해 노략질을 하는 가왜(假倭)도 나타났다. 가왜는 주로 화척(禾尺)들이 주동이 되어 공해(公廨)[67]와 민호(民戶)를 노략하였다. 최무선(1325~1395년)의 건의로 1377년 화통도감(火㷁都監)[68]을 설치하여 왜구를 격퇴하는데 큰 효과를 보았다.

고려 4대 승첩으로 꼽히는 1376년 최영의 홍산대첩, 1380년 나세 등의 진포

67) 공해는 관가 소유의 건물이다.

68) 화통도감은 고려시대에 화약 및 화기(火器)의 제조를 맡아보던 임시관청으로 고려 말 중국으로부터 화약이 전래되었으며, 공민왕(1330~1374년, 재위기간 1351~1374년)) 말기에는 화약을 제조할 수 있는 수준에 이르렀다.

대첩과 이성계 황산대첩, 1383년 정지의 남해대첩은 모두 화통도감에서 최무선이 만든 특수군함과 신무기(화약, 화포, 화전 등의 화기) 때문에 승전할 수 있었다. 특히 진포대첩과 남해대첩에서 화포를 전함에 배치하여 왜구를 섬멸하였다. 이들 대첩의 내용을 보면 왜구는 단순한 해적집단의 약탈이 아니라 군사적 도발에 가까워보인다.

우왕 때 왜구 침입으로 인한 피해

우왕 재위기간(1374~1388년) 중에는 빈번한 왜구의 침략으로 연해지역의 농민들은 농사를 짓지 못하는 사례가 발생하였을 뿐만 아니라 지방관이 파견되는 지역마저 옮겨야 하는 사태까지 생겨났다. 무고한 백성들이 죽음을 당하고 여자들의 피해도 심하였다. 왜구의 침입을 피해 아예 다른 지역으로 이주하는 사람도 생겨났으며, 일본에 노예로 끌려간 사람들도 많았다.

왜구와 가장 지리적으로 가까운 경상도지역에 왜구가 가장 많이 출몰하여 경상도 일대의 피해가 가장 컸고, 배를 통해 국가의 세금을 나르는 통로인 충청지역과 경기지역도 많은 피해를 입었다. 이러한 피해가 전국에 걸쳐 빚어지게 되었지만 서남해안을 끼고 있는 전라도의 경우는 더욱 심각하였다.

전라도 지역은 곡창 지대인데다가 서남해안을 끼고 있어 왜구의 빈번한 침입을 받았다. 전라도지역은 현재의 전북지역까지 포함하여 50여 차례의 왜구의 침략을 받았다. 현재 전남지역에 해당하는 지역에 한정하면 왜구의 침략 횟수는 30여 차례다. 전남지역 가운데서는 남해안을 통하여 왜구의 침입이 빈번한 순천 일대가 가장 많은 침입을 받았으며, 광주 일대도 10차례 정도 침략을 받았다. 특히 전남 지역의 왜구 침략은 순천, 장흥, 강진, 목포 등을 비롯한 연해안 지역과 화순, 광주, 담양 등 내륙지역에 두루 이어졌다. 내륙지역의 침입은 섬진강을 거슬러 지리산 일대에 왜구가 출몰하였기 때문이었다. 전라도에 왜구가 가장 많이 침입한 시기는 다른 지역과 마찬가지로 우왕 때이다.

홍산대첩(鴻山大捷)은 1376년 7월 왜구가 충청남도 연산(連山)에 있는 개태사(開泰寺)에 침입하여 원수 박인계를 죽이는 등 행패를 부리자 최영장군(1316~1388년)이 자진해서 출정하여 왜구를 거의 전멸시켰다. 이 싸움에서 최영장군은 몸에 적의 화살을 맞고도 끝까지 부하들을 진두지휘하여 왜구들이 최영장군을 백수 최만호(白首崔萬戶)라 불렀다고 한다.

1380년 나세(1320~1397년) 등의 진포대첩(鎭浦大捷)과 이성계(1335~1408년) 황산대첩(荒山大捷)에 대해서는 좀 더 상세히 알려져 있다.[69] 이해 8월 왜구는 5백 척의 대선단을 이끌고 진포(충남 서천에서 금강 어구)를 침입하였다. 왜구는 타고 온 배를 밧줄로 단단히 묶어놓고 상륙해 충청도, 전라도, 경상도 연안의 주(州)와 군(郡)에서 약탈, 방화, 살육을 자행하였다. 이 때 시체가 산야를 덮고, 그들이 운반 중에 흘린 쌀이 길 위에 한자나 깔릴 지경이었다고 한다. 조정에서는 나세를 상원수로, 최무선을 부원수로, 심덕부를 도원수로 임명하여 왜적을 무찌르도록 하였다. 진포싸움은 최무선이 만든 신무기인 화포를 처음 사용해 묶어놓은 적의 함선을 모두 불태워 대승을 거두어 격렬했던 왜구의 만행에 쐐기를 박는 계기가 되었다. 하지만 목숨을 구한 왜구 360여 명은 옥주(옥천)로 달아나 먼저 상륙해 있던 왜구들과 합류하였으나 선박이 소실당하고 퇴로를 잃게 되자 상주, 영동, 옥주 등지로 진출해 약탈을 자행하였다.

상주 방면으로 진출한 왜구의 주력부대는 다시 경산(경북 성주)을 침략하고, 사근내역(경남 함양)에 집결하여 반격해 왔다. 이때 왜구를 추격하던 9원수(배극렴, 김용휘, 지용기, 오언, 정지, 박수경, 배언, 도흥, 하을지) 가운데 박수경과 배언을 포함하여 5백여 명의 군사가 전사하였다. 9월 왜구는 남원 운봉현(雲峰縣)을 방화하고, 인월역(전북 남원 인월리)에 주둔하면서 앞으로 북상하겠다며 고려 조정을 위협하였다. 이에 고려조정은 지리산과 해주 방면에서 왜구토벌에서 용맹을 떨친 이성계를 양광 · 전라 · 경상 삼도도순찰사에 임명하여 왜구를 토벌하게 하였다. 제찰사 변안열, 원수 우인열, 이원계, 박임종, 도길부, 홍인계, 임성미 등이 이성계를 도왔다. 고려군은 운봉을 넘어 황산 서북의 정산봉에서 치열한 전투를 벌였는데 왜구가 험지에 자리 잡고 버티자 죽음을 각오한 이성계가 산 위로 올라가 적을 맞아 싸웠다. 그러자 모든 군사가 총공격을 가하여 일대격전을 벌인 뒤 아지발도(阿只拔都)를 두목으로 하는 왜구를 크게 물리쳤다. 이때 전사

---

69) 고려사, 고려사절요, 태조실록(太祖實錄), 고려시대사(김상기, 1961년, 동국문화사), 전북사학(全北史學) 4) '고려말기의 여 · 일관계'(나종우, 1980년), 국사상의 제문제 3 '여말선초의 왜구와 그 대책' (신석호, 1959년, 국사편찬위원회), 歷史地理 '倭寇と李成桂'(田中義成, 1910년) 등이 있다.

한 왜구의 피로 강이 물들어 6, 7일간이나 물을 먹을 수 없었다고 한다. 또한 포획한 말이 1,600여 필이었고, 병기는 헤아릴 수 없이 많이 포획되었다고 한다. 처음에는 적군이 아군보다 10배나 많았으나 겨우 70여 명만이 살아남아 지리산으로 도망하였다.

이성계(1335~1408년)의 황산대첩(荒山大捷)은 최영(1316~1388년)의 홍산대첩(鴻山大捷)과 함께 왜구토벌의 일대 전기를 마련하였다. 이후 왜구의 세력은 약화되고, 고려의 왜구대책은 보다 적극적인 태도를 취할 수 있게 되었다. 한편 왜구토벌은 이성계의 성망을 높여 그가 출세가도를 달리게 했다. 왜구와 싸워 상승의 명장이 된 이성계는 1380년 황산에서 왜구의 대부대를 섬멸하여 나라를 재건하였다는 칭송까지 들었다. 이 같이 커지는 이성계의 입지는 뒤에 고려의 멸망의 원인이 되었다.

관음포대첩(觀音浦戰鬪)[70]은 1380년 진포대첩(鎭浦海戰)에서 왜선 500척이 격침된 것에 대한 보복으로 3년 뒤인 1383년 왜구가 군선 120척을 앞세우고 합포(마산)를 공격해옴으로써 시작되었다. 왜구가 침입했다는 급보를 받은 해도원수 경렬공 정지장군(1347~1391년)은 나주와 목포에 주둔하던 전선 47척을 이끌고 경상도로 급히 출항하였다. 정지장군이 섬진강 어구에 이르러 합포의 군사를 소집하여 전열을 재정비하는 사이 왜구는 이미 관음포에 도착해 있었다. 당시 왜구는 정예병 군사 140명씩을 배치한 대형 군선 20척을 앞세우고 공격해왔으나 정지는 앞서서 공격하는 배를 격침시킨 다음 화포를 이용하여 왜선 17척을 대파하였다. 왜구는 2천여 명의 전사자를 내고 전의를 상실한 채 퇴각하였다. 관음포대첩으로 왜구는 고려 수군(水軍)을 두려워하게 되었다. 당시 고려군의 화포를 운영하는 책임자는 최무선(1325~1395년)이었는데 움직이는 적선에 화포를 정확하게 적중시켰다. 세계 해전사(海戰史)에서 관음포대첩은 함포로 적을 물리친 최초의 전투라는 큰 의의를 가지고 있다.

1350년 이후 왜구의 피해가 심각해지자 이를 외교적으로 타개하기 위해 공민왕(1330~1374년, 재위기간 1351~1374년)은 1363년 김용을, 1366년에는 검교중랑장 김일을 아시카가막부(足利幕府)[71]의 장군에게 보내어 금구(禁寇)의 약속을 받

---

70) 관음포대첩은 남해대첩(南海大捷)이라고도 한다.

기도 하였다. 우왕(1365~1389년, 재위기간 1374~1388)도 1375년 판전객시사 나흥유를, 1377년에는 전 대사성 정몽주(1337~1392년)를 일본에 파견하였다. 정몽주의 사행(使行)은 규슈(九州探題)와 이마카와(今川了俊)에게 잡혀갔던 고려인 수백 명을 데리고 돌아오는 성과를 거두기도 하였다.

정지(1347~1391년)의 왜구 방어 계책

우왕(재위기간 1374~1388년) 때 왜구의 침입이 더욱 잦아졌고, 그 피해도 더욱 커지면서 수군의 강화가 시급한 현안으로 떠올랐다. 1380년 관음포대첩으로 왜구를 토벌한 정지는 1388년 수십 조항의 왜구방어계책을 왕에게 건의하였지만 남아있는 것은 몇 가지 뿐이다. 정지가 제안한 내용의 핵심은 수군을 강화하여 효율적으로 왜구의 침입에 대처하고 대비하자는 것이다.

첫째, 바다에 익숙한 왜구를 격퇴하기 위해서는 강력한 수군을 양성해야 한다. 당시 수군은 바다에 익숙하지 않은 육지인들로 실제로는 배를 부릴 줄 모르는 농민 출신의 군인이 대부분이었다. 수군의 군사훈련도 제대로 받지 못한 상태로 바다에서 왜구와 수전을 벌이게 되면 거의 패배하였다. 더욱이 수군은 제대로 된 체계를 갖추지 못하고 있을 뿐만 아니라 중앙에서 장군이 파견되기까지 독자적인 활동을 벌리기 어려웠다.

둘째, 바다에 익숙하고 배를 부릴 줄 아는 섬사람들을 수군으로 뽑아 수군을 강화하여야 한다. 정지는 자신이 제안한대로 수군이 강화되면 5년 이내에 왜구를 완전히 소탕할 수 있다는 자신감을 보였다.

셋째, 지방에 파견되는 도순문사(都巡問使)는 군량만 허비하고, 백성을 괴롭힐 뿐이니 이를 없애자고 하였다. 이는 지방에 파견된 군지휘관이 왜구격파에 제대로 대처하지 못하고 있음을 지적한 것이다.

정지가 왕에게 말한 왜구에 대한 대비책으로 말미암아 당시 최영장군(1316~1388년)이 전함 2,000척을 만들어 왜구에 대비하고자 한 시도가 중지되었다. 최영은 많은 전함을 만들어 왜구에 대비하고자 하였으나 이를 위해서는 백성들에게 고통을 강요할 수밖에 없었다. 정지가 강력한 수군을 양성하자고 건의하자 전함건조작업은 중지하게 되었다. 정지의 계책은 단순히 많은 전함을 만드는 것보다는 백성들에게 피해를 덜 주는 상태에서 수군의 전력을 증강시키고자 하는 것이었음을 짐작할 수 있다.

---

71) 아시카가막부는 아시카가(足利)가 교토를 본거지로 수립한 무가정권(武家政權)으로 1336년 아시카가 다카우지(尊氏)가 정권을 장악한 후 1573년 쇼군 요시아키(義昭)가 오다노부나가(織田信長)에 멸망할 때까지 15대의 쇼군이 존속하였다. 3대 쇼군(將軍) 요시미쓰(義滿)가 무로마치(室町)에 새로 궁전을 지었기 때문에 통상 무로마치막부(室町幕府)라 한다.

이후에도 고려 조정은 여러 차례 일본 무로마치막부(室町幕府)에 사절을 보내 왜구의 활동을 금지시킬 것을 요구하였다. 그러나 중앙정부인 무로마치막부는 시코쿠(四國)와 규슈의 해적들이 저지른 행위로 교토에서는 단속할 수 없지만 금지대책을 강구해보겠다고 회답하였다. 남북조시대(1312~1392년)를 맞아 혼란기였던 일본 정부에게 사절파견의 효과를 기대하기 어려웠다. 하지만 여러 차례에 걸쳐 파견된 사절들이 잡혀간 고려인을 되찾아 데려오기도 하였다.

고려는 군사적, 외교적 노력 외에 왜구의 침입에 대비하기 위하여 성을 쌓고, 수소(守所)[72]를 더 설치했으며 군사훈련을 강화하였다. 그러나 당시 해이해질 대로 해이해진 군사제도는 언제 어디로 침입할지 모르는 왜구를 방어하기 어려운 상태였다. 이에 양반, 백성, 재인(才人), 화척(禾尺) 등을 군인으로 삼고, 공·사노(公私奴)로 연호군(煙戶軍)[73]을 삼아 왜구에 대비하였다. 한편 회유책으로 경상도와 전라도에 왜인만호부(倭人萬戶府)[74]를 설치하였다. 이때 투화(投化)해 거주하던 왜구도 있었으나 곧 배반하고 돌아가는 경우가 많아 왜구회유정책은 성공하지 못했다.

우왕(재위기간 1374~1388년)은 또한 수군을 강화하기 위해 1377년에는 전함을 만들고, 1380년에는 최영을 해도도통사(海道都統使)로 임명해 적극 대처하였다. 또한 해변의 인민을 모집해 3정(丁)을 1호(戶)로 삼아 수군을 편성하고, 연해의 토지는 조세를 면제해 수군의 처자식을 부양하도록 하였다.[75] 수군의 양성에 많은 노력을 기울인 결과 대마도[76]를 정벌할 수 있을 정도가 되었다.

고려는 왜구를 근절하기 위해 사절파견, 방비와 토벌, 수군의 확장과 전함 건조, 화약·화포의 제조 등 다각적인 노력을 기울였음에도 불구하고 왜구의 침입이

---

72) 수소는 일정한 구역을 지키기 위하여 마련한 장소이다.
73) 연호군은 고려 후기 왜구의 침입에 대비하여 설치되었던 지방군이다.
74) 만호부는 고려 후기에 원(元)나라에서 들여온 군사조직의 한 관직이다.
75) 우왕 때 만들어진 수군체제는 이후 조선시대 수군의 모체가 되었다.
76) 대마도는 본래 신라에 소속되었으나 차차 왜인들이 들어와 거주하게 되면서 일본 땅이 되었다. 대마도주는 소씨(宗氏)인데 일본사에 의하면 고려 고종(1192~1259년, 재위기간 1213~1259년) 때 가마쿠라막부시대(鎌倉幕府時代) 후쿠오카(福岡)의 부토(武藤)가 그의 가신 소오 나오시게(宗尙重)를 대마도에 보내어 이를 점령하고, 그를 대마도 수호대(守護代)로 삼았기 때문에 이후 소씨가 대대로 대마도를 관리하게 되었다고 한다.

계속되자 그들의 근거지인 대마도 정벌을 추진하였다.[77] 대마도정벌을 계획할 수 있었던 것은 고려 말 수군의 확충과 화기의 발달이 있었기에 가능하였다.

창왕(1380~1389년, 재위기간 1388~1389년)은 1389년 2월에 경상도원수 박위(?~1398년)로 하여금 병선 1백여 척을 이끌고 대마도를 정벌하게 하였다. 이 때 동원된 고려군의 규모는 자세히 알 수 없으나 전함이 1백 척 이상이었던 것으로 보아 1만 정도의 군사가 동원된 것으로 보인다. 대마도에 도착한 박위는 왜선 3백여 척과 가까운 언덕에 있는 관사와 민가를 모두 불태웠다. 또한 고려인 남녀 1백여 명을 데리고 돌아왔다. 대마도정벌의 전과가 컸던 것으로 보아 왜국의 피해가 매우 컸을 것으로 짐작된다. 대마도정벌은 왜구에게 큰 타격을 주었고, 고려는 정벌에 성공함으로써 왜구격퇴에 자신감을 갖게 되었다.

홍산대첩, 진포대첩, 황산대첩, 관음포대첩에서의 승전과 대마도정벌 이후 창왕부터 공양왕(1345~1394년, 재위기간 1389~1392년)까지 5년 동안 왜구의 침략횟수가 10차례 정도로 줄어들었다. 공양왕 때 왜구의 침입이 많이 줄어들었고, 유구국(琉球國, 오키나와)에서 사신을 보내온 것도 모두 대마도 정벌의 영향이라 할 수 있다.

1388년 위화도회군(威化島回軍)[78] 후 이성계(1335~1408년)는 우왕을 폐위하고,

---

77) 대마도정벌은 1383년 관음포대첩에서 큰 공을 세운 정지장군이 1387년에 건의한 것으로 당시 바로 채택되지 않았지만 대마도정벌을 결행할 때까지 꾸준히 준비된 것으로 보인다.

78) 고려 32대왕 우왕(1365~1389년, 재위기간 1374~1388) 즉위 후 고려의 외교는 친명(親明)에서 친원(親元)으로 바뀌어, 고려와 명나라의 관계가 악화되었다. 1388년 3월 명나라가 쌍성총관부(雙城摠管府) 관하지역을 영유하기 위해 철령위(鐵嶺衛) 설치를 통고하자 고려에서 최영(1316~1388년)이 중심이 되어 명의 대(對)고려 전진기지인 요동정벌론((遼東征伐論)이 제기되었다.

우왕은 최영을 팔도도통사로 삼아 평양에 나아가 독전하게 하고 조민수를 좌군도통사, 이성계를 우군도통사로 삼아 정벌군을 이끌고 출정하게 하였다. 요동정벌론에 처음부터 반대한 정벌군이 압록강 하류 위화도에 이르자 진군을 멈추고, 좌군도통사 조민수와 상의하여 요동정벌은 불가능하다(4不可論)고 상서(上書)하여 회군을 청하였다. 그 이유는 첫째, 작은 나라(고려)가 큰 나라(명나라)를 거스르는 일은 옳지 않다. 둘째, 여름철에 군사를 동원하는 것은 부적당하다. 셋째, 요동을 공격하는 틈을 타서 남쪽에서 왜구가 침범할 염려가 있다. 넷째, 무덥고 비가 많이 오는 시기라 활의 아교가 녹아 무기로 쓸 수 없고, 병사들도 전염병에 걸릴 염려가 있다.

평양에 있던 최영과 우왕이 이성계의 회군을 허락하지 않자 이성계는 5월 20일 회군을 결행하여 군대를 국내로 돌이켰다. 돌연한 사태 변화에 최영은 개경으로 돌아와 회군해오는

우왕의 아들 창왕(1380~1392년, 재위기간 1389~1392년)을 즉위시켰다. 위화도회군 4년 뒤인 1392년에 이성계는 조선왕조를 개국하였다.

3. 조선 전기

조선(1392~1910년) 개국 후에도 왜구문제는 여전히 해결이 되지 않고 있었다. 조선왕조실록(朝鮮王朝實錄)[79]에 기록된 왜구의 침입은 312회이다. 조선왕조실록에는 왜구의 침입에 제대로 대응하지 못한 관리를 처벌하였다는 기록, 수군의 강화 및 개선에 대한 건의 그리고 왜구토벌에 기여한 자에 대한 포상 및 치하 내용도 많다.

고려 말처럼 심하지는 않았지만 왜구의 침입은 계속되어 태조 재위기간(1392~1398년), 정확하게 1393년부터 1397년까지 53회 침입을 받았고, 주요 침략을 표 3에 정리하였다. 고려 말 왜구를 직접 토벌하여 왜구에 대해 잘 알고 있는 태조 이성계(1335~1408년)는 조선 건국 후 나라의 근심이 왜구만한 것이 없다(國家所患莫甚於倭) 하였다고 한다. 태조는 왜구를 금하기 위해 일본에 사절을 파견하고, 일본 사절과 향화왜인(向化倭人)[80]의 왕래를 환영하였다. 또한 흥리왜인(興利倭人)[81]과 귀화왜인을 우대하는 유화정책과 함께 왜인이 원하는 미두(米豆)

정벌군과 싸우려 하였으나 얼마 뒤 최영은 이성계에게 붙잡혀 고봉현(경기도 고양)으로 유배되어 죽음을 당하였고, 우왕도 강화도로 쫓겨났다. 이를 계기로 이성계는 정치적 · 군사적 권력을 한손에 잡아 조선창업의 기반을 구축하게 되었다.

79) 조선왕조실록은 조선의 제1대 왕 태조(재위기간 1335~1408년)에서 제25대 왕 철종(재위기간 1849~1863년)까지 472년간의 역사적 사실을 각 왕별로 기록한 편년체 사서(史書)이다. 1973년 12월 31일 국보 제151호로 지정되었다. 활자본(필사본 일부 포함)으로 2,077책이다. 1413년(태종 13)에 태조실록(太祖實錄)이 처음 편찬되었고, 철종실록(哲宗實錄)은 1865년(고종, 재위기간 1863~1907년)에 완성되었다. 또한 조선왕조실록은 한글로 디지털화되어 그 내용을 쉽게 확인할 수 있다(http://sillok.history.go.kr/main/main.jsp).

80) 고려 말기부터 극성을 부린 왜구문제에 있어 조선은 건국과 더불어 오는 자는 막지 않고, 가는 자는 쫓지 않는다(來者莫拒去者勿追)라고 하는 평화적 통교관계를 수립하였다. 이후 통교무역자로 또는 물품의 사급(賜給)을 청하면서 귀화하여 오는 왜인의 수가 증가하였다. 이같이 대왜(對倭)관계가 정상화되면서 왜구는 줄어들고 대신 향화자(向化者)가 늘어났다. 이들에게 조선은 전답과 가옥을 주어 경상도를 중심으로 전국 각지에 거주하게 하였다.

81) 흥리왜인은 조선시대에 매년 조선을 오가며 무역하던 일본 사람이다.

와 대장경 등을 후하게 줌으로써 이들을 평화적 왕래자로 전환시켰다. 따라서 조선 초 평화사절의 왕래와 향화왜인이 증가하였다. 한편으로는 왜구에 대한 소탕과 변경의 방어를 엄중히 하였다.

표 3. 태조 때 왜구 침략 기록요약[82]

년 도	왜구 침략	비고
1393년	3월 왜선 30여 척 충청도 고만량 (보령 서쪽) 침입, 병선 3척 탈취	고만양만호 신용무 참형, 조선 조정 즉각 왜구 침입 대응
	3월 침입, 왜구가 잡고 있던 명나라 포로 조선군에게 받침	도순문사 조온 명나라 포로 요동으로 호송
	5월 왜선 13척 고만량 침입, 만호 최용유 살해 및 병선 1척 탈취	왜구 격퇴
	5월 교동 공격	왜구 격퇴
	6월 황해도 문화현과 영녕 등 공격	왜구 격퇴
	9월 서북면 정주 침입	왜구 격퇴
1394년	3월 경상, 전라, 서해도 대규모 침입	왜구 격퇴
	5월 풍주, 해주 침입, 병선 1척 탈취[83]	
		7월 일본 구주 절도사 조선 포로 659명 돌려보냄
	7월 해주 침입, 병선 1척 탈취	
	8월 충청도 안성 침입	왜선 9척 포획
	9월 왜선 10여척 영광군 침입	왜구 3명 참살
1395년	3월 경상도 견내량 출현	왜선 2척 포획, 격퇴
	7월 경상도수군첨절제사 김천신과 만호 차준의 수군 왜구와 접전	왜선 1척 포획
	8월 부성포(울산) 침입, 병선 1척 소각 및 수군 3명 살해	경상우도수군절체사 김영렬 왜구 선단 추격, 왜선 1척 포획, 왜구 21인 참형
	9월 삼천포 침입	부사 박만 왜구 2명 참살

82) 한민족전쟁통사 III 조선시대 전편(1996년, 국방군사연구소)을 일부 참조하였다.
83) 왜구가 서해도 해안에서 대규모 약탈을 자행하자 조선군은 해주 근해로 출동하여 왜구 선박

(계속)

년 도	왜구 침략	비고
1396년	2월 서해도 근해 출현	왜선 1척 포획
	6월 전라도 진도 침입	왜구 10여 명 포살
	6월 경상도 해역 침입	왜선 1척 포획
	7월 추자도 침입[84]	왜선 2척 및 왜구 3명 포획
	7월 왜구는 섬라곡국(태국) 사신으로 갔다 돌아오던 일행을 잡아 모두 죽고 이자영만 돌려보냄	
	8월 왜선 120척 경상도 침입 동래, 기장, 동평 공세; 병선 16척 탈취, 경상도수군만호 이수춘 전사; 일부 통진포 진출 병선 9척 탈취; 북상하여 영해성 함락	
	10월 동래성 포위, 수군만호 윤형 등 전사 및 병선 21척 소실	
	11월 장기, 평해성, 영해 침입	왜구 6명 사살
	11월 강원도 침입	
	11월 울진현 출현, 지주사 이은, 반인 등 잡아감	
	11월 강원도 침입[85]	
	12월 축산도 정박 왜선 60여척과 함께 왜구 괴수 5명과 수백 명 투항	
		12월 대마도정벌

을 추적하였으나 실패하였다. 같은 해 7월 조정은 대(對)왜구전략방침을 수정하였다. 경기도 내 각 포구(浦口)의 방어를 강화하고, 대형전선을 해안의 여러 요충지에 정박시켜 대규모의 왜구 선단이 출현하는 것을 대비하였다. 기동성이 뛰어난 소형 전선(戰船)에 정병(精兵)을 싣고 인근의 도서를 수색하여 왜구를 색출, 소탕하도록 하였다. 이로 인해 1395~1396년 7월까지 왜구 침략횟수가 줄어들었고, 그 선단의 규모도 현저히 축소되었다.

84) 1396년 8월 이후 왜구 다시 대형화되었다.

85) 강원도에 침입한 왜구가 기세를 올리자 11월 9일 조정은 왜구에 대한 방어태세를 강화하였다.

(계속)

년 도	왜구 침략	비고
1397년	3월 왜선 10여 척 투항[86]	
	4월 왜구괴수 24척과 함께 투항	
	5월 해주 침입	
	5월 옹진진 침입, 병선 2척 소각	
	5월 서북계 선주성 침입, 니성도부만호 김원계 전사	
	5월 용주 침입	
	5월 장연 침입	왜적 5명 참살 및 왜구 격퇴
	6월 왜선 24척 서해상 침입, 수군 병선 10척 중 6척 탈취[87]	
	6월 장산곶 침입, 병선 10척 소각	왜구 격퇴 및 왜구토벌 작전수행 중 왜구 5명 포살
	8월 남포진 침입	왜구 8명 포살
	8월 용주 침입	왜적 8명 사망, 병기 노획; 9월 토벌작전으로 왜선 1척 포획, 왜구 포로 24명 및 14명 참살

1396년 8월 9일 선박 120척으로 경상도를 침입한 왜구는 동래, 기장, 동평성(東平城)을 함락하여 병선 16척을 탈취하고, 수군만호를 살해하였다. 같은 달 18일 통양포(通洋浦)에, 23일 영해성(寧海城)을 침략하였으며, 11월에도 5회나 침입하는 등 1396년에만 13회 침입하여 조선 조정에서는 왜구에 대한 강경한 응징이 논의되었다(표 3). 태조는 12월 3일 문하우정승 김사형을 오도병마처치사(五

86) 1396년 경상도지역 왜구토벌과정에서 보여준 조선 군사력의 위력과 대마도 정벌로 표명된 조선의 단호한 의지로 1397년 이르러서 투항하는 왜구가 증가하였다. 하지만 일부 소규모 산발적 약탈행위는 근절되지 않았다.

87) 이 무렵 조선조정은 바다를 통해서 침입한 왜구를 육지에 맞서 싸우는 소극적인 수세적 대적 전술로는 왜구를 근절하기 어렵다고 판단하고, 수군이 바다로 나가 왜구를 초동단계에서 섬멸하는 적극적인 공세적 토벌작전으로 전환하여 서해도 일대 전력을 집중하여 왜구토벌작전을 수행하였다.

道兵馬處置使)에 임명하고, 남재를 도병마사, 신극공을 병마사, 이무를 도체찰사로 삼아 5도의 병선을 모아 대마도와 이키도(壹岐島)[88]를 정벌하게 하였다.

1396년 대마도정벌에 동원된 5도 병선의 수와 군대의 규모 그리고 정벌의 결과 등에 대한 자세한 기록이 없어 김사형(1393~1407년)이 1월 30일에 돌아올 때까지 약 2개월간의 사정이 분명하지 않고, 거기에 겨울철이라 추운 날씨였던 점을 고려하여 정벌이 실행단계에까지 이르지 못했다고 보는 견해도 있다. 하지만 세종 때인 1419년 이종무의 대마도정벌이 주원방포(周原防浦, 한산도 추원포)를 출발해 거제도로 귀환할 때까지 14일 걸린 것을 미루어보면 김사형도 대마도를 실제로 정벌했던 것으로 보인다. 더욱이 김사형이 귀환할 때 태조가 친히 홍인문 밖까지 나가 노고를 치하했고, 서대(犀帶)[89]를 하사했다는 기록을 보면 이 때의 정벌이 사실이었음을 확인할 수 있다. 김사형의 정벌이 반드시 성공했다고는 볼 수 없으나 조선 최초의 대마도 정벌이었다는 점에서 의의가 크다. 또한 1398년 1월 대마도 도주 종정무(宗貞茂)와 그 아들 및 도내의 각포만호(各浦萬戶)가 보낸 사절이 조하(朝賀)[90]에 참예(參詣)[91]한 이후 거의 매년 조선에 예물을 바치고, 그 대가로 쌀과 콩을 받아 갔다고 한다.

태조의 뒤를 이은 정종(1357~1419년, 재위기간 1398~1400년) 때 조선왕조실록에는 근래 왜구가 조용하고, 생민(生民)의 괴로움이 배 타는 것보다 심한 것이 없으니 경기도, 경상도, 충청도, 전라도, 풍해도, 서북면의 선군(船軍, 수군)을 줄여주었다는 내용이 있다. 왜구의 침입에 대한 대응책으로 고려 말부터 여러 차례 수군을 정비하고 강화하였으나 당시 수군은 바다에 익숙하지 않은 농민 또는 양인들이 다수 포함되어 있었음을 짐작할 수 있다. 내륙지방에 비해 섬지역과 연안

88) 이키도는 일본 나가사키현(長崎縣)에 속해 있는 섬으로 면적은 133.7km^{2}이다. 가마쿠라시대(1180~1333년)에는 몽고군에 의해 점령되기도 하였으며, 조선시대에는 해마다 조공을 보내왔다.

89) 서대는 조선시대 1품의 벼슬을 가진 관리가 허리에 두르던 띠로 무소의 뿔로 만든 장식물을 붙였다.

90) 조하는 조정(朝廷)에 나아가 왕께 하례(賀禮)하는 것이다. 1392년 조선이 개국된 이후 구주탐제(九州探提)를 비롯한 일본 각지의 수호(守護)들이 축하사절을 파견해왔으나 대마도는 냉담한 태도를 보였다. 1396년 대마도정벌 이후 대마도는 태도를 바꾸어 1398년 조하하였다.

91) 참예는 신이나 부처에게 나아가 뵙는 것이다.

지역의 인구가 상대적으로 적어 바다에 익숙한 남자들로 수군을 운영한다는 것이 불가능하였을 지도 모른다.

조선왕조실록 정종 편에는 1399년 통신관 박돈지가 일본과 왜구근절책을 교섭하고 돌아오면서 납치되었던 남녀 1백여 명을 데리고 왔으며, 대마도 도총관 종정부가 사신을 보내 방물(方物)[92] 등을 바치며 왜구근절을 맹세하였다는 기록도 있다. 또한 왜선 7척이 서북면(西北面[93])에서 항복하였다.[94] 1399년 황해도 옹진(甕津)에 소규모 왜구가 침입하였다는 기록이 있으나 정종 때 왜구의 침입은 사실상 소강상태였던 것으로 보인다.

태종 때 보고된 수군의 폐단

조선왕조실록 태종 3권에 의하면 1402년 4월 풍해도도관찰사 장자충이 수군의 폐단을 다음과 같이 말하였다. '수군(水軍)의 폐단은 이루 말할 수 없습니다. 국가에서 급료를 주지 않기 때문에 그 부형이나 자제가 양식을 가지고 선소(船所)까지 옵니다. 배를 타는 사람(騎船人)이 간혹 왜구(倭寇)를 추격하여 그 선소를 멀리 떠나게 되면 배를 주리고 고단하여 흩어져 도망하는 자가 매우 많습니다. 원컨대 5가(家)를 1호(戶)로 하여 요(料)를 주도록 하소서.' 이에 태종은 '이와 같은 일은 의정부에서 잘 생각하지 않고 행이(行移)하고, 수령(守令)은 또 마음을 쓰지 않고 행하였기 때문이다'라고 하였다. 하지만 장자충이 보고한 폐단이 어떻게 개선되었는지는 확인되지 않는다.

대마도 사절단 외에 흥리왜인(興利倭人, 상인)의 수도 점차 증가하여 항구를 돌아다니며 무역을 하게 되자 여러 폐단이 생겨났다. 1407년 태종(1367~1422년, 재

---

92) 방물은 조선시대 지방 특산물을 조정에 바치거나 조선에서 명나라 또는 청나라에 바치던 예물로 내용상 일본이 조선에 바치는 예물로 이해된다.

93) 조선시대에는 충청남북도, 전라남북도, 경상남북도를 아울러 삼남지방(三南地方)이라 하였고, 삼남지방을 동북면(東北面)과 서북면(西北面) 같이 하나의 지역단위로 보는 것은 서울을 중심으로 한 방위상의 개념에서 나왔다.

94) 왜구는 우리나라 연해뿐만 아니라 중국 연안을 침입하였다. 이 무렵 명나라 육주목 고희홍이 대규모 왜구토벌 움직임이 보이자 이 소문을 들은 많은 왜구가 투항하여 왔다. 한편 조선은 회유책으로 투항하는 왜구에게 관직과 재물을 증여하는 특혜를 베풀자 투항하는 왜구의 수가 날로 증가하였다.

위기간 1400~1418년)은 부산포(釜山浦)와 내이포(乃而浦, 경남 진해 웅천)에 한해 왜인이 출입하도록 하고, 그것도 행장(行狀)[95]을 소지한 선박에 한해 기항토록 하였다. 개항항에는 점차 많은 왜인이 거주하게 되었고, 이들 가운데에는 풍기를 문란하게 하거나 국가의 허실을 살피는 자도 있었다. 1418년 3월 경상도의 염포(鹽浦, 울산 동면)와 가배량(加背梁, 경남 통영)에 왜관(倭館)[96]을 설치하고, 왜인을 분산시켰다. 태종이 왜인에게 많은 편의를 제공했으나 재위기간 동안 소규모이지만 60여 차례 왜구의 침입을 받았으며, 주요 침입을 표 4에 정리하였다. 왜구 침입은 태종 집권 초기에 집중되었다.

표 4. 태종 때 왜구침략 기록요약 [97]

년 도	왜구 침략	비고
1401년	3월 경상도 견내량(거제) 침입	왜구 격퇴
	3월 남양부 침입, 자연도와 삼목도 약탈	
	6월 왜선 4척 고만량 공격, 방어구 격파 및 수군 병선 1척 탈취	
	7월 왜선 9척 서북면 북상	수군 방비태세 강화, 왜구 철수
	11월 경상도 고성현 부근 침입	
1402년	1월 동평현 부산포 침입, 수군 10명 살해	
	2월 왜선 4척 남양 선좌도 침입, 양민 포로로 잡아감	
	6월 왜선 전라도 조운선 1척 탈취	영선만호 책임 추궁[98]
1403년	10월 전라도 침입	왜선 2척 포획, 왜구 참살
	4월 경상도, 전라도 해안에 소규모 기습 및 약탈	
	8월 왜선 7척 강릉 침입, 우계현 약탈	

95) 행장은 통항증명서로 문인(文引) 또는 노인(路引)이라고도 한다.

96) 왜관은 조선시대 일본인이 조선에서 통상을 하던 무역처로 숙박처와 접대처로서의 기능도 동시에 가지고 있었다.

97) 한민족전쟁통사 III 조선시대 전편(1996년, 국방군사연구소)을 일부 참조하였다.

98) 조선 조정은 피해의 정도가 경미하였으나 철저한 응징을 통해 왜구를 근절한다는 방침을 천명하고, 영선만호를 순위부에 가두고 왜구가 조운선을 탈취하는 것을 방관한 책임을 엄중히

(계속)

년 도	왜구 침략	비고
1403년	8월 장기 침입 9월 번계포(강진 번계천) 침입, 천호 구영신 포로로 잡아감 10월 왜선 5척 두모포(왜관) 침입, 병선 5척 소각, 2명 포로로 잡아감 10월 감북포 침입, 전선 3척 소각, 수군 12명 살해 12월 전라도 낙안포 침입, 전선 4척 소각, 수군 86명 살해, 만호 임원룡 포로로 잡아감 12월 전라도 침입, 전선 5척 탈취	
1404년	4월 대선단 왜구 제주 군아((郡衙) 진입, 객관(客館, 객사)과 민가 수십 호 소각, 민간인 7명 살해, 포로 10여명 잡아감 3월 왜선 2척 충청도 연안 침입, 전선 2척 탈취, 수군 60여 명 살해	
	3월 남양 침입, 전선 탈취 및 인명피해	왜구 격전, 만호 이생년 참패(수군 79명 중 5, 6명 생환)
	4월 전라도 영광 침입	왜구 격퇴(수군 6~7명 전사)
	7월 왜선 33척 전라도 침입	왜선 1척 포획, 왜구 6명 생포
1406년	1월 왜선 6척 전라도 장흥부 주포 침입, 전선 1척 탈취	
	1월 경상도 내이포 침입	왜선 1척 포획
	1월 왜선 16척 제주 침입	
	2월 왜선 6척 전라도 목포 암태도 염전(鹽田) 침입	노동자들이 왜구 2명 타살
	3월 왜선 4척 삼목도 침입, 민간 어선 2척 탈취	

추궁하였다.

(계속)

년 도	왜구 침략	비고
1406년	3월 50~60척 전라도 해역 침입 후 추자도, 안행량(조운선 14척과 전선 1척 탈취)[99], 경상도 해역 침입	척후선(斥候船) 1척, 왜선 1척 포획
	8월 전라도 군산도에서 남방 자바에서 조선으로 오던 사신 진언상 일행 조우, 방물 약탈	
1407년	7월 왜선 3척 강원도 삼척부 침입, 민간인 1명 살해 및 약탈	
	8월 충청도 비인현, 전라도 목포 침입, 민간 어선 1척 탈취, 다수 인명피해 및 민간인 5명 포로로 잡아감	
	9월 남양부 염장 침입, 자충도 공격 민간인 9명 살해, 1명 포로로 잡아감	
	12월 탐진 진출 만덕사 소각 후 홍덕진 침입	병마사 성달생 격전, 왜구 2명 참살 및 격퇴
1408년	1월 전라도 해안 침입 조양진 습격 전선 1척 소각, 수군 35명 살해	
	2월 왜선 9척 암태도 습격, 영광 침입 염전노동자와 격투	왜구 3명 참살, 포로 2명 구출
	2월 왜선 11척 영광 진출 염소(鹽所) 약탈	지군사 조유 공격, 왜구 2명 참살
	3월 왜선 22척 충청도 수영(水營)[100] 공격, 충청수군첨절제사 현인귀 전사, 전선 2척 탈취, 이후 당진 면주 진출 민간인 3명 살해, 1명 포로로 잡아감	
	5월 왜선 14척 고만량 침입, 수군 전선 약탈 시도 실패 후 충청도 서주 서근량 진출, 전선 2척 소각 및 군영 습격, 군량미 100척 약탈	
	5월 서주 창포 진출, 전선 3척 소각 및 수군 수십명 생존자 제외 거의 전원 전사[101]	

99) 이 때 왜선 18척은 야음을 틈타 전라도 안행량 침입하여 조운선 14척과 전선 1척을 탈취하여 쌀 4천여 석을 가지고 퇴각하였다.

(계속)

년 도	왜구 침략	비고
1408년	5월 왜선 14척 당진현 침입	왜구 1명 참살
	6월 왜선 15척 장연진 아랑포 침입	왜구 2명 사살 및 격퇴
	6월 왜선 12척 선주 침입	
	7월 서북면 영삭현 침입	
	10월 왜선 세력보다 10배나 많은 수군 전선인 추자도 기습 공격, 전선 1척 탈취, 수군 5명 살해	왜척 1척 포획, 왜구 7명 참살
	10월 광양현 성거역 침입	
	11월 회령현(보성) 침입, 민간인 2명 살해	

조선왕조실록 태종 편에는 1402년 6월 전라도 조운선이 한 곳에 정박해 있는 곳에서 왜구가 조운선 1척을 훔쳐갔음에도 왜구를 체포하지 못한 영선만호를 순위부에 가두고, 책임을 추궁하여 조선군의 왜구에 대한 경각심을 불러일으켰다는 기록이 있다. 또한 1403년 6월 의정부는 여러 섬에 숨어 있던 왜구가 수비가 허술한 틈을 타 약탈을 자행하였지만 전함(戰艦)이 무거워 쫓아갈 수 없으니 대형군선은 요해처(要害處)[102]에 배치하고, 각도(各道)에 소형군선 10척을 만들어서 왜구의 추적을 용이하게 하자고 건의하자 태종이 윤허하였다는 기록도 있다.

태종 집권 후반기(1409~1418년)에 왜구의 침입은 10여 차례이었으나 이렇다 할 피해는 없었다. 태종 집권 후반기에 조선군제의 기틀이 확립되었고, 변방의 방비책이 강화되었으며 국방태세가 충실해졌다. 군사적 안정에 더해 성능이 우수한 병기와 전선이 대량으로 개발 되어 당시 조선 수군의 전력은 왜구를 압도할 수 있는 수준이 되었다. 이러한 군사적 우위는 왜구에게 커다란 위압감으로 작용하여 그들의 침략의욕을 저하시켰다. 그 결과 왜구의 침입횟수와 규모가 전대에 비해 축소되었다.

100) 수영은 조선시대 수군절도사가 주재하던 군영이다.

101) 조선 조정은 왜구의 약탈이 심화되는 반면 토벌작전이 부진함에 따라 대책을 강구하고, 왜구 토벌임무를 제대로 수행하지 못한 무신에게 패전 책임을 추궁하였다.

102) 요해처는 전쟁에서 자기편에는 꼭 필요하면서도 적에게는 해로운 지점이다.

세종(1397~1450년, 재위기간 1418~1450년) 때인 1419년 5월 6일 새벽 왜구는 충청도 비인현(庇仁縣, 충남 서천) 도두음곶에 침입하여 수군 전선 7척을 소각하고, 많은 수군과 양민을 학살하였다. 당시 수장 충청좌도도만호 김성길은 5월 5일 전라도 감사로부터 왜구가 영광 앞바다를 지나 북상하고 있다는 통고를 받았으나 이를 무시하고 술에 취해 곯아떨어져 있었다. 김성길은 사태의 심각성을 깨닫고 아들과 함께 전선을 수습하여 반격하였으나 전사하였다. 아들은 아버지의 전사 소식을 듣고 바다에 투신 자결하였다. 김성길 부자의 죽음으로 조선 방어군 지휘체계가 무너진 것을 알게 된 왜구는 아무런 거리낌 없이 도두음곶을 점령하였다.

왜구가 도두음곶(都豆音串)을 점령하자 비인현감 송호생이 현지 병력을 이끌고 역습하였으나 수세에 밀려 왜적에 대적하지 못하고, 보현성으로 퇴각하였다. 성안의 조선군도 사력을 다해 왜구의 공성(攻城)을 저지하였으나 수적 열세를 면치 못하고 있었다. 보현성이 함락 위기에 처하자 인근 지서천군사 김윤과 남포진병마사 오익생이 휘하의 향병(鄕兵)[103]과 함께 보현성으로 출동하였다. 성내 비인현군과 성 밖의 원군이 합세해 반격하자 왜구는 퇴각하였다. 하지만 병선 7척과 군인 300여 명이 전사하는 커다란 손실을 입었다.

도두음곶 침입 8일 뒤인 5월 13일 왜선 38척이 서해도 해주 연평곶(延平串)을 기습하였다. 왜구는 그들의 동태를 정찰하던 조선절제사 이사검과 만호 이덕생이 탑승한 수군 전선 5척을 포위하고, 지난 도두음곶 침입이 사실임을 실토하면서 조선을 침입하려고 온 것이 아니라면서 식량공급을 요구하였다. 이사검은 왜구 진영에 아전을 보내어 쌀 5곡(斛)과 술 10병을 공급하였으나 왜구는 아전을 억류하고, 더 많은 식량을 요구하였다. 이사검이 다시 진무 2명과 선군 1명과 함께 쌀 40곡을 보내자 왜구는 아전과 진무는 풀어주고, 선군을 억류한 채 조선 수군과 대치하였다. 조선 조정은 경기 수군을 해로로 이동시켜 이사검의 수군을 지원토록 하였으나 때마침 불어온 역풍으로 항해를 할 수 없었다. 대안으로 경기 수군 병력이 육로로 이동하여 황해 수군의 전선에 승선한 다음 왜구를 격퇴하는 방안을 검토하였으나 황해 수군은 이 계획을 수행할 만한 전선

---

103) 향병은 각 지방 사람으로 훈련, 편성된 병정이다.

을 보유하고 있지 않아 실현되지 못했다.

조선 조정에서는 발발한 왜구의 도발에 대한 강력한 대응을 논의하였고 5월 14일 왜구의 본거지인 대마도정벌[104]을 결정하였다. 당시 태종은 1418년 8월 상왕(上王)이 되어 세종에게 왕위를 물려주었으나 군사에 관한 결정은 직접하고 있었다.

대마도정벌을 떠나기 전에 1419년 5월 29일 대마도정벌 총사관인 삼군도체찰사 이종무(1360~1425년)는 대마도주(對馬島主)에게 사자를 보내 비인현 도두음곶과 해주 연평곶 왜구의 만행을 규탄하고, 그 주동자를 체포하여 조선에 압송할 것을 요구하는 통첩을 보냈다. 대마도 출정의 목적은 왜구의 금압(禁壓)이므로 대마도가 협조하면 정벌을 중지할 수 있다는 입장을 표명한 것이다. 하지만 대마도주는 아무런 회신을 하지 않았다. 6월 9일 조선 조정은 대마도에 대한 평화적인 설득 노력을 포기하고, 6월 17일 이종무[105]는 전함 227척, 병력 17,285명을 거느리고 거제도를 출발하였다. 하지만 역풍을 만나 정벌군은 주언방포로 귀환하여 이틀을 보낸 뒤인 6월 19일 출발하여 6월 20일 대마도 해상에 당도하였다.

6월 20일 대마도에 도착한 이종무는 지문(池門 또는 望沙門)[106]을 시켜 도주 종정성(宗貞盛)에게 항복을 권하였으나 대답이 없자 왜선 109척을 소각하고 20척을 포획하였으며, 일대를 수색하여 1백여 명을 참수하고, 2천여 가옥을 불태웠다. 대마도에 있던 131명의 명나라 포로도 데려왔다. 29일에도 왜선 15척과 70여 가옥을 태우고 명나라 포로 15명과 조선인 포로 8명을 구출하였다. 수색 도중 좌군절제사 박실이 복병을 만나 편장 박홍신과 김해 등의 장수와 함께 군사 100여 명이 전사하였다.[107] 대마도주 종정성은 식량부족으로 오래 버티기 어려워지자 조선군 진영에

104) 3차례 대마도정벌 중 가장 유명한 1419년(세종 1년) 제3차 대마도정벌은 기해동정(己亥東征)이라고 하며, 일본에서는 오에이노가이코(応永の外寇)라고 한다. 제1차 대마도정벌은 1389년 고려 창왕 2년, 제2차 대마도정벌은 1396년 태조 5년에 있었다.

105) 제3차 대마도 정벌에서 이종무를 3군도체찰사로 임명해 중군을 거느리게 하고, 우박, 이숙무와 황상을 중군절제사로, 유습을 좌군도절제사로, 박초와 박실을 좌군절제사로, 이지실을 우군도절제사로, 김을화와 이순몽을 우군절제사로 삼았다.

106) 지문은 태조 때 항복해 귀화한 대마도인이다.

107) 일본사료 조선통교대기(朝鮮通交大紀)에는 이 때 아군 1,500명을 죽이고, 배를 불살랐다고 되어 있으나 과장된 것이다.

사자를 보내어 항복의 뜻을 밝히고 회군을 청하였다.

대마도주의 항서(降書)를 받은 이종무는 항복의 진의여부와 회군을 놓고 고심하였다. 조선군의 식량은 넉넉하지만 적군은 식량이 부족한 상태였다. 하지만 7월이면 태풍이 불어오는 대마도 기후조건을 고려하여 대마도 전면을 포위하여 왜구를 완전섬멸하려는 당초의 계획을 변경하여 조기철수를 결심하였다. 당시 일본은 규슈(九州)의 제후(諸侯)를 총동원하여 대마도를 방어하였으므로 원정군이 전도(全島)를 토벌하기 어려웠을 지도 모른다. 이종무는 대마도에 상륙한 지 13일 만인 7월 3일 철수하였다. 대마도정벌은 180명의 조선군의 인명피해에도 불구하고 분명한 군사적 승리를 거두지는 못하였기 때문에 조정에서는 추가원정을 논의하였으나 사정상 실행에 옮기지 못했다.

대마도정벌 당시 수군에 대한 유정현의 상소

1419년 세종의 대마도정벌만 보면 당시 수군은 상당히 강화되어 막강한 전력을 가진 것으로 보이나 같은 해 7월 28일 유정현(1355~1426년)의 상소를 보면 꼭 그렇지 않음을 알 수 있다(조선왕조실록, 세종 4년).

유정현의 상소내용은 다음과 같다. 첫째, 여러 도의 병선이 노후하였으므로 선박의 개조 및 수리가 필요하다. 또한 선박을 신조하여 불우의 변(不虞之變)에 대비해야 한다. 둘째, 선군을 보충하여 함께 경상도의 노량(露梁)과 구량량(仇良梁)등지를 방비해야 한다. 셋째, 왜구의 침범이 뜸해져 바닷가의 백성의 수효가 많아지고 있으나 왜구의 침입에 대비하기 위하여 마을의 각호를 나누어 둔을(屯) 삼고, 둔성(屯城)을 쌓아, 성을 지킬 수 있는 둔장(屯長)을 두어 군사 장비를 갖추게 해야 한다. 넷째, 선박을 건조하는데 쓸 만한 소나무가 거의 남아있지 않으므로 불필요한 소나무 사용을 금지해야 한다. 또한 소나무를 심어 향후 필요한 선박 건조용 재목을 확보해야 한다. 하지만 유정현의 상소는 시행되지 못했다.

조선왕조실록 세종 편에는 유정현의 상소 외에도 왜구의 간첩활동 방비, 병선 건조와 수군 증원, 재능 없는 수군을 시위군으로 환속, 왜구의 방비책, 왜선 정박 요해지와 수비 방어하는 조건 등의 내용이 다수인 것으로 보아 당시 수군체제에 개선의 여지가 많았던 것으로 보인다.

한편 대마도주가 1420년 정월에 전달한 항복을 번복하자 같은 해 11월 조선

조정은 항복하지 않으면 다시 정벌하겠다는 뜻을 전하였다. 이에 대마도주가 항복을 청해와 사태가 일단락되게 되었다. 대마도주는 신하의 예로서 조선을 섬길 것을 맹세하고, 대마도를 경상도의 일부에 복속할 것을 청하였고, 왜구를 스스로 다스릴 것과 조공을 바치겠다고 약속하였다.

고려 말에서 조선 초기 3차례의 대마도정벌

신라시대에도 왜구를 근절하기 위해 대마도정벌론이 조정에서 논의되었으나 당시에는 왜구를 제압할 수 있는 수군의 전력이 부족하여 실행에 옮기지 못했다. 고려 말과 조선 초에 대마도를 정벌할 수 있었던 것은 강력한 수군과 함대전력 무엇보다 우수한 성능의 신무기(화기)를 보유하고 있었기 때문에 가능하였다.

제3차 대마도정벌의 원인

1392년 조선이 개국한 이후 구주탐제(九州探提)를 비롯한 일본 각지의 수호(守護)들이 축하사절을 파견해왔으나 대마도는 냉담한 태도를 보였다. 고려 말인 1389년 제1차 대마도정벌과 관련된 것으로 볼 수 있다. 하지만 1396년 제2차 대마도정벌 후 1398년 1월 대마도 시신이 조선에 조하(朝賀)에 참례한 것을 계기로 조선과 대마도 관계는 개선되었다(표 4). 이후 대마도 사신의 조선 왕래가 빈번해졌다.

대마도는 조선과의 통교(通交)에 의하여 그들에게 부족한 식량과 생필품을 확보하였고, 조선은 물질적 원조의 대가로 왜구단속을 요청하였기 때문에 양측의 이해관계가 맞아 떨어진 것이다.

1418년(태종 18년) 대마도에 큰 흉년이 들었다. 당시 대마도주(對馬島主) 종정무(宗貞芽 또는 宗貞茂)가 죽고, 그의 아들 종정성(宗貞盛 또는 都都熊瓦)이 뒤를 이으면서 대마도 사정이 일변하였다. 새 도주 종정성이 나이가 어린 것을 기화로 왜구의 두목 조전좌위문태랑(早田左衛門太郎)이 대마도의 실권을 장악하였고, 때 마침 큰 흉년이 들어 식량문제가 극심하게 되었다.

대마도는 절박한 상황을 타개하기 위하여 명나라 해안지역으로 가던 도중 조선의 비인현(庇仁縣舒川) 도두음곶(都豆音串)과 해주(海州) 연평곶(延坪串)을 침입하여 약탈을 자행하였다. 조선 조정은 왜구가 대마도에 근거를 두고 있으며, 그 침입행위가 새 도주 종정성의 책동에서 비롯되었다는 사실에 큰 충격을 받았다. 조선 조정은 대왜구정책에 근본적 수정을 가하여 왜구의 소굴인 대마도를 소탕하는 강경노선을 채택하였다.

제3차 대마도정벌에 대한 새로운 주장

2009년 3월 19일 한국역사연구회 학술발표회에서 가톨릭대학 이규철 강사는 '조선 초기 대마도정벌의 원인과 목적'을 발표하면서 기해동정(제3차 대마도정벌)은 왜구소탕보다는 명나라(1368~1644년)의 일본정벌을 저지하기 위한 외교전략이었다고 주장했다.

왜구의 침입은 1409년부터 크게 감소하였고, 기해동정 이전 10년간 왜구로 인한 피해가 거의 없었으며, 대마도가 조선과 우호적 관계를 위해 노력하던 상황에서 대규모 출병을 감행한 점이 이해하기 어렵다는 것이다. 출정 명령 4일 만에 65일분의 군량과 1만 7천여 명의 병력을 동원한 것은 대마도정벌이 오래 전부터 치밀하게 계획되었음을 시사한다고 하였다.

조선 연안에서 왜구의 피해가 뜸했을 때 왜구의 주요활동무대는 명나라 연안지역이었다. 명나라는 일본 쇼군을 통해 왜구를 제어하려 했지만 일본 원도의(源道義)[108]에 이어 등극한 원의지(源義持)[109]가 적극적으로 협조하지 않자 일본정벌을 계획하게 되었다.

조선은 명나라가 일본정벌에 나서면 명나라와의 관계개선에 노력해온 태종(1367~1418년, 재위기간 1400~1418년)이 이에 개입하지 않을 명분이나 방법이 없기 때문에 명나라의 움직임에 촉각을 곤두세웠다. 결국 조선은 명나라의 일본정벌을 막으려면 명나라의 왜구피해를 줄이는 것이 가장 중요하다고 판단하였기 때문에 대마도정벌에 나설 수밖에 없었다는 분석이다.

대마도 원정군이 대규모 부대편성에도 불구하고 의도적으로 전면전을 회피한 것도 정벌의 목적이 왜구격멸이 아니라 조선의 위력을 과시하는 상징적인 공격이란 추측을 뒷받침한다. 조선은 정벌을 단행하면서도 일본과 대마도와의 관계를 극단적인 상태로까지 몰고 갈 의도가 없었다. 조선이 대마도를 정벌하여 명나라의 일본정벌을 사전에 차단하는 한편 대외목표인 북방지역, 특히 여진으로의 진출과 영향력 확대라는 일거양득을 취했다고 파악한다. 왜구를 제어한 공로로 여진지역의 실력행사에 대한 명나라의 암묵적 동의를 얻을 수 있었다는 것이다.

세종(재위기간 1418~1450년) 때 대마도정벌은 고려 말과 조선 초에 걸쳐 수십 년간 계속되던 국가의 근심을 제거했을 뿐만 아니라 대마도를 조선의 정치질서에 편입시켜 조선 국왕이 관직을 내려주는 통치권에 예속시키는 새로운 전기

108) 무로마치막부 제3대 장군(재직기간 1368~1394년)이다.
109) 무로마치막부 제4대 장군이다.

를 마련했다는 점에서 역사적 의의가 크다. 세종 때 약 18차례 왜구의 침입을 받았으며, 주요침입은 표 5에 정리하였다.

1419년 대마도정벌 이후에도 조선왕조실록 세종 편에 왜구를 잡거나 왜선을 포획한 자의 공을 치하하여 하사품을 내렸다는 기록이 있는 것으로 보아 정벌 후 바로 왜구가 근절된 것은 아님을 알 수 있다. 하지만 왜구의 규모나 침약의 빈도는 현저히 감소하였다. 세종 이후 문종(재위기간 1450~1452년), 단종(재위기간 1452~1455년), 세조(1455~1468년)와 예종(재위기간 1468~1469년) 때에는 왜구의 침입에 대한 기록은 조선왕조실록에 없다.

표 5. 세종 때 왜구침략 기록요약

년 도	왜구 침략	비고
1419년	5월 왜선 32척 충청도 도두음곶 침입, 병선 7척 탈취, 충청좌도도만호 김성길 및 수군 300여명 전사	
	5월 왜선 38척 서해도 해주 연평곶 침입	
		6월 대마도정벌
	7월 왜선 2척 백령도 침입	왜구 13명 참살 및 8명 생포
	7월 왜선 2척 안흥량[110] 침입, 전라도 공선 9척 탈취	
	7월 왜구 수십 척 소청도 출몰	
1424년	9월 왜선 12척 서여서도 침입	왜선 1척 포획, 왜구 5명 참살
	11월 제주 침입	왜선 포획
1433년	8월 왜선 중선 1척 주자도 침입	왜구 11명 사살
1435년	6월 제주 침입	왜구 포획
1437년	7월 통진현 침입	왜구 3명 참살, 왜선 침몰

110) 충청남도 태안군 근홍면 정죽리에 있는 해협이다.

왜구는 성종(재위기간 1470~1494년)과 연산군(재위기간 1495~1506년) 때 각각 8차례 정도 침입하였으며, 주요침입은 표 6에 정리하였다. 산발적인 왜구의 침입에 잘 대응하지 못한 수군에 대한 기록은 그 전에도 있었으나 성종 때에는 왜구의 침입을 제대로 방어하지 못한 사실을 은폐하거나 조정에 거짓으로 보고하였다는 기록이 등장한다. 왜구의 침입이 뜸해지자 수군의 기강이 해이해진 것으로 보인다. 성종 때에는 왜구로 가장해 노략질을 하는 가왜(假倭)에 대한 기록과 함께 삼포에 거류하는 왜인(왜호, 倭戶)이 조선인과 은밀히 접촉하고 있다는 내용이 있다.

표 6. 성종과 연산군 때 왜구침략 기록요약

년 도	왜구 침략	비고
1481년	10월 왜선 2척과 왜구 22명 전라도 이름이 안 밝혀진 포구(浦口)에 침입, 궁시(弓矢, 활과 화살), 기명(器皿, 놋그릇) · 의량(衣糧, 옷과 양식) 등 약탈	왜구 15명 사살, 7명 생포
1483년	2월 왜선 수척이 달량, 청산도에서 상선을 공격하여 무명 50필, 미곡(米穀) 30여석(碩) 약탈, 민간인 3명 살해 및 다수의 인명피해 8월 전라도 침입	 관군 제때 대응하지 못하고 조정에 거짓 보고
1492년	11월 왜구 고성 침입	
1494년	4월 왜선 4척, 왜구 50여 명이 추자도에 웅거하면서 제주도 침입, 선박 10여척 겁탈 7월 왜구 수군 15명 위협, 약탈	 왜구 침입 은폐
1500년	1월 전라도 침입	수군 수비 허술

연산군 때인 1503년에는 정인인이 제포에 거류하는 왜인세력이 확대되는 것을 우려하는 내용이 있다.[111] 제포에만 4백여 가호, 2천여 명의 왜인이 거류하고 있으며, 이들 중에는 대마도 사람과 혼인하여 불법적으로 삼포에 거류하는

111) 조선왕조실록 연산군 49권

자도 있다. 삼포의 인구가 급증하고 있어 향후 우환거리가 될 수 있으므로 불법 체류자들을 대마도로 돌려보내고, 대마도주에 통보하여 이를 통제할 조치를 취하도록 해야 한다는 보고도 있다. 또한 삼포 거류왜인은 도둑을 막을 목적으로 사관(射官)이라는 2명의 수군을 대동하고 다니는데 왜호 4백 가구가 배 한 척씩을 가지고 있다고 가정하면 8백 명의 사관이 있다는 것으로 만약의 사태시 사관은 위협적 존재가 될 수 있으므로 이들을 통제해야 하며 아울러 염포(鹽浦, 울산)와 부산포의 사관 현황도 파악해야 한다고 하였다. 조선 병선은 일반적으로 군기를 싣고 포구에 정박해 있는데 삼포 거류왜인들의 집은 포구에 흩어져 있고, 병선이 정박해 있는 곳은 모두 왜인부락이므로 삼포의 병선에는 군기를 싣지 말아야 하고, 군기는 병영창고에 보관하여 만약의 변고에 대비해야 한다는 내용도 있다. 정인인의 우려는 7년 뒤 현실로 나타났다.

4. 삼포왜변, 사량진왜변과 을묘왜변

연산군(1476~1506년, 재위기간 1495~1506년)의 뒤를 이은 중종(1488~1544년, 재위기간 1506~1544년)과 명종(1534~1567년, 재위기간 1545~1567년) 때에는 왜구의 침입은 서너 차례에 불과하였고, 소규모였지만 1510년에 삼포왜변, 1544년에 사량진왜변, 1555년에 을묘왜변이 일어났다.

1419년 대마도정벌 후 세종(재위기간 1418~1450년)은 한 동안 응징의 차원에서 개항장을 폐쇄하고, 대마도에 대한 식량과 생필품 공급을 중단하고, 조선에서의 교역을 금지하는 경제적 제재조치를 취하였다. 식량과 생필품 부족으로 경제적 타격을 입은 대마도주 종정성은 1421년 통상허락을 애원해 왔으며, 일본의 막부(幕府)도 조선에 일본국왕사(日本國王使)를 보내 대마도에 대한 제재조치를 완화해줄 것을 간청하여 왔다.

세종(재위기간 1418~1450년)은 대마도에 대한 금압정책(禁壓政策)을 완화하여 1423년 동래 부산포(釜山浦)와 웅천 내이포(乃而浦, 경남 진해 웅천)에 왜인의 왕래를 허용한 데 이어 1426년 염포(鹽浦, 울산)에서 무역을 허용하여 이른바 삼포(三浦)를 개항하였다. 삼포에 사절로 들어오는 사송왜인(使送倭人)과 교역을 위하여 오는 흥리왜인(興利倭人)을 수도서인(受圖書人)이라 하여 정식입국자로 분류하여 응분의 대우를 해주었다. 또한 삼포에 왜관(倭館)을 설치, 왜인 60여 명을 거주하게 하여 이들에게 제한적으로 문물을 교역할 수 있도록 허락하였다. 하지만 점차 거주하는 왜인의 수가 늘어나 세종 말년에는 약 2천여 명으로 증가하여 이들 중에는 조선의 국법(國法)을 어기고, 심지어는 현지 관리를 위협하는 사례까지 발생하였다.

1443년(세종 25년) 조선 조정은 대마도 도주와 계해조약(癸亥條約)을 체결하여 1년에 왕래할 수 있는 세견선(歲遣船)[112]을 50척 이내로 제한하였고, 조선이 해마다 그들에 하사하는 세사미(歲賜米)[113]를 200석 이하로 규정하였다. 또한 삼포에 내왕하는 왜선은 조선에서 발급한 무역허가증인 도서(圖書) 또는 대마도주가 발행한 도항증서인 문인(文引)을 휴대하여야 왕래할 수 있도록 하였다. 정해진 절차에 따라 조선에 진헌물(進獻物)을 바치고, 그 대가로 회사품(回賜品)을 하사받는 조공무역(朝貢貿易)[114] 형식이었다.

16세기 초 삼포에 거류하며 왕래하는 왜인들 가운데 규정을 어기고 불법적인 행위를 하는 자가 많아지자 중종(1488~1544년, 재위기간 1506~1544년)은 삼포에 거류하는 왜인에 대한 통제를 강화하였으며, 대마도도주에게 삼포 거류왜인의 철거와 왕래하는 왜선에 대한 감시를 강화하도록 하였다. 이로 인해 불법행위로 부당이익을 챙기던 왜인들은 조선 정부에 불만을 가지게 되었다. 당시 대마도는 삼포에 거류하는 왜인들로부터 매년 일정 액수의 공물(供物)을 받았기 때문에 조선의 규제강화로 적지 않은 경제적 타격을 입게 되었다. 상호이해관계가 맞물린 대마도 왜인과 삼포 거류왜인은 결탁하여 무력폭동을 획책하였다.

1510년 4월 4일 제포에 거류하던 왜인의 두목 대조마도(大趙馬道)와 노고수장(奴古守長)은 대마도주의 무력지원을 받아 약 4~5천 명에 달하는 왜인을 이끌고, 삼포지역에서 폭동을 일으켰다. 한편 대마도에서 건너온 왜선 1천여 척은 거제

---

112) 세견선은 조선시대에 대마도도주(對馬島島主)에게 내왕을 허락한 무역선이다.
113) 세사미는 세사미두(歲賜米豆)라고도 하며 조선 세종 때부터 대마도도주에게 내려주던 쌀과 콩이다.
114) 조공무역은 속국(屬國)이나 제후(諸侯)가 종주국(宗主國)에 공물(貢物)을 바침으로써 이루어지는 물물의 교역(交易) 관계이다.

도 북단에 도착하여 남해의 주요해상기지인 영등포를 공격하는 동시에 선단의 주력은 제포(薺浦)[115]로 이동하여 폭동 중인 왜인과 합류하여 제포성을 포위, 공격하였다. 영등포 함락에 이어 제포성을 점령한 왜구는 조선 수군의 전선을 소각하고, 민가를 약탈하였다. 일부는 부산포로 이동하여 부산성에 거의 무혈입성한 뒤 동래성과 웅천성까지 공격하였다.

폭동이 일어나고 4일 뒤에 폭동상황을 보고받은 조선 조정은 무력으로 폭도를 토벌하는 강경노선을 결정하고, 치밀한 계획 하에 반격을 가해 폭동을 진압하였다. 이 때 왜구에 의해 91명의 살해되었으나 왜구의 방화로 많은 인명이 불에 타 죽었으며, 관아와 민가가 소유한 선박의 피해는 이루 헤아릴 수 없었다고 한다.

삼포왜란(三浦倭亂)을 진압한 조선 조정은 왜인에 대한 경제적 제재수단으로 이들과의 관계를 단절하고, 왜인의 조선 왕래를 일체 금지하는 강경한 조치를 취하였다. 이후 대마도도주는 조선 조정에 통교를 허락해 달라고 애원하였으나 조선이 받아들이지 않자 폭동주동자의 수급(首級)을 가져와 사죄하고, 통교를 간청하였다. 이에 조선은 폭동을 통제하지 못한 족리막부(足利幕府)의 책임을 추궁하는 동시에 차후 삼포왜란과 유사한 도발행위를 일체 엄금하겠다는 서약을 받고 왜인과의 통교를 재개하였다.

1512년(중종 7년)에 체결된 임신약조(壬申約條)는 제포(내이포) 한 곳만 개항하였고, 왜인이 삼포에 거주하는 것을 금지하였으며, 왜인의 세견선은 25척(종전 50척)으로 세사미두(歲賜米豆)는 100섬(종전 200섬)으로 삭감하였고, 왜인을 대우하는 적용범위 등에도 엄격한 제한규정을 두었다. 이는 왜인의 약탈과 해적행위를 미연에 방지하기 위한 통제규정인 동시에 왜구의 침략행위를 응징하기 위한 조치로 임신약조는 상당기간 동안 왜구의 침입을 억제하는 효과를 가져왔다. 하지만 왜구의 침입이 근절된 것은 아니어서 삼포왜란 이후에도 대체로 10척 미만의 소규모 선단을 구성한 왜구가 전라도 연해일대와 제주도 근해에 출몰하여 왕래하던 선박을 약탈하거나 남해도서와 연해지역을 침입하였다. 하지만 조선 조정은 소규모 왜적에 대해서도 무력으로 강경하게 응징하여 왜구의

---

115) 제포는 경남 진해시 웅천동에 있었던 포구로 내이포라고 하기도 한다.

침입횟수가 많지는 않았다.

1540년 왜인들은 1512년 임신약조를 무시하고 삼포에 거류하거나 왕래하면서 또 다시 질서가 문란해졌다. 1541년 11월 조선 조정은 대마도도주에게 제포에 왕래하는 왜인을 엄히 단속할 것을 요구하며, 차후에 규정을 위반하는 왜인에 대해서는 엄벌에 처할 것이라고 통첩하였다. 1543년에는 가덕도에 진을 두고, 수군을 배치하여 왜인의 왕래에 대한 통제를 강화하였다. 왜인들은 조선 측의 강경조치에 불만을 품고, 그들에게 불리한 임신약조를 개정해 줄 것을 요청하였으나 조선은 이를 거절하였다.

1544년(중종 39년) 4월 12일 새벽 왜인 200여명은 공성기구(攻城器具)를 보유한 왜선 20여척에 나누어 타고 경상도 고성 앞바다 사량진(蛇梁鎭) 동쪽 강구로 쳐들어와 성을 포위하였다. 조선 수군은 수적 열세에도 불구하고 왜인의 공격을 방어하였다. 이로 인해 수군 1명이 전사하고, 소수가 부상당하는 인명손실을 입었다. 사량진왜변(蛇梁鎭倭變) 이후 조선 조정은 대마도와의 관계를 단절하였다. 제포에 거류하던 왜인을 축출하고, 왜인의 출입과 거주를 엄격히 금지하였다. 이에 대마도도주와 일본막부는 사신을 보내 사량진왜변을 사죄하고, 단교조치를 재고해 줄 것을 간청하였다.

조선 조정에서는 왜인과의 통교문제로 찬반양론의 격론이 벌어졌으나 국교단절시 왜구가 창궐(猖獗)할 것을 우려한 명종(1534~1567년, 재위기간 1545~1567년)은 1547년 정미약조(丁未約條)를 체결하여 조선에 왕래하는 세견선을 25척으로 제한하였으며, 왜인에 대한 통제를 강화하는 선에서 통교를 재개하였다.

사량진왜변은 조선이 왜구에 대한 통제를 강화하는 결과를 가져왔다. 또한 조선 조정은 조선에 거주하는 왜인의 활동범위를 왜관에 한정하고, 왜인은 지방관의 명령에 절대복종하도록 하는 후속조치를 취하였다. 조선 조정의 왜인에 대한 강력한 통제와 단속은 그들의 경제생활에 심각한 타격을 주었다. 왜인들은 여러 차례 조선에 무역조건을 완화해줄 것을 요청해 왔으나 조선 조정이 수용하지 않자 조선 정부에 대한 왜인의 불만은 고조되었다. 다시 말해 조선과 왜인은 더 이상 평화로운 관계가 아닌 언젠가 충돌이 재연될 수 있는 불확실한 관계로 유지되고 있었다.

정미약조 9년 뒤 1555년(명종 10년) 5월 11일 명나라 해안지역을 약탈하고 귀환하던 왜구는 60여척의 선단을 이끌고 전라도 영암 이진포에서 달량포(達梁浦)에 상륙하여 민가를 약탈하고 방화한 뒤 달량성을 포위, 공격하였다. 양측의 치열한 격전으로 종군했던 전무장현감 이남이 전사하였다. 수적 열세에 함락위기에 놓인 조선군은 화의를 제안하였으나 왜구는 이를 거절하고 달량성을 계속 공격하여 절도사 원적과 장흥부사 한온이 전사하고, 영앙군수 이덕견이 왜구의 포로가 되었다. 달량성을 함락한 왜구는 인근 어란포(於蘭浦)로 진출하여 수군을 격파하고, 진도의 남도보(南道輔)와 금갑보(金甲堡) 방면으로 진출하였다.

폭동 발발 5일 뒤인 5월 16일 달량성의 상황을 보고받은 조선 조정은 궁병(窮兵) 위주의 정예군으로 토벌군을 편성하여 진군(鎭軍)[116]과 합세하여 토벌전을 벌였다. 이 사이 왜구는 약탈 대상지역을 확대하여 전라도 병영과 장흥부에 침입하고, 영암 향교를 점령하여 본영(本營)을 두고 영암성을 포위, 공격하였다. 왜구의 달량포 침입 후 6개월 만에 진압된 달량포왜변(達梁浦倭變)을 을묘왜변(乙卯倭變)이라고 하기도 한다.

왜구의 해적근성

왜구는 고려시대부터 조선시대에 이르기까지 여러 공식호칭으로 변신(變身)하여 조선을 왕래하며 공(公)무역 또는 사(私)무역을 하였고, 세종(재위기간 1418~1450년) 말기에는 부산포에 350명, 내이포에 1,500명, 염포에 120명이 거주하여 이들의 폐해가 문제화되었다. 이에 조선 조정은 거류왜인의 통제를 고심하게 되었다.

삼포라는 무역창구를 열어줌으로써 왜구의 약탈행위를 막아보려던 당국의 노력은 어느 정도 효과를 보고 있었으나 이들에 대한 강력한 통제가 원인이 되어 일어난 1510년 삼포왜변(三浦倭亂), 1544년 사량진왜변(蛇梁鎭倭變)과 1555년 을묘왜변(乙卯倭變) 등은 조선의 선린정책(善隣政策)에도 불구하고 왜구는 약탈과 살육이라는 본연의 속성을 버리지 않고 있음을 보여준다.

왜구가 약조 또는 화친조약을 일방적으로 파기하고 우리나라를 침입한 사례는 신라시대와 고려시대에도 있었다. 신라시대 이후 왜구는 줄곧 상황변동에 따라 시시각각으로 신라, 고려 또는 조선을 배반하고 복종하는 등의 태도로 일관해 왔다.

---

116) 진군은 조선시대 지방의 병영과 수영에 속한 각 진에 주둔한 지방군대이다.

조선 조정은 을묘왜변을 계기로 변경지역에 변란을 대비하기 위한 임시기구로 운영되어 오던 비변사(備邊司)[117]를 상설화하였다. 1555년 을묘왜변 종식 후에도 왜인은 여전히 조선에 왕래를 계속하였다. 일본막부와 대마도주는 조선 해역을 침입한 왜구를 체포하여 조선에 압송하였고, 왜구의 활동상황을 조선에 통보하는 등 조선의 왜구에 대한 금압정책에 협조적인 태도를 보였다. 하지만 왜인의 이런 태도는 조선으로부터 1512년 임신약조와 1547년 정미약조의 통제규정완화라는 반대급부를 노린 외교술책에 불과하였다.

왜구의 성격 변화

조선시대 왜구토벌전쟁은 고려시대에 비해, 특히 1409년(태종 9년) 왜관 설치와 1419년(세종 1년) 대마도정벌 이후 그 규모나 침약의 빈도가 현저히 약화되었고, 대마도를 비롯한 서부 일본 각지의 도둑들이 차차 평화적 내왕자로 변하게 되었다. 이로부터 약 100년 뒤 조선은 약탈과 살육의 본성을 가진 일본 본토의 왜구뿐만 아니라 개항항의 거류 왜인을 상대로 토벌전쟁을 벌이게 되었다. 특히 개항항 거류왜인이 일으킨 무력폭동의 목적은 약탈과 살육이 아니라 조선의 통제완화와 원인이야 어찌되었던 그들에게 불리한 약조개정으로 그 성격에 있어 본질적으로 차이가 있었다. 또한 개항항 거류왜인은 일본 본토의 왜구와 일본 정부의 지원을 받고 있었다. 조선으로서는 왜구든 개항항 거류이든 조선의 국가질서를 저해하는 행위를 할 때에는 토벌의 대상이었다.

1557년 왜인의 집요한 요청에 따라 왜구의 침입이 재발될 경우 허용조건을 취소한다는 단서 하에 왜인의 활동제한규정을 부분적으로 완화해주었다. 하지

---

117) 조선시대 군국기무(軍國機務)를 관장한 문무합의기구(文武合議機構)로 조선의 군사행정은 국방부격인 병조에서 관장하였는데 외적의 침입 등 변방에 국가적 비상사태가 발생하면 병조 단독으로 군사문제를 처결할 수 없어 의정부와 육조(六曹)의 대신 그리고 변방의 일을 잘 아는 지변사재상(知邊司宰相, 경상도·전라도·평안도·함경도의 관찰사와 병사(兵使) 및 수사(水使)를 지낸 종2품 이상의 관원)으로 구성한 회의에서 협의하여 결정하였다. 그러나 이 회의는 대개 적의 침입이 있다는 보고를 받은 연후에 소집되어 즉각 대처하지 못하는 일이 많았기 때문에 남쪽 해안과 북쪽 국경지대에 대한 국방대책을 사전에 마련하기 위해 1517년(중종 12년) 6월 비변사를 설치하였다. 1544년 사량왜변과 1555년 을묘왜변이 일어났을 때와 기타 변방에 중대한 사건이 일어났을 때만 활동하였다. 을묘왜변 이후 청사가 설치되고 관원이 임명되었다.

만 이런 완화조치 후에도 조선과 왜인의 관계는 크게 개선되지 않았다. 1592년 임진왜란이 일어나기 까지 약 40년 동안 조선과 왜인의 관계는 소원한 상태로 유지되는 가운데 내부적으로는 갈등이 심화되고 있었다.

5. 조선 후기

조선시대를 전기와 후기로 구분할 때 일반적으로 임진왜란(1592~1598년)을 기준으로 삼는다. 임진왜란은 조선이 개국(1392년)하고 200년이 되는 해인 1592년(선조 25년)에 왜군의 침략으로 시작되어 1598년까지 2차례에 걸쳐 치러진 전쟁이다. 임진왜란 후 국가시스템이 완전히 붕괴된 조선은 멸망의 길로 들어서거나 아니면 국가재건에 온 힘을 기울여야 했다. 그러나 조선은 멸망하지 않았고, 국가를 재건하지도 못했다. 근본적인 개혁이나 쇄신 없이 국정이 운영되었고, 지배세력들은 여전히 기득권을 향유하고 있었으며, 일부 탐욕스런 지배층에게는 이런 혼란상태가 오히려 기회가 되었다.

조선왕조실록에서 왜구의 침입은 선조(1049~1608년, 재위기간 1567~1608년) 때 서너 차례를 마지막으로 한일합방까지 300여 년 동안 왜구가 침입하였다는 기록이 없나. 여기서 주목할 점은 기원전 신라시대부터 조선 초기까지 왜구 또는 왜인은 규모의 차이가 있으나 일부 도적떼의 무리로 우리나라를 침입해왔다. 16세기 삼포왜변, 사량진왜변과 을묘왜변에서 왜변(倭變)은 왜인들이 일으킨 변으로 일본에서 건너온 일부 집단과 조선에 거류하는 왜인이 합세하여 일으킨 것이다. 그러다 임진왜란(1592~1598년) 때는 왜구 또는 왜인이 아니라 일본이라는 나라단위의 총체적 개념의 왜적(倭賊)이 되어 침입하였다. 임진왜란 이전에도 왜구를 왜적이라 부르긴 했지만 그들의 침입은 전 국토를 대상으로 치르는 전면전은 아니었다.

선조는 고종(1852~1919년, 재위기간 1863~1907년)과 함께 조선시대 왕 가운데 일반적으로 가장 무능한 왕으로 알려져 있다. 선조는 일본의 침략을 내다보지도 못했고, 전란 뒤에도 제대로 난국을 수습하지 못했다. 임진왜란(壬辰倭亂)과 정유재란(丁酉再亂)[118]을 합해도 왜적의 침입은 7년이다. 고종 때인 1876년 강화도

조약을 체결한 뒤 우리나라는 또 한 번 가공할 왜적의 침입을 받아 한일합방(韓日合邦)이 되었고, 이 때 왜적을 몰아내는데 무려 36년이 걸렸다.

118) 1592년 일본의 침입으로 시작된 임진왜란 중에 5년간의 화의교섭기간이 있었고, 이 기간 동안 전쟁은 소강상태에 접어들었다. 1597년 화의가 결렬되자 일본이 재차 침입해 왔는데, 이때 침입을 구분하여 정유재란이라고 하기도 한다.

강화도조약에서 한일합방까지 어업

어업은 바다, 호수, 하천과 같은 수계에 서식하는 수산동식물을 포획·채취하는 것으로 시작되었고, 인간이 수계를 이용함에 있어 접근성의 제한문제는 배(船)를 이용함으로써 상당 부분 해결할 수 있었다. 배의 성능이 향상됨에 따라 인간은 점차 육지에서 떨어진 외해로 항해할 수 있게 되었고, 그 만큼 어업활동을 할 수 있는 공간이 확장되었다. 배는 어업에 이용되기 이전에 기본적인 교통과 운송의 수단으로 이용되어 왔기 때문에 어업 발전은 인류의 해양진출 의지 또는 한 나라의 해상세력의 확대과정과 불가분의 관계에 있다.

인류의 역사에서 신석기혁명과 산업혁명만큼 획기적인 사건은 없었다. 신석기혁명은 기원전 10세기 경 메소포타미아[1]에서 인류가 농업과 목축을 시작하여 자연 속에 있는 짐승이나 식물을 찾아 먹는 데 그치지 않고, 자연을 이용하여 스스로 먹을 것을 생산하는 단계 즉 농경생활을 하게 되는 농업혁명이다. 최근 50년을 제외한 우리나라 오천년 역사에서 농업은 동안 국가경제의 중심이었으므로 신석기혁명에는 잘 대응하였다고 볼 수 있다.

18세기 중엽 이후 세계가 산업혁명 또는 초기자본주의시대로 나아가는 길목에는 15세기에서 17세기까지 약 200년에 걸친 대항해시대가 있었다. 하지만 이 무렵 우리나라는 전통적인 대륙중심의 세계관을 고수하고 있었고, 특히 고려(918~1392

---

1) 메소포타미아는 티그리스강과 유프라테스강 사이의 지역 일대를 가리키는 명칭으로 오늘날 이라크를 중심으로 시리아의 북동부와 이란의 남서부가 포함된다.

년) 말에서 조선(1392~1910년) 초까지 잦은 왜구의 침입을 받게 되어 방어적 차원에서 스스로 해양에 진출할 기회를 차단하게 되었다.

1592년에는 대마도를 중심으로 한 종전의 도적떼의 집단(왜구)이 아닌 일본 본토 정예군의 침략을 받아 7년간 전쟁을 치렀다. 임진왜란 이후 300년간 왜구 또는 왜적의 침입이 잠잠하였지만 조선 정부는 방어적 차원에서 어업활동의 반경을 육지와 접해있는 연안으로 제한하였다. 다시 말해 조선 정부는 해상세력을 강화하여 해양으로 진출할 의사가 없었고, 어민들은 사농공상의 신분체제에서 어업이 가지는 경제적 · 사회적 인센티브가 없었기 때문에 외해로 나아가 어장을 확대하거나 어업기술을 개발하는 것과 같은 적극적인 노력 없이 과거의 어업방식을 답습하는 수준에 머물러 어업의 발전은 극히 제한적이었다.

우리나라 어업발전은 자주적 산업화가 전개되는 1960년대 초에서야 본격화되었고, 그 출발점은 산업화의 초기진입과 마찬가지로 1876년 개항 이후 일본 어민이 한반도 연해에서 불법적 또는 합법적 어업을 하면서 부터라고 할 수 있다. 현재를 기준으로 지난 한 세기 우리나라 근대적 어업의 전개과정을 이해하기 위해서는 일본이 36년의 식민통치를 통해 한반도 어업을 지배하기 이전에 한반도 수산자원이 어떻게 일본에 의해 침탈되기 시작하였는지부터 알아 볼 필요가 있다. 한반도 수산자원의 침탈과정을 보다 객관적으로 이해하기 위해서는 먼저 18세기 중엽 영국에서 시작된 산업혁명과 우리나라보다 23년 앞서 개항한 일본의 당시 상황에 대해 개략적으로 알아볼 필요가 있다.

1. 대항해시대와 산업혁명

서유럽의 그리스도교도들은 성지 팔레스티나와 성도 예루살렘을 이슬람교도들로부터 탈환하기 위해 11세기 말에서 13세기 말까지 200년간 십자군전쟁을 수행하였다. 전쟁으로 유럽국가들은 이슬람권 나라들과 교류를 하게 되었고, 상업적으로 팽창하였다. 중세[2] 말 이슬람세력의 팽창으로 아시아와 육로무역이 어렵게 되

2) 유럽 역사에서 서로마 제국이 멸망(476년)하고 게르만 민족의 대이동(4~6세기)이 있었던 5세기부터 르네상스(14~16세기)와 더불어 근세(1500-1800년)가 시작되기까지의 5세기부터 15세기까지의 시기이다. 중세의 개념은 유럽이외에 지역에 적용하기 어려우나 굳이 분류하자면

자 서유럽국가들은 해로를 통해 교역하고자 하였다. 이른바 대항해시대(Age of Discovery)의 개막이다.

15세기 초부터 17세기 초까지 약 200년에 해당하는 대항해시대에 1492년 C. 콜럼부스(1451~1506년)의 신대륙 발견은 지중해 중심으로 이루어지던 유럽무역을 대서양으로 확대하는 계기가 되었을 뿐만 아니라 아시아와의 교역이 활발해져 동서가 교류하게 되었다. 또한 새로운 항로가 개척되어 상품의 유통과정에서 이윤을 추구하는 상업자본주의가 등장하게 되었고, 상업자본의 활발한 전개로 원시적 자본축적이 이루어져 가내 수공업형태에서 공장제 수공업으로 바뀌게 되었다. 다시 말해 기술혁신에 따른 산업혁명으로 대량생산이 가능한 공업생산체제가 갖추어지게 되었다. 여기에서 기술혁신은 생산요소를 투입하여 이전보다 많은 생산량을 창출하는 생산성 향상을 말한다.

18세기 영국에서 시작된 산업혁명은 기술혁신뿐만 아니라 기술혁신으로 수반되는 사회 · 경제구조의 변혁을 포함하며, 무엇보다 산업자본을 형성시켰다. 산업혁명을 계기로 좋은 의미든 나쁜 의미든 오늘날 우리가 마주하고 있는 자본주의체제의 윤곽이 드러나기 시작하였다. 자본주의는 유럽사회에 일반화되어 아메리카대륙에 파급되었으며, 현재에는 아시아와 아프리카대륙에까지 이르게 된 근대사회 특유의 사회경제체제가 되었다.

산업혁명

18세기 인구증가로 섬유수요가 증가하자 섬유산업에서 기술혁신이 이루어졌다. 1764년 방적기[3]와 1767년 방직기[4] 발명에 이어 인력과 마력을 이용하던 종전의 기계방식에 수력을 이용한 방적기 등장으로 생산성이 향상되었다. 뒤 이어 등장한 증기기관을 이용한 동력 뮬(mule)방적기는 수력보다 안정적으로 에너지를 공급하여 일 년 내내 기계를 가동할 수 있게 되었다. 또한 증기기관차와 증기선과 같은 교통혁명은 대량의 연료와 원료를 생산공장까지 빠르게 운반할 수 있게 하였다. 이로써 면직물공업은 종래 수

우리나라 고려시대(918~1392년)에 해당된다고 할 수도 있다.

3) 방적기는 양털, 목화를 물레에 걸어 실을 짜내는 기계이다.

4) 방직기는 실로 옷감을 짜는 기계로 엄격히 말하면 산업혁명 이전의 발명품이다.

공업적 소규모 생산에서 공장제 수공업을 거쳐 공장제 기계공업에 의한 대량생산체제로 전환되었다.

한편 영국의 섬유산업에서 일어난 기술혁신으로 토지를 소유하여 곡물을 생산하는 것보다 양모를 생산하는 것이 경제적으로 더 유리하게 되었다. 이로써 미개간지, 공유지 등 공동이용이 가능한 토지에 담이나 울타리 등의 경계선을 쳐서 다른 사람의 이용을 막고 사유화하는 인클로저(Enclosure)운동이 확산되었다. 당시 실직한 농민들은 맨체스터를 중심으로 하는 방직공장에 취업하여 임금을 받고 일하는 노동자층이라는 새로운 계급을 형성하였다. 이 무렵 영국은 대외적으로 캐나다와 호주 등에 백인식민지 자치령화를 실현시켰고, 아프리카에 이어 인도를 비롯한 아시아 국가들을 식민지화 하기 시작하였다. 또한 아편전쟁[5]과 애로호사건[6]으로 중국시장에 진출하여 대영제국의 기반을 구축하고 있었다.

18세기 말 영국의 제임스 와트(1736~1819년)가 스팀엔진을 산업화시켜 제1차 산업혁명[7]이 시작되었다. 스팀엔진은 공장의 새로운 동력이 되었을 뿐만 아니라 선박과 증기기관차에 응용되어 교통수단의 일대 혁명을 가져왔다.

제1차 산업혁명의 중심 국가인 영국은 세계의 주도권을 쥐는 최강대국이 되었다. 영국은 또한 유럽 여러 나라에 자유무역을 주장하며 세계시장을 지배하려 하였고, 1851년 런던에서 제1회 만국박람회를 개최하여 공업국인 영국의 위상을 과시하였다. 이후 산업혁명을 이룬 나라들은 앞 다투어 만국박람회를 유치하였다. 1889년 프랑스혁명[8] 100주년을

5) 아편전쟁은 1840~1842년 아편 문제를 둘러싸고 청나라와 영국 간에 벌어진 전쟁으로 제1차 중영전쟁이라고 하기도 한다.

6) 청나라 관헌들이 1856년 광둥에 정박 중인 영국 상선 애로호에 중국인 해적을 체포하는 과정에서 영국 국기를 내린 일에서 발단된 양국 간의 분쟁사건으로 제2차 아편전쟁이라 하기도 한다. 때마침 프랑스 선교사가 살해되는 사건을 계기로 영국과 프랑스가 공동 출범하여 광둥을 점령하여, 강제로 베이징 조약을 맺었다. 참고로 베이징 조약은 1860년 청국과 영국·프랑스·러시아 3국 사이에 맺어졌다.

7) 제1차 산업혁명은 1765년 영국에서 처음으로 스팀엔진이 발명되고, 석탄이 에너지원로 사용되기 시작한 것으로 스팀엔진시대(Age of Steam)라고 하기도 하며, 영국의 산업혁명과 같은 맥락으로 이해할 수 있다. 과거 수십만 년 동안 인류가 사용한 에너지원은 주로 나무였으며, 뒤에 가축과 사람의 힘에 의한 기계동력을 이용하게 되었지만 석탄을 에너지원으로 대체하면서 경공업의 획기적 발전이 가능하였으며, 노동의 생산성, 생활방식, 교통 등에 큰 변화를 가져왔다.

8) 1789년 7월 14에서 1794년 7월 28일까지 프랑스에서 일어난 시민혁명으로 부르봉 왕조를 무너뜨리고 공화정을 세웠으며, 정치적으로는 나폴레옹(1769~1821년)의 등장과 제1제정(帝政)의 개막(1804년)으로 혁명시대는 끝났다. 봉건제도를 폐지하고, 인간과 시민의 권리선언을 채

기념하는 만국박람회를 파리에 개최하기 위하여 에펠탑을 건립하였다는 것은 잘 알려져 있다.

산업혁명은 1760년대에서 1830년대 사이 영국에서 공장제도 성립에 수반되는 경제적 변혁의 시기를 말하기도 하지만 넓은 의미에서 농업중심사회에서 공업사회로 이행되는 기술혁신과정으로, 물질적 재화의 생산에 무생물적 자원을 광범하게 이용하는 조직적 경제과정이라고 할 수 있다.

1876년 미국의 알렉산더 그레이엄 벨(1847~1922년)[9]이 발명한 전화기는 영국에서 시작된 산업혁명이 기술혁명, 동력혁명(증기기관), 교통혁명(철도와 기선)에 이어 통신혁명을 가져왔다. 또한 제1차 산업혁명이 일어난 지 100년쯤 뒤인 1893년 독일의 루돌프 디젤(1853~1913년)이 발명한 내연기관[10]이 1897년에 실용적인 디젤기관으로 제작되어 이른바 제2차 산업혁명[11]이 시작되었다.

산업혁명은 19세기 중엽 독일, 프랑스, 미국으로 확대되어 산업혁명의 물결에 동참한 서구제국들이 오늘날 선진국의 반열에 오르게 되었다. 19세기 말에는 독일과 미국이 제2차 산업혁명을 주도하면서 영국을 추월하게 되었다. 제2차 산업혁명은 19세기 말 토마스 에디슨(1847~1931년)이 미국 뉴욕에서 전기의 산업화를 가능하게 한 전기발전소를 건설하면서 시작되었다.

전기의 발명은 에너지 전달을 보다 용이하게 하였고, 공장의 작업환경도 혁신적으로 개선하였을 뿐만 아니라 일반가정의 생활환경을 획기적 발전할 수 있게 하였다. 제2차 산업혁명의 중심지인 미국은 세계의 새로운 강자로 부상하였고, 미국의 동부와 서유럽에 이르는 대서양시대를 열었다.

산업혁명은 19세기 말에는 러시아, 이탈리아, 일본 등으로 확대되었다. 20세기에 이르러 우리나라도 인도, 아르헨티나 등과 함께 공업화 또는 산업화에 대열에 합류하였다.

택하고, 교회재산을 국유화하는 정치혁명과 함께 생활과 문화영역에서 많은 변혁을 가져왔다.

9) 최초의 전화기 발명가는 이탈리아인 안토니오 무치(1808~1889년)이나 미국의 알렉산더 그레이엄 벨이 특허를 먼저 신청하여 일반적으로 벨이 전화기를 발명한 것으로 알려져 있다. 당시 안토니오 무치는 소송을 제기하였으나 패소하였다. 하지만 2002년 6월 미국의회는 공식적으로 안토니오 무치를 최초의 전화 발명가로 인정했다.

10) 내연기관은 연료의 연소가 기관의 내부에서 이루어져 열에너지를 기계적 에너지로 바꾸는 기관이다.

11) 제2차 산업혁명 이후 해가 지지 않는 제국으로 알려진 영국과 그들이 주장한 자유무역은 서서히 내리막길을 걷게 되고, 반면 독일이 새로운 강국으로 부상하였다. 제2차 산업혁명은 뒤에 석유시대(Age of Oil)로 이어졌다.

산업혁명으로 산업자본을 형성한 서구자본국가들은 19세기 말 공업제품의 원료와 판매시장을 확보하기 위하여 저개발지역에 진출하는 이른바 식민지 획득경쟁에 몰입하게 되었다. 다시 말해 제국주의[12]의 팽배로 강대국이 무력을 앞세워 후진국을 압박하여 개항을 유도하거나 침략하는 사례가 많아졌다는 것이다. 미국에 의해 1854년 개항하게 된 일본의 산업혁명은 일반적으로 영국보다 120년 늦은 1890년부터 시작되었다고 보고 있으며, 우리나라가 일본의 식민지국이 되는데 결정적인 영향을 미쳤다고 해도 과언이 아니다.

산업혁명으로 농업사회가 산업사회[13]로 전환되었다. 또한 생산활동의 분업화와 기계화가 이루어져 2차 · 3차 산업의 비율이 높아지게 되자 이에 상응하여 사회 · 경제 · 문화구조가 변화하게 되는데 이 과정을 산업화(industrialization) 또는 공업화라 한다.

우리나라의 산업화는 1876년 개항 이후 일본인 기업인과 노동자가 우리나라에 진출하면서부터 시작되었다고 할 수 있다. 하지만 우리나라 산업화는 더디게 진행되어 1960년대 초까지도 전통적인 농업경제체제에서 크게 벗어나지 못하고 있었기 때문에 이때까지를 공업화 이전의 사회로 봐도 무난할 것 같다. 우리나라 산업화는 1962년 경제개발5개년계획이 실시되면서 본격화되었다고 할 수 있는데 그렇다면 우리나라 산업화는 일본보다 72년, 산업혁명 발원지인 영국보다 약 200년 늦은 것이 된다.

---

12) 제국주의(imperialism, 帝國主義)는 자국의 정치적 · 경제적 지배권을 다른 민족 · 국가의 영토로 확대시키려는 국가의 충동이나 정책으로 일반적으로는 1870년부터 20세기 초에 걸쳐 나타난 독점자본주의(獨占資本主義)에 대응하는 정치적 · 경제적 구조를 총칭하는 말로 쓰인다. 대개 이 용어는 침략에 의하여 영토를 확장한다는 점에서 팽창주의 또는 식민주의와 거의 동일한 의미로 사용되어 왔다. 하지만 제국주의가 자본주의적 제국주의에만 국한된 개념은 아니다.

13) 산업사회(industrial society , 産業社會)는 산업적 측면에서 본 사회유형의 하나로 공업이 경제의 주축을 이루며 생활양식과 제도들이 조직화된 사회를 뜻한다.

2. 일본의 메이지유신과 산업혁명

일본 전국시대[14] 때 포르투갈,[15] 스페인 등의 유럽 국가들이 일본에 건너와 근대문화와 기독교를 전파하여 일본사회에 적지 않은 영향을 미쳤다. 전국시대는 오다 노부나가(織田信長, 1534~1582년)의 뒤를 이은 도요토미 히데요시(豊臣秀吉, 1537~1598년)에 의해 1573년 통일되었다. 도요토미 히데요시는 오사카를 중심으로 전농민의 토지와 경작권을 총괄 지배하여 강력한 통치력을 확보하였다. 또한 이제까지 일본의 어떤 통치자도 시도하지 못했던 중국대륙(명나라)을 정복할 야욕을 가지고, 조선에 협조를 요청하였으나 당시 친명외교정책을 펼치던 조선이 이를 받아들이지 않았다. 도요토미 히데요시는 조선과 외교적 교섭에 실패하자 선조(1552~1608년, 재위기간 1567~1608년) 때 두 차례 우리나라를 침략하였다. 이른바 임진왜란(1592~1598년)으로 조선을 전기와 후반을 구분하는 기준이 될 정도로 중요한 전쟁이며, 도요토미 히데요시의 사망으로 종전되었다.

도요토미 히데요시 뒤를 이은 도쿠가와 이에야스(德川家康, 1513~1616년)는 도쿄를 중심으로 에도막부시대(江戶幕府, 1603~1867년)를 열어 일본의 근세 봉건사회를 확립하였으며, 이 시기를 그의 이름을 따 도쿠가와 시대라고 하기도 한다. 전국의 요지를 천령(天領)[16]이라 하여 직할지로 하고, 그 외 지방은 지방영주(大名, 다이묘)[17]에게 적당히 배치하는 방법으로 지방영주의 자주성을 인정해 주었다. 대외적으로 에도막부정권은 도요토미 히데요시의 전철을 밟지 않기 위하여 쇄국정책을 펼쳤고, 기독교를 탄압하였지만 조선과는 우호적 외교관계를 유지하였다. 에도시대에 일본의 법제도가 정비되었고, 치세안정을 도모하여 사회생활도 안정되어 정인문화(町人文化)[18]가 번성하게 되었다.

---

14) 일본 전국시대는 15세기 중반부터 17세기 초까지 일본의 사회적 · 정치적 변동의 내란시기를 말한다.

15) 1543년 최초 유럽인(포르투갈인)이 일본에 들어와 남만무역(南蛮貿易)이 시작되었으며, 1614년 쇄국령이 내려질 때까지 지속되었다.

16) 천령은 에도막부가 직접 지배한 토지이다.

17) 지방영주는 초기에는 영지 내에서 농민을 지키는 우두머리 무사의 위치였으나 막부 정권시대 쇼군으로부터 할당 받은 사실상 독립적인 영지의 성에서 1만 석 이상의 경제력을 갖춘 무사의 위치로 지위가 상승되었다.

18) 에도막부시대 전국적으로 상업이 발달하여 상인과 수공업자 계급인 조닌(町人)이 성장하게

일본은 통일이 되었다고 하지만 언제든지 중앙정부(막부)에 반기를 들 우려가 있는 지방영주를 의식하지 않을 수 없었다. 도쿠가와막부시대에 지방영주가 반란을 일으키지 못하게 하기 위하여 지방영주를 격년으로 도쿄에 거주하는 일종의 세도정치인 참근교대(參勤交代)정책을 실시하였다. 참근교대로 지방영주와 그의 가족 그리고 수행원[19]들이 도쿄에 머물게 되면서 일용품을 제공하는 상인과 농민들이 모여들게 되어 1788년 도쿄인구는 163만 명을 넘었다. 당시 런던과 파리 인구가 약 80만과 50만 수준이었던 점을 고려하면 도쿄는 엄청난 규모의 대도시로 성장하였음을 알 수 있다.

지방영주들은 막부의 우두머리인 쇼군과 서약을 한 계약관계로 이들 사이에 금품(선물)이 오갔고, 다른 지방영주를 의식하여 체면유지를 위해 사치와 과소비가 만연하게 되었다. 이로 인해 지방영주들은 자본축척이 어려웠고,[20] 재정이 빈궁해지면 피지배계급인 농민을 수탈하기도 하였다. 한편 참근교대는 일본의 상업과 교통의 발달을 가져왔고, 도시화에 기여하였다. 18세기 일본에는 인구 100만 명의 도시가 3개나 되었고, 당시 인구의 10%인 3백만 명이 인구 1만 이상의 도시에서 생활하였다고 한다.[21]

되었고, 소설과 가부키(음악과 무용, 歌舞伎) 등을 즐기는 이들 계급의 서민적이고 도시적인 문화가 유행하게 되었는데 이를 정인문화라고 한다.

19) 지방영주의 수는 30~50명 수준이었고, 중간정도 서열의 지방영주가 도쿄로 이동하는데 3천명 정도의 수행원이 동원되었다고 하며, 세력이 큰 지방 영주의 수행원은 만 명 정도였다고 한다. 또한 지방영주의 가족은 거의 도쿄에 상주해야 했다. 지방영주가 도쿄로 이동하는데 보통 90일 정도가 소요되었다고 하며, 지방영주들은 이동 중에 서로 만날 수도 있었다.

20) 도쿠가와막부가 시행한 정책인 참근교대의 취지는 일본의 지방영주(다이묘)를 통제하는 것으로 다이묘들이 정기적으로 에도와 그들의 영지를 오고가게 하고, 다이묘의 처자들은 에도에 인질로 남아있어야 했다. 두 곳에 거처를 유지하고, 에도로 행렬하기 위해서는 많은 지출이 필요했기 때문에 지방영주를 재정적으로 압박하는 수단이 되었다. 이렇게 재정적 압박을 받은 지방영주들은 반란이나 전쟁을 일으킬 비용을 축적하기 어려웠다.

21) 오대영, '닛폰 리포트', 2007년, 중앙북스

일본의 기독교 탄압

기독교가 처음 일본에 소개되었을 때 일본의 반응은 긍정적이었다. 하지만 규슈의 기독교인 지방영주(다이묘, 大名)가 불교도와 신도교를 박해하고, 포르투갈 상인이 일본인을 해외에 노예로 팔고 있다는 사실을 알게 된 도요토미 히데요시(1537~1598년)는 1587년 포르투갈 선교사 추방령을 발표하여 선교사를 국외로 추방시키고, 기독교의 선교활동을 제한하였다. 하지만 도요토미 히데요시는 포르투갈과의 남만무역(南蛮貿易)을 우선정책으로 시행함에 따라 기독교는 사실상 묵인되었다.

1596년 스페인 범선(San Felipe)이 일본 토사지방에 난파를 당하자 도요토미 히데요시는 배와 배에 선적된 물품을 몰수할 것을 명령하였다. 이에 화가 난 스페인 선장은 스페인이 지배하는 나라를 표시한 세계지도를 보여주면서 은근히 일본을 위협하였다. 일본 관리가 한 나라가 어떻게 그런 많은 나라를 복종시킬 수 있느냐고 묻자 스페인 선장은 먼저 선교사를 보내 사람들을 개종시키고, 그 다음 군대가 최종적으로 정복하는 방식을 취했다고 설명하였다.

도쿠가와 이에야스를 이은 도쿠가와 히데타다(1579~1632년)[22]는 유럽인들이 기독교를 빌미로 일본에 발판을 마련한 뒤 군사력으로 일본을 정복할 것이라고 우려하여 1612년과 1613년에 금교령을 발표하여 교회를 파괴하고, 포교를 금지하였으며, 1622년에는 기독교인 55명을 처형하였다. 1637년 규슈에서 영주의 압정, 특히 지나친 수세(收稅)제도에 저항하는 기독교 농민들이 다수 참여한 반란[23]이 일어나자 농민의 난을 진압한 에도막부는 기독교 금지와 무역통제를 목적으로 1639년 쇄국령을 공포하여 포르투갈 선박의 내항을 금지하였다. 이후 200년 동안 일본은 기독교 포교를 목적으로 하지 않은 네덜란드[24]와 중국

---

22) 도쿠가와 히데타다는 1623년 쇼군의 자리를 아들 도쿠가와 이에미쓰(1604~1651년)에게 넘겨주었으나 그의 아버지 도쿠가와 이에야스가 그랬던 것처럼 1632년 죽을 때까지 실질적인 권력을 유지했다.

23) 농민 38,000여 명이 봉기한 사건으로 봉기가 일어난 지역의 이름을 따서 시마바라의 난이라 한다. 에도막부는 12만 명을 투입하여 약 6개월 만에 농민의 난을 진압하였다.

24) 1598년 세계 일주를 시도한 네덜란드 선단 5척 중 1척인 드 리프더(De Liefde)호가1600년 4월 규슈에 표류하면서 일본과 네덜란드의 교류가 시작되어, 1609년 두 나라 사이에 정식국교가 수교되었고, 같은 해 히라도(平戸)에 상관(商館)을 설치하였다. 에도시대 때에는 조법(祖法)으로 쇄국정책을 고수하였지만 유럽제국 중에 유일하게 네덜란드와는 무역을 통해 외

의 선박에 한해 나가사키(長崎)에 입항하게 하였을 뿐 다른 외국과의 교류를 일체 단절하였고, 일본인의 해외출국조차 엄격히 금지시켰다.

18세기 중반 시대가 바뀌어 250여 년 군림하던 도쿠가와막부의 힘이 점차 위축되자 일본에 진출하고자 하는 구미열강의 의욕이 고조되었다. 이 무렵 일본 주변에는 영국, 미국, 노르웨이 등 서구 선진국의 포경선이 내왕하기 시작하였다. 제국주의국가들은 국익을 위해 서로 먼저 일본과 국교를 수교하려고 혈안이 되어 있었다. 1792년 러시아는 K. 렉스먼 사절을, 1804년 N. 레자노브 사절을 일본에 보냈고, 두 사절은 네무로(홋카이도)와 나가사키에 입항하여 일본에 통상을 요구하였으나 막부정권은 통상요구를 거부하였다.

1808년에 영국 해군 군함 패튼(Phaeton)호가 네덜란드 선박을 나포할 목적으로 네덜란드 국기를 달아 국적을 위장하여 나가사키항에 입항하였다. 네덜란드 선박인 줄 알고 관례에 따라 네덜란드 상관원 2명이 안내를 위해 배에 오르자 패튼호 선장은 이들을 나포하고, 국기를 영국기로 바꾸어 걸고 네덜란드 선박을 수색하였다. 한편 인질을 내보내 연료와 식량을 요구하였다. 이들의 요구가 받아들여지자 패튼호는 나머지 인질 1명을 석방하고 출항하였다. 이후에도 영국선박의 출현이 계속되자 에도막부는 1825년 이국선타불령(異國船打拂令)을 발표하여 일본연안에 접근하는 외국선은 발견되는 즉시 포격하여 쫓아내고, 상륙외국인을 체포하게 하였다.

1837년 미국의 상선 모리슨(Morrison)호가 가고시마 우라가(浦賀)에 내항하였지만 이국선타불령(異國船打拂令)에 따라 포격하였다. 하지만 모리슨호는 마카오에 보호되고 있던 일본 표류어민 7명을 태우고 어민들의 송환과 통상을 요구하기 위해 일본에 왔으나 일본의 포격을 받고 물러갔다. 뒤늦게 모리슨호의 내항 목적을 알게 된 일본에서는 이국선타불령에 대한 비판이 일게 되었다. 얼마 뒤 아편전쟁

교무역관계를 유지하였다. 1621~1847년 227년 동안 네덜란드 선박 700척 이상이 일본을 왕래하였다. 에도막부는 네덜란드로부터 들여오는 서적을 통해 정보를 수집하고, 국제정세를 판단하여 대외정책을 결정했다. 막부 말기에서 메이지유신 이후에는 급격하게 유럽과 세계 각지의 지식을 흡수하여 개국정책으로 전환하였다. 히라도 상관은 한 때 폐쇄되기도 했지만 바로 재개되어 1641년에는 나가사키 데미사(出島)로 이전하였다. 이후 에도막부시대 말에 이르기까지 데시마에서 한정적으로 네덜란드 선박의 발착을 지원하였다. 상관원의 거류지는 데시마(出島)로 한정했다.

(1840~1842년)에서 청나라가 영국에 패하여 개항하였다는 소식을 들은 막부는 1842년 이 제도를 폐지하였으며, 내항선박에게 물과 장작을 내어주도록 하였다.[25)]

서구국가 중에 유일하게 일본과 1609년 국교를 수교하여[26)] 오랫동안 통상을 하고 있던 네덜란드는 아편전쟁에서 청나라가 패배하였다는 소식을 접하자[27)] 일본이 지금처럼 쇄국정책을 계속하면 제2의 청나라가 될 위험이 있다고 판단하였다. 하지만 네덜란드가 할 수 있는 일은 일본에 개국을 권고하는 것 말고는 달리 방도가 없었다. 만약 영국이 무력으로 일본을 개항시키려 한다면 네덜란드로서는 당시 초강대국인 영국을 상대하기 어려웠다. 1844년 네덜란드 국왕은 군함 팔렘방호로 특사를 파견하여 나가사키에 입항하여 국왕의 친서를 전달하였다. 친서내용은 아편전쟁에 대해 상세히 기술하고, 청나라와 같은 피해를 방지하기 위해서는 쇄국을 완화하라는 것이었다. 하지만 에도막부는 친서를 묵살하고 쇄국을 고수하였다.

1783년 영국에서 독립한 미국[28)]은 프랑스, 스페인, 멕시코 등으로부터 영토

---

25) 일본의 도쿠가와 바쿠후(德川幕府)가 집권 초기 봉건적인 농업사회를 복원하기 위해 1841년부터 1843년간 실시한 텐포개혁의 일환으로 이국선타불령(異國船打拂令)이 완화되었다.

26) 1609년 네덜란드가 히라도(平戶)에 상관((商館)에 이어 1613년 영국도 히라도(平戶)에 상관을 설립하였다.

27) 아편전쟁에서 패한 청나라는 영국과 남경조약을 체결하여 홍콩을 할양하고, 광동과 상해를 개항하였다.

28) 1492년 크리스토퍼 콜럼버스(1451~1506년)가 아메리카 대륙을 발견한 이후 아메리카대륙은 유럽열강의 식민지 개척경쟁의 대상지가 되었다. 16세기 프랑스가 퀘백에 식민지를 건설한 것을 시작으로, 스페인이 플로리다에, 네덜란드가 뉴욕에 식민지를 구축하였다. 1606년 영국이 유럽열강 가운데 최초로 버어지니아 일대에 이주민 정착지를 만들었고, 1620년에는 영국의 청교도들이 종교박해를 피해 매사추세스추에 도착하여 최초의 북부 식민지를 건설하였다. 1773년까지 영국은 북아메리카 대서양 연안에 13개 식민지를 확보하였다.

기존의 북아메리카 원주민(인디언)과 해외 식민지를 둘러싼 영국과 프랑스의 오랜 싸움의 일환으로 영국은 프랑스의 아메리카 식민지를 공격하여 7년 동안 전쟁을 벌였다. 1763년 전쟁에 승리한 영국은 캐나다, 플로리다, 미시시피 동쪽에 새로운 식민지를 확보하게 되었으나 상당한 전쟁부채를 떠안게 되었다. 영국민의 반발로 자국 내에서 세금징수가 어려워지자 아메리카 식민지에 세금을 부과하려 하였다. 이러한 세금부과는 식민지 대표들이 참여하지 않은 가운데 영국의회가 단독으로 처리한 것으로 당시 식민지 대표들은 세금부과결정이 무효라고 주장하였다.

1773년 영국은 아메리카 식민지 상인의 차(茶) 밀무역을 금지시키고, 차무역의 독점권을 동인도회사에 부여하는 관세법을 통과시켰다. 식민지 자치에 대한 지나친 간섭에 격분한 반

를 획득하여 1848년에는 알래스카와 하와이를 제외한 지금의 영토를 거의 확보한 대륙국가가 되었다. 정치적으로 민주주의를 발전시키면서 서부 개척지를 확장하고, 산업혁명과 교통혁명을 진행시켜 19세기 말 무렵에는 영국의 공업생산을 추월할 정도로 성장하였다. 1823년에는 아메리카대륙에 유럽식민지를 더 이상 용납하지 않는 대신 유럽열강의 전쟁에 중립을 표명하는 먼로선언을 하기도 하였다. 1898년 스페인전쟁[29]에서 승리한 것을 계기로 미국은 제국주의 대열에 합류하였다.

미국이 일본의 개항을 요구한 이유

19세기 미국은 유럽 국가들처럼 동아시아에서 새로운 시장을 확보하고자 하였기 때문에 일본이라는 기항지가 필요했다. 당시 선박으로 미국의 동해안에서 출항하여 대서양과 인도양을 거쳐 홍콩에 도착하려면 130여 일이 소요되었다. 이는 영국을 비롯한 유럽 국가들의 항해일수보다 15일 정도 더 걸려 거리상 열세에 있었다. 하지만 태평양을 횡단하게 되면 18일 정도면 일본에 도착할 수 있을 뿐만 아니라 그 만큼 중국과의 접근성(거리)도 용이해질 수 있었다. 또한 19세기 초부터 활발해진 포경어업에서 미국은 최강국으로 부상하고 있었고, 이미 미국 포경선이 일본 근해에 출어하고 있었다. 미국으로서는 포경선의 보급품 및 대피항 그리고 표류어민의 보호 등을 위해서라도 일본에 기항지가 필요했다.

영국 급진파들이 인디언으로 위장하여 보스턴항에 정박해 있던 동인도회사 선박 2척을 습격하여 싣고 있던 차를 모두 불태워버렸다. 이 사건을 계기로 영국은 군대를 파견하여 주둔시켰으며, 식민지 탄압은 더욱 강화하였다.

영국의 통치방식에 분노한 13개 식민지 대표들은 초대 대통령 조지 워싱턴(1732~1799년)을 중심으로 프랑스 원조를 받아 1775년부터 1783년까지 영국을 상대로 독립전쟁을 벌였고, 1776년 미국독립을 선언하였다. 미국의 독립전쟁은 프랑스 외에 스페인, 네덜란드, 독일 용병까지 가세한 국제전이었다. 미국은 1783년 영국과 파리조약을 맺었고, 영국은 미국의 독립을 승인하였다. 1781년 미국은 세계 최초로 성문헌법인 연방헌법을 제정하였다.

1803년 프랑스로부터 루이지아나주를 구입한 이후 미국은 1819년 스페인과 대륙횡단조약을 맺어 텍사스에 대한 스페인 주권을 인정하는 대가로 플로리다를 넘겨받았다. 1846~1848년 사이 미국은 멕시코와 전쟁하여 미국에서 가장 큰 주인 텍사스지역을 귀속하였고, 1946년 오리건지역을 병합하여 서북부로 영토를 확장하였다. 1848년에서 캘리포니아를 구입하였고, 1867년 러시아로부터 알래스카를 구입하였다. 제2차 대전 후 하와이를 미국의 50번째 주로 승격시켰다.

29) 스페인 전쟁은 쿠바의 독립운동 문제를 둘러싸고 스페인과 벌린 전쟁으로 승전한 미국은 푸에르토리고, 괌, 필리핀의 지배권을 확보하였다.

1853년 7월 미국의 동인도 함대 사령관 M. C. 페리제독은 4척의 함대[30]를 이끌고 우라가(浦賀)에 입항하여 일본에 통상을 요구하는 미국대통령[31] 친서를 가지고 왔으나 일본은 이 제안을 거절하였다. 다음 해 일본은 페리제독의 포함외교(砲艦外交)[32]에 굴복하여 1854년 3월 미일화친조약을 체결하고, 시모다(下田)와 하코다테(函館) 두 개 항을 개항하여 문호를 개방하였다. 뒤 이어 1858년 7월 미일수호조약을 체결하였는데 미국과 맺은 이 두 조약은 치외법권과 편무적(片務的) 최혜국 대우[33]를 규정할 뿐만 아니라 일본이 임의로 관세를 정할 수 없는 협정관세제를 채택하고 있어 일본의 자주권이 상실된 불평등조약이었다.

일본은 미국에 문호를 개방한 데 이어 같은 해 영국, 프랑스, 네덜란드, 러시아와 연속적으로 불평등한 통상조약을 체결하였다. 1859년 요코하마 항을 정식으로 개항하였고, 1639년 쇄국령 이후 금지해오던 일본인의 해외도항과 일본인의 귀국이 1866년 허용되었다.

19세기 중엽까지 일본은 전통적인 막부세력을 중심으로 하는 봉건제도에 머물며 쇄국정책의 기조를 유지하고 있었다. 1858년 미일수호조약 체결로 막부정권과 천황파가 대립하게 되었다. 천황파는 개항압력에 무기력하게 대응한 막부정권을 타도하는 세력과 결탁하여 막부정권을 무너뜨렸다. 1867년 일본은 왕정복고[34]를 통해 통일국가를 수립하고, 근대적 자본주의체제로 전환하는 개혁을 하게 되는데, 이를 메이지유신(明治維新)이라 한다. 외교사적 · 왕정 복고사적(王政復古史的) · 제도사적 관점 등에 따라 의견이 분분하지만 통상적으로 메이지유신은 1841년의 덴포개혁(天保改革)[35]부터 1877년의 세이낭전쟁(西南戰爭)[36]

---

30) M. C. 페리제독이 타고 온 군함은 당시 일본에서 가장 큰 선박의 25배 크기였다고 한다.
31) 미국의 제12대 밀러드 필모아(Millard Fillmore, 1800~1874년, 재임기간 1849~1850년)
32) 포함외교는 분쟁 당사국의 한쪽이 자기의 요구를 관철하기 위하여 다른 나라에 함대를 파견하여 압력을 가함으로써 상대방으로부터 유리한 조건을 끌어내는 외교수단이다.
33) 최혜국 대우(most-favored-nation treatment, 最惠國待遇)는 통상이나 항해조약 등에서 한 나라가 어떤 외국에 부여하고 있는 가장 유리한 대우를 상대국에도 부여하는 일 것을 말한다.
34) 당시 영국과 러시아는 왕정체제이었으며, 1814년 나폴레옹의 퇴위로 프랑스혁명 이전의 정통왕조가 복귀하였고, 1874년 스페인에서도 공화제가 무너지고 왕정복귀가 이루어졌다.
35) 덴포개혁은 당시 일본사회에 만연하던 도시범죄와 빈곤문제를 해결하고, 경직된 행정체계를 개선하고, 농민의 불만을 해소하기 위하여 1841년부터 1843년 사이에 이루어진 개혁이다. 하지만 지주계급의 저항으로 개혁에 성공하지 못했다.

까지로 보고 있다.

메이지유신으로 정치적으로 천황 친정체제가 되었고, 1869년 판적봉환(版籍奉還)[37]과 1871년 폐번치현(廃藩置県)[38]으로 중앙집권체제를 확립하여 에도시대 봉건적 신분제에 기초한 지배체제가 해체되었다. 신분제도를 고쳐 황족과 화족, 무사, 평민(농민, 공업인, 상인)으로 분류하였다. 메이지유신 이전에 하층계급이었던 상인들이 중요한 계급으로 성장할 수 있게 했으며, 천민을 해방시켜 평민에 편입시켰다. 또한 메이지유신 이전에는 직업이동이 불가능했으나 이후 직업선택이 자유롭게 되었다.

메이지정부는 지주의 토지소유권을 인정하고, 지주가 토지세[39]를 국가에 납부하게 하는 조세제도 개혁을 통해 국가재원을 확보하였다. 군사적으로는 무사계급을 견제하기 위해 징병제를 도입하여 서양식 군대를 창설하여 군사적 기초를 마련하였다. 화폐제도를 개편하여 통화단위로 엔(円)을 도입하고, 국립은행을 설치했다. 1871년 서양식 우편제도를 발족시켰다. 종교적으로는 천황을 신으로 숭배하는 신토(神道)를 부활시키고, 불교와 기독교를 탄압하였다. 특히 기독교는 천황숭배와의 마찰로 극우파들에게 공개적으로 배척받았다. 또한 교육칙어(教育勅語)를 공포하여 절대주의 국가이념을 강화하였다. 메이지정부는 헌법제정을 착수하여 1889년 2월 대일본제국헌법을 공포하여 일본은 입헌군주제 국가가 되었다. 1885년에는 내각제를 확립하여 1890년 제한선거로 선출된 제1회 제국의회가 열렸다.

자본주의 변천은 15세기 말 지리상의 발견을 기준으로 상업자본주의[40]에서

---

36) 세이낭전쟁은 조선과의 국교문제에 있어 조선을 정벌하자는 정한론(攻略論)파의 일부가 일으킨 반정부(反政府) 내란이다.

37) 판적봉환은 일본 메이지시대 초기 판적(版籍, 지방영주들이 소유한 영지와 영민)을 반환하는 조치가 시행된 것을 말한다.

38) 폐번치현은 메이지유신 이전까지 지방통치를 담당하였던 번을 폐지하고, 지방통치기관을 중앙정부가 통제하는 부(府)와 현(縣)으로 일원화한 행정개혁으로 중앙정부가 부지사와 현령을 파견하였다.

39) 메이지정부 초기까지만 해도 농업중심경제였기 때문에 주된 산업은 농업과 농업관련 산업이었으므로 토지에 세금을 부과하는 것은 중앙집권체제 확립과 공업화를 비롯한 국가개혁을 위한 재정확보 차원에서 중요했다.

40) 상업자본주의는 초기자본주의로 중상주의 또는 중금주의라고 하기도 한다.

산업자본주의로 발달하였는데, 그 시기는 18세기 중엽 영국에서 일어난 산업혁명이 프랑스, 독일, 미국 등으로 확산되어 이들 후발국들의 산업혁명이 완성되는 1760년대부터 1870년대로 보고 있다. 서구열강들의 산업혁명이 완성되는 시점에 들어선 메이지정부는 무엇보다 에도막부정권의 쇄국정책으로 서구열강에 뒤처지게 되었음을 잘 알고 있어, 무엇보다 공업화를 열망했다. 후발국 일본의 입장에서는 서구열강처럼 기술발전과정을 거치지 않고, 최첨단 기술을 도입하여 산업혁명에 소요되는 시간을 단축하는 이점이 있었다. 공업화를 위해서는 근대적 생산기술 도입이 급선무였다.

메이지시대 초기 일본의 경제는 농업중심이었다. 농업생산에서 발생되는 잉여를 근대적 공업생산을 육성하는데 투입할 필요를 느끼고, 1870년 공부성(工部省)을 설립하여 조선소와 철도 건설, 광산개발, 군수공장, 생사공장, 면사방적공장 등과 같은 관영공장을 만들어 정부가 주도하는 산업을 육성하기 시작하였다. 1872년 최초로 철도를 개통하였고, 일본 근해 해운권 확립과 군사수송을 위해 해운회사를 보호하였다. 또한 근대화를 위한 정부자금 투입, 통화체제 및 금융제도 개선, 기업경영자와 노동자층 형성 등을 촉진하기 위하여 1870년대 초 식산흥업정책(殖産興業政策)을 실시하였다. 식산흥업정책은 황실이 직접 방직, 제지, 금은세공, 목공예, 무기제조, 유리공장 등을 설립하거나 민간회사를 설립하는 것을 지원하는 재정정책이다. 1873년에는 내무성(内務省)을 설립하여 방적, 해운, 목축과 같은 민간 경공업을 육성하였다.

1877년 세이낭전쟁 전비지출을 위한 불환지폐[41] 발행으로 통화량이 크게 증가하여 인플레이션이 발생하자 메이지정부는 긴축정책을 실시하였다. 인플레이션과 디플레이션의 격심한 경제변동은 농민층을 와해시켜 그 결과 농민을 토지로부터 분리시켜 자본제 생산에 불가결한 임금노동자계급을 형성시켰다. 정부의 저금리 기조로 물가가 안정되고, 저임금 노동력의 원활한 공급구조와 국제 은[42]가격하락으로 수출이 증대되었다. 긴축정책의 일환으로 또는 정부의

41) 불환지폐는 금 또는 은 등의 본위화폐와 달리 태환(兌換, 교환)이 보증되어 있지 않는 지폐를 말한다.

42) 화폐단위가치와 일정량의 은가치가 등가관계를 유지하는 제도로 1916년 영국을 비롯한 주요국들이 금본위제로 전환하기 전에 세계경제는 은본위제이었다. 16세기 신대륙에서 다량의

재정적 위기를 해결하기 위하여 1880년 군사상 또는 기타의 이유로 필요한 공기업을 제외한 나머지를 매각하는 공장불하개칙(工場拂下概則)을 공포하여 공기업을 대폭적으로 매각하였다.

1882년 일본 최초의 대규모 방적공장인 오사카방적회사를 설립하여 1890년 면사생산량이 수입량을 추월하게 되었으며, 이후 기계제사가 확산되어 방적업을 중심으로 일본의 산업혁명이 일어나게 되었다. 섬유산업을 중심으로 한 경공업에서 저가의 면제품은 우리나라와 중국에, 고가의 비단제품은 미국과 프랑스로 수출하였다. 1880년대에 민영공장이 성공하자 일본 정부는 정책기조를 관영공장을 매각하고, 민영사업을 보호하는 것으로 전환하였다. 1890년대에는 민영의 방적 및 철도회사가 계속 설립되었으며, 이로 인해 오늘날 미츠이, 이와자키(후에 미쓰비시)등과 같은 재벌기업이 형성될 수 있는 발판을 마련하였다. 일반적으로 일본의 산업혁명은 영국 산업혁명보다 120년 늦은 1890년부터 시작되었다고 보고 있으나 후발국 일본의 입장에서는 기술발전과정을 거치지 않고, 최첨단 기술을 도입하여 산업혁명에 소요되는 시간을 단축할 수 있는 이점이 있었다.

청일전쟁(1894~1895년)으로 대규모 군수수요가 창출되어 일본의 산업화는 비약적으로 발전하게 되었고, 전쟁승리로 받은 배상금[43]으로 야하카제철소[44]를 설립하여 무기제조산업을 촉진시켰다. 전쟁배상금은 또한 일본정부를 재정난에서 벗어나게 했으며, 해운업과 조선업에 보조금을 지원할 여력까지 만들어 주었다. 뒤 이어 러일전쟁(1904~1905년)에서 승리는 일본의 중공업 발전으로 이어져 조선업과 기계생산이 증가되었다. 러일전쟁 후 일본의 자본주의는 점차 완성되어 갔으며, 일본의 근대 국가 및 사회체제도 확립되어 가고 있었다. 한편 자본주의 발전에 따른 사회와 개인의 대립도 심화되고 있었다.

은이 산출되면서 은의 시장가격이 하락하였다.

43) 청일전쟁 배상금은 3억 6천만 엔은 전쟁 직전 일본정부 예산의 약 4.5배 수준으로 3억 엔의 배상금은 군비지출에 사용되었고, 나머지는 국영제철소에 투자되었다.

44) 야하카제철소는 일본 최초의 근대식 제철시설로 1891년 착공해서 1911년 완공되었다. 철강자급자족이라는 국가정책에 힘입어 전국 생산량의 70~80%를 생산하였다. 원래 이 지역은 철광석이 되지 않은 곳으로 우리나라와 중국에서 가져온 철광석을 가공생산하였다. 한편 우리나라 많은 노동자가 끌려가 강제노역을 했던 제국주의 상징물이기도 하다.

1910년에 들어서 일본의 국제수지는 불균형을 이루고, 경상수지 적가가 커져 경기침체가 계속되는 가운데 제1차 세계대전(1914~1918년)[45]이 발발하였다. 일본에게 제1차 세계대전은 연합국의 군수품과 식료품 수요라는 전쟁특수와 함께 교전국들의 수출 감소로 생긴 시장공백을 일본제품으로 메우는 수출증대효과를 가져왔다. 하지만 제1차 세계대전 후 닥쳐온 세계경제공황(1928~1939년)으로 일본은 1930년부터 1931년 2년에 걸쳐 경제위기를 맞았는데 이를 쇼와공황(昭和恐慌)이라고 한다. 쇼와공황은 생사의 대미수출 급감, 정부의 디플레이션정책, 1930년 풍작에 의한 쌀값 하락 등으로 농업에 치명적인 타격을 입혔다. 여기에 도시 실업자의 귀농까지 합세하여 동북지방을 중심으로 하는 농가경제는 극심하게 피폐해졌다. 1933년 이후 일본의 경제는 회복되고 있었지만 1934년과 1935년 연이은 흉작으로 농촌경제의 위기는 회복될 기미를 보이지 않았다.

1931년 일본의 우익 군부세력은 경제공황을 타계하기 위하여 중국에 대한 군사행동을 마치 아시아 혁명사업인 것처럼 꾸며 만주사변을 일으켰다. 만주는 러일전쟁의 결과로 일본이 획득한 특수권익이 있었으나 중국의 국권회복운동이 거세게 일고 있었다. 또한 러시아가 1928년부터 추진한 제1차 5개년계획이 진척을 보이자 이에 자극을 받은 관동군 참모들이 만주를 점거할 계획을 모의하였다. 이들은 그 구실을 만들기 위해 봉천 외곽의 류탸오거우(柳條溝)에서 스스로 만철선로를 폭파하고, 이를 중국 소행이라고 트집 잡아 만철 연선에서 북만주로 일거에 군사행동을 개시하였다. 일본군은 1932년 초까지 거의 만주 전역을 점령하였고, 같은 해 3월 1일에는 일본의 괴뢰(傀儡)국가인 만주국의 성립을 선포하여 만주를 일본 침략전쟁의 병참기지로 만들었다.

45) 제1차 세계대전은 1914년 7월 28일 오스트리아가 세르비아에 대한 선전포고를 하면서 시작되었으며, 1918년 11월 11일 독일의 항복으로 끝난 세계적 규모의 전쟁이다. 이 전쟁은 영국·프랑스·러시아 등의 협상국(연합국)과 독일·오스트리아 동맹국 양 진영이 중심이 되어 싸웠으며 전쟁배경은 1900년 무렵 제국주의 개막과 관련된다.

국제연맹(League of Nations)

1933년 오늘날 국제연합의 전신인 국제연맹을 탈퇴한 일본은 국제연합에 엄청난 재정적 지원을 하며 상임이사국 진출을 시도하고 있으나 과거 제국주의 침략 경험으로 현재까지 뜻을 이루지 못하고 있다. 상임이사국은 미국 · 영국 · 프랑스 · 러시아 · 중국 5개국이며, 상임이사국은 거부권(비토)을 행사할 수 있다. 유엔의 안건표결은 상임이사국의 전원일치제를 원칙으로 하고 있어 상임이사국이 가진 거부권의 위력은 실로 엄청난 것이다. 참고로 상임이사국 중에서 중국을 대표하는 것은 원래 중화민국(타이완)이었으나 1971년 10월의 제26차 총회에서 중화인민공화국(중국)을 대표로 인정한다는 결의가 성립됨으로써 중국이 상임이사국이 되었다.

국제연맹(League of Nations)은 중국의 제소에 따라 조사단을 파견하였고, 조산단의 보고서를 채택하여 일본군의 만주 철수를 권고하였다. 러허성(热河省)[46]을 점령한 일본은 국제연맹의 권고를 거부하고, 1933년 3월 국제연맹을 탈퇴하였다. 이를 계기로 일본 정국은 정당내각제에 종지부를 찍고, 파시즘 체제로 전환하였다. 일본의 침략행위는 1937년 중일전쟁과 1941년의 태평양전쟁으로 확대되었다.

중일전쟁은 1937년 7월 7일 베이징 교외의 루거우차오(盧溝橋)[47]에서 일본군이 일으킨 군사행동으로 확대된 것으로 만주사변의 연장이었다. 루거우차오사건 이후 베이징, 톈진을 점령한 일본은 상하이에 이어 1937년 12월 국민정부의 수도인 난징을 점령하여 시민 수십만 명을 살육한 뒤 일본은 남북 10개의 성과 주요 도시의 대부분을 점거하였다. 한편 중국은 국민당과 공산당의 제2차 국공합작(國共合作)으로 항일민족통일전선을 형성하여 항전하였다. 중국군과 유격전에서 일본군은 열세에 있었음에도 불구하고 일본군은 삼광작전(三光作戰)[48]

46) 러허성(热河省)은 지금의 허베이성(河北省), 랴오닝성(辽宁省) 및 네이멍구자치구(内蒙古自治区)의 경계지점에 위치하였던 중화민국 시기의 쑤이위안성(綏遠省), 차하얼성(察哈爾省, 찰합이성), 닝샤성(宁夏省)과 함께 색북(塞北) 4성(四省) 중의 하나이다.

47) 루거우차오사건은 1937년 7월 7일에 베이징 서남쪽 방향 루거우차오에서 일어난 일본군의 자작극에 의한 발포사건으로 중일전쟁의 발단이 되었다.

48) 중일전쟁 때 일본 육군은 전쟁을 전 중국으로 확대하면서 무고한 양민을 무참하게 죽이는 난징대학살을 자행하였다. 이때부터 태우고, 빼앗고, 죽이는 이른바 삼광작전이 벌어지면서

등의 잔학행위를 자행하여 전쟁 전 기간에 걸쳐 중국인 1,200만 명[49]을 죽였다. 전쟁이 장기화되자 일본은 국면을 타개하기 위해 태평양전쟁으로 확대하여 돌파구를 찾으려 하였으나 오히려 전황을 악화시켰다. 중일전쟁은 태평양전쟁의 일부가 되었다.

태평양전쟁(제2차 세계대전)은 1939년부터 1945년까지 유럽, 아시아, 북아프리카, 태평양 등지에서 독일, 이탈리아, 일본을 중심으로 한 추축국(樞軸國)[50]과 영국, 프랑스, 미국, 소련 등을 중심으로 한 연합국 사이에 벌어진 세계 규모의 전쟁이다. 지금까지의 인류 역사에서 가장 큰 인명과 재산 피해를 낳은 전쟁이기도 하다. 1944년 11월 이후 연합군의 일본 본토 공격이 격화되었으며, 1945년 7월 26일 독일 포츠담에서 미국, 영국, 중국 3국의 수뇌들은 회담의 결과를 발표하는 공동선언(포츠담선언)에서 일본의 전후 처리방침을 명시하고 일본의 무조건 항복을 요구하였다.

일본이 무조건 항복을 받아들이지 않자 미국은 8월 6일 히로시마에, 8월 9일 나가사키에 원자폭탄을 투하하였고, 러시아는 이 날 대일전쟁에 참전하여 만주에서 일제히 공격을 개시하였다. 마침내 일본 군부는 항복을 결의하고 10일 밤 포츠담선언 수락을 결정하였다. 주전파의 국체수호(國體守護) 주장으로 내부 진통을 겪기도 하였으나 일본 천황의 결단으로 14일 포츠담선언 수락을 통고하고, 15일 일본 천황은 이 사실을 방송을 통해 국민에게 알렸다. 8월 30일 미군은 일본 본토를 점령하였고, 9월 2일 도쿄만 미주리호(號)에서 항복문서가 조인되어 태평양전쟁과 함께 제2차 세계대전이 끝났다. 제2차 세계대전에서 일본의 패망으로 우리나라는 광복을 맞게 되었다.

태평양전쟁으로 일본은 패망하였지만 그보다 앞서 일본은 메이지유신으로 경제적으로는 자본주의, 정치적으로는 입헌정치, 사회·문화적으로는 근대화, 국제적으로는 제국주의국가가 되었다. 한편으로 메이지정권은 구미 각국과 체결한 불평등조약을 그대로 승인한 채로 서구국가들과의 불평등조약을 시정하

살육전이 일반화하였다.

49) 1906년 우리나라 남북한 전체인구가 1,300만 명 수준이었다.

50) 제2차 세계대전 당시 연합국과 싸웠던 나라들이 형성한 국제동맹이다.

기 위해 우리나라, 중국 등 아시아 대륙에 새로운 불평등관계를 만들고 있었다. 1895년 청일전쟁과 1905년 러일전쟁에서 승리한 일본은 그들의 국제적 지위를 향상시켰고, 1910년 한국을 무력으로 합병하여 일본이 아시아 대륙에 진출할 전진기지를 확보하였다.

3. 1875년 운요호사건

메이지유신(1841~1877년)을 통해 서구문물을 받아들이고 일련의 근대화 개혁을 단행하여 국력을 키운 일본은 조선과 교섭을 시도하였으나 흥선대원군(1820~1898년)의 양이정책(攘夷政策)[51]으로 뜻을 이루지 못했다.[52] 1870년대를 전후하여 일본 정계에서는 조선을 침략하자는 정한론(征韓論)이 대두되었고, 1873년에는 조선정벌이 정치이슈가 되어 급진파와 온건파 사이에 논쟁이 벌어졌다. 조선정벌을 보류하기로 결정한 일본[53]은 호전적 무사계급(급진파)의 불만을 충족시키기 위해 1874년 5월 대만정벌을 단행하였다. 일본의 침략을 받은 청

51) 양이정책은 오랑캐를 배척하는 정책을 말한다.

52) 1868년 일본은 자국의 왕정복고(1867년)를 조선에 통고하면서 양국의 국교회복을 청하는 사신을 보내 왔으나 왜국(일본)을 배척하는 척왜정책(斥倭政策)을 펼쳤던 흥선대원군은 서계(書契, 외교문서)의 격식이 종전과 같지 않고, 부인(符印)이 조선 정부가 인각(印刻)한 것이 아니라는 이유로 사신의 접견조차 거부하였다. 이후에도 양국은 외교문서의 수리를 놓고 1년을 논박(論駁)하였다. 일본은 조선의 외교를 전담하던 대마도주(對馬島主) 대신 1869년과 1870년 외무성 관리를 파견하였으나 조선의 완강한 거부로 타결을 보지 못하였다. 1872년에는 외무대승(外務大丞) 하나부사 요시모토(花房義質)가 군함을 이끌고 부산에 왔으나 조선은 군함을 타고 온 왜사(倭使)를 상대해 줄 수 없다고 하여 외무대승은 수개월 동안 체류하다가 돌아갔다. 참고로 부인(符印)은 부절(符節)과 각인(刻印)으로 부절은 사신(使臣)이 가지고 다니던 물건(物件)이며, 각인은 도장이다.

53) 1873년 삿슈(薩州) 군벌의 거두이자 메이지정부의 참의(參議)였던 사이고 다카모리(西鄕隆盛)와 이다가키 다이스케(板垣退助), 외무경(外務卿) 소에지마 다네오미(副島種臣) 등과 같은 강경정한론자들은 우대신(右大臣) 이와쿠라 도모미(岩倉具視) 등이 해외시찰차 나가 있는 사이에 사이고 다카모리는 스스로 견한대사(遣韓大使)가 되어 외교적 타결을 시도하여 여의치 않으면 조선에 파병하여 무력행사를 하기로 결정하였다. 하지만 9월에 해외시찰을 마치고 귀국한 이와쿠라 도모미 등 많은 각료들은 국력배양과 내치가 선결되어야 한다고 주장하며 정한론을 반대하여 논쟁하였다. 때 마침 이와쿠라 도모미가 수상격인 태정대신(太政大臣)을 대행하게 되면서 10월 24일 정한을 반대하기로 결정하고, 이를 일본 왕에게 보고하여 견한사절건(遣韓使節件)은 무기한 연기되게 되었다.

나라는 장차 일본이 조선을 정벌하게 될 것을 예견하고, 일본의 조선침략을 경고한 자문(咨文)[54]을 조선정부에 보냈다.

청나라가 조선에 보낸 자문은 프랑스 해군제독 지켈(P. M. Giquel)의 의견에 근거하여 작성된 것으로 다음과 같은 내용이 적혀있었다. 대만정벌을 마친 일본군 5천명이 나가사키에 주둔 중이며, 장차 조선을 정벌하려 한다. 조선은 프랑스(1866년 병인양요[55])와 미국(1865년 제너럴 셔먼호사건[56]과 1871년 신미양요[57])과 아직 해결되지 못한 문제가 있으므로 서둘러 프랑스, 미국 등과 통상관계를 체결하여 일본을 고립시켜 조선의 안보를 보장하라는 것이었다. 청나라의 자문을 받은 조선정부는 사태의 심각성을 깨닫고, 대일교섭의 당국자인 동래부사, 부산첨사 등 홍선대원군 일파를 파면하였다.

조선정부에 정치적 변화가 일어났다. 쇄국양이정책을 고수하던 홍선대원군이 실각하고, 명성황후 측근 세력을 기반으로 고종(1852~1919년, 재위기간 1863~1907년)이 1873년 12월부터 친정을 하게 되었다.

부산 왜관(倭館)주재관 오쿠 요시다다(奧義制)는 즉각 홍선대원군이 실각하였다는 소식을 일본에 보고하였다. 홍선대원군의 실각에 고무된 일본정부는 조선의 정세를 파악하기 위해 모리야마 시게루(森山茂)를 급히 부산에 파견하였다. 모리야마 시게루는 일본의 대만정벌소식을 듣고 조선은 어떻게 해야 할지 모르고 있으므로

---

54) 조선시대 때 중국과 왕복하던 외교문서의 하나이다.

55) 병인양요는 1866년 홍선대원군이 천주교 금압령을 내려 프랑스 선교사와 천주교인 8천여 명을 학살한 것에 대항하여 프랑스 함대가 강화도에 침범한 사건이다. 프랑스 함대는 수군의 공격을 받고 철수하였다.

56) 제너랄 셔먼호 사건은 미국 상선 제너럴 셔먼호의 통상요구에 대해 조선은 출국을 요구하였으나 셔먼호는 그들의 행동을 제지하던 중군(中軍)을 감금하였다. 이에 격분한 평양 관민들이 셔먼호로 몰려들자 셔먼호는 관민에게 포격을 가하였고 강도, 약탈까지 자행하였다. 조선의 화선을 이용한 공격으로 선박은 전소하고, 선원 전원이 몰살당했다.

57) 신미양요는 미국이 조선을 개항시키기 위해 5년 전 제너럴 셔먼호 사건을 빌미로 무력적으로 침략한 사건으로 조선측의 강경한 통상거부정책과 민중의 저항으로 뜻을 이루지 못하고 철수하였다. 이 사건을 계기로 홍선대원군은 전국에 척화비를 세워 통상수교거부정책을 더욱 강화하였다. 척화비 내용은 '양이침범 비전즉화 주화매국(洋夷侵犯 非戰則和 主和賣國) 계아만년자손 병인작 신미립(戒我萬年子孫 丙寅作 辛未立)'으로 '서양 오랑캐가 침입하였는데 싸우지 않으면 화친하자는 것이요, 화친을 주장함은 나라를 파는 것이다. 우리 만대자손에게 경계하노라. 병인년에 짓고 신미년에 세우다'.

다소의 위력을 보이는 것이 좋겠다고 건의하였다. 조선 정부는 부산훈도(釜山訓導) 현석운에게 모리야마 시게루를 만나 한일 간 수교교섭을 합의해 보도록 하였다. 1875년 2월 이사관으로 부산에 재차 부임한 모리야마 시게루는 현석운과 교섭을 벌였으나 한일 간 서계(書契)[58]의 형식, 연회시의 복장 등 여러 문제로 의견이 충돌하여 교섭은 교착상태에 빠지고 말았다.

1875년 4월 15일 모리야마 시에루는 강경한 포함외교(砲艦外交)를 주장하는 건의서를 일본정부에 제출하였고 그 내용은 다음과 같다. 첫째, 조선은 지금 내홍(內訌, 분쟁)이 심하고, 만약 홍선대원군이 재집권하게 되면 다시 쇄국정책이 강화될 것이므로 그가 세력을 만회하기 전에 무력을 사용하면 조선을 개항할 수 있다. 둘째, 일본 군함 1, 2척을 파견하여 해로를 탐측하면서 무력시위를 벌이면 일본이 교섭에서 유리해질 것이다. 일본 외무성 데라시마 무네노리(寺島宗則)는 연안측량을 빙자하여 군함을 조선근해에 출동시켜 협박하는 것이 국면타개의 최선책이라는 모리야마 시에루의 대한강경책을 받아들여 해군성과 협의하여 군함을 파견하기로 결정하였다.

일본은 1875년 5월초 군함 운요호와 제이정묘호 2척을 조선 해로를 연구하기 위한 회항(回航)이라는 구실로 부산에 출동시켰다. 영국에서 도입한 259톤급최신식 군함 운요호가 5월 25일 부산에 입항하자 현석운은 왜관을 방문하여 군함파견의 목적을 따졌다. 이에 일본은 교섭이 지연(交涉遷延)되는 것에 대한 책임을 일본 이사관에게 묻기 위해 왔다고 거짓으로 대답하였다. 이후 운요호는 연안을 종횡무진 탐측하면서 무력적 포함시위를 단행하였다. 심지어 이노우에 요시카(井上良馨)함장은 6월 14일 조선 측의 항의를 무시하고, 현석운 등 조선 관리를 운요호에 승선시켜 일본 군함 2척의 합동발포연습을 관람하게 하여 일본이 포함외교정책을 강행할 것임을 시사하였다.

운요호는 남해안에 이어 조선 동해안으로 북상하여 영흥만(永興灣)[59]까지 순항하면서 무력시위를 벌였고, 1875년 9월 20일 강화도 동남방 난지도(蘭芝島)에 정박하였다. 이노우에 요시카 함장과 수십 명의 해병은 담수(淡水)보급의 명목

58) 조선시대 일본과 내왕한 공식외교문서이다.
59) 영흥만은 북한 강원도 동해안에 있는 만으로 원산만(元山灣)이라고도 한다.

으로 보트에 분승하여 해로를 탐측하면서 초지진(草芝鎭)[60]에 침입하였다. 강화해협을 방어하던 조선수비병은 정당방위로 침입해오는 일본의 보트에 포격을 가하였다. 이노우에 요시카 함장은 보트를 모함인 운요호로 철수한 뒤 초지진에 맹렬한 보복포격을 가하였다. 오후에는 제물포 대안의 영종진(永宗鎭, 영종도)에 보복공격을 단행하였고, 일본군 수병 22명이 영종도에 상륙작전을 펼쳐 일대격전이 벌어졌다. 화력이 약한 노후한 병기를 가진 조선 수비병은 근대식 대포와 소총을 무장한 일본을 대적하기 어려웠다. 결국 첨사 이민덕이 이끄는 400~500명의 조선 수비병은 패주하였다. 이 전투에서 일본 측은 피해는 경상자 2명뿐이었으며, 일본군은 조선대포 36문, 화승총 130여 자루 등을 약탈하고, 영종도 주민을 대상으로 방화, 살육, 약탈을 자행한 후 철수하였다.

강화해협[61]은 역사적으로 조선의 국방안보상 가장 중요한 보장지중지(保障之重地)[62]의 해상관문으로 1866년 병인양요 이후 강화해협 입구에 외국군함의 항행을 금지한다(海門防守他國船愼勿過)는 비석을 세우고, 일체 외국배의 통항을 금지하고 있는 상황이었다. 심지어 내국선이라도 노인(路引, 항행권)이 없이는 항행을 금지하였다. 이처럼 금지된 수역을 조선 당국의 허가 없이 침입하여 탐측활동을 벌이는 것은 엄연한 영토침략행위이고, 주권침해이므로 이에 대한 포격은 조선의 정당방위에 입각한 자위책이었다. 하지만 운요호사건의 뒷처리는 오늘 날 우리의 입장과 다르게 진행되었고, 역사적으로 근대 제국주의적 영토팽창주의정책을 추구하던 일본이 조선을 침략하는 전쟁의 발단이 되었다.

---

60) 초지진은 경기도 강화군 길상면 초지리에 설치된 진(鎭, 방어시설)이다.

61) 강화해협은 고려시대에는 40년에 걸친 대몽항쟁(對蒙抗爭)을 벌인 군사 근거지였으며, 조선시대 병자호란(1636~1637년)때에는 최후의 보루가 되었던 곳으로 국방상 중요하기 때문에 강화도 전체를 요새화하여 외적의 침략에 대비해 왔다. 19세기에 들어와 강화도는 구미제국 열강의 침입(1866년 프랑스와의 병인양요, 1871년 미국과의 신미양요 등)을 받았다.

62) 보장지중지(保障之重地)에서 보장의 사전적 의미는 적의 접근을 막기 위하여 돌이나 흙 등으로 만든 견고한 구축물이며, 중지는 매우 중요한 땅이므로 둘 단어를 합하면 적을 막는 중요한 요지라는 뜻이 된다.

4. 한일합방 이전의 어업협정 및 어업법

1875년 운요호사건을 빌미로 1876년 조선을 개항시킨 일본은 조선을 보호국 또는 식민지화하기 위한 일환으로 조선의 어업분야에 침투하기 위하여 또는 수산자원을 수탈(收奪)하기 위하여 일련의 어업협정을 체결하였다. 일제치하 36년 이전에 36년의 준비기간이 있었음을 간과해서는 안 된다.

1876년 일본의 강압에 의해 체결한 강화도조약(조일수호조규) 제11관에 따라 같은 해 조일무역규칙과 조일수호조규부록이 체결되어 두 나라 사이 통상무역이 급증하자 조선에 대한 일본의 영향력이 강화되었다. 당시 일본은 전통적으로 조선에서 우월적 지위를 행사하고 있는 청나라(1636~1912년)를 견제하지 않을 수 없었다. 하지만 1882년 일어난 임오군란[63]과 1884년 갑신정변[64]의 실패로 일본의 조선에 대한 영향력은 잠시 위축되었다. 1894년 봉기한 동학농민운동[65]을 빌미로 청일전쟁(1894~1895년)을 일으킨 일본은 전쟁에서 기선을 잡자 조선 정부의 내정개혁을 요구하면서 갑오개혁[66]을 착수하였다.

청일전쟁에서 승전한 일본은 조선에서 청나라세력을 몰아내는데 성공했지만 곧이어 러시아, 프랑스, 독일의 삼국간섭[67]으로 일본의 조선 보호국정책은 위기를 맞게 되었다. 조선 조정에서도 친일파 대신 친러파와 친미파가 득세하였다.

---

63) 임오군란은 1881년 신설된 신식군대(별기군)와의 차별대우에 불만을 품은 구식군대가 1882년 6월 일으킨 군변(軍變)이었으나 점차 민씨 정권에 대한 저항과 일본세력을 배척하는 운동으로 전개되었다. 이에 조선 정부는 군변을 진압하기 위해 청나라에 원병을 요청하였고, 이로써 청나라군은 군변 진압 이후에도 한성에 진주할 수 있게 되었다.

64) 갑신정변은 1884년 12월 4일 일본의 비호를 받아 김옥균을 비롯한 급진개화파가 개화사상을 바탕으로 청나라의 속방화(종속국)정책에 저항하여 조선의 자주독립과 근대화를 목표로 일으킨 정변이나 삼일천하로 끝났다.

65) 동학농민운동은 1894년 2월 전라북도 고부민란을 시작으로 동학교도 전봉준(1855~1895년)이 중심이 되어 일으킨 반봉건(反封建)·반외세(反外勢)운동이다. 동학농민운동 진압을 위하여 조선 정부가 청나라에 파병을 요청한 것을 빌미로 일본도 조선에 군대를 파견하였다.

66) 갑오개혁은 1894년 7월부터 1896년 2월까지 약 19개월 동안 3차례에 걸쳐 추진된 일련의 개혁운동이다.

67) 삼국간섭은 청일전쟁의 강화조약(시모노세키조약)에서 합의된 일본의 랴오둥반도(遼東半島)의 영유(領有)에 반대하는 러시아, 프랑스, 독일 삼국이 공동으로 개입하여 일본이 랴오둥반도를 청나라에 반환하게 한 것을 말한다.

일본은 조선에서 그들의 지배권을 만회하기 위해 1895년 명성황후(1851~1895년)를 시해하는 을미사변을 일으켰다. 하지만 일본의 의도와는 달리 반일저항운동과 의병운동이 전국적으로 거세게 일어났다. 또한 을미사변 이후 일본군의 무자비한 공격에 신변에 위협을 느낀 고종(1852~1919, 재위기간 1863~1907년)이 왕세자를 데리고 1896년 2월 러시아공관으로의 아관파천(俄館播遷)[68]을 하게 되어 이번에는 조선에서 러시아의 영향력이 확대되게 되었다.

일본은 만주와 대한제국의 지배권을 확보하기 위하여 러일전쟁(1904~1905년)을 일으켰다. 러일전쟁에서 기선을 잡은 일본은 1904년 8월 제1차 한일협약(한일협정서)을 체결하여 일본이 추천하는 재정고문과 외교고문을 초빙하는 이른바 고문정치(顧問政治)를 시작하여 대한제국을 정치적으로 예속시켰다. 일본은 전쟁을 일으키기 전인 2월에 한일의정서[69]를 체결하여 군사적으로 대한제국을 예속시켜 놓았다.

청일전쟁 이후 조선에서 러시아세력이 확대되어 일본이 상대적으로 수세에 몰리고 있었다고 하지만 갑오개혁을 추진하면서 조선 정부 내에 일본 고문관과 군사교관을 배치하게 하여 조선을 보호국으로 만들기 위한 최소한의 장치는 마련해두고 있었다. 또한 각종 이권(利權)[70]을 획득하여 자본을 축적할 수 있는 기반도 확보해 두었다. 러일전쟁 중에 일본은 1905년 7월과 미국과 가즈라(桂太郎)-테프트협약(Gazra-Taft)을, 8월에 영국과 제2차 영일동맹을 맺어 일본이 한국을 지배하는 것을 승인받았다. 같은 해 9월 러일강화조약이 체결되어 전쟁은 종전되었고, 승전한 일본은 한국에서 러시아세력을 몰아냈다.

---

68) 아관파천은 친러세력과 러시아 공사가 공모하여 비밀리에 고종을 러시아 공사관으로 옮겨가게 한 것이기도 하다.

69) 한일의정서는 러시아와 전쟁을 일으킨 일본이 대한제국을 그들의 세력권에 넣으려고 공수동맹(攻守同盟)을 전제로 하여 체결한 외교문서이다. 공수동맹은 제3국에 대(對)한 공격이나 방어를 같이 하자고 나라와 나라끼리 맺은 동맹(同盟)이다.

70) 1894년 조일잠정합동조관(朝日暫定合同條款)을 체결하여 일본은 경부선과 경인선 철도부설권과 같은 이권을 확보하였다. 모두 7개 조항으로 구성된 동 협약의 제6관은 '일본 정부는 평소 조선국을 도와서 독립과 자주의 대업을 성취하게 할 것을 희망하므로 앞으로 조선국의 독립과 자주를 공고히 하는 문제는 일의 적의성에 상관되므로 따로 두 나라 정부에서 파견하는 관리들이 모여서 협의하여 대안을 결정한다'. 1876년 강화도조약 체결 이후 여러 협약이 체결되었지만 조일잠정합동조관에서 처음으로 '독립'이란 단어가 사용되었다. 또한 문맥을 자세히 보면 당시 조선은 엄연히 자주독립국이었는데 조선의 자주독립문제를 일본과 협의한다는 것을 도저히 이해하기 어렵다. 하지만 당시 조선 정부는 이런 문맥을 이상하게 보지 않았던 것 같다.

일본의 한국이주정책

메이지유신(1841~1877년)을 통한 일련의 근대화 개혁으로 국력을 키운 일본은 청일전쟁(1894~1895년)과 러일전쟁(1904~1905년)에서 승리하여 국제사회에서 그들의 지위가 크게 향상되었다. 하지만 아시아대륙에 영유지(領有地)를 가진 청나라와 러시아를 견제하지 않을 수 없었다.

한편 일본 내부적으로 급격한 산업화로 노동자들의 도시 집중화, 매년 거의 1%씩 늘어나는 인구증가, 식량부족 등이 새로운 사회문제로 부각되고 있었다. 당시 일본의 입장에서 조선은 지정학적으로 대륙침략의 전진기지가 될 뿐만 아니라 단위면적당 인구가 적어 일본에서 문제가 되고 있는 초과인구 해소를 위한 이주지를 확보할 수 있는 이점이 있었다.[71] 또한 조선은 전통적으로 농업국으로 일본의 부족한 식량을 공급할 수 있고, 일본의 산업화에 필요한 면방직업과 제사업(製絲業)의 원료를 공급할 수 있는 조건을 갖추고 있었다.[72]

1876년 강화도조약(조일수호조규) 체결 이후 조선에 일본인의 자유이주(自由移住)가 허용되어 1880년 조선에 이주한 일본인은 934명이었다.[73] 1884년 갑신정변의 영향으로 잠시 주춤하기도 하였지만 이후 일본인 이주자는 꾸준히 증가하여 1895년에는 1만 명 수준으로 늘어났다. 일본의 한국 이주정책은 러일전쟁을 계기로 더 적극적으로 추진되었다.

통감부와 조선총독부가 발행한 통계연보에 의하면 1905년 제2차 한일협약(을사조약)[74] 직후인 1906년 한국에 거주하는 일본인의 수는 8.3만 명 수준으로 증가하였다.

---

71) 19세기 일본의 인구는 대략적으로 3.5천~5천만 명으로 추정되며, 1906년 우리나라 인구는 1.3천만 명 수준이었다. 일본의 국토면적은 남북을 합한 우리나라 면적의 1.7배 정도이다.

72) 일본 최초의 대규모 방적공장인 오사카방적회사가 1882년 설립되어 1890년 일본의 면사(綿絲)생산량은 수입량을 추월하게 되었다. 이후 기계제사(機械製絲)가 확산되면서 방적업(紡績業)을 중심으로 일본의 산업혁명이 일어나게 되었다. 일반적으로 일본의 산업혁명은 영국의 산업혁명보다 120년 늦은 1890년부터 시작되었다고 보고 있다.

73) 이규수 '식민지 조선과 일본, 일본인', 2007년, 다할미디어.

74) 제2차 한일협약의 공식명칭은 한일협상조약이며, 일반적으로 을사조약으로 더 잘 알려져 있다. 동 조약은 1905년 11월 일본이 대한제국의 외교권을 박탈하기 위하여 강제로 체결한 조약이다. 을사조약 체결에 앞서 일본은 1904년 2월 한일의정서를 강제로 체결하였고, 같은 해 5월 일본 각의는 대한방침(對韓方針) 및 대한시설강령(對韓施設綱領) 등 한국을 일본의 식민지로 편성하기 위한 새로운 대한(對韓)정책을 결정하였다. 일본은 또한 1904년 8월 제1차 한일협약(한일외국인고문용빙에 관한 협정서)을 체결하여 재정과 외교실권을 박탈하여 한국의 국정 전반을 좌지우지할 수 있게 되었다.

한일합방 다음 해인 1911년 한국에 거주하는 일본인은 당시 한국인구의 1.5%에 해당하는 21만 명 수준이었다. 한국으로 이주한 일본인의 출신지는 주로 야마구치(山口)와 히로시마(廣島)와 같은 서부지역이 압도적으로 많았다.

1942년 조선총독부가 발행한 마지막 통계연보에 의하면 8.15광복 3년 전에 한국에 거주한 일본인은 당시 한국인구의 2.9%에 해당하는 75만 명 수준이었다. 자국민을 조선에 이주시키는 것은 일본의 식민지정책이 본격적으로 추진되고 있었음을 보여준다. 세계 식민지사를 보더라도 식민지화의 가장 확실한 방법은 자국인을 식민지에 정착시키는 것이었다. 일본인의 본격적인 조선 이주는 일본의 대륙침략정책이 일련의 기초작업을 마치고, 한국을 보호국 또는 식민지화하는 계획을 구체화하는 것이다.

러일전쟁에서 승전한 기세를 늦추지 않고 일본은 1905년 11월 17일 제2차 한일협약(을사조약)을 맺어 외교권을 박탈하여 대한제국이 대외적으로 주권(主權)[75]을 행사하지 못하도록 만들었다. 다음해 통감부(統監府)와 이사청(理事廳)[76]을 설치하여 국왕 중심의 한국의 봉건국가체제를 사실상 붕괴시키고, 조선을 보호국화하였다. 1907년 7월 체결된 한일신협약[77]으로 통감부는 입법, 사법, 행정(경찰행정 포함), 군사통수권, 외교 등 모든 권한을 가진 최고의 통치기구가 되었다. 한국은 자주권(自主權)[78]을 상실하였으며, 한국인은 언론, 출판, 집회 및 결사의 자유가 봉쇄되어 정치적으로 무권리 상태가 되었다.

통감부는 국정전반을 간섭하는 한편 각종 법령을 정비하여 대한제국을 식민지체제로 재편성하였다. 먼저 1905년부터 토지조사사업을 실시하여 대한제국을 지배하는데 필요한 재정을 확보하였고, 일본의 부족한 식량을 한국에서 충당하려 하였다. 1906년 7월 황무지개간에 관한 규정,[79] 10월에 토지가옥증명규

---

75) 주권은 국가의 의사결정을 최종적으로 결정하는 권력으로 대내적으로는 최고의 절대적 힘을 가지고, 대외적으로는 자주적 독립성을 가지는 것이다.

76) 이사청은 일제가 각 지방에 설치한 통감부의 지방기관이다.

77) 한일신협약은 한국을 병탄(竝呑)하기 위한 마지막 조치로 강행한 7개항의 조약으로 병탄의 사전적 의미는 남의 재물이나 다른 나라의 영토를 한데 아울러서 제 것으로 만드는 것이다.

78) 자주권은 국가가 국내문제나 대외문제를 자기 뜻대로 자유롭게 결정할 수 있는 권리이다.

79) 황무지 개간에 관한 규정은 궁방(宮房) 소유의 황무지 개간을 개인에게는 일체 인허하지 않도록 하는 것이다.

칙과 11월 토지가옥저당규칙,[80] 1907년 9월 국유미개간지이용법,[81] 1908년 토지가옥소유권증명규칙에 시행세칙 등을 제정하여 토지약탈을 위한 법적 근거를 마련하였다. 또한 1905년부터 화폐정리사업[82]을 실시하여 한국 화폐를 없애고, 일본 화폐를 통용시켜 한국 정부의 화폐지배권을 빼앗는 동시에 일본의 경제적 침탈과 일본자본의 침투를 용이하게 하였다. 1907년에는 광업법을 공포하여 한국의 광산을 일본인이 독점하게 하였으며, 1908년에는 산림법과 어업법을 공포하여 경제적 이권을 독식할 수 있게 하였다.

1876년 강화도조약(조일수호조약)에서 1908년 우리나라 최초의 근대적 어업제도인 통감부 어업법(漁業法)이 제정되기까지 33년 동안 일본이 우리나라의 수산자원을 침탈하는 과정을 양국이 체결한 어업협정을 통해 살펴보면 다음과 같다.

1) 1883년 조일통상장정 제41관

1876년 2월 강화도조약(조일수호조규) 이후 조선은 일본과 여러 조약을 체결하였으나 동 조약에는 어업에 대한 규정은 없었다. 강화도조약 제11관에 따라 같은 해 7월 양국 간의 통상관계에 대한 간단한 약조인 조일무역규칙(朝日貿易規)[83]이 체결되었고, 이 때 수출입상품에 대한 무관세가 약정되었다. 조약 체결 뒤 근대경제에 눈을 뜨게 된 조선 정부는 무관세(無關稅) 조항의 부당함을 알게 되어 조선의 관세자주권(關稅自主權)을 회복하기 위해 1881년 부산 두모포(豆毛浦)[84]에 세관을 설치하고, 관세를 징수하고자 하였다. 하지만 일본의 강경한 반대로 조선 정부는 내국인에게 부과하는 내국통과세(內國通過稅)조차 징수할 수 없었다. 다행히 조일무역규칙의 마지막 조항인 제11칙에는 무역규칙의 개정절차가 규정되어 있었다.

---

80) 토지가옥증명규칙과 토지가옥저당규칙은 외국인의 토지소유와 매매, 교환, 증여 등에 관한 법적인 근거로 일본인의 토지소유를 인정하는 조치이다.

81) 국유미개간지이용법은 한국 농민의 개간권을 제한하고, 일제가 한국의 국유 미간지를 침탈하기 위한 것이다. 미간지(未墾地)는 개척되지 않은 토지이다.

82) 1905년 1월 화폐정리에 관한 사무를 일본 다이이치은행(第一銀行)이 집행하였으나 1909년 11월 한국은행이 설립되면서 다이이치은행의 업무 일체와 은행권이 인계되었다.

83) 조일무역규칙은 1876년 2월 강화도조약에서 합의한 바에 따라 같은 해 8월 체결되었다.

84) 두모포는 서울시 성동구 옥수동 동호대교 북단에 있었던 포구이다

조일수호조규(朝日修好條規, 강화도조약)

대일본국은 대조선국과 본디 우의(友誼)를 두터이 하여온 지가 여러 해 되었으나 지금 두 나라의 정의(情意)가 미흡한 것을 보고 다시 옛날의 우호 관계를 닦아 친목을 공고히 한다. 이는 일본국 정부에서 선발한 특명 전권 변리 대신 육군 중장 겸 참의개척장관(陸軍中將兼參議開拓長官) 구로다 기요타카와 특명 부전권 변리 대신 의관 이노우에 가오루가 조선국 강화부(江華府)에 와서 조선국 정부에서 선발한 판중추부사 신헌(申櫶)과 부총관 윤자승(尹滋承)과 함께 각기 받든 유지(諭旨)에 따라 조관(條款)을 의정(議定)한 것으로서 아래에 열거한다.

제1관 조선국은 자주 국가로서 일본국과 평등한 권리를 보유한다. 이후 양국은 화친의 실상을 표시하려면 모름지기 서로 동등한 예의로 대해야 하고, 조금이라도 상대방의 권리를 침범하거나 의심하지 말아야 한다. 우선 종전의 교제의 정을 막을 우려가 있는 여러 가지 규례들을 일체 혁파하여 없애고 너그럽고 융통성 있는 법을 열고 넓히는 데 힘써 영구히 서로 편안하기를 기약한다.

제2관 일본국 정부는 지금부터 15개월 뒤에 수시로 사신을 파견하여 조선국 경성(京城)에 가서 직접 예조 판서(禮曹判書)를 만나 교제 사무를 토의하며, 해사신(該使臣)이 주재하는 기간은 다 그때의 형편에 맞게 정한다. 조선국 정부도 수시로 사신을 파견하여 일본국 동경에 가서 직접 외무경(外務卿)을 만나 교제사무를 토의하며, 해사신이 주재하는 기간 역시 그 때의 형편에 맞게 정한다.

제3관 이후 양국 간에 오가는 공문(公文)은, 일본은 자기 나라 글을 쓰되 지금부터 10년 동안은 한문으로 번역한 것 1본(本)을 별도로 구비한다. 조선은 한문을 쓴다.

제4관 조선국 부산(釜山) 초량항(草梁項)에는 오래 전에 일본 공관(公館)이 세워져 있어 두 나라 백성의 통상 지구가 되었다. 지금은 종전의 관례와 세견선(歲遣船) 등의 일은 혁파하여 없애고, 새로 세운 조관에 준하여 무역 사무를 처리한다. 또 조선국 정부는 제5관에 실린 두 곳의 항구를 별도로 개항하여 일본국 인민이 오가면서 통상하도록 허가하며, 해당 지역에서 임차한 터에 가옥을 짓거나 혹은 임시로 거주하는 사람들의 집은 각각 그 편의에 따르게 한다.

제5관 경기(京畿), 충청(忠淸), 전라(全羅), 경상(慶尙), 함경(咸鏡) 5도(道) 가운데 연해의 통상하기 편리한 항구 두 곳을 골라 지명을 지정한다. 개항 시기는 일본력(日本曆) 명치(明治) 9년 2월, 조선력 병자년(1876) 2월부터 계산하여 모두 20개월로 한다.

제6관 이후 일본국 배가 조선국 연해에서 큰 바람을 만나거나 땔나무와 식량이 떨어져 지정된 항구까지 갈 수 없을 때에는 즉시 곳에 따라 연안의 지항(支港)에 들어가 위험을 피하고 모자라는 것을 보충하며, 선구(船具)를 수리하고 땔나무와 숯을 사는 일 등은 그 지방에서 공급하고 비용은 반드시 선주(船主)가 배상해야 한다. 이러한 일들에 대해서 지방의 관리와 백성은 특별히 신경을 써서 가련히 여기고 구원하여 보충해 주지 않음이 없어야 할 것이며 감히 아끼고 인색해서는 안 된다. 혹시 양국의 배가 큰 바다에서 파괴되어 배에 탄 사람들이 표류하여 이르면 곳에 따라 지방 사람들이 즉시 구휼하여 생명을 보전해주고 지방관에게 보고하며 해당 관청에서는 본국으로 호송하거나 가까이에 주재하는 본국 관원에게 교부한다.

제7관 조선국 연해의 도서(島嶼)와 암초는 종전에 자세히 조사한 것이 없어 극히 위험하므로 일본국 항해자들이 수시로 해안을 측량하여 위치와 깊이를 재고 도지(圖志)를 제작하여 양국의 배와 사람들이 위험한 곳을 피하고 안전한 데로 다닐 수 있도록 한다.

제8관 이후 일본국 정부는 조선국에서 지정한 각 항구에 일본국 상인을 관리하는 관청을 수시로 설치하고, 양국에 관계되는 안건이 제기되면 소재지의 지방 장관과 토의하여 처리한다.

제9관 양국이 우호관계를 맺은 이상 피차의 백성들은 각자 임의로 무역하며 양국 관리들은 조금도 간섭할 수 없고 또 제한하거나 금지할 수도 없다. 양국 상인들이 값을 속여 팔거나 대차료(貸借料)를 물지 않는 등의 일이 있을 경우 양국 관리는 포탈한 해당 상인을 엄히 잡아서 부채를 갚게 한다. 단 양국 정부는 대신 상환하지 못한다.

제10관 일본국 인민이 조선국이 지정한 각 항구에서 죄를 범하였을 경우 조선국에 교섭하여 인민은 모두 일본국에 돌려보내 심리하여 판결하고, 조선국 인민이 죄를 범하였을 경우 일본국에 교섭하여 인민은 모두 조선 관청에 넘겨 조사 판결하되 각각 그 나라의 법률에 근거하여 심문하고 판결하며, 조금이라도 엄호하거나 비호함이 없이 공평하고 정당하게 처리한다.

제11관 양국이 우호 관계를 맺은 이상 별도로 통상장정(章程)을 제정하여 양국 상인들이 편리하게 한다. 또 현재 논의하여 제정한 각 조관 가운데 다시 세목(細目)을 보충해서 적용 조건에 편리하게 한다. 지금부터 6개월 안에 양국은 따로 위원(委員)을 파견하여 조선국의 경성이나 혹은 강화부에 모여 상의하여 결정한다.

제12관 이상 11관 의정 조약은 이날부터 양국이 성실히 준수하고 준행하는 시작으로 삼는다. 양국 정부는 다시 고치지 못하고 영원히 성실하게 준수해서 화호(和好)

를 두텁게 한다. 이를 위하여 조약서 2본(本)을 작성하여 양국 위임 대신이 각각 날인하고 서로 교환하여 신임을 명백히 한다.

조일무역규칙(朝日貿易規則)

대일본국 기원(紀元) 2536년 명치(明治) 9년 8월 24일 이사관(理事官) 외무 대승(外務大丞) 미야모토 쇼이치(宮本小一) 대조선국 개국(開國) 485년 병자년(1876) 7월 6일 강수관(講修官) 의정부 당상(議政府堂上) 조인희(趙寅熙) 강수관 조인희(趙寅熙)는 일본 이사관 미야모토 쇼이치(宮本小一)와 일본 인민들이 조선국 여러 항구에서 무역하는 규칙을 아래와 같이 의정하였다.

제1칙 일본국 상선(일본국 정부 소관의 군함 및 통신 전용의 모든 배들은 제외한다)이 조선국에서 승인한 모든 무역 항구에 들어올 때에는 선주나 선장은 반드시 일본국 인민 관리관이 발급한 증서를 조선국 관청에 제출하되 3일을 넘어서는 안 된다. 이른바 증서라는 것은 선주가 휴대한 일본국 선적(船籍)의 항해증명서 같은 것인데, 항구에 들어온 날부터 나가는 날까지 관리관에게 교부한다.
관리관은 곧 각 문건들을 접수하였다는 증표를 발급해준다. 이것이 일본국의 현행 상선(商船)규칙이다. 선주는 본 항구에 정박하고 있는 동안에 이 증서를 조선국 관청에 제출하여 일본국 상선임을 밝힌다. 이때에 선주는 그 기록부도 제출한다. 이른바 기록부라는 것은 선주가 본 선박의 이름, 본 선박이 떠나온 지명, 본 선박에 적재한 화물의 돈수(噸數), 석수(石數)(선박의 용적에 대해서도 함께 산정(算定)한다), 선장의 성명, 배에 있는 선원의 수, 타고 있는 여객의 성명을 상세히 기록하고 선주가 날인한 것을 말한다.
이때에 선주는 또 본 선박에 적재한 화물에 대한 보단(報單)과 배 안에서 사용하는 물품의 장부를 제출한다. 이른바 보단이라는 것은 화물의 이름 혹은 그 물품의 실명(實名), 화주(貨主)의 성명, 기호 번호를(기호 번호를 쓰지 않은 화물은 이 규정에서 제외한다) 상세히 밝혀 보고하는 것이다. 이 보단 및 제출하는 여러 문서들은 모두 일본 국문으로 쓰고 한역(漢譯) 부본(副本)은 첨부하지 않는다.

제2칙 일본국 상선이 항구에 들어온 배의 화물을 부릴 때에 선주나 화주(貨主)는 다시 그 화물의 이름 및 원가(原價), 무게, 수량을 조선국 관청에 보고해야 하고, 관청에서는 보고를 받으면 곧 화물을 부리라는 준단(准單)을 속히 발급해주어야 한다.

제3칙 선주, 화주는 제2칙의 승인을 받은 다음에 그 화물을 부려야 하며, 조선국 관리가 검열하려고 하면 화주는 감히 거절하지 못한다. 관리도 조심스럽게 검열하여 혹시라도 훼손하는 일이 없도록 하여야 한다.

제4칙 출항(出港)할 화물의 화주는 제2칙의 입항 때의 화물 보단 양식에 따라 화물을 실을 배의 이름과 화물 이름, 수량을 조선국 관청에 보고한다. 관청에서는 속히 허가하고 항구에서 나가는 화물에 대한 준단을 발급해야 한다. 화주는 준단을 받으면 즉시 화물을 본 선박에 싣는다. 관청에서 그 화물을 검사하려고 하는 경우 화주는 감히 거절하지 못한다.

제5칙 출항할 화물의 화주는 제2칙의 입항 때의 화물 보단 양식에 따라 화물을 실을 배의 이름과 화물 이름, 수량을 조선국 관청에 보고한다. 관청에서는 속히 허가하고 항구에서 나가는 화물에 대한 준단을 발급해야 한다. 화주는 준단을 받으면 즉시 화물을 본 선박에 싣는다. 관청에서 그 화물을 검사하려고 하는 경우 화주는 감히 거절하지 못한다.

제6칙 이후 조선국 항구에 거주하는 일본 인민은 양미(糧米)와 잡곡을 수출, 수입할 수 있다.

제7칙 항세(港稅), 연외장(連桅檣) 상선 및 증기(蒸氣) 상선의 세금은 5원(圓)이다(모선에 부속된 각정(脚艇)은 제외한다).

제8칙 조선국 정부나 인민들이 지정된 무역 항구 외의 다른 항구에서 각종 물건을 운반하려고 일본국 상선을 고용할 때, 고용주가 인민이면 조선국 정부의 준단을 받은 후에야 고용할 수 있다.

제9칙 일본국 선척이 통상을 승인하지 않은 조선국 항구에 도착하여 사사로이 매매할 경우에는 해처(該處) 지방관이 조사하여 부근의 관리관에게 교부한다. 관리관은 모든 돈과 물품을 일체 몰수하여 조선국 관청에 넘겨준다.

제10칙 아편과 담배의 판매를 엄격히 금지한다.

제11칙 양국에서 현재 정한 규칙은 이후 양국 상인의 무역 형편 여하에 따라 각 위원이 수시로 참작해서 협의하여 개정할 수 있다. 이를 위해 양국 위원이 각각 날인하면 그 날부터 준행한다.

조선 정부는 조일무역규칙을 개정하기 위하여 새로운 통상장정을 체결하고자 하였고, 동 규칙이 체결되고 4년 뒤 무렵인 1881년 11월 수신사 조병호가 35개 조항의 통상장정안(通商章程案)을 가지고 일본 정부와 접촉하였다. 하지만 일본은 조선 국왕이 협상을 위해 조병호를 수신사로 파견한다는 국서(國書)를 송달했음에도 불구하고 위임장(委任狀)이 없다는 이유로 교섭에 응하지 않았다.

1882년 5월, 조선은 미국과 14개 조항의 조미수호통상조약(朝美修好通商條約)을 체결하였고, 동 조약 제5관은 조선에서 무역을 하고자 하는 미국 상인과 상선은 입출항하는 모든 화물에 세금을 내도록 규정하였고, 수세권(收稅權)은 조선이 자주적으로 행사하도록 되어 있었다. 이로써 일본은 더 이상 무관세무역을 주장할 수 없게 되어 1882년 5월 하나부사 요시타다(花房義質) 공사를 조선에 파견하여 통상조약에 관한 협상을 시작하였다. 하지만 같은 해 6월에 임오군란[85]이 일어나 협상이 중단되었다.

임오군란이 진압된 이후, 조선과 일본은 통상협상을 재개하였지만 당시 전국적으로 일고 있는 반일감정에 부딪쳐 일본은 조선주재 미국 공사에게 알선을 의뢰하였다. 이에 신임 다케조에 신이치로(竹添進一郎) 일본 공사는 조선 정부의 재정고문인 묄렌도르프(P. G. von Mellendorff)의 협력을 받아 거의 1년간 중단되었던 조일통상회담을 열었다. 십여 일의 협상을 거쳐 1883년 7월 25일 42개 조항의 조일통상장정(朝日通商章程)이 체결되었다. 통상장정의 주요내용은 아편수입 금지(제31관), 천재 · 변란으로 인해 식량부족의 우려가 있을 때의 방곡령(防穀令)[86] 선포(제37관), 관세 및 벌금을 조선 화폐로 납입(제40관), 일본 상민에 대한 최혜국대우(最惠國待遇)[87] (제42관), 장정의 유효기간 5년(제42관) 등이다.

1883년 체결된 조일통상장정은 조선과 일본 간에 맺어진 통상관계 전반을 규정한 통상조약이다. 통상장정은 근대경제에 대한 지식이 전무한 상태에서 1876년 맺어진 조일무역규칙(朝日貿易規)의 부당함을 뒤늦게 깨달고, 이를 개정하기 위해 조선 정부가 심혈을 기울인 외교적 노력의 결실이다.

---

85) 임오군란은 1881년 신설된 신식군대(별기군)와의 차별대우에 불만을 품은 구식군대가 1882년 6월 일으킨 군변(軍變)이었으나 점차 민씨 정권에 대한 저항과 일본세력을 배척하는 운동으로 전개되었다. 이에 조선 정부는 군변을 진압하기 위해 청나라에 원병을 요청하였고, 이로써 청나라군은 군변 진압 이후에도 한성에 진주할 수 있게 되었다.

86) 방곡령은 식량난을 해소하기 위해 곡물의 수출을 금지하는 명령이다.

87) 최혜국대우(most-favored-nation treatment)는 통상 및 항해조약 등에서 한 나라가 어떤 외국에 부여하고 있는 가장 유리한 대우를 상대국에도 부여하는 것으로 최혜국대우는 통상 및 항해조약에 규정된다.

조일통상장정과 함께 관세부과에 관한 시행세칙인 조일통상장정세칙(朝日通商章程稅則)이 동시에 조인되었다. 세칙은 매우 복잡하기 때문에 수록하지 않았다. 통상장정 체결로 조선은 관세권(關稅權)을 회복하고, 양곡에 대한 방곡으로 양정권(糧政權)[88]을 수호할 수 있게 되었으며, 무질서한 일본의 무역활동을 제도적으로 규제할 수 있게 되었다. 하지만 동 장정 제41관에 일본 어민의 조선 연안에서의 어업권을 허용하는 규정이 있다.

어업분야에서는 1883년 7월 25일 체결된 조일통상장정 제41관을 조선이 일본 메이지정부와 수교한 이래 양국 간에 조인된 최초의 어업규정으로 보고 있다. 일부에서는 동 장정과 함께 조인된 조일통상장정세칙(朝日通商章程稅則)을 합하여 재조선일본인민통상장정 및 해관세칙(在朝鮮日本人民通常章程 竝 海關稅則)으로 부르기도 하는데 이 장정과 세칙의 공식명칭은 조일통상장정과 조일통상장정세칙임을 밝혀둔다.

앞에서 서술한 조일통상장정이 체결된 이면의 역사를 언급하지 않고, 일본 어민이 조선 연안에서 어업을 하게 된 부분만을 부각시켜 조일통상장정을 1910년 한일합방에 앞선 한일어업협정으로 사실상 어업합병이라고 주장하기도 한다.[89] 또한 1876년 체결된 조일무역규칙의 불평등한 무관세무역을 규정을 시정하기 위해 일본 수출입품에 5~10%의 관세를 부과하는 대신 조선 연해에서 일본인의 어업권을 허용하게 되었다고 주장하기도 한다.[90] 1883년 조일통상장정이 체결될 당시 조선 어업의 영세한 규모를 고려한다면 당시 조선 정부는 국익을 위해 다시 말해 국내시장을 보호하고 재정수입을 확보할 수 있는 유력한 수단인 관세권을 확보하기 위해 어업을 희생시킨 것을 충분히 이해할

---

88) 양정권은 양곡(糧穀)에 관한 정책권 또는 행정권이다. 1876년 개항 이후 일본으로 미곡수출이 증대되어 곡물가격이 상승하고, 곡물의 품귀현상까지 일어났다. 여기에 흉년이 겹치게 되어 일부 지방에서는 식량부족이 우려되는 심각한 상황까지 몰리게 되었다. 하지만 당시 조선으로서는 곡물의 유출을 저지할 조약상의 명분이 없었다. 조일통상장정 체결되어 조선 정부는 한발, 수해, 병란 등으로 국내식량부족이 염려될 때 1개월 전에 사전에 통보하고 방곡을 실시할 수 있다는(제37관) 제한적인 법제적인 장치를 가지게 되었다. 함경도와 황해도에서 내려진 방곡령과 관련하여 뒤에 일본과 무역마찰을 빚기도 하였다.

89) 장수호, '조선시대 말 일본의 어업 침탈사', 2011년, 블루앤노트

90) 한규설, '어업경제사를 통해 본 한국어업제도 변천의 100년', 2001년, 선학사

수 있다.

조선은 조일통상장정을 체결하기 일 년 전에 중국과 8개 조항의 조중상민수륙무역장정(朝中商民水陸貿易章程)을 1882년 8월 23일 에 체결하였다. 동 장정 제3관에서 조선의 평안도(平安道), 황해도(黃海道)와 중국의 산동(山東), 봉천(奉天) 등 성(省)의 연해지방에서 양국의 어선들이 내왕하면서 어업활동을 할 수 있다고 하여 청나라 어민의 조선 입어권(入漁權)을 인정하였다.

개항 전후부터 일본 어민들은 조선 연안에 침입하여 통어(通漁)라는 명목으로 불법어업을 하고 있었으며, 이들의 불법어업은 점차 자원을 마구 잡는 남획으로 이어져 일부 어장은 황폐화가 우려되는 상황까지 되었다. 일본 어민의 무분별한 어업행위로 조선 어민의 피해가 속출하였다. 일본 측 입장에서 보면 무관세무역이라는 절대이득을 보장하는 무역규정을 마지못해 개정하는 상황에서 전년에 맺어진 조중상민수륙무역장정에서 조선이 청나라 어민의 어업권을 허용한 규정을 참고하여 조일통상장정 제41관에 제한된 구역에서 일본 어민의 어업권을 보장받을 수 있는 조항을 삽입하였다고 볼 수 있다. 이는 역사적으로 일본 어민에게 어업권을 인정한 두 번째 사례이다. 첫 번째는 1441년(세종 23년) 대마도도주의 간청에 따라 고초도(孤草島)[91]에서 일본 어민의 어업을 허락한 것이었다.[92]

---

91) 조선 전기에 거문도를 고도(孤島) 또는 초도를 포함하여 고초도라 하였다.

92) 조선왕조실록 세종 94권 영의정 황희, 좌찬성 하연, 우찬성 최사강, 병조판서 정연, 예조판서 김종서, 우참찬 이숙치 등이 의논하기를 "장성(長城)의 역사(役事)는 비록 수십 년에 이를지라도 마치기를 기약할 수 없는데, 도적이 만약 허술한 틈을 타서 갑자기 들어오면 죽거나 사로잡힘을 당할 것이오니, 먼저 석보(石堡)를 쌓은 뒤에 점차로 장성을 쌓음이 적당하옵니다. 왜인이 고기 잡기를 청하는 일에 이르러서는 지극한 심정에서 나왔으므로, 비록 허락하지 아니할지라도 몰래 숨어 내왕하면서 그 이익을 취하여 다함이 없을 것이오니 본국에서 비록 알지라도 어떻게 금제하오리까. 만약 금제하고자 하면 반드시 변경에 틈이 생길 것이오니 허락하여 그 은혜를 베푸는 것만 같지 못하오며, 또 약속을 정하여 왕래를 조절함이 편리할 듯하옵니다. 지세포(知世浦)는 바로 왜선(倭船)이 왕래하는 요충지(要衝地)이므로 지혜와 용맹이 있는 자를 골라서 만호로 삼고, 종정성과 더불어 약속하기를 '너희들의 생활이 곤란하고, 또 두세 번 청하기로 고초도에서 고기 잡기를 청하는 일을 허락하고자 하니 모름지기 배의 대소(大小)를 구분하여 문인(文引)을 주어 내왕하게 하고, 지세포에 세(稅)를 바치며, 만약 문인이 없거나 또 세를 바치지 아니하면 논죄(論罪)하여 세를 징수하겠다'고 함이 적당하옵니다."하고, 우의정 신개는 논의하기를 "신의 뜻도 황희 등의 의논과 같사오나, 왜인이

조일통상장정 제41관에는 일본 어선은 조선의 전라도, 경상도, 강원도, 함경도 4개 도(道)의 연해에서의, 조선 어선은 일본국의 히젠(肥前), 치쿠젠(筑前), 이시미(石見), 나가도(長門), 이즈모(出雲), 쯔시마(對馬島) 연해에서의 어업을 허가하는 것으로 되어있다. 표면적으로는 일본 어민이 조선 연안에서 조업하는 것뿐만 아니라 조선 어민이 일본 연안에서 조업하는 것을 허용하고 있으므로 상호주의원칙에 입각한 것으로 보인다. 하지만 조선은 오랜 왜구의 침입으로부터 어민과 연안지방을 보호하기 위해 어민의 조업수역을 제한하여 왔기 때문에 당시 조선 어민은 근해어업에 진출하지 못하고 있었다. 이 부분에 대해 일본 측은 이 장정의 내용은 평등조약이나 당시 조선 어민들은 일본 근해에 출어할 능력이 없었고, 출어능력이 있는 일본 어민이 조선 연해에 출어하여 결과적으로 일방적인 불평등조약이 되었다고 한다.[93] 이 주장에 의하면 당시 조선의 어업은 소규모 무동력선을 이용한 연안해 중심의 생계형으로 영세성에서 벗어나지 못하고 있었으며, 그때까지 조선 어민은 근해어업에 진출하지 못했다는 것을 시사한다. 하지만 당시 조선 어민의 입장에서 보면 조선 연안의 우수한 어장(漁場)을 두고, 멀리 일본으로 출어하여 조업할 이유가 없었다. 이는 당시 조선은 자국 연안의 풍부한 수산자원을 제대로 활용하지 못하고 있었다는 말로도 해석될 수 있다.

조일통상장정 제41관은 또한 조선이 일본 어민의 조선해역에서 어업을 허용하는 대신 일본 어민들은 조선 정부에 어세(漁稅)를 납부하도록 규정하고 있다.

고기 잡기를 청하는 일에 이르러서는, 신이 망령되게 생각하기를 대마도는 본시 우리나라 땅이온데 고려의 말기에 기강(紀綱)이 크게 허물어져서 도적을 금하지 못하여 드디어 왜적의 웅거하는 바가 되었사온데, 만약 이 청을 허락하오면 저들이 반드시 고초도를 그들의 땅으로 만들고, 혹 와서 사는 자가 있을 것이오니, 오랜 세월을 지나면 본국에서 무슨 연유로 다투오리까. 생각하오면 가히 한심스럽습니다. 마땅히 왜인에게 효유하기를 '고초도는 우리나라 영토인데, 너희들이 어찌 감히 마음대로 왕래하면서 고기를 잡겠느냐'고 하여, 마땅히 이처럼 대의(大義)를 들어서 깨우쳐 말할 것이오며, 가볍게 승낙할 수 없습니다. 저들이 비록 몰래 숨어서 왕래할지라도 매양 고기 잡을 때를 당하여 병선(兵船)을 나누어 보내어 수색해 잡아서 적선(賊船)으로 논죄(論罪)하면 저들이 어찌 감히 내왕하여 그 위력을 범하오리까. 이렇게 하오면 우리나라의 위엄이 크게 떨쳐서 저들이 감히 방자하지 못할 것이오니, 신은 허락치아니함이 적당할까 하옵니다"하였으나 임금이 황희 등의 말에 따랐다.

93) 二野瓶德夫, 新納豊, '朝鮮出漁' (日本史大事典 4), 1993년, 平凡社

다만 어세 및 기타 세목은 양국이 추후 재합의하여 정하기로 하였다. 하지만 당시 조선은 조선해역에서 조업하는 일본 통어자들을 체계적으로 관리할 능력이 부족했고, 일본 통어자들은 장정에 명기된 규정을 준수할 준법정신이 부족하였기 때문에 이 조항의 실효적 효과를 기대하기 어려웠다. 조일통상장정, 정확하게 동 장정 제41관으로 조선에 대한 일본의 어업 침투가 본격화된 것은 사실이다. 또한 일본에게 조선해역에서의 어로권을 정식으로 허용하였기 때문에 일본이 어업을 통해 조선을 경제적으로 침탈할 수 있게 한 외교적 근거가 되었다는 것도 사실이다.

조일통상장정(朝日通商章程)

제1관 일본 각 상선(商船)이 조선국 통상 항구에 들어오면 즉시 해관(海關)에서 파견한 관리가 갑판의 승강구 및 화물을 실은 다른 곳을 봉쇄하고 잘 관압(管押)한다. 상선에서는 그 관원을 잘 접대하여 그가 거주할 방을 마련해 준다. 내줄 방이 없어 해(該) 관원이 관정(關艇)이나 혹은 해안에서 편리에 따라 거주하도록 맡겨둘 때에는 거기에 드는 일체의 비용을 모두 해관에서 지불하고, 선주(船主) 및 상인의 대리인에게 조금이라도 사적으로 받을 수 없다. 일본의 구식 범선(帆船)에 실은 화물을 관압하는 방법에 대해서는 해관세무사(海關稅務司)에서 일본 영사관(領事官)과 함께 취급 방법을 협의하여 시행한다.

제2관 일본 상선이 조선국의 통상 항구에 들어올 때에는 해(該) 선장 혹은 그 대판인(代辦人)이 선패(船牌)와 화물 목록을 일본 영사관(領事官)에게 제출하고 영수증을 받은 다음 입항하여 밟아야 할 절차를 밟고, 닻을 내린 시각으로부터 48시간 【일요일과 공무를 보지 않는 날은 계산하지 않는다. 이하 각관(各款)에서 시각을 말한 것은 다 이와 같다.】 내에 그 영수증과 입항 통관 신고서, 적하 목록(積荷目錄), 선상에서 쓰는 물건 및 모든 면세 물건의 【상품이 아닌 물건을 가리킨다.】 명세서를 해관에 제출한다. 이 규정을 준수하지 않을 경우에는 해(該) 선장에게 동전 3만 문(文)을 벌금으로 물린다. 그래도 규정을 잘 준수하지 않을 때에는 그 시한으로부터 매 24시간마다 위의 액수와 같은 벌금을 물린다. 단 10만 문을 초과할 수 없다. 본관(本款)에 기록된 입항 통관 신고서에는 선명(船名), 톤수 【혹은 석수(石數)】, 선장의 성명, 선원들의 총 인원수, 선객의 성명과 총 인원수, 출항한 항구명, 배가 떠난 연월일 및 입항 연월일과 시각을 상세히 기재한 뒤 선장 혹은 그 대판인이 기명(記名)을 하고 화압(畵押)한다. 적하 목록에는 실은 화물의 검인 호수, 건수, 화물명 및 화주(貨主)의 성명을 명백하게 밝히고 확실함을 보증하여 선장 혹은 그 대판인의 기명을 하고 화압한다. 선상에서 쓰는 물건 및 면세 물건의 각 명세서도 선장 혹 그 대판인이 기명을 하고 화압해야 한다. 단, 각 통관 신고서 및 각 문건들은 모두 일본어로 쓰고 번역문을 붙이지 않는다.

제3관 적하 목록의 기재에 빠졌거나 잘못된 것이 있으면 입항하여 처리해야 할 여러 가지 절차를 밟은 다음 24시간 안에 보충, 개정을 허가한다. 이 시한이 지날 경우 보상금 7,000 문을 바치지 않고서는 보충, 개정을 청할 수 없다. 또 혹 이 시한이 지났음에도 오탈(誤脫)이 있음을 모르고 해안에 화물을 내릴 경우에는 그 화물 액세(額稅)의 2배에 해당하는 벌금을 선장 혹은 대판인에게 물린다.

제4관 입항하여 밟아야 할 여러 가지 절차를 규정대로 수속했을 때 즉시 해관세무사(海關稅務司)에서 승강구를 여는 허가증을 발급한다. 선장은 승강구를 여는 허가증을 가지고 본선을 간수(看守)하는 관리에게 주어 검열을 받고, 승강구와 따로 화물을 실은 곳의 봉인을 뜯을 것을 청한다. 봉인을 마음대로 뜯었을 때에는 누가 뜯었든 간에 해(該) 선장에게 3만 문의 벌금을 물린다.

제5관 입항한 화물을 해안에 내리려 하거나 출항할 화물을 배에 실으려고 할 때에는 먼저 적치화물 명세서(置貨單)를 【적치화물 명세서라고 하는 것은 화물 적치의 연월일, 지명 및 원가, 포장비, 세금으로 공제한 돈, 보험비, 운임, 기타 각 항의 비용을 상세히 기재한 후 매주(買主) 혹 화주, 혹은 선적품의 본주(本主)나 그 대판인이 기명을 하고 도장을 찍은 것을 말한다.】 하선품 명세서 혹은 선적품 서류에 첨부하여 해관에 제출하면 해관에서는 즉시 허가증을 발급한다. 화물을 싣거나 부릴 때에는 먼저 이 허가증을 본 선을 간수하는 관리에게 넘겨주어 검열을 받아야 하며, 화물을 다른 배에 옮겨 실을 때에도 이 예에 따른다. 하선과 선적의 각 물품 명세서에는 입출항하는 선명 및 그 화물의 검인 번호와 화물의 이름 등을 다 명백하게 기록하는 동시에 세금을 납부해야 할 화물을 결코 감춘 것이 없음을 보증하여 품주(稟主) 혹은 그 대판인이 기명을 하고 화압한다.

제6관 일몰에서 일출까지 해관에서 화물을 하선, 선적하거나 혹은 다른 배에 옮기라고 특별히 허가하지 않은 것에 대해서는 해관 관리는 일몰에서 일출까지 승강구 및 따로 화물을 적재해 둔 곳을 봉쇄하고 면밀하게 관압한다. 해원(該員)의 허가를 거치지 않고 봉쇄를 열거나 관압한 곳을 파괴하는 일이 있을 때에는 해(該) 선장에게 3만 문의 벌금을 물린다.

제7관 해관의 허가증을 받지 않고 화물을 하선, 선적하거나 혹은 다른 배에 옮겨 싣거나 또는 해관의 허가를 거치지 않고 마음대로 지정한 부두 이외의 장소에서 화물을 싣고 내리는 경우에 모두 그 화물을 관에서 몰수한다.

제8관 모든 일본 인민은 각 통상 항구에서 편리에 따라 조선의 차부(車夫)와 선부(船夫)를 고용하여 화물을 운반하고 선객을 싣고 오갈 수 있으며, 조선 관리는 결코 간섭할 수 없다. 또 어느 배 어느 사람으로 한정할 수 없다. 일본 상인이 고용에 어려움이 있을 때에는 해관에 제기하고 해관에서는 잘 보살펴 주어야 한다.

제9관 입항하거나 출항하는 각 화물이 해관을 통과할 때는 응당 본 조약에 첨부된 세칙(稅則)에 따라 관세를 납부해야 한다. 배 안에서 자체로 사용하는 각종 물건을 육지에 내다 팔 때에는 세칙에 따라 세금을 납부한다. 다만 종가세(從價稅)는 그 화물의 산지나 제조한 지방의 실제 가격과 그 지방으로부터 운반해온 비용, 보험비 및 배당금 등 각종 비용을 합산하여 원가를 정하고 그 정칙(定則)의 세금을 징수한다.

제10관 납부한 세은(稅銀)이 너무 많거나 혹은 너무 적은 경우에 납세한 날로부터 30일이 경과하지 않았을 경우 해관에서는 부족한 액수를 추징할 수 있고, 세납자도 더 납부한 금액을 되돌려달라고 요구할 수 있다. 또 실은 화물의 포장이 작아졌거나 혹은 손괴(損壞)된 것을 발견하고 더 바친 세금을 돌려달라고 요구하는 경우에 해관을 통과한 것이면 허가하지 않는다.

제11관 해관 관리는 입항하거나 출항하는 화물에 대하여 전부 혹은 그 가운데 한두 가지를 사험국(査驗局)에서 검사할 수 있으며, 화물을 운반하는 데 드는 비용은 화주가 부담한다. 그러나 통상적으로 화물을 검사하는 데가 아닌 곳에 운반해 놓았을 경우에는 그 비용은 해관에서 내야 한다. 해관 관리는 화물을 주의해 다루어 손괴를 방지해야 한다. 주의하지 않아 손괴되었을 경우에는 해관에서 배상해야 한다. 검사한 다음에는 그 화물을 잘 포장하여 시간을 허비해서는 안 된다.

제12관 해관 세무사에서 입출항 화물의 화주가 말한 가격이 부당할 때에는 해관의 간화인(看貨人)이 인정하는 가격에 따라서 관세를 징수할 수 있다. 화주가 불복할 때에는 24시간 안에 불복하는 연유를 해관 세무사에 상세히 통보하고, 해관 세무사에서는 즉시 화주에게 스스로 값을 매길 사람을 선택하게 하고, 그 매긴 가격을 다시 통보하게 한다. 해관 세무사에서는 다시 값을 매겨 통보한 가격에 의하여 세금을 징수거나 매긴 값에 100분의 5를 더하여 그 화물을 수매한다. 다만 화물을 수매하는 경우에는 재 통보한 날로부터 5일 안에 그 값을 청산해야 한다.

제13관 입항한 각 화물 가운데서 도중에 손괴된 것이 있을 경우 입항 화물의 화주가 그 사유를 해관에 보고하고, 성실한 간화인 2명 이상을 택하여 손해 본 것이 얼마나 되는가를 조사하여 각 물건의 검인 번호와 그 손해가 얼마인가를 장부에 적고 간화인이 화압하여 하선 명세서와 함께 해관에 제출하여 관세를 감해 달라고 청한다. 이러한 일을 당했을 경우에도 제12관의 규정에 의하여 화물을 보고 가격을 매겨도 무방하다.

제14관 하선, 선적한 각 화물의 명세서 내에 기입되지 않은 물건을 화물 가운데 숨겨두고 탈세하려고 시도하는 자는 그 물건을 몰수한다. 또 화물의 종류, 건수, 무게 등을 허위로 보고하거나 혹은 납세해야 할 물건을 면세물 목록에 섞어 넣어 탈세하거나 감면받으려고 시도하는 자는 납부해야 할 관세 외에 탈세하거나 감면받으려고 시도한 액수의 5배를 벌금으로 징수한다.

제15관 선원과 여객들이 사적으로 쓸 물건을 싣거나 내릴 때에는 굳이 해관의 허가증을 받을 필요가 없다. 다만 해관 관리가 각 물건을 검사하여 세금을 납부해야 할 물건이 있거나 너무 많아 그들이 사용하는 물건으로 인정할 수 없을 때에는 세칙에 의하여 납부해야 할 세금을 징수할 수 있다. 행리(行李) 가운데 금지된 물건을 숨기고 있을 때에는 그 물건은 몰수하고, 아편에 대해서는 제36관에 근거하여 처리한다.

제16관 일본 흠차서(欽差署) 소용의 각 물건은 모두 관세를 징수하지 않으며 검사를 하지 않는다.

제17관 모든 폭발 물질이나 혹은 위험 물질을 싣고 내릴 때에는 미리 한 곳을 정해놓고, 그곳 외에 다른 데서 싣고 내리는 것을 허가하지 않는다.

제18관 조선국 통상 항구에 들어와 관세를 완납한 각 화물을 조선국 각 처로 운송하는 것은 모두 운반세 및 내지(內地)의 관세와 기타 일체의 세금을 징수하지 않는다. 또 조선 각 처에서 통상 항구로 운송하는 화물도 운반세, 내지 관세 및 기타 일체의 세금을 징수하지 않는다.

제19관 입항한 각 화물을 관세를 완납하고 다시 다른 항구로 운반하려고 할 때에는 해관에서 조사하여 뜯어보았거나 바꿔치기 했거나 더 집어넣은 흔적이 없이 원래 모양으로 있으면 관세를 완납했다는 증서를 발급해 주어야 한다. 다른 항구의 해관에서 그 화물을 증서와 대조하여 서로 맞으면 입항세(入港稅)를 다시 징수하지 않는다. 조사하여 화물을 바꿔치기 했거나 더 집어넣은 폐단이 있을 경우 바꿔치기 하고 더 집어넣은 화물에 따라 납부해야 할 세금을 징수하는 외에 그 세금의 5배에 해당하는 액수를 벌금으로 물린다.

제20관 입항한 각 화물을 화주가 영수한 뒤 되돌려 보내겠다고 하는 경우에는 해관에서 검사하여 입항 화물이라는 근거가 있으면 출항세(出港稅)를 납부하지 않고 되돌려 보내는 것을 허가한다.

제21관 일본 상선이 조선국 통상 항구로 다시 실어온 조선국 토산물에 대해서는 처음에 출항하던 때와 비교해서 성질과 양식(樣式)이 바뀌지 않았고, 출항한 날로부터 3년이 경과하지 않았을 경우, 또 출항 때에 받은 선적 서류가 화주에게 있어서 그것이 조선국 토산물임을 증명할 때에는 면세로 통관하는 것을 승인한다.

제22관 조선국 연해에 운송 수단이 충분치 못하므로 일본국 상선은 어느 나라 물건이든 관계없이 각 통상 항구에 싣고 다닐 수 있다. 다만 각 통상 항구에서 사들인 조선국 토산물을 조선국의 다른 통상 항구에 운송할 때에 그 화물의 출항세에 해당하는 돈을 저당해두거나혹은 그 돈을 담보할 보증인을【세무사에서 인정하는 사람】선택하여 보증서를 받아 출항할 해관에 맡겨두고 다른 통상 항구에 가서 하선할 때에 그 항구의 해관에서 하선했다는 증명서를 청구하여 가지고【단, 입항세는 납부하지 않는다.】출항한 날로부터 6개월 안에 출항한 해관에 제출하고, 처음에 맡겨둔 돈이나 증명서를 돌려달라고 요구한다. 화물을 운반한 배가 그것을 잃어버렸을 때에는 출항한 날로부터 1년 내에 잃어버렸다는 것을 증명하는 일본 영사관(領事官)의 증서를 당 해관에 제출하여 해당 증서를 대신한다. 조선의 선척이 충분해질 경우 조선국의 이 항구의 화물을 저 항구로 운반해 가는데 다른 나라의 선척을 사용하지 않을 것이다.

제23관 통상 항구의 해관에서 화물을 취급하는 곳에 조선 정부에서 창방(廠房:공장)을 짓고 또 잔방(棧房 : 창고)을 지어 입출항하는 각종 화물을 보관하는 데 편리하게 해야 한다. 잔조(棧租)와 기타 각종 문제는 따로 장정(章程)을 협의하여 시행한다.

제24관 입항한 각종 화물에 관세를 납부하지 않고 해관의 잔방에 보관해두려고 하는 경우 잔방 장정에 따라 해관 세무사의 허가를 신청해야 한다. 이 규정을 준수하고 그 화물을 일본국에 운송하려고 하는 경우에는 즉시 출항하도록 허가한다. 혹 관세를 완납하고 화물을 해(該) 잔방에서 곧바로 운송해 가려고 하는 때에는 완납한 세금을 돌려준다. 다만 화주가 영수하였을 때에는 제20관의 기재에 의해 처리한다. 다만 조선 정부에서 잔방을 설치하기 이전에는 비록 화주가 영수한 뒤라 하더라도 조사하여 원상태로 포장되어 있을 때에 해관에서는 납부한 세금을 돌려주고 다시 실어가도록 허가한다. 1년이 경과한 것은 제20관에 의하여 처리한다.

제25관 일본 상선이 수리로 인하여 화물을 하선하는 경우에는 그 화물에 대하여 관세를 납부하지 않고 해안에 부려서 해관 관할의 창방이나 잔방에 보관하였다가【단, 잔조(棧租) 및 일체 소요되는 비용은 선장이 지불한다.】 수리가 끝난 뒤 선적할 수 있다. 그 화물을 파는 경우에는 관세를 납부해야 한다. 조선 근해에서 파괴된 선척의 자재와 도구 및 선상에서 쓰던 물건을 파는 경우에는 입항세를 면제한다.

제26관 출항하려는 일본 상선은 닻을 올리기 전에 선장이나 그 대판인이 출항 보고서와 출항 적하 목록을 해관에 제출하고, 영사관이 발급해주는 선패(船牌)와 화물 목록의 영수증을 수령하고 출항 허가증을 수령하여 즉시 출항한다.

제27관 이미 출항 절차를 밟은 선척이 사정이 있어 다시 화물을 부리거나 실으려고 할 때에는 밟아야 할 입항 절차를 다시 밟아야 하고, 출항할 때에도 출항 절차를 밟아야 한다. 이미 출항 절차를 밟고 출항할 때가 되었음에도 불구하고 아직 닻을 올리지 못하였을 때에는 선장이나 그 대판인이 그 사유를 해관에 보고하고 허가를 받아야 한다.

제28관 선장이 출항 허가증을 받으려고 할 때에 해관의 각 장정을 위반한 사건들을 아직 심판하지 못한 것이 있을 경우에는 해관에서 허가증을 발급하지 않는다. 다만 영사관이 선장에게 명하여 보증인을 세우거나 보증금을 낸 뒤 해관 세무사에 통지하면 즉시 출항 허가증을 발급한다.

제29관 우편선은 입항과 출항 절차를 같은 날, 또는 같은 시각에 한번에 밟을 수 있다. 입항시의 적하 목록은 해당 항구에서 하선한 것과 다른 배에 옮겨 실은 화물에 대해서만 기록하고 다른 것은 기록할 필요가 없다. 출항시의 적하 목록을 선장이 제출할 수 없을 경우 우편선 공사(公司)의 대판인이 출항 후 3일 안에 제출할 수 있다.

제30관 선상에서 필요한 각종 물건을 사기 위하여, 혹은 재난을 피하기 위하여 조선 통상 항구를 통과하는 일본상선이나 어선은 입항 및 출항시에 밟아야 할 절차를 밟을 필요가 없다. 정박한 지 24시간이 경과한 때에는 그 사유를 해관에 보고해야 한다. 무역을 할 경우에는 제2관의 규칙에 따라 처리해야 한다.

제31관 조선 정부에서는 앞으로 각 통상 항구의 구내를 수축하고, 등탑(燈搭)과 부표(浮標)를 건설해야 하며, 통상 항구에 오는 일본 상선은 톤세[船鈔]로 톤당 225문을 납부하여 그 유지비로 충당해야 한다. 【단, 몇 석(石)을 실은 선박인가 하는 것은 일본의 6석 5말 5되를 1톤으로 환산한다.】 톤세를 바쳤을 때에는 즉시 해관에서 전조(專照:이중 과세 면제 증서) 발급하여 4개월을 한도로 하여 그 기간 내에는 마음대로 조선의 각 통상 항구에 가더라도 다시 톤세를 납부하지 않는다. 또 입항한 상선이 하선하지 않고 다른 곳으로 가려고 할 때에는 이틀 안에 출항하는 경우 톤세를 내지 않아도 된다. 단, 비바람을 만나거나 안개가 몹시 끼어 출항할 수 없을 경우에 공동으로 협의하여 그 사유를 해관에 보고하여야 한다. 단, 어선은 톤세를 납부하지 않는다. 다른 나라 상선이 많이

올 때에는 항구를 수축하고 등탑과 부표를 세우는 비용으로 다시 톤세를 개정할 수 있다.

제32관 화물을 싣지 않은 군함과 일본국 관선(官船)이 조선국의 통상 항구에 왔을 때에는 입항 및 출항 절차를 밟지 않아도 되고, 또 선세를 납부하지 않으며 해관 관리가 간수하지 않아도 된다. 사용하지 않는 물건을 부려놓고 파는 경우에는 매주(買主)가 해관에 보고하고 세금을 납부해야 한다.

제33관 일본국 상선이 조선국의 통상하지 않는 항구에서 몰래 매매를 하거나 혹은 몰래 매매를 하려고 시도한 경우에는 조선 정부가 그 상품과 그 배에 싣고 있는 각 상품을 몰수하고, 선장에게 50만 문의 벌금을 물린다. 다만, 풍랑을 피하기 위해서거나 혹은 필요한 석탄, 물, 음식물을 구하기 위해서 일시 항구에 정박하였을 경우에는 이 규례를 적용하지 않는다.

제34관 조선국 정부나 혹은 인민이 화물과 인원 등을 통상하지 않는 항구에 운송하려고 할 때에는 일본 상선을 고용할 수 있다. 단, 그 고용주가 인민일 경우에는 조선 정부의 허가증을 수령하고 고용해야 한다.

제35관 본 장정에 기재된 벌금 및 몰수, 그 밖의 벌칙(罰則)에 관련된 안건은 해관 세무사의 고소에 의하여 일본 영사관이 심판한다. 단, 징수한 벌금 및 몰수한 물건은 모두 조선 정부에 귀속한다. 조선 관리가 압류한 각 물건은 해당 관리가 일본 영사관과 함께 봉하고 도장을 찍어 그대로 해관에 두고 판결을 기다린다. 영사관이 처벌할 것이 없다고 판결한 경우 그 각 물건들을 영사에게 넘겨 화주에게 돌려준다. 조선 관리가 의견이 맞지 않아 응소(應訴)할 재판소에 항고할 때에는 화주는 그 화물 값을 영사관에게 맡겨두고 판결을 기다린다. 압류한 물건이 부패되는 물건이거나 변질되는 물건이거나 위험한 물건일 경우에는 그 대금은 영사 아문에 맡겨두고 화물은 원주인에게 돌려준다.

제36관 아편을 항구에 들여오는 것을 엄격히 금지한다. 아편을 몰래 운반하거나 몰래 운반하려고 시도하였을 때에는 그 화물을 몰수하고, 몰래 운반한 총 숫자에 근거하여 매 1근(斤)에 7천 문의 벌금을 징수한다. 다만, 그것이 조선 정부에서 쓸 것이거나 일본 거류민들이 약을 만드는 데 필요한 것으로서 일본 영사관이 그 사실을 보증하고 항구에 들여온 것은 이 제한을 받지 않는다.

제37관 조선국에서 가뭄과 홍수, 전쟁 등의 일로 인하여 국내에 양식이 결핍할 것을 우려하여 일시 쌀수출을 금지하려고 할 때에는 1개월 전에 지방관이 일본 영사관에게 통지하여 미리 그 기간을 항구에 있는 일본 상인들에게 전달하여 일률적으로 준수하는 데 편리하게 한다. 【현재 제반 수출입 양곡은 모두 100분의 5를 과세한다. 조선에서 재황(災荒)으로 식량이 모자라 쌀을 수입하려고 할 경우에는 그때에 가서 면세를 통지한다. 일본에서 재황으로 식량이 모자라 쌀수출을 요구할 때에도 역시 그때에 가서 면세를 통지한다.】

제38관 크고 작은 함포, 각종 탄알, 화약, 뇌분(雷粉), 기타 일체의 군기(軍器)는 조선 정부 혹은 조선 정부에서 군기 구매를 허가한 조선 사람을 제외한 다른 조선 인민에게 파는 것을 허가하지 않는다. 비밀리에 파는 자가 있을 때에는 화물을 몰수한다.

제39관 크고 작은 함포, 각종 탄알, 화약, 뇌분(雷粉), 기타 일체의 군기(軍器)는 조선 정부 혹은 조선 정부에서 군기 구매를 허가한 조선 사람을 제외한 다른 조선 인민에게 파는 것을 허가하지 않는다. 비밀리에 파는 자가 있을 때에는 화물을 몰수한다.

제40관 본 장정에서 정한 세금과 벌금은 조선 동전으로 납부해야 한다. 혹 일본 은화(銀貨)를 시가에 따라 바꾸어 쓸 수 있으며, 멕시코 은화가 일본 은화와 가치가 같을 때에도 역시 바꾸어 쓸 수 있다. 제2, 제3, 제4, 제6, 제33관 등 각 관 안에 실려 있는 벌금과 소정 수수료는 500톤 이하의 상선에 대해서 2분의 1을 징수하고, 50톤 이하는 4분의 1을 징수한다.

제41관 일본국 어선은 조선국의 전라도(全羅道), 경상도(慶尙道), 강원도(江原道), 함경도(咸鏡道) 네 도(道)의 연해에서, 조선국 어선은 일본국의 히젠(肥前), 치쿠젠(筑前), 이시미(石見), 나가도(長門)【조선해에 면한 곳】, 이즈모(出雲), 쯔시마(對馬島)의 연해에 오가면서 고기를 잡는 것을 허가한다. 단, 사사로이 화물을 무역할 수 없으며, 위반한 자에 대해서는 그 화물을 몰수한다. 그러나 잡은 물고기를 사고 팔 경우에는 이 규정에 구애되지 않는다. 피차 납부해야 할 어세(魚稅)와 기타 세목(細目)은 2년 동안 시행한 뒤 그 정황을 조사하여 다시 협의하여 결정한다.

제42관 본 장정은 조인한 날로부터 100일 이내에 조선과 일본 양국 정부의 승인을 받아 100일이 지난 뒤에 시행하며, 종전의 일체 무역 규칙 및 기타 각 조약 가운데 본 장정에 장애가 되는 각 조관은 모두 폐지한다. 단, 현재나 앞으로 조선 정부에서 어떠한 권리와 특전 및 혜택과 우대를 다른 나라 관리와 백성에게 베풀 때에는 일본국 관리와 백성도 마찬가지로 일체 그 혜택을 받는다.본 장정은 시행하는 날로부터 5년을 기한으로 하여 다시 개정하되, 만기 전에 양국 정부는 협의하여 새 장정을 만든다. 협의가 기한이 넘도록 낙착되지 못하는 경우 그 사이에는 우선 본 장정에 따라 처리한다. 또 본 장정 안에 더 보충할 것이 있어 피차 모두 편리하다고 인정할 경우에는 곧 수시로 토의하여 추가한다.

이를 위하여 양국 전권 대신(全權大臣)이 기명하고 도장을 찍어 증거로 삼는다.

1883년 7월 25일 체결된 조일통상장정과 같은 날 조선해역에서의 일본 통어자를 규제하기 위한 6개 조항의 조선국해안어채범죄조규(朝鮮國海岸漁採犯罪條規)가 조인되었다. 동 범죄조규에서 약정을 위반한 일본 어민을 영사재판[94]으로 처리하도록 하고 있다. 여기서 통상장정에서 허용한 일본해역에서의 조선 어민의 어업활동을 규제하는 범죄조규가 따로 체결되지 않은 것을 주목할 필요가 있다. 이는 당시 일본 정부는 조선 어민이 일본해역으로 건너가 조업할 능력 또는 조업할 의사가 없다는 것을 잘 알고 있었다는 말이 된다. 따라서 일본 어민에게 일방적으로 치외법권을 인정하는 동 범죄조규는 불평등하며, 아울러 통상장정에서 일본이 조선 어민에게 허용한 자국의 연안해역은 약정의 문맥에 나타나는 표면적 상호주의적 평등을 의식한 요식행위에 불과하였다고 할 수 있다.

조선국해안어채범죄조규(朝鮮國海岸漁採犯罪條規)

제1조 일본국 사람이 조선국의 약정된 해안에서 조선국의 법금(法禁)을 위반하였을 때에는 아래에 열거한 조관에 의하여 처리한다.

제2조 조선국 관리가 법금을 위반한 일본국 사람을 체포하였을 때에는 그 범죄 증거를 상세히 기록하여 해(該) 일본인과 함께 부근 항구의 일본 영사관(領事官)에게 넘겨 처리할 것을 요구한다. 일본 영사관은 속히 심사하여 법률에 따라 처리한다. 단, 조선국 관리는 체포 혹은 호송할 때에 모욕하거나 학대할 수 없다.

제3조 조선 관리가 죄를 범한 일본인을 호송할 때에는 바다나 육지를 막론하고 모두 편리한 대로 한다. 단, 빨리 호송해야 하며, 범죄자를 까닭 없이 죄범이 있는 그곳에 오래 억류해서는 안 된다.

제4조 조선 관리가 조선국의 약정된 해안에서 죄를 범한 일본인을 해로로 호송할 때에는 일본인의 선척에 태우거나 혹은 다른 배를 이용하여 압송하되 모두 편리한 대로 한다. 육로로 호송할 때에는 판결이 나 돌아올 때까지 지방관은 그 일본선을 간수하여 훼손되거나 유실되지 않게 해야 한다. 또 선구(船具), 어구(漁具) 및 쉽게 운반할 수 없는 물건에 대해서는 목록을 작성하여 범죄자와 함께 넘겨준다.

---

94) 영사재판은 영사 또는 기타의 관리(외교관 또는 재판관)가 접수국에서 자기 나라 국민의 재판을 본국법에 의하여 행하는 치외법권(治外法權)제도이다. 영사재판제도의 내용은 통상조약에서 규정하는 것이 보통이며 제2차 세계대전(1939~1945년) 후에 거의 없어졌다고 보면 된다.

제5조 석탄, 물, 식량, 부식물을 구하거나 생선을 팔려고 상륙했다가 동행 가운데 죄를 범한 사람이 있을 경우에는, 해당 범죄자만 이 조규에 의하여 호송하고, 동행자들은 압송할 수 없다. 해상에서 범죄자를 제외하고 나머지 인원으로 능히 항해할 수 있을 경우에는 조선 관리는 범죄자만 호송하고 나머지 사람들은 즉시 방환(放還)해야 한다.

제6조 이 조규를 시행한 뒤에 다시 증감할 것이 있으면 피차 협의하여 개정한다.

2) 1889년 조일통어장정

1883년 체결된 42개 조항의 조일통상장정에서 제41관이 어업에 대한 규정을 포함하고 있지만 통상장정은 조약의 성격상 어업협정이 아닌 통상협정이다. 하지만 조일통상장정 제41관은 전라도, 경상도, 강원도, 함경도 4도의 해안에 한해 일본 어민의 어업권을 허용하는 조건으로 조선해역에서 조업하는 일본 어민들에게 어세를 납부하도록 명시하고, 어세 및 어업활동에 관한 시행세목은 2년 뒤에 작정하기로 되어있다. 이에 양국은 협상을 재개하였고, 통상장정이 맺어진 지 6년 뒤인 1889년 11월 12일 전문 12조항의 조일통어장정(朝日通漁章程)이 체결되었다. 통어장정은 조선이 개항 이래 메이지정부와 체결한 최초의 어업협정이다.

조일통어장정(朝日通漁章程)

대조선국(大朝鮮國)과 대일본국(大日本國) 정부는 조선 개국 492년 6월 22일, 일본 명치(明治) 16년 7월 25일 양국 전권 대신(全權大臣)들이 협의 결정한 【조선과 일본】 간의 통상 제41관에 근거하여 양국 해변을 왕래하면서 고기잡이를 하려는 자들을 위하여 어업세를 정하고 처리 장정을 세운다. 조선 정부가 위임한 독판교섭통상사무(督辦交涉通商事務) 민종묵(閔鍾默)과 일본 정부가 위임한 대리공사(代理公使) 근등진서(近藤眞鋤)는 각각 위명(委命)을 받들고 회의하여 체결하였다. 각 조항을 다음과 같다.

제1조 양국이 의정한 지방의 해변가 3리(里) 【일본국 해리 산법(海里算法)에 의거한다. 이하 이에 준한다.】 이내에서 어업을 경영하려는 양국의 어선은 배 광폭의

척수(尺數)와 소유주의 관적(貫籍), 성명 및 탑승 인원을 상세히 기재하고 선주 혹 대리인이 신고서를 정서하 여 일본 어선은 그 영사관을 경유하여 통상 항구의 지방 관서에 제출하고, 조선 어선은 의정한 지방군(地方郡) 구역소(區域所)에 제출하고 그 배의 검사가 끝난 뒤 허가증을 신청한다. 다만 고기를 잡을 때에는 준단(准單)을 휴대해야 한다.

제2조 어업 허가증을 수령한 자는 다음의 계산법에 따라 금액을 납부하여 어업세로 충당한다. 이 허가증은 영수한 날로부터 만 1년간을 유효기간으로 한다. 【탑승인 10명 이상은 일본 은화 10원(圓), 5명 이상 9명 이하는 5원, 4명 이하는 3원으로 한다.】

제3조 어업 허가증을 수령한 이 나라 어선이 포획한 해산물(魚介)을 저 나라 해변 지방에서 판매할 수 있으나 저 나라 정부에서 위생의 견지에서 혹 기타 사고로 인하여 전반적으로 판매를 금지한 어개류(魚介類)는 판매할 수 없다.

제4조 양국 어선은 어업 허가증을 수령한 배라 하더라도 특별 허가를 받지 않고서는 양국의 해변 3리 이내에서 암수고래(鯨鯢)를 잡을 수 없다.

제5조 이 나라 어선은 저 나라 해변 3리 이내에서 그 지방의 금제(禁制)를 어기고 어개(魚介) 및 해산물 번식 방법을 방해하지 못한다. 아울러 각 지방이 정당하게 제한하는 어개류에 대하여 포획을 금제하는 시기에는 피차 어민들은 단연 어개를 포획하지 못한다.

제6조 양국 지방 관서의 관리들이 이 징정에 따라 집행하는 과정에 필요하다고 인정되는 경우에는 검사를 할 수 있으며, 해당 지방 해변 3리 이내의 저 나라 어선이 위범한 경우에는 모두 억류할 수 있다. 다만 조선 지방관이 일본 배를 억류할 때에는 그 이유를 가까운 일본 영사관에 신속히 통지해서 이 장정에 근거하여 처리할 것을 청한다.

제7조 어업 허가증을 수령하지 않고 해변 3리 이내에서 어개를 포획했거나 혹은 포획하려고 한 어선에 대해서는 5원 이상 15원 이하의 벌금에 처하고 포획물은 몰수한다.

제8조 제1조에 규정한 허가증을 휴대하지 않았거나 제4조를 범한 자 및 제6조에 규정된 지방 관리의 조사를 거절한 자에 대해서는 1원 이상 2원 이하의 벌금에 처한다.다만 제4조를 범한 자에 대해서는 그 포획한 고래를 특별히 몰수하며, 제1조의 승선 인원수를 거짓 보고하고 세금을 적게 문 자에 대해서는 적게 낸 금액의 2배에 해당하는 벌금에 처한다. 제3조의 금지된 어개를 판매하거나, 제5조의 어개 및 해산물 번식 방법을 방해하거나 혹은 금지된 어개를 포획한 자에 대해서는, 일본 해변인 경우에는 그 지방 규칙에 의하여 처리하며, 조선 해변인 경우

에는 1원 이상 2원 이하의 벌금에 처하고 포획물을 몰수한다.

제9조 어업 허가증을 타인에게 빌려주어 해변 3리 이내에서 어개를 잡은 경우에는 빌려준 자나 빌려쓴 자를 막론하고 당해 허가증의 세액의 2배의 벌금에 처하며 포획물을 몰수한다.

제10조 양국이 의정한 지방 이외의 해변 3리 이내에서 어개를 포획한 자에 대해서는 그 어선, 어구 및 포획물은 몰수한다.

제11조 이 장정에 근거하여 일본국 해변에서 처리해야 할 문제에 대해서는 일본 지방재판소의 판결에 귀속시키고 조선국 해변인 경우에는 그 지방관을 경유하여 가까운 일본 영사관에 통지하고 그 판결에 귀속시킨다.

제12조 이 장정을 시행한 뒤 증감할 일이 있을 경우에는 피차 잘 협의하여 개정할 수 있다. 어업세에 대해서는 이 장정이 조인된 날로부터 2년을 기한으로 시행한 뒤 어업의 이익의 유무를 보아 다시 의논하여 고친다.

이에 피차 기명하고 인장을 찍어 신용을 밝힌다.

일본 어민의 조선해역 입어관계의 규정을 구체화하는 조일통어장정의 주요 내용은 해변 3해리[95] 이내의 조업(제1조),[96] 어업허가증 유효기간 및 어세규정(제2조), 포획한 어획물의 판매(제3조), 해변 3해리 내에서 포경어업 허가별도(제4조), 금어기 준수(제5조), 어선검사(제6조), 약정위반 선박에 대한 범칙금 부과 및 처벌규정(제7~10조), 치외법권(제11조), 장정의 개정(제12조) 등으로 대부분 실무차원에서 실시해오던 것들을 명문화한 것이다. 하지만 제11조를 보면 일본국 해변에서 처리해야 할 문제에 대해서는 일본지방재판소의 판결에, 조선국 해변일 경우에는 그 지방관을 경유하여 가까운 일본영사관에 통지하여 그 판결에 귀속시킨다고 되어있다. 아무리 조선 어민이 일본해역에 출어하여 조업하는 일이 없었다고 하더라도 이는 불평등한 치외법권을 인정하는 수준을 넘어 조약체결 당사국으로써 조선은 자주권 또는 사법권조차 제대로 행사하지 못하고 있었음을 보여준다.

95) 우리나라에서 1해리는 1,853km이나 동 장정에서는 일본의 거리법을 따르도록 되어 있다.
96) 조선통어장정은 3해리 밖의 어업은 배제하였다. 다시 말해 3해리 밖의 어업은 어업허가를 받지 않고 조업할 수 있다는 말이다.

3) 1904년 한일양국인민어채조례

1883년 체결된 조일통상장정은 통어구역으로 전라도, 경상도, 강원도, 함경도 4도 연안으로 한정하였으나 일본이 개항항인 인천항 연안이라는 명목으로 경기일대의 통어구역 확대를 지속적으로 요구하여 1900년 경기도 연안에서의 일본인 어업권도 허용해 주었다. 이후에도 일본의 통어구역 확대 요구는 계속되었다.

조선은 1904년 6월 4일 한일양국인민어채조례(韓日兩國人民魚採條例)를 고시하여 일본의 통어구역을 충청도, 황해도, 평안도 3도 연안으로 확대하였다. 이로써 일본은 기존에 허용되었던 남해와 동해 어업권에 이어 서해안 어업권까지 확보하게 되었다. 일본도 자국의 연안을 조선 어민에게 추가로 허용하였지만 조선 어민은 출어능력 또는 출어의사가 없었기에 일본 연안에 허용한 어업구역에서 어업을 하지 않았다. 이 조례는 한일양국인민어로구역(韓日兩國人民漁撈區域)에 관한 조약으로도 알려져 있다.

한일양국인민어채조례(韓日兩國人民魚採條例)

1. 한일 양국 인민들이 두 나라의 바닷가를 오가면서 고기잡이 하는 것은 이미 토의하여 정한 지방을 제외하고 한국(韓國)은 충청도(忠淸道)・황해도(黃海道)・평안도(平安道) 세 도의 연안에서 일본인들에게 고기잡이 하는 것을 특준(特準)하며 일본도 역시 하꾸기(伯耆)・인번(因幡)・단마(但馬)・단후(丹後) 및 규슈(九州] 연안에서 한국(韓國) 사람들에게 고기잡이하는 것을 특준한다.
2. 충청도・황해도・평안도 세 도의 연해에서 일본 인민들이 고기잡이하는 기한은 광무(光武) 8년 6월 4일부터 20년으로 정한다.
3. 하꾸기・인번・단마・단후 및 규슈 연해에서 한국 인민들이 고기잡이하는 기한도 광무 8년 6월 4일부터 20년으로 정한다.
4. 일본 인민들은 한민(韓民)들이 이미 차지하고 있는 곳에서 그들이 고기잡이하는 것을 방해할 수 없으며 위반하는 자는 징벌한다. 혹시 제멋대로 난폭한 행동을 하는 자는 부근의 영사(領事)에게 압송해 보내서 엄격하게 신문하여 처리한다.
5. 상세한 조항과 규정은 모두 통어장정(通漁章程)에 의하여 시행한다.

2. 어업협정 반대운동 및 정부의 협정 개정노력[97)]

1876년 개항 후 일본 어민은 통어(通漁)라는 명목으로 조선해역에서 어업활동을 시작하였다. 일본 어민이 조선해역에서 합법적으로 어업을 할 수 있게 된 것은 1883년 조일통상장정이 체결되면서 부터이므로 1883년 이전 일본 어민의 통어는 조선 영해를 무단으로 침입한 불법어업이다. 하지만 당시 조선 조정은 일본 통어자들의 불법어업을 단속할 능력도 없었고, 일본에 이 같은 불법어업을 시정해줄 것을 요구하지도 않았다. 일본 어민의 불법어업이 통상장정으로 일순간에 합법화되면서 통어자들이 대거 조선해역으로 몰려와 조선 어민들은 막대한 피해를 입게 되었다.

일본과 맺은 1883년 조일통상장정이—통상장정은 그 성격상 어업협정이 아니고 무역장정이나 제41관에서 일본인의 조선 연해 어업을 부분적으로 허용하였다—조선 어민에게 미친 영향을 조선의 어업권을 수호하기 위하여 또는 일본인의 어업권 침해에 맞서 조선 어민들이 투쟁한 사례를 통해 살펴보고자 한다.

일반적으로 국가 간에 협정을 교섭, 체결하는 정부의 입장에서는 국익(國益) 차원에서 총체적으로 접근하기 때문에 특정산업부문의 이익을 대변하기 어렵다. 이 무렵까지도 우리나라는 농업중심경제였고, 어업이 국내총생산에서 차지하는 비중은 그리 크지 않았기 때문에 당연히 어업보다 국익이 우선되어야 했다. 더욱이 조선 정부의 협상상대는 대륙침략의 의지를 가지고 조선을 식민지화하려는 일본이었다.

조일통상장정 제41관에서 일본 어민에서 허용된 어업구역은 전라도, 경상도, 강원도, 함경도 4개도 해역이고, 뒤에 경기도가 추가로 허용되어 5개도이다. 동 장정과 같은 날 일본 어민의 불법행위를 단속하기 위해 조선국연안어채범죄조규(朝鮮國沿岸漁採犯罪條規)가 체결되었다. 동 조규는 법규를 위반한 일본 어민의 사법적 처리를 일본 영사관에서 하도록 되어 있었다.

1879년 나가사키(長崎)의 어부 요시무라 코조낭(吉村興三郎) 등이 근대적 어로

---

97) 이 부분은 한민족문화대백과(1991, 한국정신문화연구원)의 제주도통어전연운동 부분을 요약하면서 일부 내용을 첨가하였다.

채취기계인 잠수기(潛水器)[98]를 가지고 제주도 근해 비양도(飛揚島)에 진출하였다. 이후 많은 일본 잠수업자들이 제주도 해역에 출어해 근대 잠수기어업으로 전복, 해삼 등을 채취하기 시작하였다. 1883년 이전 일본 어민이 제주도에 출어하여 어업을 하는 것은 엄연한 불법어업이었고, 1883년 이후 일본 어민의 어업이 합법화되었다고 해도 제주도는 조일통상장정 제41관에서 일본 어민에게 허용한 어업구역이 아니었다. 이 부분은 해석상의 차이가 있었다하더라도 문제는 일본 어민이 불법어업 또는 법규를 위반해도 조선국연안어채범죄조규에 따라 조선은 사법 재판권이 없었기 때문에 일본 어민의 입장에서는 조선해역에서 위법행위를 개의치 않는 것이었다.

제주도는 예로부터 여성들의 잠수어업으로 생계를 유지하는 지역인데 해녀들이 별 다른 장비 없이 직접 잠수하여 패류와 해조류를 채취하는 전통적인 방법으로는 일본 어민의 잠수기어업을 감당해낼 수가 없었다. 뿐만 아니라 일본 어민들이 어린 전복까지 마구 잡아버려 제주도 전복어장은 점차 황폐화 되어 갔다. 또한 일본 어민들이 거리낌 없이 나체로 나타나자 해녀들은 일본 어민들을 피하기 위하여 조업어장을 버리고 떠나는 일까지 생겼다. 시간이 지날수록 일본 어민의 제주도 연안에서 어업활동은 불법어업 문제가 아니라 20만 제주도민의 생계와 직결된 사활의 문제가 되었다.

조선 정부는 일본인 통어구역에서 제주도를 제외시키기 위해 조일통상장정이 체결된 다음 해인 1884년 일본과 교섭을 시작하였다. 조일통상장정 제42관은 조항내용의 보충 또는 개정이 필요할 때에는 수시로 교섭하여 고치기로 되어 있었기 때문에 조선 정부는 제주도를 일본인들의 어채구역(漁採區域)에서 제외할 것을 요구하였다. 일본은 이 요구에 대해 통어권(通漁權) 자체를 폐기할 수 없으나 제주도 통어를 잠정적으로 중지할 것이라고 통고해 왔다.

조일통상장정 제41관은 통어구역뿐만 아니라 동 장정을 2년 동안 시행 한 뒤 어세 및 기타 세부사항을 추가로 협의하여 결정하도록 되어 있어 조선과 일본 양국은 1886년 9월부터 어업문제를 확정짓기 위한 교섭을 시작하였다. 이때 일본 정부는 자국 어민의 제주도 통어를 허용할 것을 강력히 요구하였다. 이

---

98) 잠수기는 수중에 들어가 작업하는데 필요한 기구로 작업의 용도에 따라 세분된다.

무렵 일본 어민 후루야리(古屋利涉)는 제주통어금지로 입은 손해배상을 조선 정부에 청구하기도 하였다.

양국의 교섭이 진행되는 동안 일본 어민들이 제주도에서 어업활동을 계속하자 제주도민들이 이를 저지하였고, 이 과정에서 무력마찰이 빚어졌다. 1884년 일본 정부는 일본 어선의 제주도 주변 출어를 금지시키는 조치를 취했지만 제대로 지켜지지 않았다. 1887년 8월에는 일본 어민이 제주도에 상륙하여 닭과 돼지를 강탈하고, 저항하는 현지주민 이만송을 살해하는 사건까지 일어났다. 이 부분은 일본 측 자료에서도 확인된다.[99)]

조선과 일본의 통어장정 체결을 위한 교섭에서 최대 난관은 제주도 통어의 문제였다. 일본이 통어장정 성립 후 1년간 제주도 통어를 잠정적으로 금지하겠다는 조건을 제시하여 조일통어장정이 1889년 11월 12일 조인되었다. 조일통어장정이 체결되자 제주도민은 격렬하게 반발하였고, 이들은 제주도 통어의 잠정적 금지가 아닌 영원히 통어를 못하게 하는 영파(永罷)를 요구하였다. 그러나 일본은 입장을 바꿔 1890년 5월 31일부로 일본 어민의 제주도 통어잠정금지 조처를 해제하겠다고 일방적으로 통고해 왔다.

조선 정부는 제주도민의 반대가 격렬하다는 사실을 들어 다시 1년간 제주도 통어를 전연(展延)[100)]해줄 것을 일본 측에 요청하였다. 이에 일본은 조선 측의 요구를 들어주는 조건으로 인천과 철도(鐵島) 사이의 운수 업무를 일본인에게 허가해줄 것과 일본 어민들의 어세(漁稅)를 돌려줄 것을 요구하면서 제주도 통어를 6개월간 다시 전연하겠다고 통고해왔다. 일본은 제주도 통어문제를 이용하여 서해 경제권을 확대하기 위해 대동강 하구의 철도를 개항시키려고 했다.

조선 정부는 일본 어민의 제주도 통어를 반대하는 제주도민을 설득하기 위하여 내무주사 이전을 순심사(巡審使)[101)]로 임명해 제주도에 파견하였다. 하지만 제주도민은 생존권을 지키기 위해 전 도민이 궐기하여 순심사를 추방하고, 소요를 일으켰다. 정부는 문제의 중대성을 감안하여 독판교섭통상사무아문 민

99) 二野瓶徳夫, 新納豊, '朝鮮出漁' (日本史大事典 4), 1993년, 平凡社
100) 전연은 실시 시기를 뒤로 미룬다는 것이다.
101) 순심사는 지방의 중요한 일을 심의, 결정하기 위하여 중앙에서 파견하던 임시 벼슬아치이다.

종묵에게 일본과 교섭하게 하였다. 이 교섭에서 일본은 다시 6개월간 제주도 통어를 전연할 것을 약속하였다. 한편 정부는 호군 이규원을 제주도에 파견해 소요를 진압하였다.

제주도민이 소요를 일으켜 조선 정부와 관계가 소원한 틈을 타 일본 어민들은 제주도에서 불법어업을 감행하였을 뿐만 아니라 폭행과 살인까지 일삼았다. 이에 제주목사는 정부에 일본 어민을 단속해줄 것을 건의하였고, 조선과 일본 양국정부는 합동조사단을 제주도에 파견하였다. 제주도 통어 문제가 제주도민에게 매우 심각한 문제임을 파악한 조선 정부는 제주도민의 생업을 보호하기 위하여 제주도 통어의 전연(展延)을 요구하던 기존의 입장을 철회하여 통어의 영파(永罷)를 요구하며 일본과 외교교섭을 추진하였다.

당시 조선 측이 영파를 주장할 수 있었던 것은 당시 내무협판으로 있었던 미국 법률고문 그레이트하우스(C. Greathouse)가 법적 근거를 제시해주었기 때문이다. 그는 1883년 체결된 조일통상장정의 제42조에 명시된 조약의 유효기간이 5년인데 장정의 유효기간이 이미 경과하였고, 이 기간 내에 새로운 장정이 체결되지 않았기 때문에 당시 상황은 장정의 유효기간이 종결된 이후로 구장(舊章)이 준수되는 것에 불과하므로 통상장정을 개정하자고 요구할 수 있다고 하였다. 또한 1883년 통상장정 제41조에 약정된 통어구역에 제주도가 포함되지 않는다는 새로운 해석을 내려 주었다. 다시 말해 일본 어민의 어로권은 전라도, 경상도, 강원도, 함경도 4개도의 연안에서만 허용되었고, 통상장정에서 허용된 어로권은 제주도와 같이 멀리 떨어져 있는 해역에 대해서는 적용되지 않는다는 것이다. 그레이트하우스의 해석에 따라 조선 정부는 통어장정을 그대로 둔 채 모법(母法)이라 할 조일통상장정의 개정을 일본에 요구하기로 하였다. 입어관계를 다룬 조일통어장정에는 통어구역에 대한 규정이 없었기 때문이다. 국제법적 근거 앞에서는 일본도 어찌할 수 없었던 것 같다.

1888년 7월 독판통상교섭사무 민종묵은 정식으로 일본공사 곤도 마코도 가래(近藤眞鋤)를 통해 새로운 통상장정 체결을 위한 교섭을 통고하였다. 이에 일본은 1891년 5월 11일자로 제주도 통어가 개시될 것이라고 외무대신 에노모토 다케아키(榎本武揚)의 이름으로 나가사키현지사(長崎縣知事) 나카노 타케아키(中

野建明)에게 통지하였다. 이는 일본 정부가 통상교섭을 유리하게 이끌기 위해 외교적 관례를 어기고 실력행사를 한 것이었다. 이로써 구주(九州) 북부지방의 어부들이 대대적으로 제주도 해역에 출어해 불법어업을 재개하였다.

1891년 당시 제주도에 유배 중이던 김윤식의 기록에 의하면 매일 300~400척의 배가 제주도에 통어하기 위해 오갔고, 어선 한 척이 하루에 600개 정도의 전복을 채취하였다고 한다. 이 뿐만 아니라 일본 어민들은 살인, 상해, 약탈을 일삼았기 때문에 제주도민이 반발하였고, 이에 따른 양측의 무력충돌이 자주 일어났다. 당시 제주도에 출어한 일본 어민의 추태는 임진왜란 이전 극성을 부리던 왜구와 다를 바가 없었다.

조선 정부는 1891년 8월에 협상을 위해 협판내무 르장드르(C. W. Le Gendre)를 변무사(辨務使)[102]로 임명해 통리기무아문주사 이현상과 같이 일본에 건너가 협상을 하게 하였다. 이 때 일본은 제주도 통어의 금지 대가로 철도(鐵島)를 개항할 것과 일본인을 조선 해관세무사(海關稅務司)[103]로 임명해줄 것을 요구하였다. 당시 일본은 조선의 서해 경제권에 진출하기 원했으나 청나라의 강력한 반대에 부딪쳐 뜻을 이루지 못하고 있는 상황이었다. 일본이 조선에서 청나라의 우월적 지위를 빼앗은 것은 청일전쟁(1894~1895년)에서 승전한 이후이다. 이런 복잡한 사정 때문에 일본은 조일통상장정을 개정하기 위한 교섭에 무성의하게 대처하였고, 교섭의 진행은 지체되고 있었다.

제주도 통어의 영파(永罷)를 목적한 르장드르(C. W. Le Gendre)의 적극적인 교섭으로 일본은 제주도 해변에서의 어업을 조약 성립 후 6개월간 금지한다고 하였다. 하지만 일본은 조선 정부가 반대하는 대동강구(大同江口)의 개항 대신 전라도에 항구 하나를 추가로 개항해 줄 것, 전라도 해안과 소안도(所安島) 및 제주도 부근 도서에 일부 어민들의 쇄조저축어개장(曬調貯蓄魚介場)[104] 설치를 허가해

---

102) 변무사는 조선시대 왕실이나 국가의 중요 사실이 외국에 잘못 알려질 경우 이를 해명 또는 정정하기 위하여 보내는 특별사절 또는 그 사신이다.

103) 해관세무사는 조선 말기 관세의 수세(收稅)업무를 담당하기 위해 각 개항장(開港場)에 설치했던 해관(海關, 관세행정기구)의 제반 사무를 관장하던 관리이다.

104) 쇄조저축어개장은 한자로 풀이해볼 때 어획한 어류와 패류를 건조하고, 건조한 수산물의 저장하는 장소를 말하는 것으로 보인다.

줄 것과 부산 절영도(絶影島, 영도)의 일본인 거류지를 확대해 줄 것을 제안해 왔다. 이에 조선 정부는 전라도서의 개항과 개정될 통상장정의 유효기간을 10년간으로 제시하면서 10년 후에도 제주도 통어를 허가하지 않을 수도 있다는 타협안을 제시하였다. 일본은 제주도 어장을 포기할 수도 없었고, 절영도의 일본인 거류지 확대가 열강의 반대로 실현 가능성이 없어지자 통상장정을 개정하는 협상에 성의를 보이지 않았다. 이 무렵 함경도 방곡령(防穀令) 배상문제로 일본과 마찰[105]을 빚게 되었고, 1894년 동학농민운동 등으로 국내 정세가 긴박해지자 조선 정부는 르장드르(C. W. Le Gendre)를 소환하였다.

제주도 통어 문제를 포함한 조일통상장정 개정을 위한 협상이 진행되는 동안에도 일본 어민의 제주도 어업권 침해행위는 끊이지 않았다. 1892년 외무주사와 같이 제주도 어로문제 현장을 답사한 일본인 구로자와(黑澤明淸)가 70~80대의 잠수기가 전복과 미역을 채취하고 있으며, 이런 식으로 남획한다면 앞으로 3~5년 사이에 자원이 고갈될 것이라고 일본 정부에 보고할 정도도 제주도 통어문제는 심각한 수준이었다.

일본 어민의 어업권 침해에 맞서 제주도민의 생존권을 수호하고자 하는 노력은 일본 어민의 불법어업 규지에서 통어를 잠정적으로 연기하는 통어잠연(通漁暫延)으로, 다시 통어 전연(展延)을 해제하는 통어해금전연(通漁解禁展延)을 거쳐 통어의 혁파운동으로 확대되었다. 처음에 소극적이었던 조선 정부도 문제의 심각성을 인식한 뒤에는 조약을 개정하기 위해 적극적으로 교섭에 나섰으나 조선의 경제침탈에 수단과 방법을 가리지 않는 일본의 침략정책으로 교섭은 별 다른 진전 없이 10년 이상 지연되고 있었다. 이런 가운데 1904년 일본이 러일전쟁(1904~1905년)을 일으켰다. 러일전쟁에서 승리한 일본은 1905년부터 사실상 한일합방에 필요한 모든 절차를 순차적으로 밟아가기 시작했다.

---

105) 방곡령사건은 1876년 개항 이후 일본으로 수출되는 미곡이 증가하면서 곡물가격이 상승하고 품귀현상이 일어났다. 거기에 흉년까지 겹쳐 식량부족을 우려한 1889년과 1890년 황해도와 함경도 관찰사가 미곡의 일본 수출을 금지하면서 발생한 사건이다. 일본이 사건발생 2년 뒤인 1892년 방곡령 시행으로 생긴 손해배상을 조선 정부에 요구하면서 양국 간의 외교마찰로 비화되었다. 손해배상비용을 놓고 양국은 4년 간 교섭을 벌린 끝에 결국 청나라의 중재로 해결되었다.

1883년에 전라도, 경상도, 강원도, 함경도 즉 남해와 동해 어업권을, 1900년에 경기도 해역의 어로권을 확보했던 일본은 러일전쟁에서 유리해지자 1904년 6월 한일양국인민어채조례를 통해 충청도, 황해도, 평안도 3도 해역의 어채권(魚採權)을 20년 조건부로 확보하였다. 다시 말해 1904년 일본은 한국의 동·서·남해 전 해역에 걸쳐 어업권을 확보하였고, 일본이 당시까지 확보하지 못하고 있던 조선의 어업권은 내수면(內水面)밖에 없었다. 내수면 어업권은 1908년 어업협정서(漁業協定書)체결로 확보하였다(제5장 '어업법과 어업협정서'에 전문 수록). 어업협정서와 함께 통감부 어업법이 시행되면서 1889년 체결된 조일통어장정은 폐기되었고, 이로써 일본은 우리나라 해면과 내수면 어디에서나 어업을 할 수 있게 되었다.

일본의 어업권 침해에 맞서 제주도민의 어업권 다시 말해 생존권을 수호하기 위해 전개된 제주도통어전연운동은 수산자원을 대상으로 한 경제자주권 수호운동인 동시에 일제에 맞선 항일운동이었다. 일본의 어업침탈에 대한 조선어민의 투쟁이라는 점에서 또한 비록 결실은 맺지 못했지만 한일합방 이전에 맺어진 어업협정에서 조선 정부가 미처 챙기지 못한 우리 어민의 생존권을 보호하기 위해 늦었지만 그러나 장기간에 걸쳐 외교적 노력을 기울였다는 점에서 그 의의가 있다. 한편 근대 경제학적, 국제법적 지식이 부족했던 조선 정부의 당시 초라한 외교현실을 보는 것 같아 씁쓸하기도 하다.

3. 개항에서 한일합방 전까지 일본 어업의 침투

1876년 체결된 강화도조약(조일수호조약)과 조일무역규칙에 이어 조선 정부의 요청으로 오랜 교섭기간 끝에 1883년에 조인된 조일통상장정에 처음으로 어업권에 대한 규정이 포함되었다. 이로부터 6년 뒤 1889년 한일 양국 간의 입어관계 전반을 다루는 어업협정인 조일통어장정이 체결되었다. 조일통어장정은 1908년에 통감부 어업법이 제정되고, 어업법과 함께 체결된 한일어업협정서가 시행됨에 따라 기존에 맺었던 어업협정은 모두 폐기되었다. 그리고 1910년 8월 22일 한일합병조약이 체결되어 한국은 일본의 식민지국이 되었다.

1876년 개항에서 한일합방 전까지, 정확하게 1908년 어업법 제정 이전까지 30여년에 걸쳐 체결된 일련의 어업협정을 보면 일본은 한국 어업분야의 진출, 또는 침투를 유리하게 하기 위하여 한국에 불리한 불평등 조건을 일방적으로 강요하였다. 일본이 한국의 어업을 침탈하는 과정을 일본 어민의 입어현황, 한국 연안에 입어하는 일본 어민을 위한 일본 정부의 감독, 이주어촌 건설 등을 통해 살펴보고자 한다.

1866년 일본인의 해외출입국 허용과 통어(通漁)

일본은 1639년에서 1866년까지 기독교를 탄압하고, 외국과의 교류를 단절하는 쇄국정책(鎖國政策)을 고수하여 이 기간 동안 일본인의 해외도항(海外渡航)과 귀국을 금지하였다. 약 230년간 지속된 쇄국령 하에서 일본 어민의 조선해 출어(出漁)까지 금지되었는지는 알 수 없지만 임진왜란 이후 왜구의 침입이 거의 소강상태에 들어선 것은 사실이었다(제3장 '왜구의 침입' 참조). 일본인의 해외출입국은 조선이 개항하기 10년 전인 1866년에 허용되었다.

개항 전후부터 일본 어민은 조선 연안해(沿岸海)에 침입하여 통어(通漁)[106]라고 불리는 불법어업을 하고 있었다. 1876년 2월 체결된 12개 조항의 강화도조약(조일수호조규)은 부산항 외에 인천항과 원산항을 개항하고(제5관)과 일본이 조선 연안을 측량하여 해도(海圖)를 작성할 수 있도록(제7관) 하였다. 하지만 조약에는 통어 다시 말해 일본 어민이 조선 연해에 입어(入漁)하는 것에 대한 규정은 없다.

해를 거듭할수록 조선 연안에 침입하여 불법어업을 하는 일본 어민이 급증하였다. 뿐만 아니라 일본 어민들은 근대화된 어구로 조업하여 단위노력당어획량(單位努力當漁獲量)[107]이 증가한 것에 만족하지 않고 자원을 마구 잡는 남획(濫獲)을 자행하였다. 일부 일본 어민은 임진왜란(1592~1598년) 이전에 극성을 부렸던 왜구와 같이 살인, 상해, 약탈과 같은 만행을 저지르기도 했다.

---

106) 통어는 일본 어민이 어선을 타고 조선 연안에 와서 고기를 잡아 본토로 되돌아가는 행위를 말한다.

107) 단위노력당어획량(Catch Per Unit Effort, CPUE)은 총어획량을 총어획노력량으로 나눈 것이다. 어획노력량은 어획에 쓰이는 어구(漁具)의 수로 어선의 척수, 출어의 횟수, 어구의 사용 횟수 등을 말한다.

1) 합법적 입어와 불법어업

1876년 개항 전후로 일본 어민들은 조선 연안에 출어하기 시작하였으나 일본 어민의 조선 해역에서 어업활동이 합법화된 것은 1883년 7월에 체결된 조일통상장정이 시행된 이후이다. 그것도 일본 어민이 조선의 전 해역에서 조업할 수 있었던 것이 아니고 제한구역 내에서만 허용되었다. 동 장정 제41관에 의하면 통상장정 시행 2년 뒤 어세 및 기타 어업활동에 대한 세부사항을 재협의하여 결정하기로 되어 있다. 하지만 양국의 재협의가 여러 사정으로 지연되어 1889년 11월에 조일통어장정이 체결되었다. 개항부터 한일합방까지 30여 년간 조선해역에서 일본인의 어업현황을 살펴보면 다음과 같다.

1876년 개항에서 1889년 조일통어장정이 체결되기 전까지 조선 해역에서의 일본인의 어업활동에 대한 자료는 많지 않다. 1890년 전후 주로 경상도와 전라남도 연해에서 일본 어선 300여 척이 낚시어업을 하였다는 기록이 있다.[108] 하지만 부산 해관(海關, 세관)의 자료에 의하면 정식입어절차를 거쳐 조선 해역에서 조업한 일본 어선은 1890년 718척, 1891년 610척, 1892년 683척으로 연평균 670척이 입어한 것으로 나타난다. 이는 부산주재 일본영사관[109]의 조선어업시찰개황(1894년)에서 1890년에서 1892년 사이 조선 연안에서 조업한 일본 어선이 평균적으로 670척이었다는 것과 일치하고 있다. 당시 일본 어선세력에 대한 구체적인 정보는 알 수 없지만 이 수치는 세관에 정식으로 등록하고, 어업세를 납부하는 어선만을 포함한 것이다.

1889~1892년 사이 조선 해역에 입어한 일본 어선의 출신지를 보면 히로시마(廣島), 야마구치(山口), 나가사키(長崎), 오이타(大分), 카가와(香川), 오카야마(岡山), 쿠마모토(熊本), 에히메(愛媛), 가고시마(鹿兒島), 효고(兵庫), 후쿠오카(福岡), 도쿠시마(德島), 사가(佐賀), 미야사키(宮崎), 치바(千葉) 등 모두 16개 현(縣)이며, 앞의 8개 현 출신의 어선이 특히 많았다. 입어선의 승무원수를 보면 5인승 이하 어선이 약 70%, 5인승 이상 9인승 이하 어선이 약 30%수준이었다.

---

108) 中井照, 香川縣海外出漁史, 1967년, 香川縣水産課

109) 부산주재 일본영사관은 세종이 1426년 삼포를 개항하면서 설치한 부산 왜관(倭館) 자리에 1877년 설치되었다.

표 7. 연도별 조선해역 입어한 일본인 현황

	입어선 (척)	통어인원 (명)	어획생산금액 (엔)	척당 승무원수 (명)	척당 어획량 (톤)
1898	1,233	5,466	-	4.4	-
1899	1,157	5,331	959.6	4.6	829
1900	1,654	8,107	1,358,550	4.9	821
1901	1,411	6,187	1,685,300	4.4	1,194
1902	1,394	6,121	1,142,200	4.3	819
1903	1,589	7,187	1,439,950	4.5	906
1904	1,581	6,975	1,499,800	4.4	949
1905	2,249	10,853	-	4.8	-
1906	2,748	12,245	-	4.4	-
1907	3,233	14,182	-	4.3	-
1908	3,899	16,644	-	4.3	-
1909	3,755	15,749	-	4.2	-
1910	3,960	16,500	-	4.2	-

자료출처: 통감부 통계연보

1889년 조일통어장정이 체결되고 10년 뒤 무렵 1898년에서 1900년 사이 한국 연안에 출어한 일본 어선은 연평균 1,348척으로 장정 체결 직후(1890~1892년) 670척에 비해 2배 정도 증가하였다(표 7). 1900년과 1905년에 입어척수는 전년 대비 각각 40% 이상 큰 폭으로 증가하였는데, 이는 1900년 경기도 연안에서, 1904년 충청도, 평안도, 함경도 3도 연안에서 일본인의 어업이 허용된 시기와 일치하고 있다.

한국 해역에 출어한 일본 어선의 척수, 승선한 승무원수 및 어획량을 비교 가능한 당해 연도의 일본 원양어업 자료와 비교해 보면 어선의 82%, 승선한 승무원수의 69%, 어업생산금액의 67%가 한국 연안에서 조업한 것으로 나타나 당시 일본 원양어업계에서 한국 어장의 중요성을 짐작할 수 있게 한다.[110] 1905년 이후 한국 연안에 출어한 일본 어선의 척수가 꾸준히 증가하고 있는데, 이는

110) 장수호, '조선시대 말 일본의 어업 침탈사', 2011년, 수산경제연구원BOOKS

통어구역이 추가로 확대된 것 외에 러일전쟁(1904~1905년)으로 군식량을 공급하기 위하여 입어선이 증가한 것과 관련이 있을 것으로 보인다. 전쟁 이후에 일본 어민들은 어획물을 한국인에게 판매하여 입어선 척수는 감소하지 않았다.

표 7에 기재된 수치는 합법적으로 입어한 일본 어선에 대한 것으로 일본 어민의 어업권이 허용된 이후에도 불법어업은 지속되고 있었다. 1889년 조일통어장정이 체결된 이후 한국 해역에서 일본 어선의 불법어업 규모를 합법적으로 출어한 일본 어선의 2배 정도로 추정하기도 하였다.[111] 1897년 재부산 일본 영사관 이슈인 이길(伊集院彦伊吉) 영사가 일본 외무성에 보고한 한해통어사정보고(韓海通漁指針)[112]에 의하면 조선해 통어자의 3분의 2가 어업감찰(허가)를 받지 않은 자라고 되어 있다.

1897년 설립된 조선어업협회가 실시한 조사에 의하면 당시 한국 연안에서 조업하는 일본 통어선수 3,400여척, 종사인원은 19,000여 명이었다.[113] 이는 당해연도 공식수치(1,200척) 즉 합법적으로 입어한 어선의 척수보다 2.8배나 많은 것으로 일본 어민의 불법어업이 얼마나 공공연히 자행되고 있었는가를 보여준다.

조선총독부 통계연보에 한국의 어업인구가 기재되기 시작한 것은 1910년 한일합방 이후이며 1911년 한국의 어업종사자와 그 가족을 포함하는 어가인구가 19,000명이 되지 않았음을 고려할 때 당시 우리나라 연안에서 조업하던 일본 어민의 규모가 어느 정도인지 짐작할 수 있다. 이외의 다른 보고서[114]에도 등록한 어선척수의 2배 이상이 한국해역에서 불법어업을 하였다고 하고 있다. 일본 어선의 불법어업은 허용구역 뿐만 아니라 금어해역에서도 자행되고 있었다.

한국 해역에서 일본 어민의 불법어업이 성행한 이유를 다음과 같이 분석하였다.[115] 첫째, 한국 해역에 출어하는 일본 영세어민에게 입어세(관세) 및 복잡한 입어수속절차가 부담이 되었다. 둘째, 입어면허 신청을 위해 감독기관을 들리게 되면 어장으로 직항하지 않고 우회항로를 선택해야 하는 번거로움이 있

---

111) 竹中邦香, 기고문 '조선해 어업의 장래', 大日本水産會報 제130호 p. 244
112) 日本外交文書 제30권 p. 1201(文書番號 670)
113) 羽原又吉, 日本近代漁業經濟史 下卷, 1955 pp. 111~112
114) 葛生修吉, 韓海通漁指針, 1903년, 黑龍會出版社
115) 장수호, '조선시대 말 일본의 어업 침탈사', 2011년, 수산경제연구원BOOKS

었다. 셋째, 불법어업의 단속이 철저하지 않아 소형 무동력선으로 불법조업을 하기 용이하였다. 불법어업을 하는 일본 어민 중에는 일본 측에만 신고하고 한국 측에 입어 및 출어신고를 하지 않는 경우도 많았다고 한다.

우리나라에 서양법제 도입은 1894년 전후

- 1899년 대한제국 헌법 제정

우리나라에 근대적 서양법제가 도입된 시기는 1894년 갑오개혁 전후이다.[116] 고종(1852~1919년, 재위기간 1863~1907년)은 1894년 12월 12일 조칙으로 개혁정치의 기본강령인 홍범14조(洪範十四條)를 제정하여 1895년 1월 7일 반포하고, 1897년 10월 국호를 대한제국으로, 연호를 광무로 칭하였다. 전제군주제의 헌법인 대한국국제(大韓國國制)[117]를 선포하여 국가의 기틀은 세운 것은 1899년 8월 17일이다.[118] 그렇다면 1899년 이전에 체결된 1876년 강화도조약, 1883년 조일통상장정, 1889년 조일통어장정 등은 세조(재위기간 1455~1468년) 때 시작하여 성종(재위기간 1470~1494년) 때 완성된 조선시대 기본법전인 경국대전을 근거로 맺어졌다는 말이다. 경국대전에 부산수산회사와 같은 외국자본의 주식회사 설립을 허가할 법적 근거가 있었는지 궁금하다.

일본 어민이 합법적으로 입어를 하였든 불법적으로 어업을 하였든 일본 어선이 한국 해역으로 몰려온 데에는 한국 어장의 풍부한 수산자원과 이로 인해 얻어지는 경제적 수익성이 크게 작용하였을 것이다. 한 예로 1893년 히로시마(廣島)현[119]의 통어선은 300척, 인원은 1,300여 명이었다.[120] 이 중 도미어선의 경우 어부 1인당 월급료가 40엔(어업기간 70일)으로 당시 가장 수익성이 좋다는 일본의 동쪽에 위치하여 태평양을 면하고 있는 지바(千葉)현의 참치연승 어부의

116) 법제처, '법제처오십년사', 1998년, 법제처

117) 대한국국제는 우리나라 최초의 헌법이나 헌법이 아닌 국제라는 명칭을 사용한 것은 국회에서 제정된 것이 아니라 황제명으로 제정되어 반포되었기 때문이다.

118) 참고로 메이지정권은 1889년 2월 11일 대일본제국헌법을 제정하였다.

119) 19세 말 일본인의 조선 이주가 급증하였는데, 이들 출신지를 보면 우리나라와 인접한 야마구치와 히로시마 등 서일본지역이 압도적으로 많았다(이규수 '식민지 조선과 일본, 일본인', 2007년, 다할미디어).

120) 新川傳助, '日本漁業における資本主義の発達', 1958년, 東洋経済新報社

월급료 20엔(어업기간 3개월)보다 우위에 있었다. 경제적 수익성 외에 에도막부 시대 말 무렵 대마도 방면으로 출어하는 어선이 많아졌고, 결과적으로 많은 일본 어민들이 이미 대마도에 이주해 있었던 것도 통어자가 증가하는 요인이 되었을 것이다.

2) 조선해역에 입어한 일본 어민의 감독

1887년 일본은 조선에 출어한 자국어민을 보호하기 위하여 조선어업협회와 부산수산회사를 설립하였다. 부산수산회사는 통어민에 관한 사무를 관장하였다. 또한 수산회사는 설립 초 부산 어시장을 중심으로 수산물 유통분야에 진출하기 시작하여 점차 그 세력을 넓혀 전국 주요항구 뿐만 아니라 대도시의 내륙소비시장까지 장악하게 되었다. 뒤에 수산물의 유통에 이어 수산물 가공과 제조분야에도 진출하여 1905년 제2차 한일협약(을사조약)에 따라 통감부가 설치되기 전에 일본은 이미 한국의 어업 및 수산업 부문을 거의 장악해 나가고 있었다고 봐도 될 것 같다.

부산주재 영사 감독 하에 조선 해역에 입어하는 일본 어민의 보호 및 감독을 위해 설립된 조선어업협회는 부산수산회사가 관장하던 통어민 관련 업무를 물려받았고, 입어자들이 내는 회비와 부산수산회사의 지원금으로 운영되었다. 하지만 통어 업무의 과중으로 부산 주재 일본영사관은 주무부(외무성)에 입어어민을 위한 전담부서를 설치해줄 것을 요청하였다. 이에 일본 외무성은 1899년 6월 농상무성 수산국장을 단장으로 한 조사단을 한국에 파견하여 약 한 달 동안 조선의 전국연안을 시찰하였다. 시찰을 마치고 귀국한 조사단은 시찰결과를 보고하면서 입어자를 중심으로 각 부현(府縣)을 단위로 조선해통어조합(朝鮮海通漁組合)을 설치할 것과 부현 별로 조직된 조합을 묶어 다시 연합회를 구성할 것을 제안하였다.

일본 외무성과 농상무성의 지시로 1900년 일사분란하게 15개 부현에 조선해통어조합(朝鮮海通漁組合)이 설립되었고, 같은 해 5월 각 부현의 구역조합을 총괄하는 조선해통어조합연합회(朝鮮海通漁組合聯合會)가 발족하였다. 연합회는 한국 연해 입어문제를 총괄하는 정부직속기관이었으며, 각 지방별로 조직된 조합은 연합회의 하부조직이었다. 연합회는 부산수산회사에서 조선어업협회로 이관되었던 통어 관련 업무를 맡게 되었으며, 발족한 당해 일본 정부로부터 보조금 2만 엔을 지원받았다.

일본 메이지 정부는 일본 최초의 근대적 어업제도인 어업법(1900년)에 앞서 1897년 원양어업장려법을 제정하였다. 일본 어업의 후진성을 자각한 메이지정부는 일정 톤수 이상의 어선에 대한 장려금 교부를 통해 어선의 대형화를 추진하였으며, 그 대상 자격을 어선에 국한하여 어선 건조자의 자격을 재력, 직업, 기타 인간적 조건에 제한을 두지 않아 일본인 누구에게나 개방하였다.[121]

부산 주재 일본 영사 감독 하에서 조선해통어조합연합회의 주요업무는 어업의 발달 도모 및 어업의 폐해 예방, 입어자의 품행교정, 입어자의 조난구제, 입어자의 어업출원 및 기타 필요한 수속대행, 입어자의 통신 및 저금 외환 취급업무, 입어자 간의 분쟁 중재, 입어자의 수요품 공급 및 어획물 판매에 있어 편의제공, 입어자의 재산권 보장(어선과 어구 등의 보관), 어장 조사, 수산자원의 보호 및 번식, 입어에 관한 통신 보고, 수산행정, 조사시험, 보안 등이었다. 연합회는 한국 해역에 입 · 출어하는 어선 및 어민을 관리감독하고, 입어자를 보호하는 것 외에 한국 해역의 입어를 장려하였다. 일본 각 부현의 구역조합인 조선해통어조합과 연합회는 1905년 해산되었고, 동시에 한국 해역 전역을 대상으로 하는 조선해수산조합(朝鮮海水産組合)이 설립되었다. 조합 설립 다음해 1906년 통감부가 설치되어 조선해수산조합은 통감부의 감독을 받게 되었다.

통감부는 일본이 한국을 식민지화하는데 필요한 예비작업을 수행한 기관으로 한국에 거주하는 일본인의 보호감독과 이주업무를 주관하기도 하였다. 통감부 감독 하에서 어민의 이주업무는 조선해수산조합에 위임되었다. 또한 통감부 초기 수산조합이 은밀하게 한국 연해의 주요 부지를 매입하여 이주어촌을 건설하도록 하였으나 얼마 뒤 이 사업은 공개적으로 시행되었다. 개항 초기 일본 어민들은 자의로 한국에 이주해왔으나 러일전쟁(1904~1905년) 이후 또는 통감부 설치 이후에는 각 부현 또는 정부의 정책적 지원을 받아 한국에 이주해왔다.

---

121) 한규설, '어업경제사를 통해 본 한국어업제도 변천의 100년', 2001년, 선학사

3) 이주어촌 건설과 동양척식주식회사

러일전쟁(1904~1905년)에서 승리하자 일본의 대한제국에 대한 어업 침탈방식은 크게 달라졌다. 이전에는 일본에 본거지를 두고 출어하는 통어방식이었으나 전쟁 전후로 이주어촌을 건설하는 방식으로 바뀌었다. 다시 말해 일본 어민을 대한제국 연안 요소에 직접 이주시켜, 집단적인 취락을 형성하여 어업에 종사하게 한 것이다.

엄밀히 말하자면 일본 어민이 한국 연안에 이주어촌을 건설하기 시작한 것은 1876년 개항 이후 거제도 연안에 움막을 치고 멸치를 가공한 것으로 거슬러 올라갈 수 있다. 하지만 이러한 이주어촌(자유이주어촌)은 러일전쟁 전후 일본정부, 지방자치단체 또는 수산단체 등이 계획적으로 어촌을 건설하여 보조금을 주면서 이주시킨 보조이주어촌과 구분된다.[122] 우리나라 연안에 이주어촌을 건설하기 위하여 1904년 12월 일본 농상무성은 조사관을 파견하여 우리나라 연안 각지를 조사하게 하였으며, 조사관이 제출한 '한국수산조사보고서'에 이주어촌 건설을 권고하는 내용이 있다.

1909년 이주어촌의 수는 43개소이며, 이 중 58%가 경상남도에 집중되어 있으며, 그 다음으로 전라남도가 많다(표 8). 1912년 이주어촌은 71개소로 증가하였으며 당해 연도 이주어촌의 인구는 9,236명(2,486호)이었다. 이주어촌은 1912년 이후 감소하였다. 일본 어민을 위한 이주어촌이 전국에 걸쳐 형성된 것으로 보아 1876년 조일무역규칙으로 일본인의 한국 이주가 자유화된 이후 어업분야에서도 일본인의 이주가 구체적으로 실행되고 있었음을 알 수 있다. 농업이주와 통어에 이어 어업이주의 시점이 러일전쟁 전후인 점으로 보아 당시 일본은 이미 한국의 해상권을 장악했다고 판단한 것으로 보인다. 실제로 러일전쟁에서 일본이 승리하자 한국 연안에서 러시아 포경어업이 사라져 일본인이 해상권을 장악하였다. 이주어촌건설은 통어를 비롯한 1880년 후반 일련의 어업불평등조약시대에서 일본이 본격적으로 한국의 어업자원을 침탈하는 시대로 들어섰다는 것으로도 해석할 수 있다.

---

122) 이계열 외 3명, '한 · 일 어민의 접촉과 마찰', 2008년, 전남대학교 출판부

표 8. 연도별, 도별 이주어촌 분포[123] (단위: 어촌수)

도별 \ 연도별	1909년	1910년	1911년	1912년	1914년
함경북도	2	2	5	6	1
함경남도	1	1	1	1	
강원도	2	2	2	2	16
경상북도	2	1	3	3	7
경상남도	25	17	32	34	21
전라남도	5	5	8	8	4
전라북도	1	1	3	3	3
충청남도	2	2	2	2	
경기도	1	1	1	2	
황해도	1	1	2	5	
평안남도	1	1	1	3	
평안북도	1	1	2	2	
합 계	43	45	62	71	52

일본은 영국의 특허(特許)회사인 동인도무역회사(東印度貿易會社)와 같은 국책(國策)회사를 조선에 설립할 것을 구상하였으나 러시아와의 관계 때문에 실현하지 못하고 있었다. 하지만 러일전쟁에서 승전의 기세를 잡은 일본은 1905년 7월 미국[124]과 8월 영국[125]과 조약을 체결하고, 9월에는 러시아와 강화조약[126]을

123) 김수희(金秀嬉), 朝鮮植民地漁業と日本人漁業移民, 1966년, 東京經濟大學大學院, 經濟學博士學位論文

124) 1905년 7월 29일 일본 동경에서 미국 루즈벨트 대통령 특사인 윌리엄 하워드 태프트와 일본 수상 가쓰라 다로(桂太郎)는 가쓰라-태프트밀약을 맺어 일본은 필리핀에 대한 미국의 지배권을 인정하고, 미국은 일본의 동의 없이 한국이 타국과 외교협정을 맺을 수 없을 정도의 종주권을 가지는 것을 인정하였다.

125) 1908년 8월 12일 영국 런던에서 영국주재 일본 공사 하야시 다다스(林董)와 영국 외무경은 1902년 제1차 영일동맹을 재확인하는 제2차 영일동맹을 체결하여 영국이 일본의 대한제국 지배를 인정하고, 일본은 영국의 청나라 이권을 인정하는 사실상 일본의 한국 지배를 외교적으로 보장받았다.

126) 1905년 9월 5일 일본 전권외상 고무라 주타로(小村壽太郎)와 러시아의 전권 재무장관 비테와의 사이에 전문 15개조의 러일강화조약이 체결되었다. 조약의 내용은 한국에 있어서의

맺어 일본의 한국에 대한 지배권을 사실상 인정받았다. 하지만 러일강화조약은 한국의 승인을 전제하고 있어 일본은 같은 해 11월 17일 제2차 한일협약(을사조약)을 강제로 체결하고, 1906년 통감부를 설치하였다. 1907년 7월 24일 한일신협약을 체결하여 한국의 사법권, 행정권 및 내정에 관한 모든 권한을 빼앗고, 군대마저 해산시켰다. 한편 영국동인도무역회사에 준하는 국책회사인 동양척식주식회사(東洋拓殖株式會社)[127]를 한국에 설립하는 계획을 구체화하였다.[128]

1908년 12월 설립된 동양척식주식회사는 일반회사법에 따라 창립된 것이 아니고, 한일 양국에서 제정, 공포 된 '동양척식주식회사법'이라는 특별법[129]에 따라 설립된 일본 국적과 한국 국적을 가지는 이중국적의 합작회사이다. 동양척식주식화사는 양국이 공동으로 출자[130]하였고, 한국 정부는 현물출자로 국유

일본의 우월권을 승인하고, 청나라 정부의 승인을 전제로 요동반도의 조차권과 장춘(長春), 여순(旅順)간의 철도(남만주철도)를 일본에 위양하고, 배상금을 묻지 않는 대가로 북위 50도 이남의 사할린(樺太島)를 일본에 할양할 것, 연해주 연안의 어업권을 일본에 허락할 것 등이다.

127) 동양척식주식회사에서 척식(拓殖)은 개척하여 정착한다는 뜻이다. 회사 창립을 위해 한일 양국 정부는 116인(일본인 83인, 한국인 33인)의 창립위원이 임명하였고, 설립위원장은 일본인이었다. 일본 측 위원에는 일본정부의 고위관리와 한국 주재의 일제통감부 관리 중에서 임명되었다. 한국 측으로는 한성에 거주하는 금융계 인사, 귀족 및 고위관리 7인과 지방에서는 각 도의 지주 2명씩 모두 33인이 참여하였다. 그러나 한국 측 위원의 참가는 다만 형식에 불과하였다.

128) 大河内一雄, '玄の國策會社 東洋拓植', 1982년 日本經濟新聞社

129) 일본은 1908년 3월 의회에서 동양척식주식회사법안을 통과시켰다. 통감부는 한국 정부에 동 법안을 통과시킬 것을 강요하여, 1908년 8월 순종의 재가를 얻어 8월 27일 일본과 한국에서 동시에 공포하였다.

130) 동양척식주식회사 창립주 20만 주 중에서 6만주는 한국정부에게 토지로써 투자하게 하고, 나머지 14만주 중 일본 왕실이 5,000주, 일본 왕족이 1,000주를 우선적으로 인수하고, 한국 왕실이 1,700주를 인수하도록 하였다. 나머지 13만 2천3백주는 일본 국내 및 한국 국내에서 일반으로부터 공모하기로 하였다. 이 회사의 창립주에 대한 일본 국내의 인기는 거의 폭발적이어서 응모주수는 공모주수의 35배에 달하였다. 그러나 한국 내에서 반응은 지극히 냉담해서 응모자수는 전체 공모주수의 경우 1.9%에 불과하였고, 그것도 절반 이상은 한국에 거주하는 일본인이 매수하였다. 한국 내에서 이 창립주에 대한 응모자가 극소에 불과했던 것은 한국인이 주식회사에 대한 지식이 없었던 것도 있지만 그 보다는 이 회사가 한국의 식민지화를 목적으로 창립되었기 때문에 창립 자체부터가 한국인의 호감을 받지 못했기 때문이다. 또한 이 회사가 이후 어떠한 방법으로 운영될 것인지 분명하지 않았다. 이와 같이

지를 제공하였다. 한국정부가 출자한 토지에 일본은 대륙침략을 위하여 일본인을 한국에 이주시킬 계획을 하고 있었던 것이다. 따라서 동양척식주식회사의 주요사업은 한국의 토지를 개간하여 일본인을 이주시키는 것이고, 이를 위해 양국 정부의 인가를 받아 척식에 필요한 자금을 공급할 수 있는 부대사업을 하였다. 동양척식주식회사에서 수산이민사업은 기본사업이 아닌 부대사업이었다. 하지만 제2차 한일협약(을사조약)으로 전국적으로 반일항쟁이 일어나 토지의 개간 및 경작을 위해서는 많은 시간이 필요하여 출자수익을 조기에 회수하는데 어려움이 있자 본업인 토지개간경작사업과 함께 수산이민사업을 착수하였다.

동양척식주식회사는 1905년 설립된 조선해수산조합에 수산이민사업을 하청 주었고, 조선해수산조합은 현지시찰결과를 토대로 수산이민 수산경영계획안을 수립하였다. 수산경영계획에 따라 1910년 10월부터 수산이민사업을 착수하기로 하였고, 이주어민의 보호에 지장이 없는 한 일반 입어자(통어자)의 입어도 허가하기로 하였다. 동양척식주식회사의 수산이민 수산경영방침이 발표되자 규슈지방의 기존 통어자들이 심하게 반발한데 이어 다른 지방에서도 조선총독부에 진정서를 제출하는 등 기득권을 놓고 충돌하였다.[131] 결과적으로 동양척식주사회사의 수산이민사업은 자국 어민(통어자)의 반대에 부딪쳐 실패하게 되었고, 이주어촌도 1912년 이후 감소하게 되었다.

4) 포경어업과 포경어업관리법

1889년 체결된 전문 12개조의 조일통어장정 제4조에는 포경어업을 위해서는 특별허가를 받게 하여 일반 입어(통어)허가와 구분하였다. 1850년대 전후로 미국, 프랑스, 독일, 러시아 등의 선진국 포경선이 동해에 출현하여 많은 양의 고래를 포획하고 있었다. 1884년 갑신정변을 주도했던 김옥균은 1882년 수신사로 일본에 파견되었다가 나가사키(長崎)에서 포경어업을 알게 되었다. 1883

한일 양국민으로부터 환영과 냉담의 상반된 반응 속에서 탄생한 동양척식주식회사는 1909년 1월 29일부터 서울에 본점을 두고 사무를 개시하였다.

131) 장수호, '조선시대 말 일본의 어업 침탈사', 2011년, 수산경제연구원BOOKS

년 고종은 김옥균을 동남제도개혁사 겸 관포경사(東南諸島開拓使兼管捕鯨事)로 임명하여 개척민을 모집하여 울릉도로 이주시키고, 포경어업을 개척하도록 하였으나 1884년 갑신정변의 실패로 뜻을 이루지 못했다.

1860년대 무렵 갑판에 고정하는 포경포(捕鯨砲)가 개발되어 기선에 포경포를 장착하는 노르웨이식 포경선이 실용화되기 시작하였다. 1846년 미국의 포경선은 722척이었으며, 1854년 포경어업의 연간수익은 1천만 달러 이상이었다.[132)] [133)] 1870년대 중반 포경선 163척이 대서양에서 북태평양과 북극해로, 뒤에 베링해 및 일본 오호츠크해로 이동하여 북극고래와 북태평양 참고래를 대상으로 포경어업을 하였다. 미국은 1880년에는 최초로 증기선[134)]을 포경어업에 도입하기도 하였다.

한국 연해 포경어업은 1894년 러시아 귀족 디디모프 께이제를링(Duiduimov Keizerling)[135)]이 장생포에 태평양포경회사를 설립하면서부터 본격화되었다. 조선왕조실록에는 고종이 1899년 3월 러시아인 헨리 게제린에게 경상도 울산포(蔚山浦), 강원도 장진포(長津浦), 함경북도 진포도(陳布島)에서 포경어업을 허락하였다는 기록이 있는데 말하자면 외국인에게 내어준 노르웨이식 포경특허 제1호였다.

1853년 미국의 포함외교에 굴복하여 개항하게 된 일본은 요코하마(橫濱)를 기지로 하는 미국의 포경어선이 알류산해역[136)]에서 막대한 수익을 올리고 있음을 알게 되었다. 일본은 당시 전통적인 포경어업방법인 그물을 이용하여 고래를 잡고 있었으나 메이지유신 무렵 서양식 포경기술을 도입한 데 이어 노르웨이식 포경선으로 전환하였다.[137)] 하지만 일본의 포경어업 진출은 초기 여러 번 실패하였다. 1899년에 일본원양어업회사(日本遠洋漁業會社)를 설립하면서 러시

---

132) A. Howard Clark, The American Whale-fishery, 1877~1886, Science 9(217) 321~324, 1887
133) 참고로 1850년 무렵 미국의 국내총생산(GDP)은 약 25억 달러정도였다.
134) 증기선의 상업 운항은 1807년 성공하였다.
135) 디디모프 께이제를링(Duiduimov Keizerling)는 러시아 황태자 니콜라이(Aleksandrovich Nikolai) 2세의 수행원으로 일본을 방문했다가, 극동 해양에 고래가 많다는 말을 듣고는 포경업에 뛰어들었다고 한다.
136) 미국 알래스카 서쪽에서 러시아쪽으로 길게 늘어서 있는 열도이다.
137) 일본 Wikipedia, 검색어 '포경선(捕鯨船)'

아 태평양포경회사 선장을 영입하였다. 또한 회사 설립에 앞서 동해 주변어장과 입어지 사정 등에 대해 철저한 사전조사를 실시하였다. 조선왕조실록에는 1900년 2월 일본원양어업회사 사람인 카와기타칸시치(河北勘七)에게 전라도를 제외한 경상도, 강원도, 함경도 연안 3리 이내에 포경어업을 허용하였다고 되어있다.

일본보다 앞서 포경특허를 받아 한국 연안에서 포경어업을 하게 된 러시아[138]는 19세기 후반 동해 포경업을 독점하다시피하다 일본의 진출로 일본과 경쟁적인 관계가 되었다. 하지만 1905년 러일전쟁(1904~1905년)에서 승리한 일본이 러시아 포경업을 금지시켜 한국 연안의 포경어업은 8.15광복까지 일본이 독점하게 되었다. 한편 일본원양어업회사는 자본과 권력을 배경으로 러일전쟁에서 나포한 포경선을 인수하여 동양어업주식회사(東洋漁業株式會社)를 설립하였고, 러일전쟁으로 고래고기값이 급등하자 소규모 포경회사가 난립하여 고래자원을 남획하게 되었다. 1907년 고래어획량이 급감하자 통감부는 고래자원의 감소를 우려하여 같은 해 10월 2일 '포경어업관리법'을 제정, 공포하게 하였다.

포경어업관리법의 주요내용은 포획금지기간(제1조), 포획대상 제한(제2조), 기타 자원보호상 필요한 규제(제4~6조) 및 벌칙(제7조) 등이다. 이 법에서 허가 없이 포경어업을 하는 자에게 벌칙을 부과하도록 되어 있으나 허가처분의 권한자를 명시하지 않는 허술함이 보인다. 1908년 통감부 어업법에 앞서 제정, 시행된 1907년 포경어업관리법은 대한제국이 제정한 최초의 어업에 관한 법률이다. 하지만 어업법과 마찬가지로 동 법률의 제정은 일본인 관료가 맡았다. 포경어업관리법은 1911년 어업령 제정으로 어업법과 함께 폐지되었다.

138) 러시아는 1899년 대한제국을 압박하여 포경특허계약을 체결하였으며, 장생포 등지를 어업기지로 삼고 동해에서 노르웨이식 포경어업을 하였다.

포경어업관리법(捕鯨漁業管理法)

제1조　포경업자는 포경기간 내가 아니면 고래(鯨)를 포획하거나 처리하기 위하여 근거지를 사용하지 못하며, 포획기간 내에 포획한 고래(鯨)를 처리할 경우에는 비한(比限, 제한)이 없다. 포경기간은 10월 1일부터 익년 4월 30일까지이다.

제2조　유경급유경(幼鯨及幼鯨)을 췌반(萃伴)하는 친경(親鯨)[139]은 포획해서는 안 된다.

제3조　해면이나 근거지 이외 토지에서 고래(鯨)를 처리해서는 안 된다.

제4조　농상공부대신은 고래(鯨)의 번식보호상 필요가 있다고 판단되면 고래의 종류, 포경 어선, 방법기간 또는 근거지를 아우르는(幷) 구역에 관하여 제한하거나 포경업을 정지 혹은 허가를 물시(勿施, 무효)로 할 수 있다.

제5조　농상공부대신은 필요하다고 판단되면 허가 조건을 변경할 수 있다.

제6조　농상공부대신은 포경업자의 업무를 검사하거나 필요한 서류물건(書類物件)을 제출하도록 명할 수 있다.

제7조　허가를 받지 않은 자가 고래(鯨)를 포획하거나 처리할 때에는 1천 엔 이하의 벌금을 부과한다. 전항의 경우에도 포획물 급(及, 상응하는) 사용물건을 몰수하고, 임의 포획물을 소비하거나 양도한 때에는 그(其) 가격을 추징할 수 있다. 제1조 또는 제3조의 규정을 위반한 자가 포경업 정지 중에 고래(鯨)를 포획한 자 또는 제4조의 제한에 위반한 자는 전 2항과 같다. 전3항의 처분은 농상공부대신이 이를 처분할 수 있다.

제8조　본법은 융희원년 10월 1일부터 시행한다.

---

139) 유경급유경(幼鯨及幼鯨)을 췌반(萃伴)하는 친경(親鯨)은 새끼를 임신한 또는 새끼고래를 동반한 어미고래의 포획을 금지한 것으로 이해된다.

8.15 광복 이전의 어업제도

우리나라에 근대적 서양법제도가 도입된 것은 조선 말기 사법제도에 관한 기본법인 전문 61개조의 재판소구성법이 1895년 3월 25일 법률 제1호로 제정되면서 부터이다. 1897년 고종(재위기간 1863~1907년)은 국호를 대한제국으로 고치고, 1899년 8월 17일 우리나라 최초의 근대적 헌법인 대한국국제(大韓國國制)[1]를 제정, 반포하였다.

대한국국제(大韓國國制)

제1조 대한국은 세계만국의 공인되온바 자주독립하온 제국(帝國)이니라.

제2조 대한제국의 정치는 이전으로 보면 500년 전래하시고 이후로 보면 만세에 걸쳐 불변하오실 전제정치이니라.

제3조 대한국 대황제께옵서는 무한하온 군권(君權)을 향유 하옵시나니 공법에 말한바 자립정체이니라.

제4조 대한국 신민(臣民)이 대황제의 향유하옵신 군권을 침손할 행위가 있으면 그 이미 행한 것과 아직 행하지 않은 것을 물론하고 신민의 도리를 잃은 자로 인정할지라.

제5조 대한국 대황제께옵서는 국내 육해군을 통솔하옵셔서 편제(編制)를 정하옵시고 계엄・해엄을 명령하옵시니라.

제6조 대한국 대황제께옵서는 법률을 제정하옵셔 그 반포와 집행을 명하옵시고 만국의 공공(公共)한 법률을 효방하사 국내법률도 개정하옵시고 대사(大赦)・특

1) 대한국국제는 우리나라 최초의 헌법이나 헌법이 아닌 국제라는 명칭을 사용한 것은 국회에서 제정된 것이 아니라 황제명으로 제정되어 반포되었기 때문이다.

사 · 감형 · 복권을 명하옵시나니 공법에 말한 바 자정율례(自定律例)이니라.

제7조 대한국 대황제께옵서는 행정 각 부부(府部)의 관제와 봉급을 제정 혹은 개정하옵시고 행정상 필요한 각항 칙령을 발하옵시나니 공법에 말한 바 자치행리(自治行理)이니라.

제8조 대한국 대황제께옵서는 문무관의 출척(黜陟) · 임면을 행하옵시고 작위 · 훈장 및 기타 영전(榮典)의 수여 혹은 체탈을 하옵시나니 공법에 말한 바 자선신공(自選臣工)이니라.

제9조 대한국 대황제께옵서는 각 유약국(有約國)에 사신을 파송, 주찰(駐紮)케 하옵시고 선전(宣戰) · 강화 및 제반 조약을 체결하옵시나니 공법에 말한 바 자견사신(自遣使臣)이니라.

이상과 같이 국제는 대한제국이 자주독립국가임을 내외에 알리고, 정체가 전제정치임과 황제가 막강한 제권(帝權)을 가진다는 것을 천명하기 위해 제정, 선포된 것이다.

조선 정부는 제1차 갑오개혁(1894년 7월~12월)[2] 때 중앙정부조직을 의정부 산하 8아문으로 개혁하였고, 8아문 중의 하나인 농상아문(農商衙門)이 농업, 상업, 수산, 종목(種牧, 식물재배와 축산), 지질 등을 담당하였다. 제2차 갑오개혁(1894년 12월~1895년 7월) 때 종전의 아문(衙門)을 부(部)로 개칭하면서 농상아문과 공무아문(工務衙門)[3]을 통합하여 농상공부(農商工部)를 만들었다. 농상공부는 농업, 상업, 공업, 통신, 해운 등을 담당하였다.

한편 1876년 일본의 강압에 의해 체결한 강화도조약(朝日修好條規) 이후 조선은 일련의 불평등조약을 체결하도록 강요받았다. 어업 관련하여 1883년 조일통상장정(朝日通商章程), 1889년 조일통어장정(朝日通漁章程)과 조선국해안어채범죄조규(朝鮮國沿岸漁採犯罪條規), 1904년 한일양국인민어채조례(韓日兩國人民魚採條例)가 체결되었다. 이 사이 일본은 서구열강과 주변국들의 세력다툼의 틈새에서 제국주의적 침략의지를 분명히 하며, 만주와 한반도 지역의 지배권을 확보하기 위

2) 갑오개혁은 1894년(고종 31년) 7월 초부터 1896년 2월 초까지 약 19개월간 3차례에 걸쳐 추진된 일련의 개혁운동이다.

3) 공무아문은 국내 일체의 공작, 교통, 체신, 건축, 광산 등의 사무를 관장하였던 중앙관청이다.

하여 청일전쟁(1894~1895년)과 러일전쟁(1904~1905년)을 일으켜 두 번 다 승전하였다. 또한 한국을 보호국화 내지는 식민지화하기 위하여 서구열강과 주변국들의 동의를 받아 일본은 한국의 외교권, 사법권, 자주권 등을 순차적으로 박탈하였다.

1905년 11월 17일 대한제국의 외교권을 박탈하는 제2차 한일협약(을사조약)이 체결되었고, 일본은 다음 해 1월 31일자로 한국주재 일본공사관을 폐지하고[4], 2월 1일 한국의 통치를 담당하는 통감부(統監府)[5]를 설치하였다. 1907년 6월 헤이그밀사사건을 계기로 일본은 7월 19일 고종(1852~1907년)을 폐위시키고, 고종의 아들인 순종(1874~1926년)이 대리로 정사를 보게 하였다. 순종 대리 5일째 되는 날(7월 24일)에 한국에서 통감의 절대권을 인정하는 7개 항의 한일신협약(韓日新協約)이 체결되어 한국의 통치권은 사실상 통감의 수중에 들어가게 되었다. 이후 통감부는 조직개편을 거쳐 1910년 8월 이른바 한일합방(韓日合邦)을 준비하는 구조로 정비되었다.

한일신협약(韓日新協約)

일본국(日本國) 정부와 한국(韓國) 정부는 속히 한국의 부강을 도모하고 한국 국민의 행복을 증진시키려는 목적으로 이하의 조관(條款)을 약정한다.

제1조 한국 정부는 시정(施政) 개선에 관하여 통감(統監)의 지도를 받을 것이다.

제2조 한국 정부의 법령의 제정 및 중요한 행정상의 처분은 미리 통감의 승인을 거칠 것이다.

제3조 한국의 사법 사무는 일반 행정 사무와 구별할 것이다.

4) 1905년 11월 제2차 한일협약으로 한국은 외교권을 박탈당했다. 1905년 11월부터 1906년 3월 사이에 청나라, 영국, 미국, 독일, 프랑스, 이탈리아 등의 주한외국공관이 한국에서 철수해 영사관으로 대체되었고, 12월 15일자로 한국의 재외공관마저 폐쇄되었다.

5) 통감부는 러일전쟁에서 승리한 일본의 강압에 의해 1905년 체결된 제2차 한일협약(을사조약)의 제3조에 의거하여 1906년 2월 설치되었다. 조약에 의하면 통감부는 외교 업무만을 관리하게 되어 있으나 지방에 이사청과 그 지청을 설치하여 공관 업무뿐만 아니라 협약을 실행하기 위해 필요한 일체의 사무를 처리하여 사실상 대한제국의 모든 국정을 간섭하고 감독하는 기관이 되었다. 통감부는 1910년 8월 대한제국의 주권의 상실과 더불어 식민지 통치기구인 총독부가 설치될 때까지 존속하였다. 또한 통감부는 총독부의 무단통치를 위한 시험적 단계의 기관으로 1910년 이후의 식민통치의 기본 골격을 마련하였다.

제4조 한국의 고등 관리(高等官吏)를 임명하고 해임시키는 것은 통감의 동의에 의하여 집행할 것이다.
제5조 한국 정부는 통감이 추천한 일본 사람을 한국의 관리로 임명할 것이다.
제6조 한국 정부는 통감의 동의가 없이 외국인을 초빙하여 고용하지 말 것이다.
제7조 명치 37년 8월 22일에 조인한 한일협약 제1항을 폐지할 것이다.
이상을 증거하기 위하여 아래의 이름들은 각각 본 국 정부에서 해당한 위임을 받아서 본 협약에 이름을 적고 조인한다.

한국의 식민지 준비작업이 종료될 즈음 통감부는 1906년과 1907년에 걸쳐 다수의 토지제도 관련법을, 1907년 광업법과 산림법을, 1908년 어업법(漁業法)을 제정, 공포하였다. 어업법 제정에 앞서 우리나라 최초의 어업에 관한 법률인 포경어업관리법(捕鯨漁業管理法)이 1907년에 제정되었다. 어업법(漁業法)은 우리나라 최초의 근대적 어업제도이나 불행히도 일본에 의해 제정되었다. 어업법은 1911년 어업령(漁業令) 제정으로, 어업령은 다시 1929년 조선어업령(朝鮮漁業令) 제정으로 폐지되었으나 이들 법령들은 이후에도 한동안 잔존하여 우리나라 수산제도의 근간이 되었다. 본 장에서는 1908년 어업법에서 1945년 8.15광복 이전까지 우리나라 어업제도에 대해 알아보고자 한다.

1. 1908년 어업법 및 한일어업협정서

1883년 체결된 조일통상장정(朝日通商章程)에 일본 어민의 어업권을 허용하는 조항이 있다고 하나 통상장정은 그 성격상 통상협정이다. 이런 맥락에서 조선이 일본과 체결한 최초의 어업협정은 1889년 조일통어장정(朝日通漁章程)이라고 할 수 있다. 통어장정이 체결되고 약 20년이 되어갈 무렵 일본이 조선을 병탄할 목적으로 설치한 감독기관이었던 통감부는 그 동안 어업여건의 변화를 고려하여 통어장정을 대체할 새로운 어업제도의 필요성을 절감하고 있었다. 당시 어업법 초안을 준비하던 통감부로서는 1900년대 초 일본에서 진행되고 있던 중대한 어업제도의 변화를 예의주시하지 않을 수 없었다.

일본은 1900년 전문 35개조로 구성된 어업법(漁業法)을 제정하여 일본 최초로 어업제도를 법제화하였다. 어업법을 통해 법에 기초하여 공유수면(公有水面) 중 일정한 구역에서 특정 어업을 독점적으로 영위할 수 있는 권리인 어업권(漁業權)제도를 도입하였다. 어업권은 법에서 지정한 특정 종류의 어업에 대해 행정관청으로부터 면허나 허가를 받음으로써 취득할 수 있었으며 상속, 양도, 공유 및 대부를 할 수 있었다. 하지만 모든 어업이 어업권의 대상이 되는 것은 아니었다. 또한 수산자원의 번식보호와 어업단속이 필요할 때에는 어업조정을 통해 자원관리를 할 수 있게 하였다. 1901년 어업법이 시행될 무렵 일본의 어업구조는 봉건적 지배를 벗어나지 못한 상태로 새로 도입된 어업권제도는 당시 일본인에게 생소한 것이어서 제도가 정착되기까지 적잖은 어업갈등과 시행착오를 겪었다. 결과적으로 어업법은 시행 9년 만에 전면적으로 개정되어 1909년 메이지어업법(明治漁業法)으로 재탄생하였다.

한일합방이 되기 2년 전인 1908년 당시 통감부 수산담당관 겸 농상공부 수산과장이었던 이하라 후미카즈(庵原文一)가 대한제국 어업법의 초안을 마련하였다. 어업법 제정과 관련 그는 일본 정부로부터 다음과 같은 입장을 전달받았다고 한다.[6] 첫째, 한국에는 어업에 관한 어떤 권리를 인증하는 법규(法規[7])가 없어 상당한 자본과 경험을 가진 어업희망자가 안심하고 그 자본과 노력을 투자 · 경영하도록 장려할 방법을 시행하기 어렵고, 나아가 그 같은 방법을 수행하는데 주저하게 하는 사정이 있다. 둘째, 정치어업(定置漁業)과 같이 수면을 점유(占有)하는 어업을 위해서는 행정관청의 면허가 필요하며, 또한 제3자의 분별없는 침해와 동일한 장소에서 같은 어업을 못하게 하여 이들 어업을 보호 · 단속할 필요가 있음에도 아직 그렇게 하지 못하고 있다. 셋째, 어업자 사이에 있어 어업쟁탈에 따른 분쟁이 끊이지 않아 어민은 어업에서 발생하는 이익을 손해보고, 공공의 안녕에 해를 끼치고 있다. 넷째, 한국과 일본인이 서로 섞여 난획(亂獲)한 결과 수산자원의 번식을 저해하고 벌써 일부 수산생물은 살지 못하고 단

6) 한국어업협회, '수산문고' 제4권 제4호, 1908년

7) 법규는 일반 국민의 권리와 의무에 관계되는 법규범(法規範)으로 넓은 뜻으로는 성문의 법령(법률, 명령, 조례, 규칙 등)을 의미하나 좁은 뜻으로는 특수한 성질을 가지는 법규범을 가리킨다.

절되었거나 생산이 크게 감소된 실정이다. 다섯째, 종래 궁내부(宮內府)[8] 소유였던 하해(河海, 내수면과 해면)의 전국 주요어장이 국유로 이속되었기 때문에 이들 어장을 어업법규에 근거하여 일반인에게 어업허가를 내어줄 필요가 있으며, 또한 어업법을 제정하여 허가절차를 제시할 필요가 있다. 마지막으로 어업법규에 근거하여 공평한 어업세법(漁業稅法)을 정하여 일반 어업자에게 상당한 세금을 부담시킬 필요가 있으며, 또한 종래의 폐해(弊害)를 불식시킬 필요가 있다.

또한 통감부 수산담당관 겸 농상공부 수산과장이었이며, 대한제국 어업법의 초안을 작성하였던 이하라 후미카즈(庵原文一)는 법제정 이유를 다음과 같이 밝혔다. 1889년 조일통어장정(朝日通漁章程)은 다만 어민이 왕래하며 통어(通漁)하는 것만 규정하고, 고기를 잡는 권리의 제정이 없었으나 어업법은 분명히 한국인과 동일하게 일본인의 권리와 의무를 정하여 강이든 호수든 일체의 동식물을 채포하는데 한국인과 구분하지 않도록 하는 것이다.[9] 이 무렵 일본은 대한제국을 식민지화하는데 필요한 작업을 이미 마무리 지어가고 있었다. 이런 시대적 배경을 토대로 작성된 16개 조문의 어업법 초안은 1908년 통감부 만여관회의(萬與官會議)를 거쳐 대신회의에 상정된 후 순종(재위기간 1907~1910년)의 재가를 받아 법률 제29호로 11월 11일 공포되었고, 다음 해 4월 1일부터 시행되었다.

8) 궁내부는 왕실의 여러 업무를 총괄하는 관청이다.
9) 장수호, '조선시대 말 일본의 어업 침탈사', 2011년, 수산경제연구원BOOKS

1900년 제정된 일본 어업법

가마쿠라막부(鎌倉幕府)[10]에서 에도막부(江戶幕府)[11]에 이르는 약 700년 간 일본을 지배했던 막부정권을 무너뜨린 메이지정부(明治政府)는 막부체제에서 봉건적 지방영주가 지배하고 있는 어장을 국가소유로 전환하여 어업자들이 국가로부터 어업허가를 받아 국가에 사용료를 내게 하는 해면관유(海面官有)의 원칙을 1874년 채택하였다. 하지만 메이지정부가 주도한 어업개혁은 해면의 실질적 이용자인 어민들의 지지를 받지 못했을 뿐만 아니라 봉건적 어장지배를 고수하려는 보수세력의 반대에 부딪쳐 실패하였다. 한편 어업개혁이 추진될 무렵에 어장에 대한 관행적 어업지배를 거부하고 자유롭게 어업을 영위하고자 하는 새로운 어업세력이 등장하여 봉건적 어업지배를 유지하려는 보수세력과 충돌하여 어업분쟁이 야기되었다.

1893년 일본 최초로 법률에 근거한 어업제도인 어업법(漁業法)이 의원입법으로 제출되었으나 그 동안 누적된 어업갈등이 표출되어 법제정과정에서 난황이 거듭되었다. 전문 35개조의 어업법은 1900년에 제정되어 다음해에 시행되었다. 어업법의 핵심은 어업권(漁業權)제도의 도입이라고 할 수 있다. 어업법은 어업을 어업권의 대상이 되는 면허어업과 대상이 되지 않는 자유어업으로 구분하였다.

어업권에는 어구를 정치하는 정치어업권, 일정한 구역 내에서 양식하는 구획어업권, 정치나 구획어업은 아니지만 면허가 필요하다고 인정되는 특별어업권, 그리고 앞의 세 가지 어업 이외에 방법으로 수면을 전용하는 전용어업권 4종류가 있었다. 전용어업권에는 어업조합이 지선(地先)[12]수면을 전용하는 경우와 관행에 의해 수면이 전용되는 두 경우만 인정되었다. 자유어업은 번식보호 및 어업단속을 위해 필요시 어업자의 수 또는 그 자격을 정하여 어업조정을 할 수 있도록 하였다.

---

10) 가마쿠라막부는 일본 최초의 무사정권을 1185년경 미나모토노 요리토모(源頼朝, 1147~1199년)가 수립하여 9대에 걸쳐 148년 동안 존속하다 1333년 막을 내렸다. 가마쿠라막부가 수립될 당시 주변 정세는 원나라(1271~1368년)가 중국 대륙을 통일하여 고려(918~1392년)가 1231년에서 1259년까지 6차례 몽고의 침입을 받았다. 일본은 고려와 원나라 연합군의 일본 원정으로 1274년과 1281년 두 차례 침입을 받았다.

11) 에도막부는 일본사에서 세 번째로 나타난 최후의 막부로 도쿠가와 이에야스(德川家康, 1543~1616년)가 천하통일을 이루고 1603년 에도(지금의 도쿄)에 수립한 일본의 부케정권(武家政權)으로 15대에 걸쳐 265년 존속하였다. 1853년 미국의 포함외교에 굴복하여 다음 해 미일화친조약을 체결하여 개항하였으며, 1867년 일본의 왕정복고로 막부시대의 종지부를 찍었다.

12) 지선은 주로 포패 채취가 이루어지는 마을과 접해 있는 해안과 어선어업이 이루어지는 가까운 바다로 이해할 수 있다.

일본 어업법은 어업면허 신청자의 자격요건을 명시하지 않았고, 어업권를 가진 자에게 직접 어업에 종사할 의무를 부과하지 않았다. 하지만 어업권을 상속, 양도, 공유와 대부할 수 있게 하여 어업권을 가진 자가 마음만 먹으면 언제든지 어업권의 임대 등을 통하여 어민을 수탈할 수 있는 개연성을 내포하고 있었다.

1908년 통감부가 어업법을 제정한 목적은 대한제국 어업제도의 근대화라는 명목으로 일본의 어업제도를 한국에 적용하는 것이었다. 이면에는 일본이 대한제국의 어업부문에 합법적으로 침투하여 수산자원을 약탈하기 위한 법적 근거를 마련하려는 의도가 깔려있었다. 통감부 어업법은 어업 및 어업권의 정의(제1조), 면허어업의 종류(제2조), 어업면허의 유효기간(제3조), 동일 어장에서 동일 어기에 동일한 종류의 어업에 대해 중복면허 불가(제4조), 어업권의 성질과 효력발생(제5조), 어업권의 권리행사 제한(제6조), 어업권의 취소(제7조), 어업분쟁과 재결(裁決)[13] 신청(제8조), 허가어업의 종류(제9조), 신고어업(제10조), 수산자원의 번식보호와 어업단속을 위한 명령(제11조), 벌칙(제12, 13조), 시행세칙(제14조), 시행일(제15조) 그리고 경과조치(제16조)로 구성되어 있었다.

1909년 통감부 어업법이 시행되어 일본인도 한국인과 같이 대한제국의 내국법을 적용받게 되었다. 하지만 그 내용을 들여다보면 한국인과 일본인을 차별하고 있는데 그 차별이 한국인에게 오히려 불리하게 되어 있다. 어업법은 면허어업과 허가어업의 종류를 명시하고 이 두 가지 이외의 어업을 신고어업으로 분류하였다. 제10조 신고어업의 절차에서 한국인은 군수나 행정기관의 장에게 신고하여 감독을 받아야 하지만 일본인은 이사관(理事官)[14]에게 신고하여 감독을 받게 하였다.

1909년 4월 1일 어업법 시행 이틀 전인 3월 30일 농상공부령 제1호가 공포되어 신규 연안어업(沿岸漁業)은 일본 이사청(理事廳)[15]의 이사관을 통하여 어업권(漁業權)을 신청하도록 하였다. 이는 일본의 어업제도를 한국에 적용하려는 것

13) 재결은 행정 심판기관이 행정심판의 청구에 대하여 심리의 결과를 판단하는 것이다.
14) 이사관 현행 공무원 체제에서도 통용되는 직급으로 일반직 2급 공무원을 말한다.
15) 이사청은 일제가 각 지방에 설치한 통감부의 지방기관이다.

이었으나 당시 한국인에게는 연안어업이라는 용어 자체가 생소하였다. 일본인에게 우선적으로 어업권을 허가하려는 숨겨진 의도의 진위여부와 상관없이 결과적으로 어업법을 시행한 첫 달에 경상도와 전라도 연안에 일본인이 청원한 어업권만 1만 건에 달했다고 한다.[16)]

어업법을 제정한 이면에는 탁지부(度支部)[17)]로 이관한 종래 궁내부(宮內府) 소유였던 해면과 내수면 어장(漁場)과 채조장(採操場)을 일본인 입어자(入漁者) 또는 이주어업자(移住漁業者)에게 처분하려는 의도도 있었다. 궁내부 소유의 어장과 채조장은 당시 한국에서 가장 경제적 가치가 높은 어장들로 약 1,500~3,000여 개 소에 달했을 것으로 보고 있다. 일본은 어장과 채조장을 탁지부로 이관하면서 당시 조선인에게 생소한 일본식의 어구어업명(漁具漁業名)을 적용한 어업권 제도(漁業權制度)를 실시하여 영업권 신청을 받았다. 하지만 한국인은 일본인과 달리 심사과정을 거쳐야 했기 때문에 이는 궁내부가 소유했던 우수한 어장의 경영권을 일본인에게 우선적으로 배분하겠다는 정책적 의도라고 밖에 볼 수 없다.

1883년 조일통상장정 체결 이전에는 불법적으로, 이후에는 합법적으로 한국 연안에 출어하여 근대화된 어선과 우수한 성능의 어구로 높은 어획고를 올리던 일본 어민은 통감부 어업법 시행으로 사실상 한국 어장을 독점할 수 있게 되었다. 양국 간에 체결된 불평등조약은 대한제국에게 미약하나마 규제의 여지를 남기고 있었으나 통감부 어업법은 이런 미비한 규제마저 빼앗아 버렸다.

1908년 11월 제정되어 다음 해 4월부터 시행된 통감부 어업법은 한일합방 직후 1911년 제정된 어업령이 1912년 4월부터 시행되기까지 3년 동안 존속하였다. 하지만 어업법의 주요골격, 즉 어업의 분류(면허, 허가 및 신고어업), 어업권의 권리행사, 자원보호와 어업질서를 위한 단속권, 어업분쟁을 일차적으로 행정으로 해결하게 하여 어업자를 배려한 점, 벌칙제도 등은 지금까지 계승되고 내려오고 있다.

---

16) 이계열 외 3명, '한 · 일 어민의 접촉과 마찰', 2008년, 전남대학교 출판부

17) 탁지부는 갑오개혁 때인 1895년 탁지아문(度支衙門)을 개칭한 것으로 국가재정 전반을 담당하였다.

어업법(漁業法)

제1조 본법에 어업은 영리를 목적으로 수산동식물을 채포(採捕) 또는 양식(養殖)하는 업을 말하며, 어업권은 제2조를 의하여 면허를 받아 어업을 경영할 수 있는 권리를 말한다.

제2조 다음과 같은 어업의 종류는 농상공부대신(農商工部大臣)의 면허를 받지 않으면 주업(做業, 종사)할 수 없다.

1. 일정한 수면에 어구(漁具)를 건설 또는 부설하고 일정한 어기간(漁其間)을 정치(定置)하는 어업(제1종 면허어업)
2. 일정구역 내에서 포패채조(浦貝採操) 또는 양식하는 어업(제2종 면허어업)
3. 육지 또는 암초(巖礁) 등에 지점(地點)을 일정하게 하여 어망(漁網)을 예양(曳揚) 또는 예기(曳奇)하는 장소로 하고, 일정한 어기간(漁期間)에 빈수(頻數, 자주) 사용하는 어업(제3종 면허어업)
4. 일정한 수면을 어망의 건설 또는 부설하는 장소로 하고 일정한 어기간에 빈수 사용하는 어업(제4종 면허어업).

전항 외에 일정한 수면에 대하여 자본과 노력을 들여 어류를 집합(集合)케 하는 어법(漁法)으로 경영하는 어업(제5종 면허어업)은 어업자의 청원(請願)에 따라 농상공부대신은 어업면허를 부여하고 이를 보호함을 득(得)한다.

제3조 어업의 면허기간은 십년 이내로 한다. 다만 농상공부대신은 어업권자의 신청(申請)에 따라 기간을 경정(更正)함을 득함. 제6조에 의하여 어업권을 정지(停止)한 기간은 전항(前項)의 기간에 산입(算入)하지 않는다.

제4조 동일한 어장에 있어서는 동일한 어기(漁期)에 동일한 종류의 어업을 면허하지 않는다. 단, 제2조 제1항 제3호 또는 제4호의 어업은 차한(此限, 제한)이 없다.

제5조 어업권은 상속(相續), 양도(讓渡), 공유(共有), 담보(擔保) 및 대부(貸付)의 목적으로 할 수 있다. 단 상공부대신의 등록(登錄)이 없으면 그 효력(效力)이 발생하지 않는다.

제6조 상공부대신은 수산동식물의 번식(繁殖)과 기타 공익상 필요가 있다고 판단되면 어업권을 제한 또는 정지하거나 취소의 조건을 붙이게 하여 권리행사에 제한을 가할 수 있다.

제7조 다음의 경우에는 농상공부대신은 어업권을 (직소(織銷 취소)할 수 있다.

1. 면허 후 1년 이내에 착수하지 않거나 2년 이상 연속 휴업할 때
2. 본법 또는 본법에 의하여 발하는 명령 또는 처분에 위배(違背)할 때
3. 제6조의 사유 증 번식보호 또는 공익상 필요할 때

4. 어업권의 제한 또는 조건을 위배(違背)할 때
5. 법정 또는 지정의 기간 내에 어업세 혹은 벌금을 납입하지 않았을 때에는 어업권을 대부받은 자의 소유는 어업권자 소유의 간주하여 전항의 규정을 적용

제8조 어업구역, 어업방법 및 기타 어업권에 범위에 대해 어업권간에 논쟁(論爭)이 있을 때에는 이해관계자(利害關係者)의 신청에 따라 농상공부대신이 이를 재결(裁決)한다.

제9조 다음과 같은 종류의 어업은 허가를 받지 않으면 주업(做業, 종사)할 수 없다.
1. 육지 또는 암초 등에 어망을 예양 또는 예기하는 어업으로 제2조 제1항 제3호의 어업에 속하지 아니한 자
2. 풍력, 기력(汽力) 또는 조류(潮流)의 의하여 낭망(囊網)을 수중(水中)에 인예(引曳)하는 어업
3. 인력(人力) 또는 기력(機力)을 응용하고 어망으로 어류를 위요(圍繞, 둘러싸 포위)하여 어선에 조양(繰揚)하는 어업
4. 잠수기계를 사용하는 어업
5. 제2조 제2항의 어업으로 면허를 받지 않은 자

제10조 제2조 제1항 및 전조에 규정한 어업 이외의 어업을 하고자 하는 자는 군수 또는 부윤(府尹)[18]에게 신고하여 감찰(監察)을 받아야 할 수 있다. 단 어업을 하고자 하는 자가 일본인이면 이사관에게 신고하여 감찰을 받아야 할 수 있다.

제11조 농상공부대신은 수산동식물의 빈식보호 또는 어업의 취체(取締, 단속)와 관련하여 필요한 명령을 내릴 수 있다.

제12조 어업권을 불의(不依)하고 제2조 제1항에 규정한 어업을 하거나 제9조 또는 제10조 규정을 위배(違背)한 자는 100원(圓) 이하의 벌금에 처하고, 채포물(採捕物) 또는 소유어구가 어떤 이의 소속(所屬)인지를 불문하고 이를 몰수(沒收)한다. 기(旣, 이미)히 채포물을 양도(讓渡)하거나 또는 소비(消費)한 때에는 대가(代價)를 추칭(追稱)한다. 어업권의 정지(停止) 또는 면허 또는 허가조건을 위배(違背)하여 어업을 한 자는 전항과 같다.

제13조 사용인(使用人) 또는 어부 기타 종업자의 소위(所爲, 소행)는 어업자의 소위로 간주하여 전조(前條)의 벌칙(罰則)은 어업자에게 적용(適用)한다.

제14조 본법의 시행(施行)에 필요한 세칙(細則)은 농상공부 대신이 정한다.

제15조 본법의 시행기일(施行期日)은 칙령(勅令)으로 정한다.

제16조 여하한 명의(名義)를 불문하고 본법시행 전에 받은 어업면허와 허가의 궤행(慣

18) 부윤은 한 府(부)의 행정사무를 맡아 보는 장이다.

> 行)에 의하여 제2조 제2항에 규정한 어업을 하는 자는 본법 시행일로부터 1개월 이내에 제2조의 규정에 의하여 면허를 청원(請願) 할 수 있다. 본법 시행 전에 어업감찰(漁業鑑札)[19]의 하부(下付)[20]를 받은 자는 본법 시행 후에라도 기(其) 감찰의 유효기간 내에는 제9조 또는 제10조에 규정한 어업을 할 수 있다. 전항(前項)에 규정한 자가 아니고 현재 제9조 또는 제10조에 규정한 어업을 하는 자는 본법 시행일로부터 3개월 이내에 제9조 도는 제10조의 규정에 의하여 어업의 허가를 청원(請願) 또는 신고(申告)하여야 한다. 제1항 또는 제3항의 어업자는 청원의 허부처분(許否處分)을 받기까지 또는 신고에 의하여 어업감찰(漁業鑑札)의 하부(下付)를 받기까지는 종전의 예(例)에 의하여 어업을 할 수 있다.

통감부는 1908년 11월 11일 어업법을 공포하고 이틀 뒤인 11월 13일 한일어업협정서(韓日漁業協定書)[21]를 내각(內閣) 고시 제23호로 발표하였다. 한일어업협정서는 어업법(漁業法) 시행일과 같은 날 1909년 4월 1일부터 시행되었다. 어업협정서가 체결되기 이전까지 일본인의 입어(入漁)는 8개 도(道)[22] 연안에 제한되었으나 시행 이후 일본인은 대한제국의 연안뿐만 아니라 강, 만(灣), 하천 및 호지(湖池) 등 전 국토의 모든 수계(水界)에서 내수면어업도 할 수 있게 되었다. 한일어업협정서 제1조에서도 상호주의 원칙을 적용하고 있으나 현실성이 없는 요식행위에 불과하다. 따라서 일본인은 대한제국 어디에서나 한국인보다 유리한 조건에서 어업활동을 할 수 있게 되었다.

한일어업협정서는 또한 일본 입어자의 범법행위에 대한 재판을 일본 관청 즉 이사청(理事廳) 또는 통감부 법무원(法務院)[23]에서 집행하게 하여 치외법권(治外法權)을 인정하고 있다. 이 부분은 1876년 이후 일본과 체결한 모든 어업조약

---

19) 감찰은 어떤 영업이나 행위를 허가한 표로 관청에서 내어 주어, 잘 보이는 곳에 붙이거나 달게 하는 증표(證票)이며, 실정법(實定法)에서는 감찰(監察)보다 허가증(許可證), 면허증(免許證), 면장(免狀)이란 용어를 사용한다.
20) 하부는 관아에서 백성에게 증명, 허가, 인가, 면허 따위를 내려 주는 것을 말한다.
21) 한일어업협정서에서 적용되는 어업은 3해리 이내이다.
22) 8도는 전라도, 경상도, 강원도, 함경도, 경상도, 충청도, 황해도, 평안도
23) 법무원은 통감의 관리 하에 대한제국의 사법사무를 관장하였다.

에 등장하는 불평등 규정의 재연으로 새삼스러울 것이 없다. 더욱이 한일어업협정서가 시행되는 해(1909년)에 대한제국의 사법권은 이미 통감부에 예속되어 있었다. 어업법과 함께 한일어업협정서가 시행됨으로써 1908년 이전에 양국이 체결한 모든 어업협정은 폐지되었다.

한일어업협정서(韓日漁業協定書)

1. 일본국 국민은 한국의 연해, 강, 만(灣), 하천, 호수에서 어업을 경영할 수 있으며, 한국의 국민은 일본국의 연해, 강, 만, 하천 및 호수에서 어업을 경영할 수 있다.
2. 두 나라 일방의 국민이 다른 일방의 영토 안에서 어업을 경영하는 경우에 그 어업 경영지에 시행하는 어업관계 법규를 준수해야 한다.
3. 한국 어업 관계 법규 가운데 사법 재판소에 속해야 할 사항이 있을 경우에 일본국 국민은 당해 일본 관청에서 집행한다.
4. 개국 498년 10월 20일 명치 22년 11월 12일 조인한 한국과 일본 두 나라 통어규칙(通漁規則)과 그 밖의 두 나라 통어(通漁)에 관한 협정은 모두 폐지한다.

1909년 어업법 1주년 기념식

한일합방(1910년 8월 29일) 10개월 전인 1909년 11월 당시 대한제국 농상공부 수산국은 청화정[24]에서 어업법 제정 1주년 기념식을 열어 참석자들에게 기념표를 나누어주었다고 한다.[25] 1910년 한일합병은 일본인에게 대한제국 연안해역이 자기의 것이 되었음 말한다.

1908년 어업법 제정과 한일어업협정서 체결로 일본은 한일합방 이전에 대한제국 연안해역을 장악하는데 필요한 법적 장치를 마무리 지었다. 어업법 제정 전후로 일본은 이미 농업, 광업, 산림업과 같은 일차산업뿐만 아니라 교통, 통신, 운수, 금융에 이르는 대한제국의 경제 전반을 장악하고 있었다. 대한제국

24) 청화정은 1401년 태조가 경복궁 북쪽에 지은 정자이다.
25) 매일경제 1982년 1월 9일 논단, 재계산맥 '근세 100년 산업과 인물'

은 사실상 일본의 식민지를 인정하는 형식적 절차만 남겨둔 상태였다.

2. 1911년 어업령

1910년 8월 29일 일본은 대한제국을 완전한 식민지로 만들기 위해 강제로 대한제국의 통치권을 일본에 양여하게 하고, 대한제국의 국호를 박탈하는 한일병합조약(韓日併合條約)[26)]을 체결하였다. 이로써 일본식민지 36년이 시작되었다. 1908년 통감부 어업법이 시행된 지 불과 1년 4개월 뒤의 일이었다.

한일병합조약 체결 후 일제는 대한제국을 통치하기 위하여 통감부를 폐지하고, 1910년 9월 30일자로 총독부 및 소속관서의 관제를 공포하여 10월 1일부터 식민지 통치와 수탈기관인 조선총독부(朝鮮總督府)를 발족시켰다. 조선총독부가 출범하고 8개월 뒤인 1911년 6월 3일 법령 제30호로 어업령(漁業令)을 공포하여 1912년 4월 1일부터 시행하였다. 이로써 통감부 어업법은 시행 3년 만에 폐지되었다.

한일병합조약(韓日併合條約)

한국 황제 폐하(皇帝陛下) 및 일본국 황제 폐하(皇帝陛下)는 양국간의 특별히 친밀한 관계를 고려하여 상호 행복을 증진 하며 동양의 평화를 영구히 확보하기 위하여, 이 목적을 달성하려고 하면 한국을 일본국에 병합하는 것 만한 것이 없음을 확신하여 이에 양국 간에 병합 조약을 체결하기로 결정한다. 이를 위하여 한국 황제 폐하는 내각 총리대신(內閣總理大臣) 이완용(李完用)을, 일본 황제 폐하는 통감(統監) 자작(子爵) 데라우치 마사타케(寺內正毅)를 각각 그 전권위원(全權委員)에 임명한다. 위의 전권위원은 회동하여 협의하여 다음의 여러 조항을 협정한다.

제1조 한국 황제 폐하는 한국 전부(全部)에 관한 일체 통치권을 완전히 또 영구히 일본 황제 폐하에게 양여한다.

제2조 일본국 황제 폐하는 전조에 게재한 양여를 수락하고 또 완전히 한국을 일본 제국에 병합하는 것을 승낙한다.

26) 한일합병조약은 경술국치조약 또는 일제병탄조약이라고도 한다.

제3조 일본국 황제 폐하는 한국 황제 폐하, 태황제 폐하, 황태자 전하와 그 후비 및 후예로 하여금 각각 그 지위에 따라 상당한 존칭, 위엄 및 명예를 향유케 하고 또 이를 보지(保持)하는 데 충분한 세비(歲費)를 공급할 것을 약속한다.

제4조 일본국 황제 폐하는 전조 이외에 한국의 황족(皇族) 및 후예에 대하여 각각 상당한 명예 및 대우를 향유케 하고 또 이를 유지하는 데 필요한 자금을 공여할 것을 약속한다.

제5조 일본국 황제 폐하는 훈공이 있는 한인(韓人)으로서 특히 표창하는 것이 적당하다고 인정되는 자에 대하여 영예 작위를 주고 또 은금(恩金)을 준다.

제6조 일본국 정부는 전기(前記) 병합의 결과로 한국의 시정(施政)을 전적으로 담임하여 해지(該地)에 시행할 법규를 준수하는 한인의 신체 및 재산에 대하여 충분히 보호하고 또 그 복리의 증진을 도모한다.

제7조 일본국 정부는 성의 있고 충실히 새 제도를 존중하는 한국인으로서 상당한 자격이 있는 자를 사정이 허락하는 범위에서 한국에 있는 제국의 관리에 등용한다.

제8조 본 조약은 한국 황제 폐하 및 일본국 황제 폐하의 재가를 경유한 것이니 반포일로부터 이를 시행한다.

이를 증거로 삼아 양 전권위원은 본 조약에 기명(記名)하고 조인(調印)한다.

융희(隆熙) 4년 8월 22일

내각 총리대신(內閣總理大臣) 이완용(李完用)

명치(明治) 43년 8월 22일

통감(統監) 자작(子爵) 데라우치 마사타케(寺內正毅)

1909년 일본의 메이지어업법

일본 최초로 어업제도가 법률로 명문화된 어업법이 1900년 제정되어, 1902년부터 시행되었다. 시행 7년 뒤인 1909년 어업법 개정안이 일본 국회에 제출되어 어업법은 전면 개정되었는데 이를 메이지어업법(明治漁業法)이라 한다. 메이지어업법은 1911년 4월부터 시행되었다. 전문 65개 조와 부칙 8조로 구성된 이 법의 핵심은 어업권(漁業權)의 법률적 성격 확립과 어업조합의 경제단체화라고 할 수 있으며 주요내용은 다음과 같다.

첫째, 물권으로서 어업권의 법률적 성격을 분명히 하였다. 또한 어업법(舊法)에서 규정한 어업권의 상속, 양도, 공유 및 대부 목적의 권리행사 외에 신법에서 어업권의 저당권(抵當權)을 인정하여 어업권을 이용하여 금융자본을 활용할 수 있게 하였다.

둘째, 어업권 외에 입어권(入漁權)을 규정하였다. 제12조에서 '입어권자는 설정행위 또는 구법 시행 전의 관행에 따라 타인의 전용어업권에 속하는 어장 내에 서로 들어가 그 전용어업권의 전부 또는 일부의 어업을 할 권리를 갖는다'고 하였다. 제13조에서 입어권을 물권으로 간주하나 상속과 양도의 목적 이외는 권리의 목적이 될 수 없다고 규정하였다.

셋째, 어업조합의 경제활동을 허용하였다. 구법에서 어업조합은 어업권의 소유주체는 될 수 있어도 실제적으로 경제활동을 할 수 없었다. 하지만 메이지어업법 제43조에서는 '조합은 어업권 또는 입어권을 취득하여 어업권의 대부를 받아 조합원의 어업에 관한 공동시설을 할 수 있다'고 하여 어업조합의 경제활동을 제한적이나마 허용하였다. 또한 1933년 개정을 통해 조합원의 출자제도를 허용하여 어업조합이 경제사업을 할 수 있게 하였으며, 1938년 개정을 통해 상업신용(商業信用)을 허용하여 어업조합이 경제활동기관이 될 수 있게 하였다. 신법 제정과 함께 어업조합의 근대화를 위하여 어업조합령이 제정되었다.

넷째, 어획강도가 높은 대형어업에 대해 자원관리차원의 규제가 이루어졌다. 기선트롤어업, 모선식어업, 기선포경어업, 기선저예망어업 등은 별도로 제정된 명령에 의해 주무대신의 허가를 받아 조업할 수 있게 하였다. 또한 이들 어업에 대한 단속규칙을 명령으로 제정하여 건수를 제한하고, 일부 어업에 대해서는 조업금지구역을 실시하였다.

조선총독부 어업령은 1909년 4월 제정되어, 1911년 4월부터 시행된 일본의 메이지어업법(明治漁業法)을 답습한 것이다. 메이지어업법은 73개 조문(65개 전문과 8조의 부칙)로 구성되어 있었으나 조선총독부 어업령은 35개 조문(28개 전문과 7조의 부칙)으로 되어 있었다. 당시 한국의 어업제도를 비롯한 제반 어업여건이 일본 메이지어업법을 그대로 적용하기에 부족하였던 것으로 보인다. 하지만 16개 조문으로 구성된 통감부 어업법에 비해 조선총독부 어업령은 35개 조문으로 어업제도의 발전을 엿볼 수 있다. 어업령이 공포되던 같은 날 7개조의 사찰령(寺刹令), 전문 38개조와 부칙 3개조의 어업령시행규칙(漁業令施行規則)과 전문 15개조와 부칙 3개조의 어업취체규칙(漁業取締規則)규칙이 공포되었다. 취체는 단속이라는 뜻이다.

표 9. 1911년 조선총독부 어업령시행규칙에서 면허어업 종류

제1종	정의	일정 수면에 어구를 건설 또는 부설하여 일정의 어기간(漁期間) 이를 정치(定置)하는 어업
	종류	대부망, 소부망, 대대망, 소대망, 줄시, 장시, 각망, 거망, 낙망, 결망, 낭장망, 주목망, 설망, 왕망, 말장목사, 우뢰, 방염, 어전, 입어, 어언, 차염, 차망 및 양어업
제2종	정의	일정 수면을 구획하여 양식하는 어업
	종류	어류, 패류, 조류 및 잡종(해삼, 새우, 소라, 자라 이외의 수산물) 양식어업
제3종	정의	해빈 일정의 장소에 있어 일정 어기간을 반복하여 어망을 예양 또는 예기하는 어업
	종류	지예망, 휘라망, 선예망, 돔지조망, 뢰예망, 조예망
제4종	정의	일정 수면에서 일정 어기간 반복하여 어망을 건설 또는 부설하는 어업
	종류	부망, 대망, 방진망, 곡건망, 정선망, 방어망, 건간망, 괘망
제5종	정의	일정 수면에 어류를 집합시키는 설비를 하여 경영하는 어업
	종류	사부, 서지, 축기어업
제6종	정의	이상의 어업을 제외하고 수면을 전용하는 어업
	종류	포개전용, 채조전용, 망어전용

1911년 제정된 어업령과 그 부령은 일본 식민치하에서 공포된 법률로 일본어로 되어있다. 어업령의 일본어 원문은 국가기록원 나라기록(http://theme.archives.go.kr) 관보에서 확인할 수 있다. 전문 28개조와 부칙 7개조로 이루어진 어업령은 어업과 어업권의 정의(제1조), 면허어업(제2조~제4조), 기존관행에 의한 입어제한과 입어료(제5조), 어업권 존속기간[27](제6조), 보호구역과 어업제한(제7조), 어업권 성질(제8조), 면허 제한 · 중단 · 취소(제9조~제11조), 허가어업(제12조, 13조), 수산자원의 번식보호와 어업단속(제14조), 어업감독(제15조), 어업조합과 수산조합(제16조~제19조), 어업분쟁과 재결(제20조), 지방장관에게 일부 직권 위임(제

---

27) 1908년 제정된 어업법에서는 면허기간이라 하였으나 1911년 어업령에서 존속기간으로 바꾸었다. 당시 일본 어업법과 메이지어업법에서 어업권의 존속기간은 20년인데 반해 우리나라 어업령에서는 10년이었다.

21조), 벌칙(제22조~제28조)과 부칙(제29조~제35조)으로 이루어져있다.

1908년 제정된 어업법에서는 면허와 허가어업의 종류를 본법에서 규정하였으나 19011년 제정된 어업령에서는 하부규칙에 규정하도록 하였다. 어업령시행규칙 제17조에는 면허어업을 6종으로 구분하고 있고, 동 조에 의거하여 조선총독은 해당어업의 명칭을 고시하였다(표 9).[28] 어업령에서 면허어업은 통감부 어업법 제2조에서 규정한 5종류에 일정 수면을 전용하여 어업 하는 전용어장을 추가하였으며 본령 제3조에서 그 면허를 어촌의 경영 혹은 유지에 필요한 경우로 제한시켰다.

조선총독부 어업령 제12조에서는 포경업과 트롤어업을 허가어업으로 지정하고 있었으며, 어업령시행규칙 제26조에서는 통감부 어업법에서 5종류로 구분한 허가어업을 9종류로 분류하였다(표 10). 제1종에서 제3종까지 허가어업에서 포경, 트롤 및 잠수기어업을 개별적으로 명시하고 있는데, 특히 트롤어업이 연안어장에 미치는 영향을 고려하여 어업취제규칙 제3조에서 트롤어업금지 구역을 설정하고 있다. 또한 조선총독부 고시를 통하여 잠수기어업의 조업구역 및 허가정한수[29]와 포경어업의 정수[30]를 고시하였으며, 어업별 허가기간에도 차이를 두었다. 나머지 제4종에서 제9종까지의 허가어업은 어법(漁法)으로 정의하고 있었으며, 제6종은 선예망어업, 제7종은 부망류어업, 제8종은 건착망어업, 제9종은 유자망어업을 말한다. 제3종과 제4종의 일부 어업은 뒤에 공동어업으로 분류되게 된다. 허가어업에서 당시 시설비와 인력이 많이 필요한 어업에는 일본인이, 시설비와 인력이 적게 드는 어업에는 한국인이 많았다고 한다.[31]

어업령시행규칙 제33조에는 계출어업(屆出漁業, 신고어업)을 3종으로 구분하고 있다. 제1종은 어선 한 척에 3인 이상 승선하여 어망을 사용하는 어업을, 제2종은 어선 한 척에 3인 이상이 승선하여 연승 기타 조구(釣鉤)를 사용하는 어업을, 제3종은 앞의 제1종과 제2종에 해당되지 않은 어업을 말한다. 모든 어업은 면허 또는 허가를 받아야 하고, 이에 해당되지 않은 어업은 계출(신고) 후 감찰을 받아 어업을 허용하려는 취지였다.

---

28) 조선총독부 관보 제258호 참조(1911년 8월 5일)
29) 조선총독부 고시 제246호(1911년 8월 5일)
30) 조선총독부 고시 제247호(1917년 11월 1일)
31) 한규설, '어업경제사를 통해 본 한국어업제도 변천의 100년', 2001년, 선학사

표 10. 1911년 조선총독부 어업령시행규칙에서 허가어업 종류

제1종		포경업
제2종		트롤어업
제3종		잠수기어업
제4종		고래 이외의 해수(海獸)어업
제5종	정의	풍력, 조력 또는 나선추진기에 의해 어선을 운항시켜 낭망을 인예하는 어업(트롤어업 제외)
	종류	타뢰망어업
제6종	정의	해빈(海濱)[32]에서 장소를 일정하지 않고 어망(漁網)을 예양(曳揚) 또는 예기(曳寄)하는 어업과 하호(河湖)에서 어망을 예양하거나 예기하는 어업
	종류	지예망, 휘리망, 선예망, 돔지조망, 뢰예망, 조예망 어업
제7종	정의	어선에 의해 낭망을 장치(張置)하고 또는 이를 조기(繰寄)하는 어업
	종류	중선망, 해선망, 교선망, 수조망, 홀치망, 조조망(藻漕網), 하조망, 조조망(藻繰網), 석수어조망어업
제8종	정의	어망을 가지고 어류를 위요(圍繞, 둘러싸 포위)하여 망거(網椐)를 인체(引締, 당겨 졸라매고) 또는 조상(繰上, 끌어올려)하는 어업
	종류	건착망, 양조망, 망선망, 박망, 방진망, 팔판망, 석조망어업
제9종	정의	어망을 밑으로 장하(張下, 뻗히게)하거나 유하(流下, 흘려내려)하여 어류를 망목에 꽂히게(刺) 하거나 얽히게(纏) 하는 어업
	종류	유망, 선자망, 명태자망, 해자망, 해망어업[33]

어업령 제8조에서 어업권은 상속, 양도, 공유, 저당 혹은 임대를 할 수 있으나 상속을 제외한 나머지의 경우 조선총독부의 허가를 받도록 하여 아무런 조건 없이 어업권을 행사할 수 있는 어업법과 차이가 있다.

---

32) 해빈은 저조위 고조위의 해안선뿐만 아니라 폭풍에 의한 해일이 미치는 범위로 모래와 자갈 등으로 이루어진 해안의 일부 지형을 말하며, 자갈해빈(礫濱), 모래해빈(砂濱), 갯벌해빈(泥濱)으로 나누어진다. 해빈은 파도와 해풍에 의해 모래가 운반되어 해안사구를 이루는 경우가 많으며, 모래해빈은 해수욕장으로 이용된다.

33) 해망어업은 어선 한 척에 의해 200심(尋) 이하의 어망을 사용하는 것은 제외한다.

어업령 제15조에는 '해군함정승조(乘組)장교, 경찰관사, 세무관사 혹은 조선총독이 특별히 지정하는 관사는 어업감독상 필요하다고 인정될 때 선박, 점포, 기타 장소를 임검하고, 장부물건을 검사할 수 있다. 전항의 관사임검에 한해 어업과 관련된 범죄가 인정될 때는 수색 혹은 범죄 사실을 증명할 수 있는 물건을 차압할 수 있다'고 되어있다. 이는 처음으로 어업단속의 권한자(權限者)를 명시한 것으로 어업취제(단속)규칙을 통해 어업감독의 실질적 내용을 구체적으로 규정하였다.

어업령 제16조~제19조에서 통감부 어업법에서 다루지 않았던 어업조합의 설립, 어업조합의 어업권 취득 및 임차, 수산조합의 설립 등에 대한 규정을 신설하였다. 별도의 어업조합규정을 두어 조합과 관련하여 법인(法人) 설립을 허용하여 어업조합이 경제조직으로 법률행위를 할 수 있도록 하였다.

어업령 제11조 제1항에는 착오로 면허했을 때에는 면허를 취소할 수 있다고 되어 있으나 조선총독부의 착오에 의한 면허취소로 어업자가 입은 손해에 대한 보상(補償)규정이 없다. 또한 어업시행규칙 제25조에는 어업권 면허에는 전시, 사변 혹은 연습 시에 행한 육해군의 행동 또는 관청의 직무집행으로 인하여 발생한 어업의 손해를 어업권자(漁業權者)가 부담하도록 하여 어업자의 권리를 침해하고 있다.

어업제도적 차원에서만 보면 어업령은 어업령시행규칙과 어업취체규칙과 함께 면허어업과 허가어업, 보호구역 설정, 수산자원의 보호, 어업단속 및 감독, 어업조합 및 수산조합 설립, 벌칙규정 등을 구체화하여 통감부 어업법과 비교할 때 어업질서를 확립하는데 기여하였다고 할 수 있다. 하지만 어업령은 어업 전반에 걸친 인허가처분 등의 권한을 조선총독부에 집중시켜 한국인의 어업활동과 어업기회를 합법적으로 규제할 수 있게 하였다. 다시 말해 당시 한국에 거주하는 일본인은 한국인보다 더 유리한 조건에서 어업을 할 수 있었다고 볼 수 있는 것이다.

어업령(漁業令)

제1조 본령에 있어 어업이라 칭하는 것은 공공에 도움이 되는 수면에서 영리의 목적을 가지고 수산동식물을 잡거나 양식하는 업을 말하며 어업권이라 칭하는 것은 조선총독부의 면허를 받아 어업을 하는 권리를 말한다.

제2조 어구(漁具)를 정치(定置)하거나 수면을 구획하여 어업할 권리를 얻고자 하는 자는 조선총독의 면허(免許)를 받아야 하며 면허할 어업 종류는 조선총독이 정한다.

제3조 수면을 전용하여 어업 할 권리를 얻고자 하는 자는 조선총독의 면허를 받아야 한다. 전항의 면허는 어촌의 경영 혹은 유지에 필요한 경우를 제외하고 이를 주지 않는다.

제4조 전2조 외에 면허를 받아야 하는 어업 종류는 조선총독이 정한다.

제5조 제3조 규정에 따라 면허를 받고자 하는 어업권자는 기존 관행에 따라 그 어장에서 어업을 하는 자의 입어를 거부할 수 있다. 전항의 어업권자는 입어자에 대해 지방장관의 인가를 받아 입어료를 징수할 수 있다.

제6조 어업권의 존속기간은 면허를 받고자 하는 날로부터 십년이내로 하고 이를 조선총독이 정한다. 다만 어업권자의 신청에 의해 갱신할 수 있다. 어업중단 간은 제10조 규정에 따라 어업권의 존속기간에 산입한다.

제7조 조선총독은 면허를 함에 있어 어업의 위해 보호구역을 둘 수 있다. 보호구역내 어업에 대한 방해행위의 제한 혹은 금지는 조선총독부가 정한다.

제8조 어업권은 상속, 양도, 공유, 저당 혹은 임대에 한해 이를 권리의 목적으로 할 수 있다. 다만, 상속을 제외한 나머지는 조선총독부의 허가를 받아야 한다.

제9조 조선총독이 필요하다고 인정할 때 어업 면허를 함에 있어 제한 혹은 조건을 붙일 수 있다.

제10조 다음과 같은 경우, 조선총독은 면허중인 어업을 제한, 중단시키거나 면허를 취소할 수 있다.

1. 수산동식물의 번식보호, 선박의 항행정박계류, 수저(水底)전선의 부설 혹은 국방 외에 다른 군사상 혹은 공익상 필요할 때
2. 소정기간 내에 어업세를 납부하지 않았을 때
3. 전조의 규정에 따른 제한 혹은 조건을 위반 했을 때
4. 본령 혹은 본령에 정해진 명령을 위반했을 때

제11조 다음과 같은 경우, 조선총독부는 면허를 취소할 수 있다.

1. 착오에 의해 면허했을 때

2. 면허를 받고자 하는 날로부터 일년 이내에 어업에 착수하지 않았을 때 혹은 착수 후 일년 이상 휴업했을 때. 다만, 조선총독부의 허가를 받았을 때는 제외한다.
3. 제3조 규정에 따라 면허를 받고자 하는 자의 소정의 어촌경영에 필요할 때 혹은 어촌유지상 수면을 전용해야 할 때

제12조 포경업 혹은 트롤어업은 특히 조선총독의 허가를 받아야 한다. 전항의 어업에 대해서는 전2조의 규정을 준용한다.

제13조 고래를 처리하기 위해 근거지를 설정하고자 하는 자는 근거지마다 조선총독부의 허가를 받아야 한다.

제14조 조선총독부는 수산동식물의 번식보호 혹은 어업단속에 필요한 명령을 내릴 수 있다. 전항의 명령에는 범인이 소유 혹은 소지한 채집물, 제품 및 어구의 몰수하거나, 그 몰수해야 하는 물건에 상당하는 금액의 추징에 관한 규정을 둘 수 있다.

제15조 해군함정승조(乘組)장교, 경찰관사, 세무관사 혹은 조선총독이 특별히 지정하는 관사는 어업감독상 필요하다고 인정될 때 선박, 점포, 기타 장소를 임검하고, 장부물건을 검사할 수 있다.

전항의 관사임검에 한해 어업과 관련된 범죄가 인정될 때는 수색 혹은 범죄 사실을 증명할 수 있는 물건을 차압할 수 있다.

제16조 일정 지구내에 거주하는 어업자는 조선총독의 허가를 받아 어업조합을 설립할 수 있다.

제17조 어업조합은 어업권을 취득하거나 어업권을 임차 받아 조합원의 어업과 관련된 공동시설을 위해 존재함을 목적으로 한다. 어업조합은 스스로 어업을 할 수 있다. 조합원은 어업조합으로부터 취득 혹은 임차 받아 어업권범위에서 각자 어업할 권리를 가진다. 다만, 조합규약으로 별도의 규정을 둘 수 있다.

제18조 어업자 혹은 수산물 제조판매업자는 수산업의 개량발달, 수산동식물의 번식보호, 기타 수산업에 관한 공동의 이익을 위해 조선총독의 허가를 받아 수산조합을 설립할 수 있다.

제19조 어업조합 및 수산조합과 관련된 법인의 설립, 관리, 감독, 기타 필요한 사항은 조선총독이 정한다.

제20조 어업권의 범위, 보호구역 혹은 어업방법에 관해 업자들간에 소송이 발생했을 경우에는 관계자의 신청을 받아 조선총독이 재결(載決)한다.

제21조 조선총독은 본령이 규정하는 직권 일부를 지방장관에 위임할 수 있다.

제22조 다음의 각 항목에 해당하는 자는 천원 이하 벌금에 처한다.

1. 면허에 의거하여 제2조 혹은 제4조의 어업을 한 자

2. 면허조건 혹은 어업제한을 위반한 자
3. 어업중단기간에 어업을 한 자

제23조 포경업 혹은 트롤어업과 관련하여 다음의 각 항목에 해당하는 자는 3천 엔 이하의 벌금에 처한다.
1. 허가 없이 어업 한 자
2. 허가조건, 어업제한 혹은 어업단속과 관련된 명령을 위반한 자
3. 어업중단기간에 어업 한 자
4. 제13조 규정을 위반한 자

제24조 전2조 범죄와 관련하여 채집한 물건 및 어구는 몰수하고 이미 양도한 경우에는 해당가격에 상당하는 금액을 추징한다. 전항의 어구 범죄 이외의 자에 대해서는 행정처분으로 몰수할 수 있다.

제25조 제5조 제1항 혹은 제8조 단서 규정을 위반한 자는 백 엔 이하의 벌금 혹은 과태료에 처한다.

제26조 제15조 규정에 따라 직무집행을 거부한 자, 혹은 방해한 자, 혹은 임검수색 심문에 답하지 않은 자, 혹은 허위진술을 한 자는 삼백엔 이하의 벌금 혹은 과태료에 처한다.

제27조 어업권을 침해한 자는 오백 엔 이하의 벌금 혹은 과태료에 처한다. 전항의 죄는 고소가 발생하면 논한다.

제28조 어업자는 그 대리인, 호주, 가족, 동거자, 고용, 기타 종업인이 업무에 관해 본령 혹은 본령에 의해 내려지는 명령을 위반했을 경우 자기 지휘에 없다는 이유로 그 처벌을 면할 수 없다.

제29조 본령의 시행기일은 조선총독이 정한다.

제30조 법률 제7호 포경관리법 및 법률 제29호 어업법을 폐지한다.

제31조 어업업 제16조 제1항 규정에 따라 출원자는 본령에 의해 면허출원을 받은 자로 간주한다. 전항의 출원자는 그 출원에 있어 불허 처분을 받을 때까지 기존 예에 따라 어업을 할 수 있다.

제32조 당법에 따라 어업권을 가지는 자는 본령이 시행되는 날에 본령에 의해 어업면허를 받은 자로 간주한다. 다만 이 어업권의 존속기간은 헌법에 의해 면허를 받은 날부터 기산한다.

제33조 당법에 따라 등록된 어업권의 담보 및 임대는 본령의 허가를 받은 것으로 간주한다.

제34조 본령을 시행할 때 포경업을 할 권리를 가진 자는 본령에 의해 포경업 허가를 받은 자로 간주하여 관련 조건은 허가조건으로서 그에 따른 효력을 가진다.

제35조 외국영해수산조합법에 따라 설립된 수산조합은 본령에 의해 수산조합으로 간주한다.

3. 1929년 조선어업령

1911년 제정되어 1912년 4월부터 시행된 조선총독부 어업령은 17년 뒤인 1929년 1월 26일 조선어업령(朝鮮漁業令)의 제정으로 폐지되었다. 조선어업령은 1930년 5월부터 시행되었으며, 8.15광복 후에도 우리나라 최초의 자주적 어업제도인 수산업법(水産業法)이 1953년에 제정될 때까지 사실상 존속하였다. 조선어업령은 일본 식민치하에서 공포된 법률로 일본어로 되어있으며, 일본어 원문은 국가기록원(http://theme.archives.go.kr)에서 확인할 수 있다.

조선어업령은 어업령의 35개 조문보다 49개 조문이 더 많은 84개 조문으로 되어있다. 이는 어업령의 내용을 보다 구체적으로 기술하는 제도적 보강 외에 당시 어구어법의 발전과 어선의 동력화 등으로 어업생산량이 증가하여 수산자원의 보호와 관리를 강화할 필요가 있었기 때문이다. 조선어업령 제정과 함께 조선어업령시행규칙(총 6장 63개 조문과 4개 부칙)도 어업령시행규칙(총 5장의 38개 조문과 3개 부칙)보다 확대되었다. 조선어업보호취체규칙(전문 19개조)은 어업취체규칙(전문 18개조)에서 다루지 않았던 금어구역 설정, 유독물 · 폭발물 및 전류 사용 금지, 치어의 채포 및 판매 금지 등의 내용을 추가하였다. 조선어업조합규칙은 어업조합규칙(14개 조문)을 대폭적으로 개정하여 총 10장 68개 조문과 4개 부칙으로 이루어지게 되었다.

총 8장 84개 조문의 조선어업령은 제1장 총칙(제1조~제5조), 제2장 어업의 면허, 허가 및 신고(제6조~제14조), 제3장 어업권(제15조~제30조), 제4장 토지의 이용(제31조~제33조), 제5장 번식보호 및 어업단속(제34조~제42조), 제6장 어업조합, 어업조합연합회, 수산조합 및 수산조합연합회(제43조~제60조), 제7장 보상 및 재정(제61조~제67조), 제8장 벌칙(제68조~제78조) 그리고 부칙(제79조~제84조)으로 구성되어 있다.

주요 개정내용을 보면 적용수면의 확장, 일본 국적[34]을 가지지 않은 외국인에 대한 어업 및 어업권 향유의 제한, 어업권의 성격을 물권으로 확립, 어업권

34) 일본 국적은 조선인, 대만인, 일본인을 포함하는 넓은 의미의 국적으로 외국인이란 이상의 국적 이외의 국적을 가진 자를 말한다.

존속기간을 20년으로(어업령에서 10년) 확대 및 경신제(更新制)를 연장제도로 전환, 어업권자와 입어권자의 관계를 명확히 하고 이와 관련된 분쟁해결을 위한 재정(裁定)제도 개선, 번식보호 규정 강화, 일본 통어자(通漁者)에 대한 단속강화를 위한 규정 신설, 어업조합의 운영 및 합리화 강화, 벌칙의 현실화 및 경중 조절 등이다.

❶ **어업의 적용수면** 어업의 적용수면에 대해 1908년 어업법에서는 규정하지 않았고, 1911년 어업령 제1조에서는 '공공에 도움이 되는 수면(공공의 用에 供하는 수면)'으로 한정하였다. 1929년 조선어업령 제1조에서는 '공공에 도움이 되는 수면과 이에 연접하여 일체를 이루는 공공에 도움이 되는 수면'으로 규정하여 어업의 적용수면은 공유수면(公有水面)뿐만 아니라 어업활동이 이루어질 수 있는 모든 수계(水界)로 확대하였다(제1조). 이는 모든 수계에서 이루어지는 어업활동이 관리 및 감독의 대상이 된다는 것으로 해석될 수 있다.

❷ **면허어업** 면허어업의 종류를 어업법 제2조와 어업령시행규칙 제17조에서는 제1종, 제2종과 같이 분류하였으나 조선어업령 제6조에서는 어업의 형태별로 규정하였다(표 11). 또한 1929년 12월 10일 조선총독부 관보 호외(號外) 제477호(http://gb.nl.go.kr)에 면허를 받아야 하는 어업과 어구의 명칭을 고시하였다(표 12).

일정한 어장을 전용하는 전용어장의 면허에 있어 어업령에서는 어촌의 경영 혹은 유지에 필요한 경우로 제한(제3조)하였으나 조선어업령에서는 일정한 지

표 11. 면허어업의 종류

1908년 어업법	1911년 어업령시행규칙	1929년 조선어업령
제1종 면허어업	제1종 정치어업	양식어업
제2종 면허어업	제2종 양식어업	정치어업
제3종 면허어업	제3종 예망어업	정소집어어업
제4종 면허어업	제4종 망어업	정소예망어업
제5종 면허어업	제5종 어류집합어업	정소부망어업
	제6종 전용어업	전용어업

구 내 거주하는 어업자의 어업경영상 공동이익을 증진하는 경우로 제한하였다 (제7조).

표 12. 면허를 받아야 하는 어업의 종류

어업의 명칭		어구의 명칭
정치어업[35]	대부망어업	대부망, 대모망, 북해도식개량대모망
	대대망어업	각망, 팔각망, 즐형망, 숭어수망
	각망어업	행성망, 거망
	행성망어업	소대망
	소대망어업	낙망, 기계망, 표망, 저구망
	낙망어업	걸망, 저입걸건망, 저각망, 호망, 삼각망
	걸망어업	건망, 정선망, 장절망, 곡건강
	건망어업	건강망, 괘망, 입회망, 설망, 왕망
	건간망어업	낭장망, 주목망, 장낭망
	낭장망어업	어입(魚入), 방렴, 망어입
	입어업	어전, 망정, 우레, 어전, 석전
	어전어업	양, 망량, 언시수망, 뢰장언
	언량어업	언조
정소집어어업[36]	사부어업 지어업 축기어업	만새기 지(漬)
정소예망어업[37]	지예망어업	지예망, 휘리망, 차예망, 지조망
	선예망어업	선예망, 권현망, 선예갈망, 중예망, 뢰예망
	방진망어업	방진망
정소부망어업[38]	부망어업	부망, 2소장망, 4소장망, 6소장망, 8소장망
	대망어업	대망, 추입망, 수망

35) 정치어업(定置漁業)은 일정한 수면에서 어구를 정치하여 채집하는 어업이다.
36) 정소집어어업(定所集魚漁業)은 일정한 수면에서 수산동물을 모으는 장치로 채집하는 어업이다.
37) 정소예망어업(定所曳網漁業)은 일정한 수면에서 반복적으로 어망을 예양(曳揚) 혹은 예기(曳寄)하여 채집하는 어업이다.
38) 정소망어업(定所敷網漁業)은 일정한 수면에서 반복적으로 어망을 부설 혹은 건설하여 채집하는 어업이다.

❸ 신고어업 조선어업령 제14조에서 면허어업과 허가어업 이외의 어업을 신고어업으로 분류하였다.

❹ 허가어업 조선어업령 제10조에서 조선총독의 허가를 받아야 하는 5종류의 어업(포경어업, 트롤어업, 공선어업, 기선저예망어업, 잠수기어업)을 명시하였고, 이외의 어업에 대해서도 번식보호 및 어업단속을 위해 필요할 경우에 조선총독이 허가어업으로 정할 수 있게 하였다. 조선어업령시행규칙 제15조에는 10종의 허가어업을 규정하여 도지사의 허가를 받게 하였다. 또한 1929년 12월 10일 조선총독부 관보 호외(號外) 제477호(http://gb.nl.go.kr)에 허가를 받아야하는 어업과 어구의 명칭을 고시하였다(표 13).

표 13. 허가를 받아야 하는 어업의 종류[39)]

어업의 명칭		어구의 명칭
예망 어업[40)]	지예망어업	지예망, 휘리망, 차예망, 지조망
	선예망어업	선예망, 권현망, 선예갈망, 중예망 뢰예망, 거휘리망
	타뢰망어업	타뢰망, 누두망, 형타뢰망
	조망어업	새우조망
	건강망어업	건간망, 괘망, 입회망, 설망, 왕망
부망 어업[41)]	부망	2소장망, 4소장망, 6소장망, 8소장망, 분기초망
	주목망어업	주목망
	안강망어업	안강망
	중선망어업	중선망, 해선망
	궁선망어업	궁선망
	걸망어업	걸망, 호망, 삼각망, 저각망
	거망어업	거망
	건강망어업	건간망, 괘망, 입회망, 설망, 왕망

39) 조선어업령시행규칙 제10조에는 10종의 허가어업을 명시하였으나 조선총독부 고시 477호에 허가를 받아야하는 어업에는 제사어업, 나잠어업, 해수어업을 명시하지 않았다. 제사어업은 제(鵜, 조류 가마우지)를 사용하는 어업이며, 나잠어업은 잠수기구를 사용하지 않고 잠수하여 어업하는 것이고, 해수어업은 고래를 제외한 해양포유동물을 포획하는 어업이다.

40) 예망어업(曳網漁業)은 어망을 인예(引曳, 그물을 당기면서 잡는)하는 어업으로 나선추진기를 비치하여 낭망(囊網)을 인예하는 어업은 제외한다.

41) 부망어업(敷網漁業)은 어망을 부설 또는 건설하여 하는 어업이다.

(계속)

어업의 명칭		어구의 명칭
조망 어업[42)	수조망어업 형망어업	수조망, 오지망 형망, 해조예예망
선망 어업[43)	건착망어업 양조망어업 박망어업 방진망어업 석조망어업	건착망 양조망, 풍망 박망, 축어망 방진망 석조망
자망 어업[44)	자망어업 선자망어업 유망어업 기선자망어업 기선유망어업	명태자망, 게자망, 청어자망, 임연수자망, 조기자망, 정어리자망, 방어자망, 새우자망, 대구자망, 연어자망, 송어자망, 농어자망 선자망, 주망 고등어유망, 삼치유망, 정어리유망, 준치유망, 송어유망, 민어유망
공조승 어업[45)	공조어업승	공조연승, 공조조, 인괘조조
시지 어업[46)	시지어업	오징어시지 등

❺ **어업권** 1908년 어업법과 1911년 어업령에서는 어업권의 성격은 언급하지 않고 권리내용만 명시하였는데, 1929년 조선어업령 제15조에서 처음으로 어업권의 성격을 물권(物權)으로 규정하였다(표 14). 제8조에서 어업권은 어업

42)조망어업(繰網漁業)은 어선으로 어망을 조기(繰寄)하는 어업으로 나선추진기를 비치하여 낭망(嚢網)을 조기하는 어업은 제외한다.

43) 선망어업(旋網漁業)은 어망을 인선(引旋, 당겨서 돌림)하여 망거(網裾)를 인체(引締)하거나 이를 조상(繰上)하는 어업이다.

44) 자망어업(刺網漁業)은 자망을 사용하는 어업이다.

45) 공조승어업(空釣縄漁業)은 이료(餌料, 미끼)를 사용하지 않은 조승(釣縄, 낚시줄)을 이용하는 어업이다.

46) 시지어업(柴漬漁業)은 나뭇가지나 대나무를 묶어 돌과 부표를 붙이고 얕은 바다에 가라앉혀 수산동물을 집합시켜 채포하는 어업이다.

면허를 받는 것으로 취득하게 하였는데 어업령 제6조에서 10년이었던 면허기간을 조선어업령 제8조에서 20년으로 연장하였고, 종전의 면허경신제를 연장제로 전환하였다. 이는 해당 어업의 면허를 취득하면 일정 수면에 대한 배타적(排他的) 이용이 사실상 종신토록 가능하다는 것이다. 또한 제19조에서 어업권은 분할과 변경을 제외하고는 민법상 인정되는 물권적 권리를 소유자가 자유롭게 행사하게 하였다. 다만 전용어업권은 조선총독의 허가를 받지 않으면 담보 또는 임대할 수 없다고 하여 공동이익을 강조하였다.

표 14. 어업법, 어업령 그리고 조선어업령에서 어업권

어업법	제5조 어업권은 상속, 양도, 공유, 담보 및 대부의 목적으로 할 수 있다. 단 상공부대신의 등록이 없으면 그 효력이 발생하지 않은다.
어업령	제8조 어업권은 상속, 양도, 공유, 저당 혹은 임대에 한해 이를 권리의 목적으로 할 수 있다. 다만 상속을 제외한 나머지는 조선총독부의 허가를 받아야 한다.
조선어업령	제15조 어업권은 물권(物權)으로 하고 토지에 관한 규정을 준용한다.

❻ 번식보호와 어업단속 1911년 어업령 제10조에서는 수산동식물의 번식보호를 위해 면허어업을 제한, 중단 또는 취소할 수 있게 하였고, 제14조에서는 조선총독은 수산동식물의 번식보호와 어업단속을 위해 명령을 내릴 수 있게 하였다. 1929년 조선어업령 제34조에서는 수산동식물의 번식보호를 위해 필요할 경우 금어구(禁漁區)를 설정할 수 있는 규정을 신설하였다. 또한 제36조에서는 소하성어류溯河性魚類)의 통로에 방해가 되는 시설물의 설치를 제한 또는 금지할 수 있게 하였으며, 제37조에서는 수산동식물을 잡기 위해 유해물, 폭발물 혹은 전류를 사용할 수 없게 하였을 뿐만 아니라 이를 위반하여 채포한 수산물의 판매, 교환 또는 양수(讓受)할 수 없게 하여 시장차원의 제제도 병행하였다. 뿐만 아니라 제39조에서 번식보호 및 어업단속을 위해 필요한 명령을 내릴 수 있게 하여 조선어업보호취체규칙(朝鮮漁業保護取締規則)을 제정할 법적 근거를 마련하였다. 또한 취체규칙은 각 지방의 어업특성을 반영하여 지방별로 규칙을 제정 · 고시할 수 있게 하였다.

조선어업령시행규칙(朝鮮漁業令施行規則)에서는 어법별 조업금지구역, 금지어구, 망목제한, 금어체장, 금어기(禁漁期) 등과 같은 자원보호조치를 규정하고 있다. 조업금지구역은 트롤, 기선저예망(汽船底曳網), 타뢰망(打瀨網)어업에 적용되었다. 어구제한으로 조조망, 조타뢰망(藻打瀨網), 조예망(藻曳網) 사용을 금지하였다. 그물코의 크기를 제한하여 치어(稚魚)가 잡히지 않도록 하기 위한 망목제한으로 멸치, 까나리 등 16종을 어획하는 경우를 제외하고는 타뢰망(打瀨網), 수조망(手操網), 조기조망(繰網), 지예망(地曳網), 조망(繰網), 안강망(鮟鱇網), 누두망(漏斗網), 건간망(建干網) 등에 대해 15 mm 이하의 망목사용을 금지하였다. 전복, 키조개, 자라에 대해서는 금어체장을, 연어와 전복 등 21종에 대해 금어기를 설정하였다. 또한 조선어업령시행규칙 제17조에는 어법별 조업구역과 구역 내 허가정한수(許可定限數)를 정할 수 있게 하였다. 1929년 12월 10일 조선총독부 관보 호외(號外)에 포경어업(제478호), 기선저예망어업(제479호)과 잠수기어업(제480호)의 조업구역과 허가정한수를 고시하였다(그림 1, 표 15~17).[47]

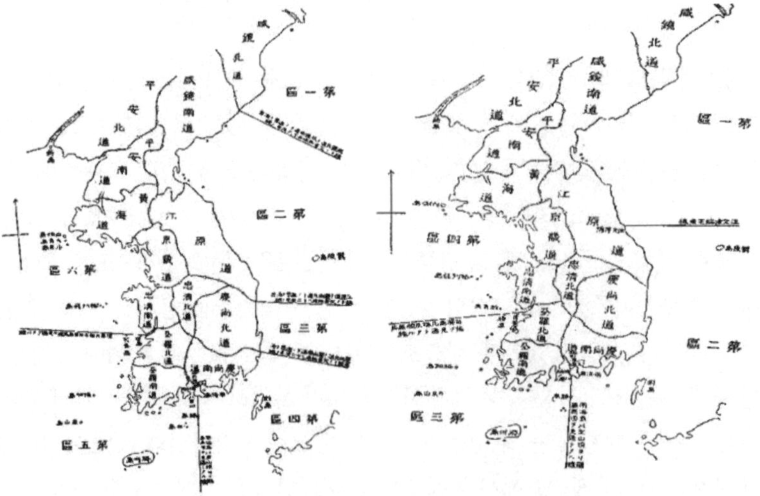

그림 1. 기선저예망(왼쪽)과 잠수기어업(오른쪽) 조업구역

47) 조선총독부 관보 활용시스템(http://gb.nl.go.kr/)

표 15. 포경어업의 조업구역과 허가정한수

조업구역	조선연해와 그 바깥 바다
허가정한수	12척

표 16. 기선저예망어업 조업구역과 허가정한수

조업구역		허가정한수	
구별	구역	허가수	허가 선수
제1구	함경북도와 함경남도의 도계(道界)와 해안선의 교착점 남56도 동(東)의 선(線) 이북의 해면	50	50
제2구	함경북도와 함경남도의 도계와 해안선의 교회점 남58도 동의 선과 강원도와 경상북도의 도계와 해안선의 교회점 남82도 동의 선간의 해면	40	40
제3구	강원도와 경상남부의 도계와 해안선의 교회점 남82도 동의 선과 경상북도와 경상남도와의 도계와 해안선의 교회점 남73도 동의 선간의 해면	20	20
제4구	경상북도와 경상남도와의 도계와 해안선의 교회점 남73도 동의 선과 경상남도 남해도 이리 산정에서 전라남도 여수군의 남면 작도고정을 바라보는 선간의 해면	30	30
제5구	경상남도 하동면 남면 가인포 남갑에서 동면 대도 서단을 경하여 동도 남해도 덕산말에 지하는 선, 남해도 이리 산정에서 전라남도 여수군 남면 작도 고정을 바라보는 전라북도 옥구군 미면 연도 북단, 동면 어청도 북단을 바라보는 선간의 해면	65	65
제6구	전라북도 옥구군 미면 연도북단과 동면 어청도 북단을 바라보는 선 이북의 해면	45	45

표 17. 잠수기어업의 조업구역과 허가정한수

조업구역		허가 정한수
구별	구역	
제1구	강원도 강릉군 주문진단 정동선 이북의 해면	43
제2구	강원도 강릉군 주문진단 정동선과 경상 남도 하동군 남면 가만포갑부터 동면 대도 서단을 경하여 동도 남해군 고현면 덕산말에 지하는 선, 동군 남면 이리 산정에서 전라남도 여수군 남면 작도 고정을 바라보는 선간의 해면	61
제3구	경상남도 하동군 남면 가만포갑부터 동면 대도 선단을 경하여 동도 남해군 고현면 덕산말에서 지하는 선, 동군 남면 이리 산정에서 전라남도 려천군 남면 작도 고정을 바라보는 선과 전라북도 옥구군 미면 오옹도 북단, 동면 직도 북단을 바라보는 선간의 해면	47
제4구	전라북도 옥구군 미면 오옹도 북단, 동면 직도 북단을 바라보는 선(線) 이북의 해면	17

❼ 통어 조선어업령과 그 시행규칙 그리고 어업보호취체규칙에는 자원의 번식보호와 어업단속을 위한 다각적인 규제조치(規制措置) 포함하고 있었다. 하지만 이들 규제는 한국인과 당시 한국에 거주하는 일본인에게 적용되는 것으로 일본에 거주하면서 한국 연안으로 건너와 통어(通漁)를 하는 일본인에게는 적용이 되지 않았다. 당시 조선을 통치하던 조선총독부로서는 규제의 사각지대에 있는 통어를 제도권에 편입시킬 필요가 있었다.

조선어업령시행규칙 제30조 제1항에 '조선총독이 지정하는 어업에 있어 그 어획물을 육양(陸揚),[48] 매매, 교환 또는 매매, 교환을 위탁하고 또는 그 어업에 필요한 식료, 연료, 기타의 물건을 적입(積入)하는 것은 조선어업령 또는 조선어업령시행규칙의 적용에 있어서 당해어업(當該[49]漁業)을 하는 것으로 간주한다' 고 규정하였다. 이는 한국 연해로 건너와 조업을 하고 어업에 필요한 보급과 휴

48) 육양(陸揚)은 바다에 있는 것을 육상으로 옮기는 것을 말한다.
49) 당해(當該)는 바로 그 사물에 해당된다는 뜻이다.

양을 취하고 다시 조업을 하거나 한국 근해에 모선(母船)을 두고 운반선으로 보급을 하는 통어선(通漁船)을 말하는 것으로 통어선을 당해어업으로 간주하여 법적 규제대상에 포함시키는 조치이다. 시행규칙 제30조에 의거하여 1929년 12월 10일 조선총독부 고시 제481호(http://gb.nl.go.kr)에 9종의 어업[50]을 지정하였다. 이로써 긴급피난인 경우를 제외하고 고시에 지정한 어업을 하고자 하는 통어자는 소정의 신고절차를 통해 어업허가를 받아야 했으며, 허가 없이는 조선의 도서나 항구에서 보급과 휴양을 취할 수 없게 되었다.

통어(通漁)

1876년 개항 전후 일본 어민들은 조선 연안에 침입하여 통어라는 불법어업을 하기 시작하였고, 해를 거듭할수록 조선 연안에 침입하여 불법어업을 하는 일본 어민이 급증하였다. 뿐만 아니라 일본 어민들은 근대화된 어구로 조업하면서 수산자원을 마구 잡아 남획(濫獲)을 자행하여 한국 어민과 잦은 마찰을 빚었다. 당시 조선 정부는 통어자들의 불법어업을 규제할 능력이 없었고, 일본 정부는 통어자들의 횡포를 방관하였다.

1883년 7월 조일통상장정이 체결되어 일본 어민의 통어가 합법화되었다. 통상장정과 같은 날 통어자(通漁者)들을 규제하는 조선국해안어채범죄조규(朝鮮國海岸漁採犯罪條規)가 조인되었다. 하지만 조규를 위반한 일본 어민은 조선 정부가 아닌 일본 영사관에서 재판을 받는 치외법권을 인정받아 이들의 불법행위는 근절되지 않았다.

조일통상장정에서 통어조업구역은 전라도, 경상도, 강원도, 함경도 4도에 한정되어 있었다. 이후 일본이 지속적인 통어구역의 확대를 요구하여 1900년 경기도 연안에서 조업이 허용되었고, 1904년 6월 한일양국인민어채조례(韓日兩國人民魚採條例)를 고시하여 일본의 통어구역을 충청도, 황해도, 평안도 3도 연안으로 확대하였다. 이로써 일본은 기존에 허용되었던 남해와 동해 어업권에 이어 서해안 어업권까지 확보하게 되어 전 해안에서 어업을 할 수 있게 되었다.

1910년 한일합방 이후 약 20년이 지난 뒤 조선어업령을 제정할 무렵 조선총독부는 일본 통어자들의 불법조업을 규제해야 할 처지가 되었다.

---

50) 포경어업, 공선어업, 기선저예망어업, 타뢰망어업, 안강망어업, 건착망어업, 양조망어업, 유망어업, 기선연승어업

❽ **벌칙** 1911년 어업령에서 벌칙은 벌금 또는 과태료 수준이었으나 조선어업령에서는 벌금형 외에 어업권을 침해하거나 금지한 유해어업을 한 경우에는 징역형에 처할 수 있게 하여 벌칙이 강화되었다(제70조).

보상[51]과 재정[52]: 1929년 조선어업령에서 이제까지 없었던 보상(補償)규정이 신설되어, 제61조에서 수산동식물의 번식보호, 공익상의 필요 또는 소하성어류의 통로 방해시설물 등에 대한 제해(除害)설비 명령에 따른 손해에 대해 보상할 수 있게 하였다. 또한 제65조에서는 수산동식물의 번식보호 또는 어업질서 유지에 필요하다고 인정되어 어업에 제한을 받은 어업권자 또는 입어자가, 제66조에서는 어장구역, 어업권의 범위, 보호구역, 어업방법 또는 입어관행에 대해 소송이 발생했을 경우 재정(裁定)을 구할 수 있게 하였다.

❾ **어업조합** 어업령에서 3개 조항이었던 어업조합관련 규정이 조선어업령에서는 18개 조문으로 대폭적으로 확대되었다. 제47조에서 어업조합을 법인(法人)화하여, 그 목적을 조합원이 어업행사를 할 수 있게 하기 위하여 어업권을 취득하거나 대부받아 조합원의 어업 또는 이와 관련된 경제 혹은 구제에 필요한 공동시설을 하는 것이라고 규정하였다.

조선어업령에서 규칙 등을 하위령에 위임하여 고시하게 한 부분을 제외한 법령의 기본구조는 8.15광복 때까지 변하지 않고 존속하였다. 법제도는 일본과 유사하지만 법을 시행하는 조선총독부가 일본인에게 어업권과 어장을 편파적으로 양도하여 어업면허를 취득하게 하는 혜택을 주는 편중된 정책을 실시하여 한국인 어업자의 권익은 상대적으로 무시되었다. 또한 어업을 어업권제도와 어업면허 또는 허가제도를 축으로 관리하는 관행을 남겼다.

---

51) 보상(補償)은 국가 또는 공공단체가 적법한 행위에 의하여 국민이나 주민에게 가한 재산상의 손실을 보전(補塡)하기 위하여 제공하는 대상(代償)이다.

52) 재정(裁定)은 옳고 그름을 판단하여 결정하는 것이다.

조선어업령(朝鮮漁業令)

제1장 총 칙

제1조 본령에서 어업이라 칭하는 것은 공공에 도움이 되는 수면 혹은 이에 연접하여 일체를 이루는 공공에 도움이 되는 수면에서 영리의 목적을 가지고 수산동식물을 잡거나 양식하는 업을 말한다. 본령에 있어 어업자라 칭하는 것은 어업을 하는 자 및 어업권을 가지는 자를 말한다.

제2조 공공에 도움이 되는 수면과 이에 연접하여 일체를 이루는 공공의 도움이 되지 않는 수면의 점유자 혹은 그 부지의 소유자는 조선총독의 허가를 받아 어업과 관련하여 이용을 제한 혹은 금지시킬 수 있다.

제3조 제국신민 혹은 황국법인에 어업 혹은 어업에 관한 권리의 향유를 금지, 제한시키거나 조건을 붙이는 나라에 속한 외국인 혹은 외국법인에 대해서는 조선총독이 정하는 바에 따라 어업 혹은 어업권 향유에 대해 동일하거나 유사한 금지를 시키거나 동일하거나 유사한 제한 혹은 조건을 부칠 수 있다. 전항이 규정하는 것 외에 외국인 혹은 외국법인의 어업 혹은 어업권 향유에 필요한 사항은 조선총독이 정한다.

제4조 조선총독 혹은 도지사는 주소 혹은 거소(居所)의 불분명 혹은 기타 사유에 의해 ~~본령 혹은~~ 본령에 의해 내려지는 명령에 따른 서류의 송부를 할 수 없을 때에는 조선총독이 정하는 바에 따라 공고해야 한다. 전항의 규정에 따라 공고한 경우, 공고한 날 다음날부터 기산하여 30일이 경과했을 경우에는 말일에 서류가 도달한 것으로 간주한다.

제5조 본령에 따른 조선총독의 직권은 조선총독이 정한 바에 따라 그 일부를 도지사에 위임할 수 있다.

제2장 어업의 면허, 허가 및 신고

제6조 다음의 각호에 각각 해당하는 어업을 하고자 하는 자는 조선총독의 면허를 받아야 한다.

1. 양식어업은 일정한 수면에서 구획, 기타 시설을 이뤄 양식하는 어업
2. 정치어업은 일정한 수면에서 어구를 정치(定置)하여 채집하는 어업
3. 정소(定所)집어어업은 일정한 수면에서 수산동물을 모으는 장치로 채집하는 어업

4. 정소예망어업은 일정한 수면에서 반복적으로 어업을 예양 혹은 예기하여 채집하는 어업
5. 정소부망어업은 일정한 수면에서 반복적으로 어망을 부설 혹은 건설하여 채집하는 어업
6. 전용어업은 일정한 수면을 전용하여 앞의 각호 이외의 방법으로 하는 어업

전항 규정에 따라 면허를 받은 어업을 하는 일정의 수면을 어장이라 한다.

제7조 전용어업은 일정한 지구 내에 거주하는 어업자의 어업경영상 공동이익을 증진하기 위해 필요한 경우를 제외하고 이를 면허하지 않는다.

제8조 제6조 제1항의 규정에 따라 어업의 면허를 받은 자는 어업권을 취득한다. 어업권의 존속기간은 면허일로부터 이십 년 이내에 한해 면허할 때 조선총독이 정한다. 조선총독은 어업권자의 신청에 따라 어업권 존속기간 만료일부터 이십 년 안에 그 기간의 연장을 허가할 수 있다.

제9조 제6조 제1항의 규정에 따라 어업의 면허를 받은 자는 그 어장에 대해 조선하천령 제20조제3호의 허가를 받은 것으로 간주한다. 어업의 면허가 취소된 자는 그 어장에 대해 조선하천령 제20조 제3호에 따른 허가의 취소를 받은 자, 어장에 대해 조선하천령 제20조 제3호에따른 허가의 취소를 받은 자는 그 어장의 면허의 취소를 받은 자로 간주한다.

제10조 아래 각호에 해당하는 어업을 하려는 자는 조선총독의 허가를 받아야 한다.

1. 포경어업은 고래를 포획하는 어업
2. 트롤어업은 기선(나선추진기를 갖춘 선박 이하 이와 동일) 혹은 범선으로 옷타트롤 혹은 빔트 롤을 사용하는 어업선
3. 공선어업은 제조공장 설비를 가지는 기선 및 그에 부속된 어선으로 하는 어업
4. 기선저예망어업은 기선에 의해 낭망을 인예(引曳)하고 또는 조기(繰寄)하여 하는 어업
5. 잠수기어업은 잠수기구를 사용하여 잠수하는 어업

조선총독은 수산동식물의 양식보호 혹은 어업단속을 위해 필요하다고 인정될 경우, 전항이 규정하는 것 이외에 허가를 받아야 하는 어업을 정할 수 있다.

제11조 조선총독은 필요하다고 인정될 경우 어업의 면허 혹은 허가를 할 때 제한 혹은 조건을 부칠 수 있다.

제12조 아래의 각호에 해당할 경우 조선총독은 면허 혹은 허가한 어업을 제한하거나 정지 혹은 취소할 수 있다.

1. 수산동식물의 양식 보호상 필요할 때
2. 국방 기타 군사상 필요한 때

3. 선박의 항행정박계류, 수저전선의 부설 기타 공익상 필요할 때
4. 어업자본령 혹은 본령에 따라 내려지는 명령 혹은 그에 따른 처분 혹은 그 제한, 조건에 위반했을 때

제13조 면허 혹은 허가를 받은 어업의 경우 2년 이상 계속하여 하지 않을 때 조선총독은 어업의 면허 혹은 허가를 취소할 수 있다. 전항의 기간 중에 조선총독의 허가를 받고 어업을 하지 않은 기간 및 전조의 규정 혹은 제39조의 규정의 명령에 따라 어업을 정지한 기간은 산입하지 않는다. 사기수단에 현혹되어 착오로 어업의 면허 혹은 허가 혹은 그와 관련된 처분을 한 경우 조선총독은 이를 취소할 수 있다.

제14조 제6조 제1항 혹은 제10조가 규정하는 어업 이외의 어업을 한 자는 도지사에 신고해야 한다.

제3장 어업권

제15조 어업권은 물권으로 하고 토지에 관한 규정을 준용한다. 조선민사령에 있는 것을 규정한 민법 제2편 제9장의 규정은 어업권 및 이를 목적으로 하는 권리에 이를 적용하지 않는다.

제16조 조선총독은 어업권 보호를 위해 보호구역을 설정할수있다. 보호구역내의 어업권 행사의 방해와 어업의 제한 혹은 금지에 관한 사항은 조선총독이 정한다.

제17조 어업권을 지당(抵當)한 경우 그 어장에 정처(定着)한 공작물은 조선민사령에 있는 것을 규정한 민법 제370조 규정의 준용에 대해서는 어업권에 부가되어 이와 일체를 형성한 물건으로 간주한다.

제18조 본령 혹은 본령에 따라 내려지는 명령 혹은 이에 따른 처분 혹은 그 제한조건에 의해 어업권자에게 생기는 권리의무는 어업권 처분에 따른 조선하천령에 의한 허가에 현혹되어 발생한 하천점용에 관한 어업권자의 권리의무와 동일하다.

제19조 어업권은 조선총독의 허가를 받지 않고서는 이를 분할하여 기타 변용할 수 없다. 전용어업의 어업권은 조선총독의 허가를 받지 않으면 이를 처분하여 담보로 쓰거나 임대할 수 없다.

제20조 어업권은 등록한 권리자의 동의 없이는 이를 분할, 변경 혹은 조업할 수 없다.

제21조 어업권의 공유자는 다른 공유자의 동의 없이 그 지분을 처분하거나 담보로 쓸 수 없다.

제22조 전조의 경우 공유자의 주소 혹은 거소의 불분명 기타 사유로 인해 동의를 구하지 못할 경우에는 조선총독이 정하는 바에 따라 공고할 수 있다. 전항 규정에 따라 공고한 경우 공고한 날 다음날부터 기산하여 30일 이내에 이의신청이 없

을 경우에는 말일에 동의를 한 것으로 간주한다.

제23조 어업면허를 취소한 경우 조선총독은 이를 지체 없이 어업권을 등록한 권리자에게 통지해야 한다.

제24조 제12조 제4호 및 제13조 제1항의 규정에 따라 어업 면허가 취소된 경우에는 어업권을 등록한 곳의 선취특권자 및 저당권자는 전조의 통지를 받은 날 다음날부터 기산하여 30일 이내에 어업권의 경매를 청구할 수 있다. 전항의 규정에 따라 경매를 청구한 경우 어업권은 어업 면허를 취소한 날부터 경매절차가 끝나는 날까지 경매의 목적범위내에서 존속되는 것으로 간주한다. 경매에 따른 매득금은 경매 비용 및 제1항의 권리자에 대한 채무 변제에 충당하며 잔금은 국고에 귀속시킨다. 경락(競落)을 허용하는 결정이 확정됐을 경우 어업의 면허 취소는 그 효력이 발생하지 않는 것으로 간주한다.

제25조 전용어업의 어업권자는 기존 관행에 따라 그 어장에서 어업하는 자의 입어를 거부할 수 있다.

제26조 전조의 어업권자는 입어하는 자에게 조선총독의 인가를 받고 입어료를 청구할 수 있다. 다만 별도의 관행이 있는 경우를 제외하고 입어료산정의 기초가 되어야 하는 기간에 입어를 하지 않은 경우에는 그 입어를 하지 않는 기간에 대한 입어료는 청구할 수 없다.

제27조 수산동식물의 번식보호 혹은 어업질서 유지를 위해필요하다고 인정될 경우에는 제25조의 어업권자 및 입어하는 자는 협의를 통해 그 어장의 어업을 제한할 수 있다. 어업권자 혹은 입어하는 자가 전항의 협의 혹은 제65조의 재정(裁定)에 의한 제한을 위반했을 경우 조선총독은 면허한 어업을 제한, 정지하거나 어업의 면허를 취소하거나 입어의 제한, 정지 혹은 금지를 할 수 있다.

제28조 입어를 한 자가 입어료의 지불을 게을리 했을 경우에는 그 지불을 완료할 때까지 어업권자는 입어를 정지시킬 수 있다. 입어하는 자가 3년 이상 계속해서 입어료의 지불을 게을리 할 경우 어업권자는 그 입어를 거부할 수 있다.

제29조 제11조 규정에 따라 전용어업 면허에 부치는 제한이나 조건 혹은 제12조 제1호 및 제3호 규정에 따른 전용어업의 제한이나 정지는 입어하는 자의 입어에 부한 제한이나 조건 혹은 정지로 간주한다. 입어 하는 자가 전항의 규정에 따른 제한이나 조건 혹은 정지를 위반한 경우 조선총독은 입어를 제한하거나 정지 혹은 금지시킬 수 있다.

제30조 어업권과 이를 목적으로 하는 선취특권, 저당권 및 임차권, 설정, 보존, 이전, 변경, 소멸 및 처분 제한 또는 입어에 관한 사항은 어업권원적에 등록한다. 업권원적 등록은 등기를 대체하는 것으로 한다. 등록에 관한 규정은 조선총독이 정한다.

제4장 토지의 이용

제31조 어업자는 다음의 목적을 위해 필요한 경우 조선총독의 허가를 받아 타인의 토지 혹은 공작물, 기타 토지의 정저물(定著物)을 사용 혹은 입목죽(立木竹) 혹은 토석(土石) 제거를 제한할 수 있다.

1. 어장표식의 설치
2. 어견(魚見) 혹은 어업에 관한 신호 혹은 이에 필요한 시설물의 설치
3. 어업에 필요한 목표의 보존 혹은 설치

전항 규정에 따라 타인의 토지 혹은 공작물, 기타 토지의 정저물을 사용하지 않을 경우에는 그 소유물 및 점유자에게 그런 취지를 통지해야 한다.

제32조 전조 제1항의 목적 혹은 어업에 관한 측량, 실지조사를 위해 필요한 경우, 어업자 혹은 어업의 면허를 받는 자는 조선총독의 허가를 받아 타인의 토지에 들어가거나 지장이 되는 목죽을 벌채할 수 있으며 기타 장애물을 변경 혹은 제거할 수 있다. 전항의 규정에 따라 타인의 토지에 들어가려고 할 경우 토지의 점유자에게 또는 기타 다른 장애물을 변경 혹은 제거하려할 경우 그 소유자 및 점유자에게 그 취지를 통지해야 한다.

제33조 주소 혹은 거소의 불분명, 기타의 사유에 의해 제31조 2항 혹은 전조 제2호의 통지를 할 수 없는 경우에는 조선총독이 정하는 바에 따라 공고해야 한다. 전항의 규정에 따라 공고를 하는 경우에는 공고한 날 다음날부터 기산하여 3일째에 통지한 것으로 간주한다.

제5장 번식보호 및 어업단속

제34조 조선총독은 수산동식물의 번식보호상 필요하다고 인정될 경우 일정한 수면을 지정하여 금어구를 설정할 수 있다.

제35조 금어구에서는 수산동식물을 잡을 수 없다. 다만, 관공서에서 조사 혹은 시험 하는 경우 혹은 학술연구, 기타 특별한 사유가 있는 경우에는 조선총독의 허가를 받았을 경우 이에 한하지 아니한다.

제36조 조선총독은 소하어류의 통로를 해하는 우려가 있다고 인정될 경우 수면의 일정구역 내에 조선의 하천령 제2조의 하천 부속물에 있어 공작물 설치에 대해 제한 혹은 금지에 관한 명령을 내릴 수 있다. 조선하천령 제2조의 하천 부속물에 있어 그 공작물이 소하어류의 통로를 해하는 것으로 인정될 경우 조선총독은 그 기업자 혹은 이에 준하는 자 혹은 그 공작물의 소유자 혹은 점유자에 대해 제해 설비를 명할 수 있다.

제37조 공공에 도움이 되는 수면, 공공에 도움이 되는 수면과 연접하여 일체를 이루는 공공에 도움이 되지 않는 수면, 기타 조선총독이 지정한 공공에 도움이 되지 않는 수면은 수산동식물을 잡기 위해 유해물, 폭발물 혹은 전류를 사용할 수 없다. 다만 해수를 채획하기 위해 폭발물을 섬(銛)에 장치하여 사용하는 경우는 이에 한한지 아니한다. 전항의 규정을 위반하여 채포한 물건은 판매 혹은 교환의 목적을 가지고 양수할 수 없다.

제38조 조선총독은 어업자에게 어장표식의 설치를 명할 수 있다.

제39조 본령이 규정하는 것 외에 조선총독은 수산동식물의번식보호 혹은 어업단속을 위해 필요한 명령을 내릴 수 있다. 전항의 명령에는 범인이 소유 혹은 소지하는 채포물, 번식물, 그 제품 및 어구(부어구를 포함한 것 이하 동일)에 있어 조선형사령이 규정한 형법 제19조 제1항의 물건 몰수와 함께 그 몰수해야 하는 물건 금액에 상당하는 금액 추징에 관한 규정을 두어야 한다.

제40조 해군함정승조장교, 경찰관 혹은 조선총독이 지정한 관사 및 조선지방우대직원은 어업을 감독하여 필요하다고 인정될 경우, 선박, 점포, 기타 장소에 임검하여 장부, 서류, 기타 물건을 검사할 수 있다.

제41조 전조가 규정하는 관사 및 직원은 어업과 관련된 범죄가 있다고 인정될 경우 수색 혹은 필요한 처분을 하기 위해 범측혐의자 혹은 참고인을 심문하거나 범죄사항을 증명하는 장부, 서류, 기타 물건을 차압할 수 있다. 전항의 경우, 조사의 필요상 차압할 수 없을 경우에는 범측혐의자에게 동행 혹은 그 승조한 선박의 연항을 명할 수 있다.

제42조 전2조의 수색, 심문, 차압 및 임검에 관해서는 조선간접국세범측자처분령을 준용하고, 전조 제1항의 수색에 필요한 처분에 관해서는 동령이 규정하는 간접국세범측자처분법중수색에 관한 규정을 준용하며, 전조 제2항의 동행 및 연항(연항)에 관해서는 동법 제4조 및 제5조의 규정을 준용한다. 다만, 동법 제4조의 규정은 해군함정승조장교 및 경찰관에 준용하지 않는다.

제6장 어업조합, 어업조합연합회, 수산조합 또는 수산조합 연합회

제43조 일정한 지구 내에 거주하는 어업자는 어업조합을 설립할 수 있다. 어업조합지구는 부 혹은 면의 구역 혹은 부 혹은 면내 도락의 구역에서 이를 정해야 한다. 다만, 특별한 사유가 있는 경우에는 이에 한하지 아니한다.

제44조 어업조합을 설립할 때는 발기인 규약을 정하여 조합의 지구 내에 거주하는 어업자의 3분의 2이상의 동의를 얻은 후 조선총독의 인하를 받아야 한다. 어업조합은 전항의 인하를 받을 때 성립된다.

제45조 어업조합이 성립됐을 경우 조합의 지구 내에 거주하는 어업자는 그 조합의 조합원이 된다.

제46조 특별한 사유가 있는 경우에는 일정한 지구 내에 거주하는 일부 어업자를 조합원으로 삼아 어업조합을 설립할 수 있다. 이 경우 전2조 규정의 준용에 대해서는 동조 가운데 어업자조합 규약에 따라 조합원이 될 자격이 있는 어업자로 한다.

제47조 어업조합은 법인으로 한다. 어업조합은 조합원의 어업을 위해 어업권을 취득하거나 빌려 조합원의 어업 혹은 이와 관련된 경제 혹은 구제에 필요한 공동의 시설이라는 목적을 가진다. 어업조합은 어업을 할 수 없다.

제48조 어업조합의 조합원은 규약이 정하는 바에 따라 조합으로부터 취득 혹은 임대받은 어업권의 범위 내에서 어업할 권리를 가진다.

제49조 어업조합은 조선총독의 인하를 받아 어업조합연합회를 설립할 수 있다.

제50조 어업조합연합회는 법인으로 한다. 어업조합연합회는 소속어업조합의 목적을 달성하기 위해 필요한 시설을 짓거나 소속어업조합을 대상으로 업무상의 지도를 하는 것을 목적으로 한다.

제51조 일정한 지구 내에 거주하는 어업자 혹은 수산물의 제조, 거래, 보관을 영업으로 하는 자는 수산조합을 설립할 수 있다.

제52조 수산조합을 설립할 경우에는 발기인 규약을 정하고 조합 지구 내에 거주하는 자들이 정한 규약에 의해 조합원이 될 자격을 갖는 자의 3분의 2이상의 동의를 얻어 조선총독의 인하를 받아야 한다. 수산조합은 전항의 인하를 받았을 경우에 성립된다.

제53조 수산조합이 성립됐을 경우, 조합 지구 내에 거주하는 자 가운데 규약에 따라 조합원이 될 자격을 가지는 자는 그 조합의 조합원으로 한다.

제54조 수산조합은 법인으로 한다. 수산조합은 당해 수산업의 개량발달을 이유로 영업상의 폐해를 교정하는 것을 목적으로 한다. 수산조합은 영리사업을 할 수 없다.

제55조 수산조합은 조선총독의 인하를 받고 수산조합연합회를 설립할 수 있다.

제56조 수산조합연합회는 법인으로 한다. 수산조합연합회는 소속된 수산조합의 목적을 달성하기 위해 필요한 시설을 짓거나 소속된 수산조합을 대상으로 업무상 지도를 하는 것을 목적으로 한다. 수산조합연합회는 영리사업을 할 수 없다.

제57조 어업조합, 어업조합연합회, 수산조합 및 수산조합연합회의 경비는 조선총독의 인하를 받아 조합원 혹은 소속된 조합에 부과할 수 있다. 어업조합, 어업조합연합회, 수산조합 및 수산조합연합회는 규약이 정하는 바에 따라 사용료 혹은 수수료를 징수할 수 있다. 어업조합, 어업조합연합회, 수산조합 및 수산조합연합회는 조합원 혹은 소속된 조합 규약을 위반한 자에 대해 규약이 정하는 바에

따라 과태금을 부과할 수 있다. 전3항의 경비, 사용료, 수수료 혹은 과태금 징수에 관해서는 민사소송을 제기할 수 있다.

제58조 어업조합, 어업조합연합회, 수산조합 및 수산조합연합회의 결의 혹은 임원의 행위에 대해 본령 혹은 본령에 따라 내려지는 명령 혹은 처분 혹은 그 제한, 조건을 위반한 경우, 규약을 위반한 경우, 기타 공공을 해하거나 해할 우려가 인정될 경우, 조선총독은 다음의 처분을 내릴 수 있다.

1. 결의의 취소
2. 임원의 해직
3. 해산

제59조 제43조 또는 전조 규정 외에 어업조합, 어업조합연합회, 수산조합 및 수산조합연합회의 설립, 관리, 감독, 분합, 해산 및 청산, 어업조합 및 어업조합연합회의 등기, 기타 어업조합, 어업조합연합회, 수산조합 및 수산조합연합회에 관해 필요한 사항은 조선총독이 정한다.

제60조 어업조합, 어업조합연합회, 수산조합 혹은 수산조합연합회가 제47조 제3항, 제50조 제3항, 제54조 제3항 혹은 제56조 제3항의 규정을 위반한 경우 그 임원을 300엔 이하의 과료에 처한다. 본령에 따라 내려지는 어업조합, 어업조합연합회, 수산조합 혹은 수산조합연합회에 관한 명령에는 조합 혹은 연합회가 이를 위반한 경우에 그 임원을 300엔이하의 과료에 처하는 규정을 마련할 수 있다.전2항의 과료에 대해서는 비소송건절차법 제206조와 제208조의 규정을 준용한다.

제7장 보상 및 재정

제61조 제12조 제1호 내지 제3호 혹은 제36조 제2항의 규정에 따른 처분에 따라 손해를 입은 자가 있을 경우, 조선총독은 그 정하는 바에 따라 손해를 보상할 수 있다. 전항의 보상은 제12조 제1호 내지 제3호 혹은 제36조 제2항 규정이 정하는 처분에 따라 특히 이익을 받는 자가 있을 경우에는 조선총독은 그 받는 이익의 한도 안에서 보상금의 전부 혹은 일부를 부담할 수 있다. 제1항의 보상 혹은 전항의 부담에 대해 불복하는 자는 조선총독의 재정(裁定)을 요청해야 한다.

제62조 전조 제2항 혹은 제3항의 규정에 따라 부담금은 국세청납처분 예(例)에 따라 이를 징수한다. 전항 부담금의 선취특권의 순위는 국세의 예에 따른다.

제63조 제31조 제1항 혹은 제32조 제1항이 규정하는 행위에 의해 손해를 입은 자가 있을 경우에는 어업자 혹은 어업의 면허를 받은 자는 그것에 대해 협의하여 그 손해를 보상해야 한다. 전항 보상에 대해 협의를 아니 했을 경우 혹은 협의하지

못했을 경우, 어업자 혹은 어업의 면허를 받은 자 혹은 손해를 받은 자는 조선총독의 재정을 구할 수 있다. 전2항의 규정에 따른 보상금 청구에 대해서는 민사소송을 제기할 수 있다.

제64조 다음 각호에 해당하는 경우에는 제61조 및 전조 규정에 따른 보상금은 이를 공탁해야 한다.

1. 보상을 받아야 하는 자가 보상금의 수령을 거부 혹은 기피할 경우
2. 보상을 받아야 하는 자 혹은 주소나 거소가 불분명할 경우
3. 보상의 목적인 어업권 혹은 토지물건을 등기 혹은 선취특권자 혹은 저당권자가 있을 경우. 다만, 선취특권자 혹은 저당권자의 동의가 있을 경우에는 이에 한하지 아니한다. 전항의 규정은 보상의 목적인 어업권 혹은 토지물권이 소송의 목적이 되기 때문에 소송당자로부터 청구가 있는 경우에는 이를 준용한다.

제1항 제3호 혹은 전항의 규정에 따라 보상금을 공탁한 경우에는 등록 혹은 선취특권자 혹은 저당권자 혹은 소송당사자는 공탁한 금전에 대해서도 그 권리를 행사할 수 있다.

제65조 제27조 제1항에 따라 협의가 되지 않았을 경우 혹은 협의하지 못했을 경우, 어업권자 혹은 입어를 하는 자는 조선총독의 재정을 구할 수 있다.

제66조 어장구역, 어업권의 범위, 보호구역, 어업 방법 혹은 입어 관행에 대해 소송이 발생했을 경우 그 관계인은 조선총독의 재정을 구할 수 있다.

제67조 본장이 규정하는 것 이외의 보상 및 재정에 관한 사항은 조선총독이 정한다.

제8장 벌칙

제68조 다음의 각호에 해당하는 자는 2천 엔 이하의 벌금에 처한다.

1. 면허에 따르지 않고 제6조 제1항의 어업을 한 자
2. 제3조, 제11조, 제12조 혹은 제29조 규정에 따른 제한, 조건, 정치 혹은 금지를 위반하고 제6조 제1항의 어업 혹은 입어를 한 자
3. 사기수단을 가지고 제6조 제1항의 규정에 따른 면허를 받은 자

제69조 다음의 각호에 해당하는 자는 포경어업, 트롤어업 혹은 공선어업에 대해서 5천 엔 이하의 벌금에 처하고, 기선저예망어업에 대해서는 2천 엔 이하의 벌금에 처하며, 잠수기어업 혹은 제10조 제2항의 규정에 따른 어업에 대해서는 5백 엔 이하의 벌금에 처한다.

1. 허가받지 않고 제10조의 어업을 한 자
2. 제2조, 제11조 혹은 제12조의 규정에 따른 제한, 조건, 정지 혹은 금지를

위반하고 제10조의 어업을 한 자
3. 사기수단을 가지고 제10조의 규정에 따른 허가를 받은 자

제70조 제2조 규정에 따른 제한, 조건 혹은 금지를 위반하고 제14조의 어업을 한 자는 200엔 이하의 벌금에 처한다.

제71조 어업권 혹은 제48조가 규정하는 어업조합원의 어업 권리를 침해한 자는 1년 이하의 징역 혹은 1천 엔 이하의 벌금에 처한다. 제25조의 규정을 위반한 자는 200엔 이하의 벌금에 처한다. 전2항의 죄는 고소를 기다려 이를 논한다.

제72조 전25조의 규정을 위반한 자는 500엔 이하의 벌금에 처한다.

제73조 전25조의 규정을 위반한 자는 500엔 이하의 벌금에 처한다.

제74조 제68조, 제69항, 제70조 제1항, 제71조 제1항 및 제72조는 범인이 소유 혹은 소지하는 채포물, 번식물, 그 제품 및 어구를 조선형사령(朝鮮刑事令)이 정해 놓은 형법 제19조 제1항에 따라 그 물(物)을 몰수한다. 전조의 경우, 범인이 소유 혹은 소지하는 채집물, 번식물, 그 제품, 선박(속구(屬具) 포함), 어구, 유독물, 폭발물 및 전기기구(속구(屬具) 포함)는 조선형사령에 정해 놓은 형법 제19조 제1항에 따라 그 물을 몰수한다.전2항의 경우, 몰수해야 하는 물건의 전부 혹은 일부를 몰수할 수 없을 경우에는 그 가격에 상당하는 금액을 추징한다. 제1항 및 제2항이 규정해 놓은 것 이외에는 제68조, 제69조, 제70조 제1항, 제71조 제1항, 제72조 및 전조와 관련해 조선형사령이 정해 놓은 형법 제19조 규정의 적용을 저해할 수 없다.

제75조 어업표식을 이전하고 손괴 혹은 은닉한 자 혹은 기타 방법으로 어장표식의 효용을 잃게 한 자는 100엔 이하의 벌금 혹은 과료에 처한다.

제76조 제40조, 제41조 제1항 혹은 제42조의 규정에 따른 직무의 집행을 거부하고 방해 혹은 기피한 자 혹은 심문에 답변하지 않은 자, 허위 진술을 자는 300엔 이하의 벌금 혹은 과료에 처한다. 제41조제2항의 규정에 따른 동행 혹은 연항(連航)의 명에 따르지 않은 자는 500엔 이하의 벌금에 처한다.

제77조 영업자는 그 대리인, 호주, 가족, 고용, 기타 종업자가 그 업무에 관해 본령 혹은 본령에 따른 명령에 의한 벌칙을 위반할 경우, 자기의 지도 하에 없다는 이유로 그 처벌을 면할 수 없다.

제78조 본령 혹은 본령에 따른 명령에 의한 벌칙을 영업자 업무에 적용해야 하는 경우, 영업자가 법인일 경우에는 이사, 대표이사, 기타 법인의 업무를 집행하는 임원에 적용하고, 미성년자 혹은 금치산자일 경우에는 그 법정대리인에 이를 적용한다. 다만, 영업에 있어 성년자과 동일한 능력을 가진 미성년자에 대해서는 이에 해당되지 아니한다. 전항의 경우에는 징역형을 선고할 수 없다.

〈부 칙〉

제79조 본령의 시행기일은 조선총독이 정한다.

제80조 어업령은 폐지한다.

제81조 당령 혹은 당령에 따른 명령에 의한 면허, 허가, 인가, 처분, 기타 행위는 본령 혹은 본령에 의한 명령 가운데 이에 상당하는 규정이 있는 경우, 본령 혹은 본령에 따른 명령에 의해 이를 한 것으로 간주한다.

제82조 당령 혹은 당령에 따른 명령에 의한 어업의 면허 출원, 어업권의 존속기간 갱신, 면허의 신청, 어업허가신청 혹은 어업신고는 본령시행 시 만료 처분이 끝내지 않은 경우 각 본령 혹은 본령에 따른 명령에 의한 어업의 면허 출원, 어업권존속기간의 연장허가신청, 어업허가신청 혹은 어업신고로 간주한다. 전항이 규정하는 것 이외에 당령 혹은 당령에 따른 명령에 의한 어업 혹은 어업조합에 관한 신청이 본령시행 시 만료 처분이 끝나지 않은 경우에는 본령 혹은 본령에 따른 명령 가운데 이에 상당하는 규정이 있는 경우, 본령 혹은 본령에 따른 명령에 의해 이를 한 것으로 간주한다.

제83조 전2조 규정을 적용하여 다음 표 상단부분의 당령 혹은 당령에 따른 명령에 의한 어업은 표 하단부분의 본령에 의한 어업에 해당하는 것으로 본다.

당령 혹은 당령에 따른 명령에 의한 어업	제1종 면허 어업	제2종 면허 어업	제3종 면허 어업	제4종 면허 어업	제5종 면허 어업	제6종 면허 어업	제1종 허가 어업	제2종 허가 어업	제3종 허가 어업	제6종허가어업 나선추진기를 갖춘 어업을 하는 것 및 제8종허가어업에서 나선추진기를 갖춘 어선으로 하는 후릿그물어업
본령에 의한 어업	정치어업	번식어업	정소인망어업	정소부망어업	정소집어어업	집어어업	포경어업	트롤어업	잠수기어업	기선저인망어업

제84조 당령에 의해 설립허가를 받은 어업조합 혹은 수산조합은 본령시행 시 실제로 존재하는 경우 본령에 따라 설립인가를 받은 것으로 간주한다. 조선공유수면매립령 가운데 개정된 건 메이지44년(1911년) 법률 제30호 제1조 및 제2조에 의해 발재(勃裁)를 얻을 때 이를 공포한다.

8.15 광복 이후의 어업제도

1945년 8월 15일 일본이 포츠담선언[1]을 수락하여 무조건 항복함에 따라 8월 25일 미국과 러시아는 우리나라를 북위 38도선을 기준으로 분할 · 점령하는 것을 발표하였고, 9월 2일에 일본의 항복문서가 정식으로 조인되었다. 9월 8일 미육군 24군단이 인천에 상륙하여 서울에 입성한 뒤 9월 9일 포고(布告) 제1호를 발표하여 미군이 북위 38도 이남지역을 점령함을 공포하였다. 9월 12일에는 미국 육군대장 더글라스 맥아더(D. MacArthur, 1880~1964년)가 미군정장관에 취임하여 군정(軍政)체제를 갖추었다.

미군정은 9월 14일 조선총독부의 각 국(局)과 과(課)에서 보던 사무를 인수하여 일본인 관리를 해임하였고, 18일에 미군 장교를 국장(局長)에 임명하였다. 9월 19일 미군정의 정식명칭을 재조선미육군사령부군정청(在朝鮮美陸軍司令部軍政廳)[2]으로 발표하였다. 이로써 우리나라는 8.15광복 후 1948년 8월 15일 대한민국 정부가 수립되기까지 3년간 미국의 군사통치를 받게 되었다.

미군정체제에서의 행정기구는 관방(官房)[3]에 총무, 외사, 인사, 기획, 회계, 지방 등 5개 과(課)를, 집행기관으로 경무, 재무, 광공, 학무, 농상, 법무, 체신,

---

1) 포츠담선언(Potsdam Declaration)은 2차 세계대전 종전 직전인 1945년 7월 26일 독일의 포츠담에서 열린 미국 · 영국 · 중국 3개국 수뇌회담의 결과로 발표된 공동선언으로 일본에 무조건 항복을 권고하고, 전후 일본의 처리방침을 표명하였다.

2) United States Army Military Government in Korea

3) 관방은 관청(官廳)의 장에게 직속하여 문서(文書)의 출납(出納), 관인의 보관(保管) 등(等)의 주요 사무를 맡던 곳이다.

교통 등 8개의 국(局)을 두었다. 뒤에 보건후생국, 군무국, 공무국이 신설되었고, 광공국이 상무국으로, 농상국이 농무국으로 개칭되어 11개의 국(局)이 되었다. 군정청은 조선총독부 소속의 일본인 관리를 해임하여 이들을 행정고문으로 고용하였다. 하지만 미군장교들이 점차 직무를 대행하게 하였다.

태평양미국육군총사령부 포고 제1호

조선주민에게 포고함.

태평양미국육군 최고지휘관으로서 좌기(左記)와 같이 포고함.

일본국 천황과 정부와 대본영을 대표하여서 서명한 항복문서의 조항에 의하여 본관휘하의 전첩군(戰捷軍)은 오늘부터(本日) 북위38도 이남의 조선지역을 점령함.

오랜 동안 조선인의 노예화된 사실과 적당한 시기에 조선을 해방독립시킬 결정을 고려한 결과 조선점령의 목적이 항복문서 조항이행과 조선인의 인권과 종교상의 권리를 보호함에 있음을 조선인은 인식할 줄로 확신하고 이 목적을 위하여 적극적 원조와 협력을 요구함.

본관은 본관에게 부여된 태평양미국육군최고지휘관의 권한을 가지고 이로부터 조선 북위 38도 이남의 지역과 동지의 주민에 대하여 군정을 설립함에 따라서 점령에 관한 조건을 좌기와 같이 포고함.

제1조 조선북위 38도 이남의 지역과 동주민에 대한 모든 행정권은 당분간 본관의 권한 하에서 실행함.

제2조 정부 공공단체 또는 기타의 명예직원과 고용과 또는 공익사업 공중위생을 포함한 공공사업에 종사하는 직원과 고용인은 유급무급(有給無給)을 불문하고 또 기타 제반 중요한 직업에 종사하는 자는 별도의 명령(別命)이 있을 때까지 종래의 직무에 종사하고 또한 모든 기록과 재산의 보관에 임(任)할사.

제3조 주민은 본관과 본관의 권한 하에서 발포한 명령에 즉시(卽速) 복종할 사. 점령군에 대하여 반항행동을 하거나 또는 질서 보안을 교란하는 행위를 하는 자는 용서 없이 엄벌에 처함.

제4조 주민의 소유권은 이(此)를 존중함. 주민은 본관의 별도 의 명령(別命)이 있을 때까지 일상의 업무에 종사할 사.

제5조 군정기간 중(中) 영어를 가지고 모든 목적에 사용하는 공어(公語)로 함. 영어와 조선어 또는 일본어간에 해석 및 정의가 불명 또는 부동(不同)이 한 때는 영어

를 기본으로 함.

제6조 이후 공포하게 되는 포고 법령 규약 고시 지시와 조례는 본관 또는 본관의 권한 하에서 발포하여 주민이 이행하여야 될 사항을 명기(明記)함.

右포고함
1945年 9月 9日
어횡빈(於橫濱) 태평양미국육군최고지휘관
미국육군대장 더글러스 맥아더

1945년 10월 5일 미군정청(美軍政廳)은 한국인 11명을 고문으로 임명하였으나 점차 각 국(局)에 한국인을 등용하여 12월에는 미국인과 한국인 각 1명씩, 2명의 국장을 두는 양국장제(兩局長制)를 채택하였다. 고문관(顧問官)으로 임용되었던 한국인의 일부가 주요행정부서에 등용되어 한국인이 행정에 참여하게 되자 고문제도(顧問制度)는 폐지되었다.

1946년 3월 29일에는 기존의 11개국의 중앙집행부서의 국제(局制)를 부제(部制)로 개편하면서 토목부와 노동부를 신설하여 13부(部)가 되었고, 종전의 부처명 중 학무부를 문교부로, 법무부를 사법부로, 교통부를 운수부로, 군무부를 국방으로 변경하였다. 또한 관방의 과(課)를 처(處)로 승격하여 인사행정처, 식량행정처, 물가행정처, 관재처, 외무처, 서무처로 개편하였다. 이후 군정당국은 한국인에게 필요한 법령을 한국인 손으로 제정한다는 취지에서 8월 입법기구로 남조선과도입법위원회(南朝鮮過渡立法委員會)를 만들었다. 관선의원 45명과 민선의원 45명으로 구성된 입법위원회는 12월 12일 개원하였다. 하지만 입법위원에서 제정된 법령은 미군정장관의 동의를 얻어야 효력이 발생할 수 있었다.

1946년 9월 12일 미군정청은 행정권을 한국인 부처장(部處長)에게 양도하겠다고 발표하고, 1947년 5월 17일 군정청 법령 제141호[4]를 공포하여 북위 38도 이남의 한국인기관을 남조선과도정부(南朝鮮過渡政府)라 하였다. 과도정부는 기구개혁위원회(機構改革委員會)를 구성하여 종래 13부(部) 6처(處)를 13부 1특별국으로 통폐합 하

4) 국사편찬위원회 한국사데이터베이스(http://db.history.go.kr)

였다. 인사위원회와 중앙경제위원회를 두고 중앙경제위원회에 2개 행정처를 두었다. 이 행정구조는 1948년 대한민국 정부가 수립될 때까지 존속하였다.

정부기구인수 대통령령 제3호 발표

(1948년 8월 13일)

남조선과도정부기구의 인수에 관한 건

제1조 대한민국정부는 남조선과도정부의 제기구를 좌(左)에 의하여 인수한다.

(중략)

7. 농림부는 과도정부 농무부 수산국을 제외한 중앙토지행정처, 중앙식량행정처, 보건후생부 수의국, 농사개량과 그 소속기관을 인수한다.
8. 상공부는 과도정부 상공부 농무부 수산국과 그 소속기관을 인수한다.

(이하생략)

1948년 8월 15일 수립된 대한민국 정부는 11부 4처[5]로 수산행정은 상공부(商工部)에서 관장하였다. 1955년 2월 17일 상공부 수산국(水産局)과 교통부 해운국(海運局) 기능을 통합하여 해무청(海務廳)이 신설되었다. 1961년 5.16군사정변이 일어났고, 같은 해 10월 1일 단행된 정부조직개편으로 해무청이 폐지되어 수산업무는 농림부로, 해운업무는 교통부로 이관되었다. 1948년 정부수립 때 농림부(農林部)는 1차관보 1실 6국 24과로 신설되었다. 농림부는 1961년 10월 폐지된 해무청이 담당하던 수산행정업무를 이관 받아 수산국(水産局)을 만들었다가 1966년에 수산국을 폐지하고 외청(外廳)으로 수산청(水産廳)을 신설하였다. 부처명칭은 1973년 농수산부(農水産部)로, 1986년에는 농림수산부(農林水産部)로 변경되었다.

1961년 해무청이 폐지된 이후 해양관련 업무는 건설교통부, 통상산업부, 농수산부, 과학기술처, 해운항만청, 수산청, 해양경찰청 등 7개 부처와 3개 청(廳)에 분산되어 있었다. 분산된 해양업무를 일원화하기 위하여 1996년 해양수산

5) 11부(部)는 재무부, 문교부, 외무부, 법무부, 국방부, 내무부, 농림부, 상공부, 사회부, 체신부와 교통부가, 4처(處)에는 기획처, 총무처, 공보처, 법제처였다.

부(海洋水産部)가 신설되어 농림수산부의 수산기능이 해양수산부로 이관되면서 부처명칭은 농림부(農林部)로 되돌아갔다. 2008년 정부조직법 개정에 따라 해양수산부가 폐지되어 수산어업정책 업무가 다시 농림부로 이관되어 농림수산식품부(農林水産食品部)로 개칭하였다. 농림수산식품부는 종전에 농림부 기능에 해양수산부의 수산어업정책뿐만 아니라 보건복지부의 식품산업진흥정책을 이관받아 국가식품클러스터를 구축하였다는 점에서 긍정적인 효과를 가져왔다. 1894년 갑오개혁 때 중앙정부조직으로 출범한 농상아문(農商衙門)부터 2012년까지 118년 동안 수산업무가 농업과 분리되었던 기간은 8.15광복 후 상공부 7년, 해무청 6년과 해양수산부 12년, 모두 25년이었다.

1948년 8월 15일 대한민국 정부가 수립된 데 이어 우리나라 최초의 자주적 어업제도에 대한 법안(法案)은 1949년 9월 국회(國會) 산업분과위원회(産業分科委員會)가 국회입법안을 심의하면서 그 윤곽이 드러났다. 하지만 한국전쟁(1950년 6월 25일~1953년 7월 7일)이 발발하였다. 1951년 4월 18일에는 수산주무부처인 상공부(商工部)도 어업제도에 대한 정부안(政府案)을 국회에 제출하였다. 국회안과 정부안에 대한 다각적인 검토와 법안의 수정과 보완작업으로 수산업법(水産業法)은 한국전쟁이 휴전하고 2개월 뒤인 1953년 9월 9일 법률 제295호로 공포되었고, 같은 해 12월부터 시행되었다.

본 장에서는 8.15광복부터 1953년 수산업법이 제정 · 시행되기까지 약 8년 동안 우리나라 어업제도가 어떻게 유지되었으며, 수산업법의 제정과 제정 이후 약 60여 년 동안 어떻게 개정되어 지금의 제도로 정착되었는지를 알아보고자 한다.

1. 8.15광복에서 수산업법 제정 전까지

1945년 9월 9일 미국이 군정(軍政)을 포고한 이래 미군정은 9월 21일 일반명령 제5호[6]를 공포하여 치안유지법(治安維持法), 보안법(保安法), 기타 인종 · 국적 · 신앙 또는 정치사상을 기초로 한 차별적 법령을 폐지하고, 이 외에 종래 법

6) 국사편찬위원회 한국사데이터베이스(http://db.history.go.kr)

령은 그대로 효력을 가진다고 발표하였다. 10월 9일 미군정 법령 제11호 '일정(日政)법규 일부개정 및 폐기의 건'[7]을 통해 조선 인민에게 차별과 압박을 가하는 모든 정책과 법률의 효력을 폐지한다고 공포하면서 폐지되는 법령을 명시하였다. 이로써 일제시대의 정치범처벌법, 예비검속법, 치안유지법, 출판법, 정치범보호관찰령, 신사법(神社法), 경찰의 사법권이 폐지되었다.

8.15광복 후 3개월, 미군정체제에서 2개월이 경과할 무렵 일반인들 사이에는 종전의 일본 법령이 전부 폐지되어 마치 무법상태인 것으로 오인되어 사회적 혼란이 야기되었다. 이에 10월 16일 경성지방법원장은 '사법권의 존속과 범법자의 처벌에 관한 담화'[8]를 발표하여 미군정에 의해 폐지가 공포된 일본법령을 제외한 나머지 법령들은 법률적 정비작업이 끝날 때까지 유효하다고 밝혔다. 따라서 일제치하에서 제정된 조업어업령과 그 부속법령도 미군정체제에서 존속하였다.

사법권의 존속과 범법자 처벌에 관한 담화
(1945년 10월 16일)

(생략)

일반사회의 도덕적 비판이 이런 데는 더욱 사법에 대한 가장 유력한 협찬의 방법이라고 생각된다. 군정 실시에 반(半)하여 종래 조선에 실시되고 있던 일본 법령이 실효하고 현재 무법상태 또는 법의 실체가 불명확한 불문법 상태로 있는 듯이 일반이 오인하고 있는 경향이 있는 듯한데,

첫째, 군정 실시에 伴하여 일본의 통치권이 배제되고 미국점령군의 정치 하에 있는 것은 물론이다. 그러나 지난 번(過般) 아놀드군정장관이 9월 21일 일반명령 제5호로써 치안유지법,보안법, 기타 인종, 국적, 신앙 또는 정치사상을 기초로 한 차별적 법령을 폐지하는 동시에 이 외에 종래 법령은 의연히 효력을 가지고 있는 것을 밝히었다.

일본의 통치권이 배제되었음에 불구하고 종래의 일본법령이 의연히 조선에 시행되고 있다는 것은 일견 모순되고 해득키 어려운 것 같으나 냉정히 생각하면 당연한 일인 것을 알겠고 또 이것이 국제공법상 異論이 없는 결론일 것이다.

---

7) 국사편찬위원회 한국사데이터베이스(http://db.history.go.kr)
8) 국사편찬위원회 한국사데이터베이스(http://db.history.go.kr)

왜 그러냐 하면 군정 실시에 반하여 당연히 종래의 법령이 실효한다고 하면 무법상태 또는 법의 실체가 불명확한 불문법 상태를 현출(現出)하여 질서교란행위를 처벌할 법령을 찾을 수 없고, 권리의무를 제정할 기준을 명확히 할 수 없게 되어 불필요한 혼란과 고통을 점령지역 인민에게 주는 까닭이다. 그런 고로 군정당국이 종래의 법령을 개폐(改廢)하도록 까지는(여기에는 시일을 요한다) 종래의 법령을 군정 하에서 원용하는 것이 국제법의 원칙으로 되어 있는 것이며, 미국군정 당국도 또 원칙을 좇고 있는 바이다.

여기에 한 가지 주의를 환기할 것은 종래의 일본 법령이 고유의 일본 법령이 아니고 독일, 불란서 등 구미대륙의 문명 제국의 법령을 모방계수(模倣繼受)한 법령인 것은 사실이다. 그런고로 자못 일본을 증오하는 태도로써 종래의 법령(민족적 차별 등 색채가 있는 것은 물론 제외된다)을 증오 또는 무시한다고 하면은 이는 생각이 부족하다고 않을 수 없다. 다시 말하면 개폐(改廢)되지 않은 종래의 제법령을 군정당국의 승인 원용(援用)하에 군정부의 법령으로써 시행되고 있는 것이며, 세계문명 제국 공통의 파렴치범죄는 엄벌로써 처벌받는 것이 마땅한 것이다.

둘째, 또 한 가지 알아두어야 할 점은 평화조약 (또는 강화조약)의 성립까지는 자못 휴전상태이고 국제공법상 전쟁은 아직 종료치 않은 고로 종래의 전시특례가 현금도 시행되고 있는 사실이다. 그런 고로 전시특례의 요건만 구비되면 전시범죄로써 형벌이 가중되는 것은 종전과 다름없는 바이다.

1) 군정청 법령 제27호 어획권 무효 및 그 이후 규정

8.15광복 전에 한국에 거주하던 일본인이 소유했던 일체의 재산은 국가에 귀속되어야 함에도 불구하고 일부에서는 관리(管理) 또는 양수(讓受)[9]의 형식 내지는 불법적 매매계약과 위조문서작성 등의 위법행위를 통해 일본인이 소유했던 재산을 사유화하려하였다. 1945년 10월 6일 미군정청은 8월 9일까지로 소급하여 일본인의 재산을 동결하여 일체 재산에 대한 매매권리의 위양(委讓)을 금지시켰다. 한달 뒤 무렵인 11월 9일 군정청은 법령 제27호로 '어획권(漁獲權)의 무효, 그 이후 규정'[10]을 공포하여 1945년 8월 9일 이전에 취득한 어획권을 무효로 한다고 포고하였다.

9) 양수는 타인의 권리, 재산 및 법률상의 지위 따위를 넘겨받는 것이다.
10) 전자관보(http://contents.archives.go.kr) 또는 http://db.history.go.kr

조선총독부가 발행한 통계연보에서 1910년부터 1932년까지는 한국인과 당시 한국에 거주하던 일본인의 어업통계가 분리되어 기재되었다. 이 기간 동안 한국인과 당시 한국에 거주하던 일본인의 어가인구를 합한 전체어가인구에서 일본인이 차지하는 비중은 3.4%에 불과하였으나 같은 방법으로 산정한 전체연간어업생산량에서 일본인 어업생산량의 비중은 40%이상이었다. 이 수치가 광복 때까지 유지되었다고 가정하면 당시 일본인이 소유한 어업권은 상당히 많았을 것이다. 일본인 소유의 어업권에 대해서도 8.15광복 후 앞서 말한 일련의 불법적 또는 위법적 행위가 자행되었을 것이므로 군정청이 기취득한 어업권에 대한 무효일의 기준을 8월 9일로 정했을 것으로 보인다.

재조선미국육군사령부군정청 법령 제27호

〈어 업〉

제1조 조선수역내의 일체의 어업권으로서 1945년 8월 9일 이전에 일본제국정부, 조선총독부 국과(局課) 또는 대행기관이 천연인이나 법인에게 허여(許與)한 것은 이에 무효함을 포고함.

제2조 본령의 시행 이후에는 조선수역 내의 어획권은 조선정부 농상국의 발포(發布)하는 규칙에 의하여 행사함을 득힘.

제3조 본령의 규정을 위반하는 자는 육군점령재판소에서 정죄(定罪)하는 동시에 이에 소정형벌(所定形罰)에 처함.

제4조 본령은 관보에 반포(頒布) 즉시 시행함.

1945년 11월 9일
재조선미국육군사령관의 지령에 의하여
조선군정장관
미국육군소장 A. B. 아놀드

1945년 11월 9일 군정청은 법령 제27호를 공포하여 8월 9일 이전에 취득한 어업권을 무효로 하였는데, 당시 어업행정업무를 관장하던 농상국(農商局)은 어업권 무효 발표 이후 신규어업권을 취득할 수 있는 후속조치를 제때 수립하지 않아 어업권을 둘러싼 혼란을 야기했다.

2) 군정청 일반고시 제4호 어업시설에 관한 건

1945년 11월 9일 미군정청은 법령 제27호를 통해 기존의 어업권을 무효로 한다고 발표한 데 이어 11월 24일에 일반고시 제4호로 '어업시설(漁業施設)에 관한 건'[11]을 공포하였다. 동 고시 제2항에서 조선수산회사(朝鮮水産會社)를 정부협력기관으로 지정하면서 제3항에서 조선수산회사로 하여금 어업 전반에 대한 규칙을 수립하도록 하였다. 여기서 조선수산회사는 조선수산업회(朝鮮水產業會)[12]이다. 당시 어업행정의 주무부서인 농상국(農商局)이 아닌 사단체(社團體)인 조선수산회사로 하여금 어업규칙을 정한 게 한 것을 이해하기 어렵다.

1945년 전후 한국의 전체인구에서 농가인구의 비중과 일차산업(농업, 어업, 임업, 축산업) 연평균생산액에서 농업의 비중은 각각 75%와 70%수준이었다.[13] 하지만 같은 기간 전체인구에서 어가인구의 비중은 약 2%에 불과하였지만 일차산업 연평균생산액에서 어업의 비중은 14%수준으로 당시 농상국 입장에서 어업분야의 경제성을 결코 무시하기 어려웠을 것이다. 이 시기 관보(官報)를 보면 당시 농상국의 현안은 식량확보였고, 정책의 최우선순위는 양곡증산(糧穀增産)이었음을 알 수 있다. 이런 증산정책에 힘입어 어업정책도 제도 수립보다는 증산에 비중을 둔 게 아닌가 싶다. 당시 농상국에 근무했던 직원수를 파악하지 못했으나 농업에 비해 행정력이 제한되었을 것으로 추측되고, 어업분야의 전문성은 - 특히 일본인 관리들이 해임된 상황에서 - 상당히 취약했을 것으로 보인다. 광복 후 농상국이 주도적으로 어업제도를 정비하지 못한 데에는 행정력과 전문성 부족 외에 여러 사정이 복합적으로 작용하였을 것으로 생각된다.

---

11) 국사편찬위원회 한국사데이터베이스(http://db.history.go.kr)

12) 조선수산업회는 1937년 5월 조선어업조합으로 출발해 1944년 4월 조선수산업회로 개편한 뒤 1949년 한국수산협회를 거쳐 어민과 수산제조업자의 협동조직 촉진, 수산업의 생산력 증강을 목적으로 1962년 1월 20일 수산업협동조합법 1013호에 따라 그해 4월 1일 지금의 회원조합과 중앙회 다시 말해 오늘날의 수산업협동조합으로 발족하였다.

13) 인구자료는 조선총독부 통계연보를, 연간생산액자료는 조선은행 조선경제연보를 참고하였다.

일반고시 제4호 어업시설(漁業施設)에 관한 건(件)

1. 1945년 10월 20일부 일반고시 제2호 제3항[14]에 의하야 해양 또는(又) 하천어류의 포획, 보존 그리고(及) 가공에 사용 또는(又) 응용하는 어업장치와 설비, 부속품용품과 기구의 수요가 급박상태에 있는 동시에 조선인민을 위하야 절실히 필요함을 이(玆)에 포고함. 이와 같은 결핍상태로 인하야 군정청이 통제방침을 정하여야 할 필요가 생겼다.
2. 조선수산회사를 사단(社團)으로 또한 조선정부의 협력기관으로써 존속시키고 그(其) 명칭을 변경하야 조선(朝鮮, Korean)수산회사라 칭함. 전항에 언급한 생산물에 대하여 동(同)회사는 그(其) 유일한 통제기관임을 이에 포고함. 동(同)회사는 모든(該) 생산물의 가격, 배급, 할당, 허가, 구매, 판매, 생산, 분포, 운송, 저장, 수출, 수입과 기타에 관하여 필요한 통제방법을 수립함.
3. 본고시의 규정 또는 본고시에 의하야 동(同)회사가 발포한 규칙을 범하는 자는 육군점령재판소에서 정죄(定罪)하는 동시에 그 소정형벌에 처함.
4. 본고시는 관보(官報)에 발포 즉시로 이(此)를 시행함.

재조선미국육군사령관의 지령에 의하여
조선군정장관 미국육군소장 A. B. 아놀드
군정청 일반고시 제4호 1945년 11월 24일

3) 어업취체규칙

미군정청은 1945년 11월 24일 공포한 일반고시 제4호 제3항에 의거하여 1946년 3월 1일 일반포고 제4호로 어업취체규칙(漁業取締糾飭)을 공포하였다. 17개 조문으로 구성된 어업취체규칙은 전체적으로 조선어업령의 골격을 유지

14) 1945년 10월 20일 공포된 일반고시 제2호 '자유시장설치에 관한 건'은 모두 6항으로 구성되어 있으며, 제3항의 내용은 '군정청 또는(又) 그(其) 소속관서 또는 대행기관은 장래 명령을 발하여 물가 배급할당 허가제 기타 방법으로 여하한 필수품이든지 통제함을 得함. 여사한 물품은 원칙적으로 인민의 생활에 긴급한 수요성을 有하고 又는 其 상업상 집산에 대하여 약간의 통제를 요할 만치 희박한 것임. 자유시장은 실질적인 한 유지됨'이다. 동 고시의 원문은 국사편찬위원회(http://db.history.go.kr)에서 확인할 수 있다.

하고 있으나 그 내용은 조선어업령(84개 조문)에 비해 많이 함축적이었다.

표 18. 1946년 군정청 어업취체규칙에서 면허 및 허가어업의 종류

면허어업	정치망어업, 정소집어어업, 정소인망어업, 정소부망어업, 전용어업
허가어업	인망어업, 부망어업, 조망어업, 선망어업, 자망어업, 공조승어업, 기선저예망어업, 기선건착망어업, 잠수기어업, 기타 어구로 수면에 설치하는 일체어업

미군정이 공포한 어업취체규칙의 주요내용을 보면 다음과 같다. 첫째, 모든 어선을 조선수산업회에 등록하도록 하였다. 둘째, 면허 및 허가어업의 종류를 규정하고(표 18), 그 만기일을 일제히 1949년 4월 15일 규정하였다. 뿐만 아니라 수산관련업을 수산물 매매어업자, 선어개류 가공업자, 수산관련 공장 급 회사를 경영하는 자로 분류하여 이들 업종의 면허와 등록절차를 규정하였다. 셋째, 미해군과 군정청 감시선, 조선수산업회와 수산시험장 소속의 감시선에 검사(조사)권한을 부여하였고, 모든 어선은 이들 감시선의 검사에 복종하도록 하였다. 넷째, 지정판매장(어업조합 및 연합회)을 통하지 않은 일체 수산동식물의 매매와 교환을 금지하였다. 또한 조선수산업회의 허가가 없는 수산물의 운반과 기사(棄捨) 소각을 금지하였다. 다섯째, 선구(船具), 어구(漁具) 및 연료의 1회 조업분(操業分) 이외의 적재를 금지하였다. 또한 소정의 어선원 이외의 승선을 금지하였다. 여섯째, 폭발물 · 총포 · 음향 등을 이용한 유해어업을 금지하였다. 일곱째, 조선어업령에서 지정된 보호구역과 금지구역을 준수하도록 하였다. 여덟째, 수산물 취급자의 보고를 의무화하였다.

어업취체규칙 공포 보름 뒤인 1946년 3월 15일에 발표된 13개 조문의 어업취체규칙시행규칙에서는 개인뿐만 아니라 법인과 수산단체도 면허나 허가 없이 어업을 못하도록 하였다. 또한 등록증이 없는 어선과 운반선이 항구에 출입항하는 것을 금지하였다. 모든 선박에는 등록번호, 면허번호 또는 허가번호 표시를 의무화하였다. 어업권의 매매, 양도, 기증 혹은 대부는 농상국의 승인을 받게 하였다.

미군정이 공포한 어업취체규칙은 조선어업령에 다루지 않았던 수산관련업을 명시하여 이들 업종에 대한 등록과 면허절차를 규정하였을 뿐만 아니라 수산물의 판매와 운반에도 제한규정을 두었다. 이 영향으로 8년 뒤에 제정되는 우리나라 최초의 자주적 어업제도에 수산제조업이 포함되어 그 법명이 어업법이 아닌 수산업법(水産業法)이 된 것이 아닌가 싶다. 또한 어업취체규칙에서는 보호구역과 금지구역을 지정하지 않았지만 '종래의 보호구역와 금지구역'이라 표현하여 조선어업령과 그 하부령의 시행체제가 여전히 존속되고 있었음을 보여준다.

어업취체규칙 공포 (동아일보, 1946년 3월 12일)

조선내 각 연해에서 수확되는 해산물은 해방이후 어업취체규칙이 없었던 까닭에 통제를 흔들어 중요한 수산사업에 일대 이변을 초래하고 있는데 조선수산업회(朝鮮水産業會)에서는 어선을 비롯하여 선어(鮮魚) 기타 어물매매업자, 어물가공업자, 수산에 관한 공장·회사경영자에게 군정청 일반포고 제4호에 의하여 어업취체규칙을 공포하였다. 이번 실시규칙은 다음과 같은데 앞으로 이 포고에 만약 위반하는 자가 있을 때는 규정된 벌칙을 발동하여 군정재판에 부치리라고 수산업회장 매구러소좌가 발표하였다.

군정, 각지의 어업조합 통해 어선등록 실시 (동아일보, 1946년 6월 24일)

군정청에서는 방금 각지의 어업조합을 통하여 어선 등록을 하고 있는데 22일 군정청 수산업회에 들어온 보고에 의하면 전라남도의 17,957척을 제1위로 남조선 총수는 기선(汽船) 966척, 범선 24,660척인 바 경상남도로부터 보고가 들어오면 3만 척을 돌파하리라 한다. 그러나 해방 직전 일본, 만주, 38 이북의 수송보조선으로 떠났다가 다시 돌아오지 못한 배의 총수에 비하면 약 3분의 1가량 감소되어 있다.

8.15해방 이후 미군정체제에서 조선어업령과 그 시행규칙 그리고 조선어업보호취체규칙의 효력이 유지되고 있었음에도 불구하고 미군정청 어업취체규칙의 공포일에 쓰인 동아일보의 기사에는 '…해방 이후 어업취체규칙이 없었던 까닭에 통제를 흔들어 중요한 수산업에 일대 이변을 초래…'라고 되어있다. 이

는 광복부터 군정청의 어업취체규칙이 발표되기까지 약 7개월 동안 조선어업령과 그 부속법령의 효력이 사실상 유명무실해져 있었고, 이로 인한 당시 어업 분야의 혼란이 심각하였음을 말하고 있다.

농무부 수산국장, 29일 현재 어업허가수 발표 (조선일보, 1946년 11월 1일)

농무부 수산국장 이기승이 30일 발표한 것을 보면 관재(管財) 321건이고, 어업허가수는 423건이다. 기선저(機船底) 및 기선건착망어업(機船巾着網漁業) 27건, 포경어업(捕鯨漁業) 176건, 잠수기어업(潛水器漁業) 220건.

어업취체규칙은 조선어업령에서 다루지 않았던 어선등록제를 실시하였다. 8.15광복 전에 한국의 전체어선척수에서 당시 한국에 거주하던 일본인이 소유한 어선의 비중이 20%수준이었음을[15] 고려할 때 태평양전쟁에서의 갑작스런 패망으로 급히 본국으로 돌아가야 했던 일본인들이 대형어선을 제외한 상당수의 어선을 한국에 남겨두고 귀국하였을 것으로 보인다. 따라서 어업취체규칙에서 모든 어선을 조선수산업회에 등록하게 한 것은 일본인이 소유했던 어선을 불법적으로 사유화하는 것을 방지하기 위한 것이 아닌가 싶다.

어업취체규칙 조항에서 특이한 것은 선구(船具), 어구(漁具) 및 연료를 1회 조업분(操業分) 이상으로 적재하는 것을 금지한 규정이다. 취체규칙보다 4개월 전 공포된 미군정청 일반고시 제4호(1945년 11월 24일) 제1항은 "…해양 또는 하천어류의 포획, 보존 그리고 가공에 사용 또는 응용하는 어업 장치와 설비, 부속용품과 기구의 수요가 급박상태에 있는 동시에 조선인민을 위하야 절실히 필요함을 이에 포고함. 이와 같은 결핍상태로 인하야 군정청이 통제방침을 정하여야 할 필요가 생겼다"라고 되어 있다. 이런 정황을 고려해볼 때 8.15광복 후 어업관련 물자의 수급에 상당한 어려움이 있었음을 알 수 있다.

---

15) 조선총독부가 발행한 통계연보에서 1932년까지의 어업통계는 한국인과 당시 한국에 거주하던 일본인을 구분하였다. 전체어선척수에서 일본인의 비중이 20%수준이라는 것은 1932년 이전에 적용되는 수치이나 1932년 이후 어업생산량 추이를 고려할 때 일본인의 비중은 크게 감소하지 않았을 것으로 보인다.

1945년 11월 9일 군정청 법령 제27에 따라 기존에 취득한 어업권이 모두 무효가 된 이후 신규어업의 면허와 허가를 취득할 수 있는 별도의 규정은 없었으나 관련 업무가 전면 중단되었을 것 같지는 않다. 따라서 당시 면허와 허가 관련 업무는 행정관청의 재량에 맡겨졌을 것으로 보이며, 전체적으로 발급업무가 원활하지 않았을 것 같다.

어업 면허와 허가는 1946년 3월 1일 어업취제규칙이 공포되어 재개되었다. 보름 뒤에 발표된 어업취체규칙시행규칙 제1조는 1946년 4월 15일 이후에는 개인, 법인, 수산단체 누구를 막론하고 면허나 허가 없이 어업을 하지 못하게 하였기 때문에 취체규칙에 명시된 해당어업을 4월 15일부터 조업을 하기 위해서 어민들은 기간 내 면허 또는 허가를 취득해야 했다. 어업취체규칙에는 이 때 발급된 어업 면허와 허가의 만기일을 일제히 1949년 4월 15일로 규정하였는데, 이는 그때까지 어업관련 법제도가 수립될 것으로 판단했기 때문으로 보인다.

1946년 5월 28일 군정청 법령 제90호로 '경제통제(經濟統制)'가 공포되어 이전에 내려졌던 군정청의 일반고시 제1호에서 제6호까지가 모두 폐지되었다.[16] 1946년 3월 1일 공포된 어업취체규칙은 군정청 일반고시 제4호(1945년 11월 24일)에 근거하여 수립되었기 때문에 취체규칙은 공포 3개월 만에 폐지되게 되었다.

1946년 3월 29일 군정청은 법령 제64호로 '조선정부의 각 부서의 명칭'을 공포하였고 기존의 국(局)을 부(部)로 개칭하여 농무국(農務局)이 농무부(農務部)로 되었다. 1947년 5월 17일 군정청은 법령 141호로 '남조선과도정부의 명칭'을 공포하여 남조선과도정부가 출범하였다. 군정당국은 한국인에게 필요한 법령을 한국인이 직접 제정하게 한다는 취지로 8월에 입법기구인 남조선과도입법위원회(南朝鮮過渡立法委員會)를 만들었다. 관선의원 45명과 민선의원 45명으로 구성된 입법위원회는 12월 12일 개원하였다.

광복 후 거의 3년이 경과하는 시점까지도 농무부 또는 조선수산업회는 새로운 어업제도를 수립하지 못하고 있었다. 1948년 4월 14일 농무부장(農務部長)의 명령형식으로 별도의 조치가 있을 때까지 조선어업령과 그 부속법령을 그대로 시행한다고 발표하였다. 하지만 기존에 발급한 어업 면허와 허가기간의 만기

---

16) 국사편찬위원회 한국사데이터베이스(http://db.history.go.kr)

일은 일제히 1949년 4월 15일이었다. 따라서 만기일이 도래한 어업면허와 허가에 대한 추가조치가 필요하게 되었다.

4) 어업에 관한 임시조치법

8.15광복 이후 3년에 걸친 미국의 군사통치를 뒤로 하고 1948년 8월 15일 마침내 11부 4처[17]로 구성된 대한민국 정부가 수립되었다. 미군정체제에서 농무부(農務部)가 담당하던 수산행정업무는 정부수립 이후에 상공부(商工部) 소관이 되었다. 새로운 어업제도에 대한 시대적 요구에도 불구하고 정부수립 후 1년이 다되어가도록 상공부는 일제식민지시대 조선총독부가 제정한 조선어업령과 그 부속법령에 의거하여 어업행정을 처리하고 있었다.

법률 제24호 어업에 관한 임시조치법

제1조 단기 4282년 4월 15일 기간만료 된 어업에 관한 면허, 허가의 기간은 단기 4282년 7월 31일까지 존속한다. 단 범칙자는 예외로 한다.

제2조 어업에 관한 신규면허 또는 허가는 할 수 없다.

〈부 칙〉

제3조 본법은 공포한 날로부터 시행한다.

국회의 의결로 확정된 어업에 관한 임시조치법을 이에 공포한다.

단기 4282년 4월 28일
대통령 이승만

---

17) 11부(部)에는 재무부, 문교부, 외무부, 법무부, 국방부, 내무부, 농림부, 상공부, 사회부, 체신부와 교통부가, 4처(處)에는 기획처, 총무처, 공보처, 법제처가 있었다.

1946년 3월 1일 공포되어 같은 해 5월 28일 폐지된 군정청의 어업취체규칙이 시행되었던 약 3개월 동안 어업 면허와 허가의 발급이 재개되었는데, 그 만기일은 일제히 1949년 4월 15일이었다. 이들 어업면허 또는 허가의 만기일이 경과할 무렵에도 상공부는 새로운 어업제도를 수립하지 못하고 있었다. 상황이 이렇게 되자 1949년 4월 28일 법률 제24호 '어업에 관한 임시조치법'[18]을 공포하여 이미 만료된 어업 면허 또는 허가기간을 같은 해 7월 31일까지로 연장해주었다. 동 임시조치법은 1949년 8월 16일 법률 제50호로 개정되어 이미 만료된 면허와 허가기간을 다시 같은 해 10월 30일까지로 연장해주었다. 이후에도 임시조치법은 새로운 어업제도가 제정될 때까지 여러 번 개정되었고, 그 때마다 면허 또는 허가기간은 조금씩 연장되었다. 하지만 임시조치법은 법적 효력을 유지하고 있었던 조선어업령과 그 부속규칙에 대해 언급하지 않았다.

1945년 8.15광복부터 만 4년이, 1948년 8월 15일 대한민국 정부 수립부터 1년이 경과할 무렵에 비로소 국회(國會) 산업분과위원회(産業分科委員會)가 우리나라 최초의 자주적 어업제도라 할 수 있는 어업법(漁業法) 초안을 준비하였다. 총 8장 79개 조문으로 구성된 국회입법안은 1949년 9월 산업분과위원회 심의를 거쳐 1950년 2월 국회에 제출되었다. 한편 수산주무부서인 상공부 수산국도 독자적으로 정부법안을 마련하고 있었다.

국회입법안(國會立法案)이 국회에 제출될 즈음 오천여 명의 해녀들의 집단적으로 항의진정서를 제출하였다.[19] 반대 이유는 지선(地先)[20]어업권을 지선어민(地先漁民)에게 부여하게 되어 있어 국회안이 통과하게 되면 해녀들은 종래의 관행에 따라 사육제 또는 오오제의 소작료 성격의 입어료를 지불해야 한다는 것이다. 해녀들은 같은 해역이라고 해도 해녀들은 어민들이 조업하지 않은 수심(水深)에서 조업하므로 잠수업을 특수어업으로 분류하여 소작제입어(小作制入漁)

18) 전자관보(http://theme.archives.go.kr)

19) 경향신문(1950년 1월 23일) '어업법 초안에 항의 오천여명 해녀들이', 동아일보(1950년 1월 22일) '해녀들이 항의, 어업법 초안에 반대'와 국도신문(1950년 1월 22일) '해녀 5,300여명 전용어업권 규정한 국회의 어업안 초안에 대하여 항의'.

20) 지선은 주로 포패 채취가 이루어지는 마을과 접해 있는 해안과 어선어업이 이루어지는 가까운 바다로 이해할 수 있다.

에서 벗어나게 해달라는 것이다.

1950년 1월 이승만대통령[21]은 국회에 어업법 제정을 요청하였다. 한 달 뒤 국회 산업분과위원회는 국회입법안을 수산분과위원회에 제출하였지만 상공부는 이 무렵까지 정부법안을 마련하지 못하고 있었다. 이에 상공부는 조만간 정부법안(政府法案)을 제출할 계획임을 밝히고, 그때까지 국회입법안의 심의를 보류해 달라고 국회에 요청하였다. 하지만 정부안은 4개월 뒤인 1950년 6월 25일 한국전쟁이 발발할 때까지 제출되지 않았다. 당시 상황을 보다 객관적으로 보기 위해 서울신문과 동아일보의 서로 상반된 기사를 옮겨보았다. 동아일보의 논지는 정부 측 입장을 대변하는 것으로 보일 수도 있으나 당시 다른 언론사 기사[22]를 검토해 보면 당시 제출된 국회입법안에는 보완할 부분이 많았음을 알 수 있다. 국회입법안은 심의 끝에 폐기되었다.

1950년 6월 25일 한국전쟁이 발발하자 정부는 이틀 만에 대전으로 이전하게 되었고, 7월에는 대구로, 8월에는 부산으로 이전하게 되었다. 9월 15일 국제연합군이 인천에 상륙하여[23] 전세가 역전되자 정부의 행정업무에도 점차 안정을 찾아가고 있었다. 1951년 4월 18일 상공부 수산국은 국회입법안과 법명(어업법)이 다른 수산업법 초안을 국회에 제출하였다.

---

21) 이승만(1875~1965년)은 1948년 제헌의회에서 간선제로 초대대통령이 되었고, 이후 국민에 의한 직접선거를 통해 제2대와 제3대 대통령으로 선출되어 1952년에서 1960년까지 역임하였다.

22) 자유신문(1950년 2월 11, 12일, 17일) '어업법 초안의 비판'

23) 6·25전쟁을 일으킨 조선인민군(북한군)은 기선을 잡아 남진을 계속하였다. 한편 국제연합(UN)은 7월 7일 16개국의 군대로 편성된 국제연합군을 창설하여 한국에 파병하였고, 연합군의 참전으로 전쟁은 낙동강에서 교착상태를 맞게 되었다. 이에 국제연합군은 조선인민군의 허리를 절단하여 섬멸한다는 계획을 세워 맥아더장군의 지휘아래 인천상륙작전을 감행하였다. 제1단계로 9월 15일 오전 6시 한미 해병대는 월미도에 상륙하기 시작하여 작전개시 2시간 만에 점령을 끝냈다. 2단계로 한국 해병 4개 대대, 미국 제7보병사단, 제1해병사단은 전격공격을 감행하여 인천을 점령하고, 김포비행장과 수원을 확보함으로써 인천반도를 완전히 수중에 넣었다. 마지막 제3단계로 한국 해병 2개 대대, 미국 제1해병사단은 19일 한강을 건너 공격을 개시하고 20일 주력부대가 한강을 건너 26일 정오에 한국 해병대가 중앙청에 태극기를 게양함으로써 인천상륙작전은 끝났다.

국회 산업노농위원회, 어업법 초안 기초를 완료

(서울신문 1949년 9월 6일)

3면 해양으로 둘러싸인(圍繞) 한국의 어업은 과거 일제의 식민지정책을 위주로 하는 어업정책으로 말미암아 그의 전 기능을 발휘치 못하고 기형적인 길을 밟아 위축되어 왔을 뿐이었다. 더욱이 해방 직후의 무질서와 자금·자재난으로 기성 어장은 황폐화하고 어민경제는 궁극에 이르러 한국어업의 전도에 우려된 바 적지 않다. 이에 감(鑑)하여 국회 산업위원회에서는 한국 어업행정의 확고한 근본방침을 표시하는 한편 어업의 근대화와 어업의 민주적 재편성을 하여 어업생산력의 발전을 도모하기 위하여 '어업법'에 관한 기초를 완료하여 이의 종합심사만 끝나면, 재개되는 국회에 제출하리라 한다.

동 법안의 개요를 보면 수산자원은 국유로 한다는 헌법(제85조)이 기준이 되어 어업에 관한 특허와 신고제가 규정되어 있으며 지정연안어업과 지정근해어업 및 지정원양업이 구별되어 있다. 또한 어업을 보호하기 위하여 보호 또는 조업구역을 설치하는 한편 근해 혹은 원양어업에는 그 종류에 따라 선박의 정수(定數)가 정해져 있다.

다음 어업조정법으로서 금어구(禁漁區)를 설치하여 수산 동식물의 채식보호(採植保護)를 도모하고 어업에 편의를 주기 위하여 토지와 토지의 정착물 사용에 임시조치법이 규정되어 있다.

끝으로 본 법에 있어 주목되는 바는 수산업자의 협동조직과 운영의 발달을 촉진함으로써 그의 경제적·사회적 지위 향상과 수산업의 생산 증강에서 오는 국민경제 발전을 기함을 목적으로 하는 어업협동조합을 구성하는 것이다. 더욱 該(해)초안은 전문(全文) 79조 중 중요 조문을 소개하면 다음과 같다.

제1조 본 법은 어업에 관한 기본제도를 정하고 수면의 종합적 이용으로써 어업생산력의 발전을 도모함을 목적으로 한다.

제3조 공공수면이 아닌 수면에는 별단(別段)의 규정이 없는 한 본 법을 적용하지 않는다.

제8조 수산발전과 어민 경제적 향상을 기도하기 위하여 수산에 관한 협동조합을 설치한다.

제10조 본 법에 규정한 사항에 관하여 2인 이상 공동으로 어업의 특허를 신청할 때는 그 중 1인을 대표자로 정하고 신청서에 부기(附記)하여야 한다.

제16조 어업의 특허로 받은 자는 그 특허권에 대하여서는 상속, 매매, 증여 기타 권리이전의 행위를 하여서는 아니 된다.

제19조 左의 각호의 1에 해당한 적격성을 갖지 아니한 자에게는 어업의 특허를 하여서는 안 된다.

1. 어업에 관한 법령의 악질위반자
2. 노동에 관한 법령의 악질위반자

제23조 특허를 받은 어업을 1어기(漁期) 이상 경영하지 않을 때는 행정관청은 그 특허를 취소할 수 있다.

제27조 양식어업, 정치(定置)어업, 정소예망(定所曳網)어업, 전용어업을 지정연안어업으로 한다.

제28조 주무장관은 지정연안어업을 보호하기 위하여 보호 구역을 설치하여야 한다.

제41조 선박 30톤 이상, 기관 70마력 이상, 선박 50톤 미만, 기관 120마력 미만의 기선저예망(機船底曳網)어업, 잠수기어업, 기선건착망(巾着網)어업을 지정근해어업 으로 한다.

제43조 포경어업, 트롤어업, 모선식(母船式)어업, 기선저예망어업, 기선조승(釣縄)어업을 지정원양어업으로 한다.

제52조 주무장관은 수산 동식물의 번식 보호상 필요하다고 인정할 때에는 일정한 수면을 지정하여 금어구를 설치할 수 있다.

부칙 제2조 조선어업령과 어업에 관한 임시조치법은 본 법 시행일로부터 폐지한다. 단 조선어업령 제6장은 수산에 관한 협동조합이 제정 실시될 때까지 유효한다.

어업법안의 부당조항을 논함

(동아일보 1950년 2월 10일)

우리나라(本邦) 오십만 어민을 위한(待遇) 어업법이 지금 국회에 상정코저 산업분과위원회(産業分科委員會)에서 심의중이다. 어업법은 우리나라 수산업 발전의 기본(基田, 기전)이라 본법 초안은 마땅히 주무부인 수산국이 주체가 되어 해당분야(斯界, 사계)와 입법계(立法界)의 지식으로 심중심의(深重深意)한 후 정부안(政府案)으로 국회에 제출된 후 국회가 이(此)를 최후적으로 심의결정하여야 순로(順路)일 것이다.

선진외국에 비하여 인재가 부족한 우리나라인지라 여차순로(如此順路)를 밟아야만 우리나라가 가진 입법(立法)실력을 가급적 고도로 발휘할 것으로 사려(思慮)되는 바이다. 그러나(然而, 연이) 지금의(目下, 목하) 국회산업분과위원회에서 심의 중인 어업법은 국회독목적(國會獨目的)으로 초안(草案)결정할 수 있는 사항이지만 관계부처와 협의 한 후 성안(成案)제출함이 일반수산계의 요망(要望)이다.

그러나 지금의(今般, 금반) 어업법 초안은 수산행정에 실지경험(實地經驗)이 있는 주무부와 연락도 없고 법제처와의 상의(相議)도 없이 국회수산분과위원회에 제출된 안이라 한다.

제안자측의 의견을 들은 즉 첫째, 왈(曰)주무부의 제안이 지체(遲)되고 있다 하고, 둘째, 왈(曰)주무부는 신용할 수가 없어 주무관청이 행정적으로 일을 처리(處事)할 사소(小)한 문제까지 본법에서 규정하였다고 한다. 이는 입법의 근본이념과 수산학술급(水産學術及) 행정실지경험(行政實智經驗)을 총합(總合)시킬 의도 없이 다만(只, 지) 어업법의 속성(速成)만의 의도에서 생긴 결과이라 위험천만의 처사이다.

필자의 조사에 의하면 주무부에서는 이미 반년 전에 어업법 초안을 전문위원에게 의촉(依囑)하여 성안(成案)을 작성하여 놓고 신중을 기하기 위하여 재삼(再三)연구 중에 있어 조만간(不遠) 이 정부안으로 제출할 것으로 보이는 바 국회위원 일부에서 여차(如此) 방법을 취(取)함은 욕속부달(欲速不達, 일을 급하게 하면 도리어 이루지 못함)의 격이 되지 아니할가 염려중이다.

지금 국회산업분과위원회에서 심의중인 어업법안을 심고(審考)한즉 주무부 지도(指導)로 성안(成案)된 어업법안과 일본어업법을 난절도작(亂切徒作)한데 불과하다. 어업법으로는 성립시킬 성질이 아닌 어업권 행사사항(行使事項)을 위시(爲始)하여 행정조치사항(行政措置事項)인 어업구별(漁業區別) 척수한정(隻數限定) 등과 별무필요적(別無必要的)인 자구변경급모작(字句變更及模作)에 치군(致軍)하였고 수산업 발전에 지대한 영향을 가진 어업권의 물권화(物權化)를 폐지(廢止)시켰다. 그리고 어업종류에 따라서 연안부락, 어민공동으로 경영시킬 어업도 있고 유능한 어업자이면 어업종류에 따라서는 수종(數種)의 어업을 일인(一人)이 경영시켜야 될 어업도 있을 것인데 이를 일반적으로 일인일건주의(一人一件主義)로 규정함은 어업법의 신축성(伸縮性)으로 보나 실정으로 보아 부당한 규정으로 생각된다.

벌칙(罰則)에 있어서도 어업의 경중(輕重)을 실지(實地)로 판단할 의식이 없는 까닭인지 이를 혼동하여 동종의 범벌(犯罰)에 있어서도 외국인에게 가볍게 하고 우리나라 사람에게 엄하게 규정하였다.

어느 나라를 물론(勿論)하고 어업제정(漁業制定)에 있어서는 수산자원의 증식보호책, 매년 어획적정량(漁獲適定量) 실시, 수산물 가공산품(加工産品)보관의 합리화 등을 위주로 제정(制定)되어야 할 것인데 국회분위(國會分委)에서 지금 심의 중인 어업법안에는 수산자원과 어획적정량문제가 경시(輕視)되였고 수산제조업과 제품보호에 이르러서는 일언(一言)의 언급도 아니하였다.

과거 연산(年産) 남북한 합하여(全韓, 전한) 204만천을 산(算)하던 우리나라 어획고가 과거대전(過去大戰)과 악정(惡政)으로 인하여 매년점감(每年漸減)의 일로(一路)로 최근 27만천 남한으로 격감된 우리나라 수산자도(水産資度)를 부흥발전시키면 수산자원의 증식보획(增殖保獲)과 매년 어획적정량 실시를 선도(先導)하는 동시에 어획물가공이용화와 무역용 제품강화를 촉진시키는 어업법을 제정하여야 될 것이다.

지금 심의 중인 어업법은 수산자원은 고갈(涸渴, 학갈)되든지 말든지 어획만을 위한 어업법안이 되고 말었다. 우리나라 수산업의 장래와 55만 어민의 복리증진을 위하여 이 어업을 심의하시는 국회의원제(諸)와 기타 동지들에게 참고로 이 의견(此見, 차견)을 발표하오니 내용(內容)의 정신(精神)이 분명하고 체제(體裁, 형식)가 격렬(擊烈)한 수산업법이 출현하도록 엄심(嚴審)하여 주시기 바란다.

지금의 국화산업부위에서 심의중인 어업법안 중 부당성을 가지었다고 생각되는 조항을 개별로 설명하면 여좌(如左)함.

본법은 제8장 77개조로 초안되어

제1장 총칙

제2장 어업의 특허급(特許及)신고

제3장 지정연안어업

제4장 지정근해어업

제5장 지정원양어업

제6장 어업조정

제7장 토지급토지(土地及土地)의 정착물의 사용

제8장 벌칙

제1장 제1조에는 본법의 목적에 어업에 관한 기본제도를 정하고 수면의 총합적(總合的)작용으로써 어업의 발전을 도모함이라고 규정지였는데 현대어업은 수면이용만으로 성립되지 못하고 연안어업 중 해초와 패류의 증식(增殖)어업은 물론이오 산란섭이(産卵攝餌)의 목적으로 회유하는 시기를 이용하여 연안에서 어획하는 양식정치반정소어업(養殖定置反定所漁業)에 있어서도 수면만을 이용하는 것이 아니라 조류(潮流) 수저(水底) 지면(地面) 간석지 등을 활용하여 성립되는 것이니 이는 마치 농업과 근사한 것이다. 고로 엄격한 법적자구의의(法的字句意義)로 논지(論之)하면 막연히 수면만의 이용으로 어업을 발전시킨다는 것보다는 간석지, 바다, 하천, 저수지 등을 총합한 입체해하전체(立體的海河全體)와 그 수산자원의 활용으로써 어업의 발전을 도(圖)함이 적정한 문구인 것이다.

본법에는 어업뿐이오 수산제조업의 규정이 보이지 아니한다. 고로 수산제조업을 포함한 수산업의 규정을 삽입하는 동시에 세칙은 대통령령으로 규정할 것을 지정하여야 될 것이다. 그리고 이용이란 자구(字句)보다 활용이라는 문구(文句)가 합리적이고 범위가 광후(廣厚)하지 않을가 사료된다. 어안(漁案)의 정의에 있어서도 '영리의 목적으로 수산자원을 채포 또는 증식하는 업을 말한다'라고 함이 지당할가 사료된다.

제2조, 제4조에 공유수면이 않인 수면으로 공유수면(公有水面)과 상접(相接)한 수면만에 본법을 적용한다는 규정이 있을뿐이오. 본법에서는 공유수면을 적용한다는 명문(明文)이 무(無)한지라 이(此)를 명문화하여야 될 줄로 생각된다. 그리고 공유수면보다는 공공수면(公共水面)이란 어구(語句)가 적합할 것 같다. 수면이라는 어구를 그대로 법문화(法文化)시킬냐면 수면은 입체적으로 수전체(水全體)라는 의의(意義)의 정의(定議)의 규정이 있어야 될 것이다.

제7조에 '본법 또는 본법에 의하여 발(發)하는 명령에 의한 행정관청의 처분에 불복(不服)이 있는 자는 청원(請援)을 제기할 수 있다'고 규정하였는데 이(此) 청원은 주무장관에게의 청원인지 사법장관에게의 청원인지 불분명하니 이를 분명화하여야 될 것이다. 여하튼 이 청원제는 처분행정(處分行政)의 적정(適正)을 기(期)하는 의도에 규정된 줄로 짐작되나 현아민도(現我民度)에 비추어 사고하여보면 이로 인하여 행정처분계과 어업계에 질서를 교란(攪亂)시키는 소인(素因)이 도리인 것이다. 차라리 행정재판제실시를 전제로 청원을 소원(訴願)으로 함이 득책(得策)일가 사료된다.

제8주에는 수산업발전에서 수산업의 의의를 규정하는 조문이 보이지 아니한다.

제12장 제12조에 주무장관의 특허(特許)를 요하는 어업과 제14조에 도지사의 특허를 요하는 어업종류를 열기(列記)하였는데 기(其)어업종류의 중요성에 있어서 주무장관 소관 특허어업보다 도지사 특허어업이 더 중요한 어업이 불선(不尠)하다. 전용어업, 정치어업, 정소양식, 예망등제어업은 그 성격 가치급수(價値及數)에 있어서 대중어민의 민주문제에 지중(至重)한 관계를 가진 어업이라 농민의 전답과 같은 어장이다.

어정(漁政)의 기본대책이 확립할 시까지는 중앙관청에서 일원적(一元的)으로 특허를 취급하여야 될 것이오. 불연(不然)이면 각 도지사가 제각기 특허하게 되면 수산자원에 대한 전체적 기본조사방침이 무(無)한 차시차청피청(此時次淸彼請)으로 필요 이상의 어업건수가 특허될 것이다. 따라서 수산자원의 남획을 미면(未免)할 것인 동시에 어업질서는 파괴될 것이다. 여하간 전체적 어종별로 수산자원량의 확보와 어업별 어획생산기획(漁獲生産企劃)이 수립된 이후라야 주무장관 급(及) 도지사사별 특허할 어업이 규정되어야 정로(正路)일 것이다. 고로 인재부족한 건국초기에는 전(全)어업권은 원칙적으로 주무장관이 이를 특허하는 어업법이 작성될 것이오. 중앙청에서 자원증산량을 고려한 후 어업별 생산기획이 수립 된 후 도지사에게 허가하여도 가(可)할 어업민을 위임케 하는 제도라이 우리나라 어업이 정상적 발절을 기할 수 있을 것이다. 그리고 주무장관 특허어업에 모선식(母船式)어업이 유(有)한데 모선식어업을 하(何)를 지칭하고 기도(企圖)함인지 현실에 맞이 아니한 어업이다. 차라리 공선(工船)어업을 제정함이 합리적일 것이다.

제16조에 어업권의 물권화(物權化)를 폐지하였는데 이는 본법의 중요문제의 하나이다. 우리나라 어업권은 종래부터 물권으로 취급하여 어민생활경제에 중대한 역할을 하여왔을뿐아니라 관습이 고정되어 있는 문제이며 각계각국 중 가장 수산업이 발달된 일본에 있어서도 금일의 발달이 어업권을 물권화시킴에 중대의의(重大意義)가 있음을 정시(正視)하여야 될 것이다. 만일 이 제도를 폐지할 시에는 수산업계에 일대파국을 초래할뿐아니라 우리나라 수산업 발전에 일대지장을 야기할 것이라 숙고(熟考)할 문제이라고 생각된다.

제26조 어업을 위영(爲營)코저 할 때에는 도지사에게 신고만 하면 도지사가 감찰(鑑察)을 교부하여야 되게 제정되였는데 여차실시할 때에는 어장질서 수습에 곤란할 사태가 생길 것이다. 예컨대 연안지예 선불용(船不容)어업을 위영시 한 개 어장에 수인(數人)이 신고할시(時) 신고인에게 전부감찰을 교부할 시에는 일대경쟁이 발생될 것인데 이에 대한 대책이 여하(如何)한가?

제3장 제28조 보호구역내에서 어업권의 행사에 방해가 될 어업제한 또는 금지에 관한 사항은 대통령령으로 정한다 하였는데 어업권행사에 방해가 된다는 의미는 어업권행사로 보호 목적에 방해가 된다는 의미인지 해득(解得)키 곤란한 문구이다.

제30조 어업협동조합은 지정(指定)연안어업권을 소속 조합원에게 행사시킬 수 있다고 규정하였는데 지정연안어업권은 동(同)협동조합만이 소유하는 것 같이 해석되며 또 어업조합은 동(同)조합원 이외의 어업자에게도 행사할 수 있게 해석되는 바 이 점은 어떠한가(如何, 여하)?

제31조에 지정연안어업행사에 관한 우선순위의 규정이 있는데 또 제32조에 기순위사정(其順位査定)을 협동조합총회의 심사에 의한다고 재규정할 필요가 있을까? 이는 협동조합의 소유권어업권에 한한 문제이라 협동조합법에 규정이 있을 것이다.

제33조 단서는 잠척(潛隻)의 보호책인줄 짐작되는 바 잠척보호의 의도이면 여차 문구보다는 잠수녀의 활동가능 구역에는 잠수기 어업자의 침입활동을 금지하는 문구가 득책(得策)일 것이다.

제37조 지정연안어업권에 대해서는 행사료를 받어서는 안된다고 규정되었는데 이는 어업법으로 규정하는 것보다 협동조합법에 규정할 문제일 것이다.

제3장 중 행사(行使)문제는 어업법규에 보다 협동조합법에 규정할 성질이 아닌가?

제4장 근해어업에 규정은 목적이 무엇에 있는지? 연안근해 급(及) 원양 등의 의의(意義) 규정이 있어야 될 것이다. 그리고 본법에 지정이라는 문구를 사용하였는데 상기 연안, 근해 급 원양의 의의규정이 있으면 불필요한 문구이다.

제41조에 기선저예망어업, 타뢰망어업 특허의 정한수(定限數)를 규정한 근거는 무엇인가(如何, 여하)? 이 어업은 근답(近沓) 수산자원을 황폐시키는 어업으로 정치정소어업의 성립을 방해하는 어업이라 원해(遠海)로 축출시켜야 될 것인데 수를 제한한다면 몇 척 이내로 정함이 득책(得策)일 것이다.

건착망은 우리나라로서는 다다익선(多多益善)으로 적극 장려 중인데 몇 척으로 제한하였음은 무슨 이유인지 이해키 곤란하다. 특히 자원량이 판명된 어업 외에는 척수제한도 자원량에 의하여 행정적으로 임시제한 할 것이오 어업법규에 규정할 문제는 않일 것이다. 구역제정도 해류성격이나 수산자원종류의 분포상황에 의거하여 구분한다면 모르되 행정구역별로 이를 규정함은 무식(無識)의 소치(所致)일 것이다.

제5장 지정원양어업, 제44조에 기업허가(企業許可)를 득한 자에게는 어업의 특허를 하지 않이치 못하는 규정인바 기업이 주(主)이고 어업특허는 종(從)이라 특허에 관한 행정적 발동을 할 여지가 부이지아니하며 또 기업허가 주무장관이 특허주무장관과 상이할 시에는 어업특허의 본능이 상실될 것으로 보이는데 이 점은 어떠한가(如何)?

제46조 제4항 중 증여(贈與) 기타 공선박(工船舶)으로 사용할 권리를 취득한 자에게 기업허가 급(及) 특허를 하여야 된다면 사실상 물권 취급 동양(同樣)이 될 것인데 이점은 어떠한가?

제48조 중 '지정(指定)원양어업의 특허 또는 기업허가를 받은 자가 사망 또는 해산(解散)하였을 때에는 그 특허 또는 기업의 허가는 그 효력을 상실한다'라고 규정하였는데 이는 제16조 제2항의 특허권의 상속권(相續權)을 인정한다는 규정, 제3절 대부반환 기타 공선박 운운(云云)은 기타로 인(因)하여 의미인가?

제56조 중 감독관 규정에 사법관의 감독규정이 무(無)하다. 제7장 제62조 중 침입보다는 활용의 자구(字句)가 어떠한가?

제8장 벌칙, 제66조 제3항의 벌칙은 타항(他項)의 벌칙에 비하여 과중하지 아니할까. 실시(實施)에 있어서 그다지 벌칙을 중하게 할 필요가 없이 생각함. 제69조 외국인의 본법 위반시 벌칙이 우리나라 사람(本邦人)의 본법 위반시의 벌칙보다 경(輕)함은 하전야(下田也). 벌칙중 제52조, 제53조의 규정에 위반할시 벌칙 즉 유독물, 폭발물 급(及) 전기 등으로 수산자원을 근절시키는 어업행위자는 가장 중벌을 가하여야 될 것으로 생각된다. 제77조의 벌칙은 경(輕)하여 별무효과(別無效果)일 것이다.

2. 1953년 수산업법 제정

한국전쟁(1950년 6월 25일~1953년 7월 27일) 중이던 1951년 4월 18일 상공부는 총 11장 111개조(97개 조문과 14개 부칙)로 구성된 수산업법(水産業法) 초안을 국회에 제출하였다. 1953년 3월 정부 법안을 심의한 국회 상공위원회는 어민에게 어장을 주는 기본자세가 결여되어있고, 어업권을 강자에게 집중시킨 일본의 식민정책에서 탈피하지 못하고 있으며, 관료에 의한 자의적 어업 면허 및 허가처분에 대한 우려를 배제하기 어려울 뿐만 아니라 수산업협동단체를 만들기 위한 제도가 불충분하다는 이유로 정부 법안을 폐지하였다.

한국전쟁이 휴전되기 3개월 전인 1953년 4월 18일 국회 상공위원회는 그 동안 제기되었던 국회입법안을 보완한 대안(代案)을 국회에 제출하였다. 1950년 처음 제출할 때에는 국회안의 법명은 어업법이었으며, 총 8장 79개 조문으로 구성되어 있었다. 새로 제출된 국회입법안은 폐기된 정부안과 1949년 12월 제정된 일본 어업법 등을 참고하여 그 법명은 정부 법안과 같이 수산업법이라 하였고, 총 8장 80개 조문으로 수정되어 있었다.

수산업법의 국회입법안이 상정된 이후 제정까지 약 5개월 동안 국회에서 논의된 주요쟁점은 물권(物權)[24]으로서의 어업권(漁業權)의 인정 및 제약, 면허 및 허가어업의 유효기간, 어업권 취득에서 일인일건(一人一件)주의와 우선순위 선정, 해녀들의 잠수어업과 관련하여 종래 관행의 인정여부, 기선저예망어업과 잠수기어업의 조업구역과 허가정한수의 법정화, 기존 어업권에 대한 해석(사유재산 또는 기득권), 어업의 공동이익과 민주화, 어업조합설립 등이었다.

1953년 4월 18일 제출된 국회입법안은 심의를 거쳐 수정 · 보완되어 최종적으로 총 8장 82개 조문으로 확정되어 1953년 9월 9일 법률 제295호로 제정되었다. 수산업법은 같은 해 12월 7일부터 시행되었으며, 12월 18일에는 수산업법시행령이 제정되었다. 수산업법의 전문과 개정연혁은 대법원(http://www.scourt.go.kr)

---

24) 물권은 특정한 물건을 직접 지배하여 배타적 이익을 얻는 권리로 직접성 · 지배성 · 배타성을 가지므로 다른 사람의 행위에 의존하지 않고 권리를 직접 실현할 수 있으며, 하나의 물권이 성립하면 그 지배의 범위에 관하여는 다른 물권이 성립할 수 없게 되고, 누구에게나 주장할 수 있는 절대권으로서 양도성이 매우 강하다.

또는 법제처(http://www.moleg.go.kr)에서 확인할 수 있으나 일제시대의 어업법령과 비교하기 위하여 제정 수산업법의 전문을 수록하였다.

수산업법에 대해

(동아일보, 1953년 5월 8일)

방금 국회에 상정되어 있는 국회상공위 대안(代案)은 전문 8장 80조인데 정부안(政府案)과 일본어업법(日本漁業法)을 참(參)착한 것이다. 이제 양안(兩案)을 비교하면서 그 불합리한 조문(條文)만을 들어 설명하면 아래와 같다.

첫째, 본법의 기본정신 및 목적에 관한 조문. 본 수산업법의 기본정신과 목적을 규정하는 국회안 제1조는 우리나라 수산업의 발전은 수면의 이용 및 어업의 민주화만으로써 본법의 기본정신과 목적이 규정되어 있고, 수산업의 기초가 되는 수산자원의 흥망(興亡)에 관하여는 일언일구((一言一句)의 규정이 없이 무관심하다는 조문이 되고 말았다.

우리나라 수산업의 현상은 어법의 발달과 어업허가 남발로써 수산자원이 고갈되었고, 자원고갈로 어장에서의 분쟁이 부단(不斷)하는 지라 이 점을 선처할 목적으로 어업조정과 보상재정문제를 장조문(長條文)하였음은 현실과 장래에 발생되는 문제를 정시(正視)한 대책이라 동감(同感)이오나 본 문제의 발생기원인 수산자원의 흥망에 관하여는 만(萬)방에 모범이 되고, 국제공법(公法)혁신의 기초가 될 수산자원의 보호와 적정어획량 규명(糾明)실시에 관하여 혁신적 기본 조문이 구체화되지 아니한 점이 유감지사(遺憾之事)이다.

종래 일본 기타 각구의 어업법을 참작하면서 어업의 기본이 되는 수산자원의 흥망에는 무관계(無關係)로 주로 어로방법만 취급하여왔는지라 고(故)로 그 법명(法名)도 어업법(漁業法)이라 칭(稱)하였다. 지금 정부 및 국회 양안의 명칭을 수산업법(水産業法)이라고 명한 본의도 종래의 타국과 같이 어로만을 목적으로 하지 않고, 우리나라 및 인접공해(隣接公海)의 수산자원 및 수계(水界) 전체를 과학적 활용으로서 우리나라 수산업의 발전을 도(圖)한다는 기본정신이 들어있는지라 그 수산물의 습성상 우리나라 근해수산자원이라고 할지라도 인접공해와 연관성이 있는지라 우리나라 수산업법은 일본 기타 어업법과 같이 어로만을 목적으로 하여 자기국가의 수산업을 도(圖)하는 무지한 수산업법이 되어서는 아니 될 것이다.

반드시 우리나라가 소(所)관하고 있는 수산자원량과 번식량 및 그 적정어획량 등을 과학적으로 구명(究明)한 토대 위에서 우리나라 수산업이 운영되는 수산업법의 기본정신의 조문이 되어야 어업의 민주화(民主化)도 기(期)할 수 있고 동시에 어민의 행복이 될 것이다. 고로 제1조는 "…수면의 합리적 이용…이라는 항(項)을 수계 및 수산자원의 합리적 활용…"으로 규정(規定)함이 합리적이고 발전적일이다. 따라서 수산자원의 정의도 정부안대로 규정이 있어야 될 것이다.

둘째, 외국인의 수산업권(水産業權) 향유(享有)에 관한 조문. 외국인의 우리나라에 있어서의 수산업에 관한 권리의 향유에 관하여 정부안 제4조에 본국과 기타 나라가 동등으로 취급하겠금 규정되었는데 국회안에는 제5조에 외국인에 관하여 수산업을 허가할 때는 조건을 명시하여 국회에 동의를 얻도록 규정하였다. 이는 정부를 불신임하는 점과 입법기관인 국회가 행정까지 간섭(干涉)한다는 오해를 사기 쉬운 조문이라 국제간 평등적 국교원칙 정신에 비추어 평등으로 행사할 것을 조문화함이 합리적으로 생각된다.

셋째, 양식채포(養殖採捕)하는 목적물(目的物)에 관한 조문. 국회안 제8조에 양식 또는 채포하는 목적물이 없다. 수산자원을 양식 또는 채포하도록 규정하여야 될 것이다.

넷째, 국회안 제9조 중의 허당(許當)과 제10조의 해당(該當)이라는 문구(文句)의 의의(意義)를 함이 어떠한가(如何,여하).

다섯째, 휴업허가(休業許可)와 어업권취소(取消)조문의 모순성. 국회안 제17조에 휴업의 신고허가권(申告許可權)을 2년 한(限) 허가제로 규정하여 놓고, 제18조에 휴업어장(休業漁場)을 타인에게 허가할 수 있도록 규정하여 있으며, 제19조에는 휴업어장에서 허가의 유무(有無)를 불문(不文)하고 실질상(實質上) 어업의 경영을 지배한 자(者)를 위하여 전소유권(前所有權)을 취소할 수 있게 규정하여 있다. 차(此)조문은 상호모순성이 있다. 본조 규정은 어장의 휴업이 없도록만 의도한 듯하다. 다년간 어업만을 생업(生業)으로 한 업자(業者)가 해황(海況) 천재(天災) 등 불가항력(不可抗力)의 사유로 휴업하는 기간 중 세력만을 배경 삼아 단기속성(短期速成)의 모리업자(謀利業者)의 발동(發動)을 조장(助長)하는결과가 되어 어업질서를 교난(亂)케할 염로(念虜)가 충분한 조문이다. 고로 제18조는 삭제하여야 될 조문이다.

여섯째, 각 어업의 어장(漁場)의 정의가 막연(區別). 국회안 중 제18조의 면허(免許)어업 제1조, 제12조의 허가(許可)어업 및 제33조의 신고(申告)어업에 관한 정의가 막연하다. 과학의 발달에 따라 출현(出現)될 신어업(新漁業)의 구별 그리고 제8조 2항에 어장의 정의를 규정(規定)하였는데 이 어장은 면허어업만의 어장이요, 허가 기타 어업의 어장은 아니다. 어장의 정의는 '어업이 성립되는 일정한 수계를 어장이라 한다'고 규정짓는 것이 어떠한가(如何).

일곱째, 본법과 세칙(細則)을 혼동한 조문. 국회안 중 제22조에는 어업의 면허의 우선적(優先的) 순서결정(順序決定)의 세칙까지 규정하여 있다. 이는 본법에 규정될 성질이 아니고 시행세칙(施行細則)에 규정될 성질의 조문이다. 그리고 국회안 제49조에는 주무장관(主務長官)이 허가하는 어업에 구역허가정한수(區域許可定限數)도 규정하여 있는데 이는 실질적으로 또는 법체제로보아 불합리한 조문이다. 수산자원의 증감(增減)에 따라서 허가한수가 자연히 규정될 것인바 대통령 혹은 주무장관이 그 시기의 자원 풍흉(豊凶)을 보아 규정하도록 할 것이요. 본법으로는 수산자원의 양과 어획적정량(漁獲適正量)을 구명한 토대에서 허가건수의 규정이 있도록 규정함이 합리적이다.

입안자(立案者)의 말에 의하면 여차조문(如此條文)은 정부를 신용(信用)하지 아니하는 점에서 발동(發動)될 조문이라고 하는 바 여차조문(如此條文)만으로 행정(行政)의 선도(善導)가 된다면 모르되 불연(不然)이면 법의 위신(威信)만이 낙지(落地)될 무용지 조문(無用之條文)이다. 본법을 초안(草案)한 국회의원이 행정부 책임(責任)으로 교대(交代)될 때도 예상(豫想)하여보아 본문의 대통령령 혹은 주무장관령으로 돌리도록 삭제함이 지당(至當)하다.

여덟째, 통조림 원료규정(原料規定)에 관한 조문. 국회안 제44조 중 통조림 제조업(製造業)에 수산동물로 통조림을 제조한다고만 규정되어있는데 그 실지(實地)로는 수산물 및 기타 조미료(調味料) 등이 있어야 제품화하는지라 본문의 주로 수산자원 및 기타 자원으로 제조한다고 규정되어야 될 것이다.

제정 수산업법의 전체적인 구성은 조선어업령과 매우 유사하다(표 17). 제정 수산업법 조문의 약 80% 이상은 일본어로 제정된 조선어업령의 단락, 조문 또는 조항을 우리말로 그대로 해석하거나 자구변경(字句變更) 또는 조문이나 조항을 재배치하거나 주무관청[25]의 이름, 관련 법명, 조문이나 조항에 기재된 숫자를 바꿔놓은 것이다. 더욱이 수산업법이 제정될 때 어업 또는 수산업조합에 대한 규정을 수립하지 못해 새로운 법이 제정·실시될 때까지 조선어업령 제6장 '어업조합, 어업조합연합회, 수산조합 또는 수산조합연합회'를 존속시킨다고 부칙에서 밝히고 있다.

우리나라 최초의 수산업 관련 조합법은 수산업협동조합법으로 1962년 1월 20일 제정되어 같은 해 4월 1일부터 시행되었다. 이로써 8.15광복 이후 17년 동안, 수산업법 제정 이후 9년 동안이나 존속하던 조선어업령 제6장은 폐지될 수 있었다. 조선어업령에서 가장 많은 18개 조문을 포함하는 조합 관련 장(章)

25) 주무관청이란 관계 법령에 따라 해당 행정사무를 총괄하는 행정부처의 장을 말한다.

이 빠졌음에도 불구하고 제정 수산업법의 조문수가 비슷한 것은 새로운 조문이 다수 신설되어서라기보다는 조선어업령의 단락, 조문 또는 조항을 재배치하였기 때문이다(표 19).

표 19. 조선어업령과 수산업법의 조문수 구성 비교

구 성	1929년 조선어업령	1953년 수산업법
총칙	5	7
어업의 면허, 허가, 신고어업	9	16
어업권	16	20
수산제조업의 허가	-	4
번식보호 및 어업단속/어업조정	9	13
토지 이용 관련/토지와 토지정착물의 사용	3	3
어업(수산업)조합, 어업(수산)조합연합회	18	-
보상 및 재정	7	7
벌칙	11	7
부칙	6	5
전 체	84	82

제정 수산업법의 조문에서 조선어업령에서 다루지 않았던 규정을 찾아보면 제1조 목적, 제7조 공동신청, 제9조 면허의 특례, 제12조 지방장관[26]에 의한 허가어업, 제17조~제19조 휴업, 제26조 어업권 취득의 제한, 제28조 어업권의 대부금지, 제37조 상속에 의한 어업권의 축소, 제49조~제51조 어업별 조업구역, 허가정수 및 조업금지구역, 제58조 어업감독 공무원의 자격, 제59조 공무원의 증표(신분증) 휴대 및 제시이다. 또한 수산업법에서 수산제조업 허가와 관련하여 한 개의 새 장(章)이 신설되었다(제44조~제47조).

1929년 조선어업령의 근간이 되었던 1909년 일본의 메이지어업법은 1949는 새로운 어업법이 제정되어 폐지되었다. 제정 수산업법은 새로 제정된 일본 어

26) 지방장관은 특별시장, 광역시장, 도지사에 해당한다.

업법[27]에 신설된 조문(예, 법제정의 목적, 공동신청, 휴업 관련, 우선순위, 어업감독 공무원 관련 등)의 상당 부분을 인용하고 있다. 조선어업령 제5장의 제목은 '번식보호와 어업단속'이었는데 같은 규정을 정하는 수산업법 제5장에서는 '어업조정'이라 표현하고 있는데 이도 1949년 제정된 일본 어업법을 따른 것이다. 또한 제정 수산업법은 지방장관에 의한 허가어업과 조업구역, 허가정수 및 조업금지구역은 조선어업령시행규칙과 관련된 규정을 본법에 옮겨놓았으나 이들 조문들은 성격상 본법에 들어갈 규정이 아닌 세칙(細則) 사항이었다.

조선어업령이나 일본 어업법과 구분되는 제정 수산업법의 독창적인 조문은 제26조 일인일건(一人一件)주의와 관련한 어업권 취득의 제한[28]과 수산제조업 관련 조문(제44조~제47조)정도가 고작이다. 일본 어업법과의 유사성을 고려하면 제정 수산업법을 우리나라 최초의 자주적 어업제도라고 하는데 주저하게 된다. 하지만 우리나라 어업제도의 발전이라는 점에 조선어업령과 수산업법의 차이를 비교해 보면 다음과 같다.

❶ **법명과 수산제조업** 조선어업령과 1949년 일본 어업법은 수산동식물의 채포 및 양식하는 것으로 정의되는 어업만을 대상으로 하고 있다. 하지만 우리나라 수산업법은 어업 외에 수산제조업을 포함하고 있으며, 수산제조업을 수산동식물을 직접 원료 또는 재료로 식료, 사료, 비료 등을 생산하는 사업으로 정의하였다(제2조). 또한 수산제조업을 10년 허가제로 하면서(제44조, 제45조), 허가에 관한 제반 규정과 벌칙조항은 허가어업 규정을 준용하게 하고 있다(제46조, 제47조). 수산제조업을 포함하여 수산업법이라 하였으나 법조문의 95%이상이 어업에 관한 규정이다.

❷ **총 칙** 조선어업령에서 다루지 않았던 법제정의 목적을 제정 수산업법은

---

27) 1949년 12월 15일 제정된 일본 어업법은 제2차 세계대전(1939~1945년)에서 패망한 일본의 민주화정책의 일환으로 이루어진 어업개혁의 결과물로 제1조 법제정의 목적에 '…어업의 민주화를 도모…'라고 되어있다. 어업법은 제정 이후 여러 차례 개정을 거쳐 현재에 이르고 있다.

28) 제26조 어업권 취득의 제한 조문인 '동일인에 대하여 동일한 어가의 동종어업을 1건 이상 면할 수 없다'는 1975년 9차 일부개정에서 조문 전체가 삭제되었고, 조문의 제목과 내용이 개정되었다.

제1조에서 '본법은 수산업에 관한 기본제도를 정하고, 수면의 총합적(總合的)[29] 이용으로써 수산업의 발전과 어업의 민주화에 도모하며 수산자원을 보호하는 것'이라고 밝혔다.[30] 어업자의 정의에서 조선어업령에서는 어업을 하는 자와 어업권을 가진 자(제1조)라 하였으나 수산업법에서는 어업을 경영하는 자를 어업자로, 어업에 종사하는 자를 어업종사자로 구분하였다(제2조).[31] 수산업법에서 어업의 적용범위와 사유수면에서의 어업(제3~4조)은 조선어업령과 같다. 조선어업령에서는 조선총독이 외국인의 어업권을 정하도록(제3조) 하였으나 제정 수산업법에서는 외국인에 대한 수산업의 면허 또는 허가를 할 때 조건을 명시하여 민의원[32]의 동의를 얻도록 규정하였다(제5조).

❸ 면허, 허가 및 신고어업 제정 수산업법 제8조에서 면허어업의 종류는 조선어업령(제6조)과 같이 6종(양식어업, 정치어업, 정소집어어업, 정소예망어업, 정소부망어업, 전용어업)이다. 다만 수산업법에서는 예망을 인망으로, 전용어업을 공동어업으로 표현을 달리하였다. 조선어업령 제10조에서 허가어업을 5종류(포경어업, 트롤어업, 공선어업, 기선저예망어업, 잠수기어업)로 구분하였으나 수산업법에서는 기선건착망어업을 추가하여 6종류로 분류하였고, 이들 어업에 대해서는 주무장관의 허가를 받도록 하였다(제11조). 또한 수산업법에서는 주무장관의 허가를 받아야 하는 어업과 별도로 인망, 설망, 조망, 선망, 랄망, 라잠어업과 고래류를 제외한 해수(海獸)어업은 지방장관의 허가를 받도록 하였다(제12조).

어업면허와 허가의 유효기간은 조선어업령에서는 20년(제13조)이었으나 제정 수산업법에서는 면허어업은 10년, 허가어업은 5년으로(제14조) 단축하여 어

---

29) 제정 수산업에서 사용되었던 '총합적'이라는 표현은 1963년 3차 개정에서 '종합적'으로 개정되었다.

30) 제정 수산업법에 신설된 법제정의 목적은 1949년 12월에 제정된 일본 어업법을 따르고 있다.

31) 제정 수산업법에서의 어업자와 어업종사자의 구분은 1949년 12월 제정된 일본 어업법을 따르고 있다.

32) 1948년 5월 31일에 구성된 제헌국회는 1개의 합의체로 의회를 구성하는 단원제(單院制)였다. 그러나 그 뒤 여러 차례의 개헌논의를 거쳐 1952년 7월 4일 대통령직선제와 양원제(兩院制) 입법부를 골자로 하는 이른바 발췌개헌안을 통과시켜 의회를 참의원과 민의원의 양원제로 하고 종래의 국회 자체를 민의원이라고 하게 되었다. 그러나 발췌개헌안의 양원제 입법부는 헌법상의 규정에 지나지 않았다.

장의 종합적 이용을 용이하게 하였다. 또한 제정 수산업법 제16조에서는 공익상 필요사유[33] 외에 동일인에게 동종의 어업권이 부당히 집중될 우려가 있을 때에는 면허 및 허가를 금지할 수 있게 하여 특정 주체로의 어업면허나 허가가 집중되는 것을 금지하였다.

조선어업령과 달리 제정 수산업법에서는 휴업에 대해 규정하고 있다. 2년 이상 휴업을 하고자 할 때는 행정관청의 허가를 받도록 하였고(제17조), 휴업어장에 다른 어업신청이 있을 경우 타인에게 허가할 수 있게 하였으며(제18조), 허가의 유무와 관계없이 실질상 어업경영을 하고 있는 자가 있으면 허가권자의 면허 또는 허가를 취소할 수 있게 하였다(제19조).[34] 수산업법 제20조에서 공익상 필요시 어업의 제한, 정지 또는 취소할 수 있는 규정사항은 조선어업령 제12조와 같다.

제정 수산업법 제23조에서 면허와 허가어업을 제외한 어업을 신고어업으로 구분하고 있는데, 이는 조선어업령 제14조와 같다. 다만 조선어업령에서는 신고어업을 계출어업이라 하였다.

❹ 어업권 제정 수산업법에서 어업권 취득과 성질(제24조)은 조선어업령(제15조)과 같다. 조선어업령에서는 어업권의 상속, 양도, 공유, 저당 또는 대부의 권리행사에 대한 조문을 명시하지 않았는데,[35] 이는 조선총독의 허가를 받아야 하는 분할과 변경을 제외하고는 어업권의 물권적 소유자가 상속, 양도, 공유뿐만 아니라 저당권과 임차권의 설정까지 자유로이 권리를 행사하게 한 것이다(제17조, 제19조, 제20조, 제30조). 제정 수산업법에서는 어업권의 대부를 금지하였고(제28조), 이전 또는 담보에 대해 인가제를 택하고 있었다(제29조). 어업권이라 해도 공동어업권은 이전 또는 담보의 목적이 될 수 없게 하였다(제30조). 특히 대부금지 규정은 자영자 면허원칙에 따른 것으로 어업권의 이권화와 어업권자의 부재지주(不在地主)화를 방지하고자 한 것이다.

---

33) 여기서 공익상 필요는 수산자원의 증식보호상, 국방 기타 국사상, 선박의 항행 · 정박 · 계류 · 수저전선의 부설 등이다.

34) 제정 수산업법에서 휴업에 관한 규정은 1949년 제정된 일본 어업법을 따르고 있다.

35) 참고로 1911년 제정된 어업령 제8조에는 상속, 양도, 공유, 저당 또는 임대의 권리행사에서 상속을 제외한 나머지는 조선총독의 허가를 받도록 하였다.

제정 수산업법 제16조에서는 동일인에게 동종의 어업권이 부당히 집중될 우려가 있을 때에는 면허 및 허가를 금지할 수 있게 하였다. 나아가 제26조에서는 법이 규정한 법인이 아닌 개인의 경우 한 사람이 동일한 어기(漁基)에 같은 어업을 1건 이상 면허받을 수 없게 하는 일인일건제(一人一件制)를 채택하였다. 또한 제27조에서는 어업면허의 우선순위를 신설하였다. 조선어업령체제의 선착순원칙에 의한 면허방식에서는 면허자격의 적부여부를 가릴 수 없었던 점을 개선하여 어업면허에 우선순위를 정하여 적격자에게 우선적으로 면허를 인증할 수 있게 하였다.

수산업법 제25조의 보호구역 설치와 보호구역 내에서의 어업권 제한 및 금지규정도 조선어업령과 같다(제16조).

❺ 어업조정 조선어업령 제34조에서는 번식보호를 위해 금어구를 설정할 수 있게 하였으며, 제39조에서는 번식보호 및 어업단속을 위해 필요한 명령을 내릴 수 있게 하였다. 제정 수산업법 제48조에서는 수산동식물의 번식보호, 어업단속 기타 어업조정 사항을 수산동식물의 채포, 어구 또는 어선, 수산동식물의 번식보호에 필요한 물체의 채취 또는 제거, 그리고 수산동식물의 이식에 관한 제한 또는 금지로 명시하고, 주무장관 또는 지방장관이 부령 또는 규칙을 정할 수 있게 하였다.[36] 수산업법 제48조 어업조정에 관한 명령과 제25조 제2항 보호구역 내에서 어업권을 행사하는데 방해가 되는 어업의 제한 또는 금지에 관한 규정에 따라 1962년 1월 자원보호에 관한 수산업 최초의 하부법령인 어업보호규칙[37]이 제정되었다.

제정 수산업법 제49조와 제50조에서 규정한 기선저인망어업과 잠수기어업의 조업구역과 허가정수는 조선어업령에 의거하여 발표된 조선총독부의 고시 내용과 거의 같다(표 15, 16). 수산업법 제51조에서는 트롤과 기선저인망어업의 금지구역과 기선저인망어업의 특별금지구역을 규정하였다(제51조). 하지만 수

---

36) 제정 수산업법에서의 어업조정 관련 조문은 1949년 제정된 일본 어업법을 따르고 있다. 조선어업령에서는 이를 번식보호 및 어업단속이라고 하였다.

37) 1962년 어업보호규칙이 제정·시행되어 1929년 제정되어 존속해오던 조선어업보호규칙이 폐지되었다.

산업법에는 조선어업령에 있었던 포경어업에 대한 조업구역과 허가정수에 대한 규정이 없다. 1963년 '수산자원보호령'에 제정되어 특정어업의 금지구역, 특정어구의 사용금지, 어망목의 제한, 어구사용 금지구역과 기간, 채포금지구역과 기간, 포획 · 채포금지기간, 채포금지체장, 어획물 양륙제한, 어업실적 보고 등을 규정하였다.

제정 수산업법에서 폭발물 등을 이용한 유해어업 금지(제52조, 제53조), 소하성어류의 통로를 방해하는 시설물의 설비 제한 또는 금지(제54조)와 어장표식(제55조) 등의 어업조정 규정은 조선어업령과 같다.

제정 수산업법의 어업감독 관련 규정은 단속 공무원이 증표(신분증)를 휴대하여 요구가 있으면 제시하게 한 점(제59조)[38]을 제외하면 조선어업령과 거의 같다.

❻ 토지와 토지정착물의 사용[39] 제정 수산업법에서 토지이용에 관한 규정(제61조~제63조)은 조선어업령(제31조~제33조)과 같다. 다만 어업관련 조사를 위해 토지를 사용하여야 할 때 소유자 또는 점유자의 주소 또는 거주지 불분명 등의 사유로 통지를 할 수 없을 경우에는 공고를 하게 하였는데, 그 기간산정에 있어 조선어업령은 3일이었으나 수산업법은 5일로 연장하였다. 또한 수산업법은 필요시 타인의 토지에 들어가 측량, 검사할 수 있으며 측량, 검사에 장애가 되는 물건을 이전 또는 제거할 수 있게 하였다(제57조).

❼ 수산업에 관한 조합법 조선어업령 제6장 제43조에서 제60조까지에 걸쳐 어업조합과 어업조합연합회 등의 설립, 규약, 활동범위 등을 규정하였다. 제정 수산업법은 어업 또는 수산업 조합에 관한 규정을 제정하지 못하여 관련법이 제정 · 실시될 때까지 조선어업령의 조합법 규정을 적용하였다(부칙 제80조). 우리나라 최초의 수산업 조합에 관한 법은 수산업협동조합법으로 1962년 1월 제정되었다.

---

38) 제정 수산업법에서 어업단속 공무원의 증표 휴대 및 제시 규정은 1949년 12월에 제정된 일본 어업법을 따르고 있다.

39) 조선어업령 제4장의 제목을 '토지의 이용'이라 하였으나 제정 수산업법에서 '토지와 토지정착물의 사용'이라 하였는데 동 장(章)의 제목과 조문은 1949년 제정된 일본 어업법을 따르고 있다.

❽ **보상 및 재정** 제정 수산업법의 보상금의 교부(제64조), 부담금의 징수(제65조), 토지사용 등에 대한 보상(제66조), 보상금의 공탁(제67조), 입어에 관한 재정(제68조), 어장의 구역 등에 관한 재정(제69조) 그리고 보상과 재정에 관한 세칙규정(제70조)은 조선어업령(제61조~67조)와 같다.

❾ **벌칙** 제정 수산업법에서 벌칙은 조선어업령과 기본적으로 거의 같으나 일부 벌칙 부과조항을 통합하여 조문수가 줄었다(표 15). 제정 수산업법에서는 포경업에 대한 벌칙규정이 없다. 조선어업령과 달리 어업권의 권한행사에 제한을 가한 제정 수산업법에서는 어업권의 대부금지 규정 위반, 행정관청의 인가를 받지 않고 어업권을 이전 또는 담보를 한 경우, 이전 또는 담보의 목적이 될 수 없는 공동어업권을 이전 또는 담보를 한 경우, 행정관청의 인가를 받지 않고 어업권을 분할 또는 변경한 경우에 대해 벌칙을 정하였다(제74조). 조선어업령 체제에서도 어업권의 분할과 변경은 조선총독의 허가를 받아야 했지만 위반에 대한 벌칙규정은 없었다.

위에서 살펴본 바와 같이 제정 수산업법과 조선어업령의 차이를 요약하면 다음과 같다. 첫째, 제정 수산업법은 수산제조업을 포함하여 법의 적용범위를 기존의 어업에서 수산업 전반으로 확대하였다. 둘째, 어업면허와 허가의 유효기간을 단축하여 어업권의 권리행사보다는 어장의 종합적 이용과 생산성을 강조하였다. 셋째, 일인일건주의(一人一件主義)원칙을 채택하여 특정 주체가 어업면허나 허가를 독점하는 것을 금지하였다. 넷째, 면허취득의 자격을 규정하였을 뿐만 아니라 면허발급의 우선순위를 신설하여 적격자가 우선적으로 면허를 받을 수 있게 하였는데, 이는 선착순원칙에 의거한 종전의 면허방식을 개선하고 관료의 자의적 면허처분을 배제하려는 것이다. 다섯째, 어업권의 대부를 금지하여 어업권의 이권화와 어업권자의 부재지주화를 방지하였다.

제정 수산업법은 면허 및 허가어업제도를 기초로 어업질서를 유지하고, 수산자원을 보호하려는 조선어업령의 법체제를 유지하면서 1949년 제정된 일본 어업법을 모방하고 있기 때문에 법제정에 있어 자주성 또는 개혁성이 결여되어있다고 할 수 있다. 하지만 수산업법 제1조 법제정의 목적에서 명시한 것처럼 수면의 종합적 이용, 수산업의 발전과 어업의 민주화를 위해 적지 않은 고심과 배려를 한 흔적을 엿볼 수 있다.

1953년 제정 수산업법(水産業法)

제1장 총 칙

제1조 (목적)

본법은 수산업에 관한 기본제도를 정하고 수면의 총합적 이용으로써 수산업의 발전과 어업의 민주화를 도모하며 수산자원을 보호함을 목적으로 한다.

제2조 (정의)

① 본법에서 수산업이라 함은 어업과 수산제조업을 말한다.

② 본 법에서 어업이라 함은 수산동식물을 채포 또는 양식하는 사업을, 수산제조업이라함은 수산동식물을 직접원료 또는 재료로 식료, 사료, 비료, 호료, 유지 또는 피혁을 생산하는 사업을 말한다.

③ 본 법에서 어업자라 함은 어업을 경영하는 자를, 어업종사자라 함은 어업자를 위하여 수산 동식물의 채포 또는 양식에 종사하는 자를, 수산제조업자라 함은 수산제조업을 경영하는 자를 말한다.

제3조 (적용범위)

① 공공수면이 아닌 수면에는 별단의 규정이 없는 한 본 법을 적용하지 아니한다.

② 공공수면이 아닌 수면이 공공수면과 연접하여 일체가 되었을 때에는 본 법을 적용한다.

제4조 (어업과 사유수면)

공공수면과 연접하여 일체가 된 공공수면이 아닌 수면의 점유자 또는 부지의 소유자는 행정관청의 허가를 받어 어업에 관한 이용을 제한 또는 금지할 수 있다.

제5조 (외국인에 대한 어업)

① 정부는 외국인 또는 외국법인에 대하여 수산업에 관한 면허 또는 허가를 할 때에는 그 조건을 명시하여 민의원의 동의를 얻어야 한다.

② 대한민국의 법률에 의하여 설립된 법인에 외국인 또는 외국법인의 출자가 과반수이상이거나 의결권이 과반수이상인 때에도 또한 같다.

제6조 (서류송달의 공시)

① 행정관청은 주소 또는 거소의 불분명 기타의 사유로 인하여 본 법 또는 본 법에 의하여 발하는 명령에 의한 서류의 송달을 할 수 없을 때에는 명령의 정하는 바에 의하여 공고하여야 한다.

② 전항의 규정에 의하여 공고하였을 때에는 공고 일의 익일부터 기산하여 30일을 경과한 그 말일에 서류가 도달한 것으로 간주한다.

제7조 (공동신청)

① 본 법 또는 본 법에 의한 명령에 규정한 사항에 관하여 2인 이상 공동으로 신청할 때에는 그중 1인을 대표자로 정하여 신청서에 부기하여야 한다.

② 전항의 경우에 대표자를 정하지 아니하였을 때에는 그중 1인을 대표자로 정해서 행정관청에 신고하여야 한다. 대표자를 변경하였을 때에도 또한 같다.

③ 전항의 신고가 없을 때에는 행정관청은 대표자를 지정한다.

제2장 어업의 면허, 허가와 신고

제8조 (면허어업)

① 좌의 각호에 해당하는 어업을 하려고 하는 자는 지방장관의 면허를 받어야 한다.

1. 양식어업 일정한 수면에서 구획 기타 시설을 하여 양식하는 어업
2. 정치어업 일정한 수면에서 어구를 정치하여 채포하는 어업
3. 정소인망어업 일정한 수면에서 반복하여 어망을 인예하여 채포하는 어업
4. 정소부예망어업 일정한 수면에서 반복하여 어망을 부설하여 채포하는 어업
5. 정소집어어업 일정한 수면에서 수산동물을 집합시키는 장치를 하여 채포하는 어업
6. 공동어업 일정한 수면을 전용하여 전각호에 해당하는 이외의 방법에 의하여 영위하는 어업

② 전항의 규정에 의하여 면허를 받은 어업을 하는 일정한 수면을 어장이라 한다.

제9조 (면허의 특례)

전조 제1항 각호에 해당하는 어업으로서 면허를 받고저 하는 수면이 2이상의 지방장관의 관할에 속할 때 또는 수면을 관할하는 지방장관이 명확하지 아니할 때에는 주무부장관의 면허를 받어야 한다.

제10조 (공동어업의 면허)

공동어업은 일정한 지역내에 거주하는 어업자의 어업경영상 공동이익을 증진하기 위하여 필요한 때에 한하여 면허한다.

제11조 (주무부장관에 의한 허가어업)

좌의 각호에 해당한 어업을 하려고 하는 자는 주무부장관의 허가를 받어야 한다.

1. 포경어업 고래를 포획하는 어업
2. 트롤어업 스크류를 비치한 선박에 의하여 옷다트롤 또는 빔트롤을 사용하여 하는 어업
3. 공선어업 제조, 랭장 기타 처리설비를 가진 모선 또는 그 부속어선에 의하여

하는 어업
4. 기선저인망어업 스크류를 비치한 선박에 의하여 저예망을 사용하여 하는 어업
5. 기선건착망어업 스크류를 비치한 선박에 의하여 건착망을 사용하여 하는 어업
6. 잠수기어업 잠수기를 사용하여 하는 어업

제12조 (지방장관에 의한 허가어업)
좌의 각호에 해당하는 어업을 하려고 하는 자는 지방장관의 허가를 받어야 한다.
1. 인망어업 수면을 일정하지 아니하고 스크류를 비치하지 아니한 선박에 의하여 어망을 인예하여 하는 어업
2. 설망어업 수면을 일정하지 않고 어망을 부설하여 하는 어업
3. 조망어업 스크류를 비치하지 아니한 선박에 의하여 어망을 끄러올려서 하는 어업
4. 선망어업 스크류를 비치하지 아니한 선박에 의하여 어망을 부선하여 강거를 조아올려서 하는 어업
5. 랄망어업 랄망을 사용하여 하는 어업
6. 해수어업 해수(고래를 제외한다)를 포획하는 어업
7. 라잠어업 잠수가 라잠으로 하는 해저어업

제13조 (허가어업의 설정)
수산자원의 번식보호와 어업단속상 필요하다고 인정할 때에는 전2조에 규정한 외에 허가를 받어야 하는 어업을 대통령령으로 정할 수 있다.

제14조 (어업의 면허 또는 허가의 존속기간)
① 어업의 면허 또는 허가의 존속기간은 면허 또는 허가한 날부터 제8조에 해당하는 어업은 10년 이내, 제11조와 제12조에 해당하는 어업은 5년 이내로 한다.
② 행정관청은 어업의 면허 또는 허가를 받은 자의 신청에 의하여 그 존속기간 만료한 날부터 전항의 규정한 기간한도에서 그 기간의 연장을 허가할 수 있다. 단 제16조 각호의 규정에 해당한 때 또는 어업의 면허 또는 허가를 취소할 사유가 있을 때 이외에는 기간연장의 허가를 하여야 한다.

제15조 (어업의 제한조건)
행정관청은 어업조정 기타 공익상 필요하다고 인정할 때에는 어업의 면허 또는 허가를 할 때에 제한 또는 조건을 부할 수 있다.

제16조 (면허, 허가의 금지)
좌의 각호의 1에 해당할 때에는 어업의 면허 또는 허가를 하여서는 아니된다.
1. 제20조 제1호 내지 제4호에 해당하는 사유가 있을 때

2. 동일인에게 동종의 어업의 면허 또는 허가가 부당히 집중될 우려가 있을 때

제17조 (휴업의 신고)

① 어업의 면허 또는 허가를 받은 자가 계속하여 2년 이상 휴업하고저 할 때에는 행정관청에 신고하여 그 허가를 받어야 한다.

② 전항의 인가를 받은 자가 그 허가기간만료 전어업을 계속할려고 할 때에는 지체없이 그 사유를 행정관청에 신고하여야 한다.

제18조 (휴업중의 허가)

전조제1항의 휴업기간 중에 당해어업의 내용인 어업을 경영하려하는 신청자가 있을 때에는 행정관청은 이를 허가할 수 있다.

제19조 (면허, 허가를 받은자 이외의 자가 어업을 지배할 때의 어업의 취소)

어업의 면허를 받은 자 이외의 자가 실질상 당해어업의 경영을 지배하고 있다고 인정할 때에는 행정관청은 그 어업의 면허 또는 허가를 취소할 수 있다.

제20조 (공익상 필요한 어업의 제한, 정지, 취소)

좌의 각호의 1에 해당할 때에는 행정관청은 면허 또는 허가한 어업을 제한, 정지하거나 어업의 면허 또는 허가를 취소할 수 있다.

1. 수산자원의 증식보호상 필요한때
2. 국방 기타 군사상 필요한때
3. 선박의 항행, 정박, 계류, 수저전선의 부설 기타 공익상 필요한때
4. 어업의 면허 또는 허가를 받은 자가 본 법, 본 법에 의하여 발하는 명령, 이에 의한 처분 또는 제한이나 조건에 위반한 때

제21조 (휴업에 의한 어업의 취소)

① 면허 또는 허가를 받은 날부터 계속하여 1년 이상 어업을 하지 아니할 때에는 행정관청은 그 면허 또는 허가를 취소한다.

② 전항의 기간 중에는 제17조제1항에 의하여 인가를 받은 기간과 전조의 규정 또는 제48조의 규정에 의한 명령에 의하여 어업을 정지한 기간은 산입하지 아니한다.

제22조 (착오로 인한 취소)

착오에 의하여 어업의 면허 또는 허가를 하거나 이에 관한 처분을 하였을 때에는 행정관청은 이를 취소한다.

제23조 (신고어업)

① 제8조, 제11조, 제12조 또는 제13조에 규정한 이외의 어업을 하고저 하는 자는 지방장관에게 신고하여야 한다.

② 전항에 규정한 신고의 유효기간은 신고를 수리한 날부터 3년 이내의 기간으

로 수리할 때에 지방장관이 정한다.

③ 어업의 신고를 수리하였을 때에는 지방장관은 감찰을 교부하여야 한다.

제3장 어업권

제24조 (어업권의 취득과 성질)

① 제8조의 규정에 의하여 어업의 면허를 받은 자는 어업권을 취득한다.

② 어업권은 물권으로 하고 토지에 관한 규정을 준용한다.

③ 민법중 질권에 관한 규정은 어업권과 이를 목적으로 하는 권리에 적용하지 아니한다.

제25조 (보호구역)

① 대통령은 어업권을 보호하기 위하여 보호구역을 설치할 수 있다.

② 보호구역 내에서 어업권의 행사에 방해가 되는 어업의 제한 또는 금지에 관한 사항은 주무부장관이 정한다.

제26조 (어업권 취득의 제한)

동일인에 대하여서는 동일한 어기의 동종어업을 1건이상 면허할 수 없다. 단 제27조 제4항에 규정한 법인은 예외로 한다.

제27조 (우선순위)

① 어업의 면허의 우선순위는 좌의 순서에 의한다.

1. 그 신청한 어업과 동종어입에 경험이 있는 자
2. 연안어업으로 전호 이외의 어업에 경험이 있는 자
3. 전2호 이외의 자

② 전항에 의한 동순위자 상호간의 우선순위는 좌의 순서에 의한다.

1. 그 신청한 어업의 어장에서 경험이 있는 자
2. 전호 이외의 자

③ 전2항의 규정에 의하여 동순위자가 있을 때에는 좌의 사항을 기초로 하여 정한다.

1. 노동조건
2. 당해어업의 경영에 지역어민이 참가하는 정도
3. 당해어업에 대한 경험의 정도, 자본 기타 경영능력
4. 당해어업에 대하여 그 경영자가 생계를 유지하는 경제의 정도

④ 당해어장이 소재하는 그 지역어민의 공동이익을 위하여 공동경영의 필요가 있다고 인정할 때에는 그 구역 내에 주소를 가진 어민이 조직하는 법인이 좌의 각호의 전부에 해당할 때에 전 각항의 규정에 불구하고 제1순위로 한다.

1. 어업경영을 주목적으로 할 것
2. 구성원의 과반수가 그 신청한 어업과 동종 어업에 경험이 있거나 또는 당해 어업의 면허가 타인에게 처분될 때에 종전의 생업을 실하게 될 때
3. 구성원의 3분지1이 그 경영하는 어업에 상시 종사하는 자일 것
4. 구성원중에 상시 종사하는 자의 출자액이 총출자액의 3분지1이상을 점할 것
5. 1구성원의 출자액이 구성원의 평균출자액의 3배에 상당한 액을 초과하지 아니할 것
6. 구성원은 각자 1개의 의결권을 갖일 것

⑤ 본 조에 경험이라 함은 수산기술자 또는 그 신청일 이전 5연간 어업을 경영하였거나 이에 종사한 자를 말한다.

제28조 (대부의 금지)

어업권은 대부의 목적이 될 수 없다.

제29조 (어업권의 이전, 담보의 인가)

① 어업권은 행정관청의 인가를 받지 아니하면 이전 또는 담보할 수 없다.

② 행정관청은 제16조와 제26조의 규정에 해당할 사유가 있을 때에는 전항의 이전의 인가를 하지 아니한다.

제30조 (공동어업권의 이전, 담보, 포기)

① 공동어업권은 이전 또는 담보의 목적이 될 수 없다.

② 공동어업권은 행정관청의 인가를 받지 아니하면 포기할 수 없다.

제31조 (담보시의 공작물부가)

어업권을 담보에 공할 때에 그 어장에 정치한 공작물을 어업권에 부가하여 이와 일체가 된 것으로 간주한다.

제32조 (경락인자격의 제한)

행정관청은 어업권을 목적으로한 저당권을 실행할 때에는 경락인의 자격을 제한할 수 있다.

제33조 (처분시의 권리의무의 수반)

① 본 법, 본 법에 의하여 발하는 명령, 이에 의한 처분 또는 그 제한이나 조건에 의하여 어업권 자에 생한 권리의무는 어업권의 처분에 수반한다.

② 하천에 관한 법령에 의하여 하천의 점용에 관한 어업권자에 생한 권리의무도 또한 같다.

제34조 (분할,변경의 허가)

어업권은 행정관청의 허가를 받지 아니하면 분할 또는 변경할 수 없다.

제35조 (등록한 권리자의 동의)
어업권은 등록한 권리자의 동의없이 분할, 변경 또는 포기할 수 없다.

제36조 (공유자의 동의)
① 어업권의 공유자는 타공유자의 동의없이 그 지분을 처분하거나 담보에 공할 수 없다.
② 전항의 경우에 공유자의 주소 또는 거소의 불명 기타 사유로 인하여 동의를 구할 수 없을 때에는 명령의 정하는 바에 의하여 공고하여야 한다.
③ 전항의 규정에 의하여 공고하였을 때에는 공고한 날의 익일부터 기산하여 30일 이내에 이의의 신립이 없으면 그 말일에 동의한 것으로 간주한다.

제37조 (상속에 의한 어업권의 취소)
① 상속에 의하여 어업권을 취득한 자는 6개월 이내에 행정관청에 신고하여야 한다.
② 전조의 경우에 상속인이 제16조와 제26조의 규정에 해당하거나 또는 그 어업을 경영할 수 없다고 인정될 때에는 행정관청은 일정한 기한 내에 당해어업권을 양도하지 아니하면 취소할 것을 통고하여야 한다.

제38조 (취소의 통고)
어업의 면허를 취소하였을 때에는 행정관청은 지체없이 당해어업권에 관하여 등록된 권리자에게 통고하여야 한다.
(경매의 청구)
① 제19조, 제20조제4호, 제21조제1항 또는 제37조 제2항의 규정에 의하여 어업의 면허를 취소한 경우에 어업권에 관하여 등록된 선취특권자 또는 저당권자는 전조의 통고를 받은 익일부터 기산하여 30일이내에 어업권의 경매를 청구할 수 있다.

제39조 ② 전항의 규정에 의하여 경매를 청구한 경우에는 어업권은 면허를 취소한 날부터 경매절차의 종결일까지 경매의 목적범위내에서 존속하는 것으로 간주한다.
③ 경매에 의한 매득금은 경매비용과 제1항의 권리자에 대한 채무의 변제에 충당하고 그 잔금은 국고에 귀속한다.
④ 경락의 결정이 확정된 때에는 어업의 면허의 취소는 그 효력을 생하지 아니한 것으로 간주한다.

제40조 (입어의 관행)
① 공동어업의 어업권자는 종래의 관행에 의하여 그 어업장에서 어업하는 자의

입어를 거절할 수 없다.

② 공동어업권자는 입어자에 대하여 지방장관의 인가를 받어 입어료를 징수할 수 있다.

제41조 (입어의 제한)

① 전조의 어업권자와 입어하는 자는 협의에 의하여 수산동식물의 번식보호와 어업의 질서유지를 위하여 필요하다고 인정할 때에는 어업에 관한 제한을 할 수 있다.

② 어업권자 또는 입어하는 자가 전항의 협의 또는 제69조의 재정에 의한 제한에 위반할 때에는 행정관청은 면허한 어업을 제한, 정지 또는 면허를 취소하거나 입어를 제한, 정지 또는 금지할 수 있다.

제42조 (공동어업과 입어)

① 제15조 또는 제20조제1호내지제3호의 규정에 의하여 공동어업의 면허에 부한 제한, 조건 또는 정지는 입어하는 자의 입어에 부한 제한, 조건 또는 정지로 간주한다.

② 입어하는 자가 전항의 규정에 의한 제한, 조건 또는 정지에 위반할 때에는 지방장관은 입어를 제한, 정지 또는 금지할 수 있다.

제43조 (어업권의 등록)

① 어업권과 이를 목적으로 하는 권리의 설정, 보존, 이전, 변경, 소멸, 처분의 제한 또는 입어에 관한 사항은 어업권원부에 등록한다.

② 어업권원부의 등록은 등기에 대한다.

③ 등록에 관한 사항은 대통령령으로 정한다

제4장 수산제조업의 허가

제44조 (수산제조업의 허가)

좌의 각호의 1에 해당하는 수산제조업을 하려고 하는 자는 주무부장관의 허가를 받어야 한다.

1. 통조림제조업 수산동식물로 통조림을 제조하는 업
2. 어유비제조업 어류로 유비를 제조하는 업

제45조 (수산제조업의 허가기간)

전조의 수산제조업의 허가기간은 허가한 날로부터 10년 이내의 기간으로 허가할 때에 주무부장관이 정한다.

제46조 (수산제조업의 제한, 정지 또는 취소)

좌의 각호의 1에 해당할 때에는 주무부장관은 허가한 수산제조업을 제한 또는 정지하거나 취소할 수 있다.

1. 본 법 또는 본 법에 의하여 발하는 명령에 위반하여 채포한 수산동식물을 원료 또는 재료로 제조하거나 또는 제조하려 할 때
2. 본 법, 본 법에 의하여 발하는 명령, 이에 의한 처분 또는 그 제한이나 조건에 위반하였을 때

제47조 제14조제2항, 제15조와 제21조의 규정은 수산제조업의 허가에 준용한다.

제5장 어업조정

제48조 (어업조정에 관한 명령)

① 주무부장관 또는 지방장관은 수산동식물의 번식보호, 어업단속 기타 어업조정을 위하여 좌의 사항에 관하여 필요한 부령 또는 규칙을 정할 수 있다.

1. 수산동식물의 채포에 관한 제한 또는 금지
2. 어구 또는 어선에 관한 제한 또는 금지
3. 수산동식물의 번식보호에 필요한 물체의 채취 또는 제거에 관한 제한 또는 금지
4. 수산동식물의 이식에 관한 제한 또는 금지

② 전항의 규정에 의한 부령 또는 규칙에는 필요한 벌칙을 둘 수 있다.

③ 전항의 벌칙에는 부령에는 6월 이하의 징역, 5만환 이하의 벌금, 구류 또는 과료, 규칙에는 3월 이하의 징역, 5,000환 이하의 벌금, 구류 또는 과료의 규정을 둘 수 있다.

④ 제1항의 규정에 의한 부령 또는 규칙에는 범인이 소유 또는 소지하는 어획물, 어선, 어구 또는 동항제4호의 수산동식물의 전부 또는 일부의 몰수와 몰수할 수 없을 때에 그 가액의 추징에 관한 규정을 둘 수 있다.

⑤ 지방장관은 제1항의 규칙을 정할 때에는 주무부장관의 인가를 받어야 한다.

제49조 (기선저인망어업과 잠수기어업의 조업구역, 허가정수)

기선저인망어업(선박 총톤수 30톤이상, 기관 70마력이상, 선박 총톤수 50톤 미만, 기관 120마력미만)과 잠수기어업의 조업구역 또는 허가의 정한수는 다음과 같다.

제49조 (계속)

기선저인망어업의 조업구역과 허가의 정한수표

구 별	구 역	허가 정한수
제1구	함경북도와 함경남도의 도계와 해안선의 교착점 남56도 동의 선 이북의 해면	50
제2구	함경북도와 함경남도의 도계와 해안선의 교회점 남58도 동의 선과 강원도와 경상북도의 도계와 해안선의 교회점 남82도 동의 선간의 해면	40
제3구	강원도와 경상남부의 도계와 해안선의 교회점 남82도 동의 선과 경상북도와 경상남도와의 도계와 해안선의 교회점 남73도 동의 선간의 해면	30
제4구	경상북도와 경상남도와의 도계와 해안선의 교회점 남73도 동의 선과 경상남도 남해도 이리 산정에서 전라남도 려천군의 남면 작도고정을 바라보는 선간의 해면	40
제5구	경상남도 하동면 남면 가인포 남갑에서 동면 대도 서단을 경하여 동도 남해도 덕산말에 지하는 선, 남해도 이리 산정에서 전라남도 려천군 남면 작도 고정을 바라보는 전라북도 옥구군 미면 연도 북단, 동면 어청도 북단을 바라보는 선간의 해면	15
제6구	전라북도 옥구군 미면 연도북단과 동면 어청도 북단을 바라보는 선 이북의 해면	10

잠수기어업의 조업구역과 허가의 정한수표

구별	구 역	허가정한수
제1구	강원도 강릉군 주문진단 정동선 이북의 해면	43
제2구	강원도 강릉군 주문진단 정동선과 경상남도 하동군 남면 가만포갑부터 동면 대도 서단을 경하여 동도 남해군 고현면 덕산말에 지하는 선, 동군 남면 이리 산정에서 전라남도 려천군 남면 작도 고정을 바라보는 선간의 해면	135
제3구	경상남도 하동군 남면 가만포갑부터 동면 대도 선단을 경하여 동도 남해군 고현면 덕산말에서 지하는 선, 동군 남면 이리 산정에서 전라남도 려천군 남면 작도 고정을 바라보는 선과 전라북도 옥구군 미면 오창도 북단, 동면 직도 북단을 바라보는 선간의 해면	100
제4구	전라북도 옥구군 미면 오창도 북단, 동면 직도 북단을 바라보는 선 이북의 해면	17

제50조 (잠수어업의 구역허가정수)
잠수어업의 조업구역과 허가의 정한수는 대통령령으로 정한다.

제51조 (트롤어업, 기선저인망어업의 금지구역)
트롤어업, 기선저인망어업 금지구역은 다음과 같다.

제1호 트롤어업 금지구역

- 함경북도 경흥군 우암령 고정으로부터 동소 남60도 동3해리반의 수계
- 경상북도 울릉도 동단 동경130도 북위35도의 수계
- 경상남도 통영군 홍도 남단, 제주도 어관 남동15해리의 수계
- 동도 모슬포 각남서15해리의 수계
- 전라남도 무안군 흑산도 서단, 황해도 장연군 백령도 서단급 평안북도 룡천군 신도 서단을 지나서 동군 룡천면 매로리 남서 돌각에 이르는 선내

제2호 기선저인망어업 금지구역

1. 함경북도 경흥군 우암령 고정으로부터 동소 남60도 동3해리반의 수계
   - 동군 란도 고정 남동1해리의 수계
   - 동도 부녕군 화단 남동1해리의 수계
   - 동도 청진시 고말산단 남동1해리의 수계급 동도 경성군 감분진 불암 정동1해리의 수계를 지나서 동군 어랑단에 이르는 선내
2. 함경북도 경성군 어랑난에서 명천군 운분대 단에 이르는 선내
3. 함경북도 명천군 무수단에서 동군 강면 이도 동단 남동1해리의 수계. 동도 성진군 유진단 남동1해리의 수계
   - 동군 령대봉 남동1해리의 수계
   - 함경남도 리원군 란도 고정 남동2해리의 수계
   - 동군 황단단 남동3해리의 수계
   - 동도 북청군 마양도 령어단 남동3해리의 수계
   - 동도 함흥군 외양도단 남동3해리의 수계
   - 동수계에서 강원도 통천군 국도 고정에 이르는 선과 함경남도 덕원군 고도 고정에서 강원도 통천군 란도 고정 북동2해리의 수계에 이르는 선과의 교회점급 강원도 통천군 란도 고정 북동2해리의 수계를 지나서 동도 고성군 수원단에 이르는 선내
4. 강원도 고성군 수원단에서 동도 양양군 옹진단 정동1해리의 수계
   - 동도 강릉군 주문진단 정동1해리의 수계
   - 동군 정동단 정동1해리의 수계

- 동도 삼척군 림원말 정동1해리의 수계
- 동도 울진군 룡추갑 정동1해리의 수계
- 동군 화모말 동1해리의 수계
- 경상북도 영덕군 축산포 동북단 정동1해리의 수계
- 동도 영일군 장기갑 정동2해리의 수계
- 경상남도 울산군 울기 정동10해리의 수계
- 동도 부산시 영도 상이말 남동8해리의 수계
- 동도 통영군 홍도 고정, 전라남도 려천군 백도 고정, 동도 제주도 우도 동단 정동6해리의 수계
- 동도 문도 고정남6해리의 수계
- 동도 마라도 고정남서1해리의 수계
- 동도 무안군 흑산도 서단, 동군 매가도 서단 정서6해리의 수계
- 동도 령광군 안마군도횡도 서단정서6해리의 수계
- 전라북도 옥구군 어청도 고정정서6해리의 수계.

  충청남도 서산군 북격렬비도 고정, 황해도 장연군 소청도 서단, 동군 대청도 서단 동군 백령도 서단급 평안북도 룡천군 신도 서단을 지나서 동군 룡천면 매로리 남서돌각에 이르는 선내

제3호 기선저인망어업 특별 금지구역

1. 함경북도와 함경남도와의 도계와 해안선과의 교회점에서 동점 정남7해리의 수계
   - 함경남도 북청군 마양도 등대의 남동15해리의 수계
   - 동도 영흥군 호도면 성황치단에서 동10도 북24해리의 수계를 지나서 성황치기에 이르는 선내(11월1일부터 익년 2월15일에 이르는 기간내에 한한다)
2. 강원도 통천군 란도 고정 북동2해리의 수계에서 동도 고성군 수원단 정동3해리의 수계
   - 동도 거진단 정동4해리의 수계
   - 동도 양양군 옹진단 정동3해리의 수계
   - 동군 기동문단 정동4해리반의 수계
   - 동도 강릉군 동진단 정동4해리의 수계
   - 동도 울진군 룡추갑 정동10해리의 수계를 지나서 동군 화모말 정동1해리의 수계에 이르는 선내(10월1일에서 익년 6월15일에 이르는 기간 내에 한한다)
3. 평안북도 룡천군 신도 서단에서 동소 서10도 남15해리의 수계급 황해도 송화군 초도 서단 서10도 북13해리반의 수계를 지나서 초도 서단에 이르는

선내(5월에 한한다)

제52조 (유해어법의금지)

폭발물, 유해물 또는 전류를 사용하여 수산동식물을 채포하여서는 아니된다. 단 해수를 포획할 때에는 예외로 한다.

제53조 (유해어법에 의한 채포물의 소지 판매금지)

전조의 규정에 위반하여 채포한 수산동식물은 소지 또는 판매할 수 없다.

제54조 (소하어류의 보호)

① 주무부장관은 소하어류의 통로에 방해가 될 우려가 있다고 인정할 때에는 수면의 일정한 구역 내에 있는 공작물의 설비를 제한 또는 금지할 수 있다.

② 전항의 공작물로서 소하어류의 통로에 방해가 된다고 인정할 때에는 주무부장관은 기업자 혹은 이에 준한 자 또는 그 공작물의 소유자나 점유자에 대하여 제해공사를 명할 수 있다.

제55조 (표식의 설치)

행정관청은 어업자에 대하여 어장표식의 설치를 명할 수 있다.

제56조 (어업감독)

어업감독 공무원은 어업조정 기타 필요하다고 인정할 때에는 어장, 선박, 사업장, 사무소, 창고 기타 장소에 임검하여 장부, 서류 기타 물건을 검사, 차압 또는 관계인에 대하여 질문할 수 있다.

제57조 어업감독 공무원은 어업조정 기타 필요한 때에는 타인의 노시에 드러가서 측량, 검사할 수 있으며 또는 측량, 검사에 장해가 되는 물건을 이전 또는 제거시킬 수 있다.

제58조 어업감독 공무원의 자격에 관한 필요한 사항은 대통령령으로 정한다.

제59조 어업감독 공무원은 그 직무를 행할 때에 그 신분을 증명하는 증표를 휴대하고 요구가 있을 때에는 정시하여야 한다.

제60조 어업감독 공무원으로서 그 소속한 관서의 장이 그 근무지를 관할하는 지방검찰청의 장과 협의하여 지명한 자는 수산업에 관한 범죄에 관하여서는 형사소송법의 규정에 의한 사법 경찰공무원으로써의 직무를 행한다.

제6장 토지와 토지정착물의 사용

제61조 (토지 등의 사용)

어업자는 좌의 각호의 목적을 위하여 필요있을 때에는 지방장관의 허가를 받어 타인의 토지 또는 공작물 기타 토지의 정착물을 사용하거나 목죽 또는 토석의 제거를 제한할 수 있다.

1. 어장표식의 설치
2. 어망, 어업에 관한 신호 또는 이에 필요한 시설물의 설치
3. 어업에 필요한 목표의 보존 또는 설치

제62조 전조의 목적 또는 어업에 관한 측량, 실지 조사를 위하여 필요할 때에는 지방장관의 허가를 받어 타인의 토지에 드러가거나 지장이 되는 목죽을 벌채할 수 있으며 기타 장해물을 제거할 수 있다.

제63조 (토지 등 사용의 통지)

① 전2조의 행위를 하려고 하는 자는 사전에 토지의 소유자 또는 점유자에게 통지하여야 한다.

② 전항의 경우에 주소 또는 거소의 불분명 또는 기타 사유로 인하여 통지를 할 수 없을 때에는 지방장관은 공고하여야 한다.

③ 전항의 규정에 의하여 공고하였을 때에는 공고일의 익일부터 기산하여 5일을 경과한 그 말일에 통지한 것으로 간주한다.

제7장 보상과 재정

제64조 (보상)

① 제20조제1호내지 제3호 또는 제54조제2항의 규정에 의한 처분으로 인하여 손해를 받은 자 또는 제26조의 규정에 의한 처분에 의하여 종전의 어업권을 상실한 자가 있을때에는 보상금을 교부할 수 있다.

② 전항의 보상에 관하여서는 제20조제1호 내지 제3호, 제26조와 제54조제2항의 규정에 의한 처분으로 인하여 특히 이익을 받은 자가 있을 때에는 주무부장관은 그에게 그 받은 이익의 한도 내에서 보상금의 전부 또는 일부를 부담시킬 수 있다.

제65조 (부담금의 징수)

① 전조제2항의 규정에 의한 부담금은 국세체납 처분의 례에 의하여 징수한다.

② 전항의 부담금의 선취특권의 순위는 국세에 다음간다.

제66조 (토지 등 사용에 대한 보상)

① 제61조 또는 제62조에 규정한 행위로 인하여 손해를 받은 자가 있을 때에는 어업자 또는 어업의 면허를 받으려고 하는 자는 이와 협의하여 그 손해를 보상하여야 한다.

② 전항의 보상에 관하여 협의가 되지 아니할 때 또는 협의할 수 없을 때에는 어업자, 어업의 면허를 받으려 하는 자 또는 손해를 받은 자는 주무부장관의 재정을 구할 수 있다.

③ 전항의 재정에 관하여 불복이 있는 자는 행정소송을 제기할 수 있다.

제67조 (보상금의 공탁)

① 좌의 각호의 1에 해당할 때에는 제64조와 전조의 규정에 의한 보상금은 공탁하여야 한다.

1. 보상을 받을 자가 보상금의 영수를 거절 또는 기피할 때
2. 보상을 받을 자의 주소 또는 거소가 불분명한 때
3. 보상의 목적인 어업권 또는 토지물건에 관하여 등록 또는 등기한 권리자가 있을 때 단 그 권리자의 동의를 받었을 때에는 예외로 한다.

② 전항의 규정은 보상의 목적인 어업권 또는 토지물건이 소송의 목적이 되어 소송당사자로 부터 청구가 있을 경우에 준용한다.

③ 제1항제3호 또는 전항의 규정에 의하여 보상금을 공탁한 경우에 등록 또는 등기한 권리자 또는 소송당사자는 공탁한 금전에 대하여 그 권리를 행사할 수 있다.

제68조 (입어에 관한 재정)

제41조제1항의 협의가 되지 아니 할 때 또는 협의를 할 수 없을 때에는 어업권자 또는 입어하는 자는 주무부장관의 재정을 구할 수 있다.

제69조 (어장의 구역 등에 관한 재정)

어장의 구역, 어업권의 범위, 보호구역, 어업의 방법 또는 입어의 관행에 관하여 분쟁이 있을 때에는 그 관계인은 주무부장관의 재전을 구할 수 있디.

제70조 (보상과 재정에 관한 세칙)

본 장에 규정한 이외에 보상과 재정에 관한 사항은 대통령령으로 정한다.

제8장 벌칙

제71조 좌의 각호의 1에 해당한 자는 3년 이하의 징역 또는 5만환 이하의 벌금에 처한다.

1. 제8조, 제11조, 제12조 또는 제44조의 규정에 위반한 자
2. 제17조 제2항에 규정된 신고를 하지 아니하고 어업을 경영한 자
3. 제52조 또는 제53조의 규정에 위반한 자
4. 사기의 수단으로 제8조, 제11조, 제12조 또는 제44조의 규정에 의한 면허 또는 허가를 받은 자

제72조 좌의 각호의 1에 해당한 자는 1년 이하의 징역 또는 3만환 이하의 벌금 또는 구류에 처한다.

1. 제15조, 제20조, 제46조의 규정에 의하여 어업 또는 수산제조업의 면허

또는 허가에 부한 제한, 조건 또는 정지에 위반하여 제8조, 제11조, 제12조 또는 제44조에 규정한 어업 또는 수산제조업을 한 자

2. 제51조 또는 제54조의 규정에 위반한 자

제73조 전2조의 경우에 법인이 소유 또는 소지하는 어획물, 제품, 어선, 어구, 폭발물 또는 유독물은 몰수한다. 단 법인이 소유한 이러한 물건의 전부 또는 일부를 몰수할 수 없을 때에는 그 가액을 추징할 수 있다.

제74조 좌의 각호의 1에 해당하는 자는 6월 이하의 징역 또는 만환이하의 벌금에 처한다.

1. 제28조의 규정에 위반하여 어업권을 대부한 자
2. 제29조 또는 제30조의 규정에 위반하여 어업권을 처분 또는 담보에 공한 자
3. 제34조의 규정에 위반하여 어업권을 분할 또는 변경한 자
4. 제56조에 규정한 공무원의 검사를 거절, 방해, 기피하거나 또는 질문에 답변을 하지 아니하거나 허위의 진술을 한 자
5. 제57조에 규정한 공무원의 측량, 검사 또는 제거를 거절, 방해 또는 기피한 자

제75조 ① 좌의 각호의 1에 해당한 자는 5,000환 이하의 벌금에 처한다.

1. 제23조제1항의 규정에 위반하여 어업한 자
2. 제40조에 규정한 입어를 거절한 자
3. 제55조의 규정에 의한 명령에 위반한 자
4. 어장 또는 어구의 표식을 이전, 오손, 파괴한 자

② 전항 제2호의 죄는 고소에 의하여 론한다

제76조 법인 또는 개인의 대리인, 호주, 가족, 동거자, 고용인 기타 종업자가 그 업무에 관하여 본 법 또는 본 법에 의하여 발하는 명령에 의한 벌칙에 위반하였을 때에는 법인 또는 그 개인은 자기의 지휘가 아니라는 이유로 처벌을 면할 수 없다.

제77조 본 법 또는 본 법에 의하여 발하는 명령에 의한 벌칙을 적용할 경우에 영업자가 법인일 때에는 이사, 취체역 기타 법인의 영업을 집행하는 역원이 미성년자 또는 금치산자일 때에는 그 법정대리인에 대하여 각 본조의 벌금형을 과한다. 단 영업에 관하여 성년자와 동일한 능력을 갖인 미성년자는 예외로 한다.

부 칙

제78조 본 법은 공포후 90일로부터 시행한다.

제79조 조선어업령과 어업에 관한 임시조치법은 폐지한다. 단 조선어업령 제6장은 수산업에 관한 조합법이 실시될 때까지 존속한다.

제80조 ① 본 법 시행당시 어업의 면허를 받고 있는 자에게는 동일한 어기에 동종어업을 1개소에 한하여 면허하여야 한다.

② 어업조합, 어업조합연합회는 이 제한을 받지 아니한다. 어업조합, 어업조합연합회 또는 수산교육기관이 향유한 어업권은 제28조의 규정의 적용을 받지 아니한다.

제81조 어업조합 또는 어업조합연합회가 향유한 어업권은 제27조제3항, 제4항에 규정한 우선순위 자에게 행사시켜야 한다.

재82조 본 법 시행시 존속기간이 만료되는 어업의 면허 또는 허가는 본 법에 의하여 처분될 때까지 그 기간이 존속된다.

3. 수산업법의 개정

우리나라 수산업에 관한 기본제도를 다루는 수산업법(水産業法)은 8.15광복 후 9년이 경과할 무렵인 1953년에 제정되었다. 수산업법의 출발은 일본 식민지시대 어업제도였던 1929년 조선어업령(朝鮮漁業令)의 골격에 1949년에 새로 제정된 일본 어업법(漁業法)[40]을 덧붙인 것으로 법체계로만 보면 일제시대의 연장이라 할 수도 있다. 더욱이 조선어업령과 그 부령의 일부는 수산업법이 시행된 이후에도 한 동안 법적 효력을 유지하고 있었다.[41] 수산업법체제에서 조선어업령이라는 용어와 부분적이나마 그 법령의 효력이 완전히 사라진 것은 1963년 5차 개정 이후이다.

수산업법은 우리나라 수산업에 관한 기본제도를 정하는 법으로, 제정 수산업법은 지난 60여 년 동안 어업의 발전 및 여건변화, 정부 조직개편과 다른 관련법의 제정 및 개정 등을 포함한 사회 · 경제 · 정치적 변화에 따른 보완적 성격의 개정과 3차례 전부개정을 포함하여 지금까지 40여 차례 개정되었다. 법조문과 개정연혁은 대법원 종합법률정보(http://www.scourt.go.kr) 또는 법제처

40) 1949년 제정된 일본 어업법은 제2차 세계대전에서 패한 일본의 민주화정책의 일환으로 이루어진 어업개혁의 결과로 1900년에 제정된 일본 어업법과 구분하기 위하여 신어업법(新漁業法)이라 부르기도 한다.

41) 수산업법이 제정된 이후에도 수산업에 관한 조합법이 제정되지 않아 1962년 수산업협동조합법이 제정 · 시행될 때까지 조선어업령 제6장 '어업조합, 어업조합연합회, 수산조합 또는 수산조합연합회'가 적용되었다. 또한 수산업법의 하부법령으로 어업보호규칙이 1962년 제정되기 전까지 조선어업보호취체규칙이 존속하였다.

(http://www.moleg.go.kr)에서 확인할 수 있다. 제정 수산업법은 조선어업령과 비교하기 위하여 앞 장에 전문을 수록하였으며, 수산업법의 주요개정 내용을 정리하면 다음과 같다.

1) 1950년대와 1960년대 수산업법 개정

1945년 8.15광복 후 농무국(農務局, 뒤에 농무부)에서 담당하던 수산행정은 1948년 대한민국 정부 수립 후에는 상공부(商工部) 수산국으로 이관되었다. 1955년 2월 해무행정의 일원화와 해양경비의 강화로 평화선(平和線)을 지켜 일본 어선의 준동을 막기 위한 행정기구개편의 일환으로 1955년 2월 해무청(海務廳)이 신설되어 농림부(農林部)에서 관장하던 수산업무가 이전되었다. 1961년 5.16군사정변 이후 단행된 정부조직개편으로 같은 해 10월 해무청이 폐지되었고, 수산행정은 다시 농림부 수산국으로 이관되었다. 1966년 농림부는 산하외청으로 수산업무를 전담하는 수산청(水産廳)이 신설하였다.

1953년 제정된 수산업법의 초기개정의 대부분은 수산행정의 주무부처 변경에 따른 행정관청명을 고치고, 제정 수산업법에서 제목이 없었던 일부 법조문에 제목을 붙이고, 일부 일본식 표현을 우리말로 바꿈으로써 법안의 완성도를 높이는 것이었다. 하지만 5.16군사정변 이후 국가재건최고회의[42] 회기 중에 있었던 1963년 개정에는 주목할 만한 내용이 다수 포함되어 있었다(표 20). 이 시기 수산업법 주요 개정내용은 다음과 같다.

---

42) 1961년 5·16군사정변으로 정권을 장악한 군은 군사혁명위원회를 조직하여 입법·사법·행정의 3권을 완전히 장악한 뒤 국회와 지방의회를 해산하였다. 군사혁명위원회는 5월 18일 국무총리 장면(1899~1966년)의 계엄추인으로 정권을 인수받아 5월 19일 군사혁명위원회를 국가재건최고회의라 개명하였다. 5월 20일 혁명내각을 발표하여 군사정부를 수립하였고, 국가재건최고회의는 군사정부의 최고통치의결기관이 되었다. 6월 6일에는 국가재건최고회의에서 '국가재건비상조치법'을 제정하였고, 이 법에서 국가재건최고회의를 국가의 최고통치기관이라 규정하여 최고회의의 법적 근거를 마련하였다. 국가재건최고회의는 5·16군사정변 이후 총선거에 의하여 국회가 구성되고, 1963년 12월 17일 제3공화국 정부가 수립될 때까지 국가의 최고통치기관으로 존속하였다.

평화선

1952년 이승만(1875~1965년) 대통령이 우리나라 연안수역 보호를 목적으로 선언한 해양주권선으로 '이승만라인' 또는 '이라인(Lee line)'이라 하기도 한다. 평화선은 해안에서부터 평균 60마일에 달하며, 이 수역에 포함된 광물과 수산자원을 보존하기 위하여 설정한 것으로, 어업기술이 월등한 일본과의 어업분쟁의 가능성을 사전에 봉쇄하고 공산세력의 연안침투방지는 물론, 세계 각국의 영해확장과 주권적 전관화(主權的專管化) 추세에 대처하기 위한 정책적인 배려에서 선언되었다.

초기에는 '어업보호수역안(漁業保護水域案)'으로 국무회의에 상정된 것을 당시의 대통령 이승만이 확대수정하게 하여 같은 해 1월 18일 '대한민국 인접해양의 주권에 대한 대통령 선언'으로 의결을 거쳐 국무원 공고 제14호로 선포하였다. 그 내용을 요약하면 다음과 같다.

첫째, 대한민국정부는 국가의 영토인 한반도 및 도서의 해안에 인접한 해붕(海棚)의 상하에 이미 알려진 것과 또 장래에 발견될 모든 자연자원, 광물 및 수산물을 국가에 가장 이롭게 보호·보존 및 이용하기 위하여 그 심도 여하를 막론하고 인접해양에 대한 주권을 보존하며 또 행사한다.

둘째, 평화선 안에 존재하는 모든 자연자원 및 재부(財富)를 보유·보호·보존 및 이용하는 데 필요한 다음과 같은 한정된 연장해양에 걸쳐 그 심도 여하를 불문하고 인접국가에 대한 국가의 주권을 보지하며 또 행사한다. 특히, 어족 같은 감소될 우려가 있는 자원 및 재부가 한국 국민에게 손해가 되도록 개발되거나, 또는 국가에 손상이 되도록 감소 혹은 고갈되지 않게 하기 위하여, 수산업과 어로업을 정부의 감독 하에 둔다.

셋째, 상술한 해양의 상하 및 내에 존재하는 자연자원 및 재부를 감독하며 보호할 수역을 한정할 경계선을 선언하며 또 유지한다. 이 경계선은 장래에 구명될 새로운 발견·연구 또는 권익의 출현으로 인하여 발생하는 새로운 정세에 맞추어 수정할 수 있다.

넷째, 인접해안에 대한 본 주권의 선언은 공해상의 자유항행권(自由航行權)을 방해하지 않는다.

이상과 같은 내용을 선포하자 일본정부는 평화선이 선언된 지 1주일 만인 1월 24일 성명을 발표하고, ① 미국·캐나다·일본의 어업협정에서 공해의 자유가 인정된 것과 같이 공해자유의 원칙이 인정되어야 하며, ② 공해에 국가 주권을 일방적으로 선언한 전례는 없으며, ③ 한일 양국의 친선을 위해 신중히 검토되어야 한다는 등의 반응을 보였다. 이에 대하여 우리 정부는 1945년 미국대통령 트루먼(H. S. Truman, 1884~1972년)이 성명한 '연안어업에 대한 선언'과 '해저와 지하자원에 관한 선언'을 비롯하여, 멕시코·페루·칠레·코스타리카 등에서 채택한 유사한 선언에 의해서 확립된 국제관례에 따른 것이라고 반박하였다. 그러나 일본은 며칠 뒤인 1월 28일 "미일평화조약의 해석상 일본영토라고 인정된 죽도(竹島, 독도)를 이 라인 안에 넣은 것은 한국의 일방적인 영토침략이다."라고 하여, 한일간에 영토논쟁이 벌어졌다.

평화선이 선포되자 처음에는 일본어선의 침범조업이 적었으나, 몇 개월 후 다시 급증함으로써 이승만 대통령은 같은 해 7월 18일 선포수역에서 조업하는 외국어선은 국적을 불문하고 나포하라는 지시를 내렸다. 일본은 이에 대응하여 1952년 9월 20일 'ABC라인(日本警備區域線, 일본경비구역선)'을 설정하여, 자국의 어선을 보호하기 위해 해상보안청 감시선을 출동시켜 한국 경비정과 마찰을 빚었다.

일본경비구역선이 설정되는 같은 달 유엔군사령관 클라크(M. W. Clark)가 북한의 침투를 막고 전시밀수출입품의 유통봉쇄를 위해 '클라크라인'이라는 해상방위수역을 한국 연안해에 선포하였다. 이 클라크라인이 평화선과 거의 비슷한 수역선이어서 일본과의 어로마찰은 자연적으로 해소되었다. 평화선은 1965년 6월 한일기본조약[43]이 체결됨으로써 사실상 철폐되었다.

표 20. 제정 수산업법과 1963년 개정법의 구성 비교

	1953년 제정 수산업법	1963년 개정 수산업법
제1장 총칙		
제2장	어업의 면허, 허가와 신고	어업의 면허, 허가와 신고
제3장	어업권	어업권
제4장	수산제조업의 허가	수산제조업의 허가
제5장	어업조정	어업조정
제6장	토지와 토지정착물의 사용	토지와 토지정착물의 사용
제6장의 2	-	보호수면
제7장	보상과 재정	보상과 보조 및 재정
제7장의 2	-	수산심의위원회
제8장	벌칙	벌칙
부 칙		

43) 1965년 한일기본조약은 한국과 일본 양국의 국교관계를 규정한 조약으로 이 조약의 부속협정으로 '대한민국과 일본국간의 어업에 관한 협정'이 체결되었고, 같은 해 12월 발효되었다. 1982년 UN해양법이 채택되어 새로운 국제어업환경의 재정비를 위해 1998년 11월에 한일어업협정이 체결되었고, 1999년 1월에 발효되었다. 이 두 협정을 구별하기 위해 전자를 구(舊)한일어업협정, 후자를 신(新)한일어업협정이라 한다.

표 21. 면허어업의 종류

1953년 제정 수산업법	1963년 개정 수산업법
양식어업	양식어업
정치어업[44]	정치어업
정소인망어업[45]	제1종 공동어업[48]
정소부예망어업[46]	제2종 공동어업[49]
정소집어어업[47]	제3종 공동어업[50]
공동어업	

❶ **면허어업** 1963년 개정법률 제8조에서 면허어업의 종류를 재분류하였으며, 면허어업에 속하는 연안수역의 각종 소규모어업을 종합적 개념으로 편성하여 공동어업화(公同漁業化)하였다(표 21).

❷ **허가어업** 1963년 개정법률 제11조와 12조에서 허가어업의 종류를 재분류하면서 종전 13종에서 25종으로 확대되었다(표 22). 또한 원양어업을 허가어업에 포함시켰다.

44) 정치어업(定置漁業)은 일정한 수면에서 그물과 같은 어구를 정치하여 채포하는 어업이다.
45) 정소인망어업(定所引網漁業)은 일정한 수면에서 반복하여 어망(漁網)을 인예(引曳)하여 채포하는 어업이다.
46) 정소부예망어업(定所浮曳網)은 일정한 수면에서 반복하여 어망(漁網)을 부설하여 채포하는 어업이다.
47) 정소집어어업(定所集魚漁業)은 일정한 수면에서 수산동물을 집합시키는 장치를 부설하여 채포하는 어업이다.
48) 제1종 공동어업 일정한 수면을 전용하여 패류 · 해조류 또는 수산청장이 정하는 정착성 수산동식물을 채포하는 어업이다.
49) 제2종 공동어업 일정한 수면을 전용하여 지인망 · 지조망 · 선인망 · 뢰인망 · 휘리망 · 분기초망 또는 들망을 사용하여 채포하는 어업이다.
50) 제3종 공동어업 일정한 수면을 전용하여 망어구(網漁具) 또는 조어구(釣漁具, 낚시어구)를 사용하는 제1종 · 제2종 공동어업 이외의 어업이다.

표 22. 허가어업의 종류

1953년 제정 수산업법	1963년 개정 수산업법
주무장관에 의한 허가어업: 포경, 트롤, 공선, 기선저인망, 기선건착망, 잠수기어업	주무장관에 의한 허가어업: 원양연승, 대형기선저인망, 트롤, 대형포경, 기선선망, 기선고등어 채낚기, 공선업, 중형기선저인망, 기선권현망, 기선류망, 잠수기, 새우트롤어업
지방장관에 의한 허가어업: 인망어업, 설망어업, 조망어업, 선망어업, 랄망어업, 고래류 제외한 해수어업, 라잠어업	지방장관에 의한 허가어업: 연안포경, 류망, 랄망, 소형안강망, 범선저인망(스크류 有), 범선저인망(스크류 無), 선망, 기선연승, 기선일본조, 해수, 선인망, 해조 채취어업

❸ **수산제조업** 1963년 개정법률에서 제44조의 제목을 종전 '수산제조업의 허가'에서 '수산제조업의 허가 · 신고'로 고치고, 제정 수산업법에서 허가제였던 수산제조업의 일부[51]를 신고제로 하여 규제를 완화하였다.

❹ **어업조정(漁業調整)** 1954년 1차 개정을 통해 제48조 '어업조정에 관한 명령'에서 수산동식물의 번식보호와 어업단속 등 기타 어업조정을 위하여 부령 또는 규칙을 정할 수 있는 기존의 4개 사항[52]에 '어획물 및 그 제품의 륙양(陸揚) · 매매 · 처리'를 추가하여 시장적 제재를 가할 수 있게 하였다. 동 조문에 '수산동식물에 유해한 물체나 물질의 유기 · 누설 · 수질오탁에 관한 제한 또는 금지', '어업자 · 어업종사자의 수 또는 자격'과 '수산자원의 조사 또는 보고' 3개 사항이 1963년 추가되었다.

둘째, 1963년 개정에서 제정 수산업법 제54조의 제목을 '소하어류 보호'에서

51) 통조림제조업, 어간유제조업(수산동물을 원료로 하여 어유(魚油) 또는 간유(肝油)를 제조하는 업), 한천제조업, 랭동업(수산물을 동결하는 업) 이외의 수산제조업을 하고자 하는 자는 지방장관에게 신고하도록 하였다.

52) 1953년 제정수산업에서 어업조정을 위해 부령 또는 규칙을 정할 수 있는 항목은 ① 수산동식물의 채포에 관한 제한 또는 금지, ② 어구 또는 어선에 관한 제한 또는 금지, ③ 수산동식물의 번식보호에 필요한 물체의 채취 또는 제거에 관한 제한 또는 금지, ④ 수산동식물의 이식에 관한 제한 또는 금지였다.

'소하어류 등의 인공부화방류'로 바꾸어 어업정책의 변화를 반영하였다.

셋째, 1963년 개정을 통해 조문의 성격상 본법에 적합하지 않았던 제정 수산업법 제49조 '기선저인망어업과 잠수기어업의 조업구역, 허가정수'와 제51조 '트롤어업과 기선저인망어업의 금지구역'이 부칙으로 이동하였다. 따라서 제49조의 제목은 '허가정한수의 결정'으로 바뀌었고, 조문내용은 어업조정에 관한 명령사항[53]에 따라 제한을 정할 때에는 어업자원의 상태, 현재 당해 어업을 영위하는 자의 수 및 기타 자연적 · 사회적 조건 등을 고려하도록 개정되었다.

제51조의 제목은 '규정의 인가'로 개정되었고, 공동어업의 어업권자는 면허어업의 규정에 의한 공동어업권의 행사 또는 입어하는 자의 어업방법, 어업의 시기, 조업통수, 기타 어업질서의 유지에 필요한 규정을 정하여 지방장관(地方長官)[54]의 인가를 받도록 하는 조문이 신설되었다. 또한 제50조의 제목도 '잠수기어업의 구역허가정수'에서 '어업의 조업 및 금지구역의 결정'으로 바뀌어 수산동식물의 채포 · 어획물 및 그 제품의 륙양 · 매매 · 처리에 관한 제한을 정할 때 어업자원의 상태, 현재 당해 어업을 영위하는 자의 수 및 기타 자연적 · 사회적 조건 등을 고려하도록 하였다.

⑤ 보호수면 1963년 개정을 통해 그 동안 용어정의가 없이 사용되던 보호수면을 제2조에서 '수산동식물의 산란, 수산동식물의 종묘발생 또는 치어의 성장에 적합한 수면으로 주무장관(主務長官)이 지정하는 구역'으로 정의하였고, 보호수면을 다루는 새로운 장(章)이 신설되었다(표 20). 신설된 장(章)에서 보호수면의 지정(제63조의 2)과 관리(제63조의 3)를 규정하였을 뿐만 아니라 보호수면구역 내에서 매립과 준설 또는 수로 · 하천의 유량(流量)과 수위(水位)변경을 초래할

53) 1953년 제정 수산업법 제8조 '어업조정에 관한 명령'에서 명령사항은 ① 수산동식물의 채포에 관한 제한 또는 금지, ② 어구 또는 어선에 관한 제한 또는 금지, ③ 수산동식물의 번식보호에 필요한 물체의 채취 또는 제거에 관한 제한 또는 금지, ④ 수산동식물의 이식에 관한 제한 또는 금지 등이었다. 동 조문은 1963년 개정에서 기존의 4개 명령사항에 ⑤ 수산동식물에 유해한 물체나 물질의 유기 · 누설 · 수질오탁에 관한 제한 또는 금지, ⑥ 어업자 · 어업종사자의 수 또는 자격, ⑦ 수산자원의 조사 또는 보고 등 3개 사항이 추가되었다. 또한 '수산동식물의 채포에 관한 제한 또는 금지'는 '수산동식물의 채포 · 어획물 및 그 제품의 륙양 · 매매 · 처리에 관한 제한 또는 금지'로 변경되었다.

54) 지방장관은 서울특별시장, 부산시장, 도지사를 말한다.

수 있는 공사를 하고자 할 때는 주무부장관 또는 지방장관과 협의하도록 하여 공사에 제한을 가할 수 있도록 하였다(제63조의 4).

❻ 보상과 보조 및 재정 1963년 개정에서 제7장의 제목 '보상(補償)과 재정(裁定)[55]'에 '보조(補助)'를 추가하였다(표 20). 이로써 개정법률 제69조의 2 '보조'가 신설되어 수산업의 장려와 진흥을 위하여 보조금을 교부할 수 있게 되어 정부가 적극적으로 수산진흥정책을 수립 · 시행할 수 있는 법적 근거가 마련되었다.

❼ 수산심의위원회 제정 수산업법에는 자문을 위한 법적기구에 관한 규정이 없었으나 1963년 개정을 통해 수산심의위원회(水産審議委員會)의 설치에 관한 새로운 장(章)을 신설되었다(표 20). 심의위원회는 어업의 조정, 보상 및 재정에 관한 주무장관의 자문기구로 수산행정의 전문성을 보완하려 하였다.

2) 1970년대와 1980년대 수산업법 개정

수산업법은 1971년, 1972년, 1975년 3차례 개정을 통해 세 개의 새로운 장(章)이 - 원양어업, 내수면어업 및 자원의 보호관리- 신설되어 법조문 수는 제정 수산업법 당시 77개에서 94개로 늘어났다(표 23). 1980년대에는 수산업 관련 제도 및 사회여건 변화를 반영하여 3차례 보완적 성격의 개정이 있었다. 이 시기 주요개정내용을 보면 다음과 같다.

❶ 총칙 그 동안 용어에 대한 정의 없이 사용되었던 '공공수면'을 1971년 개정법률 제2조에서 '공공용에 공하는 바다 · 호소 · 하천 기타 수류 또는 수면을 공공수면'으로 정의하였다. 또한 1975년 개정에서 '수산동식물의 채포 또는 양식'을 '수산동식물을 포획 · 채취하거나 인위적으로 증식하는 행위와 이를 목적으로 어선 · 어구를 사용하거나 시설물을 설치하는 행위'로 정의하였다.

❷ 면허, 허가 및 신고 1971년 개정에서 원양어업과 내수면어업을 다루는 새로운 장(章)이 신설되었다(표 23). 제2조에서 '내수면'을 '하천 · 호소 · 저수지 등

---

55) 재정(裁定)은 옳고 그름을 판단하여 결정하는 것이다.

의 담수나 기수의 수류 또는 수면'으로 정의하였고, 제23조의 7 '낚시'에서 수산자원이 조성된 공공수면인 내수면에 낚시터를 지정할 수 있게 하였다. 하지만 내수면어업은 1975년 12월 31일 내수면어업촉진법[56]이 제정되어 해면어업과 분리되게 되어, 제4장 내수면어업이 삭제되었다.

둘째, 1975년 개정에서 허가어업을 연해, 근해, 원양어업으로 구분하였으며

표 23. 1963년과 1975년 수산업법의 구성 비교

1963년 수산업법	1975년 수산업법
제1장 총칙(제1조~제7조)	
제2장 어업의 면허, 허가와 신고 (제8조~제23조)	어업의 면허, 허가와 신고 (제8조~제22조)
	제3장 원양어업(제23조~제23조의 4)
	제4장 내수면어업 (삭제) (제23조의 5~제23조의 8)
제3장 어업권(제24~제43조)	제5장 어업권(제24~제43조)
제4장 수산제조업의 허가와 신고 (제44조~제47조)	제6장 수산제조업의 허가와 신고 (제44조~제47조)
제5장 어업조정(제48조~제60조)	제7장 어업조정(제48조~제60조)
제6장 토지와 토지정착물의 사용 (제61조~제63조)	제8장 토지와 토지정착물의 사용 (제61조~제63조의 4)
제6장의 2 보호수면 (제63조의 2~제63조의 4)	제9장 자원의 보호관리 (제64조~제74조)
제7장 보상과 보조 및 재정 (제64조~제70조)	제10장 보상과 보조 및 재정 (제75조~제83조)
제7장의 2 수산심의위원회 (제70조의 2~제70조의 3)	제11장 수산조정위원회 (제84조~제85조)
	제12장 보칙(제86조~제87조)
제8장 벌칙(제71조~제76조)	제13장 벌칙(제88조~제94조)
부칙(5개조)	

56) 내수면어업촉진법은 2000년 전문개정 되어 내수면의 개발촉진에 관한 규정이 삭제됨에 따라 법의 명칭이 내수면어업법으로 바뀌었다.

(제11조 '주무부장관의 허가어업과 지정원양어업', 제12조 '지방장관의 허가어업', 제23조 '신고어업'), 제13조 '시험 또는 교습어업'을 신설하였다. 제12조는 1981년 개정에서 수산종묘의 안정적 생산을 도모하기 위하여 수산종묘생산업(水産種苗生産業)을 도지사의 허가어업으로 신설하였다.

셋째, 1953년 제정 수산업법 제9조 '면허의 특례'에서는 2이상의 지방장관의 관할에 속하거나 수면을 관할하는 지방장관이 명확하지 않은 수면에서 법이 지정한 어업의 면허를 받고자 할 때는 주무장관의 면허를 받도록 하였다. 이 조문은 1971년 개정에서 그 제목을 '경계수역의 조정'으로 바꾸고, 전문을 개정하여 기존의 수산청장은 도지사가 관할하는 경계수역을, 도지사는 시장 · 군수가 관할하는 경계수역을 조정할 수 있게 하였다.

넷째, 제정 수산업법 제14조 '어업의 면허 또는 허가의 유효기간'에서 만료된 어업권에 대해 연장제를 실시하였다. 하지만 1971년 개정을 통해 어업권은 유효기간의 만료와 함께 소멸되게 되었으며, 어업권이 소멸된 어장에 대한 신규 면허는 결격사유가 없는 한 기존의 어업권자에게 우선적으로 면허하도록 배려하였다. 1975년 개정에서 만료된 어업권에 대해 다시 연장제를 실시하기로 하였다.

다섯째, 1971년 개정에서 제16조 '면허와 허가의 금지' 제2항 '동일인에게 동종의 어업의 면허 또는 허가가 부당히 집중될 때'라는 조항을 삭제하여 규제를 완화하였다. 또한 제34조 '분할, 변경의 허가'에 도지사는 어업면허를 받고 1년 경과하여도 수면을 유휴(遊休)상태로 방치하여 수면을 이용하지 않을 경우 어업권을 변경 또는 취소할 수 있는 조항을 신설하여 수면의 종합적 이용을 강조하였다.

여섯째, 지금까지 제26조 '면허받은 어업권'에서는 수산업법이 정하는 규정에 의하여 면허받은 어업권은 그 면허된 어업에 필요한 범위 안에서 공유수면매립법(公有水面埋立法) 및 공유수면관리법(公有水面管理法)[57]에 의한 행위가 허용되었다. 하지만 1971년과 1975년 개정을 통해 수산업법에 규정된 어업면허를

57) 공유수면매립법은 1962년 1월에, 공유수면관리법은 1961년 12월에 제정되었으나 두 법은 2010년 4월 공유수면 관리 및 매립에 관한 법률로 통합되었다.

받고자 하는 수면이 공유수면관리법 규정에 의한 지정항, 어항법(漁港法)[58] 규정에 의한 어항, 개항질서법(開港秩序法)[59] 규정에 의한 개항, 국토건설종합계획법(國土建設綜合計劃法)[60] 규정에 의하여 지정된 특정지역 또는 항로(航路)상일 때에는 미리 수산청장의 승인을 받도록 하는 조항을 신설하여 이들 수면에서도 신규면허가 가능하게 되었다. 다만 수산청장은 어항법 규정을 제외한 면허를 승인할 때에 건설부장관 또는 교통부장관과 협의하도록 하였는데 이 조항은 1981년 개정에서 삭제되었다.

❸ 어업권(漁業權) 1985년 개정법률 제40조 '입어(入漁)의 관행'에서 공동어장의 입어료 징수에 있어 기존에는 도지사의 허가를 받도록 하던 것을 시장 또는 군수에게 신고하도록 규제를 완화하였다.

❹ 수산제조업의 허가와 신고 1975년 제45조의 제목이 종전 '수산제조업의 허가기간'에서 '수산제조업의 신고'로 개명되면서 전문개정이 있었다. 제44조 '수산제조업의 허가'에서 통조림제조업, 냉동업 등 대통령령으로 정하는 수산제조업은 수산청장의 허가를 받도록 하였고, 개정법률 제45조 '수산제조업의 신고'에서는 제44조에서 규정 이외의 수산제조업을 하고자 하는 자는 도지사에게 신고하도록 하였다. 1981년 개정에서 수산동식물을 원료로 하는 사료제조업은 사료관리법(飼料管理法)[61] 적용을 받도록 하였다. 1985년 개정에서 수산물통조림제조업의 관리업무가 수산청에서 보건사회부[62]로 이관됨에 따라 제44조에서 규정한 수산제조업에서 통조림제조업이 삭제되었다.

❺ 어업조정 1971년, 1972년, 1975년 3차례 개정을 통해 제48조 '어업조정에 관한 명령'에서 대통령령으로 정할 수 있는 어업조정에 관한 사항이 대폭 수

58) 어항법은 1969년 5월 제정되었으며, 2005년 어촌·어항법 제정으로 폐지되었다.
59) 개항질서법은 1961년 12월 제정되었으며, 수차례 개정을 거쳐 현재까지 존속하고 있다.
60) 국토건설종합계획법은 1963년 10월 제정되었으며, 2002년 국토기본법 제정으로 폐지되었다.
61) 사료관리법은 사료의 수급안정, 품질관리 및 안전성확보에 관한 사항을 규정하여 사료의 안정적인 생산과 품질향상을 통하여 축산업의 발전에 이바지하는 것을 목적으로 1963년 8월에 제정되었으며, 수차례 개정을 통해 현재까지 존속하고 있다.
62) 보건사회부(1955~1994년)는 1994년 보건복지부로 개칭되었다.

정되었다. 1971년 개정에서 종전의 7개 어업조정에 관한 명령사항[63]에 공동어업권의 행사에 관한 제한 또는 금지, 어업권보호구역 안에서의 제한 또는 금지, 외국과의 어업에 관한 조약 및 협의 시행을 위한 제한 또는 금지, 내수면어업에 관한 제한 또는 금지 등 4개 사항이 추가되었다. 1972년 개정에서 위생관리 및 유통질서 관련 내용으로 수산물의 포장 및 용기의 제한 또는 금지가 추가되었다. 1975년 개정에서 기존의 번식보호, 수산동식물의 이식, 수산동식물에 유해한 물체나 물질의 유기 · 누설 · 수질오탁 및 내수면어업에 관한 4개의 어업조정명령사항이 삭제되었다.

둘째, 1975년 개정에서 제9장 '자원의 보호관리'가 신설되어 종전 제5장 '어업조정'에 있던 자원보호와 관련된 조문의 일부가 신설된 장으로 이동하였다(표 21). 따라서 제52조의 제목은 '유해어업의 금지'에서 '어장의 이용 및 개발계획'으로 바뀌었고, 도지사는 관할수면의 종합적 이용개발을 위하여 어장의 이용개발계획을 수립하여 수산청장의 승인을 얻도록 하는 조문이 신설되었다. 제53조의 제목은 '유해어업에 의한 채포물의 소지 · 판매 금지'에서 '면허 · 허가 · 신고어업 이외의 어업의 금지'로 바뀌었고, 규정에 의한 면허 · 허가 · 신고어업 이외의 어업방법으로는 수산동식물을 채포 또는 양식하지 못하도록 하는 조문을 신설하였다. 또한 제54조의 제목은 '소하어류의 보호'에서 '어장시설물의 철거 등'으로 개정되면서 어업면허가 소멸되면 어장에 설치한 시설물을 철거하도록 하는 조문이 신설되었다. 시설물을 철거할 수 없거나 철거할 필요가 없다고 인정될 때에는 철거의무자의 신청에 의하여 그 의무를 면제할 수 있도록 하면서 의무면제를 받았을 경우 그 시설물과 양식물에 대하여 소유권을 포기한 것으로 본다고 규정하였다. 이 규정은 어업의 면허를 받지 않고 설치한 시설물과 양식물에 준용하도록 하였다.

---

63) 1963년 개정된 수산업법 제48조에서 규정한 어업조정에 관한 명령사항은 ① 수산동식물의 채포 · 어획물 및 그 제품의 륙양 · 매매 · 처리에 관한 제한 또는 금지, ② 어구 또는 어선에 관한 제한 또는 금지, ③ 수산동식물의 번식보호에 필요한 물체의 채취 또는 제거에 관한 제한 또는 금지, ④ 수산동식물의 이식에 관한 제한 또는 금지, ⑤ 수산동식물에 유해한 물체나 물질의 유기 · 누설 · 수질오탁에 관한 제한 또는 금지, ⑥ 어업자 · 어업종사자의 수 또는 자격, ⑦ 수산자원의 조사 또는 보고 등이었다.

셋째, 1985년 개정법률 제51조 '규정의 인가'에서 기존에 도지사의 인가(認可)를 받도록 한 공동어업권의 행사와 관련한 규정을 시장 또는 군수의 인가(認可)를 받도록 하여 규제를 완화하였다.

❻ **보호수면** 1975년 개정에서 종전 제6장의 2 '보호수면'의 장(章) 번호와 제목이 제9장 '자원의 보호관리'로 바뀌면서 다른 장의 일부 관련 조문이 신설된 장으로 이동하여 조문의 번호가 수정되었다(표 23). 종전에 제5장 '어업조정'에 포함되었던 제52조 '유해어법의 금지', 제53조 '유해어업에 의한 채포물의 소지 · 판매 금지', 제54조 '소하어류 등의 보호 및 인공부화 · 방류'가 신설된 장으로 옮겨왔다. 또한 제67조 '어장의 병해방지를 위한 명령', 제71조 '범칙어획물의 방류 명령', 제72조 '자원의 조사보고', 제73조 '어업의 금지구역 · 기간 및 대상' 및 제74조 '자원보호에 관한 명령' 등 5개 조문이 신설되었다.

❼ **보상, 보조 및 재정** 1971년 개정을 통해 제10장에 제64조의 2 '수질오염에 의한 손해배상' 조문이 신설되었다. 제1항에서 산업시설 기타 사업장의 건설 또는 조업이나 유조선의 유류 누설 등에 의한 수질오염으로 인하여 면허받은 어업에 손해가 발생한 때에는 그 오염발생시설의 경영자가 피해자에게 정당한 배상을 하도록 하였다. 또한 오염발생시설의 경영자가 손해를 발생시킨 후 그 사업을 양도한 때와 그 시설의 건설이나 조업이 통상적으로 오염발생을 수반하는 성질인 경우에는 손해발생 당시의 시설의 경영자와 시설을 양수한 경영자가 연대하여 그 손해를 배상하도록 하였다. 이로써 종전의 행정처분에 의한 손실뿐만 아니라 수질오염과 같은 외부요인에 의한 손실도 보상대상에 포함되게 되었다.

❽ **수산조정위원회** 1971년 개정에서 제11장의 제목이 '수산심의위원회'에서 '수산조정위원회'로 바뀌었다(표 23). 제70조의 2 '수산조정위원회의 설치'에서 종전에 조정 · 보상 · 재정 중심의 위원회 기능에 수질오염에 의한 배상이 추가되었고, 수산청에 중앙수산조정위원회를, 시 · 도에 시 · 도수산조정위원회를 설치하도록 규정하였다. 또한 수질오염에 의한 손해배상에 대한 분쟁이

발생하였을 때 위원회는 수질오염의 원인 및 피해상황, 손해액의 평가, 배상액의 사정, 오염발생시설의 경영자가 2인 이상일 때 배상 비율 및 기타 배상에 관한 사항을 심의하여 분쟁을 조정하게 하였다. 이로써 기존의 자문기능 중심의 위원회는 조정기능을 할 수 있게 되었다.

⑨ **보칙** 1975년 개정에서 제12장 '보칙'을 신설하였다(표 23). 동 장의 제86조 '권한의 위임'에서 대통령령이 정하는 권한의 일부를 수산청장은 도지사에게, 도지사는 시장 또는 군수에게 각각 위임할 수 있게 하였다. 제87조 '시행령'을 신설하여 법 시행에 관한 사항을 대통령령으로 정하게 하는 조문이 신설되었다.

둘째, 1985년 개정에서 제86조의 2 '청문(聽聞)'이 신설되어 행정관청이 어업권과 수산제조업과 관련하여 법에 규정된 바에 따라 행정처분을 하고자 할 때는 당사자나 대리인에게 의견을 진술할 기회를 주도록 하였다.

⑩ **벌칙** 1971년 개정을 통해 제74조 벌칙대상에 공동어업권을 임의로 특정인에게 행사하게 한 공동어업권자와 수질오염으로 인한 손해배상 분쟁조정을 위한 배상액 사정에 정당한 사유 없이 출석 · 자료제출 · 질문 또는 조사를 거절 또는 기피하는 자를 추가하였다. 1975년 개정에서는 범칙어획물의 방류명령을 위반 또는 고의로 방류를 지연시킨 자를 범칙대상에 신설하였다.

둘째, 1985년 개정법률에서 일부 조문과 조항을 삭제하거나 이동하면서 벌금을 종전의 3배 이상으로 대폭 인상하였다. 또한 제94조의 2 '과태료'를 신설하여 신고의무 위반 등의 경미한 위반사항에 대해서는 형사법원에 부과하는 형벌의 일종인 벌금 대신에 행정법원에서 부과하는 행정질서벌의 일종인 과태료로 전환하여 규제를 완화하였다.

3) 1990년대 수산업법 개정

1953년 제정 수산업법은 1990년 처음으로 전문이 개정되었다. 법체제에 있어 제정 이후 줄곧 하나의 장(章)에서 다루어졌던 면허어업과 허가어업을 각각의 장으로 분리하였다(표 24). 둘째, 1970년대 이후 별도의 장으로 구분하였던 원양어업이 허가어업의 장에 포함되었다. 셋째, 종전에 어업권을 다루었던 장을 삭제하면서 관련 조문을 면허어업으로 이동시켰다. 넷째, 지금까지 수산업법의 적용범위는 어업과 수산제조업에 한정되어 있었으나 1990년 개정에서 어획물운반업을 수산업에 포함시키고, 새로운 허가업종으로 추가하였다. 따라서 동 장의 제목은 종전 '수산제조업의 허가와 신고'에서 '어획물운반업과 수산제조업'으로 바뀌었다. 이와 같은 장과 조문의 개정으로 종전에 비해 조문(條文)의 수가 늘어났다. 이외에도 1990년 전부개정에서 어업면허제도와 어업피해 보상제도가 개선되었으며, 불법어업방지와 수산자원보호를 위한 제도적 보완이 이루어졌다.

1995년 일부개정은 수산업법의 규정을 현실화하기 위한 것으로 당시 개정되었으나 뒤에 공포된 내용도 일부 포함하고 있다. 이후 개정은 대부분 정부조직 개편으로 1996년 해양수산부(海洋水産部)[64]가 신설되는 것과 관련되어 있다. 농림수산부의 수산기능이 해양수산부로 이전되면서 부서명이 농림부(農林部)로 개명되었다. 1990년 전면개정과 1995년 일부개정을 중심으로 당시 주요 개정 내용을 살펴보면 다음과 같다.

표 24. 1984년과 1990년 수산업법의 구성 비교

1984년 수산업법	1990년 전문개정 된 수산업법
제1장 총칙(제1조~제7조)	제1장 총칙(제1조~제7조)
제2장 어업의 면허, 허가와 신고 (제8조~제22조)	제2장 면허어업(제8조~제40조)
제3장 원양어업 (제23조~제23조의 4)	제3장 허가 및 신고어업 (제41조~제45조)
제4장 내수면어업 (삭제) (제23조의 5~제23조의 8)	
제5장 어업권(제24조~제43조)	
제6장 수산제조업의 허가와 신고 (제44조~제47조)	제4장 어획물운반업 및 수산제조업 (제46~제51조)

64) 해양수산부는 여러 행정기관에 분산되어 있는 수산 · 해운 · 항만 · 해양환경 보전 · 해양조사 · 해양자원개발 · 해양과학기술 등 해양관련 행정기능을 통합하여 전담하게 하기 위하여 1996년 신설되었다.

(계속)

1984년 수산업법	1990년 전문개정 된 수산업법
제7장 어업조정(제48조~제60조)	제5장 어업조정(제52조~제63조)
제8장 토지와 토지정착물의 사용 (제61조~제63조의 2)	제6장 토지와 토지정착물의 사용[65] (제64조~제66조)
제9장 자원의 보호관리 (제64조~제73조)	제7장 자원의 보호 · 관리 (제67조~제80조)
제10장 보상과 보조 및 재정 (제75조~제83조)	제8장 보상 · 보조 및 재결 (제81조~제88조)
제11장 수산조정위원회 (제84조~제85조)	제9장 수산조정위원회 (제89조~91조)
제12장 보칙(제86조~제87조)	제10장 보칙(제92조~제93조)
제13장 벌칙(제88조~제94조의 2)	제11장 벌칙(제94조~제100조)
부칙(5개조)	부칙(15개조)

❶ **총칙** 1953년 제정 수산업법 제1조는 '본 법은 수산업에 관한 기본제도를 정하고 수면의 총합적 이용으로써 수산업의 발전과 어업의 민주화를 도모하며 수산자원을 보호함을 목적으로 한다'고 하여 수산업의 발전, 어업의 민주화 그리고 수산자원의 보호가 3대 목적이며, 수면의 총합적 이용이 이들 목적을 위한 수단이 되었다. 1990년 개정에서 수면의 종합적 이용과 더불어 수산자원의 조성 · 보호도 목적 또는 결과를 위한 수단이 되도록 어순을 변경하여 수산자원정책의 정체성을 확립하였다(표 25). 1995년 개정에서는 '수산업의 생산성을 높임으로써'가 추가되어 수산자원의 조성 · 보호와 수면의 종합적 이용이 어떻게 수산업의 발전과 어업의 민주화에 기여하게 되는지 문맥의 전후관계를 명확히 하였다.

둘째, 1990년 개정을 통해 제2조 정의에서 '수산동식물의 채포 또는 양식'을 '양식'으로 바꾸었고, 보호수면과 공공수면에 대한 정의를 삭제하는 대신 어장, 해외수역, 입어 등에 대한 정의를 신설하였다(표 25). 어장(漁場)은 '면허를 받아

65) 1999년 개정에서 제6장 '토지와 토지정착물의 사용'이 삭제되었다.

어업을 하는 일정한 수면'으로, 해외수역(海外水域)은 '동해 · 황해 및 동중국해와 북위 25도선 이북, 동경 140도선 이서의 태평양해역'으로, 입어(入漁)는 '입어자(入漁者)가 공동어업의 어장에서 수산동식물을 포획 · 채취하는 것'으로 정의하였다.

1995년 개정에서는 '유어(遊漁)'를 낚시 등을 이용하여 놀이를 목적으로 수산동식물을 포획 · 채취하는 행위로 정의하여 유어행위도 법의 관리대상에 포함시켰다. 또한 당시 공유수면매립법(公有水面埋立法)[66] 제2조에 따라 '바닷가'를 만조수위선과 지적공부[67]에 등록된 토지의 바다쪽 경계선 사이로 정의하여 수산업법의 적용수면을 확대하였다.

표 25. 수산업법의 목적, 정의 및 적용수면 비교

	1984년 수산업법	1990년 전문개정 수산업법
제1조 목적	이 법은 수산업에 관한 기본제도를 정하고 수면의 종합적 이용으로써 수산업의 발전과 어업의 민주화를 도모하며 수산자원을 보호함을 목적으로 한다.	이 법은 수산업에 관한 기본제도를 정하여 수산자원을 조성 · 보호하며 수면을 종합적으로 이용함으로써 수산업의 발전과 어업의 민주화를 도모함을 목적으로 한다. ↓(1995년 개정) 이 법은 수산업에 관한 기본제도를 정하여 수산자원을 조성 · 보호하며 수면을 종합적으로 이용 · 관리하여 수산업의 생산성을 높임으로써 수산업의 발전과 어업을 민주화를 도모함을 목적으로 한다.

66) 공유수면매립법은 1962년 1월에, 공유수면관리법은 1961년 12월에 제정되었으나 2010년 4월 공유수면 관리 및 매립에 관한 법률이 제정되어 폐지되었다.

67) 지적공부(地籍公簿)는 과세와 징세를 위하여 토지의 상황을 정확하게 파악하기 위한 기초자료로서 이용하기 위한 토적부(討籍簿)로서의 성격을 가진 공적 장부이다(지적법 제2조 1호).

(계속)

	1984년 수산업법	1990년 전문개정 수산업법
제2조 정의	수산업, 어업, 어업권, 어업자, 어업종사자, 수산제조업자, 수산동식물의 채포 또는 양식, 보호수면, 공공수면	수산업, 어업, 양식, 어장, 해외수역, 어업권, 입어, 어업자, 어업종사자, 어획물운반업자, 어획물운반업종사자, 수산제조업자 ↓(1995년 개정) 바닷가, 유어 추가
적용 수면	제3조 ① 공공수면이 아닌 수면에는 별단의 규정이 없는 한 이 법을 적용하지 아니한다. ② 공공수면이 아닌 수면이 공공수면과 연접하여 일체가 되었을 때는 이 법을 적용한다. 제4조 공공수면과 연접하여 일체가 된 공공수면이 아닌 수면의 점유자 또는 부지의 소유자는 행정관청의 허가를 받어 어업에 관한 이용을 제한 또는 금지할 수 있다.	제3조 이 법은 바다 · 빈지[68] 또는 어업을 목적으로 하여 인공적으로 조성한 육상의 해수면에 대하여 이를 적용한다. ↓(1995년 개정) 이 법은 바다 · 바닷가와 어업을 목적으로 하여 인공적으로 조성한 육상의 해수면과 내수면(제7장의 경우에 한한다)에 대하여 적용한다.

표 26. 수산업법에서 면허어업의 종류

년 도	면허어업의 종류
1953년 제정	양식, 정치, 정소인망, 정소부예망, 정소집어, 공동어업
1963년 개정	양식어업, 정치어업, 제1종 공동어업, 제2종 공동어업, 제3종 공동어업
1971년 개정	양식어업, 정치어업, 담수조류채취어업[69], 제1종 공동어업, 제2종 공동어업, 제3종 공동어업, 제4종 공동어업[70]
1975년 개정	양식어업, 정치어업, 제1종 공동어업, 제2종 공동어업, 제3종 공동어업

68) 빈지(濱地) 는 일반적으로 바다와 육지 사이의 토지를 말하며, 공유수면관리법에서는 만조수위선으로부터 지적공부에 등록된 지역까지의 사이를 말한다.

69) 담수조류채취어업은 공공수면인 내수면에서 일정한 수면을 구획하여 담수조류를 채취하는

(계속)

년 도	면허어업의 종류
1990년 개정	제1종 양식어업[71], 제2종 양식어업[72], 정치망어업, 공동어업
1995년 개정	정치망어업, 해조류양식어업, 패류양식어업, 어류 등 양식어업, 복합양식어업[73], 협동양식어업[74], 마을어업[75]

❷ **면허어업** 1990년 개정법률 제8조에서 면허어업을 제1종양식어업, 제2종양식어업, 정치망어업, 공동어업으로 분류하였다(표 26). 면허어업의 종류는 다시 1995년 개정을 통해 7종으로 재분류되었고, 공동어업의 명칭이 마을어업으로 변경되었다. 공동어장의 효율적인 관리를 위하여 공동어업을 자연산 패류 등의 채취를 목적으로 하는 마을어업과 양식을 목적으로 하는 협동양식업으로 세분되었다.

둘째, 1995년 개정법률 제8조에서 어업면허권한이 시장 · 군수 또는 자치구의 구청장으로 하향 · 이관되었다.

셋째, 1990년 개정법률 제9조 '공동어업의 면허'에서 일정한 지 역 안에 거주하는 어업자의 어업경영상의 공동이익을 증진하기 위하여 필요할 때에 한하여 어촌계 또는 지구별수산업협동조합에 공동어업을 면허하게 하였으며, 어촌계 또는 지구별협동조합은 어업개발과 주민의 이익을 도모하기 위하여 공동어업

어업이다.

70) 제4종공동어업은 공공수면인 내수면에서 일정한 수면을 구획하여 수산동식물을 채포 또는 채취하는 어업이다.

71) 제1종 양식어업은 일정한 수면을 구획하여 그 수면의 바닥을 이용하거나 기타 시설을 하여 해조류 또는 대통령령이 정하는 수산동물을 양식하는 어업이다.

72) 제2종 양식어업은 일정한 수면을 구획하여 그 어업에 필요한 시설을 하거나 기타의 방법으로 제1종 양식어업 외의 양식을 하는 어업이다.

73) 복합양식어업은 해조류양식어업, 어류 등 양식어업 및 협동양식어업을 제외한 어업으로 양식어장의 특성 등을 고려하여 해조류 또는 어류 등 서로 다른 양식어업 대상품종을 2종 이상 복합적으로 양식하는 어업이다.

74) 협동양식어업은 일정한 수면을 구획하여 해조류양식어업 내지 복합양식어업의 방법으로 양식하는 어업이다.

75) 마을어업은 일정한 수심이내의 수면을 구획하여 패류 · 해조류 또는 해양수산부장관이 정하는 정착성 수산동물을 관리 · 조성하여 포획 · 채취하는 어업이다.

이외의 어업도 면허받을 수 있게 하였다. 제13조에서는 기술이 보편화되어 공동관리가 용이한 제1종 양식어업은 어촌계 또는 지구별협동조합에 우선하여 면허하게 함으로써 대다수의 연안어민의 소득향상을 도모하였다.

넷째, 1995년 개정에서 제9조의 2 '영어조합법인의 육성'을 신설하여 어업인은 협업(協業)적 어업경영으로 생산성을 높이고 수산물의 공동출하 및 가공·수출 등을 통하여 어가소득을 증대시키기 위하여 영어조합법인(營漁組合法人)을 설립할 수 있게 하였다. 동 신설조문에 따라 제9조 '공동어업의 면허'에서 영어조합법인도 어촌계와 지구별 조합과 같이 일정한 지역 안에 거주하는 어업인의 공동이익과 어업생산성 향상을 위하여 협동양식어업의 면허를 취득할 수 있게 되었다.

다섯째, 1990년 개정을 통해 제10조 '어업면허의 결격사유'를 신설하여 어업을 목적으로 하지 않는 법인 또는 단체, 1년 이상 어촌에 거주하지 아니한 자, 이미 일정 규모이상의 어장을 가지고 있는 자는 면허를 받지 못하도록 하였고, 제1종 양식어업의 면허대상에서 대기업 및 그 계열기업을 제외하였다. 1995년 개정에서 1년 이상 어촌에 거주하지 아니한 자는 결격사유조항에서 삭제되었다.

여섯째, 1995년 개정법률 제10조 '어업면허의 결격사유'에서 수산업법 또는 어선법(漁船法)[76]에 의하여 금고이상의 형을 선고 받고 그 집행이 종료되거나 집행을 받지 아니하기로 확정된 후 2년이 지나지 아니한 자, 금고이상의 형의 집행유예를 선고받고 그 집행유예기간 중에 있는 자, 100만 원 이상 벌금형을 선고받고 그 형이 확정된 후 2년이 지나지 아니한 자가 추가되었다.

일곱째, 1999년 개정법률 제13조 '우선순위'에서 우선순위 배제사항을 규정한 새로운 항(제7항)을 신설하여 당해 어업의 어장에서 수산업법에 의한 명령·처분 또는 그 제한이나 조건에 위반하여 행정처분을 받은 자, 당해 어업의 어장에서 어장관리 및 어업경영상태가 극히 부실하다고 인정되는 자, 당해 어업권을 취득하였다가 정당한 사유 없이 양도한 자를 우선순위에서 배제할 수 있게

76) 어선법은 1977년 12월 31일 제정되어 10여 차례 개정되었다. 동 법의 제정 목적은 어선의 건조·등록·설비·검사 및 조사·연구에 관한 사항을 규정하여 어선의 효율적인 관리와 안전성을 확보하고, 어선의 성능 향상을 도모함으로써 어업생산력의 증진과 수산업의 발전에 이바지하는 것이다.

하였다.

여덟째, 1995년 개정에서 제14조의 2 '면허제한구역 등에 대한 한정어업면허'를 신설하여 제34조 '공익상 필요에 의한 면허어업의 제한 등'의 제1항 제1호에서 제5호까지 해당되어[77] 면허어업이 제한 또는 정지되거나 어선이 계류(繫留)[78] 하게 된 경우 또는 앞의 규정과 관련하여 어업이 제한된 구역이나 어업면허가 취소된 수면에서 어업을 하고자 하는 자에 대해서는 면허기간 등을 한정하여 어업면허(한정어업면허, 限定漁業免許)를 취득할 수 있도록 규제를 완화하였다.

아홉째, 1999년 개정에서 제24조 '법인의 합병 등에 의한 어업권의 존속요건'에서 법인의 합병이나 상속으로 기준면적 이상의 어장을 가지게 된 경우 2년 이내에 이를 처분하도록 한 규정을 삭제하여 어업인의 재산권을 보장하였다.

열 번째, 1990년 개정법률 제27조 '관리선의 사용과 그 제한 · 금지'에서 수산자원의 증식, 보호 및 어업조정에 필요할 경우 어장관리용 어선과 어구에 대한 제한 또는 금지를 할 수 있게 하였다. 또한 제28조 '월동장 또는 월하장의 허가 등'에서 수산동식물의 월동(越冬) 또는 월하(越夏)를 위하여 일정 수면에 월동구역 또는 월하구역을 지정할 수 있게 하였다. 동 조문의 제목은 1995년 개정에서 '월동장 또는 월하장의 신고'로 바뀌었고, 1999년 개정에서는 '신고'를 '지정'으로 변경하였다.

열한 번째, 1995년 개정법률 제11조 '면허의 금지'는 제35조 '면허어업의 취소'[79]에서 면허어업을 취소할 수 있는 규정사항을 위반하였을 경우 취소된 면

77) 1995년 개정법률 제34조 제1항에서 규정한 제1호에서 제5호까지는 ① 수산자원의 증식 · 보호상 필요한 때, ② 군사훈련 또는 주요군기지의 보위상 필요한 때, 국방상 필요하다고 인정하여 국방부장관으로부터 요청이 있을 때, ④ 선박의 항행 · 정박 · 계류 또는 수저전선의 부설상 필요한 때, ⑤ 토지수용법 제3조의 공익사업상 필요한 때이다.

78) 계류는 붙잡아 매어 놓는 것을 말한다.

79) 1995년 개정법률 제35조에서 시장 · 군수 또는 구청장은 해양수산부령에 따라 ① 허위 기타 부정한 방법으로 어업의 면허를 받은 때, ② 어업을 목적으로 하지 아니하는 법인 또는 단체(제10조 제 1호), ③ 합병 또는 상속에 의하여 어업권을 취득한 자가 대통령령이 정하는 면적 이상의 어장을 가지고 있을 때에는 합병 후 존속하는 법인과 합병에 의하여 설립된 법인 또는 상속인은 당해 어업권에 대하여 합병의 효력이 생긴 날 또는 그 상속받은 날부터 2년 이내에 그 자격을 갖추거나 당해 어업권을 양도하도록 한 규정(제24조)을 위반한 때, ④ 어업권자가 1년 이상 휴업하고자 할 때에는 휴업기간을 정하여 미리 시장 · 군수 또는 자치구의 구청장에게 신고하도록 한 규정(제30조 제1항) 또는 어업권자는 어업권을 취득한 날부터

허의 재취득 금지기간을 종전에는 면허 취소일로부터 '1년 범위 안에서'를 '2년 범위 안에서'로 개정하여 어업질서를 확립하였다.

열두 번째, 1995년 개정에서 제37조 '어촌계의 어장관리'에서 마을어업권의 경우에는 계원이 아닌 자도 법에 규정된 요건을 갖춘 때에는 마을어업권을 행사할 수 있도록 하는 단서조항을 신설하였다.

마지막으로 제38조 '어장관리규약의 신고'에서 어촌계 등이 어장관리 등에 필요한 규약을 정하는 경우 종전에는 시장 · 군수 · 자치구의 구청장의 승인을 얻도록 하였던 것을 1995년 개정에서 시장 · 군수 또는 구청장에게 신고하도록 규정을 완화하였다. 동 조문의 제목은 1999년 개정에서는 '어장관리규약'으로 변경되었다.

❸ 허가어업과 신고어업 1990년 개정법률 제41조 '허가어업'에서 연해어업과 근해어업을 어선의 총톤수 8톤을 기준으로 구분하였다. 동 조문은 1995년 행정규제 완화차원에서 개정되어 육상양식어업과 육상종묘생산어업이 허가어업에서 신고어업으로 변경되었다. 또한 1999년 개정법률 제41조에서는 허가의 우선순위는 어업여건 등을 감안하여 해당어업을 허가하는 행정관청이 정하도록 하는 단서조항이 신설되었다.

둘째, 1999년 개정법률 제42조 '시험 또는 연구 · 교습어업'에서 종전에 국내 연구 · 교습어업은 시 · 도지사의 승인을, 해외수역에서 연구 · 교습어업은 해양수산부장관의 승인을 받도록 한 것을 삭제하면서 전문을 개정하였다. 법에서 규정한 면허 · 허가 · 신고어업 외에 새로운 어구 · 어법 또는 어장을 개발하기 위하여 시험어업을 하고자 할 때에는 해양수산부령이 정하는 바에 따라 시험어업을 신청하도록 하였다. 동 규정의 시험어업이 타당하다고 인정되거나 수산자원의 상태와 어업여건 등을 감안하여 법에 규정한 면허 · 허가 · 신고어

1년 이내에 어업을 개시하여야 한다는 규정 (제31조 제1항)을 위반한 때, ⑤ 어업권자가 제32조 '타인의 지배'의 규정을 위반하여 타인으로 하여금 사실상 당해 어업의 경영을 지배하게 한 때, ⑥ 어업권자가 임대차의 금지 등의 규정을(제33조) 위반하여 어업권을 임대한 때 그리고 수산자원의 증식 · 보호상 필요하여 면허어업이 제한 된 때(제34조)에는 면허어업을 취소할 수 있게 하였다.

업 외의 새로운 어구 · 어법 또는 어장을 개발하기 위하여 필요한 때에는 시험연구기관은 어업자 등과 공동으로 시험어업을 할 수 있게 하였다. 이 경우 시 · 도지사는 시험어업계획을 수립하여 해양수산부장관의 승인을 받도록 하였다.

셋째, 1990년 전부개정을 통해 제44조 '신고어업'에서 시설기준, 양식물의 종류 및 기타 신고에 관한 필요사항을 농림수산부령으로 정하게 하였다. 동 조문에 1995년 어업신고자의 준수사항이 신설되었다. 준수사항은 신고어업자의 주소지 및 조업장소를 관할하는 시장 · 군수 또는 자치구의 구청장의 관할수역 안에서 연간 60일 이상 조업을 할 것, 다른 법령에 의하여 어업행위가 제한 또는 금지되고 있는 수면에서 그 제한 또는 금지에 위반하여 조업하지 아니할 것, 어업분쟁 또는 어업조정 등을 위하여 대통령령이 정하는 사항을 지킬 것 그리고 해당시설이 규정된 시설기준에 미달되지 아니하도록 유지 · 관리할 것이었다. 뿐만 아니라 준수사항을 위반한 때에는 신고어업을 제한 또는 정지하거나 어선을 계류할 수 있게 하였으며, 어업신고의 효력 상실과 말소에 대한 규정도 신설하였다.

❹ 어획물운반업 및 수산제조업 1990년 개정에서 제46조 '어획물 운반업의 허가'에서 어획물운반업을 새로운 허가업종으로 주가하였다. 동 조문은 1995년 개정을 통해 면허어업을 받은 자가 포획 · 채취 또는 양식한 수산동식물을 운반하는 어획물운반업은 허가대상에서 제외되어 어업인의 편의를 도모하였다.

둘째, 1999년 개정법률에서 제46조의 제목이 종전 '어획물운반업의 허가'에서 '어획운반물의 등록'으로, 제49조의 제목이 종전 '수산물가공업의 허가 및 신고'에서 '수산가공업의 등록 및 신고'로 바뀜에 따라 어획물운반업과 수산가공업이 허가제에서 등록제로 전환되어 신규진입에 대한 규제가 완화되었다. 또한 수산가공업이 등록제로 전환됨에 따라 제48조 '수산가공업의 사전허가' 전문이 삭제되었다.

❺ 어업조정 1975년 개정법률에서 제7장 '어업조정'의 제52조에 도지사가 어장이용개발계획(漁場利用開發計劃)을 수립하도록 하는 규정이 신설되었다. 동 조문은 1990년 전부개정에서 제1장 총칙의 제4조로 이동되면서 개발계획수립

의 주체가 도지사에서 시장과 도지사로 변경되었다. 1995년 개정에서 개발계획수립의 주체는 시장 · 군수 또는 구청장으로 바꿨다. 1995년 개정에서 개발계획 수립시 개발하고자 하는 수면에 대한 기본조사를 실시하고 사회적 · 경제적 여건을 고려하여 이를 수립하되, 해양수산부장관이 정하는 개발계획기본지침에 의하여 시 · 도지사는 지역여건 및 특성을 감안하여 정한 개발계획세부지침에 따라야 한다는 조항이 신설되었다. 또한 개발계획 수립할 때에는 수산조정위원회의 심의를 거치게 하였다.

둘째, 1990년 개정을 통해 제52조 '어업조정에 관한 명령'에서 종전의 제한 또는 금지사항이 대폭 수정되었다. 기존의 명령사항[80]의 일부는 삭제되고 4개 사항(① 수산동식물의 포획 · 채취 · 양식 · 어획물 및 그 제품의 양륙 · 매매 · 처리에 관한 제한 또는 금지, ② 어업자 · 어업종사자의 수 또는 자격, ③ 외국과의 어업에 관한 협정의 시행을 위한 제한 또는 금지, ④ 수산물의 포장 및 용기의 제한 또는 금지)이 존속하는 가운데 '조업구역 · 어업시기와 포획 · 채취할 수 있는 수산동식물의 종류'와 '근해어업의 허가정수', '어업자가 아닌 자의 포획 · 채취'가 신설되었다. 또한 종전의 '어선 또는 어구에 대한 제한 또는 금지'는 '어선척수 · 규모 · 설비와 어업에 관한 제한 또는 금지'와 '어구의 제작 · 판매 · 소지 · 선적 또는 그 사용에 대한 제한 또는 금지'로 세분되어 명령사항은 모두 9개 항목이었다.

셋째, 1995년 4월 개정법률 제52조 '어업조정에 관한 명령'에서 어업조정에

80) 어업조정에 관한 명령사항은 그 동안 수차례 개정되었으며 1972년 개정법률에서 12개 사항을 규정하였는데 ① 수산동식물의 채포 · 어획물 및 그 제품의 륙양 · 매매 · 처리에 관한 제한 또는 금지, ② 어구 또는 어선에 관한 제한 또는 금지, ③ 수산동식물의 번식보호에 필요한 물체의 채취 또는 제거에 관한 제한 또는 금지, ④ 수산동식물의 이식에 관한 제한 또는 금지, ⑤ 수산동식물에 유해한 물체나 물질의 유기 · 누설 · 수질오탁에 관한 제한 또는 금지, ⑥ 어업자 · 어업종사자의 수 또는 자격, ⑦ 수산자원의 조사 또는 보고, ⑧ 공동어업권의 행사에 관한 제한 또는 금지, ⑨ 어업권보호구역안의 제한 또는 금지, ⑩ 외국과의 어업에 관한 조약 및 협정의 시행을 위한 제한 또는 금지 그리고 내수면어업에 관한 제한 또는 금지와 수산물의 포장 및 용기의 제한 또는 금지 등이었다. 1975년 개정에서 ③, ④, ⑤, ⑦ 그리고 내수면어업이 삭제되었다. 이후에도 동 조문은 몇 차례 더 개정되어 1990년 개정 전의 명령사항은 ① 수산동식물 포획 · 채취 · 양식 · 어획물 및 그 제품의 양륙 · 매매 · 처리, ② 어구 또는 어선에 관한 제한 또는 금지, ③ 공동어업권의 행사에 관한 제한 또는 금지, ④ 어업권보호구역 안의 제한 또는 금지, ⑤ 외국과의 어업에 관한 협정의 시행, ⑥ 수산물의 포장 및 용기 등이었다.

관한 제한 또는 금지 명령사항에 종전 '외국과의 어업에 관한 협정의 시행을 위한 제한 또는 금지'는 '외국과의 어업에 관한 협정 또는 일반적으로 승인된 국제법규와 외국의 수산에 관한 법령의 시행을 위한 제한 또는 금지'로 바뀌었고, '면허 · 허가 등에 관한 증서휴대의무'가 신설되었다. 국제법규와 외국의 수산에 관한 법령은 1994년 UN해양법[81]의 발효, 1993년 FAO[82] 편의국적선금지협정[83]의 채택, 1995년 UN공해어족보존협정[84]의 채택 및 1995년 FAO 책임 있는 어업에 관한 국제규범[85]의 채택 등의 국제어업여건의 변화를 반영한 것이다.

넷째, 1995년 개정법률 제54조의 2 '총허용어획량[86] 설정'을 신설하여 수산자원의 보존 및 관리를 위하여 대상어종 및 해역을 정하여 총허용어획량(總許容漁獲量)을 정할 수 있게 하였다. 총허용어획량을 산정할 때에는 대상어종의 자원상태를 우선적으로 고려할 뿐만 아니라 대상어종을 어획하는 어선세력 기타 자연적 · 사회적 여건 등을 참작하도록 하였다.

---

81) UN해양법(United Nations Convention on the Law of the Sea)은 1982년 11월 16일 채택되어, 1994년 11월 16일 발효되었다. 우리나라는 1983년 3월 14일 서명하고, 1996년 1월 29일 비준하였다.

82) FAO는 UN산하 세계농업식량기구(Food and Agriculture Organization of the United Nations)로 1945년 설립되었다.

83) FAO 편의국적선금지협정(Agreement to Promote Compliance with International Conservation and Management Measures by Fishing Vessels on the High Sea)는 1993년 11월 24일 채택되어 2003년 4월 24일 발효되었다.

84) UN공해어족보존협정(The United Nations Agreement for the Implementation of the Provisions of the United Nations Convention on the Law of the Sea of 10 December 1982 relating to the Conservation and Management of Straddling Fish Stocks and Highly Migratory Fish Stocks)은 1995년 8월 4일 채택되어 2001년 12월 11일 발효되었다.

85) 1995년 채택된 FAO Code of Conduct for Responsible Fisheries를 말한다. 1980년대에 들어 세계적으로 수산자원의 감소현상이 뚜렷하게 나타나자 1991년 3월 제19차 FAO 수산위원회(Committee on Fisheries, COFI)에서 새로운 개념의 '책임 있는 수산업에 관한 국제규범(The Code of Conduct for Responsible Fisheries)'을 도입하기로 하고, 제27차 FAO 총회에서 책임 있는 수산업에 대한 국제규범을 작성키로 결의하였으며 1995년 제28차 FAO 총회에서 마침내 이 규범이 채택되었다. 국제규범은 전문과 12개 조항으로 구성되어 있으며, 어선어업 · 양식 · 가공 · 수산물 무역 등 수산업 전반에 걸쳐 책임 있는 수산업을 이행하기 위하여 모든 국가들이 앞으로 지향해야 할 기본지침을 포괄적으로 규정하고 있는 자율적인 형태의 규범이다.

86) 총허용어획량(Total Allowable Catch, TAC)은 자원단위인 한 종(種))의 어획량을 총량적으로 관리하기 위하여 생물학적 · 사회경제학적으로 허용된 총량을 말한다.

다섯째, 1990년 개정법률 제55조 '유료낚시터의 지정'에서 공동어업의 어업권자는 어업에 지장이 없는 범위에서 어장의 일부를 구획하여 유료낚시터로 지정받아 어민의 소득원으로 개발 · 운영할 수 있도록 하였다. 또한 제56조 '낚시행위의 제한 또는 금지'에서 수산청장은 수산자원의 번식 · 보호 등을 위하여 필요한 경우 일부수면을 낚시제한구역으로 지정할 수 있도록 하였다. 동 조문은 1995년 개정을 통해 공동어업이 자연산 패류 등의 채취를 목적으로 하는 마을어업과 양식을 목적으로 하는 협동양식업으로 구분되면서 '공동어업'은 '마을어업 또는 협동양식어업'으로, '유료낚시터'는 '유료낚시터' 또는 '체험어장'(자연실습장 · 관광어장)으로 변경되었다.

여섯째, 1990년 개정을 통해 제58조 '시설물의 철거 등'에서 어업권 또는 허가효력이 소멸된 때에는 일정 기간 내에 어장 또는 수면에 설치한 시설물 또는 양식물을 철거하도록 하고, 동 기간이 경과하여도 철거하지 아니한 때에는 행정대집행법(行政代執行法)[87]의 절차에 따라 철거할 수 있다는 기존의 규정사항을 어업 면허 또는 허가를 받지 않고 설치한 어장시설물에 준용하게 하였다.

❻ 토지와 토지정착물의 사용 1999년 개정에서 종전의 제8장 '토지와 토지정착물의 사용'이 삭제되면서 제83조 '토지 등 사용에 대한 보상'도 삭제되었다.

❼ 자원의 보호 및 관리 1990년 개정법률 제67조 '보호수면의 지정'에서 수산청장은 시 · 도지사의 신청에 의하여 수산동물의 산란 · 수산동식물의 종묘발생이나 치어의 성장을 위하여 적합하다고 인정하는 수면에 대하여 보호수면으로 지정할 수 있게 하였다. 1995년 개정을 통해 내수면의 경우에는 시장 · 군수 또는 자치구의 구청장의 신청 또는 직권에 의하여 시 · 도지사가 이를 보호수

---

87) 행정대집행법은 1954년 3월 18일 제정되었으며, 행정상의 대체적 작위의무(作爲義務)를 이행하지 않을 경우에 행정청이 나서서 의무자 대신에 직접 그 의무를 이행하거나 또는 제3자로 하여금 이를 이행하게 하고 그 비용을 의무자로부터 징수하는 것이다. 작위의무란 해야 할 의무라는 뜻의 형법상 개념으로 단순한 도덕상 또는 종교상의 의무가 아니라 법적인 의무를 말한다. 작위의무가 법적인 의무인 한 성문법이건 불문법이건 상관이 없고 또 공법이건 사법이건 불문하므로 법령, 법률행위, 선행행위로 인한 경우는 물론이고 기타 신의성실(信義誠實)의 원칙이나 사회상규 혹은 조리상 작위의무가 기대되는 경우에도 법적인 작위의무는 있다.

면으로 지정할 수 있다는 단서조항이 신설되었다.

둘째, 1990년 개정을 통해 수산자원의 보호를 위한 제도로 정착성 수산물이 대량 서식하는 수면과 수산자원의 조성을 위하여 수산종묘를 방류하거나 시설물을 설치한 수면을 육성수면(育成水面)으로 지정(제70조) 및 관리(제71조)하는 규정이 신설되었다.

셋째, 1995년 개정에서 제72조의 2 '연안수역의 정화'를 신설하여 시 · 도지사나 시장 · 군수 또는 자치구의 구청장은 연안수역의 환경개선을 위하여 해양수산부장관이 정하는 연안수역정화사업계획과 지침에 따라 연안수역정화사업실시계획을 수립 · 추진하도록 하였다. 또한 행정관청은 수역정화에 필요한 전용선박 또는 장비를 투입하여 수역을 정화할 수 있으며, 어업권자 또는 허가어업자 등의 요청에 의하여 그 수역을 정화하는 경우에는 그 어업권자 또는 허가어업자 등으로부터 정화비용의 전부 또는 일부를 징수할 수 있게 하였다.

넷째, 1995년 개정을 통해 제79조의 2 '수산자원의 조성'을 신설하여 행정관청은 어초시설사업, 수산종묘의 생산 · 공급 및 방류사업, 어선감척 등 어업구조조정사업 및 기타 수산자원조성에 필요한 사업을 시행하도록 하였다. 또한 해양수산부장관은 수산자원조성사업을 효율적으로 추진하기 위하여 수산자원조성사업기본계획을 수립하고, 시 · 도지사는 그 기본계획에 따라 지역특성을 감안하여 수산자원조성사업시행계획을 수립 · 시행하도록 하였다. 수산자원조성사업의 추진방법, 시설기준 및 절차 기타 필요한 사항은 해양수산부장관이 정하도록 하였다.

다섯째, 1995년 개정에서 제79조의 3 '수산자원조성사업의 부담금'을 신설하여 수산자원조성사업을 위한 투자재원을 확보하기 위하여 법이 규정한 어업면허 · 허가 · 신고를 받은 자 또는 공유수면매립법 제4조의 규정에 의하여 매립면허를 받은 자로부터 수산자원조성사업부금을 부과 · 징수할 수 있도록 하였으며, 부담금은 수산자원조성사업의 용도 외에 다른 용도로 사용할 수 없도록 규정하였다.

여섯째, 1995년 개정에서 제79조의 4 '사업 등의 위탁'을 신설하여 행정관청은 수산자원의 조성 및 연안수역의 정화사업을 효율적으로 추진하기 위하여 당해 사업 중 대통령령이 정하는 사업이나 당해 사업에 의하여 설치된 시설·장비의 관리에 관한 업무를 해양수산부장관이 지정하는 기관·단체 또는 협회에 대행하게 하거나 위탁할 수 있게 하였다. 또한 위탁시에 그 사업비 또는 소요경비의 일부 또는 전부를 지원할 수 있게 하였다.

마지막으로 1953년 제정 수산업법 이후 수차례 개정이 있었지만 1990년 전문개정에서 처음으로 '불법어업방지'라는 용어가 제62조 '어업감독공무원'에 등장하였다. 또한 자원의 보호와 관리에 관한 규정에서 지금껏 없었던 포상제도(제80조)를 신설하여 법 또는 법에 의한 명령 위반자를 관계기관에 통보하거나 체포하는데 공로가 있는 자 또는 기타 수산자원의 보호와 어업질서의 확립에 특별히 기여한 자에게 포상할 수 있게 하였다.

❽ 보상, 보조 및 재결 1990년 개정에서 종전의 제10장 제목 '보상과 보조 및 재정'중에서 '재정(裁定)'을 '재결(裁決)'[88]로 바꾸었다. 또한 제81조 '보상'에서 지금까지는 수산자원의 증식·보호 등 공익상의 필요에 의하여 어업이 제한되거나 취소된 경우 면허어업에 한하여 손실을 보상하도록 하였으나 동 개정을 통하여 보상대상이 허가어업과 신고어업으로 확대되어 다수의 어민이 혜택을 받을 수 있도록 제도를 개선하였다.

둘째, 1999년 제87조의 제목을 '보조'에서 '보조 등'으로 개정하고, 수산업의 장려와 진흥을 위하여 종전의 보조금 교부 외에 자금을 융자할 수 있게 하였다. 또한 자금융자의 기준 및 절차 등은 해양수산부령으로 정하도록 하였다.

❾ 수산조정위원회 1990년 개정법률 제90조 '수산조정위원회의 기능'에서 위원회는 수산청장이 부의(附議)[89]하는 사항에 관한 자문, 수산업의 발전과 어업질서유지에 필요한 사항에 관한 건의, 기타 법에서 정하는 사항을 심의하도록 하였다. 동 조문은 1995년 개정에서 어업분쟁의 조정이 수산조정위원회의 기능으로 추가되었다. 또한 동 개정법률 제8조 '면허어업'에서 어업면허권한 등

---

88) 재결은 이의 신청이나 소원(訴願) 또는 재결 신청에 대해 권한 있는 행정기관이 내리는 판정을 말한다. 실정법상의 용어로는 재정(裁定), 판정, 결정, 명령 등 일정하지 않으나, 재결은 보통 문서로써 행하고 반드시 그 이유를 붙여야 하도록 되어 있다.

89) 부의는 토의(討議)에 붙이는 것을 말한다.

이 시 · 도지사에서 시장 · 군수 또는 구청장으로 하향 · 이관됨에 따라 시 · 군 · 자치구에서도 수산조정위원회를 설치할 수 있게 되었다.

둘째, 1990년 개정법률 제91조 '수산조정위원회의 구성 및 운영'에서 처음으로 어민대표가 수산조정위원회의에 참여할 수 있게 되었다. 개정되기 전 위원회는 수산 및 수질오염분야에 관한 학식과 경험이 풍부한 자로만 구성되었다.

⑩ **벌칙** 1990년 전부개정을 통해 제94조에서 제98조까지 규정에서 벌칙과 과태료 대상이 세분화되었으며 벌금이 인상되었다. 1995년 개정에서 면허 또는 허가어업 등에 대한 제도 또는 정치처분에 갈음하여 과징금을 부과 · 징수할 수 있도록 하였다.

둘째, 1997년 개정법률 제93조 '청문(聽聞)'에서 행정처분을 위해 청문을 실시해야 되는 경우로 어업권 취득자가 1년이 경과하도록 어장을 유휴(遊休)상태로 두어 어업권의 취소, 법에 규정한 면허어업 취소사항에 해당되어 면허어업의 취소, 입어 등의 제한과 관련하여 면허의 취소 또는 입어의 금지, 어획물운반업 또는 수산물가공업 규정에 의한 허가의 취소, 허가기준 시설 미비로 사전허가의 취소, 유료 낚시터 또는 체험어장의 규정에 의한 지정의 취소를 규정하였다.

1990년대에는 대외적으로 1994년 11월 UN해양법[90]이 발효되어 연안국들은 앞 다투어 200해리 배타적 경제수역(排他的經濟水域, Exclusive Economic Zone, EEZ)을 선포하였다. UN해양법의 발효로 우리나라는 동 법에 규정된 배타적 경제수역을 설정하는 배타적경제수역법(排他的經濟水域法)을 1996년 8월 8일 제정 · 공

90) UN해양법(United Nations Convention on the Law of the Sea)은 제3차 UN해양법회의(1973~1982년)의 결과물로 전문 320조와 부칙 9조로 구성되어 있으며 바다와 해양의 이용에 관한 국제법을 집대성한 것이라 할 수 있다. 그 목적은 심해저를 비롯한 해양의 평화적 이용, 해자원의 활용, 해양생물자원의 보전을 촉진하고, 모든 국가 간 평화 · 안전 · 협력 및 우호를 증진하기 위한 해양법 질서를 확립하는 데 목적이 있다. 이 조약의 주요 골자는 첫째 12해리(22.2km) 영해(領海)제도 및 국제해협 통과 · 통항제도 확립, 둘째 200해리(370.4km)의 배타적 경제수역(EEZ)제도 확립, 셋째 대륙붕제도 확립, 넷째 심해저와 그 자원을 '인류공동유산'으로 규정, 다섯째 국제해저기구를 설립, 심해저자원의 개발에 대한 관리 및 규제, 여섯째 포괄적인 해양분쟁 해결을 위한 '국제해양법재판소' 설립 등이다. UN해양법은 1982년 11월 16일 채택되어 1994년 11월 16일 발효되었다. 우리나라는 1983년 3월 14일 서명하고, 1996년 1월 29일 비준하였다.

포하였다.

1996년 일본은 EEZ을 선포하여 1965년에 체결된 구(舊)한일어업협정[91]을 일방적으로 종료시켜 새로운 어업협정이 필요하게 되었다. 이에 한일 양국은 1997년 7차례, 1998년 8차례의 공식협상을 거쳐 그해 10월 9일 신(新)한일어업협정안(案)이 최종적으로 합의됨에 따라 가서명(假署名)할 수 있었다. 같은 해 11월 28일 한일어업협정은 정식으로 서명되었으며, 1999년 1월 6일 국회비준을 거쳐 1월 22일부터 발효되었다. 또한 1996년 중국이 UN해양법을 비준함에 따라 한국과 중국 양국은 1993년부터 19회에 걸쳐 협상을 진행하여 1998년 11월 한중어업협정안(案)에 최종적으로 합의하여 가서명하였다. 한중어업협정안 2000년 8월 3일 정식서명을 거쳐 2001년 6월 30일 발효되었다.

1998년 한일어업협정과 2000년 한중어업협정의 체결로 어업활동 등의 제한을 받는 어업인에 대한 지원대책을 강구하기 위하여 1999년 9월 7일 '어업협정체결에 따른 어업인 등의 지원 및 수산업법 특별법'[92]이 제정되었다.

4) 2000년 이후 수산업법의 개정

수산업법은 1990년 처음으로 전부개정 된 이후, 2007년과 2009년 두 차례에 걸쳐 전부개정 되었다. 2007년 전부개정은 '알기 쉬운 법령 만들기 사업'의 일환으로 수산업법에 사용되는 어려운 한문용어를 우리말로 풀어쓰고, 법문장의 표기를 한글화하고, 우리말 어문(語文) 규범에 맞지 않는 복잡한 문장체계를 쉽

---

91) 구(舊)어업협정은 1965년 6월 22일 대한민국과 일본 양국 간의 기본관계에 관한 한일기본조약(韓日基本條約)과 체결된 4개의 부속협정(청구권 · 경제협력에 관한 협정, 재일교포의 법적 지위와 대우에 관한 협정, 어업에 관한 협정과 문화재 · 문화협력에 관한 협정) 중의 하나이다. 기본조약은 1965년 12월 18일 발효하였다. 구(舊)어업협정의 주요 내용은 다음과 같다. 첫째 자국 연안의 기선(基線)으로부터 12해리(22.22km) 이내의 수역을 자국이 어업에 관하여 배타적 관할권을 행사하는 어업전관 수역으로 설정할 것, 둘째 한국측 어업수역의 바깥쪽 주위에 공동수역을 설정하고, 어업자원 보호를 위한 규제조치를 강구할 것, 셋째 어업수역 바깥쪽에서의 단속 및 재판관할권에 대해서는 어선이 속하는 국가만이 행사할 것, 넷째 협정의 목적을 달성하기 위하여 양국어업공동위원회를 설치하고 필요한 임무를 수행할 것, 다섯째 공동자원조사수역의 설정 그리고 마지막으로 분쟁해결 방법에 관한 여러 규정 등이다.

92) 어업협정체결에 따른 어업인 등의 지원 및 수산업발전 특별법은 2002년 제정된 기르는 어업육성법과 통합되면서 2011년 7월 21일 폐지되었다

고 간결하게 하는 것이었다. 2009년 전부개정은 법체계 선진화 계획에 따라 '기르는 어업 육성법', '어업협정 체결에 따른 어업인 등의 지원 및 수산업발전특별법' 등에 분산되어 있는 수산업 관련 부분을 수산업법(水産業法)에 통합하는 한편 수산자원의 보호 및 관리에 관한 사항을 새로 제정된 '수산자원관리법(水産資源管理法)'으로 분리하는 것이었다.

2000년대 수산업법은 두 차례의 전부개정 외에 수산업과 관련되는 다른 법의 제정 또는 개정과 관련하여 20여 차례 보완적 성격의 개정이 있었다. 이 시기 수산업법의 일부개정에 영향을 미친 수산업과 관련되는 법을 정리하면 표 27과 같다.

표 27. 21세기 제정된 수산업 관련 법

법명	제정일	목 적
내수면 어업법[93]	2000년 1월 8일	내수면을 종합적으로 이용·관리하고 수산자원을 보호·육성하여 어업인의 소득 증대
어장 관리법[94]	2000년 1월 28일	어장의 환경오염이 심화되어 어장의 생산성과 양식 수산물의 품질이 저하됨에 따라 어장휴식 및 어장정화·정비의 실시 등 어장의 보전·이용 및 관리에 관한 종합적이고 체계적인 장치를 마련함으로써 어장환경을 보전·개선하고 지속가능한 어업생산기반을 조성하여 어장의 생산성 향상을 통한 어업인의 소득증대
수산물 품질 관리법[95]	2001년 1월 29일	수산물에 대한 적정한 품질관리를 통하여 수산물의 상품성과 안전성을 높이고 수산물가공산업을 육성함으로써 어업인의 소득을 증대하고 소비자를 보호
기르는 어업 육성법[96]	2002년 1월 14일	수산생물의 양식을 활성화하고 수산물의 생산기반을 확충하며 수산생물에 대한 질병의 진료체계를 마련함으로써 어업인의 소득증대를 도모하고 다양하고 안전한 수산물의 안정적인 생산 및 공급

93) 내수면어업법(內水面漁業法)은 1975년 12월 31일 제정된 내수면어업촉진법(內水面漁業促進法)이 2000년 1월 8일 전부개정 되면서 법명이 바뀐 것으로 지금까지 십여 차례 개정되어 오늘날에 이르고 있다. 동 법은 본문 27조와 부칙으로 구성되어 있으며 시책마련, 면허어업,

(계속)

법명	제정일	목 적
공익사업을 위한 토지 등의 취득 및 보상에 관한 법률[97]	2002년 2월 4일	공익사업에 필요한 토지 등을 협의 또는 수용에 의하여 취득하거나 사용함에 따른 손실의 보상에 관한 사항을 규정함으로써 공익사업의 효율적인 수행을 통하여 공공복리의 증진과 재산권의 적정한 보호
자유무역협정 체결에 따른 농어민 등의 지원에 관한 특별법[98]	2004년 3월 2일	자유무역협정을 이행할 때에 농어업 등의 경쟁력을 높이고 피해를 입거나 입을 우려가 있는 농어업인등에 대한 효과적인 지원대책을 마련함으로써 농어업인 등의 경영 및 생활의 안정에 기여

어업권, 허가어업, 우선순위, 신고어업, 수면이용의 협의, 조업수역의 조정, 어업계, 어업 제한 등, 보조, 유어질서, 회유성 어류 등 수산생물의 이동통로 확보, 보상, 준용규정벌칙 등을 규정하고 있다.

94) 어장관리법(漁場管理法)은 2000년 제정 이후 한 차례 전부개정을 포함하여 지금까지 9차례 개정되어 현재에 이르고 있다. 본문 33조와 부칙으로 구성된 동 법은 총칙, 어장의 적정한 이용, 어장의 정화와 정비, 보칙 및 벌칙을 규정하고 있다.

95) 수산물품질관리법(水産物品質管理法)은 2001년 제정 이후 30여 차례 개정되었으나 농수산물품질관리법 제정으로 2011년 7월 21일 폐지되었다. 법제정의 배경에는 2008년 정부조직개편으로 해양수산부가 폐지되면서 수산정책업무가 농림수산식품부로 이관됨에 따라 농산물품질관리법과 수산물품질관리법이 통합되어 농수산물품질관리법(農水産物品質管理法)이 되었다. 농수산물품질관리법은 본조 123조와 부칙으로 구성되어 있으며 총칙, 농수산물의 표준규격 및 품질관리(농산물의 표준규격, 농산물 우수관리, 수산물 등에 대한 품질인증, 친환경농수산물 인증, 이력추적관리, 사후관리 등), 지리적 표시(등록, 지리적 표시의 심판, 재심 및 소송), 유전자변형 농수산물의 표시, 농수산물 안전성 조사 등, 지정해역의 지정 및 생산·가공시설의 등록·관리, 농수산물 등의 검사 및 검정(농산물의 검사, 수산물 및 수산가공품의 검사, 검정, 금지행위 및 확인·조사·점검 등), 보칙 및 벌칙을 정하고 있다.

96) 기르는어업 육성법(育成法)은 1999년 제정된 어업협정체결에 따른 어업인 등의 지원 및 수산업발전특별법과 통합되어 2011년 7월 21일 폐지되었다. 폐지된 기르는 어업 육성법은 본문 36조와 부칙으로 구성되어 있었으며 총칙, 기르는어업의 육성, 수산생물 진료, 보칙 및 벌칙을 규정하고 있었다. 동 법을 통합한 어업협정 체결에 따른 어업인 등의 지원 및 수산업발전특별법은 본문 32조와 부칙으로 구성되어 있으며 총칙, 어업인 등에 대한 지원, 보칙 및 벌칙을 규정하고 있다. 동 법에서 다루었던 수산업의 육성(제18조~제21조)과 수산발전기금(제22조~제26조)은 2009년 법률선진화계획에 따른 유사법률 통폐합과정에서 수산업법으로 이관되어 삭제되었다.

97) 공익사업을 위한 토지 등의 취득 및 보상에 관한 법률은 2002년 제정 이후 20여 차례 개정되어 지금까지 존속하고 있다. 동 법은 본문 99조와 부칙으로 구성되어 있으며 총칙, 공익사업의 준비, 협의에 의한 취득 또는 사용, 수용에 의한 취득 또는 사용(수용 또는 사용의 절차,

(계속)

법명	제정일	목 적
어촌 · 어항법[99]	2005년 5월 31일	어촌의 종합적이고 체계적인 정비 및 개발에 관한 사항과 어항(漁港)의 지정 · 개발 및 관리에 관한 사항을 규정함으로써 수산업의 경쟁력을 강화하고 어촌 주민의 삶의 질을 향상시켜 살기 좋은 어촌 건설과 국가의 균형발전에 이바지
원양산업 발전법[100]	2007년 8월 3일	원양산업의 지속가능한 발전과 책임있는 어업경영을 통하여 경쟁력을 강화하고 해외수산자원의 안정적 확보와 국제협력을 촉진하여 국민경제에 이바지
수산자원 관리법[101]	2009년 4월 22일	수산자원관리를 위한 계획을 수립하고, 수산자원의 보호 · 회복 및 조성 등에 필요한 사항을 규정하여 수산자원을 효율적으로 관리함으로써 어업의 지속적 발전과 어업인의 소득증대

수용 또는 사용), 토지수용위원회, 손실보상 등(손실보상의 원칙, 손실보상의 종류와 기준 등), 이의 신청 등, 환매권 및 벌칙을 규정하고 있다.

98) 자유무역협정 체결에 따른 농어민 등의 지원에 관한 법률은 한 · 칠레자유무역협정의 협상이 2002년 10월 24일 타결되어 2003년 2월 15일 정식으로 서명되었고, 7월 8월 국회에 비준동의안이 제출되었다. 동 법은 7월 23일 의원발의로 국회에 제출되어 2003년 3월 22일 제정되었으며, 제정 이후 몇 차례 개정을 거쳐 현재에 이르고 있다. 동 법은 본문 23조와 부칙으로 구성되어 있으며 주요내용은 농어업인 등 지원의 기본원칙, 농어업 등의 경쟁력 제고, 경영안정을 위한 소득보전, 폐업지원, 기금의 설치 · 조성 · 용도, 기금의 조성 및 용도, 자유무역협정이행지원위원회, 수입이익금 등의 징수이다.

99) 어촌 · 어항법(漁村漁港法)에 앞서 1969년 5월 19일 어항의 지정 · 개발 및 관리를 규정하는 어항법(漁港法)이 제정되었다. 어항법은 2006년 어촌 · 어항법의 제정으로 폐지되었으며, 어촌 · 어항법은 제정 이후 20여 차례 개정되어 오늘날에 이르고 있다. 동 법은 본문 62조와 부칙으로 구성되어 있으며 총칙, 어촌 · 어항발전기본계획, 어촌종합개발, 어항개발, 어항개발사업(어항의 지정 및 어항개발계획, 어항개발사업, 어항시설의 관리 및 사용), 보칙 및 벌칙을 규정하고 있다.

100) 원양산업발전법(遠洋産業發展法)은 2007년 제정 이후 세 차례 개정되어 지금까지 존속하고 있다. 동 법은 본문 36조와 부칙으로 구성되어 있으며 총칙, 원양산업발전종합계획의 수립(원양어업의 허가 등, 국제협력과 연구개발), 원양산업의 육성, 보칙 및 벌칙을 규정하고 있다.

101) 수산자원관리법(水産資源管理法)은 2009년 제정 이후 4차례 개정되어 현재까지 존속하고 있다. 동 법은 본문 70조와 부칙으로 구성되어 있으며 총칙, 수산자원관리기본계획 등, 수산자원의 보호(포획 · 채취 등 제한, 어선 · 어구 · 어업 등 제한, 어업자협약 등), 수산자원

(계속)

법명	제정일	목 적
공유수면 관리 및 매립에 관한 법령[102]	2010년 4월 15일	공유수면(公有水面)[103]을 지속적으로 이용할 수 있도록 보전·관리하고, 환경친화적인 매립을 통하여 매립지를 효율적으로 이용하게 함으로써 공공이익을 증진하고 국민생활을 향상
해양환경 관리법[104]	2007년 1월 19일	해양환경의 보전 및 관리에 관한 국민의 의무와 국가의 책무를 명확히 하고, 해양환경의 보전을 위한 기본사항을 정함으로써 해양환경의 훼손 또는 해양오염으로 인한 위해(危害)를 예방하고 깨끗하고 안전한 해양환경을 조성하여 국민의 삶의 질을 향상
연근해어업의 구조개선 및 지원에 관한 법률[105]	2011년 7월 25일	해양환경과 국내외 어업여건의 변화 등에 대응하여 연근해어업의 구조개선을 효율적으로 추진·지원함으로써 어업의 지속가능한 생산기반 조성과 경쟁력 제고에 이바지
해양생태계 보전 및 관리에 관한 법률[106]	2006년 10월 4일	해양생태계를 인위적인 훼손으로부터 보호하고, 해양생물다양성을 보전하며 해양생물자원의 지속가능한 이용을 도모하는 등 해양생태계를 종합적이고 체계적으로 보전·관리함으로써 국민의 삶의 질을 높이고 해양자산을 보호

의 회복 및 조성(수산자원의 회복, 수산자원 조성), 수면 및 수산자원보호구역의 관리, 보칙 및 벌칙을 규정하고 있다.

102) 공유수면관리법(公有水面管理法)은 1961년 12월에, 공유수면매립법(公有水面埋立法)은 1962년 1월에 제정되었으나 두 법은 2010년 4월 공유수면 관리 및 매립에 관한 법률로 통합되었다. 공유수면관리법은 본문 24조와 부칙으로 구성되어 있으며 적용수면의 정의, 공유수면의 관리, 공유수면의 점용·사용허가, 점용·사용실시계획, 점용·사용 관련 처분 등 및 벌칙을 규정하고 있었다. 공유수면매립법은 본문 43조와 부칙으로 구성되어 있었으며 총칙, 공유수면매립기본계획, 면허, 매립공사의 시행·보상·소유권 취득 등, 감독, 보칙 및 벌칙을 규정하고 있었다.

2010년 4월 제정된 공유수면 관리 및 매립에 관한 법령은 본문 66조와 부칙으로 구성되어 있으며 총칙, 공유수면의 관리 등(공유수면의 관리, 공유수면의 점용·사용허가, 점용·사용실시계획, 점용·사용 관련 처분 등), 공유수면의 매립(공유수면매립 기본계획, 공유수면 매립면허 등, 매립공사, 매립지의 소유권 취득 등, 공유수면매립 관련 처분 등), 보칙 및 벌칙을 규정하고 있다.

103) 공유수면 관리 및 매립에 관한 법령 제2조에서 공유수면은 바다, 바닷가, 하천·호소(湖沼)·구거(溝渠) 그 밖에 공공용으로 사용되는 수면 또는 수류(水流)로서 국유인 것으로 정

2008년 정부조직법이 전부개정으로 1996년 신설된 해양수산부(海洋水產部)가 폐지되면서 수산어업정책업무가 12년 만에 다시 농림부(農林部)로 되돌아왔다. 또한 농림부는 보건복지부의 식품산업진흥정책을 이관받아 2008년 2월 29일 농림수산식품부(農林水產食品部)로 확대 개편되었다. 2000년대 수산업법의 주요

의하고 있다. 바다는 측량·수로조사 및 지적에 관한 법률 제6조 제1항 제4호에 따른 해안선으로부터 배타적경제수역법에 따른 배타적 경제수역 외측 한계까지의 사이로, 바닷가는 측량·수로조사 및 지적에 관한 법률 제6조 제1항 제4호에 따른 해안선으로부터 지적공부(地籍公簿)에 등록된 지역까지의 사이로 정의하였다.

측량·수로조사 및 지적에 관한 법률은 2009년 6월 9일 제정되었으며, 제6조 제1항 제4호에서 해안선은 해수면이 약최고고조면(略最高高潮面, 일정 기간 조석을 관측하여 분석한 결과 가장 높은 해수면, Approximate highest high water level)에 이르렀을 때의 육지와 해수면과의 경계로 표시한다.

104) 해양환경관리법(海洋還境管理法)은 제정 이후 20차례 개정되어 오늘날에 이르고 있다. 동법의 제정으로 1977년 12월 31일 제정되어 존속해오던 해양오염방지법(海洋汚染防止法)이 폐지되었다.

해양오염방지법은 선박 및 해양시설 등에서 해양에 배출하는 기름 또는 폐기물을 규제하고 해양의 오염물질을 제거하여 해양환경을 보전함으로써 국민의 건강과 재산을 보호하기 위한 것으로 본문 80조와 부칙으로 구성되어 있었다. 동 법에는 총칙, 선박으로부터의 기름·유해액체물질·포장유해물질·폐기물 또는 대기오염물질의 배출규제(선박으로부터의 기름의 배출규제, 선박으로부터의 유해액체물질 및 포장유해물질의 배출규제, 선박으로부터의 폐기물의 배출규제, 선박으로부터의 대기오염물질의 배출규제), 선박의 해양오염방지설비 등의 검사 등, 해양시설 등으로부터의 기름·유해액체물질·폐기물 또는 대기오염물질의 배출규제, 방제·청소업 등, 해양오염방제조치, 한국해양오염방제조합, 해양오염영향조사, 보칙 및 벌칙이 규정되어 있었다.

2007년 1월 제정된 해양환경관리법은 본조 133조와 부칙으로 구성되어 있으며 총칙, 해양환경보전·관리를 위한 조치(해양환경기준 및 자료관리, 해양환경종합계획 등, 해양환경개선부담금), 해양오염방지를 위한 규제(통칙, 선박에서의 해양오염방지, 해양시설에서의 해양오염방지, 오염물질의 수거 및 처리, 잔류성 유기오염물질의 조사 등), 해양에서의 대기오염방지를 위한 규제, 해양오염방지를 위한 선박의 검사 등, 해양오염방제를 위한 조치, 해양환경관리업 등, 해양오염영향조사, 해역이용협의, 해양환경관리공단, 보칙 및 벌칙을 규정하고 있다.

105) 연근해어업의 구조개선 및 지원에 관한 법률은 본문 25조와 부칙으로 구성되어 있으며 총칙, 어업구조개선의 기본계획 수립, 어선감척사업의 추진, 어업선진화 추진, 보칙, 벌칙을 규정하고 있다.

106) 해양생태계 보전 및 관리에 관한 법률은 제정 이후 10여 차례 개정되어 현재에 이르고 있다. 동 법은 본문 65조와 부칙으로 구성되어 있으며 총칙, 계획수립 및 조사, 해양생물의 보호, 해양보호구역의 지정·관리, 해양생물다양성의 보전, 해양자산의 관리, 보칙 및 벌칙을 규정하고 있다.

개정내용을 편의상 2009년 전부개정을 전후로 구분하여 정리하면 다음과 같다.

(1) 2009년 수산업법 전부개정 이전의 개정

이 시기 수산업법의 개정의 방향은 행정규제기본법(行政規制基本法)[107]에 따른 규제정비계획에 따라 불합리한 규제를 완화하여 연안수역의 활용도를 높이는 것이었다. 또한 육상양식어업 및 육상종묘생산어업의 무분별한 신규진입으로 적조피해 및 해양오염을 방지하고 수산물의 수입개방에 따른 양식어업의 경영상의 어려움을 해소하기 위하여 그 동안 어업제도를 운영하면서 드러난 일부 미비점을 개선 및 보완하였다. 뿐만 아니라 수산업과 관련된 다른 법의 제정 및 개정으로 보완적 성격의 개정이 불가피하였다.

❶ **총칙** 2007년 전부개정에서 제2조 정의에 '어구(漁具)'가 추가되었고, 어구는 '수산동식물을 포획 · 채취하는데 직접 사용되는 도구'로 정의되었다. 또한 제3조에서 기존의 법적용수면의 범위(바다, 바닷가 및 어업을 목적으로 하여 인공적으로 조성된 육상의 해수면)에 '국토의 계획 및 이용에 관한 법률[108] 제40조[109]에 따라 수산자원보호구역으로 지정된 공유수면이나 그에 인접된 토지'를 신설하였다.

❷ **면허어업** 2001년 개정에서 제9조의 3 '다른 법률의 준용'이 신설되었다.

---

107) 행정규제기본은 행정규제에 관한 기본적인 사항을 규정하여 불필요한 행정규제를 폐지하고 비효율적인 행정규제의 신설을 억제함으로써 사회 · 경제활동의 자율과 창의를 촉진하여 국민의 삶의 질을 높이고 국가경쟁력을 지속적으로 향상시키기 위하여 1997년 8월 22일 제정되었다. 제정 이후 다섯 차례 일부개정을 거쳐 오늘날에 이르고 있다.

108) 국토의 계획 및 이용에 관한 법률은 국토의 이용 · 개발과 보전을 위한 계획의 수립 및 진행 등에 필요한 사항을 정하여 공공복리를 증진시키고 국민의 삶의 질을 향상시키는 것을 목적으로 2002년 2월 4일 제정되었다. 종전 국토이용계획체계는 (舊)국토건설종합계획법, (舊)국토이용관리법, (舊)도시계획법으로 구축되어 있었으나, 개별법의 중복으로 오는 효율성 저하, 국토의 난개발, 지속가능한 개발의 저해 등의 비판이 있어왔다. 이러한 폐해를 수정하여 효율적인 국토의 이용과 관리를 위해 (舊)도시계획법과 (舊)국토이용관리법을 통합하여 국토의 계획 및 이용에 관한 법률로 개편하였다.

109) 국토의 계획 및 이용에 관한 법률 제40조 '수산자원보호구역의 지정'에는 농림수산식품부장관은 직접 또는 관계 행정기관의 장의 요청을 받아 수산자원을 보호 · 육성하기 위하여 필요한 공유수면이나 그에 인접한 토지에 대한 수산자원보호구역의 지정 또는 변경을 도시 · 군관리계획으로 결정할 수 있다고 하였다.

1995년 신설된 영어조합법인(農組合法人)에 대하여 수산업법에서 정하는 규정을 제외하고는 조합에 대해서는 민법(民法)의 규정을, 법인에 대해서는 상법(商法) 제176조[110]를 준용(準用)하도록 하였다. 상법의 규정을 준용할 경우는 법인의 설립목적이 불법이거나 설립 후 1년 이내 정당한 사유 없이 영업을 개시하지 아니하거나 1년 이상 휴지(休止) 한 때에는 해양수산부장관이 법원에 영어조합법인의 해산을 청구할 수 있게 되었다.

둘째, 2001년 개정법률 제13조 '우선순위'에서 공익사업의 수행 등으로 인하여 어업권이 취소되어 어업손실보상을 받은 자는 어업면허의 우선순위에서 배제할 수 있도록 하여 어업면허의 순위를 합리적으로 조정하였다.

셋째, 지금까지 제12조 '어업의 제한 및 조건'은 시장 · 군수 또는 구청장이 어업조정, 수산자원의 번식 · 보호, 그 밖에 공익을 위하여 필요하다고 인정되면 어업면허를 제한하거나 어업면허에 조건을 붙일 수 있게 되어 있었다. 동 조문은 2007년 전부개정에서 조문번호가 제14조로 변경되었고, 조문내용에 '제36조(공익상 필요에 의한 면허어업의 제한 등) 제1항 제1호부터 제6호까지[111] 중 어느 하나에 해당되면'이 신설되어 면허의 제한사항을 구체화하였다. 또한 제36조에 면허어업의 제한사항에 '해양오염방지법(海洋汚染防止法) 제16조 제4항[112]에

110) 상법 제176조 '회사의 해산명령'에는 회사의 설립목적이 불법일 때, 회사가 정당한 사유 없이 설립 후 1년 내에 영업을 개시하지 아니하거나 1년 이상 영업을 휴지한 때, 이사 또는 회사의 업무를 집행하는 사원이 법령 또는 정관에 위반하여 회사의 존속을 허용할 수 없는 행위를 한 때에 법원은 이해관계인이나 검사의 청구에 의하여 또는 직권으로 회사의 해산을 명할 수 있게 하였다. 또한 이해관계인이나 검사의 청구가 있는 때에는 법원은 해산을 명하기 전일지라도 이해관계인이나 검사의 청구에 의하여 또는 직권으로 관리인의 선임 기타 회사재산의 보전에 필요한 처분을 할 수 있도록 하였다.

111) 제36조 제1항 제1호에서 6호는 ① 수산자원의 증식 · 보호를 위하여 필요한 경우, ② 군사훈련 또는 주요 군사기지의 보위(保衛)를 위하여 필요한 경우, ③ 국방을 위하여 필요하다고 인정되어 국방부장관이 요청한 경우, ④ 선박의 항행 · 정박 · 계류 또는 수저전선(水底電線)의 부설을 위하여 필요한 경우, ⑤ 공익사업을 위한 토지 등의 취득 및 보상에 관한 법률 제4조의 공익사업을 위하여 필요한 경우 및 ⑥ 어업활동과 관련한 안전사고의 예방 등 해양수산부령으로 정하는 사유에 해당하는 경우이다.

112) 해양오염방지법 제16조 제1항 선박의 안전 확보나 인명구조를 위하여 행하는 부득이한 폐기물의 배출 및 선박의 손상 기타 부득이한 원인으로 폐기물이 계속 배출되는 경우 이를 방지하기 위하여 가능한 모든 조치를 취하였음에도 불구하고 생기는 폐기물의 배출을 제외하고는 누구든지 해양에서 선박으로부터 폐기물을 배출하는 행위를 하여서는 아니 된다고 하였

따른 폐기물 해양배출로 인하여 배출해역 바닥에서 서식하는 수산동물의 위생관리가 필요한 경우'를 신설하였다.

넷째, 2001년 제18조 '어업권의 이전 · 분할 또는 변경'을 개정하여 어업권을 등록한 날로부터 3년이 경과한 후에 이전 · 분할 또는 변경할 수 있도록 하던 것을 어업을 개시한 후 1년으로 제한기간을 단축하여 어업권자의 편익을 도모하였다.

다섯째, 2004년 개정에서 제18조의 2 '면허사항의 변경신고'를 신설하여 어업권자의 면허에서 대통령령이 정하는 사항(성명 · 주소 등)을 변경하고자 할 때에는 해양수산부령에 따라 시장 · 군수 또는 구청장에게 변경신고를 하도록 하였다. 또한 제30조 '휴업 및 어업권 포기의 신고'에서 어업권자가 어업권을 포기하고자 할 때에는 해양수산부령에 따라 시장 · 군수 또는 구청장에게 신고하도록 하는 조항도 신설하였다.

❸ 허가 및 신고어업 2004년 제41조 '허가어업'을 개정하여 양식어업의 무분별한 신규진입을 억제하기 위하여 종전에 신고어업이었던 육상양식어업과 육상종묘생산어업을 허가어업으로 전환하였다. 또한 육상해수양식어업과 종묘생산어업의 시설기준 기타 허가에 관하여 필요한 사항을 해양수산부령으로 정하게 하였다.

둘째, 2007년 전부개정 후 제43조 '허가어업'에서 허가를 받아야 하는 어업의 종류를 대통령령으로 정하게 하였으며, 해양수산부령으로 '어업별 어업의 명칭, 어선의 톤수, 기관의 마력, 어업허가의 유예, 허가의 제한사유, 양륙항(揚陸港)의 지정, 조업해역의 구분 및 허가어선의 대체', '연안어업과 구획어업에 대한 허가 정수 및 그 어업에 사용하는 어선의 선복량(船腹量)[113] 제한, 부속선(付屬

다. 동 조문 제4항에서는 제1항의 규정은 육지에서 처리가 곤란한 폐기물을 그 배출이 가능한 해역에서 해양수산부령이 정하는 처리기준 및 방법에 따라 배출하는 경우에는 이를 적용하지 아니한다고 하였다. 이 경우 해양배출이 가능한 폐기물의 종류 · 배출해역의 범위 및 배출자에 대한 배출해역 지정절차 기타 필요한 사항은 해양수산부령으로 정하도록 하였다.

113) 선복량은 한 국가 또는 항로 등 특정범위를 정하여 산출한 선복(船腹, ship's space)의 총량으로 적재능력을 말한다. 해상운송시장에서 해운용역의 공급량을 나타내는 지표의 하나로 사용되며, 선박의 크기를 나타내는 단위로는 톤수가 사용되고 있는데 여기에는 여러 종류

船)[114], 사용하는 어구의 종류와 규모'와 '육상해수양식어업의 양식물, 종묘생산어업의 종묘의 종류 및 육상해수양식어업과 종묘생산어업의 시설기준'에 필요한 절차 등을 정하게 하였다. 또한 허가의 우선순위는 행정관청이 어업여건 등을 고려하여 정하게 하였다.

❹ 어획물운반업 및 수산제조업 2004년 제46조 '어획물운반업의 등록'을 개정하여 어획물운반업의 등록기관을 시・도지사에서 시장・군수 또는 구청장으로 변경하였다. 제47조 '어획물운반업의 제한・정지 또는 취소'에서 어획물운반법의 등록자가 법규정을 위반하였을 때 등록한 어획물운반에 대해 제한・정지 또는 취소할 수 있는 행정관청을 해양수산부장관에서 시장・군수 또는 구청장으로 개정하였다.

둘째, 2007년 개정법률 제50조 '어획물운반업의 제한・정지 또는 취소'에서 등록한 어획물운반업을 제한하거나 영업정지 또는 등록취소를 할 수 있는 위반사항을 구체적으로 명시하였다. 위반사항으로는 외국의 어업에 관한 법령 또는 외국과의 어업에 관한 협정을 위반, 면허・허가・신고어업에 대한 제반규정 등을 위반하여 포획・채취하거나 양식한 수산동식물 또는 그 제품을 운반, 관세법(關稅法)을 위반하여 금고 이상의 형을 선고받고 그 형이 확정된 자에 대하여 관세청장이 어업정지 또는 등록취소를 요청한 경우 등이 있다.

❺ 어업조정 2001년 개정에서 제55조의 제목을 '유료낚시터 등의 지정 등'에서 '유어장((遊漁場)의 지정 등'으로 개정하여, 어촌계 또는 지구별 수산업협동조합이 면허 또는 허가를 받은 어장의 일부를 종전에는 유료낚시터 또는 체험어장(자연실습장・관광어장)으로 지정받아 운영할 수 있게 하였던 것을 유어장(체험학습 또는 낚시 등 관광용 어장)으로 지정받아 운영할 수 있게 함으로써 어장의 활용도를 높이고 어업인의 소득증대에 기여할 수 있게 하였다. 또한 제56조 '낚시 행위 등의 제한 또는 금지'를 삭제하여 제98조에서 동 규정을 위반한 자에게 부과

가 있다. 가장 표준적인 것이 총톤수(gross tonnage)로 선박의 갑판 아래의 적재량과 갑판 위의 객실, 선원용 시설 등을 추가한 용적을 100입방피트=1톤으로 해서 계산한다.

114) 부속선(Auxiliary vessel, Tender)은 조선해양 주요 작업선에 물자를 공급하거나 앵커를 이동 또는 통선하는 데 사용하는 보조선을 말한다.

하던 과태료 조항도 삭제하였다.

둘째, 2007년 개정법률 제57조 '유어장의 지정 등'에서 지정된 유어장의 유효기간은 그 유어장에 속하는 면허어업 또는 허가어업의 유효기간 만료일까지로 하며, 유어장으로 지정된 수면에 2 이상의 면허 또는 허가어업이 있는 때에는 만료일이 먼저 도래하는 어업의 유효기간까지 하도록 하는 조항을 신설하였다.

셋째, 2007년 개정법률 제53조 '어업조정에 관한 명령'에서 어업단속 · 위생관리 · 유통질서, 그 밖에 어업조정을 위하여 필요한 기존의 9개 명령사항[115]에 '포획 · 채취하거나 양식한 수산동식물과 그 제품의 양륙장소 및 매매장소의 지정 또는 그 지정의 취소'가 신설되었다.

넷째, 2007년 개정에서 제58조의 2 '외국의 배타적 경제수역에서의 어업'을 신설하여 대한민국 정부와 어업협정을 체결한 외국의 배타적 경제수역에서 어업을 하려는 자는 그 외국의 해당 행정관청으로부터 어업허가를 받아야 한다고 규정하였다. 또한 대한민국 정부와 어업협정을 체결한 외국의 배타적 경제수역에서 어업을 하는 자는 그 외국의 권한 있는 행정관청이 불법어업방지를 위하여 어선의 정선 또는 회항명령을 하는 때에는 이에 따라야 한다는 조항도 신설하였다.

❻ 자원의 보호와 관리 지금까지의 '유해어업의 금지' 조문에서는 폭발물 · 유독물 또는 전류를 사용하여 수산동식물을 포획 · 채취하거나 무기산 등의 유해약품 기타 유독물을 수산동식물의 양식을 목적으로 보관 또는 사용하지 못하도록 하였다. 이 규정은 2001년 개정을 통해 동 조문에 '어구 · 어망에 부착된

---

115) 2007년 개정 이전의 어업조정에 관한 9개 명령사항은 ① 수산동식물의 포획 · 채취 또는 양식한 어획물 및 그 제품의 처리에 관한 제한이나 금지, ② 어선의 수 · 규모 · 설비와 어법에 관한 제한이나 금지, ③ 조업구역, 어업의 시기와 포획 · 채취할 수 있는 수산동식물의 종류에 관한 제한이나 금지, ④ 어구의 제작 · 판매 · 소지 · 선적 또는 그 사용에 관한 제한이나 금지, ⑤ 근해어업에 대한 허가의 정수, 선복량(船腹量, 선박의 크기로 주로 총톤수(Gross Tonnage) 사용)의 제한과 어업허가의 제한이나 금지, ⑥ 어업자 · 어업종사자의 수 또는 자격, ⑦ 어업자가 아닌 자의 포획 · 채취에 대한 제한이나 금지, ⑧ 외국과의 어업에 관한 협정 또는 일반적으로 승인된 국제법규와 외국의 수산에 관한 법령을 시행하기 위한 제한이나 금지 및 ⑨ 수산물의 포장 및 용기(容器)의 제한이나 금지였다.

이물질의 제거목적으로'[116]를 신설하여 무기산 등 유해약품 기타 유독물의 사용금지범위를 확대하였다.

둘째, 2001년 개정에서 제79조 '자원보호에 관한 명령'에 규정된 명령사항 중에 종전의 '수산동식물의 이식에 관한 제한 · 금지 또는 승인'은 '외국으로부터 수산동식물의 반입 · 이식 또는 외국으로의 반출에 관한 제한 · 금지 · 승인'으로 변경되었다. 또한 수산동식물의 치어 및 치패의 수출과 멸종위기에 처한 수산동식물의 번식 · 보호를 위한 제한 또는 금지 조항을 신설하였다.

셋째, 2004년 개정법률에서 제72조 '어업의 자율관리 지원'[117]을 신설하여 행정관청은 자율적으로 수산자원을 보호 · 관리하고 어업경영을 개선하며 어업질서를 유지하기 위한 자체규약을 제정하여 이행한 어업인단체에 대하여 우선적으로 행정적 · 기술적 · 재정적 지원을 할 수 있도록 하였다. 다시 말해 어업인이 자율적으로 수산자원을 보호 · 관리하고, 어업경영을 개선하도록 하자는 것이다.

넷째, 2007년 전부개정 후에 있었던 일부개정에서 제67조의 2, 제67조의 3 그리고 제67조의 4가 신설되었다. 제67조의 2 '수산자원보호구역의 관리'에 3개 조항이 신설되었다.: ① 수산자원보호구역은 그 구역을 관할하는 시장 또는 군수(이하 "관리관청"이라 한다)가 관리한다.; ② 관리관청은 대통령령으로 정하는 바에 따라 수산자원보호구역의 토지 또는 공유수면의 이용실태를 조사하여야 한다.; ③ 수산자원보호구역의 안내표지판 설치 등 그 관리에 필요한 사항은 해양수산부령으로 정한다.

2007년 개정법률에서 신설된 제67조의 3 '수산자원보호구역 안에서의 행위제한 등'에는 5개 조항이 규정되었다.: ① 수산자원보호구역 안에서의 국토의 계획 및 이용에 관한 법률 제2조 제11호[118]에 따른 도시 · 군계획사업은 대통령

116) 김 양식어구에 붙어있는 파래 등의 다른 해조류와 잡태를 제거하기 위하여 사용하는 무기산(염산)을 말한다.

117) 제72조는 어장관리에 관한 명령이었으나 2000년 개정 때 조문이 삭제되었다가 2004년 개정 때 새로운 조문이 신설되었다.

118) 국토의 계획 및 이용에 관한 법률 제2조 제11호에서 도시 · 군계획사업을 도시 · 군계획시설사업, 도시개발법에 따른 도시개발사업 및 도시 및 주거환경정비법에 따른 정비사업으로 정의하였다.

령으로 정하는 사업에 한하여 시행할 수 있다.; ② 수산자원보호구역 안에서는 국토의 계획 및 이용에 관한 법률 제56조[119] 및 제76조[120]에도 불구하고 제1항

---

119) 국토의 계획 및 이용에 관한 법률 제56조 '개발행위의 허가' 제1항에서는 건축물의 건축 또는 공작물의 설치, 토지의 형질변경(경작을 위한 토지의 형질변경을 제외), 토석의 채취, 토지분할(건축법 제49조의 규정에 의한 건축물이 있는 대지를 제외), 녹지지역·관리지역 또는 자연환경보전지역 안에 물건을 1월 이상 쌓아놓는 등에 해당하는 행위로서 대통령령이 정하는 행위(이하 "개발행위")를 하고자 하는 자는 특별시장·광역시장·시장 또는 군수의 허가(이하 "개발행위허가")를 받아야 한다. 다만, 도시계획사업에 의하는 경우에는 그러하지 아니하다.

제2항은 제1항의 규정은 개발행위허가를 받은 사항을 변경하는 경우에 이를 준용한다. 다만, 대통령령이 정하는 경미한 사항을 변경하는 경우에는 그러하지 아니하다.

제3항은 제1항의 규정에도 불구하고 제1항 제2호 및 제3호의 개발행위 중 도시지역 및 계획관리지역 안의 산림에서의 임도의 설치와 사방사업에 관하여는 각각 산림자원의 조성 및 관리에 관한 법률 및 사방사업법(砂防事業法)의 규정에 의하고, 보전관리지역·생산관리지역·농림지역 및 자연환경보전지역 안의 산림에서의 제1항 제2호 및 제3호의 개발행위에 관하여는 산지관리법(山地管理法)의 규정에 의한다.

제4항에서는 재해복구 또는 재난수습을 위한 응급조치, 건축법에 의하여 신고하고 설치할 수 있는 건축물의 개축·증축 또는 재축과 이에 필요한 범위 안에서의 토지의 형질변경(도시계획시설사업이 시행되지 아니하고 있는 도시계획시설의 부지인 경우에 한한다), 그 밖에 대통령령이 정하는 경미한 행위 등에 해당하는 행위는 제1항의 규정에 불구하고 개발행위허가를 받지 아니하고 이를 할 수 있다. 다만, 제1호의 행위를 한 경우에는 1월 이내에 특별시장·광역시장·시장 또는 군수에게 이를 신고하여야 한다.

120) 국토의 계획 및 이용에 관한 법률 제76조 '용도지역 및 용도지구안에서의 건축물의 건축제한 등'에서는 다음과 같이 규정하고 있다.

제1항 제36조 '용도의 지정'의 규정에 의하여 지정된 용도지역 안에서의 건축물 그 밖의 시설의 용도·종류 및 규모 등의 제한에 관한 사항은 대통령령으로 정한다.

제2항 제37조 '용도의 지정'의 규정에 의하여 지정된 용도지구안에서의 건축물 그 밖의 시설의 용도·종류 및 규모 등의 제한에 관한 사항은 이 법 또는 다른 법률에 특별한 규정이 있는 경우를 제외하고는 대통령령이 정하는 기준에 따라 특별시·광역시·시 또는 군의 조례로 정할 수 있다.

제3항은 제1항 및 제2항의 규정에 의한 건축물 그 밖의 시설의 용도·종류 및 규모 등의 제한은 당해 용도지역 및 용도지구의 지정목적에 적합하여야 한다.

제4항은 건축물 그 밖의 시설의 용도·종류 및 규모 등을 변경하는 경우 변경후의 건축물 그 밖의 시설의 용도·종류 및 규모 등은 제1항 및 제2항의 규정에 적합하여야 한다.

제5항은 ① 제37조 '용도의 지정' 제1항 제8호의 규정에 의한 취락지구 안에서는 취락지구의 지정목적 범위 안에서 대통령령으로 따로 정한다.; ② 산업입지 및 개발에 관한 법률 제2조 제5호 다목의 규정에 의한 농공단지 안에서는 산업입지 및 개발에 관한 법률이 정하는 바에 의한다.; ③ 농림지역중 농업진흥지역, 보전산지 또는 초지인 경우에는 각각 농지법(農地法)·산지관리법(山地管理法) 또는 초지법(草地法)이 정하는 바에 의한다.; ④ 자연

에 따른 도시계획사업에 의하는 경우를 제외하고는 규정한 행위에 한하여 관리관청의 허가를 받아 이를 할 수 있다.; ③ 관리관청은 수산자원보호구역 안에서 제2항에 따른 허가를 받지 아니하고 허가대상행위를 하거나 제2항에 따라 허가받은 내용과 다르게 행위를 하는 자 및 그 건축물이나 토지 등의 소유자에 대하여 그 행위의 중지 및 원상회복을 명할 수 있다.; ④ 관리관청은 제3항에 따른 원상회복의 명령을 받은 자가 원상회복을 하지 아니하는 때에는 행정대집행법에 따른 행정대집행에 의하여 원상회복을 할 수 있다.; ⑤ 제2항에 따른 허가의 기준 · 신청절차 등에 관하여 필요한 사항 및 제3항에 따른 원상회복 명령의 기간 · 횟수 등은 대통령령으로 정한다.

2007년 개정법률에서 신설된 제67조의 4 '준용규정'에서는 수산자원보호구역과 관련하여 수산업법에 특별한 규정이 있는 경우를 제외하고는 국토의 계획 및 이용에 관한 법률의 관련 규정을 준용하도록 하였다.

다섯째, 2007년 개정법률 제68조 '육성수면의 지정'에서 수산자원을 효율적으로 이용 · 관리하기 위하여 정착성수산동식물이 대량으로 서식하는 수면 또는 수산자원을 조성하기 위하여 수산종묘를 방류하거나 시설물을 설치한 수면을 3년 기간의 육성수면(育成水面)으로 지정할 수 있도록 하고, 그 관리규정 등에 필요한 사항은 대통령령으로 정하도록 하는 조항을 신설하였다.

환경보전지역 중 자연공원법(自然公園法)에 따른 공원구역 · 공원보호구역, 수도법(水道法)에 따른 상수원보호구역, 문화재보호법(文化財保護法)에 따라 지정된 지정문화재 또는 천연기념물과 그 보호구역, 해양생태계의 보전 및 관리에 관한 법률에 의한 해양보호구역인 경우에는 각각 자연공원법 · 수도법 또는 문화재보호법 또는 해양생태계의 보전 및 관리에 관한 법률이 정하는 바에 의한다.; ⑤ 자연환경보전지역 중 수산자원보호구역인 경우에는 수산업법(水産業法)으로 정하는 바에 따른다 등의 경우에는 건축물 그 밖의 시설의 용도 · 종류 및 규모 등의 제한에 관하여는 제1항 내지 제4항의 규정에 불구하고 각호에서 정하는 바에 의한다.

제6항에서는 보전관리지역 또는 생산관리지역에 대하여 농림부장관 · 환경부장관 · 해양수산부장관 또는 산림청장이 농지보전 · 자연환경보전 · 해양환경보전 또는 산림보전에 필요하다고 인정하는 경우 농지법, 자연환경보전법, 야생동 · 식물보호법, 해양생태계의 보전 및 관리에 관한 법률 또는 산림자원의 조성 및 관리에 관한 법률에 의하여 건축물 그 밖에 시설의 용도 · 종류 및 규모 등의 제한을 할 수 있다. 이 경우 이 법에 의한 제한의 취지와 형평을 이루도록 하여야 한다.

❼ **벌칙** 2001년 개정에서 벌금 등 형벌을 부과하던 위반행위 중에서 보호수면에서의 어로행위, 소하성 어류 등 보호와 관련한 제한 · 금지 또는 명령에 응하지 아니하거나 신고하지 아니한 자 등 가벼운 위반행위에 대해서는 종전의 벌금 대신 과태료를 부과하도록 하여 유사한 위반행위에 대한 다른 법률의 처벌과 형평을 도모하였다(제95~제98조). 또한 제97조 유료낚시터 등의 지정을 받지 아니하고 유료낚시터 또는 체험어장을 운영한 자에 대한 벌칙 조문을 삭제하였다.

둘째, 2007년 개정법률 제89조 '과징금 처분'에서 외국의 어업에 관한 법령 또는 외국과의 어업에 관한 협정을 위반하거나 법규정을 위반하여 포획 · 채취하거나 양식한 수산동식물 또는 그 제품을 운반한 때, 관세법을 위반하여 금고 이상의 형을 선고받고 그 형이 확정된 자에 대하여 관세청장이 어업정지 또는 등록취소를 요청한 경우, 어획물운반업 등록 위반 등에 부과하는 과징금을 1천만 원에서 2천만 원으로 상향조정하였다.

셋째, 2007년 개정에서 제94조의 2 '벌칙'을 신설하여 수산자원보호구역 안에서 허가를 받지 아니하고 수산자원보호구역에서의 제한행위 규정에 해당하는 행위를 한 자는 2년 이하의 징역 또는 2천만 원 이하의 벌금에 처하도록 하였다.

넷째, 2007년 개정법률 제96조 '벌칙'의 벌칙대상에 면허 · 허가 또는 신고어업 외의 어업금지 규정을 위반하여 어업허가를 받지 아니하고 대통령령으로 정하는 외국의 배타적 경제수역에서 수산동식물을 포획 · 채취하다가 정선(停船)명령 또는 회항(回航)명령에 응하지 아니하고 국내로 도주한 자를 신설하여 1년 이하의 징역이나 300만 원 이하의 벌금에 처하도록 하였다.

2007년 전부개정은 수산업법에 사용되는 어려운 한문용어를 우리말로 풀어쓰고, 우리말의 어문(語文)규범에 맞지 않는 문장구조를 한글화하고, 복잡한 문장체계를 쉽고 간결하게 하는 '알기 쉬운 법령 만들기 사업'의 일환이었다. 동 개정을 통해 1990년 전부개정 이후 수차례에 걸친 일부개정으로 삭제 또는 신설된 장(章)과 조문의 번호가 정리되었다. 2007년 수산업법의 한글화작업이 이루어졌다고는 하나 아직도 법률용어와 문장체계는 국민의 일상적인 언어생활과 거리감을 완전히 해소하지 못하고 있다. 따라서 법문장의 한글화와 국민 중심의 법률문화에 대한 노력은 계속되어야 할 것이다.

2008년 정부조직개편으로 1996년 신설된 해양수산부가 폐지됨에 따라 수산어업정책 업무가 12년 만에 다시 농림부(農林部)로 이관되었다. 이 때 농림부는 보건복지부의 식품산업진흥정책도 넘겨받아 2008년 2월 29일 농림수산식품부(農林水産食品部)로 확대 개편되었다.

2007년 4월 수산업법의 전부개정 이후 같은 해 8월 원양산업발전법(遠洋産業發展法)[121]의 제정, 2008년 2월 정부조직법(政府組織法)의 전부개정, 2009년 4월 농어업경영육성 및 지원에 관한 법률의 제정으로 보완적 성격의 일부개정이 있었다.

(2) 2009년 수산업법 전부개정과 그 이후 개정

2009년 4월에 있었던 수산업법의 전부개정은 법체계의 선진화 계획에 따라 유사법률을 통폐합하는 것이었다. 동 개정 전에 수산업법 제1조 '목적'에서는 수산업의 발전을 명시하고 있었지만 실제 법구성을 보면 면허어업, 허가 및 신고어업, 어획물운반업, 어업조정, 자원의 보호와 관리, 보상 · 보고 및 재결, 수산조정위원회 등으로 되어 있었고 수산업의 발전과 육성에 대한 규정은 없었다. 수산업의 발전과 육성에 관한 실제적인 조문은 1999년 제정된 '어업협정체결에 따른 어업인 등의 지원 및 수산업발전 특별법',[122] 2002년 제정된 '기르는 어업 육성법'[123] 및 '농어촌 발전 특별조치법'[124]에 규정되어 있었다.

121) 원양산업발전법은 원양산업의 지속가능한 발전과 책임 있는 어업경영을 통하여 경쟁력을 강화하고 해외수산자원의 안정적 확보와 국제협력을 촉진하여 국민경제에 이바지하기 위하여 2007년 제정되었으며, 이후 세 차례 개정을 거쳐 지금까지 존속하고 있다.

122) 어업협정체결에 따른 어업인 등의 지원 및 수산업법 특별법은 1998년 한일어업협정과 2000년 한중어업협정의 체결로 어업활동 등의 제한을 받는 어업인에 대한 지원대책을 강구하고, 어업인 등의 생활안정과 복지향상 등을 위하여 1999년 9월 7일 제정되었다.

123) 기르는어업 육성법은 수산생물의 양식을 활성화하고 수산물의 생산기반을 확충하며 수산생물에 대한 질병의 진료체계를 마련하기 위하여 2002년 1월 14일 제정되었다. 동 법은 어업협정체결에 따른 어업인 등의 지원 및 수산업발전 특례법과 통합되어 2011년 7월 21일 폐지되었다. 또한 동 법이 폐지되기 전인 2009년에 법률선진화계획에 따라 유사법률이 통폐합되면서 기르는 어업에 관한 일부 조문이 수산업법으로 이관되었다.

우리나라 수산업의 기본제도를 규정하는 수산업법은 면허 · 허가 · 신고어업에 바탕을 두고 있는 반면 수산업의 발전과 육성에 대한 규정은 여러 법률에 산재하고 있어 그 동안 정부가 일관된 정책을 추진하는 데 어려움이 있어 왔다. 2009년 전부개정에서 그 동안 산재해 있던 수산업의 발전과 육성의 관한 법률(어업협정체결에 따른 어업인 등의 지원 및 수산업발전 특별법, 기르는 어업 육성법 등)이 수산업법에 통합되어 '기르는 어업의 육성', '수산업의 육성'과 '수산발전기금'이 수산업법에 새로운 장(章)으로 신설되었다(표 28).

한편으로 수산자원관리를 위한 계획을 수립하고, 수산자원의 보호 · 회복 및 조성 등에 필요한 사항을 규정하여 수산자원을 효율적으로 관리하기 위하여 2009년 4월 '수산자원관리법(水産資源管理法)'[125]이 제정되었다. 따라서 수산업법에서 다루었던 자원의 보호관리 부분과 총허용어획량[126]을 규정하는 조문 등이 수산자원관리법으로 이관되었다. 2009년 전부개정 이후 일부개정의 주요내용을 정리하면 다음과 같다.

---

124) 농어촌발전특별조치법은 농림어업의 발전을 도모하고 농업인 · 임업인 · 어업인의 이익을 보호하기 위하여 농림어업의 구조를 개선하여 생산성을 향상시키고, 농어촌공업을 육성하는 등 농어촌의 소득원을 확충하기 위하여 1990년 4월 7일 제정되었다. 동 법은 본문 78조와 부칙으로 구성되어 있었으며 총칙, 농수산업의 구조개선(전업농어민과 농어민후계자의 육성, 기계화와 시설 현대화 촉진, 경영자산을 이전한 농업인 등에 대한 지원, 어업구조개선의 촉진 등), 농수산물의 수급안정(수급안정, 농수산물의 수출입, 수입자율화에 따른 보완대책), 농외소득원의 개발촉진, 농어촌정주생활권 개발, 농업진흥지역의 지정 · 운용 등, 농어촌발전계획의 수립, 농어촌발전기금 및 보칙을 규정하고 있었다. 동 법은 '농어업 · 농어촌 및 식품산업 기본법'에 통합되어 2009년 5월 27일 폐지되었다. 농어업 · 농어촌 및 식품산업 기본법은 1999년 2월 5일 제정된 '농업 · 농촌 기본법'이 2007년 7월 27일 전부개정되면서 '농업 · 농촌 및 식품산업 기본법'으로 개명된 데 이어 2008년 정부조직개편으로 농업과 수산업의 소관부처가 통합됨에 따라 2009년 5월 27일 제2차 전부개정을 통해 '농어촌발전특별조치법'을 통합하여 지금의 법명으로 개칭되었다.

125) 수산자원관리법은 2009년 제정 이후 4차례 개정되어 현재까지 존속하고 있다. 동 법은 본문 70조와 부칙으로 구성되어 있으며 총칙, 수산자원관리기본계획 등, 수산자원의 보호(포획 · 채취 등 제한, 어선 · 어구 · 어업 등 제한, 어업자협약 등), 수산자원의 회복 및 조성(수산자원의 회복, 수산자원 조성), 수면 및 수산자원보호구역의 관리, 보칙 및 벌칙을 규정하고 있다.

126) 총허용어획량(總許容漁獲量)에 관한 규정은 1995년 수산업법 개정에서 신설되었다. 총허용어획량(Total Allowable Catch, TAC)은 자원단위인 한 종(種)의 어획량을 총량적으로 관리하기 위하여 생물학적 · 사회경제학적으로 허용된 총량을 말한다.

❶ **총칙** 2009년 수산자원관리법의 제정으로 수산업법에 규정되어 있던 수산자원의 보호와 관리에 관한 부분이 수산자원관리법으로 이관됨에 따라 2009년 개정 수산업법 제1조 목적에서 '수산자원을 조성 · 보호하며'가 삭제되었다. 따라서 동 조문은 '수산업에 관한 기본제도를 정하여 수산자원 및 수면을 종합적으로 이용하여 수산업의 생산성을 높임으로써 수산업의 발전과 어업의 민주화를 도모하는 것'으로 변경되었다. 또한 제3조 수산업법의 적용수면에서 '수산자원보호구역'이 삭제되었다.

표 28. 1990년과 2007년 수산업법의 구성 비교

1990년 전문개정 된 수산업법	2009년 전부개정 된 수산업법
제1장 총칙(제1조~제7조)	제1장 총칙(제1조~제7조)
제2장 면허어업(제8조~제40조)	제2장 면허어업(제8조~제40조)
제3장 허가 및 신고어업 (제41조~제45조)	제3장 허가어업 및 신고어업 (제41조~제49조)
	제4장 기르는어업의 육성 (제50조~제56조)
제4장 어획물운반업 및 수산제조업 (제46~제51조)	제5장 어획물운반업 (제57~제60조)
제5장 어업조정(제52조~제63조)	제6장 어업조정(제61조~제73조)
제6장 토지와 토지정착물의 사용[127] (제64조~제66조)	
	제7장 수산업의 육성 (제74조~제75조)
	제8장 수산발전기금 (제76조~제80조)
제7장 자원의 보호 · 관리 (제67조~제80조)	
제8장 보상 · 보조 및 재결 (제81조~제88조)	제9장 보상 · 보조 및 재결 (제81조~제87조)
제9장 수산조정위원회 (제89조~91조)	제10장 수산조정위원회 (제88조~제90조)

(계속)

1990년 전문개정 된 수산업법	2009년 전부개정 된 수산업법
제10장 보칙(제92조~제93조)	제11장 보칙(제91조~제96조)
제11장 벌칙(제94조~제100조)	제12장 벌칙(제97조~제102조)
부칙(15개조)	부칙(12개조)

둘째, 2010년 개정에서 제2조 정의에서 '외해(外海)' 조항을 신설하면서 '육지에 둘러싸이지 아니한 개방된 바다로서 해수소통이 원활하여 오염물질이 퇴적되지 아니하는 수면으로서 대통령령으로 정하는 수면'으로 정의하였다. 또한 기르는 어업에 '외해양식어업'을 추가하면서 그 정의를 면허를 받은 해조류양식어업, 패류양식어업, 어류등양식어업, 복합양식어업, 협동양식어업, 외해양식어업, 육상해수양식어업, 종묘생산어업으로 하였다.

셋째, 2011년 개정에서 제3조의 2 '어업인의 날'을 신설하여 어업인의 위상을 확립하고 권익을 향상시키기 위해 매년 4월 1일을 어업인의 날로 정하였다.

❷ 면허어업 수산물로 인한 식중독 발생이 증가함에 따라 2009년 개정법률 제8조 '면허어업'에서 '수산물 안전성 강화를 위한 양식어장에서의 화장실 등 부대시설 설치 및 행위제한에 관한 사항'을 신설하여 안전한 수산물의 생산을 유도하였다.

둘째, 2009년 개정 전 제25조 '공동소유자의 동의'는 조문의 번호와 제목이 제23조 '공유자의 동의'로 바뀌었다.

셋째, 2010년 개정법률 제8조 '면허어업'에서 외해양식어업을 '외해의 일정한 수면을 구획하여 수중 또는 표층에 필요한 시설을 설치하거나 그 밖의 방법으로 수산동식물을 양식하는 어업'으로 정의하고, 외해양식어업을 하려는 자는 농림수산식품부장관의 면허를 받도록 하는 단서를 신설하였다. 또한 지금까지는 농림수산식품부령에서 어장의 수심(마을어업과 협동양식어업은 예외적으로 대통령령), 어장구역의 한계 및 어장 사이의 거리, 어장의 시설방법, 양식방법 또는 포

127) 1999년 개정에서 제6장 '토지와 토지정착물의 사용'이 삭제되었다.

획 · 채취방법, 양식물 또는 어획물에 관한 사항, 어선 · 어구 또는 그 사용에 관한 사항, 수산물 안전성 강화를 위해 양식어장의 화장실 등 부대시설 설치 및 행위제한에 관한 사항, 그 밖에 어업면허에 필요한 사항을 정하게 하였다. 2010년 어장의 수심은 농림수산식품부령이 정하는 범위에서 해당 시 · 군 · 구의 조례로 정할 수 있다는 단서가 신설되었다.

넷째, 2010년 개정에서 제13조의 2 '외해양식어업면허의 우선순위'를 신설하여 우선순위를 ① 농림수산식품부장관이 승인한 외해양식 시험어업을 경영 또는 경영하고 있는 자, ② 내만(외해양식어장을 시설할 수 있는 수면기준에 미치지 못한 해역)에서 양식어업을 경영하고 있다가 외해로 이설하고자 하는 자, ③ 내만의 어류 등 양식어업권(가두리어류양식어업에 한함)을 매입하여 외해로 이설하고자 하는 자, 그리고 ④ 앞의 ②와 ③ 이외의 자 중에서 어업인, 어업법인, 지구별 · 업종별 수산업협동조합, 어촌계 또는 외해양식어업을 경영하고자 하는 자로서 중앙수산조정위원회가 심의 · 선정한 자로 정했다. 또한 같은 순위자 사이의 우선순위는 어업의 여건 등을 고려하여 농림수산식품부령으로 정하도록 하였고, 우선순위 배제에 관하여는 면허어업의 규정(제13조의 제7항)을 적용하도록 하였다.

다섯째, 지금까지는 제27조 '관리선의 사용과 그 제한 · 금지'에서 시장 · 군수 · 구청장의 지정을 받은 면허어업 관리선 또는 면허받은 어장에 관리선을 갖추지 못해 허가 또는 신고어업의 어선을 시장 · 군수 · 구청장의 승인을 받아 사용하는 경우 관리선의 규모와 수, 기관의 마력(馬力) 및 그 사용의 지정 또는 승인, 그 밖에 관리선의 사용에 필요한 사항은 농림수산식품부령으로 정하도록 되어 있었다. 2010년 수산자원의 증식 · 보호와 어업조정을 위하여 필요한 때에는 농림수산식품부령으로 정하는 범위에서 관리선의 정수 및 사용기준 등에 관한 사항은 해당 시 · 군 · 구의 조례로 정할 수 있다는 단서조문이 신설되었다.

여섯째, 지금까지는 제29조 '보호구역'에서 동 구역에서 어업권의 행사에 방해가 되는 행위를 제한 또는 금지사항은 대통령령으로 정하도록 되어 있었다. 이 규정은 2010년 어업권자의 동의를 받은 경우가 아니면 보호구역에서 어망을 사용하는 어업, 불빛이나 음향 등을 이용하여 수산동물을 유인하거나 몰아서 하는 어업, 통발 또는 연승(延繩) 등의 어구를 설치하거나 끌어구류 및 잠수기를 사용하는 어업, 국방상 필요 등 공익의 목적이 아니면 어업권의 행사에 방해가 되는 시설물을 신축·증축 또는 개축하는 행위를 해서는 안 된다고 개정되었다.

일곱째, 2010년 개정에서 제40조의 2 '외해양식어업면허의 적용'을 신설하여 외해양식어업면허에 면허어업의 규정을 적용하도록 하였다.

❸ 허가어업 1990년 중반 이후 추진된 연근해어선 감척사업으로 새로운 어업허가가 금지되어 있었기 때문에 수온상승 등 해양환경의 변화 등으로 특정 수산자원이 다량 출현하여도 어업을 할 수 없는 경우가 발생하였다. 2009년 개정에서 수산자원관리법 제11조 '수산자원의 정밀조사·평가계획의 시행'에 따라 수산자원조사를 실시하여 해역의 범위, 조업기간, 조업척수 및 어획가능총량 등을 정하여 한시적으로 어업을 허가할 수 있도록 제42조 '한시어업허가(限時漁業許可)'를 신설하였다.

둘째, 지금까지는 어업허가대상인 어선·어구 또는 시설물을 양도·임대 또는 상속한 경우 양수인(讓受人)은 새로운 어업허가를 받아야 했다. 이 점을 악용하여 일부 어업허가자들은 자신의 불법어업으로 인한 어업허가의 정지 등 행정처분이 누적되는 것을 면탈(免脫)할 목적으로 어선 등을 배우자 또는 직계존비속에게 양도·임대하는 편법으로 불법어업을 계속하여 어업질서를 문란하게 하였다. 이에 2009년 개정에서 제44조 '어업허가를 받은 자의 지위 승계'를 신설하여 어업허가를 받은 어선·어구 또는 시설물을 그 어업허가를 받은 자로부터 상속받거나 매입 또는 임차한 자는 그 어업허가자의 지위를 승계하도록 하였다. 또한 어업허가자의 지위를 승계한 자는 승계 받은 날로부터 30일 이내 해당허가를 처분한 행정관청에 승계 사실을 신고하도록 하였다. 뿐만 아니라 어업허가자의 지위를 승계 받은 자는 그 어업허가에 부과된 행정처분 또는 부담이나 조건 등도 함께 승계하도록 하였고, 종전의 어업허가의 지위는 효력을 상실하게 하였다.

연근해어선 감척사업[128)]

연근해어업의 경영성과를 결정짓는 가장 중요한 요소인 수산자원 또는 어업생산량은 1980년대 이래 과도한 어선세력으로 어장생산성이 둔화되어 제 자리 수준을 머물게 되자 어선세력(어획노력)의 감축 필요성이 대두되기 시작하였다.

한편 오늘날 세계무역기구(World Trade Organization, WTO)를 출범시킨 우루과이라운드[129)] 타결이 임박해지자 국내 농어가의 피해대책이 필요해졌다. 이에 정부는 1990년 4월 7일 법률 제4228호로 농수산업의 발전과 농어민의 이익을 보호하기 위한 농어촌발전특별조치법을 제정하였다. 동 법 제11조 제1항에는 어업의 구조개선을 위하여 농림수산부장관은 수산자원보호와 어업경쟁력 강화를 위한 어선척수의 조정에 관한 사항을 강구할 수 있다고 되어있다. 1992년 한국농촌경제연구원에 어업자원, 어업경영실태, 어업별 적정 어획노력의 평가 및 어선감척 규모와 어선어구의 보상기준 등을 조사·연구토록 하였다. 연구결과를 토대로 1994년부터 2004년까지 5,400여억 원을 투자하여 137천 톤(7천여 척)의 연근해어선을 감축하는 계획이 수립되었고, 1994년 연근해어선 감척사업이 시작되었다.

---

128) 한국농촌경제연구원, '농어촌구조개선사업백서', 2000년

129) 우루과이라운드(Uruguay Round of Multinational Trade Negotiation)는 1987년부터 본격적으로 진행되고 있는 관세 및 무역에 관한 일반협정(General Agreement on Tariffs and Trade, GATT)의 새로운 다자간 무역협상을 통칭한다. GATT는 그 동안 다면적·다각적인 라운드 교섭을 벌여 세계무역의 확대에 기여해 왔으나 국제 경제교류의 다양화로 종래의 규칙으로는 감수할 수 없는 서비스무역·해외투자·지적소유권의 국제적 이전 등에 대한 새로운 규칙이 요구되었다. 뿐만 아니라 1980년대에 들어 통상마찰과 관련된 보호주의 움직임이 강화되어 새로운 교섭이 필요하게 되었다. 또한 미국의 절대적 우위에 기초한 국제경제질서가 붕괴되어 세계자본주의의 중심이 미국·일본·유럽공동체 등으로 다극화되자 미국은 자국의 농업공황, 제조업 쇠퇴, 서비스산업 팽창이라는 산업구조의 변화와 경상수지의 적자에 직면하여 새로운 무역질서를 구축하고자 하였다. 다시 말해 농업·서비스산업 및 첨단기술의 비교우위를 무기로 하여 세계경제에 대한 패권을 회복하려고 한 것이다. 이 같은 미국 대자본의 이익추구가 GATT를 통해 반영된 것이 우루과이라운드이다.

우루과이라운드는 1986년 9월 개시가 선언되고, 15개 분야로 나누어 교섭이 진행되었으며 교섭기간을 1990년 말까지로 하고 있었다. 1989년 4월 15개 분야에 대하여 중간 합의가 성립된 이후 본격적인 마무리 작업에 들어갔다. 하지만 농산물부문의 협상은 서비스부문과 함께 각 나라가 안고 있는 정치·경제·사회적 특성과 협상 당사국 사이의 기본적인 시각 차이로 인하여 첨예한 대립양상을 보이고 있었다. 농산물협상의 주요 의제는 국경보호조치

셋째, 제41조 '허가어업'에서 종전의 구획어업은 무동력어선, 총톤수 5톤 미만의 동력어선을 사용하거나 어구를 설치하는 어업이었다. 동 조문에 농림수산식품부령으로 정하는 어업으로 시·도지사가 수산자원관리법 제36조 '총허용어획량의 설정' 및 제38조 '배분량의 관리'에 따라 총허용어획량을 설정·관리하는 경우에는 총톤수 8톤 미만의 동력어선을 허가할 수 있다는 단서조항이 2010년 신설되었다.

❹ 기르는 어업의 육성 정부의 법률 선진화 계획에 따라 유사법률이 통폐합되어 '기르는어업 육성법(育成法)'의 일부 조문이 수산업법으로 이관됨에 따라 2009년 전부개정에서 제4장 '기르는어업의 육성'이 신설되었다(표 25). 기르는어업 육성법 제50조에서 제54조까지가 수산업법 제4조 '기르는어업 발전기본계획', 제5조 '기르는어업 발전시행계획', 제7조 '기르는어업 개발지구' 및 제8조 '기르는어업 기술개발 등에 대한 지원'으로 옮겨왔다. 기르는어업 육성법 제30조 '기초조사'도 이 때 수정·보완되어 수산업법 제52조로 옮겨왔다. 또한 어업협정 체결에 따른 어업인 등의 지원 및 수산업발전 특별법의 제20조 '기르는어업센터'와 제21조 '기르는어업의 육성'도 2009년 개정에서 수산업법 제55조와 제56조로 이관되었다.

둘째, 과잉어획과 지구온난화 등에 따른 해양환경의 변화로 고갈되는 우리나라 연안의 수산자원을 보호·육성하는 것이 시급함에도 불구하고 수산업법 제55조 '기르는어업센터'의 사업범위는 어패류, 해조류 등 양식어업 위주로 되어 있어 기르는어업센터를 폐지하고 대신 수산자원사업단(水産資源事業團)을 설립하기로 하였다.[130] 동 사업단의 설립 취지는 수산자원을 보호·육성하고 어장관

완화, 농업보조금 감축, 수출보조금 감축 또는 철폐, 식품위생 및 동식물 검역기준의 설정 등이었으며, 여기에 농업의 비교역적 기능과 개발도상국에 대한 우대조치를 어느 정도 반영시키느냐는 것도 주요 관심사항이었다. 수입제한품목의 자유화, 농업보조금 폐지, 이중곡가제 폐지, 영농자금 융자중단, 수출보조금 철폐 등의 문제는 우리나라 농어업의 존폐와 직결되는 중대사로 농산물협상의 타결은 한국의 농어업에 지대한 영향을 미치게 될 것이 자명하였다. 농산물협상은 1992년 11월 타결되었고, 우리나라는 1994년 WTO에 가입하였다.

130) 2010년 수산자원관리법에 제55조의 2 '수산자원사업단'을 신설하여 동 사업단이 수행할 사업으로 ① 인공어초·바다숲·바다목장의 조성과 수산종묘의 방류 등 수산자원조성사업, ② 수산자원조성사업과 관련되는 기술개발, 대상해역 적지조사, 생태환경조사, 사후관리 및

리 및 기술을 연구 · 개발 · 보급하는 등 수산자원조성사업을 원활히 수행하는 것이었다. 따라서 2010년 수산업법 개정에서 제55조 '기르는어업센터'가 삭제되었고, 제93조 '권한의 위임과 위탁'에서 기르는어업에 관한 농림수산식품부장관 권한의 일부를 '기르는어업센터장'에게 위탁할 수 있게 하였던 것을 '수산자원사업단장'에게 위탁할 수 있도록 개정되었다. 제93조는 2011년에는 수산자원관리사업의 명칭이 한국수산자원관리공단(韓國水産資源管理工團)으로 변경됨에 따라 종전 '수산자원사업단장'은 '수산자원관리공단장'으로 변경되었다.

❺ 어업조정 2009년 개정 전 법률 제53조 '어업조정에 관한 명령'은 개정 후 그 조문번호가 제61조로 변경되었고, 조문내용에서 제한이나 금지에 대한 명령사항은 종전 10개[131]에서 7개로 축소되었다. 명령사항은 ① 양식한 어획물 및 그 제품의 처리에 관한 제한이나 금지, ② 근해어업에 대한 조업구역의 제한이나 금지, ③ 근해어업의 허가정수 제한 등 근해어업 허가에 대한 제한이나 금지, ④ 어업자 · 어업종사자의 수 또는 자격, ⑤ 외국과의 어업에 관한 협정 또는 일반적으로 승인된 국제법규와 외국의 수산에 관한 법령의 시행에 필요한 제한이나 금지, ⑥ 수산물의 포장 및 용기의 제한이나 금지, ⑦ 포획 · 채취하거나 양식한 수산동식물과 그 제품의 양육장소 및 매매장소의 지정 또는 그 지정의 취소이었다.

효과분석 등 기초연구사업, ③ 수산자원의 관리를 위한 총허용어획량 조사사업 및 기후 온난화 관련 현장지원사업, ④ 수산자원관리를 촉진하기 위하여 국가 또는 지방자치단체가 위탁하거나 대행하게 하는 사업, ⑤ 그 밖에 수산자원관리를 위하여 대통령령으로 정하는 사업으로 규정하였다.

131) 2009년 개정 전 제53조 어업조정 관련 10개 명령사항은 ① 수산동식물의 포획 · 채취 또는 양식한 어획물 및 그 제품의 처리에 관한 제한이나 금지, ② 어선의 수 · 규모 · 설비와 어법에 관한 제한이나 금지, ③ 조업구역, 어업의 시기와 포획 · 채취할 수 있는 수산동식물의 종류에 관한 제한이나 금지, ④ 어구의 제작 · 판매 · 소지 · 선적 또는 그 사용에 관한 제한이나 금지, ⑤ 근해어업에 대한 허가의 정수, 선복량의 제한과 어업허가의 제한이나 금지, ⑥ 어업자 · 어업종사자의 수 또는 자격, ⑦ 어업자가 아닌 자의 포획 · 채취에 대한 제한이나 금지, ⑧ 외국과의 어업에 관한 협정 또는 일반적으로 승인된 국제법규와 외국의 수산에 관한 법령을 시행하기 위한 제한이나 금지, ⑨ 수산물의 포장 및 용기의 제한이나 금지, ⑩ 포획 · 채취하거나 양식한 수산동식물과 그 제품의 양륙장소 및 매매장소의 지정 또는 그 지정의 취소였다.

둘째, 2009년 수산자원보호령(水産資源保護令)[132] 제24조 '어선과 어구의 제한 또는 금지'와 제27조 '어선의 설비'가 통합되어 수산업법 제64조 '어선의 장비와 규모 등'으로 이관되어왔다. 또한 농림수산식품부령이 정한 장비를 설비하지 않은 어선은 어업에 사용할 수 없도록 하였으며, 어업별 종류별 어선의 규모 · 선령 · 기관, 부속선의 수 · 규모, 그 밖의 필요한 사항을 농림수산식품부령으로 정하도록 하였다.

셋째, 2009년 개정되기 전 법률 제56조 '총허용어획량의 설정'은 수산자원관리법 제36조로 이관되어 수산업법에서 삭제되었다.

넷째, 2009년 개정법률 제65조 '유어장의 지정 등'에서는 종전 유어장의 지정범위가 어촌계 또는 지구별수산업협동조합에 제한되어 있었던 것을 영어조합법인으로 확대하였다.

❻ 수산업의 육성 정부의 법률 선진화 계획에 따라 유사법률이 통폐합되어 어업협정 체결에 따른 어업인 등의 지원 및 수산업발전 특별법[133]의 일부 조문이 2009년 수산업법으로 이관되었다. 특별법의 제18조 '수산진흥종합대책'와 제19조 '어업구조조정의 촉진'이 수산업법 제74조와 제75조로 옮겨왔다.

2011년 7월 25일 해양환경 및 국내외 어업환경의 변화에 대응하기 위하여 연근해어업의 구조개선 및 지원대책을 효율적으로 추진하기 위한 체제를 정비함으로써 연근해어업의 지속가능한 생산기반을 조성하고, 경쟁력을 높이기 위하여 연근해어업의 구조개선 및 지원에 관한 법률[134]이 제정되었다. 동 법률의

132) 수산자원보호령은 1963년 12월 16일 제정되어 2010년 4월 23일 수산자원관리법 시행령이 제정되어 폐지되었다.

133) 한 · 칠레자유무역협정의 협상이 2002년 10월 24일 타결되어 2003년 2월 15일 정식으로 서명되어, 7월 8월 비준동의안이 국회에 제출되었다. 같은 해 7월 23일 자유무역협정(FTA) 체결에 따른 농어민 등의 지원에 관한 법률이 의원발의로 국회에 제출되어 2003년 3월 22일 제정되었다. 동 법률은 제정 이후 몇 차례 개정을 거쳐 현재에 이르고 있다. 동 법률은 본문 23조와 부칙으로 구성되어 있으며 주요내용은 농어업인 등 지원의 기본원칙, 농어업 등의 경쟁력 제고, 경영안정을 위한 소득보전, 폐업지원, 기금의 설치 · 조성 · 용도, 기금의 조성 및 용도, 자유무역협정이행지원위원회, 수입이익금 등의 징수이다.

134) 연근해어업의 구조개선 및 지원에 관한 법률은 본문 25조와 부칙으로 구성되어 있으며 총칙, 어업구조개선의 기본계획 수립, 어선감척사업의 추진, 어업선진화 추진, 보칙, 벌칙을 규정하고 있다.

제정과 관련하여 2011년 수산업법 제75조 '어업구조조정의 촉진'에서 기존의 조문이 모두 삭제되었다. 동 조문의 제목이 '근해어업 등의 구조개선 등'으로 개정되었고, 조문내용은 근해어업, 연안어업 및 구획어업의 구조개선 및 지원에 필요한 사항은 따로 법률로 정한다로 변경되었다.

❼ 수산발전기금 1999년 제정된 어업협정 체결에 따른 어업인 등의 지원 및 수산업발전 특별법의 제22조(기금의 설치), 제23조(기금의 조정), 제24조(기금의 운영 · 관리), 제25조(기금의 용도), 제26조(기금의 회계기관)가 2009년 수산업법 제76조에서 제80조로 이관되어 제8장 '수산발전기금'이 신설되었다(표 25).

둘째, 자유무역협정의 이행[135]에 따른 농어업분야의 피해를 줄이기 위하여 농어업에 대한 지원요건을 완화하는 등 농어업의 경쟁력을 높이기 위한 지원제도를 보완하고, 농수산물 생산자단체에 대한 지원기준 및 자유무역협정 이행지원기금의 설치 · 조성 등과 관련하여 현행 법률의 미비점을 개선 · 보완하기 위하여 2011년 10월 22일 자유무역협정 체결에 따른 농어업인 등의 지원에 관한 특별법이 전부개정 되었다. 이와 관련하여 수산업법 제77조 '기금의 조성'은 종전에 자유무역협정 체결에 따른 농어업인 등의 지원에 관한 특별법 '제19조 제1항에 따라 농림수산식품부장관이 부과 · 징수하는 공매납입금 또는 수입이익금'이라 하였던 것을 특별법 '제22조 제1항에 따라 농림수산식품부장관이 납부하게 하거나 부과하는 공매납입금 또는 수입이익금'으로 개정하였다.

셋째, 2011년 7월 25일 제정된 연근해어업의 구조개선 및 지원대책에 관한 법률[136] 제13조(어업자에 대한 지원) 제1항 제1호 '어선 · 어구에 대한 감정가격에 따른 매입' 및 제17조(어업선진화에 대한 지원) 제1항 제1호 '연근해어업 종류의 통합 또는 변경에 따른 어선, 어구, 어선의 장비 및 설비의 매각대금'이 수산업법 제77조 기금조성의 재원항목으로 신설되었다.

---

135) 2001년을 기준으로 당시 한 · 칠레자유무역협정, 한 · 싱가포르자유무역협정, 한 · EFTA자유무역협정, 한 · ASEAN자유무역협정, 한 · 인도CEPA, 한 · EU자유무역협정, 한 · 페루자유무역협정이 발효되었고, 한 · 미자유무역협정 협상이 진행 중에 있었다.

136) 연근해어업의 구조개선 및 지원에 관한 법률은 본문 25조와 부칙으로 구성되어 있으며 총칙, 어업구조개선의 기본계획 수립, 어선감척사업의 추진, 어업선진화 추진, 보칙, 벌칙을 규정하고 있다.

넷째, 2011년 연근해어업의 구조개선 및 지원대책에 관한 법률 제정으로 수산업법 제79조 '기금의 용도'에서 융자 등의 방법으로 지원할 수 있는 항목에서 종전 '어업구조조정의 촉진'이 '근해어업, 연안어업 및 구획어업의 구조개선'으로 개정되었다.

❽ 자원의 보호와 관리 2009년 수산업법이 개정되기 전에 제6장의 제65조부터 제78조까지[137] 모두가 수산자원관리법으로 이관되어 삭제되었다.

❾ 보상·보조 및 재결 2009년 개정되기 전 수산업법 제84조 '보조'에서 수산업을 장려하고 진흥하기 위하여 필요하다고 인정되면 보조금을 교부하거나 자금을 융자할 수 있다고 하였던 것을 개정 후 '기르는어업'을 추가하여 '수산업 및 기르는어업을 장려하고 진흥하기'로 변경되었고, 조문번호도 제86조로 변경되었다.

❿ 수산조정위원회 기르는어업 육성법 제4조와 제5조가 수산업법 제50조 '기르는어업 발전 기본계획'과 제51조 '기르는어업 발전시행계획'으로 이관되면서 2009년 개정법률 제89조 '수산조정위원회의 기능'에 기본계획과 시행계획의 심의가 추가되었다. 또한 동 개정에서 신설된 제42조 '한시어업의 허가'에 관한 사항의 심의도 위원회 기능에 신설되었다.

둘째, 2010년 개정에서 제89조 '수산조정위원회의 기능'에 외해양식어업면허 신청자의 면허 우선순위에 관한 심의와 외해양식어업의 손실보상 또는 분쟁의 심의 및 조정이 추가되었다.

셋째, 2011년 연근해어업의 구조개선 및 지원대책에 관한 법률의 제정으로

---

137) 2009년 수산업법 개정으로 수산자원관리법으로 이관된 조문은 제65조(보호수면의 지정), 제66조(보호수면의 관리), 제67조(공사 및 어로의 제한이나 금지), 제67조의 2(수산자원보호구역의 관리), 제67조의 3(수산자원보호구역 안에서의 행위 제한 등), 제67조의 4(준용규정) 제68조(육성수면의 지정), 제69조(육성수면의 관리), 제70조(어업의 자율관리 지원), 제71조(유해어업의 금지), 제72조(소하성 어류 등의 보호와 인공부화 · 방류), 제73조(범칙어획물의 판매 등의 금지), 제74조(범칙어획물의 방류명령), 제75조(자원의 조사 · 보고), 제76조(어업의 금지구역 · 기간 및 대상), 제77조(자원보호에 관한 명령), 제78조(포상) 모두 17개이다.

수산업법 제89조 중앙수산조정위원회와 시 · 도수산위조정위원회의 기능에 동 법률에서 정하는 사항에 대한 심의가 추가되었다.

⑪ **보칙** 법률 선진화 계획에 따라 유사법률이 통폐합되어 어업협정체결에 따른 어업인 등의 지원 및 수산업 발전 특별법 제28조 '수산데이터베이스의 구축'이 2009년 개정 수산업법 제96조로 옮겨왔다. 제96조는 수산정책의 합리적 결정에 필요한 자료를 확보하기 위하여 연 · 근해어업의 업종별 · 수역별 조업상황과 어획실적 및 수산자원 분포현황 등을 조사하여 수산데이터베이스를 구축하고 이를 유지 · 관리하도록 하였다. 또한 수산업법 제41조 '허가어업'과 제42조 '한시어업허가'의 규정에 따라 연 · 근해어업 또는 한시어업의 허가를 받은 자는 수산데이터베이스의 구축에 필요한 자료를 농림수산식품부장관에게 보고하도록 하였다.

둘째, 2008년 개정법률 제93조 '수산시책에 관한 연차보고'에서 농림수산식품부장관은 매년 수산업의 동향과 수산에 관한 시책을 구체적으로 밝힌 문서를 작성하여 국회에 보고하게 하였다. 동 조문은 2009년 개정에서 농업 · 농촌 및 식품산업기본법[138]으로 이관되어 수산업법에서 삭제되었다.

⑫ **벌칙** 2009년 개정되기 전 제94조 '벌칙'은 개정 후 제97조로 조문번호가 변경되었으며, 개정법률에서 신설된 제42조 한시어업허가 위반에 대한 조문이 추가되었다. 또한 2007년 개정에서 신설된 제94조의 2의 수산자원보호구역 안에서 위반사항에 대한 벌칙내용을 수산자원관리법으로 이관하였다.

둘째, 2010년 제99조 '벌칙'에 보호구역에서 금지행위를 위반하여 보호구역에서 해당 시설물을 훼손하는 행위 또는 어업권의 행사에 방해되는 행위를 한 자를 추가하였다.

1953년 제정수산업법이 지금까지 40여 차례 개정되었다고는 하나 주목할 만한 개정은 제한적이다. 하부법령의 제정을 비롯한 수산업법 법조문의 완성

---

138) 1999년 2월 5일 제정된 농업 · 농촌기본법은 2007년 12월 21일 농업 · 농촌 및 식품산업 기본법으로 전부개정 되었다. 기본법은 2011년 11월 22일 다시 농어업 · 농어촌 및 식품산업 기본법으로 개정되었다.

도를 고려하면 제정수산업법은 1963년 제5차 개정을 통해 기본제도의 틀을 갖추게 되었다고 할 수 있다. 또한 제정 및 현행수산업은 어업 외에 수산 관련업을 포함하고 있지만 법조문의 구성과 내용을 보면 그 성격은 어업에 관한 기본제도를 다루는 어업법에 가깝다고 할 수 있다.

제정수산업법 제1조(목적)는 수산업에 관한 기본제도를 정하고 수면의 총합적 이용으로써 수산업의 발전과 어업의 민주화를 도모하며 수산자원보호를 목적으로 한다는 것이다. 1961년 5.16군사정변으로 정권을 잡은 군사정부가 천년 동안 지속되었던 보릿고개[139]를 해결하기 위해 경제개발5개년계획을 실시하기 시작한 1962년까지 우리나라 국내총생산과 연간어업생산량을 고려하면 당시 수산업법의 목적은 수산업의 발전과 어업의 민주화였으며, 수산자원의 보호는 해야한다는 훈시(訓示)적 성격이었다고 할 수 있다.

수산업법에서 보호수면의 정의, 지정 및 관리에 대한 법조문이 구체화된 것은 1963년이었다. 경제개발5개년계획으로 농업국가에서 공업국가로 전환되는 과정에서 부산, 울산, 목포, 인천 등 연안지역에 공단이 조성되었고 그 결과 연안이 오염되어 어장이 황폐화되는 사례가 발생하였다. 1971년 산업시설 기타 사업장의 건설 또는 조업이나 유조선의 유류 누설 등에 의한 수질오염으로 인하여 면허받은 어업에 손해가 발생한 때에는 그 오염발생시설의 경영자는 피해자에게 정당한 배상을 하여야 한다는 '수질오염에 의한 손해배상' 규정이 신설되었다. 또한 수산업법에서 '자원의 보호관리'와 '불법어업방지'라는 용어가 처음으로 등장한 것은 각각 1975년과 1990년이었다. 연근해어업 연간어업생산량의 정체가 가시화된 1990년대에는 육성수면, 연안수역정화, 총허용어획량, 수산자원조성 등의 수산자원보호를 위한 제도적 보완을 위한 개정이 많았다. 2000년대 들어서는 해양오염을 저감하기 위하여 육상양식 및 종묘생산시설의 신규진입을 억제하게 하고, 이들 어업에 대한 시설기준을 정하게 하고, 무기산 등 유해약품 사용금지 범위를 확대되었다.

대외적으로 1992년 우루과이라운드 타결로 WTO(세계무역기구)체제의 출범,

139) 보릿고개는 여름에 수확하는 곡식인 보리가 여물지 않은 상태에서 지난해 가을에 걷은 식량이 다 떨어져 굶주릴 수밖에 없게 되던 4~5월의 춘궁기(春窮期)를 말한다.

1994년 UN해양법 발효로 강화된 국제어업규제, FTA(자유무역협정) 체결로 수산물시장 개방 등의 여건변화로 수산업의 발전 및 지원, 어업의 구조조정 등과 관련하여 다수의 법이 제정되었다가 2009년 통폐합되었다. 유사법률 통폐합 과정에서 수산업의 발전과 육성은 강화되었지만 수산자원관리가 별도의 법으로 분리되었다.

지난 60년간 이루어진 수산업법의 개정작업 또는 수산제도의 발전은 대내외적 어업여건변화를 감안하여 제도운영상의 미비점을 개선 또는 보완하는 것이었다. 수산업법에서 내수면어업법과 수산자원관리법이 분리되었지만 수산업법의 조문수는 제정 당시 77개에서 현재 102개로 늘어났다. 또한 정부조직개편으로 수산행정의 주무부처가 5번이나 바뀌었지만 그 동안 수산행정력과 소속기관 및 단체가 보강되어 왔다. 하지만 여전히 행정 및 전문인력은 부족한 실정이다.

어업 또는 수산업의 기본제도를 다루는 수산업법은 이 법에 근거하여 실시되는 수산정책의 방향을 제시하는 것으로 그 가시적인 효과는 어업통계로 확인할 수 있을 것이다. 통계상에서 나타난 오늘날의 어업을 일제시대, 광복 후 또는 1960년대와 비교해 보면 양적으로나 질적으로나 많은 변화가 있었다. 일례로 1960년 대비 어업종사자수는 4분의 1(어가인구는 6분의 1)수준으로 감소하였지만 어선척수는 2배(톤수의 증가는 5배)정도 증가하였다. 같은 기간 연간어업생산량은 9배가량 증가하였다. 어업생산구조와 방법에서의 혁신 또는 변화를 배제하고는 설명하기 어려운 수치이다. 이 같은 수치의 변화는 또한 수산업법과 수산정책을 반영하고 있다.

제7장

한일합방 이후의 어업현황

어업이 인류역사와 함께 시작되었다고 보면 당시 어업의 목적은 식량 확보였을 것이고, 일부는 원시시대 물물교환에 이용되었을 것이다. 실물화폐(實物貨幣)[1]의 등장과 상품경제의 발전으로 점차 교역이 확대되면서 어업의 목적에서 식량확보보다는 소득창출기능이 강조되게 되었을 것이다. 산업부문으로서 어업의 목적 또는 기능이 변화하였다고 해도 어획 또는 양식된 수산물은 대부분 식량원으로 이용된다. 수산업은 어업행위를 통해 포획 · 채취 또는 양식한 수산동식물을 통해 파생되는 산업부문으로 수산동식물을 이용하는 경제행위의 궁극적인 목표는 소득창출이다.

우리나라 어업 100년의 발전과정을 생산량 측면에서 보면 크게 세 단계로 나누어 생각할 수 있다. 제1단계는 생산요소(生産要素)[2] 중에서 노동투입(어가인구 증가)으로 어업생산량이 증가한 시기로 한일합방에서 1950년대 까지 해당된다, 제2단계는 자본의 투입(어선, 어구 등)으로 생산량이 증가한 시기로 1960년대부터 1980년대까지 또는 1990년대 중반까지이다. 제1단계와 제2단계는 노동과 자본 중심의 '요소 투입형'이라고 한다면 제3단계는 자연수산자원의 감소 또는 정체로 양식기술의 진보가 생산량을 향상시키는 '생산성 주도형'으로 변화하는 시기로 1990년대 이후라고 할 수 있으며, 일부어업에서는 제2단계 말기와

1) 실물화폐(commodity money)는 화폐로서의 기능을 수행하는 고유의 사용가치와 교환가치를 가진 화폐로 상품화폐 또는 물품화폐라고 하기도 한다.
2) 생산요소는 토지, 노동, 자본을 말하며 여기서 토지는 땅 뿐만 아니라 바다와 하천 등 천연자원을 포함하는 넓은 의미이다.

중첩되기도 한다.

우리나라 어업 100년을 이해하기 위해서는 먼저 어업요소들의 시계열상 변화추이를 알아볼 필요가 있다. 이를 위해 어가구와 어가인구, 어선세력, 어업생산량, 어가경제 등의 어업통계자료를 분석하였다. 1906년 또는 1911~1942년까지는 조선통감부와 조선총독부 통계연보를, 1943~1951년까지는 해무청[3] 수산연보를, 1952년에서 1959년까지 자료는 한국은행 경제통계연보[4]를, 1960년 이후는 수산통계연보[5](1960~현재)를 참고하였다. 지난 한 세기 동안 통계작성의 주체와 통계작성상의 서식이 여러 번 바뀌어 이상의 통계자료를 시계열상으로 정리하는 것이 무리가 있을 수도 있으나 우리나라 어업 100년을 통계자료에 기초하여 분석한다는 차원에서 시도하였다.

1. 어가인구와 어가구수

조선통감부와 조선총독부가 발행한 통계연보에 의하면 제2차 한일협약(을사조약)으로 대한제국의 외교권을 일본에 박탈당한 다음 해인 1906년 한반도 인구는 13만 명에 조금 못 미치는 수준이었으며, 1942년 약 2배 증가하였다(그림 2). 1945년 8.15광복 이후 한반도는 북위 38도선을 기준으로 남한과 북한이 분할되어 미국과 소련에 의해 점령되면서 남한과 북한의 인구는 분리 집계되었다. 국가통계포탈(http://kosis.kr/)에 의하며 광복 직후인 1946년 남한인구는 2천만 명 수준이었다. 대한민국의 인구는 1980년대 초 4천만 명을 돌파하여 광복 직후 대비 2배 증가하였고, 2012년 6월 22일 5천만 명을 기록하였다.

---

3) 해무청(海務廳)은 1955년 2월 17일 해무청 직제에 의해 상공부 수산국과 교통부 해운국의 기능을 통합하여 신설되었다. 1961년 10월 1일 정부조직 개편으로 폐지되어 해무청의 수산업무는 농림부 수산국으로, 해운업무는 교통부 해운국으로 이관되었다. 이후 여러 번의 정부조직 개편이 있었다.

4) 한국은행 경제통계연보(http://www.bok.or.kr)

5) 수산통계연보는 정부조직개편으로 수산행정의 주무부처가 개편됨에 따라 기관명칭이 농림부→농수산부→농림수산부→농림부와 해양수산부→농림수산식품부로 변경되었고, 통계연보의 제목도 기관명칭에 따라 변경되었다.

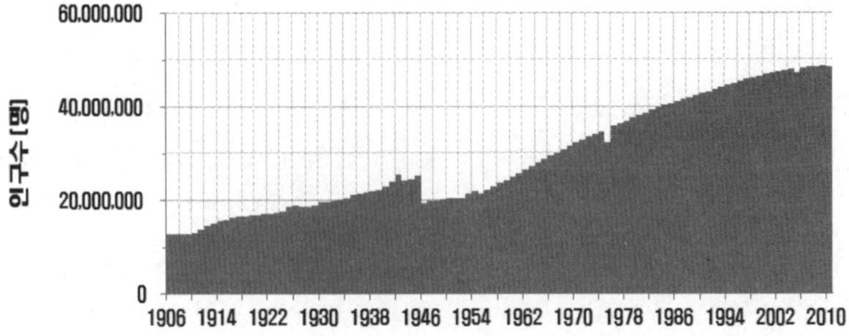

그림 2. 우리나라 인구 추이

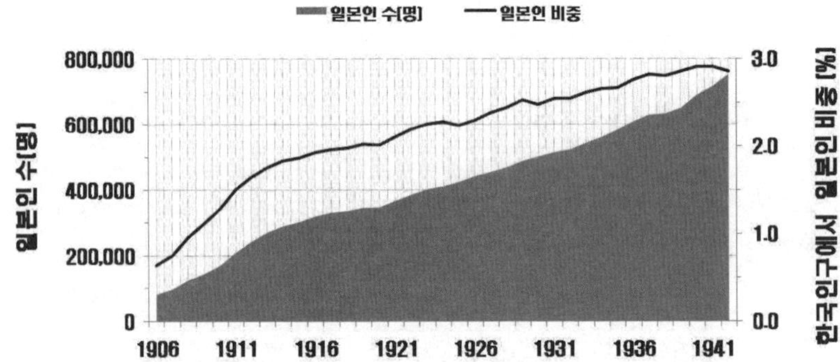

그림 3. 1906~1942년 한국에 거주하던 일본인 현황

조선통감부와 조선총독부가 발행한 통계연보에 의하면 1906년 한국에 거주하던 일본인은 한국 인구의 0.6%(약 83천 명)이었으나 1910년에는 1.3%(약 146천 명)로 증가하여 광복 전인 1942년에는 2.9%(약 752천 명)로 늘어났다(그림 3). 결과적으로 1942년 한국에 거주하던 일본인의 수는 1906년 대비 9배 증가하였다.

1911년에서 1932년까지 조선총독부 통계연보에는 한국인과 당시 한국에 거주하던 일본인의 어업통계를 구분하여 기재하고 있다. 1911년 한국인 어가구수 및 어가인구[6]는 각각 59천 호, 19만 명 수준이었으며 한반도 전체에서 어

6) 어가인구 및 어가구수는 어로어업과 양식어업을 기준으로 한 것으로 수산물 운반업과 제조업은 제외하였다.

가구수와 어가인구가 차지하는 비중은 각각 2.1%와 1.3%로 당시 국가경제에서 어업이 차지하는 비중이 미비한 수준이었다.[7] 같은 해 당시 한국에 거주하던 일본인 어가구수는 3.1천 호, 어가인구는 11.4천 명 수준이었으며 당시 한국에 거주하던 일본인 전체에서 어가구수와 어가인구가 차지하는 비중은 모두 14%정도로 한반도로 유입한 일본 인구에서 어업의 비중이 상대적으로 높았음을 알 수 있다.

1911년에서 1932년 사이 한반도 전체어가구수와 어가인구에서 당시 한국에 거주했던 일본인 어가인구 및 어가구수가 차지하는 비중은 평균적으로 각각 3.4%와 3.6%이었다(표 29). 한국인과 일본인 어가구당 평균구성원수는 각각 3.9명과 3.6명이었다. 조선총독부 어업통계에서 한국과 일본의 국적구분이 없어진 1933~1942년 사이 한국인과 당시 한국에 거주하던 일본인을 합한 어가인구는 1911~1932년 대비 20.8% 증가하는 가운데 어가구수는 거의 2배로 늘어나 어가구당 평균구성원수는 2.5명으로 감소하였다(표 29).

1911년부터 1918년까지 조선총독부 어업통계는 예외적으로 어가의 전업·겸업상태를 기재하고 있는데 당시 한국인 어가의 전업비율은 31.8%로 일본인 어가(76.9%)보다 낮았다(표 29). 이로써 한국인 어업종사자의 상당수가 피고용신분 또는 이에 준하는 위치에 있었음을 짐작할 수 있다.

표 29. 1911~1942년 어가구수 및 어가인구

	어가구수	어가인구	어가구당 인구	1911~1918년 전업비율(%)
1911~1932년				
한국인	81,738	317,190	3.9	31.8
일본인	2,936	10,685	3.6	76.9
합계	84,673	327,876	3.8	33.6
1933~1942년				
	161,181	395,974	2.5	

7) 참고로 1911년 한반도 전체가구수와 전체인구에서 농가수와 농가인구가 차지하는 비중은 각각 83%와 80%이었다.

1911년에서 1932년 사이 한국인 어가인구 및 어가구수는 2배 정도 증가하였으나 일본인 어가인구 및 어가구수는 1912년에서 1915년 사이 감소하였다가 이후 1911년 수준으로 증가하여 광복 때까지 유지되었다(그림 4). 일본인 어가인구의 감소는 일본인 어업인구의 유입은 한일합방 이전에 이루어졌음을 시사하는 동시에 조선총독부와 동양척식주식회사가 주도한 수산이민사업의 실패(제4장 이주어촌 건설과 동양척식주식회사 참조)와 관련될 것으로 보인다.

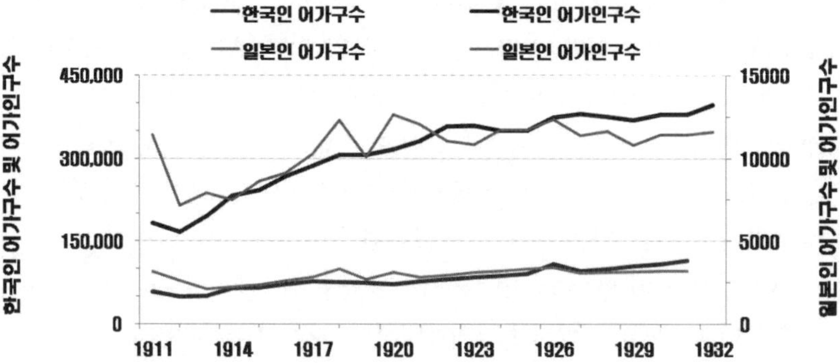

그림 4. 1911~1932년 한국인과 당시 한국에 거주하던 일본인의 어가구수 및 어가인구

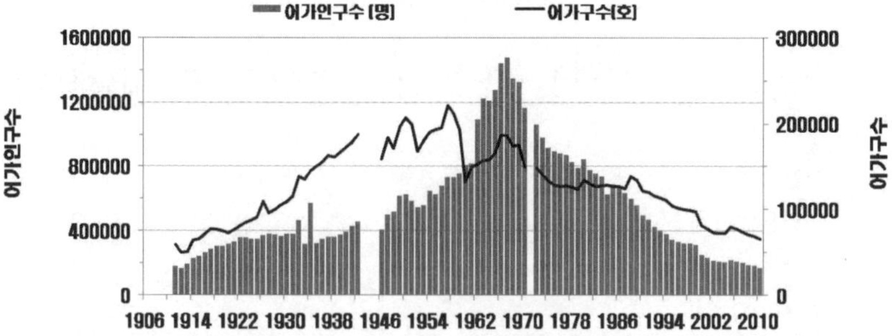

그림 5. 우리나라 어가인구 및 어가구수의 변화추이

1943년에서 1945년까지 3년간 어가 관련 자료를 확보하지 못했지만 광복 직후 1946년 어가구수와 어가인구는 1942년 대비 각각 23%(약 29천 가구), 11%(약 5만 명) 감소하였다(그림 5). 1933년 이후 조선총독부 어업통계에서 한국인과 당시 한국에 거주하던 일본인에 대한 국적구분은 없어졌지만 1911년에서 1932년 사이 당시 어가구수와 어가인구에서 일본인의 비중이 3% 정도의 수준이었고, 이후 일본인 어가 및 어가인구가 일정 부분 증가하였다고 해도 8.15광복 후 어가구수 및 어가인구의 감소는 일본인의 본국 귀국과 일본인 어가에 피고용 관계에 있던 한국인 어업종사자의 실직 또는 이직에 기인한 것으로 보인다.

조선총독부와 수산통계연보에 의하면 어가인구는 1910년 약 183천 명에서 1967년 1,477천 명 수준으로 8배 이상 증가하여 최고치를 기록하였다(그림 5, 표 30). 어가인구는 제1차 경제개발5개년계획(1962~1966년)이 실시된 전 기간과 제2차 경제개발계획(1967~1971년)이 시행되는 초기에 해당하는 1960년대 초에서 중반기에 가장 많았다. 이 시기는 실업문제가 심각한 사회문제로 대두되었던 때로 경제개발5개년계획이 시행되는 해에 제시한 실업률 목표(1963년에는 22~23%, 1966년에는 13%)을 보면 당시 상황을 짐작할 수 있다.[8] 하지만 국가통계포탈[9] 자료에 의하면 1963년 실업률은 8.1%에서 1966년 7.1%이었다. 실업률은 집계방법에 따라 차이가 있을 수 있기 때문에 이 시기 실제실업률은 국가통계에 기재된 수치보다 높았던 것은 분명한 것 같다. 1960년대 두드려졌던 어가인구의 증가는 당시 높은 실업률과 관련된 것으로 보인다.

---

8) 동아일보, 1962년 8월 11일, '人災(인재) 구직난(求職難)'

9) 국가통계포탈(http://kosis.kr/)에서 실업률은 15세 이상 경제활동 인구 중에서 군인, 전투경찰, 공익근무요원, 형이 확정된 교도소 수감자를 제외한 수치이다. 제1차 경제개발5개년계획이 실시되는 동안 비농가의 실업률(14.2%)로 농가(3.1%)보다 약 5배 높았다.

표 30. 우리나라 인구 및 어가 현황

	전체인구	어 가			
		인구	가구수	가구당 평균 구성원수	전업 비율
1910년대*	12,934,182	243,054	65,583	3.7	33.6
1920년대*	15,468,335	356,628	90,256	4.0	-
1930년대*	20,850,664	390,076	143,585	2.8	-
1940년대**	22,548,037	475,945	178,117	2.7	-
1950년대	21,946,730	648,775	195,699	3.3	-
1960년대	28,316,800	1,202,146	163,223	7.3	24.1
1970년대**	34,646,900	931,496	133,581	7.0	11.8
1980년대	40,440,900	689,156	129,553	5.3	14.8
1990년대	44,623,167	381,551	108,427	3.5	22.7
2000년대	47,808,094	213,322	74,899	2.8	32.1

* 1910~1942년 당시 한국에 거주하던 일본인 제외

** 1943~1945년 및 1971년 어가자료 미포함

1960년대 이후에 지속된 인구증가에도 불구하고 경제개발5개년계획 실시로 산업구조가 개편되면서 어가인구수는 최근 1910년대 수준으로 떨어졌다. 지난 100년 동안 우리나라 전체인구에서 어가인구의 비중은 평균적으로 2.1%(최소 0.4%, 최대 4.9%)이었다(그림 5). 어가인구수는 광복 직후인 1946년 2.1%에서 1960년대 중반 4.9%까지 증가하였다가 이후 지속적으로 감소하여 최근 0.4%로 낮아졌다.

어가구수는 1910년 약 59천에서 1957년 221천 수준으로 4배가량 증가하였으나 이후 감소세로 돌아서 최근에는 1910년대 수준으로 감소하였다(그림 5, 표 30). 어가구수는 광복 전후에서 한국전쟁 휴전 이후인 1950년대까지 가장 많았고, 1950년대 중반에서 1960년대 중반에 이르는 시기에는 어가구수는 감소하는 가운데 어가인구는 증가하였다. 이 시기 어가인구의 증가는 당시 높은 실업률을 고려할 때 실업인구의 유입과 관련이 있을 것으로 보인다.

그림 6. 어가구당 평균구성원수 및 전업어가 비중의 변화추이

어가구의 평균구성원수(최소 2.2명, 최대 8.0명, 평균 4.3명)는 1960년대 가장 높았고, 2000년대 가장 낮았다(그림 6, 표 30). 어가인구는 1946년에서 1967년까지 지속적으로 증가세를 이어갔지만 어가구수는 1946년 이후 증가하여 1957년 최대치를 기록한 후 감소추세로 돌아서 어가구의 평균구성원수는 2.6명에서 최대 8명까지 높아졌다. 이 시기 어가구수의 변화추이를 고려할 때 어가인구의 증가는 출생률에 의한 자연증가로만 보기 어렵고, 외부로부터 가구를 구성하지 않은 인구의 유입이 있었음을 보여준다. 반대로 1970년대 이후에는 어가구수보다 어가인구의 감소폭이 더 커져 어가구의 평균구성원수는 지속적으로 감소하여 2009년에 2.6명 수준으로 낮아졌다. 어가의 전업비율은 평균적으로 22.9%(최소 10.1%, 최대 39.0%)이었으며 시기적으로 1970년대 가장 낮았고, 2000년대 가장 높았다.

1960년에서 1989년까지 수산통계연보에서는 어가구를 경영자가구와 피고용자가구로 구분하고 있는데 1960년에서 1967년 사이 경영자가구수는 약 42% 증가한 반면 피고용자가구수는 감소하여 거의 정체상태에 머물고 있다(그림 7). 1967년 이후에는 어가인구뿐만 아니라 경영자 및 피고용자 가구수도 감소하였다. 1989년 경영자가구수는 1960년 대비 액 10% 감소한 반면 피고용자가구수는 거의 4분의 1수준으로 급감하였다. 피고용자관계에 있는 어가의 지속적인 감소로 경영자어가구 대 피고용자어가구수의 비율은 1961년 0.3에서 1989년 0.1로 감소하여 어가구조가 경영자가구 중심으로 변화하였음을 알 수 있다

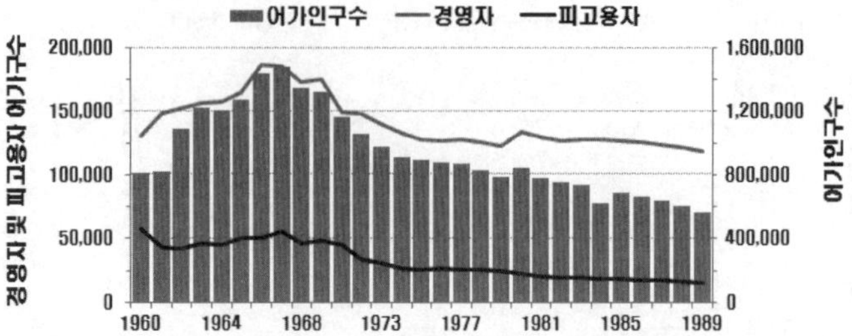

그림 7. 1960~1989년 어업경영자가구와 피고용자가구

1970년에서 1989년까지 수산통계연보는 예외적으로 경영자 및 피고용자가구의 전업과 겸업상태를 기재하고 있는데 이 시기 피고용자가구의 전업률은 평균적으로 28.2%로 경영자가구(15.8%)보다 높았다(그림 8). 1989년 어가구수는 1970년 대비 31.1%(약 6만 가구) 감소하였는데, 감소분의 80.5%는 경영자 및 피고용자 겸업어가에서 발생하여 결과적으로 어가의 전업비율이 높아졌다. 1989년 이후에도 어가의 전업비율은 지속적으로 증가하여 최근 30% 수준에 이르렀다.

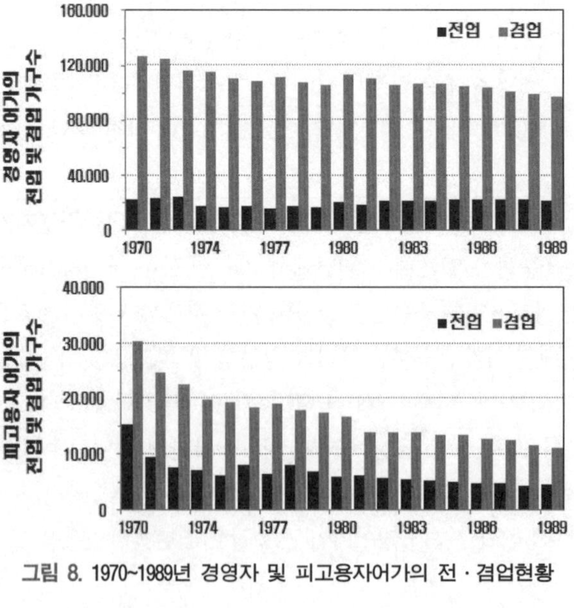

그림 8. 1970~1989년 경영자 및 피고용자어가의 전 · 겸업현황

어가구에서 경영자가구의 비율은 1970년 77%에서 1989년 88%로 증가한 반면 피고용자가구의 비율은 23%에서 12%로 감소하였다(그림 8). 그림 7에서 1969년 전업비율은 27%에서 1970년 12%로 급감하였는데, 이는 전업경영자가구수가 1년 사이 3분의 1수준으로 급감하였기 때문이다. 1990년 이후 어업통계에서 피고용자가구의 전업 및 겸업상태가 기재되지 않았지만 경영자어가구 대 피고용자어가구의 비율이 1961년 0.3에서 1989년 0.1로 감소한 추세를 고려할 때 어가의 경영구조는 피고용자가 없는 자영형태로 전환되었던 것으로 보인다.

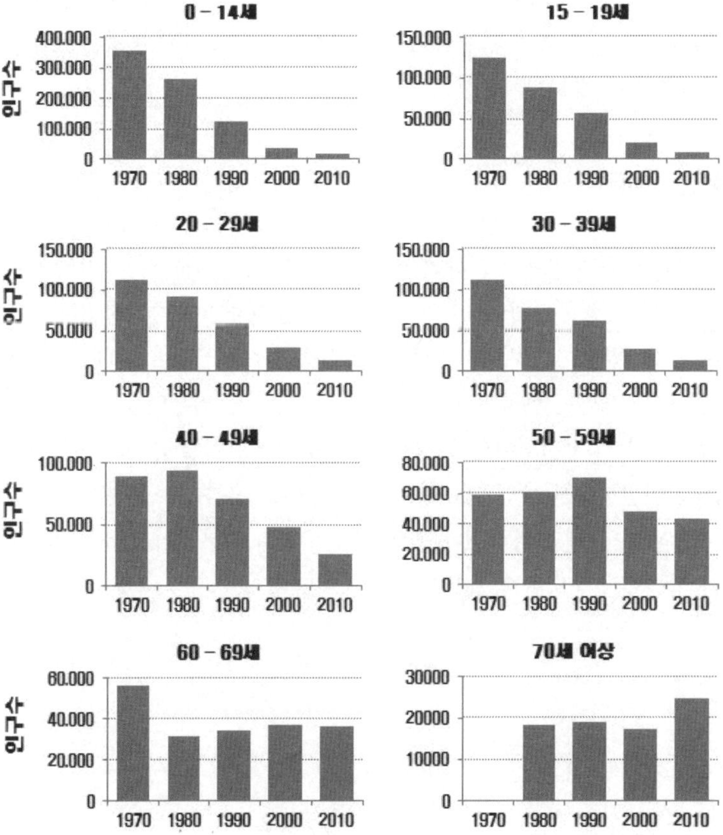

그림 9. 연령별 어가인구 구성

수산행정을 담당하는 중앙부처에서 매년 발행하는 수산통계연보와는 별도로 통계청에서 10년마다 어업총조사를 실시하고 있다. 1970년 이후 실시된 어업총조사 결과(http://kosis.kr)에는 어가인구의 연령구조를 포함하고 있다(그림 9). 전체어가인구에서 39세 이하가 차지하는 비중은 1970년 77.6%에서 최근 28.3%로 감소한 반면 같은 기간 60세 이상의 비중은 6.2%에서 33.5%로 증가하였다. 1962년부터 실시된 경제개발5개년계획으로 산업화가 추진되면서 우리나라 산업구조는 급격한 변화를 겪게 되었다. 산업화의 영향으로 어업분야에서 젊은 층의 이탈이 지속되어 결과적으로 어가인구의 노령화가 급속하게 진행되고 있음을 보여준다. 젊은 층의 어업분야 신규진입에 대한 자료를 확보하지 못했지만 젊은 층의 신규유입은 이탈수준을 보충하지 못하는 미비한 수준일 것으로 생각된다.

2. 어선세력

조선총독부 통계연보에 의하면 1911년 어선척수는 13천여 척이었으며, 이후 연평균 5.5%씩 증가하여 1942년에는 1911년 대비 5배 증가하였다(그림 10). 우리나라가 일본의 식민치하에 있을 때 조선총독부가 집계한 1911년에서 1932년까지 어업통계에는 한국인과 당시 한국에 거주하던 일본인을 구분하여 기재하고 있다. 이 시기 전체어선척수의 80.5%를 한국인이 소유하고 있었지만 어가당 평균어선척수를 보면 한국인은 평균적으로 0.3척을 보유하여 일본인(1.8척)의 6분의 1수준에 불과하였다(표 31).[10] 한국인과 일본인이 소유한 어선은 그 규모와 성능에서 상당한 차이가 있었을 것이다.

10) 참고로 1911~1932년 당시 한국인과 일본인 어가구당 평균구성원수는 각각 3.9명과 3.6명이었다.

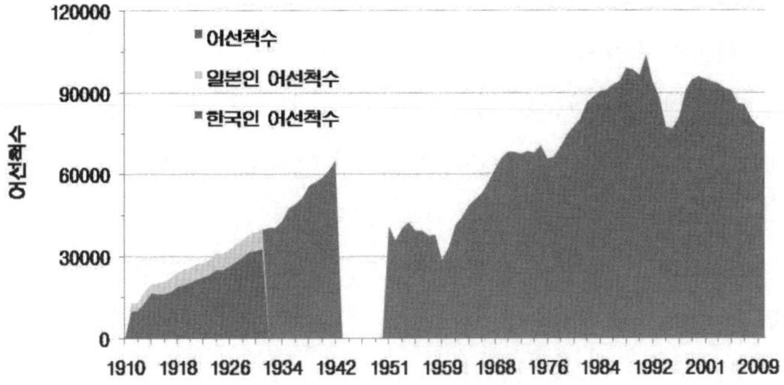

그림 10. 어선척수의 추이

표 31. 한국인과 한국에 거주한 일본인 소유의 어선척수 비교

	평균어선척수	어가구수	가구당 평균어선척수
1911~1932년			
한국인	21,929	81,738	0.3
일본인	5,315	2,936	1.8
합계	27,244	84,673	0.3
1933~1942년			
	51,990	161,181	0.3

1911~1932년 사이 한국인 어가가 평균적으로 보유한 어선척수(0.3척)는 당시 한국인 어가의 전업비율 31.8%와 비교할 만한 수준이다(표 29, 31). 당시 한국인 어가의 대부분은 어선을 구입할 자본력이 부족하여 어선을 소유하지 못한 것으로 보이며, 어선을 소유하지 못한 어업종사자의 상당수는 한국인 또는 일본인 어선 소유주와 피고용 관계를 유지하였을 것으로 보인다. 이 시기 한국에 거주한 일본인 어가의 평균구성원수(3.6명)와 일본인 어가가 보유한 평균어선척수(1.8척)를 보면 일본인 어가는 한국인 노동력에 의존할 수밖에 없는 구조였음을 알 수 있다.

1911년에서 1932년 사이 일본인 소유의 어선에 대한 구체적인 자료를 확보하지 못했지만 개항부터 19세기 말까지 우리나라 해역에서 조업한 일본인 통어어선의 대부분이 5인승 규모였던 점과 한일합방 전후 어업제도 및 어업의 발전을 고려하면 일본인 어가는 적어도 5~10명의 한국인을 고용하였을 것으로 보인다. 그렇다면 당시 한국인 어가의 18~36%가 일본인과 피고용 관계에 있었다고 볼 수 있다. 하지만 이 시기 어업제도의 변화를 고려하면 당시 일본인 어가는 10~20명의 한국인을 고용하였을 수도 있었고 그렇다면 한국인 어가의 36~72%가 일본인과 피고용 관계에 있었다고 유추할 수 있다. 이 시기 어선을 소유하지 못한 한국인 어업종사자의 70%정도의 고용조건이 어기(漁期)에 제한되었다고 본다면 이들은 일본인에게 고용된 겸업어가로 간주할 수 있을 것이다(표 29, 31). 이 수치를 1911년에서 1932년 사이 한국인 어가의 전업비율(31.8%)과 어가구당 보유 평균어선척수(0.3척)와 비교해보면 상당한 설득력을 가진다. 어선을 소유한 한국인 전업어가라 해도 대부분은 영세성을 벗어나지 못하는 수준이었을 것으로 짐작된다.

조선총독부 어업통계에서 한국인과 일본인의 국적 구분이 없어진 1933~1942년 사이 어선척수와 어가구수 모두 1911~1932년 대비 약 2배 증가하여 가구당 평균어선척수는 0.3척으로 변함이 없었다(표 31). 하지만 어선세력에서 당시 한국에 거주하던 일본인의 우세는 지속되었을 것으로 보인다.[11)]

1943년에서 1950년 사이 어선자료를 확보하지 못하였지만 수산통계연보에 의하면 1951년 어선척수는 41천여 척으로 1942년(65천여 척)에 비해 약 37% 감소하였다(그림 10). 이 시기 어선척수의 감소는 1945년 광복으로 한국에 거주하던 일본인이 어선과 함께 본국에 돌아간 것과 관련이 있을 것이다. 또한 1950년 발발한 한국전쟁으로 직 · 간접적으로 영향을 받았을 것이다.

---

11) 참고로 1933~1937년 자료에 의하면 농민의 55.5%가 순수한 소작인, 25.6%가 자작 겸 소작인이었으며 순수자작농민의 비중은 18.9%에 불과하였다. 자작농민이라고 해도 이들의 경작 규모를 보면 대부분 영세한 수준이었다.

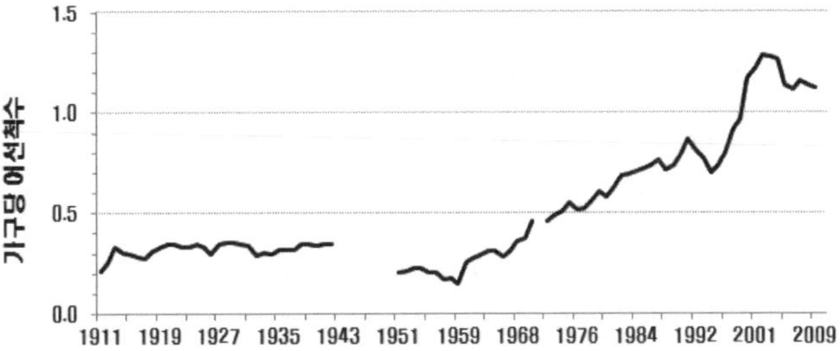

그림 11. 어가구당 평균어선척수의 변화추이

수산통계연보에 의하면 1950년대 평균어선세력은 38천여 척으로 어가구당 보유 평균어선척수는 일제치하 0.3척보다 적은 0.2척이었다(그림 11). 이는 한국전쟁 전후복구과정이 활발히 진행되었던 시기임에도 불구하고 어선세력은 광

표 32. 어선세력 변화

	톤수(G.T)				
	합계	동력선		무동력선	
		총톤수	척당 톤수	총톤수	척당 톤수
1950년대	109,706	48,809	11.3	60,897	1.8
1960년대	224,234	131,367	15.5	92,868	2.2
1970년대	583,168	516,215	23.3	66,953	1.4
1980년대	860,612	837,438	12.1	23,174	1.1
1990년대	957,740	945,237	12.2	12,504	1.1
2000년대	767,364	746,893	8.7	3,214	0.8

	척수			마력수 (H.P)
	합계	동력선	무동력선	
1950년대	38,171	4,326	33,845	104,745
1960년대	50,896	8,065	42,831	304,190
1970년대	68,876	23,231	45,645	1,442,903
1980년대	89,934	69,622	20,312	3,475,164
1990년대	89,335	77,541	11,794	8,946,438
2000년대	89,073	85,113	3,960	14,708,678

복 이전 수준으로 회복되지 못했음을 말한다. 어선세력은 1960년에 들어서서 광복 이전 수준으로 회복하였으며, 어가구당 평균어선척수는 1970년 0.5척 수준에 도달한 이후 꾸준히 증가하여 최근 1.2척으로 높아졌다.

1950년대 평균어선세력에서 동력선의 비중은 11.5%이었다(그림 12, 표 32). 이 시기 동력선의 척당 톤수(G.T.)는 11.3, 척당 마력수(H.P.)는 104,745이었으며, 무동력선의 척당 톤수는 1.8이었다. 무동력선은 1970년을 정점으로 급감하여 1978년에는 51.7%로 감소하였다. 1979년 전체어선척수에서 동력선의 비중은 무동력선을 추월한 후 지속적으로 증가하여 2000년대 평균비중은 95.6%로 늘어났다.

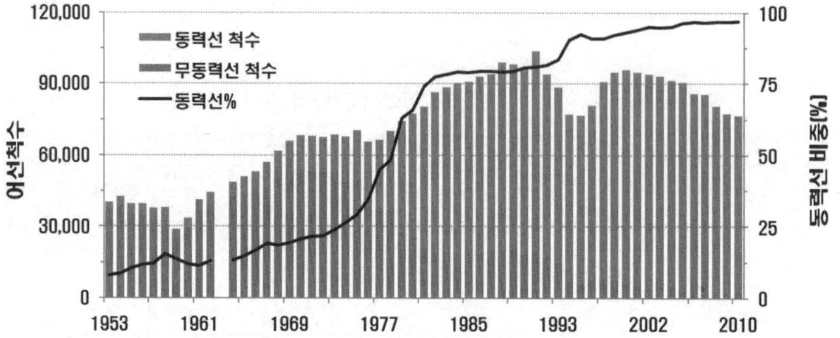

그림 12. 동력어선과 무동력어선 척수

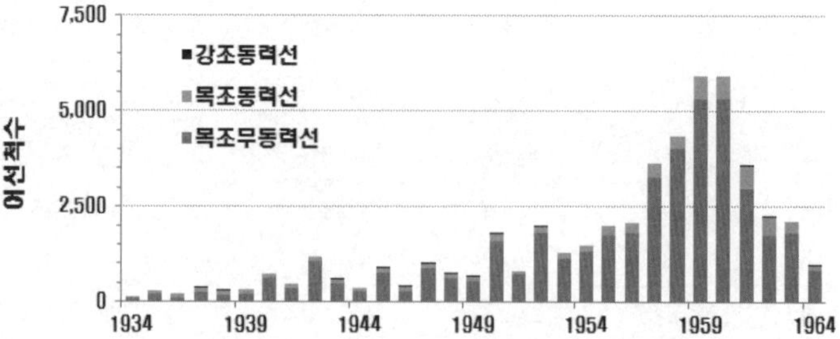

그림 13. 1964년 당시 어선의 건조 년도별 척수

1964년 수산통계연보에는 예외적으로 당시 어선(48,716척)을 건조 년도로 분류하고 있는데 1957년에서 1961년 사이 건조된 어선의 비중이 47%(23,446척)로 이 시기 어선건조가 활발히 이루어졌음을 알 수 있다(그림 13). 하지만 1958년에서 1959년 사이 어선척수는 24.2% 감소하였는데(그림 12) 이는 신규 어선의 건조와 함께 노후어선이 폐선 되었기 때문으로 보인다.

노후선 폐지 5년계획 추진

(동아일보, 1956년 1월 8일)

상공부(商工部)에서는 육일 해무청((海務廳)으로부터 송부된 노후선박폐선5개년계획(老朽船廢船五個年計劃)을 검토 후 대통령 결재가 있는 대로 재무, 해무 등 관계당국과 동 계획 시행에 관한 세칙(細則)을 작성하여 곧 착수할 것이라 한다. 관계당국에서 이 날 전하는 바에 의하면 현 국내선박보유량 중 대부분이 노후선박이며 따라서 해상사고(海上事故)가 빈번하여 조선계획과 병행한 노후선박의 조직적인 폐선조치가 절실히 요청되고 있었던 것이라는데 이제 동 조선계획(造船計劃)의 급속한 추진과 항해안전보장을 주목적으로 전기 오개년계획이 작성된 것이라 한다.

동 계획에 의하면 88년도(1955년)부터 오는 92년도(1959년)까지 5년 간 현 보유선박 중 27톤 이상으로서 취항(就航)연수가 목선(木船)은 20년, 철선(鐵船)은 32년 이상 경과된 선박을 연차적으로 폐선조치를 하여 동 기간 중에 총 35천 톤, 약 4백여 척을 폐기하는 것이라는데 89년(1956년) 중 폐선대상톤수는 총 85백 톤이라 한다. 또한 폐산대상선박보유자에 대하여서는 폐선 후에 보상조치가 있을 것이라는 바 전기계획에 의한 보상예정총액은 약 13억 환에 달하고 있으나 동 보상금의 재원에 관하여서는 상금(尙今, 아직) 명백히 되어있지 않다.

어선의 동력화(動力化)와 함께 선질(船質)에서 변화가 나타났다. 1964년 어선의 86.7%는 무동력선이었고, 당시 동력선에서 강조선의 비중은 0.9%임을 보아 초기 어선동력화는 목조를 중심으로 이루어졌음을 알 수 있다(그림 12, 13). 1968년부터 수산통계연보에서 선질별 어선정보를 기재하고 있는데 1980년대까지 동력선은 선질에서 목조와 강조가 절대 우위에 있었다(그림 14). 1968년 이래 동력선에서 강조선의 평균비율은 5%(2,888척) 내외였으며, 2000년대 들어

2.9%(2,483척)로 낮아졌다. 동력선에서 목선의 비율은 1968년 95.2%(10,963척)에서 2000년대 23.2%(19,928척)로 감소한 반면 1969년 F.R.P.[12]선 9척이 등장한 이래 그 비중은 1999년 목선을 추월하였으며 최근 83.2%로 높아졌다.

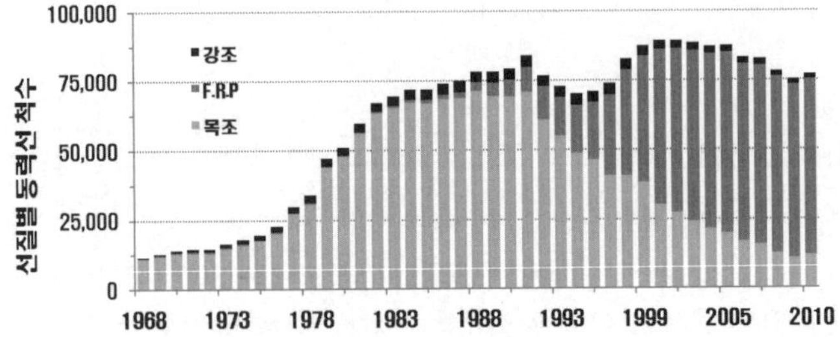

그림 14. 동력선의 선질별 어선척수의 추이

1950년 이래 최근까지 어선의 척수가 2.3배 증가하는 동안 어선의 총톤수는 6.8배, 총마력수는 140배 증가하였다(표 32). 무동력선의 척당 평균톤수(1.4톤)는 동력선(14.0톤)의 10분의 1수준이다. 2000년대 무동력선의 척당 평균톤수는 0.8톤으로 1950년대(1.8톤) 대비 53.3%, 동력선은 1950년대 11.3톤에서 2000년대 8.7톤으로 22.4% 감소하였다. 동력선의 척당 평균톤수가 감소하였음에도 불구하고 척당 평균마력수는 1950년대 24.5 H.P.에서 2000년대 172.8 H.P.로 7.1배 증가하였다(그림 15). 동력선의 척당 평균톤수는 1974년을 고점으로 이후 지속적으로 감소하고 있으나 척당 평균마력수는 최근 증감을 반복하고 있다. 척당 평균마력수는 1953년(20.5 H.P.)에서 1978년(78.8 H.P.)까지 증가하였다가 1982년 41.7 H.P로 감소한 뒤 2002년 최고치(197.3 H.P.)에 이를 때까지 가파르게 증가하였다. 최근 척당 평균마력수는 감소하는 추세이다.

12) F.R.P.선은 유리섬유강화플라스틱(Fiber Reinforced Plastics)을 골격으로 하여 불포화폴리에스테르수지로 만든 것으로 강화플라스틱선이라 하기도 한다. 제2차 세계대전 중 미국에서 개발된 것으로 가볍고 강하며 흡수성이 없으며 부식되지 않을 뿐 아니라 자성(磁性)이 생기지 않고 내구성도 좋아 소형선박의 구조재(構造材)로 적합하다.

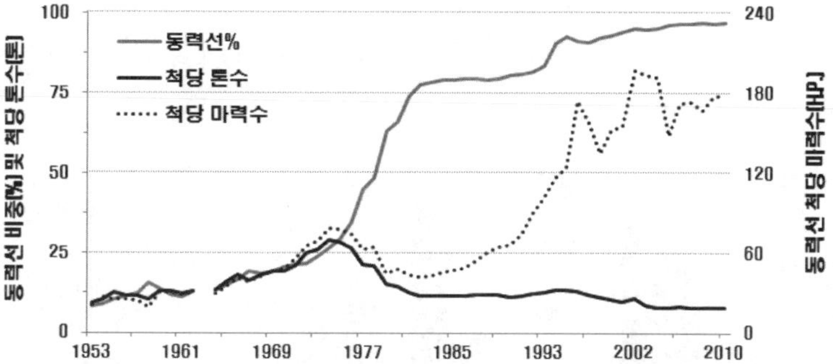

그림 15. 동력선의 비중, 척당 평균톤수 및 평균마력

1964년 이후부터 유용한 선령별 어선척수자료에서 5년 이하 어선과 21년 이상 어선이 차지하는 비중은 평균적으로 각각 35%, 7% 수준이었다(그림 16). 5년 이하 어선의 비중이 가장 높았던 시기는 1969년부터 1982년까지이었으며, 20년 뒤인 1999년부터 2001년 사이에도 5년 이하 어선의 비중이 평년보다 높았다. 이 시기에 어선의 건조가 활발하였음을 알 수 있다. 반면 21년 이상 어선의 비중은 1964년 12%에서 1978년 1%수준으로 감소하였다가 이후 지속적으로 증가하는 추세에 있다. 1970년대 선박의 동력화와 함께 어선의 신규건조와 노후어선의 정리가 활발히 진행되었음을 알 수 있다. 최근 5년 이하 어선의 비중은 21%로 신규어선의 건조가 저조한 가운데 21년 이상 어선의 비중은 평균보다 높은 12% 수준을 유지하고 있다.

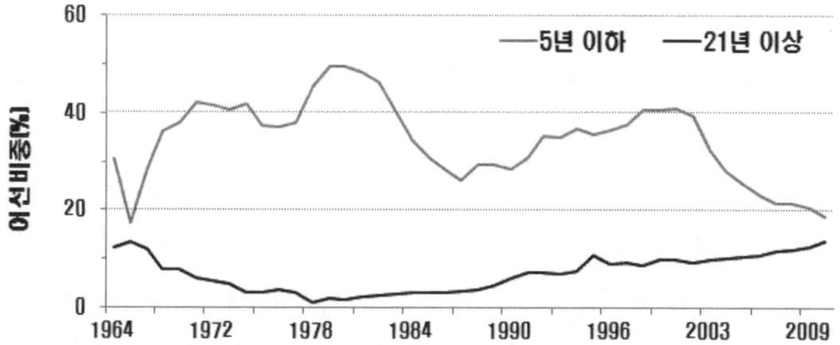

그림 16. 5년 이하와 21년 이상 선령의 어선비중

수산통계연보에서 톤별 어선척수 자료는 1964년부터 유용하며, 연도에 상관없이 우리나라 어선의 85.8%는 5톤 미만의 소형이며, 50톤 이상 어선의 비중은 2.9%에 불과하다(그림 17).

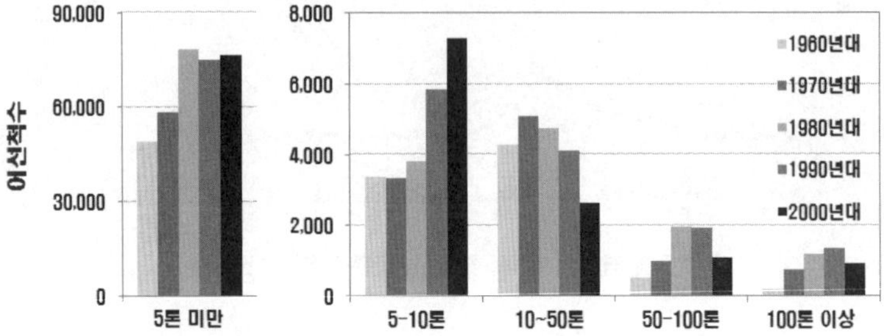

그림 17. 톤별 어선척수의 변화

수산통계연보에서 어업별 어선세력이 기재되기 시작한 것은 1966년부터이며, 원양어업(452.2톤)의 어선규모가 해면어로어업(6.7톤)과 양식어업(1.2톤) 어선에 비해 월등히 크다(표 33, 그림 18).

원양어업에서 2000년대 평균어선척수는 1960년대 대비 3배가량 증가하였지만 1976년 최고치(878척)를 기록한 이후 감소하는 추세이다. 하지만 원양어선 척당 평균톤수와 마력수는 지속적으로 강화되어 2000년대에 들어 1960년대 대비 각각 2.2배와 2.7배 증가하였다(그림 18, 표 33).

해면어로어업(연근해어업)에서 어선척수는 1960년대 대비 2000년대에 1.4배, 척당 평균마력수는 6.2배 증가한 반면 척당 평균톤수는 1980년대까지 증가하다 감소하여 최근 1960년대와 비슷한 수준이다(그림 18, 표 33).

해면양식어업에서는 어선의 척수 증가와 동력화가 진행되었음에도 불구하고 어선 척당톤수는 평균적으로 1.5톤 미만의 소형이 주를 이루고 있으나 2000년대 척당 평균마력수는 1960년대 대비 12배 이상 증가하였다(그림 18, 표 33).

내수면어업은 평균적으로 1톤 미만의 소형어선이 사용되며, 어선척수는 지속적으로 증가하는 추세이다(표 33). 내수면어업은 해면어업에 비해 어선의 동력화가 늦게 진행되어 2000년대 동력어선의 비중이 82% 수준이며, 동력화 진행률이 50%에 이르는 1990년대 이후 어선 마력수의 증가가 두드러진다.

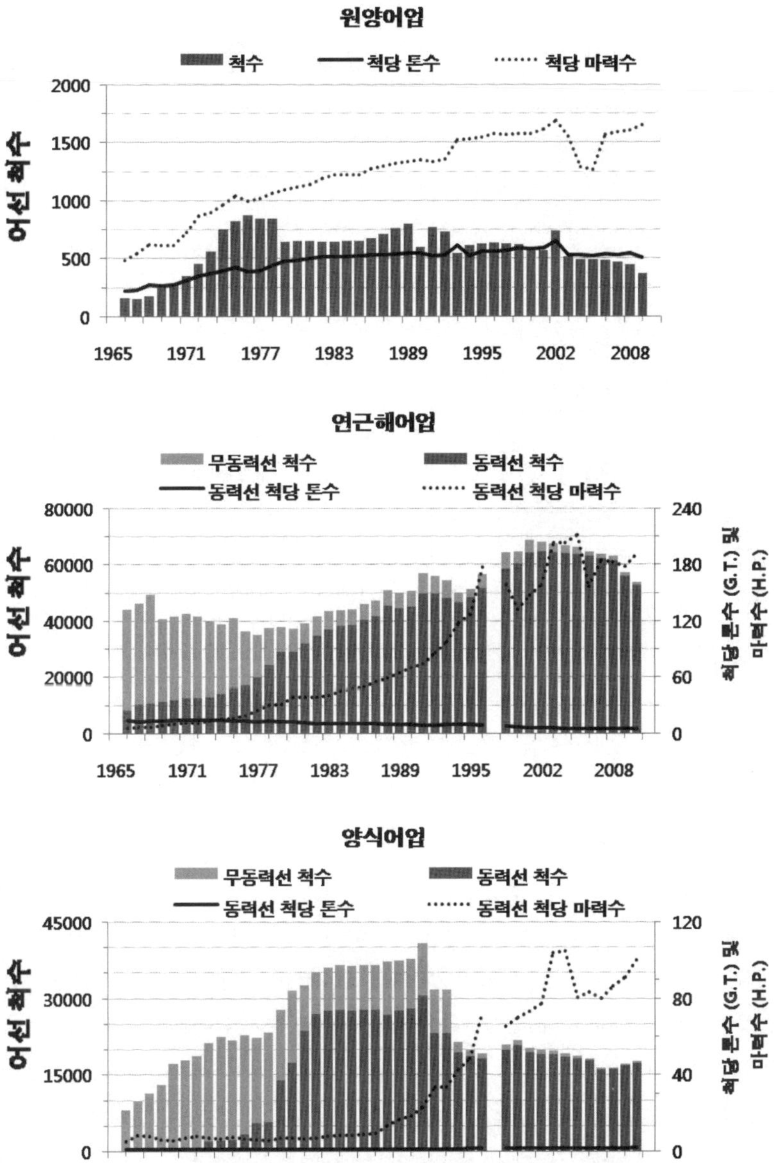

그림 18. 어업별 어선척수, 척당 톤수 및 마력수 추이

표 33. 어업별 년대별 어선세력의 변화

어업별	어선 내역	1960 년대	1970 년대	1980 년대	1990 년대	2000 년대
원양 어업	척수	189	644	684	668	523
	동력선(%)	100	100	100	100	100
	척당 톤수	246.2	383.1	518.5	552.8	560.6
	척당 마력수	567.7	928.7	1,234.9	1,473.4	1,533.0
해면 어로 어업	척수	45,105	39,277	44,374	54,838	64,975
	동력선 (%)	22.4	43.9	85.6	91.1	96.5
	척당 톤수	4.5	6.8	9.3	8.0	5.1
	척당 마력수	30.4	40.7	55.2	127.0	188.2
해면 양식 어업	척수	10,601	21,566	35,638	27,961	18,777
	동력선 (%)	1.2	15.5	73.1	83.7	97.1
	척당 톤수	1.0	1.1	1.2	1.3	1.5
	척당 마력수	6.9	6.7	9.3	42.2	85.1
내수면 어업	척수	147	1,306	3,084	2,752	4,136
	동력선 (%)	0.8	12.9	39.7	59.8	82.3
	척당 톤수	1.2	0.9	0.8	0.7	0.8
	척당 마력수	0.1	0.9	3.9	20.3	51.1

3. 어업생산량

조선총독부 통계연보에 의하면 1913년 한반도 연간어로어업생산량은 166,335톤이었으며, 이후 어업생산량은 연평균 14.1%씩 증가하여 1939년에 사상 최고치(2,046,244톤)를 기록할 때까지 12배 급증하였다(그림 19). 이 같은 가파른 성장은 일제가 자원수탈을 목적으로 한국의 연안어장을 적극적으로 개발하였기 때문에 가능할 수 있었다. 하지만 최고치를 기록한 후 어업생산량은 연평균 48%씩 급감하여 1944년에는 최고치의 7분의 1수준(295,803톤)으로 감소하였다.

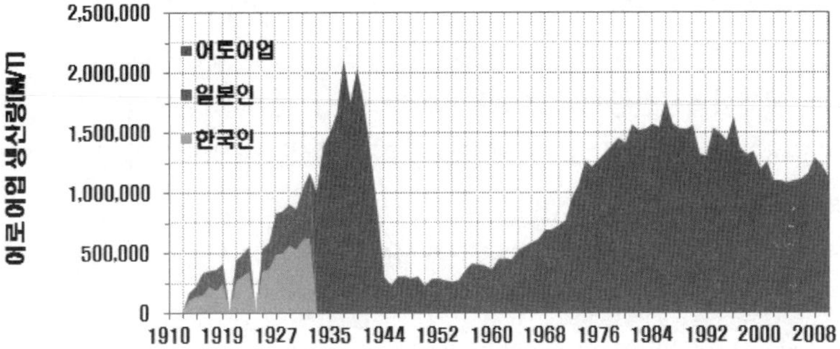

그림 19. 연간어업생산량 추이

일본 식민지시대 어업개발정책은 별다른 자원보호 또는 관리대책 없이 어획노력의 투입에 의한 생산량 향상에 치중한 결과 남획에 의한 자원감소를 피하기 어려웠던 것으로 보인다. 지난 한 세기 동안 연간어로어업생산량은 1939년 최대치를 기록한 이후 47년 뒤인 1986년에 두 번째 최고치(1,777,599톤)를 기록하는데 1939년 최고치에 미치지 못한다(그림 19).

일본 식민지시대 통치기구였던 조선총독부가 집계한 1911년에서 1932년 사이 어업통계는 한국인과 당시 한국에 거주하던 일본인을 구분하고 있으며 어획생산량기록은 1913년부터 기재되었다. 이 기간 동안 전체어가에서 한국인 어가의 비중은 97%이었으며, 어선의 81%를 한국인이 보유하고 있었으나 전체

표 34. 1911~1932년 어업생산량

	어획량 (톤)	어가구 수	어선 척수	척당 어획량(톤)	가구당 어획량(톤)
1911~1932년					
한국인	347,308	81,738	21,929	15.8	4.2
일본인	246,441	2,936	5,315	46.4	83.9
합계	593,749	84,674	27,244	21.8	7.0
1933~1942년					
	1,539,350	161,181	51,990	29.1	9.6

어업생산량에서 한국인이 차지하는 비중은 58.5%이었다(표 29, 31, 34). 다시 말해 당시 전체어가의 3% 내외를 차지하던 일본인이 전체어선의 20% 상당을 소유하여 전체어업생산량의 41.5%를 생산하였다는 것이다. 일본인 소유의 20%의 어선이 전체어획량의 42%를 생산한 것은 어선성능에서의 우위 말고는 따로 설명하기 어려울 것으로 보인다.

한국인 소유의 어선 한 척당 연평균생산량(15.8톤)은 일본인(46.4톤)의 3분의 1 수준으로 일본인이 소유한 어선의 규모와 성능이 월등히 높았음을 보여준다(표 34). 또한 가구당 연간어업생산량을 보면 일본인 어가(83.9톤)가 한국인(4.2톤)에 비해 20배 높았다. 조선총독부가 발행한 어업통계에서 국적 구분이 없어진 1933~1942년 연평균어획량은 1911~1932년 대비 2.6배 증가한 반면 이 기간 어선척수와 어가구는 모두 2배가량 증가하여 척당 평균어획량과 가구당 평균어획량은 각각 1911~1932년 대비 33.5%와 37.1% 증가하였다.

1945년 광복부터 한국전쟁이 발발한 1950년까지 연평균어업생산량은 1910년대 평균수준(304,468톤)에 미치지 못하는 273,279톤이었다(그림 19). 1940년대를 통해 나타나는 연간어업생산량 감소는 1930년대 비약적인 어획량 증가로 인한 자원감소와 광복 이후 어획생산량에서 높은 비중을 차지하던 일본인의 본국 귀국으로 어획노력 감소, 남한과 북한의 어업통계 분리 등에 기인한다고 할 수 있다.

수산통계연보에 의하면 한국전쟁(1950~1953년)이 있었던 1950년대 30만 톤 수준이었던 어로어업의 연평균생산량은 이후 지속적으로 증가하여 1986년에 1939년 연간생산량 최고치(2,046,244톤)의 87% 수준인 두 번째 최고치(1,777,599톤)를 기록하였다(그림 19). 1986년 고점이후 연간어로어업생산량은 지속적으로 감소하여 2000년대 연평균생산량은 1986년 고점 대비 65.4%수준인 1,162,313톤이다.

우리나라 어업통계에서 어업별 연간생산량이 구분되어 기재되기 시작하는 것은 1962년부터이며 연간어업생산량의 99.2%는 해면에서 생산된다(그림 20, 표 35). 해면어업은 연근해어업(55.6%), 원양어업(20.0%)과 천해양식어업(24.4%)을 포함한다. 1986년 상업포경이 금지되기 전까지는 포경어업생산량도 연간어업생산량에 합산되었으며, 포경어업이 연간어획생산량에서 차지하는 비중은 0.2%(1,751톤) 수준이었다. 연간어업생산량에서 내수면 어로와 양식어업이 차지하는 비중은 통계가 작성된 이래 줄곧 1% 수준이었다.

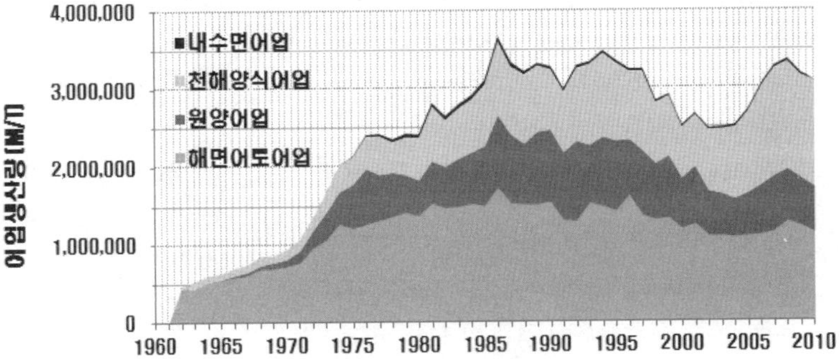

그림 20. 어업별 연간어업생산량 추이

1960년대 연간어업생산량에서 4.0%의 비중을 차지하던 원양어업의 연평균 생산량은 26,822톤으로 1992년 최대치(1,023,926톤)에 도달하기까지 연평균 39.6% 성장하였다(그림 20, 표 35). 1992년 고점이후 연평균성장률은 -1.9%로 돌아섰으며, 2000년대 원양어업의 연평균어업생산량(619,403톤)은 1980년대 평균 대비 12.6%, 고점대비 39.5% 감소하였다. 원양어업이 연간어업생산량에서 차지하는 비중은 최대 31%에 달하였으나 1970년 이후 평균적으로 23%의 비중을 유지하고 있다.

우리나라 어업생산량에 가장 높은 비중을 차지하는 연근해어업의 1962년 연간생산량은 448,117톤이었으나 이후 연평균 6%의 성장률을 보이며 1986년 고점(1,725,820톤)을 기록하였다(그림 20, 표 35). 고점 이후 연평균성장률은 -1.4%를 기록하며, 2000년대 연평균생산량은 1986년 고점대비 32.9% 감소한 1,158,031톤이다. 1960년대 연간어업생산량에서 해면어로어업이 차지하는 비중은 84%이었으나 1970년대 이후 원양어업과 양식어업의 발전으로 2000년대 41%로 낮아졌다.

표 35. 어업별 연평균생산량(톤)

	1960년대	1970년대	1980년대	1990년대	2000년대
해면어업					
원양어업	26,822	419,017	708,592	840,682	619,403
어로어업	567,219	1,131,240	1,513,640	1,421,566	1,158,013
양식어업	79,762	315,199	749,551	902,275	1,021,521
소 계	673,802	1,865,456	2,991,784	3,164,523	2,798,936
내수면어업					
어로어업	917	12,188	40,870	11,781	7,843
양식어업	42	667	4,591	17,977	15,848
소 계	960	12,855	45,461	29,758	23,691
합 계	674,762	1,878,311	3,027,245	3,194,281	2,822,627

최근 해면어로어업의 전반적인 생산량의 감소에도 불구하고 연평균생산량을 3백만 톤 수준으로 유지하고 있는 것은 양식어업생산량이 증가했기 때문이다(그림 20, 표 35). 양식어업이 연간어업생산량에서 차지하는 비중은 1960년대 11%(673,802톤)에서 2000년대 37%(2,798,936톤)로 높아졌다. 최근 5년 양식어업생산량의 비중은 43%로 양식어업의 발전과 함께 생산량의 증가는 당분간 계속될 것으로 보인다. 양식어업생산량에서 패류와 해조류의 비중이 90% 이상을 차지하고 있으나 최근 어류와 갑각류양식생산량이 증가하고 있다(표 36).

표 36. 해면양식어업 분류군별 생산량(톤)

	1960년대	1970년대	1980년대	1990년대	2000년대
패류	67,658	164,924	337,154	286,545	311,428
해조류	24,531	150,173	390,296	563,075	619,356
어류	-	24	1,307	15,295	71,897
갑각류	-	-	166	666	1,761
합계	79,762	315,199	749,551	902.275	840,682

내수면어업이 한국의 연간어업생산량에서 차지하는 비중은 1% 미만으로 낮

다(그림 20, 표 35). 내수면어업에서 어로어업의 연간생산량은 1960년 926톤이었으나 이후 연평균 49.5%씩 성장하여 1986년 최고치(57,053톤)를 기록하였다. 1980년대 내수면어로어업연평균생산량 대비 1990년 생산량은 3분의 1수준으로, 2000년대 생산량은 5분의 1수준으로 급감하였다. 내수면양식어업 연평균 생산량은 1980년대 이후 급증하여 최근 내수면어업생산량에서 양식어업이 차지하는 비중은 85%를 상회하고 있다.

1910년부터 현재까지 연간어업생산량을 당해 연도 어선척수로 나누어 척당 연평균어업생산량을 구해보면 1910년대에는 평균생산량(14.0톤)은 1937년 41.2톤으로 3배 증가하였으나 이후 바로 급감하기 시작하여 1942년(13.3톤)에는 1910년대 수준으로 떨어졌다(그림 21). 어선 한 척당 연평균생산량이 10톤 이하였던 해는 1913년과 1951년부터 1956년까지 모두 7년 이다. 1913년은 한국보다 먼저 어업의 근대화를 이뤄 한국인에 비해 어업기술과 어선성능에서 월등한 일본인이었지만 1910년대는 막 식민지화한 한국에서 그들의 어업활동이 정착되지 않았던 시기로 볼 수 있다. 실제적으로 한국에 거주하던 일본 어가인구는 1911년 대비 1912년에서 1914년 사이 약 38% 감소하였다(그림 4). 이는 조선총독부와 동양척식주식회사가 주도한 수산이민사업의 실패와 관련된 것으로 보인다.

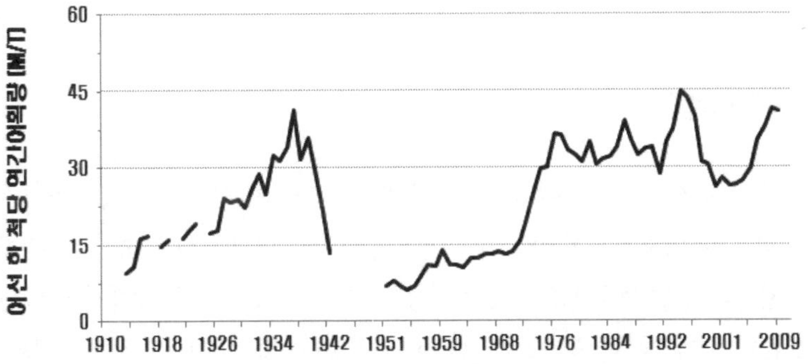

그림 21. 어선 한 척당 연간어업생산량 추이

1943년부터 1950년까지 어선자료를 확보하지 못했지만 연간어업생산량은 1939년 최고치에 이른 후 급격히 감소하여 광복 직전인 1944년에는 최고치의 7분의 1수준으로 감소한 점(그림 19)과 1945년 광복과 1950년 한국전쟁 발발 등의 시대적 상황을 고려할 때 이 시기 어선세력에서 주목할 만한 성장은 없었던 것으로 보인다.

1910년 이래 어선 한 척당 연평균어업생산량이 40톤 이상이었던 해는 1937년, 1994~1996년, 2008~2009년으로 6년에 불과하다(그림 21). 1945년 이전에 어선세력에 대한 상세한 정보를 확보하지 못했지만 어선관련 기술의 전반적인 발전 추이와 어선세력의 변화를 고려할 때 1945년 이전 어선의 성능과 규모는 최근 수준에 미치지 못할 것이다. 또한 1945년 이전 어업생산량의 99%는 어로어업으로 어획되었으나 최근 연간어업생산량에는 양식어업생산량을 포함하고 있음을 주지할 필요가 있다.

8.15 광복과 3년의 한국전쟁 그리고 전후복구과정을 거치면서 정치 · 경제 · 사회 전반에 걸친 혼란을 수습하고 우리나라 어업이 성장하기 시작한 것은 1960년대부터이며, 어로어업과 양식어업의 성장이 생산량 증대로 가시화된 것은 1970년대 부터이다(그림 20). 어업기술의 발전과 어선성능의 향상 등을 고려하지 않더라도 원양어업과 양식어업생산량의 비약적인 증가를 포함하는 1990년대 후반의 높은 척당 연평균어업생산량은 1945년 이전과 그 본질에서 차이가 있다.

4. 어가경제

생존 또는 상업적 가치를 위한 어업행위의 궁극적 목적은 소득창출이라고 할 수 있으며, 어가소득의 안정성은 어업의 지속성 및 발전에 중요하다. 우리나라가 일본의 식민지국이었을 때 조선총독부가 발행한 어업통계에서 한국인과 당시 한국에 거주하던 일본인을 구분하여 기재하였던 1911~1932년 전체어가에서 한국인이 차지하던 비중은 97%이었으나 연간어획생산금액에서 한국인 어가가 차지하는 비중은 50%이었다(표 37). 연간어업생산금액을 국적별 어가구수로 나눈 어가구의 연평균생산금액을 보면 당시 한국에 거주하던 일본인 어가의 연소득(6,235원)은 한국인(226원)에 비해 27.6배 높았다.

표 37. 1911~1942년 어업생산량 및 어업생산금액

어가구수		연간어업 생산량(톤)	연간어업 생산금액(원)	톤당 금액 (원)	가구당 연간 어업생산금액(원)
1911~1932년					
한국인	81,738	347.308	17,510,866	65	226
일본인	2,936	246,441	17,368,656	89	6,235
합계	84,673	593,749	34,879,522	74	428
1933~1942년					
161,181		1,539,350	108,741,951	77	603

1911년에서 1932년 사이 한국인과 당시 한국에 거주하고 있던 일본인의 연간어업생산금액을 연간어업생산량으로 나누어 단위무게당 어업생산금액을 보면 일본인(89원)의 수익성은 한국인(65원)에 비해 36.9% 높았다(표 37). 또한 이 기간 동안 국적별 어가의 연간어업생산량을 국적별 소유한 어선척수로 나누어 어선 한 척당 연간어획량을 보면 일본인(46.4톤)이 한국인(15.8톤)보다 2.9배 높았다(표 31). 이 두 수치는 같은 방법으로 구한 국적별 어선 한 척당 연간어업생산금액에서 일본인(3,268원)이 한국인(799원)에 비해 4배 높은 이유를 설명할 수 있게 한다.

국적별 단위무게당 어업생산금액을 보면 당시 일본인이 한국인 보다 부가가치가 높은 어종을 대상으로 어업활동을 하였다고 볼 수 있지만 이 보다는 어선 한 척당 어업생산량의 차이로 보아 당시 일본인들이 한국인보다 우수한 성능의 어선을 가지고 단위노력당 어획량이 월등히 많았다고 보는 것이 더 타당할 것 같다(표 31, 37). 일본인이 한국인에 비해 높은 어업수익을 확보할 수 있었던 것은 일본인이 성능이 우수한 많은 어선을 보유한 것 외에 앞서 어선세력에서 언급한 바와 같이 한국어가의 상당수가 일본인과 피고용관계로 있어 노동력을 제공하였기 때문이다.

한국인과 일본인의 국적 구분이 없어진 1933~1942년 단위 무게당 어획금액은 1911~1932년 대비 4.1% 증가한 반면 가구당 연간어업생산금액은 40.7% 증가하였다(표 37). 어가구당 어업생산금액의 증가는 이 기간 동안의 인플레이션 등의 외부요인을 고려하지 않더라도 어업생산금액(3.1배)과 어업생산량(2.6배)의 증가가 어가구수의 증가(1.9배)보다 높았기 때문에 가능할 수 있었다.

수산통계연보에서 어가구의 연간소득에 대한 자료는 1977년부터 유용하며, 1943~1952년 사이 어가소득을 추정할 수 있는 자료를 확보하지 못했다. 1953년에서 1975년 사이 어가소득에 대한 자료를 확보하지 못했지만 이 시기의 어가소득을 단순히 한국은행에서 발표한 국내총생산(명목 GDP)에서 어업분야 생산액을 어가구수로 나누어 시계열상의 변화 추이를 알아보고, 같은 방법으로 구한 농가소득과 비교해 보았다. 한국은행의 경제활동별 국내총생산은 1970년을 기준으로 이전과 이후의 산출방법에 차이가 있으며, 1970년 이전 자료는 1975년 기준으로 하였음을 밝혀둔다.

한국전쟁이 휴전한 1953년부터 1966년까지 국내총생산과 어가인구를 이용하여 유추한 어가소득은 농가소득의 38.5%에 불과하여 어가경제가 농가에 비해 열악했음을 알 수 있다(그림 22). 어가소득은 1967년 농가수준에 근접하여 1970년 이후에는 농가소득을 추월한 것으로 나타났다. 하지만 가구소득은 단순한 계산법을 사용하였기 때문에 어가소득이 실제로 농가소득을 추월했다고

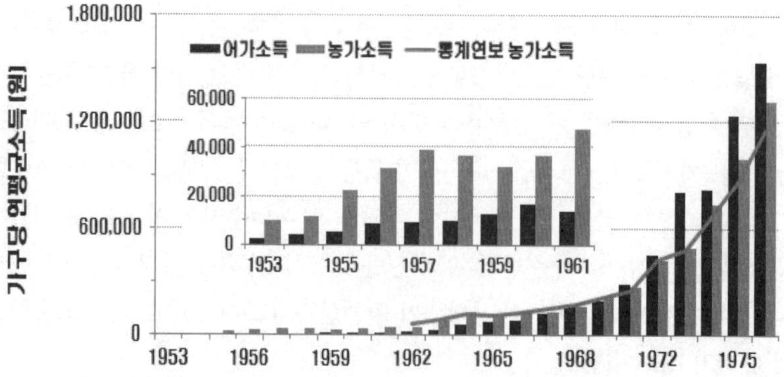

단언하기는 어렵다. 국내총생산(명목)에서 농업분야생산액을 농가구수로 나누어 계산한 농가소득을 1962년부터 통계연보에 기재된 농가소득과 비교해 보면 소득액에는 차이가 있지만 연간소득의 증감은 비슷한 양상을 보이고 있다. 통계연보에서 농가소득은 농업소득, 농업 외 소득, 이전소득과 비경상소득을 합한 것이다.

수산통계연보에서 농가소득과 같은 방법으로 구한 어가소득이 기재되기 시작한 1977년 부터이다. 1977년부터 최근까지 어가구의 연평균소득을 농가와 도시근로자가구와 비교해 보면 어가소득은 농가에 비해 연평균 11.7%, 도시근로자가구에 비해 19.7% 낮은 것을 알 수 있다(그림 23). 농가소득과 도시근로자가구를 비교해 보면 1995년까지 농가소득은 도시근로자가구보다 3.1% 높았으나 1996년 이후 도시근로자가구에 비해 농가소득이 21.7% 낮아졌다. 1995년부터 우루과이라운드[13]가 발효되었다.

---

13) 우루과이라운드(Uruguay Round of Multinational Trade Negotiation)는 1987년부터 본격적으로 진행되고 있는 관세 및 무역에 관한 일반협정(General Agreement on Tariffs and Trade, GATT)의 새로운 다자간 무역협상을 통칭한다. GATT는 그 동안 다면적 · 다각적인 라운드 교섭을 벌여 세계무역의 확대에 기여해 왔으나 국제 경제교류의 다양화로 종래의 규칙으로는 감수할 수 없는 서비스무역 · 해외투자 · 지적소유권의 국제적 이전 등에 대한 새로운 규칙이 요구되었다. 뿐만 아니라 1980년대에 들어 통상마찰과 관련된 보호주의 움직임이 강화되어 새로운 교섭이 필요하게 되었다. 또한 미국의 절대적 우위에 기초한 국제경제질서가 붕괴되어 세계자본주의의 중심이 미국 · 일본 · 유럽공동체 등으로 다극화되자 미국은 자국의 농업공황, 제조업 쇠퇴, 서비스산업 팽창이라는 산업구조의 변화와 경상수지의 적자에 직면하여 새로운 무역질서를 구축하고자 하였다. 다시 말해 농업 · 서비스산업 및 첨단기술의 비교우위를 무기로 하여 세계경제에 대한 패권을 회복하려고 한 것이다. 이 같은 미국 대자본의 이익추구가 GATT를 통해 반영된 것이 우루과이라운드이다.

우루과이라운드는 1986년 9월 개시가 선언되고, 15개 분야로 나누어 교섭이 진행되었으며 교섭기간을 1990년 말까지로 하고 있었다. 1989년 4월 15개 분야에 대하여 중간 합의가 성립된 이후 본격적인 마무리 작업에 들어갔다. 하지만 농산물부문의 협상은 서비스부문과 함께 각 나라가 안고 있는 정치 · 경제 · 사회적 특성과 협상 당사국 사이의 기본적인 시각차이로 인하여 첨예한 대립양상을 보이고 있었다. 농산물협상의 주요 의제는 국경보호조치 완화, 농업보조금 감축, 수출보조금 감축 또는 철폐, 식품위생 및 동식물 검역기준의 설정 등이었으며, 여기에 농업의 비교역적 기능과 개발도상국에 대한 우대조치를 어느 정도 반영시키느냐는 것도 주요 관심사항이었다. 수입제한품목의 자유화, 농업보조금 폐지, 이중곡가제 폐지, 영농자금 융자중단, 수출보조금 철폐 등의 문제는 우리나라 농어업의 존폐와 직결되는 중대사로 농산물협상의 타결은 한국의 농어업에 지대한 영향을 미치게 될 것이 자명하였다.

2005년에서 2010년 사이 통계청에서 실시한 인구총조사자료에는 어가구의 어획물 판매금액을 포함하고 있다. 조사결과에 의하면 연간 5천만 원 이상의 판매수익을 올리는 어가는 전체어가의 11%이었으며, 도시근로자가 가구의 연평균소득(36,814,390원)과 견줄 수 있는 연간 3천만 원 이상의 판매수익을 얻는 어가는 21%이었다(그림 24). 이는 2000년대 전업어가의 비중이 32%라는 것과 무관하지 않을 것이다(그림 6, 표 30). 다시 말해 우리나라 어가의 79%는 도시근로자 가구의 연평균소득에 못 미치는 연간어획물판매수익을 올리고 있다는 것이다.

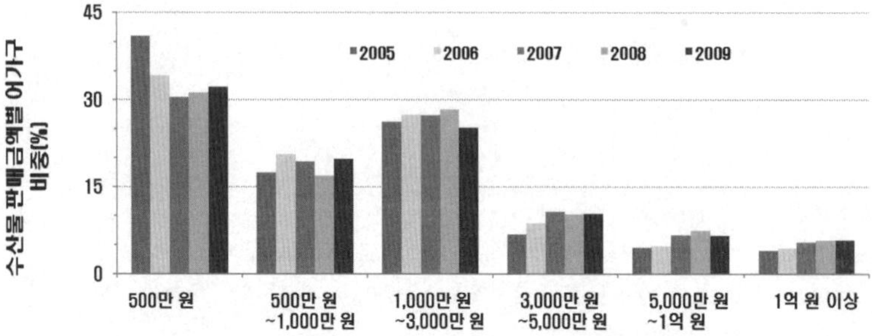

그림 23. 어가, 농가 및 도시근로자가구의 연평균소득 비교

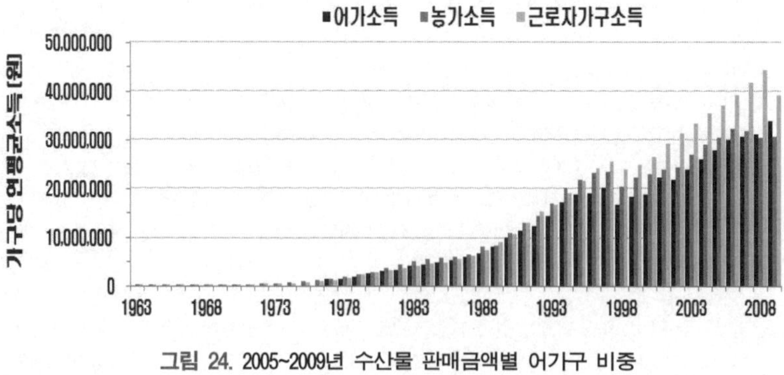

그림 24. 2005~2009년 수산물 판매금액별 어가구 비중

농산물협상은 1992년 11월 타결되었고, 우리나라는 1994년 WTO에 가입하였다.

2005년에서 2010년 사이 연간 1천만 원 이하의 어획물판매수익을 얻는 어가는 53%이었다(그림 24). 한국의 1인 가구 최저월생계비(532,583원, 연간 6,390,996원)와 어가구의 평균구성원수(2.8명)를 고려할 때 연간어획물판매수익 1천만 원 이하는 최저생계비에도 미치지 못하는 수준이다(그림 24, 표 30). 이는 최근 5년 전업비율(31%)과 2010년 70세 이상 어업종사자의 비율(14%)을 고려하더라도 어가경제는 열악한 상태에 처해 있음을 보여준다.

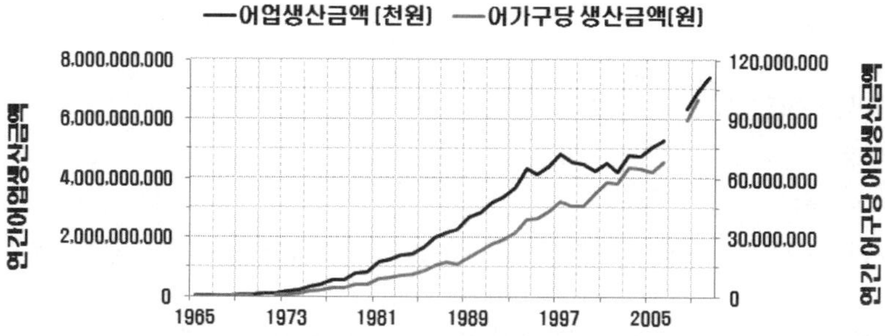

그림 25. 연간어업생산금액의 추이

1965년 대비 2010년 우리나라 연간어업생산량이 5배 증가하는 동안 연간어업생산금액은 376배 증가하였다(그림 20, 25). 원양어업이나 대형정치망어업과 같은 기업형 어업이 있지만 단순히 연간어업생산금액을 어가구수로 나누어 보면 최근 5년간 어가구당 연간어업생산금액은 77백만 원 수준이 된다(그림 25). 하지만 현실에서 어가구의 79%가 도시근로자가구의 연평균소득(36,814,390원)에 못 미치는 연간 3천만 원 이하의 소득을 올리고 있고, 어가구의 53%는 최저생계비조차 조달하지 못하고 있는 실정이다.

우리나라 어업 또는 수산업제도에 기초한 어업정책의 기본방향은 수산자원과 수면을 종합적 이용을 통한 생산성 향상, 어업의 발전과 어업의 민주화에 귀착된다고 할 수 있다. 연간어업생산량의 추이와 어선 한 척당 연간어업생산량 추이를 보면 생산성 향상과 어업의 발전이라는 목적은 상당 부분 달성했다고 볼 수 있다(그림 20, 21). 하지만 수산업의 발전이 어가소득의 향상으로 연결되지 않았다. 또한 어가구당 연간소득을 보면 어업의 민주화도 제대로 이루어지지 않았다.

수산업법 제1조(목적)

이 법은 수산업에 관한 기본제도를 정하여 수산자원 및 수면을 종합적으로 이용하여 수산업의 생산성을 높임으로써 수산업의 발전과 어업의 민주화를 도모하는 것을 목적으로 한다.

대한민국헌법

제9장 경제

제119조

① 대한민국의 경제질서는 개인과 기업의 경제상의 자유와 창의를 존중함을 기본으로 한다.

② 국가는 균형있는 국민경제의 성장 및 안정과 적정한 소득의 분배를 유지하고, 시장의 지배와 경제력의 남용을 방지하며, 경제주체간의 조화를 통한 경제의 민주화를 위하여 경제에 관한 규제와 조정을 할 수 있다.

우리나라 어업의 기본제도를 다루는 수산업법에는 어업의 민주화에 대한 정의가 없으므로 대한민국헌법 제119조를 참조하면 어업의 민주화는 '정부는 균형있는 어가경제의 성장 및 안정과 적정한 소득의 분배를 유지하고, 시장의 지배와 경제력의 남용을 방지하며, 경제 주체간의 조화를 통한 어업의 민주화를 위하여 어업에 관한 규제와 조정을 할 수 있다'로 정의할 수 있지 않을까 싶다. 어업의 민주화에 대해서는 사회적 합의를 거쳐 향후 어업정책의 방향으로 고려해볼 필요가 있다.

제8장

어업과 제도

원시시대처럼 자연생태계의 수산자원을 자연재생력이나 복원능력의 범위에서 이용하고, 수질 및 환경오염을 야기하는 인위적 외부요인이 개입되지 않고, 기후변화와 같은 범지구적 생태계 변화요인이 없다면 어업제도를 정하여 수산자원과 그 생산의 장이 되는 수면(水面)을 관리할 필요가 없다. 하지만 오늘날 우리가 맞이하고 있는 현실은 이와 다르다.

어획 또는 양식된 수산물은 대부분 식량원으로 이용되지만 오늘날 경제체제에서 어업행위는 식량 그 자체보다는 대부분 소득창출을 목적으로 하고 있다. 레저가치를 위해 수산동식물을 포획·채취하거나 양식할 수도 있지만 레저어업은 생계 및 상업적 가치를 위한 어업과 그 본질에서 차이가 있다. 어업을 통한 소득창출은 기본적으로 어획하거나 양식으로 생산한 수산물을 매개로 이루어지며 그 목적단위가 가족, 지역, 국가 또는 수출이냐에 따라 소득의 규모는 달라진다.

먼저 어업을 왜 하는지 물어보면 아마 소비자는 먹기 위해서, 생산자는 돈을 벌기위해서, 정부는 어업을 통해 수산식량원을 확보하고 일자리를 마련하고 어업을 통한 경제적 파급효과를 통해 산업 부문을 활성화시키기 위해서라고 답할 것 같다. 그렇다면 왜 어업제도가 필요하며, 왜 수산자원을 보호하며, 수면을 이용하는데 왜 수자원을 관리해야 할까? 이 물음에 대한 답은 의외로 명쾌하다. 바로 인구이다. 수산자원을 감소시키고, 어업생산의 장이 되는 수생태계를 변화시키는 남획, 수질, 환경오염, 기후변화 등은 모두 인구증가로 인한 자연자원과 공산품에 대한 수요증가에서 비롯된다.

수산생물자원을 매개로 생산자와 소비자의 관계로 이어지는 어업 또는 수산업에서 정부의 역할은 예측 가능한 대내외적 변수를 고려하여 수산물의 수요와 공급의 균형을 유지하는 것이다. 예측 불가능한 것도 있지만 이는 불가항력적인 변수이다. 어업이 가지는 일차산업의 특성상 그 생산성은 환경수용력(環境收容力)[1] 또는 환경용량(環境容量)[2]에 의존적이기 때문에 정부는 기본제도를 정하여 수산자원과 수면을 보호하고 관리하는 동시에 수산자원과 수면을 효과적으로 이용하고 개발하는 정책을 시행한다.

본 장에서는 앞서 기술한 우리나라 어업제도와 어업생산성의 내용을 일부 요약하면서 수산물수요 측면에서 어업과 인구의 관계, 어업의 관리주체 측면에서 어업과 국가의 주권적 권리행사의 관계, 어업의 발전 측면에서 어업제도와 정책을 살펴보고자 한다.

1. 어업과 인구

인구는 수산물수요를 결정하는데 중요한 요인이다. 19세기 초 세계 인구는 약 10억 명이었으나 1900년에는 16억으로, 1950년에는 25.5억으로, 1987년에는 50억으로, 1999년에는 60억 수준으로 증가하였다.[3] 2011년 10월 31일 유엔은 세계인구가 70억을 돌파하였다고 발표하였다. 연간일인당수산물소비량이

---

1) 환경수용력(carrying capacity)은 한 생태계에서 개체군의 수 혹은 밀도가 증가할 수 있는 최대치로 "K"로 표시한다. 개체군의 증식은 시간이 경과함에 따라 무한정 계속되는 것이 아니라 환경저항 때문에 K값 이상의 증가는 불가능하다. 최근에는 환경수용력이 기후환경이 바뀜에 따라 시대적으로 달라진다는 주장이 보편적으로 받아들여지고 있다.

2) 환경용량(environmental capacity)은 자연환경이 스스로 정화하여 생활환경의 질적 수준을 일정하게 유지하고 자원을 재생산할 수 있는 능력으로 생태계의 자정능력(自淨能力)은 한계가 있어 이 한계를 초과할 정도로 환경이 오염되면 생태계가 파괴되기 때문에 환경이 생태계에 악영향을 미치지 않고 수용할 수 있는 최대오염부하로 정의되기도 한다. 환경용량은 자정능력의 한계 또는 환경수용력으로 쓰이기도 한다. 환경수용력을 전 지구에 적용한 경우에는 지구수용력이라 하며, 어장(漁場)의 변화를 일으키는 영향의 한계 또는 최대생산량을 위한 최대수용력을 어장환경용량이라고 하기도 한다.

3) Department of Economic and Social Affairs, Population Division, 'World Population Prospects, The 2010 Revision, Vol. 1: Comprehensive Tables', 2011, United Nations.

일정하다고 가정하더라도 지난 한 세기 동안 증가한 세계 인구로 수산물수요는 4배가량 늘어났음을 알 수 있다. 최근 50년 사이에만도 세계 인구는 2배 이상 증가하였다.

FAO 보고서[4]에 의하면 2009년 세계 어업생산량은 94.8백만 톤(중국 자료 포함 시 142.3백 톤)으로 1950년대 대비 7배 이상 증가하였다(그림 26). 중국 자료를 제외하면 자연자원에 의존적인 세계 어로어업생산량은 1950년대부터 1980년대까지 4배가량 가파르게 증가하다 1980년대 후반부터 생산량은 감소 또는 정체 상태에 머물고 있다. 반면 양식어업생산량은 1970년대까지만 해도 2.5백만 톤 수준에 불과하였으나 1980년대 중반 이후 1천만 톤 수준으로 급증하기 시작하

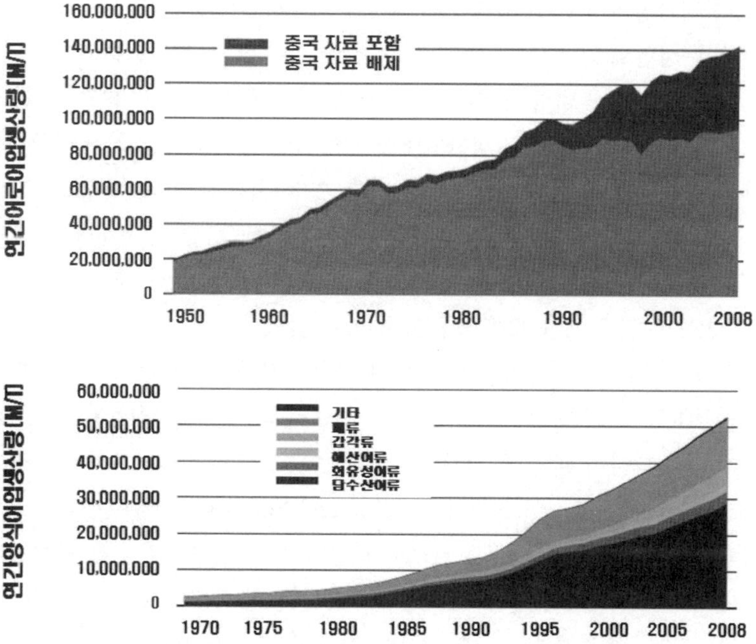

그림 26. 세계어업생산량 추이

자료출처: 세계식량농업기구(FAO)

4) World Review of Fisheries and Aquaculture, 2010년.

여 최근 52백만 톤으로 20배 이상 증가하였다. 따라서 세계어업생산량의 증가는 1980년대 중반 까지는 어로어업이, 이후에는 양식어업이 주도하였음을 알 수 있다.

어구(漁具)·어선(漁船)의 제조기술과 이를 이용하여 어업대상생물을 어획하는 최적의 어로기술을 포함하는 최첨단 과학기술을 총동원하여 자연수산자원을 어획하는 양이 그 시대의 수산물수요를 따라가지 못하게 되면서 양식어업이 본격화되었다. 여기서 양식은 기원전으로 거슬러 올라가 이집트에서 이루어진 잉어양식의 기록이 아니라 실제적으로 연간어업생산량에서 양식어업생산량이 기록되는 시기에서의 어업행위를 말한다.

20세기 인구증가에 따른 수산물 수요증가 추세에서 우리나라도 예외가 아니었다. 한일합방이 되던 1910년 당시 한국에 거주하던 일본인 약 17만 명(1.3%)을 제외한 한반도 인구는 1.3천만 명 수준이었으며, 8.15광복 무렵 인구는 2.5천만 명으로 1910년 대비 약 2배 증가하였다. 광복 후 한반도가 남북이 분할·점령되면서 인구집계가 분리되어 1949년 남한 인구는 2천만 명, 북한 인구는 1천만 명 수준이었다. 남한 인구는 1980년대 중반 4천만 명에 도달하였고, 2012년 6월 22일 5천만 명을 기록하였다. 북한추정인구를 포함하면 2012년 한반도 인구는 약 7.2천만 명으로 1910년 대비 5.4배 증가하였다. 지난 한 세기 한반도 인구증가율은 같은 기간 세계 인구증가율보다 높았다.

최근 10년 사이 우리나라 국민의 연간일인당수산물소비량은 47.6 kg[5]으로 세계평균(16.8 kg)[6]보다 3배가량 높으며, 소득수준의 향상 및 웰빙(Well-being)문화의 확산과 더불어 매년 증가하는 추세에 있다. 2010년 FAO보고서에 의하면 전 세계 어업생산량의 80%정도가 식용으로 소비되고 있다. 편의상 연간어업생산량의 80%를 해당연도 인구로 나누어 연간일인당수산물소비량을 추정해 볼 수 있을 것 같다.[7] 또한 연간수산물수요량은 세계평균 또는 오늘날 우리나라 일인당수산물소비량을 해당연도 인구에 곱한 뒤 추정소비량의 20%를 더하는

5) 통계청 '어업생산통계조사', 한국농어촌경제원 '식량수급표'
6) World Review of Fisheries and Aquaculture, 2010년, FAO
7) 일인당수산물소비량 = (해당연도 연간어업생산량 x 0.8) ÷ 해당연도 인구

방식으로 추정해볼 수 있을 것 같다.[8] 국가차원의 수산물소비량을 추정하기 위해서는 수산물의 수출입량도 고려해야 한다.

1910년대 우리나라 연평균어업생산량은 30만 톤 수준으로, 당시 생산량의 80%를 모두 식용으로 이용하였다고 가정할 때 연간일인당수산물소비량은 12.1 kg으로 오늘날의 세계평균(16.8 kg)에 미치지 못하는 수준이었을 것으로 추정된다(그림 27). 1930년대 연간어업생산량은 1910년대 대비 4.8배 증가하여 같은 기간 인구증가(1.4배)를 크게 앞질러 수산물수출량을 고려하지 않은 당시 연간어업생산량은 세계평균 연간일인당수산물소비량으로 추정한 수산물수요를 상회하게 되었다. 하지만 당시 어업생산량의 비약적인 증가는 바로 한국인의 수산물소비로 이어지지 않았을 것으로 보인다.

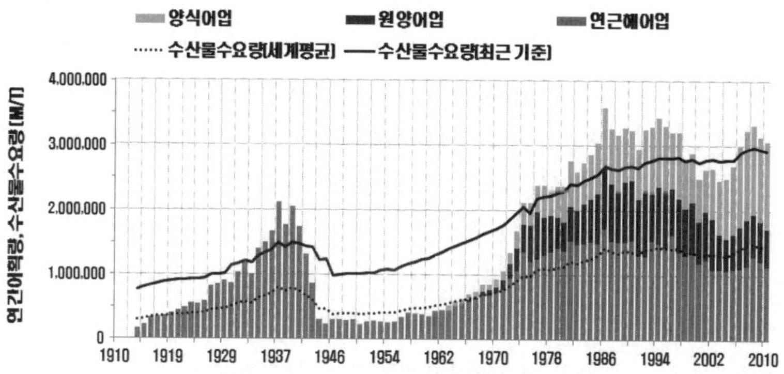

그림 27. 우리나라 어업생산량 및 추정 수산물수요량

일본은 1931년에는 만주사변, 1937년에는 중일전쟁을 일으켜[9] 전쟁이 장기화되자 전쟁에 필요한 군수물자와 노동력을 공급하기 위해 1938년 4월 1일 '국

---

8) 수산물수요량 = (해당연도 연간일인당수산물소비량 x 해당연도 인구) + (해당연도 연간수산물소비량 x 0.2)

9) 1931년 일본이 일으킨 만주사변의 연장인 중일전쟁은 뒤에 태평양전쟁(제2차 세계대전)으로 확대되어 일본은 패전하기까지 15년 간 전쟁을 수행하였다. 이를 일본에서는 '15년 전쟁' 또는 '아시아태평양전쟁'이라 한다.

가총동원법'을 제정 · 공포하여 같은 해 5월 5일 일본 · 조선 · 대만[10]에서 동시에 시행하였다. 국가총동원법의 시행으로 당시 한반도에서 생산된 어획량의 상당량은 군수물자로 조달되었을 것이다. 이와는 별개로 조선총독부 통계연보에 의하면 1926년부터 1939년 사이 연간어업생산량의 18%(12~31%)정도가 수출되었다. 따라서 1930년대 어업생산량이 큰 폭으로 증가하였음에도 불구하고 당시 한국인의 일인당수산물소비량은 1910년대에 비해 크게 증가하지 않았을 것으로 보인다.

1945년 8.15광복과 한국전쟁(1950~1953년)으로 이어지는 총체적 국가혼란기는 어업용 자재 및 자금의 절대부족시기이기도 하다. 이 시기 어업활동은 부진할 수밖에 없었고, 남한의 연간어업생산량은 1910년대 수준으로 급감하였다(그림 27). 광복 후 한반도가 남한과 북한으로 분할되어 미국과 소련에 의해 각각 통치되어 남북의 어업통계도 분리 · 집계되었다고 해도 당시 북한의 어업사정도 남한과 크게 다르지 않았을 것이므로 한반도 어업생산량은 전체적으로 1910년대 수준으로 후퇴하였다고 보는 데에는 이견이 없을 것이다. 따라서 이 시기의 수산물수출량을 고려하지 않더라도 연간일인당수산물소비량은 세계평균(16.8 kg)에 미치지 못하는 수준이었을 것이다.

우리나라 수산통계연보[11]에서 어업별 생산량이 구분되기 시작한 것은 1962년 부터이다(그림 27). 일제 식민지시대 어업생산량에서 양식어업의 비중은 0.4%에 불과하였고, 당시는 원양어업이 개척되기 이전이기 때문에 식민지시대 어업생산량은 오늘날 연근해어업에 상응한다고 할 수 있다. 실제로 1950년대까지만 해도 연간어업생산량에서 연근해어업이 차지하는 비중이 98%이었다. 수산통계에서 원양어업어획량이 기재되기 시작한 것은 1958년 부터이다.

1960년대 우리나라 연평균어업생산량은 1950년대 대비 2배 이상 증가하였다(그림 27). 이 시기 양식어업과 원양어업의 도약이 두드러져 연간어업생산량에서 연근해어업이 차지하는 비중은 1950년대 98%에서 85%수준으로 낮아졌

---

10) 청일전쟁(1894~1895년)에서 청나라가 패배하여 일본의 식민지가 된 대만은 1945년 제2차 세계대전에서 일본이 패전하여 중국에 복속되었다.
11) 광복 후 이루어진 정부조직개편에 따라 통계연보의 발행부처와 연보명이 수차례 바뀌었다.

다. 당시 어업생산량의 증가는 같은 기간 인구증가(1.3배)보다 앞서 당시 우리나라 연간어업생산량은 세계평균 연간일인당수산물소비량(16.8 kg)으로 추정한 수산물수요와 균형을 이루게 되었고, 1960년대 중반 이후부터는 세계평균을 상회하는 수준이 되었다.

1961년 5.16군사정변으로 들어선 군사정부는 정책적으로 기술개량을 포함한 어업 근대화를 추진하였고, 외국 차관으로 도입한 자금으로 어선건조사업 등을 적극적으로 벌린 결과 어업생산량의 향상이 점차 가시화되기 시작하였다. 1970년대 연근해어업 연평균생산량은 1960년대 대비 3배가량 큰 폭으로 증가하였고, 1970년대 중반 이후에는 원양어업과 양식어업이 비약적으로 발달하여 연간어업생산량은 최근 우리나라 연간일인당수산물소비량(47.6 kg)을 기준으로 추정한 수산물수요를 충족시키는 수준으로 증가하였다(그림 27).

1980년대 연간어업생산량은 1950년대 대비 약 10배, 1960년대 대비 약 5배, 1970년대 대비 약 2배 증가하였고, 이후 우리나라 연간어업생산량은 3백만 톤 수준에서 유지되고 있다(그림 27). 하지만 어업별 생산량 비중을 보면 1980년대 후반 이후 연근해어업생산량이 정체 또는 감소함에 따라 연간어업생산량에서 연근해어업이 차지하는 비중은 최근 41%로 낮아진 반면 원양어업(23%)과 양식어업(35%)의 비중은 58%로 높아졌다. 우리나라 어업생산량에서 내수면어업이 차지하는 비중이 1% 정도이다.

1990년대 중반에서 2000년대 초까지는 연근해어업, 원양어업, 양식어업의 생산량이 일제히 감소하기도 하였는데, 이 시기를 제외하면 1980년대 이후 연간어업생산량은 최근 우리나라 연간일인당수산물소비량을 기준으로 추정한 수산물수요를 상회하는 수준이었다(그림 27). 연근해어업생산량이 정체 또는 감소에도 불구하고 원양어업을 통해 해외어장을 개척하고, 양식기술발전으로 생산량이 향상되어 인구증가에 수반되는 수산물 수요증가를 대처할 수 있었다. 수요와 공급의 측면에서 보면 당시 수산정책은 성공적이었다고 할 수도 있다.

1950년대 대비 2000년대 우리나라 인구는 2.2배, 연간어업생산량은 9.1배 증가한 반면 같은 기간 세계 인구는 약 3배, 세계어업생산량은 약 5배(중국자료 포함시 7배) 증가하여 우리나라의 인구증가와 어업생산량의 향상 속도가 세계평균보다 높았다. 1950년 이후 우리나라는 연간어업생산량의 약 13%(2~21%)를 수출하였다(그림 28). 어업생산량에서 수출량의 비중은 시기적으로 1950년대(약 3%)와 1960년대(약 8%)에 낮았고, 이후에는 대체로 15% 수준이었다. 1970년대 중반까지 수산물수출량은 어업생산량의 증가와 거의 같은 비율로 증가하였으나 1970년대 후반부터 수산물수출량은 연평균 46만 톤 수준을 유지하고 있다. 이 무렵부터 수출량을 제외한 어업생산량은 최근 우리나라 연간일인당수산물소비량(47.6 kg)을 기준으로 추정한 수산물수요량을 대체로 충족시키게 되었다.

정부의 수산통계연보에서 수산물수입기록은 우루과이라운드가 타결되어 세계무역기구(WTO)[12)]가 출범한 1995년부터 기재되기 시작하였다. 1995년부터 1999년까지 연평균수입량은 52만 톤이었으나 2000년부터 2008년까지 연평균수입량은 1.1백만 톤으로 2.3배 증가하였다(그림 28). 이 같은 수입수산물의 증가추세는 연간어업생산량이 최근 우리나라 일인당수산물소비량 기준으로 추정한 수산물수요량에 미치지 못하는 시기와 때를 같이 하고 있다.

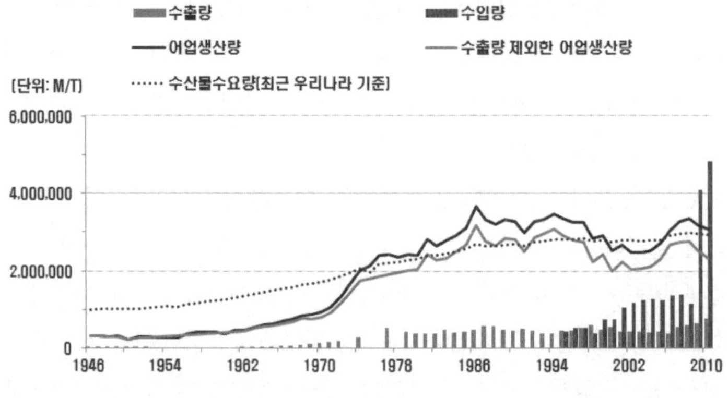

그림 28. 연간어업생산량과 수산물수출입량

12) 세계무역기구(WTO)는 1947년 이래 국제무역질서를 규율해 오던 '관세 및무역에 관한 일반협정(General Agreement on Tariffs and Trade, GATT)' 체제를 대신하게 되었다. 우리나라에서는 WTO 비준안 및 이행방안이 1994년 12월 16일 국회에서 통과되었다. WTO는 지금까지 GATT에 주어지지 않았던 세계무역분쟁조정, 관세인하 요구, 반덤핑규제 등 막강한 법적 권한과 구속력을 행사할 수 있다.

2009년 이후에는 우리나라 연간어업생산량보다 많은 수산물이 수입되고 있다. 이는 우리나라 연간일인당 수산물소비량이 1999년 38.3 kg에서 2009년에는 49.8 kg으로 30% 증가한 것과 무관하지 않을 것이다(그림 29). 1999년과 2009년의 인구와 해당연도 연간일인당수산물소비량을 보면 2009년 수산물수요는 1999년 대비 약 63만 톤 증가한 것을 알 수 있다. 주목할 점은 소득수준의 향상과 식생활습관의 서구화 경향으로 연간일인당 쌀소비량은 감소하고, 육류와 수산물의 소비량은 증가하였다는 것이다. 더욱이 웰빙문화의 확산으로 건강한 먹거리에 대한 국민적 관심이 고조되어 수산물소비량의 증가가 육류를 앞지르고 있다. 한편 우리나라 국민 일인당연간수산물소비량이 증가하는 동안 수산물자급률은 1999년 105.9%에서 2009년 83%로 낮아졌다.

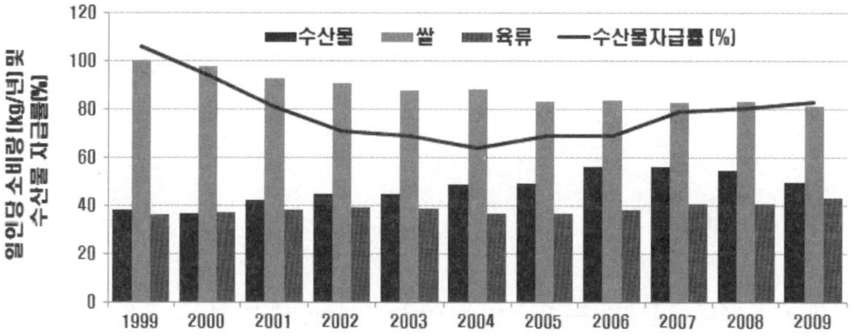

그림 29. 최근 우리나라 국민의 식품수급 추이

자료출처 : 통계청 어업생산통계조사

과거와 같이 연근해어업과 원양어업의 생산량이 두 자리 수로 증가하는 것을 기대하기 어려운 가운데 향후 우리나라 인구증가 또는 수산물수요증가에 대처하는 방법은 현재로서는 양식어업생산량과 수산물수입량을 증가해 나가는 것이다. 소득수준의 향상과 웰빙문화의 확산으로 증가일로에 있는 우리나라 일인당수산물소비량으로 발생할 수산물수요와 수산물자급률을 고려하면 수산물수급대책에 대해 진지하게 고민해 볼 필요가 있다. 특히 가격경쟁력에서 유리한 저가의 수입수산물에 대한 식품안전성 확보문제와 저가의 수입수산물과의 가격경쟁력에서 밀려나 경제적 어려움에 직면하고 있는 어가경제에 대한 대책이 시급하다.

어가경제문제에 접근하는데 있어서 종전과 같은 어가에 대한 피해보상 및 지원대책만으로는 안 된다. 우리나라가 수출주도형 경제구조를 가지고 있고, 어업이 국내총생산에 기여하는 바가 미비하다고 해도 어업을 통한 경제적 파급효과를 재평가하여 국가 산업부문으로서 어업의 입지를 재정립해야 한다. 물론 국가차원에서 수산식량 확보도 중요하다. 이를 위해서는 먼저 수입수산물 중에 우리의 전통적인 식생활문화와 직결되어 과거부터 국내에서 생산되어 왔고 현재에도 생산되고 있으나 생산량이 국내수요에 미치지 못 하는 품종과 우리나라에서 과거 생산되지 않았지만 식생활의 서구화 경향 또는 웰빙문화의 확산으로 수요가 발생 또는 증가하고 있거나 향후 수요증가가 예상되는 고부가가치가 높은 품종을 선별하여 이들 종에 대한 양식기술개발을 서둘러야 한다. 또한 기존 어업생산방식의 생산성을 향상시키기 위해 정부는 과감한 투자를 할 필요가 있다.

2. 어업과 제도

현행 수산업법(水産業法)은 수산업을 어업 · 어획물운반업 및 수산물가공업으로 정의하고, 수산업에 대한 기본제도를 정하고 있지만 102개 법조문을 살펴보면 수산업법이라기보다는 어업법에 가깝다.

우리나라 최초의 근대적 어업제도인 어업법(漁業法)은 1908년 통감부에 의해 제정되었다. 통감부는 1905년 11월 15일 제2차 한일협약(을사조약)을 체결하여 대한제국의 외교권을 강제로 박탈한 일본이 다음해 2월 대한제국을 병탄(倂呑)할 목적으로 세운 기관으로 대한제국의 내정을 장악하여 식민지 통치체제의 기반을 구축하였다. 따라서 법에 근거한 우리나라 어업제도의 출발은 국권피탈(國權被奪)과정과 불가분의 관계에 있다.

통감부 어업법은 1911년 어업령(漁業令)의 제정으로, 어업령은 다시 1929년 조선어업령(朝鮮漁業令)의 제정으로 각각 폐지되었다. 조선어업령은 광복 후에도 우리나라 최초의 자주적 어업제도인 수산업법이 1953년 제정될 때까지 사실상 존속하였고, 수산업법 제정 이후에도 부분적으로 1962년까지 존속하였다. 제정 수산업법의 기본구조는 일제 식민지시대에 제정된 어업제도를 계승하면서 1949년 제정된 일본의 현행 어업법을 모방하고 있는 수준이었으나 지금까지 수차례 개정되어 오늘날에 이르고 있다.

한 나라의 어업제도는 궁극적으로 수산자원과 수면을 이용하여 자국의 수산물수요를 안정적으로 공급하고, 어업을 통한 경제적 파급효과를 통해 산업 부문을 활성화시키는 국가전략이라고 할 수 있다. 어업제도의 성공과 실패는 지속가능한 수준에서 어업생산량을 확보하는 것으로 수산자원과 수면의 보호 및 관리가 전제되어야 한다. 어업정책은 어업의 기본제도에 근거하여 정부가 결정한 구체적인 행동방향으로 시대적 요구를 반영하고 있다.

지난 한 세기 우리나라 어업제도와 어업의 전개 또는 발전과정은 제5장, 제6장, 제7장에서 기술하였기 때문에 본 장에서는 국가의 주권적 권리행사와 어업의 발전 측면에서 어업과 어업제도를 알아보고자 한다. 8.15광복 이전은 일본에 의해 수산자원이 침탈되고 남획되는 과정으로, 광복 이후는 어업을 통해 경제발전을 이루어가는 개발도상국의 성장모델이라는 측면에서 살펴보았다. 전자에서는 어업의 발전과 그로 인한 수혜를 향유하기 위해서는 국가의 주권적 권리행사가 전제되어야 한다는 점을 강조하였다. 후자에서는 과거 우리나라와 같이 서구열강 또는 다른 나라의 보호국 또는 식민지 통치를 받았던 아시아와 아프리카의 많은 나라들은 식민지에서 벗어나 정치적 독립을 이루었으나 아직도 외국의 원조에 의존하는 경제구조와 절대빈곤에서 자유롭지 못하고 있기 때문에 8.15광복 후 극심한 사회적 혼란과 분열, 내전(한국전쟁)과 전후복구, 1950년대 원조경제구조에서 국가경제를 재건할 기반을 구축하기까지 20여 년간의 어업발전과 어업의 국가경제 기여도에 비중을 두었다. 또한 지속가능한 수산업이라는 측면에서 어업과 어업제도 및 정책도 고찰하였다.

1) 식민지시대 수산자원의 침탈 및 남획

19세기 초까지만 해도 대한제국처럼 쇄국정책을 유지하던 일본은 1854년 미국의 포함외교(砲艦外交)에 굴복하여 우리나라보다 23년 먼저 개항하였다. 개항 후 일본은 메이지유신에 성공하여 국력을 신장하게 되자 대륙침략의 야욕을 가지게 되었고, 미국의 포함외교를 모방하여 1875년 강화도 앞바다에 불법으로 침투하는 운요호사건을 일으켜 이를 빌미로 강압적으로 강화도조약(조일수호조규)을 체결하였다. 이로써 우리나라는 1876년 개항하게 되었다.

일본 식민지시대는 1910년 8월 29일 대한제국의 통치권을 강압에 의해 일본에 넘겼던 한일합방조약(韓日合邦條約)부터 제2차 세계대전(1939~1945년)에서 일본의 패망으로 8.15광복을 맞기까지 36년이나 대한제국의 국권은 하루아침에 빼앗긴 것이 아니다. 우리나라가 일본 제국주의 식민지로 전락하는 불행한 역사의 시작은 운요호사건에서 비롯되었다고 할 수 있다. 운요호사건부터 한일합방까지 36년 동안 대한제국은 일본과 국가 대 국가의 지위를 유지하고 있었지만 일본의 강압에 의해 번번이 불평등조약을 체결할 수밖에 없는 처지였다.

오천년 역사에서 왕조가 여러 번 바뀌었어도 우리나라는 전통적으로 대륙중심의 세계관에 종속되어 있었고, 구한말에는 중국 최후의 통일왕조인 청나라(1636~1912년)가 조선에서 종주권을 행사하고 있었다. 19세기 말 제국주의 대열에 합류한 일본은 조선에서 청나라 세력을 몰아내기 위해 청일전쟁(1894~1895년)을 일으켰고 승전하였다. 대륙침략의 전진기지로 한반도와 만주를 차지하려던 일본은 청일전쟁에서 승전하고 10년 뒤 무렵에 만주와 한반도 북부 일대로 진출하려는 러시아를 견제하기 위하여 다시 러일전쟁(1904년~1905년)을 일으켰다.

러일전쟁에서 승리한 일본은 강제로 1905년 11월 15일 제2차 한일협약(을사조약)을 체결하여 대한제국의 외교권을 박탈하고, 3개월 뒤에는 대한제국을 병탄(倂呑)할 목적으로 통감부(統監府)를 설치하였다. 이로써 대한제국은 자주권을 상실한 정치적으로 무권리 상태로 사실상 일본의 보호국 지위로 전락하게 되었다. 통감부는 대한제국의 내정을 장악하여 식민지 통치체제에 필요한 기반을 구축해 나가기 시작하였다.

근대사에서 한반도 연해에서 일본인이 어업활동을 시작한 것은 1876년 개항 전후 통어(通漁)라고 불리는 불법어업을 통해서이다. 대한제국보다 23년 앞서 개항한 일본은 개항 후 자국 어업의 후진성을 자각하고, 어업의 근대화를 추진하여 당시 일본 통어자의 단위노력당어획량은 한국 어민에 비해 월등히 높았다. 일본 어민의 한반도 어장침투가 본격화되면서 이들 일부가 무분별한 남획을 자행하여 한일 양국 어민 또는 정부 간에 마찰을 빚기도 하였다.

한반도 연해에서 일본인의 어업활동이 부분적으로나마 합법화된 것은 1883년 조일통상장정(朝日通商章程)이 체결되면서 부터이다. 통상장정은 어업협정은 아니나 전라도, 경상도, 강원도, 함경도 4개 도(道) 연해에서 일본 어선의 어업활동을 허용하는 조항을 포함하고 있다. 한일 양국 간에 체결된 최초의 어업협정은 1889년 11월 조일통어장정(朝日通漁章程)이다. 조일통상장정과 조일통어장정 전문은 제4장에 수록하였다.

조일통어장정이 체결된 직후인 1890~1892년 사이 한반도 연해에 입어한 일본 어선척수는 한해 평균 670척이었다[13]. 하지만 통어장정이 체결되고 10년이 경과할 무렵인 1899~1901년에는 1,407척으로 2배 이상 증가하였다(표 38).[14] 이 수치는 양국이 협의한 정식입어절차를 밟고 조업한 어선에 대한 공식집계

표 38. 1898~1908년 사이 한반도 해역에서 일본인 어업현황

	입어선(척)	입어인원(명)	어획생산금액(엔)
1898년	1,233	5,466	-
1899년	1,157	5,331	957
1900년	1,654	8,107	1,358,550
1901년	1,411	6,187	1,685,300
1902년	1,394	6,121	1,142,200
1903년	1,589	7,187	1,439,950
1904년	1,581	6,975	1,499,800
1905년	2,249	10,853	1,854,450
1906년	2,748	12,245	2,014,110
1907년	3,233	14,182	2,739,250
1908년	3,899	16,644	3,418,850

13) '조선어업시찰개황', 1894년, 부산주재 일본영사관
14) '제3차 통감부 통계연보', 1910년, 통감부

로 당시 입어절차를 밟지 않고 불법적으로 조업한 일본 어선척수는 공식통계 수치보다 2~3배 많았다고 보고 있다.[15)]

일본 어업의 근대화와 일본 어업세력 한반도 침투

- 포경어업

1860년 무렵 갑판에 고정하는 포경포가 개발되어 기선에 포경포를 장착하는 노르웨이식 포경선이 실용화되기 시작하였다. 1846년 미국의 포경선은 722척이었으며, 1854년 포경어업의 연간수익은 1천만 달러 이상이었으며, 1877년대 중반 포경선 163척이 대서양에서 북태평양과 북극해로 이동하였다. 뒤에 북태평양, 베링해 및 일본 오호츠크 해에서 북극고래와 북태평양 참고래를 대상으로 포경어업을 하였다.[16)] 1880년에는 미국 최초로 증기선이 포경어업에 도입되기도 하였다.

1853년 미국의 포함외교에 굴복하여 개항한 일본은 요꼬하마(横浜)를 기지로 미국의 포경선이 얄류산해역[17)]에서 막대한 수익을 올리고 있음을 알게 되었다. 전통적인 일본의 포경어업은 그물을 이용하였으나 메이지유신 무렵 서양식 포경기술을 도입하였고, 뒤에 노르웨이식 포경선으로 전환하였다.[18)]

일본 메이지정부는 1900년 어업법이 제정되기 전인 1898년 원양어업장려법을 제정하였다. 일본은 자국 어업의 후진성을 자각하고 일정 톤수 이상의 어선에 대한 장려금 교부를 통해 어선의 대형화를 추진하였으며, 그 대상자격을 어선에 국한하여 어선 건조자의 자격을 재력, 직업, 기타 인간적 조건에 제한을 두지 않아 만인에 개방하였다.[19)] 1899년 일본원양어업회사를 제도적으로 지원하여 대한제국에 설립하였으며, 1900년에 일본은 대한제국으로부터 포경특허를 받아 한반도 연안에서 포경어업을 시작하였다.

일본보다 앞서 포경특허를 받아 한반도 연안에서 포경어업을 하던 러시아[20)]와 경쟁적인 관계에 있었던 일본은 러일전쟁(1904~1905년)에서 승리한 후 러시아 포경업을 금지시켜 한반도 연안에서 포경어업을 독점하였다.

---

15) 羽原又吉, 日本近代漁業經濟史 下卷, 1955 pp. 111~112와 葛生修吉, 韓海通漁指針, 1903년, 黑龍會出版社

16) A. Howard Clark, The American Whale-fishery, 1877~1886, Science 9(217) 321~324, 1887

17) 미국 알래스카 서쪽에서 러시아 쪽으로 길게 늘어서 있는 열도이다.

18) 일본 Wikipedia, 검색어 포경선(捕鯨船)

19) 한규설, '어업경제사를 통해 본 한국어업제도 변천의 100년', 2001년, 선학사

20) 러시아는 1899년 대한제국을 압박하여 포경특허계약을 체결하였으며, 장생포 등지를 어업기지로 삼고 동해에서 노르웨이식 포경어업을 하였다.

러일전쟁(1904년 2월~1905년 9월)에서 기선을 잡은 일본은 1904년 6월 한일양국의 어로구역에 대한 조약인 한일양국인민어채조례(韓日兩國人民魚採條例)를 체결하였다(전문 제4장 수록). 이로써 한반도 연안에서 일본 어민이 조업할 수 있는 통어구역은 기존에 허용되었던 남해와 동해연안에서 서해연안까지로 확대되었다. 러일전쟁은 1905년 9월 5월 미국 포츠머스에서 강화회의[21]가 체결되어 종전되었다. 승전한 일본은 같은 해 11월 15일 강제로 제2차 한일협약(을사조약)을 체결하여 대한제국의 외교권을 박탈하였다. 이때부터 일본의 대한(對韓)어업정책은 국가 대 국가 그러나 일방적으로 불평등조약을 강요하는 어업침투에서 어업지배방식으로 전환되었다.

통감부 통계연보에 의하면 1900~1904년 사이 한반도 연해에 입어한 일본 어선은 1,526척, 어업인수는 6,915명, 어획생산금액은 1,425,160엔이었으나 1904년 한일양국인민어채조례가 체결된 이후인 1905~1908년 사이 일본 어선은 3,032척, 어업인수는 13,481명, 어획생산금액은 2,506,655엔으로 모두 2배가량 증가하였다(표 38). 1908년 입어한 일본 어선척수는 1889년 조일통어장정이 체결된 직후 대비 6배가량 증가하였다. 한반도 연해로 출어하는 일본 어선의 가파른 증가는 메이지정부가 1897년 원양어업장려법을 제정하여 장려금을 지급하며 일본 어업을 진흥시키려했던 것과 무관하지 않을 것이다.

1906년 출범한 통감부는 한반도 연해의 주요 부지를 매입하여 이주어촌을 건설하여 보조금을 지급하면서 일본 어민을 정책적으로 이주시키기 시작하였다. 한일합방 직후인 1911년 한국에 거주하던 일본인 어가인구는 11,440명이었는데, 이들은 이주어촌을 중심으로 거주하였을 것이다(표 39).

21) 포츠머스조약(Treaty of Portsmouth)

표 39. 1911~1921년 사이 어업현황

	어가인구(명)		연간어획량(톤)		수산용 어선(척)	
	한국인	일본인*	한국인	일본인*	한국인	일본인*
1911년	182,922	11,440			10,081	2,943
1912년	166,293	7,149			10,502	2,782
1913년	195,373	7,934	99,851	66,484	13,351	4,050
1914년	232,281	7,500	131,139	87,124	16,715	3,339
1915년	242,952	8,636	138,367	190,232	16,371	3,928
1916년	267,753	9,136	215,293	133,785	16,397	4,494
1917년					17.172	5,172
1918년	306,721	12,322	178,416	168,024	19,019	5,467
1919년	307,001	10,098	239,334	180,063	19,595	6,046
1920년					20,587	5,655
1921년	331,659	12,041	262,174	189,412	21,673	6,046

* 한국에 거주하던 일본인이다.

1910년 8월 29일 한일합방이 되기 2년 전 무렵인 1908년 11월 통감부는 대한제국의 어업제도를 근대화하기 위하여 다시 말해 일본의 어업제도[22]를 한반도에 적용하기 위하여 16개 조항으로 구성된 어업법(漁業法)을 제정하였고, 1909년에는 법 제정 1주년 행사를 성대히 치루기까지 하였다. 어업법과 함께 체결된 한일어업협정서(韓日漁業協定書)에 따라 한반도에서 일본인의 어업활동 범위는 기존에 허용되었던 연해에서 내륙까지로 확대되었고, 일본 어민은 한국인과 같이 국내법의 적용을 받게 되었다. 어업법과 한일어업협정서의 전문은 제5장에 수록하였다. 어업법은 식민지 초기인 1911년 6월 35개 조문으로 구성된 어업령(漁業令)의 제정으로 폐지되었다.

22) 1889년 대일본제국헌법을 제정한 일본은 1900년 최초로 법률에 근거한 어업제도인 어업법을 제정하였다. 동 법은 35개 조문으로 구성되어 있었으며, 1909년 메이지어업법으로 전면 개정되었다. 참고로 우리나라의 근대적 헌법인 대한국국제(大韓國國制)는 1899년 제정되었다.

일본 어업의 근대화와 일본 어업세력 한반도 침투[23)]

- 기선건착망어업

일본 어업의 우리나라 진출에서 빼놓을 수 없는 것이 고등어건착망어업으로 요즈음 대형선망어업에 해당된다. 1917년까지는 주로 일본조, 연승, 유자망, 대부망, 각망, 휘리망, 건착망 등으로 어획하였으나 1918년 10월 일본 야마구치현(山口縣) 수산시험장이 울산 앞바다에서 시험조업에 성공한 이후 많은 일본회사들이 대거 이 해역에 출어하여 조업하였다.

어법의 발전과 함께 1923년 기선건착망어업은 조선 통어의 대명사처럼 되어 경상남북도에서만 250여 척이 조업하였다. 기선건착망어선은 60~80톤급 철선으로 디젤 100~130마력, 속력 8~9노트의 우수한 성능을 갖추고 포항, 구룡포, 감포, 방어진, 장승포 등에 근거지를 두고 조업하였다. 기선건착망어업에서 순수어업자는 약 20%에 불과하였고, 나머지는 모두 일본의 어업기업가 또는 우리나라에 거주하는 일본 상인계급에 의해 경영되었다.

19세기 말 어구·어법 측면에서 우리나라보다 한 발 앞서 있었던 일본 어민들이 한반도 연해 조업활동을 하면서 일본식 어구·어법이 우리나라에 전래, 보급되게 되었다. 안강망어업(鮟鱇網漁業), 수조망어업(手繰網漁業), 대부망어업(大敷網漁業) 등이 이 때 들어왔다. 민간에서는 일본식 어구·어법을 모방·개량·발전시켰고, 특히 수조망(手操網)과 안강망(鮟鱇網)이 많이 보급되었다. 이 두 어법은 일본보다 우리나라에서 더 발전하였다.

통감부 통계연보에서 한국인의 어획생산금액이 기재되기 시작한 것은 1908년이며, 이 해 한국인의 연간어획생산금액(3,139,100엔)은 한반도 연해에 입어한 일본인의 생산금액(3,418,850엔)에 못 미치는 수준이었다. 이는 어업법이 제정될 당시 일본은 이미 한반도 주변 어장을 장악하고 있었음을 말한다. 또한 1889년 조일통어장정이 체결될 무렵 한반도 연해에 입어한 일본 어선과 어민의 규모를 고려하면 1900년대 일본의 어업침투가 얼마나 적극적으로 이루어졌는지 알 수 있다.

---

23) 한규설, '어업경제사를 통해 본 한국어업제도 변천의 100년', 2001년, 선학사

일본 어업의 근대화와 일본 어업세력 한반도 침투[24)]

- 대형기선저예망(저인망)어업

대형기선저예망은 1913년 무렵 일본에서 시작되어 발전한 어업으로 어업에 따라 쌍끌이와 외끌이로, 어선의 규모에 따라 대형과 중형으로 나누어진다. 쌍끌이어업에 성공한 것은 1920년경이며, 이후 어선톤수의 증가와 어획물 빙장(氷藏)장치의 도입으로 대형기선저인망어선의 조업영역은 확대되었다. 1922년까지는 주로 대마도, 거문도, 제주도와 오도열도를 연결하는 수역에서 조업하였으나 1924년경부터는 동지나해와 대만 근처에서 조업할 수 있게 되었다.

1918년 불과 9척에 불과하던 기선저예망어선이 일본의 원양어업장려법에 근거하여 1918년 원양어업보조규칙이 제정되어 1920년에 100척으로 늘어났다. 또한 일본 전국에 대소저예망어선도 1917년 105척에서 1919년 577척으로 급증하였다.

기선저예망어업은 제1차 세계대전(1914~1918년) 중 급감한 트롤어선의 어장공백을 차지하였을 뿐만 아니라 어선대형화와 세력증가로 트롤어업을 능가하는 어획능력을 갖추게 되었다. 이와 같은 대형저예망어업의 확대 또는 일본 정부의 저예망어업의 무제한 조업허용은 트롤어업과 함께 일본 연안 수산자원뿐만 아니라 동중국해와 한반도 서해어장을 황폐화시키는 결과를 가져왔다.

조선총독부 통계연보에 의하면 1910년대 한국에 거주하던 일본인 어가인구는 한반도 전체어가인구의 3.8%에 불과하였지만 이들이 전체어업생산량과 어업생산금액에서 차지하는 비중은 45% 수준으로 1910년 한일합방이 되기 전에 우리나라 어업은 이미 소수의 일본인에 의해 독점되었다고 할 수 있다(표 39).

조선총독부가 어업생산통계를 집계하기 시작한 1913년 우리나라 연간어업생산량은 17만 톤에 못 미치는 수준이었으며, 1910년대 연평균어업생산량은 최근 대비 10분의 1수준인 약 30만 톤이었다(표 39, 그림 30). 이 수치는 한국에 거주하던 일본인 어업종사자가 생산한 어획량을 포함한 것으로 당시 어업생산량은 오늘날의 연근해어업과 비교할 수 있다. 1910년대 어업생산량은 오늘날의 연근해어업생산량의 3분의 1수준이었다. 이때도 일본의 한반도 어업침투가 계속되었지만 지난 한 세기 어업생산량의 추이를 고려할 때 자연생태계에 서식

24) 한규설, '어업경제사를 통해 본 한국어업제도 변천의 100년', 2001년, 선학사

하는 수산자원의 남획을 우려할 상황은 전혀 아니었다.

한일합방 후 10년이 경과할 무렵 어선척수는 합방 직후 대비 약 2배, 어업생산량은 약 3배, 어업생산금액은 약 2배 증가하였다(표 39). 어업통계상에 나타난 수치만 보면 한일합방 이후 우리나라 어업은 발전하였으나 조선총독부는 수산업 발전이 타 산업분야에 비해 부진하다고 판단하여 수산업의 기술지도와 장려를 목적으로 오늘날 국립수산과학원의 전신인 수산시험장을 1921년 설립하였다.

조선수산현상 - 부진(不振)하는 3대원인

(동아일보, 1921년 3월 19일)

총독부 수산과장 군무덕(郡茂德)씨는 현(現) 하(下) 조선의 수산현상에 취(就)하여 담(談)하여 왈 현금(現金) 조선의 수산계는 연래점(年來漸) 부진하야 전도(前途, 장래)가 심히 한심불감(寒心不堪)하도다. 1920년의 수산물어획고는 72백만 원에 달하여 차(此)를 자금(自今) 십년 전의 상황에 비하면 약 8배의 증가를 시(示)하였으나 차(此)는 수산제품급(及)어획물 등을 총합(總合)한 것으로 현재 어업자호수 10만호에 차(此)의 인구가 43만인이라 칭(稱)하여 차(此)를 수자상(數字上)으로 견(見)하는 시(時)는 다소 성적이 양호함과 여(如)하나 어업의 방법에 지(至)하야는 근(僅)히 종래의 유치한 경역(境域)을 탈(脫)하야 연안어업부터 충합어업(冲合漁業)에 진(進)하고 경(更)히 재래의 어선으로부터 근(僅)히 발동기선(發動機船)으로 진보한 정도에 불과하다.

어부는 의연히 10년 전의 어부와 무이(無異)하야 기간(其間)에 하등수산(何等水産)에 관(關)하야 신(新)지식을 유(有)한 자(者)가 무(無)하니 차(此)는 전혀 수산교육에 관한 시설의 결핍함에 인(因)한 것이라. 현(現)에 여수 통영의 2개소에 수산강습소(水産講習所)를 설치하야 수산에 관한 지식을 사업자에게 시여(施輿)한다하지만 수산에 기(其)강습자는 근(僅)히 1개년 간에 양자(兩者)가 공(共)히 20명에 불과하니 40만의 어부를 진실로 자각한 어업자로 할 만한 교육시설로는 심(甚)히 소규(小規)에 불과하여 조선수산계가 의연(依然)히 구태(舊態)를 탈(脫)하지 못하는 원인은 먼저 이에 있으며,

제2원인은 조선은 일본 내지(內地)의 본주(本州)와 약등(略等)할만한 광활한 처(處)임에도 불구하고 각도각군(各道各郡)에 수산기수(水産技手)의 배치가 심소(甚小)하야 기수근(其數僅)이 20명에 불과하고 기(其)중고등관기술자로는 경남급(及)전남 양도에 각 1명 유(有)할 뿐이요. 전도(全道) 수산의 보고(寶庫)라 칭할만한 경남에도 근(僅)히 5명의 기수가 유(有)함에 불과하고 차(且) 부산과 여(如)함은 조선수산조합의 소재지임

에 불구하고 1명이 기사(技師)가 유(有)치아니함은 실로 유감(遺憾)에 불감(不堪)하는 바이며 조선의 수산계 상금(尙今) 유치(幼稚)한 역(域)을 탈출하지 못함은 전혀 민간의 사업 발달할만한 선량(善良)한 지도기관(指導機關)이 결여함에 인(因)함이요.

제3의 요인은 금전(金錢)의 문제이니 시(試)하야 대정구년(1920년)도 중 총독부 지방비를 견(見)하면 권업비(勸業費) 43백만 원인대 기(其)중 수산비는 근(僅)히 20만원에 불과한 소액임에 반(反)하야 산림 4백만 원, 공업역 4백만 원을 계상(計上)하얏스니 차(此)를 견(見)할지라도 수산이 여하(如何)히 경시하는 지위에 존재함을 규지(窺知)하기에 족(足)할지라.

차(次)에 동척(東拓, 동양척식주식회사), 식은(殖銀, 식산은행), 금융조합 등이 어업자에게 융통한 금액을 견(見)한 즉 1억 8천만 원의 대출 중 수산은 근(僅)히 20만원에 불과하다. 각 업자의 일인당대출고(一人當代出高)는 상업 187원, 농업 19원이요 수산은 가경(可驚)할 만하게 금 2원20전에 불과하도다. 차(此) 역시 수산의 발달치 못한 일면(一面)을 견(見)하기에 호개(好箇)재료이다 사(思)하노라.

아(我)수산계는 여사(如斯)히 농·공·상·산림 등에 개열후(皆劣後)한 상태이니 실로 전도한심(前途閒心)할 위치에 있도다. 경(更)히 차(此)가 발달치 못한 이유를 적요(摘要)하면 첫째 교육지도기관이 무(無)한 사(事), 둘째 선도할만한 기술자가 소(少)한 사(事), 셋째 금전문제. 이상 삼자(三者)는 선(尠)하야도 조선 수산흥쇠(水産興衰)에 관한 필수조건이라 하노라.

조선총독부는 일본식민지 초기 한반도 수산업이 부진한 이유로 어업인 교육기관의 부재, 전문기술인력의 부족과 자금문제를 꼽았다. 하지만 이 같은 수산업 부진의 보다 근본적인 원인은 다른 곳에서 찾을 수 있을 것 같다. 1920년대까지만 해도 조선시대(1392~1910년) 유교중심의 사농공상 신분제도가 만연하여 어업에 대한 사회적 인식 또는 천시풍조는 크게 개선되지 않았을 것이다. 한일합방 이후 어가인구의 증가에도 불구하고 전업비율이 32%에 불과한 것으로 보아 당시 어가인구의 증가는 한국에 거주하던 일본인 또는 한국인 어가에 피고용 신분 또는 이에 준하는 위치에서 단순 노동력을 제공하는 인구의 유입으로 볼 수 있다(표 29, 38). 이 때 유입된 어업인구의 대부분은 어업에 대한 전문지식 또는 관련 기술을 보유한 전문어업인이 아닌 생계를 위해 단순육체노동을 해야 하는 부류였을 것이다. 조선총독부가 지적한 것처럼 이 같이 단순노동력을 제공하는 신규어업자에게 어업 관련 지식과 기술을 교육할 사회적 여건이 당시에는 갖추어져 있지 않았고, 이들은 그 같은 교육을 받을 기초소양과 열의가 부족하였을 것이다.

수산시험장관제 발표에 취(就)하야

(동아일보, 1921년 5월 26일)

조선은 삼면이 해(海)에 임(臨)하여 해안선의 연장은 44백리에 달하얏도다. 차(此)를 일본내지의 해안선 7천리에 비교하면 육할여(六割餘)에 상당하도다. 연(然)이나 어획고의 상황을 견(見)하면 일본 내지는 1918년의 통계에 연안어업만 약 1억 7천만원 달하얏는대 조선은 동년도 근(僅)히 32백만원, 1919년 34백만원에 불과하야 약 이할(二割)도 부족한 현황이라,

유래(由來) 조선에서는 수산업에 관하여 관청(官廳)에서도 하등시설 우(又) 장려(奬勵)의 도(途)를 강(講)한 사(事)이 무(無)히 자연에 방임하고 어업자도 역구래(亦舊來)의 습관을 그대로 습답(襲踏)할 뿐으로 어업경영의 상황은 실(實)노 유치조분(幼稚粗笨)하야도다.

연(然)이나 근년래(近年來) 될 수 잇는대로 일본식어구어업(日本式漁具漁業)의 보급을 도(圖)하야 점차 조선 재래의 어업개선에 노력하고 우(又) 일면으로 일본인 통어(通漁) 우(又)는 이주의 증가에 반(伴)하여 조선인 어업자도 자연일본식어업을모방하기에 지(至)한 결과년(結果年) 기(其)생산액을 증가하여 1919년 생산액을 병합당년(倂合當年)의 어획에 비하면 약육배여(約六倍餘)를 증가하얏도다. 연(然)이나 기(其)발달이라던지 진보라던지 일본식어업의 모방으로 인한 조선의 사정에 적응하는 특수의 발달을 수(遂)한 자(者)는 극히 희소한 상태이라.

종(從)하야 기발달한 정도는 일정한 범역(範域)을 탈(脫)치 못하야 기(旣)히 중요 어류 중 기어획수량의 점차 감소한 경향을 시(示)하는 자(者)도 유(有)하여 우(又) 제조업급(及)양식업에도 당업자(當業者)는 공연히 실패를 당한 자도 불선(不尠)한지라.

연(然)히 종래본부(從來本府)가 수산업지도장려(水産業指導奬勵)의 기초될만한 수산조사시험(水産調査試驗)을 위(爲)하야 여하(如何)히 하얏나냐하면 근(僅)히 3명의 기수(技手)를 배치하야 시험에 요(要)한 설비도 역심(亦甚)히 불완전하야 전혀 차(此)를 결여한 상태인 고(故)로 시험의 규모는 극히 협소하야 일시적(一時的) 우(又)는 고식적(姑息的)방법이란 비방을 면치 못하얏도다.

종(從)하야 시험한 결과 당업자의 지도장려에 자(資)한 자(者)는 심히 희한(稀罕)하다 위(謂)치 아니치못할지라 여사(如事)한 상태로써 추이(推移)하면 조선 수산업은 종(終)에 원만한 발달을 수(遂)치 못할 사(事)는 명료한 사(事)이라 하겠도다.

본부가 조선산업정책의 기초를 확립키 위하여 권업모범장(勸業模範場)을 설(設)하야 일반농사에 관한 조사를 행하고 중앙시험소(中央試驗所)를 설치하야 화학공업의 연구를 시(試)하며 지질조사소를 신설하야 광상지질의 조사를 개시함과 여(如)함이 개시세(皆時世)의 진운(進運)에 반(伴)하야 당연한 시설이라 위(謂)치 아니 못할지라. 연(然)이나 유독 수산업에 관하여 시등(是等) 산업에 필주할만한 시험기관의 특설(特設)을 견(見)치 못함은 사업진흥상 일대결함이라 하겠도다.

금(今)에 차(此)를 일본 내지급(及)식민지의 사정에 감(鑑)하면 일본 내지에는 중앙에 수산강습소(水産講習所)를 설치하야 교육사업의 일방(一徬)수산에 관한 연구시험에 당(當)케 하고 북해도(北海道) 급(及) 각부현(各府縣)의 태반은 지방비에 의한 수산시험의 기관을 설(設)하여 수산업의개발에 공헌하는중이라 우(又) 일본 내지에서는 기조직급시험(其組織及試驗)의 방법에 관하야는 불완전한 점이 불소(不少)하도다. 연(然)이나 현재 시험장(試驗場)에서는 사업의 결과가 당업자(當業者)를 이(利)케 하는 사(事)가 유(有)하도다. 관동주와(關東州) 여(如)함은 기(旣)히 명치41년에 시험장을 설치하고 차외화태급대만(此外樺太及臺灣)에서는 최근 시험장의 신설하기에 지(至)하얏도다.

번(飜)하야 구미각국(歐美各國)의 상황을 견(見)하더래도 개(皆, 모두) 상당한 조사시험기관을 설(設)하야 기효과(基効果)가 현저하다 칭(稱)하는 중이라 그래서 수산업이 타 산업에 비하야 지(遲, 느리고)하고 부진(不振)하는 상태에 재(在)함은 각종 이유가 유(有)함은 물론이라 기(基)주요한 이유는 사업의 근거가 박약(薄弱)하야 항상 불안한 상태에 재(在)하야 경영방법이 조분(粗笨, 조잡)한 사(事)이라. 특히 조선은 일본 내지(內地)와 기후풍도가 부동(不同)한 고(故)로 직(直)히 일본내지의 방법을 이(移)하야 차(此)를 전용(全用)하기 불능한 사(事)는 물론이라 조선에는 조선 특이한 발달을 기(期)하야 차(此)의 시설을 시(試)하야 장려(獎勵)의 도(途)를 강(講)치 아니치못할지라.

일본 어업의 근대화와 일본 어업세력 한반도 침투

- 트롤어업

트롤어업은 영국에서 발명되었다. 일본의 트롤어업은 포경어업처럼 외국에서 기술을 도입한 어업으로 메이지시대 창장부삼낭(倉場富三郞)에 의해 처음 도입되었다.[25] 포경어업보다 늦게 도입되었지만 트롤어업은 어장제한 없이 연안어장에서도 조업할 수 있었으며, 정부 장려금 혜택까지 주어져 자본력을 가진 어민에게는 여러 가지 이점이 있었다. 일본 트롤어선은 1909년 12척, 1910년 18척, 1911년 73척, 1913년에 139척으로 늘어났다.[26]

트롤어업은 저서어종을 대상으로 하기 때문에 연안어장에서 조업하는 트롤어업으로 피해를 입은 일본 어민들이 항의하며 트롤어업금지구역 설정을 요구하자 일본 정부는 트롤어업취체(단속)규칙을 제정하여 금지구역을 설정하고, 원양어업장려법에 의해 트롤어업에 지급하던 장려금 지급을 중단하였다. 연안어민의 반대로 정부 보호정책에서 배제되었다고는 하지만 외국의 선진기술을 도입하여 기계화된 트롤어업의 발전은 이후에도 지속되었다.

제1차 세계대전(1914~1918년) 당시 연합국은 해안침투를 위한 호위함정 또는 포함(砲艦)으로 사용하기 위하여 트롤어선을 사들였는데, 이 때 일본의 많은 트롤어선이 호가에 매각되어 1913년 139척이었던 트롤어선은 1917년에서 1918년 사이 6척으로 급감하였다. 트롤어업은 1923년 무렵 70척으로 어선세력이 다시 증가하였으나 종전의 어장은 대형기선저예망에 빼앗긴 뒤여서 인도양을 시작으로 원양어업에 진출하였다.

조선총독부는 한일합방 직후인 1911년 제정한 어업령(35개 조문)을 폐지하고, 1929년 84개 조문으로 구성된 조선어업령(朝鮮漁業令)을 제정 · 시행하였다. 조선어업령이 제정된 배경에는 제도보완보다는 당시 어구 · 어법의 발전과 어선의 동력화 등으로 어업생산량이 증가하자 수산자원을 보호 · 관리할 필요가 생겼기 때문이다. 식민지시대 제정된 어업령과 조선어업령의 원문은 일본어로 되어 있어 한글번역본을 제5장에 수록하였다.

1921년 수산시험장관제 발표 이후 어로어업생산량은 연평균 약 10%씩 성장

---

25) 일본 Wikipedia, 검색어 トロール網

26) 한규설, '어업경제사를 통해 본 한국어업제도 변천의 100년', 2001년, 선학사

하여 1937년 어업생산량은 지난 100년 동안 깨어지지 않은 우리나라 최고치인 2.1백만 톤을 상회하는 수준으로 증가하였다(그림 30). 하지만 1937년 최고치를 기록한 이후 연간어업생산량은 감소하기 시작하여 불과 6년 뒤인 1944년에는 최고기록의 7분의 1수준으로 급감하였다. 이 같은 어업생산량의 급증과 급감은 당시 자원남획정도가 심각하였고, 자원관리가 제대로 이루어지지 않았음을 보여준다.

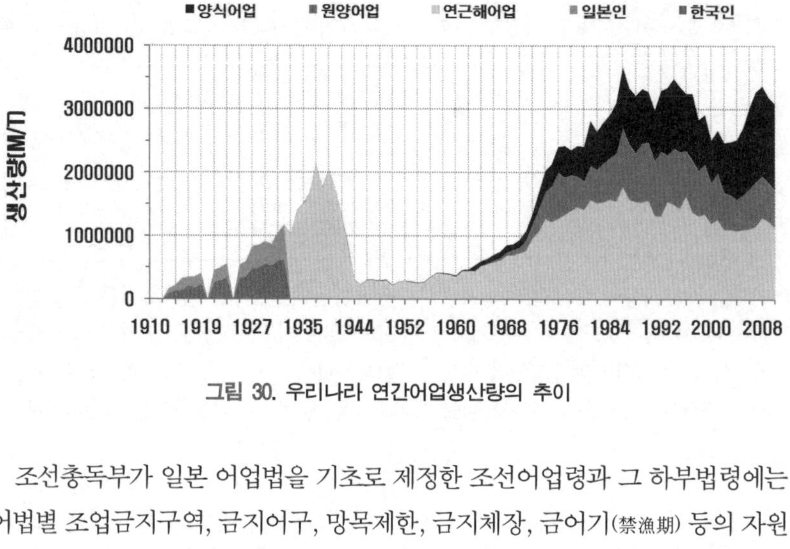

그림 30. 우리나라 연간어업생산량의 추이

조선총독부가 일본 어업법을 기초로 제정한 조선어업령과 그 하부법령에는 어법별 조업금지구역, 금지어구, 망목제한, 금지체장, 금어기(禁漁期) 등의 자원보호 및 관리조치를 규정하고 있다. 하지만 이 같은 규정은 제국주의 일본이 1931년 일으킨 만주사변으로 시작하여 이후 15년 동안 계속된 전쟁에 필요한 군수물자를 충당할 목적으로 한반도 수산자원이 남획되는 것을 막지는 못했다. 따라서 자원관리 측면에서 총독부의 어업정책은 실패하였다고 볼 수밖에 없다.

조선총독부가 발행한 통계연보에 의하면 1911년에서 1932년 사이 한반도 어가인구 중에서 당시 한국에 거주하던 일본인 어가인구의 비중은 3% 수준에 불과하였으나 이들은 당시 전체어선척수의 20%를 소유하여 전체어업생산량의 42%를, 전체어업생산금액의 50%를 차지하고 있었다. 따라서 이 시기 한반도 어업은 소수의 일본인에 의해 독점되는 구조였다. 식민지 통치기관이었던 총독부가 자국인(일본인)에게 우호적인 정책을 펼쳤을 개연성을 배제하더라도 자금력과 생산성에서 우월적 위치에 있었던 일본인의 어업생산성이 당시 영세했던 한국인보다 높았던 것은 분명하다.

19세기 초 어업제도로 본 어업의 발전

1911년 조선총독부가 제정한 어업령(漁業令) 제12조에서 포경어업과 트롤어업은 허가어업으로 지정되어 있다(어업령 전문 제4장에 수록). 또한 어업취체규칙 제3조에서는 트롤어업의 조업금지구역을 설정하고 있다. 어업령과 어업취체규칙에 트롤어업이 명시되어 있다고 하나 당시 우리나라 국적의 트롤어선은 없었던 것으로 보인다.

1910년대 말무렵 오늘날의 대형선망어업(大型旋網漁業, purse seine)에 해당되는 기선건착망어업(汽船巾着網漁業)이 조선에 진출하였다. 1913년 무렵 타뢰망,[27] 수조망(手操網)[28] 등의 연안어업이 기술적 발전을 거쳐 트롤어업과 같은 계열의 어업인 기선저예망(汽船底曳網)으로 발전하였다.

1929년 제정된 조선어업령(朝鮮漁業令) 제10조에는 포경어업, 트롤어업, 공선어업, 기선저예망어업, 잠수기어업을 허가어업으로 지정하고 있다(조선어업령 전문 제4장에 수록). 같은 해 조선총독부는 고시를 통해 포경어업, 기선저예망어업, 잠수기어업의 조업구역과 허가정수를 규정하였다. 이로써 이들 어업들이 당시 연안어장에 미치는 영향이 지대하였음을 알 수 있다. 하지만 트롤어업에 대해서는 조업금지구역만 설정되어 있고 허가정수가 없다. 이때까지도 우리나라 국적의 트롤어선은 없었던 것으로 보인다.

---

27) 타뢰망(打瀨網, small sailing trawl)은 저인망의 전신으로 범선저인망이라 하기도 한다. 바람받이 쪽으로 배를 가로로 향하게 한 다음 이물과 고물에서 긴 도리를 뻗쳐 그물의 아가리를 넓히고, 배로 끌어서 물고기나 새우를 잡는 그물로 풍력으로 어구를 예인하는 어구이다.

28) 수조망(手操網, hand seine)은 낭망(囊網), 날개그물(翼網) 및 인망(引網)으로 구성되는 어구이다. 무동력선 또는 소형 동력선을 사용하여 어구를 투하하고 끌줄 길이만큼 떨어져 닻을 투하하여 배를 고정시킨 다음 사람이 직접 인력으로 그물을 끌어 당겨 어획하는 것으로 저층뿐만 아니라 표층에도 많이 사용한다. 주로 남해안에서 많이 볼 수 있는 어업이다.

제2차 세계대전에서 일본의 패망

1930년대 일본은 중국 내전기의 혼란을 틈타 만주와 중국을 침략하였으며, 독일·이탈리아와 파시즘[29] 진영을 구축하는 추축국(樞軸國)[30]의 일원으로 제2차 세계대전에 참전하여 베트남, 싱가포르, 필리핀 등 동남아시아 여러 국가들을 점령하였다. 1941년에는 미국의 진주만을 기습함으로써 중일전쟁을 태평양전쟁(제2차 세계대전)으로 확대하였다.

제2차 세계대전은 1939년부터 1945년까지 유럽, 아시아, 북아프리카, 태평양 등지에서 독일·이탈리아·일본을 중심으로 한 추축국과 영국·프랑스·미국·소련 등을 중심으로 한 연합국 사이에 벌어진 세계 규모의 전쟁이다. 지금까지의 인류 역사에서 가장 큰 인명과 재산 피해를 낳은 전쟁이기도 하다.

1943년 9월 3개 추축국 중 이탈리아가 제일 먼저 연합군에게 항복하자 같은 해 12월 미국·영국·중화민국 3개 연합국 수뇌들은 카이로선언[31]을 통해 '조선'의 독립을 보장하였다.

1944년 11월 이후 연합군의 일본 본토 공격이 격화되었다. 1945년 7월 26일 독일 포츠담에서 미국·영국·중국 3국의 수뇌들은 회담의 결과를 발표하는 공동선언(포츠담선언)에서 일본의 전후 처리방침을 명시하고 일본의 무조건 항복을 요구하였다. 일본이 무조건 항복을 받아들이지 않자 연합국은 1945년 8월 6일 히로시마에, 8월 9일 나가사키에 원자폭탄을 투하하였고, 러시아는 이 날 대일전쟁에 참전하여 만주에서 일제히 공격을 개시하였다. 마침내 일본은 항복을 결의하고 10일 밤 포츠담선언 수락을 결정하였다.

1932년 이후 총독부 어업통계에서 국적구분이 없어져 당시 한국에 거주하던 일본인의 어업현황을 더 이상 알 수 없지만 당시 한국에 거주한 전체 일본인의 수가 광복 때까지 증가한 것을 고려할 때 어업 분야에서도 일본인의 우위가 지속되었을 것으로 보인다. 따라서 일제 식민지시대 한국에서 어업활동을 영위

29) 파시즘(fascism)은 이탈리아의 B. 무솔리니(1883~1945년)가 주장한 국수주의적·권위주의적·반공적인 정치적 주의 및 운동을 말한다. 파시즘은 원래 묶음(束, 속)을 뜻하는 이탈리아어 파쇼(fascio)에서 나온 말이었으나 결속·단결의 뜻으로 전용되었다.

30) 추축국(axis-powers)은 제2차 세계대전 당시 연합국과 싸웠던 독일·이탈리아·일본이 형성한 국제동맹을 가리키는 말이다.

31) 카이로회담(Cairo Conference)는 이집트 카이로에서 미국·영국· 중화민국 3개 연합국 수뇌가 제2차 세계대전의 수행과 전후 처리문제를 사전협의하기 위하여 두 차례 회담(1943년 11월 22일~26일, 12월 2일~7일)을 통하여 대일전(對日戰)에 서로 협력할 것과 일본이 패전했을 경우 일본의 영토 처리에 대한 연합국의 기본방침을 결정하였다. 회담결과는 '카이로선언'으로 발표되었다.

한 일본인은 1937년 이후 한반도에서 일어난 급격한 어획량 감소에 대한 책임에서 자유로울 수 없다. 여기에는 이들의 무분별한 어업을 제대로 관리・감독하지 못한 조선총독부의 책임도 있다. 하지만 식민지시대 일본의 무분별한 수산자원의 남획으로 한반도 수산자원이 고갈되었다는 것은 오늘날에도 잘 알려져 있지 않은 것 같다.

일본 식민지시대에 한국에 거주하던 일본인의 어업독점과 일부 계층에 편중된 어업특혜에 대한 국민적 반감은 어장을 어민에게 돌려줘야 한다는 사회적 분위기가 조성되어, 1953년 우리나라 최초의 자주적 어업제도인 수산업법이 제정될 때 어업권의 취득에 있어 일인일건(一人一件)주의를 채택하게 된 것으로 보인다. 이 조항은 1975년 개정에서 삭제되었지만 어업정책이 어업경영규모와 어업법의 신축성을 제한하는 것에서 출발하는 결과를 낳았다.

2) 8.15광복 이후 어업과 어업제도 및 정책

8.15광복으로 우리나라 어업도 자주성을 회복하였지만 자주적 어업의 개발・진흥・발전이 이루어지기까지는 약 20년이 필요했다. 이 시기 우리나라 어업의 전개과정을 보다 객관적으로 이해하기 위해서는 먼저 당시 시대적 상황을 개략적으로 살펴볼 필요가 있다. 우리나라는 다행히 정치적 독립 후 총체적 혼란과 분열을 겪으면서도 경제적 독립을 이루어 원조수혜국에서 원조공여국의 위치가 되었다. 하지만 과거 우리나라처럼 서구열강 또는 다른 나라의 보호국 또는 식민지 통치를 받았던 아시아와 아프리카의 많은 나라들은 식민지에서 벗어났지만 아직도 절대빈곤문제를 해결하지 못하고 외국의 경제원조에 의존하고 있다. 이들 국가들이 직면하고 있는 현재 상황도 큰 틀에서 보면 과거 우리나라와 크게 다르지 않다고 할 수 있다.

더욱이 농업국가였던 우리나라가 산업화단계에 막 진입할 당시 어업은 외화획득의 수단으로 국가경제가 발전하는 초기단계에서 기여한 바가 크기 때문에 우리나라 어업과 어업제도 및 정책의 전개과정은 어업을 통해 경제발전을 이루고자 하는 개발도상국의 성장모델이 될 수 있다. 또한 우리나라가 수산강국으로 진입한 1970년대 이후 어업제도와 정책은 수산자원관리 측면에서 개발도상국에게 여러 모로 반면교사(反面教師)가 될 수 있다.

(1) 광복 후 어업 발전을 이해하기 위한 20년[32)]

제2차 세계대전(1939~1945년)에서 일본이 연합군에게 무조건 항복함으로써 우리나라는 8.15광복을 맞이하였다. 하지만 일본이 패망하자 미국과 소련 양국은 카이로회담의 내용을 이행하기 위해 북위 38°선을 경계로 하여 북한은 소련이, 남한은 미국이 분할 · 점령하였다. 당시 점령목적은 일본군의 무장해제와 사회질서를 유지하기 위한 것이었지만 분할점령은 결과적으로 전후 독일과 마찬가지로 남한에서는 미국에 의해 자본주의체제의 대한민주공화국(대한민국)[33)]이, 북한에서는 소련에 의해 사회주의체제의 조선민주주의인민공화국[34)]이 수립되어 남북은 서로 대립하게 되었다.

1945년 12월 미국 · 영국 · 소련 3국의 외상은 모스크바에서 회동하여 한반도를 5년 간 신탁통치(信託統治, trusteeship)[35)]하는 것에 합의하였다. 초기에 남북한 모두 맹렬히 반탁운동을 전개하였으나 북한이 찬탁으로 돌아서자 한반도는 극심한 정치적 혼란에 휩싸이게 되었다. 한국문제가 반탁운동으로 난국에 직면하자 미소공동위원회가 1946년과 1947년 두 차례 회담을 개최하였으나 아무런 해결책도 강구하지 못하고 회담이 결렬되었다.

1947년 9월에 미국은 소련의 반대에도 불구하고 한국문제를 일방적으로 유엔에 제기하였다. 이로써 38°선을 경계로 남북한은 미국과 소련이 대립하는 가운데 이데올로기적 갈등을 겪으면서 국제무대에 노출되었다. 1947년 11월에 개최된 유엔총회에서 유엔임시한국위원단을 구성하여 그 위원단의 감시 하에 남북한 총선거를 실시하기로 결의하였다. 하지만 북한을 점령하고 있던 소련 군사령관은 1948년 초에 활동을 개시한 유엔임시한국위원단의 입북을 거절하

---

32) 이 부분은 한국민족문화대백과(1991년, 한국정신문화연구원) '한국전쟁'과 '경제' 부분을 참고하여 관련 내용을 보강하였다.

33) 남한(Republic of Korea, 大韓民主共和國, 大韓民國)

34) 북한(Democratic People's Republic of Korea, 朝鮮民主主義人民共和國)

35) 신탁통치는 국제연합 감독하에 시정국(施政國, 신탁통치를 행하는 국가)이 일정지역(신탁통치지역)에 대하여 실시하는 특수통치제도이다.

였다. 이에 유엔소총회에서 선거감시가 가능한 지역에서의 총선거가 결의되었다. 이로써 1948년 해 5월 남한에서 선거가 실시되어 대한민국 정부가 수립되었다. 같은 해 12월에 열린 제3차 유엔총회에서 대한민국을 유일한 합법정부로 승인하였다.

제2차 세계대전 후 미국과 소련의 냉전(冷戰)시대 도래

제2차 세계대전(1939~1945년)의 종전으로 8.15광복을 맞은 우리나라는 미군정기 3년을 거쳐 대한민국 정부를 수립하기 위한 준비하고 있을 때 세계질서는 새롭게 재편되고 있었다. 제2차 세계대전은 미국·영국·프랑스·소련 등을 중심으로 하는 연합국과 독일·이탈리아·일본을 중심으로 하는 추축국(樞軸國) 사이의 전쟁이었다. 종전 후 얼마 되지 않아 연합국 내에서 자유민주주의국가인 미국, 영국, 프랑스와 공산주주의국가인 소련의 전시동맹관계가 해체되면서 미국과 소련 양국은 대립관계가 되었다. 양국은 전쟁을 하지 않았지만 서로를 적으로 간주하였기 때문에 냉전(cold war)이라는 용어가 사용되었다.

1945년 5월 연합국에 항복한 독일은 미국·영국·프랑스·소련 4개 연합국의 점령 하에 들어가게 되었고, 1949년에는 미국·영국·프랑스 관리지역에는 서독이, 소련 관리지역에는 동독이 성립되어 동서로 분단되었다. 서독과 독일은 1990년 통일되었다. 이탈리아는 1939년 나치 독일과 군사동맹을 체결하여 독일·일본과 국제파시즘진영을 구축하였지만 독일과 일본만큼 군사적 성과를 보여주지 못했고, 1943년 9월 추축국 중 제일 먼저 연합국에 항복하였다. 또한 독일의 유태인 학살이나 일본군국주의에 의한 난징대학살, 731부대 만행, 조직적인 성노예 등과 같이 인류를 경악하게 만든 엄청난 국제범죄에 직접 휘말리지도 않았다.

일본은 추축국 중 마지막으로 1945년 8월 연합국에 항복하였지만 당시 연합국에 가담했던 소련이 일본의 분할점령을 주장할 만큼 군사적으로 기여한 바가 없어 미국의 단독 점령 하에 들어갔다. 패전국 일본은 미국을 중심으로 구축되는 전후 세계질서에 철저하게 순응하였다.

1948년 8월 15일 대한민국 정부가 수립되기까지 우리나라는 3년 동안 미군정의 통치를 받았다. 이 기간 동안 우리나라가 미국의 점령지행정구조원조[36]로

36) Government Appropriation for Relief in Occupied Areas(GARIOA)

약 4억 6천34만 달러를 원조 받았는데 당시 남한의 경제생활난을 해결하는데 큰 도움이 되었다. 당시 원조물자의 49%는 민생과 직결되는 식량, 피복, 직물 등의 생활필수품이었고, 18%는 농업용품이었다. 이외의 원조물자로는 석유 등의 연료와 철도, 해운, 자동차, 통신용기재, 의료약품, 건축자재 등이 있었다.

광복 직후 정치적으로는 남한과 북한에 미국군과 소련군이 각각 주둔하고 있어 통일정부를 수립할 여건이 되지 않았다. 경제적으로 일제식민지시대 한반도에 건설된 주요산업은 대부분 일본의 자본과 기술로 건설된 것으로 일본 본국 산업의 계열화여서 국민경제를 건설하는데 별 도움이 되지 못했다. 더욱이 남북한의 분단은 양 지역 간의 생산체제의 혼란을 심화시켰다.

미군정기 3년에 이어 수립된 대한민국 정부는 민생문제를 근본적으로 해결하기 위하여 국민경제건설의 개발정책을 착수하였다. 초대 대통령에 취임한 이승만(1875~1965년, 재임기간 1948~1960년)은 9월 30일 국회연설에서 경제건설의 기본방향을 제시하였다. 개발정책의 방향은 농가경제의 자주성을 부여하기 위하여 소작제도를 철폐하고, 경자유전(耕者有田)의 원칙에 따라 농지개혁을 단행하고, 기업활동은 개인의 창의와 경영의 자유를 보장하며, 근로자는 이익균점(利益均霑)[37]의 권리를 향유한다는 것이었다.

대한민국 정부가 수립된 이후에도 통화남발, 공급물자의 부족, 만성적인 재정적자를 만회하기 위한 통화팽창으로 인플레이션이 심각하였다. 이 같은 인플레이션의 근원에는 태평양 전쟁이 막바지 단계에 이를 무렵, 일제의 무분별한 대출과 귀국자금의 살포로 통화를 팽창시킨 일본의 책임도 있다. 이러한 경제상황에 대처하기 위해 이승만 정부와 미국 정부는 경제안정을 위한 인플레이션의 조속한 극복, 재정균형의 회복, 금융의 건전화, 생산성 향상을 도모할 수 있는 종합대책으로 1950년 3월 4일 '경제안정15원칙(經濟安定15原則)'[38]을 발표하였다.

경제안정15원칙의 시행결과로 통화량의 수축, 물가상승세의 진정, 재정적자

---

37) 제헌헌법 제18조에는 노동3권(단결권, 단체교섭권, 단체행동권)외에 영리를 목적으로 하는 사기업에 있어서 근로자는 법률이 정하는 바에 의하여 이익의 분배를 균점하는 권리인 이익균점(entitlement)을 명시하였다.

38) 국가기록원 국무회의기록(http://theme.archives.go.kr)

폭의 축소 등이 가시화되기 시작하였다. 정부는 재정적자 요인을 줄이기 위해 공공요금의 인상, 각종 세율인상, 정부보조금의 삭감 등을 단행하였다. 또한 통화량 수축을 위해 정부가 보유하던 외환매각, 국채의 강제소화, 산업자금방출 억제, 정부보유미 방출, 미국의 대외원조기구인 경제협조처[39] 원조물자 매각 추진, 긴급물자 수입 등을 실행하였다. 경제안정15원칙의 추진은 재정균형과 물가안정에는 도움이 되었으나 소비수준의 하락, 산업활동의 위축 등을 초래하기도 하였다. 하지만 정책이 충분히 효과를 발휘하기 전에 1950년 6월 25일 한국전쟁이 발발하여 시행이 중단되었다.

한국전쟁, 유엔 그리고 미국

미국은 한국전쟁이 발발한 당일 유엔안전보장이사회를 긴급소집하여 북한의 무력공격을 '침략행위'로 규정하였다. 6월 27일 미국 H. S. 트루먼 대통령(1884~1972년, 재임기간 1945~1953년)은 한국전에 해군과 공군의 지원을 결정하였고, 유엔도 미국의 군사조치를 승인하였다. 6월 28일에는 일본 동경에 있던 미 극동군사령관인 D. S. 맥아더 원수(1880~1964년)가 내한하여 전선을 시찰한 뒤 미 국방성에 지상군 파견을 요청하였다.

미국의 신속한 군사조치로 7월 7일에 개최된 유엔안전보장이사회는 한반도에서 유엔의 군사활동을 위하여 미국에 최고지휘권을 위임하는 결의를 채택하였다. 또한 맥아더 원수를 유엔군총사령관에 임명하였고, 유엔군의 한국 파견을 결정하였다. 이로써 한반도에서의 군사지휘권은 미국의 맥아더 원수에게 주어졌으며, 한국을 지원하기 위하여 16개 연합국에서 파견한 육·해·공군 및 지상군은 유엔군총사령관의 지휘를 받게 되었다. 이때 한국의 이승만 대통령은 한국군의 작전지휘권을 맥아더 유엔군총사령관에게 이양한다는 각서를 썼다.

1950년 6월 25일 새벽 북한군이 남침하여 한국전쟁이 발발하였다. 무방비상태에서 철저히 준비된 막강한 북한군의 침략을 받자 대한민국 정부는 전쟁 발발 이틀 만에 대전으로 옮겨갔고, 7월에는 대구로, 8월에는 부산으로 이전하였다. 전쟁 발발 81일 뒤인 9월 15일 맥아더 유엔군사령관이 지휘한 인천상륙작전이

39) Economic Cooperation Administration(ECA)

성공하여 9월 29일 서울을 수복하였고, 10월 29일 이승만 대통령이 수복된 평양을 방문하기도 하였다. 하지만 11월 25일과 26일 중국공산당군(중공군) 18개 사단 20만 명이 진격해오자 전세가 다시 역전되어 '12월 후퇴'[40] 하였다.

중공군의 개입으로 1950년 12월 평양은 다시 공산군 수중에 들어갔고, 중공군의 원조에 힘입어 북한군은 12월 26일 다시 38°선을 넘어 남진하여 1951년 1월 4일 다시 서울을 점령하였고, 1월 7일에는 수원을 함락하였다. 이로써 '1.4 후퇴'가 이루어졌다. 1월 12일에는 일본군의 참전설이 나오자 이승만 대통령은 이를 강력히 반대하였다. 1951년 1월 25일 유엔군은 반격을 재개하여 2월 10일에는 인천과 김포를, 3월 14일에는 서울을 재탈환하였으며, 3월 24일에는 38°선을 다시 돌파하였다.

유엔군의 제공권(制空權)[41] 때문에 공산측은 막심한 피해를 입게 되었고, 전쟁에서 승산이 없음을 인식하게 되었다. 뿐만 아니라 경제적인 부담도 감수하기 어려운 지경이 되자 1951년 6월 소련의 제의로 휴전회담이 시작되었다. 하지만 양측의 이견으로 회담은 결렬되었다. 이후 전쟁양상은 회담재개 - 회담결렬 - 전쟁재개의 양상이 반복되었다. 1953년 7월 27일에 비로소 휴전협정이 이루어짐으로써 3년 1개월에 걸친 전쟁은 막을 내렸다. 하지만 승전국도 없고 군사경계선에도 변함이 없었다.

휴전협정 체결을 원했던 미국의 아이젠하워 대통령(1890~1969년, 재임기관 1953~1961년)은 이승만 대통령을 설득하기 위하여 경제 · 군사원조를 약속하는 미 대통령의 친서를 보내기도 하고, 1953년 6월 25일에 대통령 특사로 국무차관보 W. S. 로버트슨(Robertson)를 한국에 파견하기도 하였다. 한미상호방위조약(韓美相互防衛條約)은 1953년 7월 27일 휴전협정이 체결된 직후인 8월 8일 가조인되었고, 10월 1일 정식으로 조인되어 1954년 11월 18일 발효되었다. 아이젠

---

40) 12월 후퇴에는 1950년 함경남북도 일원의 동북부 전선에서 작전 중이던 아군의 주력부대가 중공군 개입으로 홍남항을 통하여 대규모의 해상 철수를 단행한 홍남철수(興南撤收)도 포함된다. 홍남철수는 세계전사상(世界戰史上) 가장 큰 규모로 이루어진 이 해상 철수작전에서 10만 5천명의 국군과 유엔군 병력과 1만 7천대의 차량을 비롯한 대부분의 장비와 물자를 옮겼을 뿐 아니라 9만 1천명에 달하는 북한 피난민들도 구출하였다.

41) 제공권은 항공전력이 적보다 우세하여 적으로부터 큰 방해를 받지 않고 육 · 해 · 공군 작전을 수행할 수 있는 상태를 말한다.

하워 대통령은 휴전협정이 서명되던 바로 그 날 미국 의회에서 대한(對韓)경제원조의 확대계획을 제출하여 승인받았다.

한국전쟁에서의 인명피해에 대한 정확한 통계수치는 없으나 유엔군 측에서는 대한민국 국군의 사망 · 부상 · 실종을 25만 7천여 명으로, 공산군 측에서는 58만 6천여 명, 일본 통일조선신문은 98만 8천여 명으로 추정하고 있다. '북한 30년사[42)]'에 의하면 대한민국 국군의 인명피해는 98만 7천여 명이며 민간인 피해는 140만여 명으로 국군과 민간인 피해를 합치면 모두 230만여 명이다. 또한 북한 30년사에 의하면 북한군은 52만여 명이 사망하고 40.6만여 명이 부상했으며, 민간인 손실은 200만여 명에 이른다고 되어 있어 북한의 인명피해는 290만여 명이다. 남북한을 합친 인명 손실은 무려 520만 명 정도로 1949년과 1953년 한반도 인구를 기준으로 인명피해는 약 17~18% 규모이다. 특히 중공군의 참전으로 유엔군이 공중전투를 벌린 결과 인명피해에서 비전투요원인 민간인의 인적손실이 64%에 달한다. 이는 전사상(戰史上) 유례를 찾기 어려운 것으로 전쟁이 얼마나 참혹했는지를 말해준다. 인적피해와 더불어 대략 1천만 명 규모의 이산가족이 발생하였다. 유엔군은 약 15만 명의 인명손실을 입었다. 북한30년사에는 151,500여 명, 일본 통일조선신문은 157,827명으로 파악하였다. 중공군의 인적 손실에 대해 북한 30년사에서는 약 90만 명, 통일조선신문에서는 921,836명으로 파악하였다.

3년 1개월간 치러진 한국전쟁으로 인한 물질적 손실에 대해 정확한 통계가 있는 것은 아니지만 한반도 전체를 통하여 학교 · 교회 · 사찰 · 병원 및 민가를 비롯해 공장 · 도로 · 교량 등이 무수히 파괴되어 남북한의 사회 · 경제기반이 거의 파괴되었다. 우리나라는 당시 인구의 11%에 해당하는 군인과 민간인이 인명피해[43)]를 입었을 뿐만 아니라 생산시설 42%, 공장건물 46%가 파괴되는 막대한 경제적 손실을 입었다. 휴전 직후 남한에서 약 60만 채의 가옥이 파괴되어 거리에서 방황하는 전재민(戰災民)의 수가 200만여 명이었으며, 전체인구의 20~25%가 굶주림에 직면하게 되었다. 1949년 한 해 국민총생산에 맞먹는

42) 兪完植 · 金泰瑞, 1985, 현대경제일보사
43) 유완식, 김태서, '북한 30년사', 1975년, 현대경제일보사 일요신문

재산상의 피해가 발생하였고, 국민총생산은 14%, 농업생산은 27% 감소하였다. 전쟁으로 인한 물질적 피해는 중공군의 참전 이후 화력이 우세한 유엔군이 집중적으로 공중전을 벌여 북한이 더 컸다.

전쟁으로 인한 인적 · 물질적 손실 못지않은 심각한 피해는 민족 내부에 불신과 적대감이 조성되어 평화적인 통일을 가로막는 장애가 되었다. 남북 모두에서 흑백논리의 사고방식이 지배적으로 되어 타협 또는 대화시도 자체를 죄악시하는 분위기가 만연하게 되었다. 따라서 남북 모두에서 중도적인 이념을 추구하는 세력이 성장할 수 없게 되어 어느 한쪽으로 편향된 이념과 세력이 집권하게 되었다.

한국전쟁 때까지만 해도 북한에는 4개 정치파벌[44)]이 있었으나 전후 김일성 체제로 구축되었다. 또한 전후 북한사회에 반미주의가 확산되자 김일성은 이를 독재체제를 정당화하는 도구로 이용하여 미제국주의의 재침 위험성을 강조하면서 자신을 미제국주의와의 투쟁의 선봉장으로 조작하였다. 경제적으로 북한주민의 노동력을 동원하여 대대적인 전후 경제복구를 실시하여 공업화의 기초를 마련하였다. 1973년 이전까지는 북한의 경제가 대한민국을 앞지르고 있었다.

대외적으로 김일성(1912~1994년) 정권은 소련이 만든 위성국가로 출발하여 소련의 강력한 통제 하에 있었다. 하지만 한국전쟁 중 소련의 지원은 소극적이었던 반면 중공의 지원은 적극적이었다. 인천상륙작전 이후 유엔군의 북진으로 1950년 10월 평양에 미군정부가 수립되어 북한정권이 붕괴될 위기에 직면했을 때 북한을 구출해 준 것도 중공이었다. 전후 북한은 중공과의 관계에 비중을 두게 되어 대외관계에 변화가 일어났다.

---

44) 4개의 정치파벌은 국내파, 연안파(친중공파), 소련파(소련에 이주하였던 한인 2세) 및 갑산파(김일성을 중심으로 한 세력)이었다.

한국전쟁과 휴전 후 국제정치학적 영향

신라가 삼국통일을 한 이후 1300여 년 동안 하나로 유지되었던 한반도가 8.15광복 후 남북으로 분단되어 한국전쟁을 겪게 된 것은 제2차 세계대전(1939~1945년)에 뛰어든 일본이 연합국에게 패배한 것과 종전 후 미국과 소련의 대립으로 냉전체제가 고착화되면서 새로운 국제질서가 형성되었기 때문이다. 1950년 6월 25일 발발하여 1953년 7월 27일 휴전한 한국전쟁의 가장 큰 국제정치적 영향은 미국과 소련의 냉전을 더욱 고착화시킨 것이라 할 수 있다.

미국은 한국전쟁으로 정치적으로나 군사적으로 세계 최강대국의 지위를 굳혔다. 흔히 제2차 세계대전 종전으로 미국이 세계 최강대국 지위를 얻은 것으로 알고 있으나 미국의 군사력은 한국전쟁 기간에 두드러지게 증강되었고, 이후에도 군사력 증강은 계속되었다. 결과적으로 한국전쟁을 계기로 국제정치역학에서 미국의 영향력은 그 이전에 비하여 훨씬 커지게 되었다.

미국의 국내 분위기가 우경화되었고, 대외적으로 반공정책을 취하여 미국은 세계의 많은 보수정권과 상호방위조약을 맺어 반공적 집단안보기구를 만들어냈는데 동남아시아조약기구(SEATO)[45]가 대표적인 예이다. 미국이 베트남전에 깊이 개입한 것도 이러한 맥락에서 이해할 수 있다. 미국은 북베트남이 소련과 중국의 부추김으로 '아시아 적화음모'의 한 고리로 남베트남을 '침공'하였다고 인식하고 군사개입을 확대하였다.

한국전쟁으로 소련 또한 군사력을 증강시켰고, 공산국가들과 동맹관계를 강화하였으나 전쟁이 소련에 어떤 영향을 주었는지는 확실하지 않다.

1949년 10월 1일에 수립된 중국공산당(중공) 정권은 한국전쟁을 계기로 국제적 지위를 강화할 수 있었다. 전쟁에 참전함으로써 중공은 유엔에서 '침략자'로 규정되었고, 중공 대표권을 얻지 못하였지만 적어도 아시아문제에 대해서는 중공의 발언권을 인정하여야 한다는 인식이 국제사회에 퍼지게 되었다.[46]

또한 중공군의 한국전 참전은 마오쩌둥(毛澤東)체제를 강화하여 극좌 사회주의 대중운동인 문화대혁명(文化大革命)[47]을 통해 공산당에 반대하는 세력은 물론이고 중국공산

45) 동남아시아조약기구(東南條約機構)는 1954년에 마닐라에서 조인된 동남아시아집단방위조약에 따라 결성된 동남아시아 태평양 지역의 집단적 반공군사동맹으로 미국 · 영국 · 프랑스 · 오스트레일리아 · 뉴질랜드 · 태국 · 필리핀 · 파키스탄 8개국이 가맹국이었다. 본부는 방콕에 있었으며, 1977년 해체되었다.

46) 중화인민공화국(중국)은 한국전쟁이 휴전하고 20년이 경과한 1971년에 유엔총회에서 유일한 중국 정부로 승인되었다.

47) 문화대혁명은 1966년부터 1976년 10년간 마오쩌둥(1893~1976년)이 주도한 사회주의에서의 계급투쟁인 동시에 중국공산당 내부의 반대파 제거를 위한 권력투쟁이었다. 농업국가인 중

당 안에서 마오쩌둥의 지도력에 대항하던 세력도 진압할 수 있게 되었다. 중국공산당정권 즉 중화인민공화국이 국제사회에서 합법적인 정부로 인정받은 것은 1971년이었다.

한국전쟁의 최대 수혜국은 어쩌면 제2차 세계대전 패전국 일본이라고 할 수 있다. 중국에 공산정권이 수립되고, 한반도에 체제가 다른 두 개의 정부가 수립되어 전쟁을 하게 되자 당시 미국의 점령 하에 있었던 일본은 미국의 동아시아 안보전략상 지정학적으로 유리한 위치에 있는 덕에 패전 5년 만에 미국의 주도로 제2차 세계대전에서 일본과 교전관계에 있었던 연합국과 대일평화조약을 체결하여 주권을 회복하고, 국제사회로 복귀할 수 있게 되었다. 이때까지만 해도 일본은 강대국이 아니었으나 전쟁을 계기로 일본은 경제부흥과 보수체제의 안정을 이룰 수 있는 기반을 마련할 수 있었다.

한국전쟁은 대한민국 사회 전반에 큰 영향을 미쳤다. 1948년 남한의 단독정부가 수립된 이후까지만 해도 좌파와 중간파가 상존하였지만 한국전쟁 이후 반공주의가 우세하게 되었다. 나아가 반공태세를 강화하지 않는 한 대한민국의 국가 기반 자체가 흔들릴 것이라는 위기의식과 함께 반공이 대한민국의 대의명분인 자유민주주의를 대체하기도 하였고, 반공이라는 명분으로 권위주의가 합리화되기도 하였다. 또한 민주사회주의 같은 온건한 사회주의 이념조차 공산주의와 동일시되거나 용공(容共)[48]시 되었다.

미국과의 동맹관계가 국가안전을 보장하는 필수요소로 받아들이게 되었다. 지나친 친미외교는 1960년대 초까지만 해도 인도와 같은 친서방 중립국가조차 용공시하여 제3세계[49]에 접근하는 것을 가로막았다. 북한의 남침으로부터 국가

국에서 과도한 중공업정책을 펼쳐 국민경제가 좌초되자 민생경제를 회복하기 위해 자본주의 정책의 일부를 채용하는 정책이 실효를 거두면서 류사오치(劉少奇, 1898~1969년)와 덩샤오핑(鄧小平, 1904~1997년)이 새로운 권력의 실세로 떠오르기 시작했다. 권력의 위기를 느낀 마오쩌둥은 부르주아세력과 자본주의 타도를 외치며 전국 각지마다 청소년으로 구성된 홍위병을 조직하였다. 홍위병이 마오쩌둥의 지시에 따라 전국을 휩쓸어 중국은 일시에 경직된 사회로 전락하게 되었고, 마오쩌둥에 반대되는 세력은 모두 실각되거나 숙청되었다. 1976년 9월 마오쩌둥 사망 후 중국공산당은 문화대혁명을 '극좌적 오류'였다는 공식평가와 함께 문화대혁명의 광기는 급속히 소멸되었다.

48) 용공은 공산주의자의 주장을 받아들이거나 그 정책에 동조하는 것이다.

49) 제3세계(Third world)는 통상적으로 제2차 세계대전 이후 미소냉전시대 어느 쪽에도 가담하지 않은 개발도상국을 총칭한다.

를 구해주었다는 인식으로 유엔에 대한 믿음이 강화되어 통일문제에 대해서도 남북대화의 방식보다는 유엔을 통한 해결방식을 채택하였는데, 이것은 1970년대 중반 이후에 중단되었다. 1976년까지 유엔의 날은 우리나라 법정공휴일이었다.

한편 제2차 세계대전을 통해 세계 최강대국으로 부상한 미국은 동유럽권을 장악한 소련에 위협을 느껴 전후 소련 공산주의의 팽창을 저지하고자 하였다. 1947년 3월 미국 H. S. 트루먼(1884~1972년, 재임기간 1945~1953년) 대통령이 의회에서 공산주의 세력의 확대를 저지하고, 자유와 독립을 지키기 위하여 노력하며, 공산주의로부터 위협을 받고 있는 국가들에게 군사적 · 경제적 원조를 제공한다는 대외정책의 일반원칙 이른바 트루먼 독트린(Truman Doctrine)을 선포하였다.

마셜플랜(Marshall Plan): 유럽경제부흥계획과 OECD

미국은 19세기 중반 산업혁명을 착수하여 19세기 말에 이르러서는 영국을 추월할 수준이 되었다. 20세기 중반 세계 최강대국으로 부상한 미국은 제2차 세계대전 후 형성된 냉전체제에서 소련을 중심으로 한 공산주의세력의 확산을 방지하기 위해서는 다른 자유민주주의국가의 경제부흥과 정치안정이 중요하다고 판단하여 종전의 생필품 위주로 긴급구제형식으로 지원하던 대외원조정책의 방향을 전환하였다.

유럽경제부흥계획(European Recovery Program) 즉 마셜플랜은 미 국무장관 G. 마셜(Marshall, 1850~1959년)이 주도한 것으로 그 목적은 전쟁으로 파괴된 유럽의 재건에서 한 발 나아가 유럽의 경제를 부흥시키는 것이었다. 다시 말해 마셜플랜은 전쟁으로 입은 피해보다는 미래지향적인 관점에서 미국의 고효율모델을 유럽에 적용하여 유럽의 산업과 사업관행을 현대화하고, 인위적인 무역장벽을 없애 유럽의 경제자립을 키우는데 중점을 두고 운영되었다. 미국은 마셜플랜의 시행을 위해 1948년 한 해 예산(2,580억 달러)의 약 5%에 해당하는 130억 달러를 배정하였다.

서유럽 16개국은 1948년 4월에 미국의 원조를 수용하기 위해 오늘날 경제협력개발기구(OECD)[50]의 전신인 유럽경제협력기구(OEEC)를 출범시켰다. 당시 미국의 원조를

50) OECD는 경제협력개발기구(經濟協力開發機構, Organization for Economic Cooperation and Development)로 경제발전과 세계무역 촉진을 위해 발족한 국제기구이다. 제2차 세계대전(1939~1945년) 이후 유럽은 미국의 유럽부흥계획(European Recovery Program, ERP)인 마셜플랜(Marshall Plan)을 수용하기 위해 1948년 4월 16개 서유럽국가를 회원으로 유럽경제협

받은 서유럽 국가들의 1951년도 생산성은 전쟁 전이었던 1938년에 비해 최소 35% 향상되었고,[51] 이후 20년간 유럽은 전례 없던 성장과 번영을 누리게 되었다. 또한 마셜플랜은 무역장벽을 없앰으로써 대륙차원에서 경제협력을 할 수 있는 제도적 장치를 마련하여 오늘날 유럽이 통합되는데 결정적인 역할을 하였고, 서유럽 국가들의 정치적 재건을 고무하였다.[52]

미국의 마셜플랜과 우리나라 경제원조

미국은 유럽경제부흥계획인 마셜플랜(Marshall plan)을 지원하기 위하여 1948년 4월 경제협력법(Economic Cooperation Act)을 제정하였다. 이 법에 의거하여 같은 해 대통령 직속 대외원조기구인 경제협조처(Economic Cooperation Administration, ECA)를 신설하였다.

8.15광복 이후 우리나라는 미군정체제에서 미 국무성의 재원으로 점령지에 지원되는 행정구호원조(Government Appropriation for Relief in Occupied Areas, GARIOA)를 받았다. 미군정 3년 동안 우리나라에 제공된 GARIOA원조는 약 4억 6천만 달러였다. 1948년 8월 15일 대한민국 정부가 수립되자 미국 정부는 한국 정부와 국가 대 국가의 원조를 실시하기 위해 1948년 12월 10일에 한미원조협정(韓美援助協定)을 체결하였다. 이로써 우리나라는 1949년부터 미국의 경제협력법에 의거하여 경제협조처(ECA)의 재원으로 제공되는 원조를 받게 되었다. 또한 주한ECA가 발족되었다.

력기구(Organization for European Economic Cooperation, OEEC)를 발족하였다. OEEC는 1950년 미국과 캐나다를 준회원국으로 받아들였다.

1960년 12월 OEEC의 18개 회원국 등 20개국의 각료와 당시 유럽공동체(European Economic Community, EEC), 유럽석탄철강공동체(European Coal and Steel Community, ECSC), 유럽원자력공동체(European Atomic Energy Community, EURATOM)의 대표가 모여 경제협력개발기구(OECD)조약에 서명함으로써 오늘날의 OECD가 탄생하였다. 1961년 9월 20개국을 회원국으로 한 경제협력개발기구로 확대·개편하였다. 1990년대 이후 멕시코, 체코, 헝가리, 폴란드, 한국, 슬로바키아, 칠레, 슬로베니아 등이 가입하여 현재 회원국은 34개국이다. 우리나라는 1996년 회원국이 되었다.

51) Barry Eichengreen, 'The European Economy since 1945: Coordinated Capitalism and Beyond' p. 57, 2008, Princeton University Press.

52) Alan S. Milward, 'The Reconstruction of Western Europe, 1945-51' p. 466, 1987, University of California Press.

패전국 일본의 면죄부와 부활(대일평화조약)

제2차 세계대전 종전 이후 미국과 소련의 냉전체제가 고착화되고 있는 상황에서 1949년 10월 공산정권인 중화인민공화국[53]이 건국됨에 따라 전후 일본을 점령하고 있던 미국의 입장에서는 일본을 더 이상 독일·이탈리아와 국제파시즘 진영을 구축한 전쟁 패전국으로만 볼 수 없게 되었다.

미국의 동아시아 전략상 일본을 동맹세력으로 흡수하여 한반도의 안정을 꾀하고, 중국을 견제할 필요가 있었다. 이런 시대적 변화를 반영하여 미국은 일본과 교전관계에 있었던 연합국 55개국 중 48개국과 일본 간에 제2차 세계대전을 종결시키는 강화조약인 대일평화조약(對日平和條約)[54]의 체결을 주도하였다. 대일평화조약이 체결됨으로써 일본은 주권을 회복하여 패전 5년 만에 국제사회로 복귀할 수 있게 되었다.

대일평화조약은 1951년 9월 8일에 미국 샌프란시스코에서 조인되어, 다음 해 4월 8일

---

53) 중국(People's Republic of China, 中华人民共和国)

54) 대일평화조약(Treaty of Peace with Japan)은 샌프란시시코 강화조약(Treaty of San Francisco 또는 San Francisco Peace Treaty)이라고 하기도 한다. 제2차 세계대전에서 일본과 교전관계에 있었던 연합국은 55개국을 헤아리지만 그 중 소련 이하 공산권의 연합국(폴란드와 체코슬로바키아)은 샌프란시스코의 평화회의에는 참가하였지만 조약내용에 반대하여 서명하지 않았다.

당시 중국은 혁명으로 대륙에 성립한 베이징 공산당 정부(중화인민공화국)와 대만에서 떨어져나가 국민당 정부(중화민국)로 분열되어 있었고, 평화조약회의 주최국인 미국과 영국 간에 중국의 어느 정부를 인정할 것인지에 대해 의견이 일치하지 않았기 때문에 평화회의에 초청되지 않았다. 이외에 인도·버마·유고슬라비아 3개 연합국은 샌프란시스코 평화회의의 초청에 응하지 않았다. 대일평화조약은 미국 이하의 자유국의 연합국간에 체결된 것으로 전면적인 강화조약이 아니기 때문에 단독강화, 다수강화, 단면강화, 부분강화라고 하기도 한다. 미국과 소련의 대립, 동서 양 진영의 분열로 공산권의 연합국과의 강화는 난항이 거듭되었다. 소련과는 1956년 12월 12일(10월 19일 서명) 소일공동선언으로 전쟁체결과 국교회복이 실현되었다. 하지만 소련과는 북방영토의 처리문제가 악화되어 평화조약의 체결은 후일로 미루어졌다.

중국과는 미국의 설득으로 대만(중화민국)의 국민정부와 1952년 8월 5일 화일(華日)평화조약이 체결되었다. 대륙의 베이징 정부(중화인민공화국)와는 1972년 9월 29일 중일공동성명으로 정부승인, 국교회복, 전쟁처리를 도모하였다. 동시에 일본정부는 화일평화조약의 실효를 성명(聲明)하였다.

인도와는 1952년 8월 27일, 버마와는 1955년 4월 26일 양국 간 평화조약이 체결되었고, 1952년 4월 28일 유고슬라비아와 국교를 회복하였다. 인도네시아와는 별도로 1958년 4월 15일 양국 간 평화조약을 체결하였다.

에 발효되었다. 평화조약은 1945년 포츠담선언과 일본이 수락한 항복문서에 기초하여 연합국이 일본을 점령·관리하는 과정에서 점진적으로 실행해온 배상과 전범 등의 사항들을 확인하고 완성하는 측면이 강하다.

대일평화조약의 주요내용을 보면 다음과 같다.

첫째 일본은 한반도의 독립을 승인하고, 타이완과 평후제도(澎湖諸島),[55] 지시마열도(千島列島, 쿠릴 열도), 사할린에 대한 일체의 권리를 포기한다.

둘째, 남태평양 제도의 구(舊) 위임통치지역은 미국이 신탁통치하며, 오키나와(沖繩)와 오가사와라제도(小笠原(소립원)諸島)는 미국의 신탁통치예정지역으로 삼는다.

셋째, 일본은 일체의 국외 자산과 조약체결국에 대한 모든 청구권을 포기한다. 대일평화조약 체결로 종전에 일본이 주장한 대한(對韓)청구권은 무효가 되었으나 일본은 뒤에도 대한청구권을 주장하여 1952년 4월 미 국무부가 이를 재확인하여 일본의 대한청구권 주장에 종지부를 찍었다.

전체적으로 볼 때 평화조약은 전후 일본이 포기한 영토의 귀속을 미결정상태로 남겨놓아 배상, 어업, 통상, 항공 등의 문제는 뒤에 체결될 양국 간의 협상 또는 협정을 통하여 해결하게 하여 평화조약을 실시하기 위해서는 보충되어야 할 불확정 요소가 많은 한계를 가지고 있었다.

대일평화조약은 전문과 본문 27개조, 그 외에 2개의 선언과 1개의 의정서가 부속되어 있다. 조약 본문은 전쟁의 종료와 주권의 승인(제1조), 영토의 처리(제2조~제4조), 안전보장(제5조, 제6조), 기존 조약의 효력(제7조, 제8조, 제10조), 전쟁범죄(제11조), 어업·통상·항공에 관한 규율(제9조, 제12조, 제13조), 배상·일본의 재외재산·연합국의 재일(在日)재산·전쟁전의 채무·계약과 전쟁청구권 및 독일의 재일재산(제14조~제16조, 제18조~제20조), 연합국인에 대한 포획 심검 및 재판의 재심사(제17조), 중국과 조선의 특정의 수익권(제21조), 기타의 최종조항(제23조~제27조)으로 구성되어 있다. 제5조와 제6조의 안전보장조항을 보면 평화조약을 체결하기 위하여 회의를 주최한 미국은 자국의 동아시아 안보전략의 일환으로 미소냉전체제에서 소련을 견제할 목적으로 일본을 반공(反共)진영에 편입시키기 위하여 미일안전보장조약의 체결이라는 복선을 깔아놓았다.

대일평화조약의 가장 근본적인 문제는 일본이 일으킨 전쟁으로 가장 큰 피해를 입은 한국과 중국의 참여가 배제되었다는 것이다. 평화회의가 개최될 당시 우리나라는 한국전쟁

---

55) 평후제도는 중국 푸젠성(福建省)과 대만 사이의 대만(타이완)해협에 있는 64개의 크고 작은 섬으로 구성된 제도이다. 가장 큰 섬은 면적 65km2의 평후섬이다.

중이었다. 중국의 대표권에 대해서는 미국과 영국의 의견이 일치하지 않아 장제스(蔣介石, 1887~1975년)가 이끄는 중화민국도, 마오쩌둥(毛澤東, 1893~1976년)이 이끄는 중화인민공화국도 회의에 초청받지 못했다. 소련, 폴란드, 체코슬로바키아는 회의에 참가했지만 평화조약에 서명하지 않았다. 더욱이 일본은 독도 영유권을 주장할 때 대일평화조약에 독도가 한국 땅이라는 명문규정이 없다는 것을 내세우기도 한다.

1948년 4월 시작된 4년 사업기관의 마셜플랜이 1952년 종료되게 되자 1951년 10월 미국의 상호군사원조법(Mutual Defense Assistant Act)과 경제협력법(Economic Cooperation Act)을 통합하여 미연방법으로 상호안전보장법(Mutual Security Act)이 제정되었다. 동 법에 따라 상호안전보장본부(Mutual Security Agency, MSA)가 신설되었다. 따라서 마셜플랜은 상호안전보장계획(Mutual Security Plan)으로, 원조를 주관하는 부처는 상호안전보장본부(MSA)로 대체되었다. MSA는 1953년에는 다시 대외활동본부(Foreign Administration, FOA)로, FOA는 1955년에 국제협조처(International Cooperation Administration, ICA)로 대체되었다. 미국의 대외원조법의 개정과 관련 부처의 조직개편에 따라 우리나라의 경제원조를 주관하는 부처도 달라졌다.

1952년 휴전설이 대두되면서 부터 이승만 정부는 전후복구를 착수하였다. 전후재건사업은 생산성을 전쟁 전 수준으로 회복하는 것이었지만 정부는 한 걸음 나아가 자립경제[56]를 구상하고 있었다. 여기서 자립경제는 국제무대에서 다른 나라들과 상호교역 하면서 살아갈 수 있는 수준을 말한다.[57] 다시 말해 한국의 자원으로 생산이 곤란하지만 국민경제에 꼭 필요한 물자는 수입하고, 수입한 물자의 대가를 지불하는데 필요한 재원은 수출로 획득한 외화로 지불하는 다시 말해 수입과 수출 즉 국제수지의 균형상태이다.

56) 자립경제란 원론적으로 보면 수입에 의존함이 없이 자국의 수요를 자급자족할 수 있는 경제를 말하지만 한 나라의 생산능력과 부존자원의 한계라는 현실에서 완전한 자급자족을 실현하는 나라는 지구상에 없다고 할 수 있다. 따라서 세계 각국은 무역을 통해 이 문제를 해결하고 있다.

57) 원용석, 'FOA원조와 한국경제', 1954년 2-10(통권 12호), p. 19.

한국은행 경제통계연보[58]에 의하면 1953년 우리나라 국내총생산은 13억 달러, 일인당국민소득은 67 달러였다. 이 수치는 당시 세계 125개국 중 우리나라는 인도 다음으로 가장 못사는, 꼴찌에서 두 번째에 해당하는 세계최빈국이었음을 말한다. 지난 60년 동안의 인플레이션을 산출하기 어려우므로 편의상 금 1온스(31.1 g)의 가격이 1953년 35 달러에서 2012년 1,600 달러 수준으로 약 46배 증가한 것을 고려하여 1953년 67 달러는 현재 3,082 달러(환율 1,150원 적용 시 약 350만 원) 정도로 추정해 볼 수 있지 않을까 싶다. 2011년 국제통화기금(國際通貨基金, IMF)[59]이 발표한 국가별 일인당 국민소득자료에 의하면 세계 184개국 중 117위 바누아투의 국민소득이 3,098 달러, 119위 시리아가 3,050 달러이다.

한 나라의 자립 또는 자주경제는 당연한 것이지만 오랜 식민지에서 해방을 맞은 우리 국민의 자립에 대한 열망은 간절했다. 하지만 현실적으로 대한민국의 자력으로 전후 경제를 재건하는 것은 거의 불가능했던 당시 경제를 재건하기 위해 필요한 자금을 확보하는 방법은 대일배상과 외국원조 두 가지뿐이었다. 대일배상을 받는 것이 어렵게 되자[60] 방법은 외국원조 한 가지로 좁혀졌다. 우리나라가 미국으로부터 원조를 받기 위해서는 고착화되는 미소냉전체제와 이에 따른 미국의 대외경제정책변화를 이해할 필요가 있었다. 또한 미국을 중심으로 구축되는 세계자본주의 질서에 편승하는 것이 당시로서는 최선의 선택이었다.

미국의 원조를 지원받기 위해서는 미국의 요구조건을 받아들여 원조수용체

---

58) 한국은행 경제통계시스템(http://www.bok.or.kr)

59) 국제통화기금(International Monetary Fund, IMF)는 1944년 체결된 브레턴우즈협정(Bretton Woods Agreements)에 따라 1945년에 설립되어 세계무역 안정을 목적으로 1947년 3월부터 세계은행((International Bank for Reconstruction and Development, IBRD)과 함께 업무를 개시한 국제금융기구다. 이 두 기구를 총칭하여 브레턴우즈기구라고 하기도 하며, 약칭으로 흔히 IMF라 한다. 2011년 기준 가입국은 총 188개국이며, 본부는 미국 워싱턴에 있다.

60) 제2차 세계대전에서 패전하여 미국의 점령 하에 있었던 일본은 1951년 일본과 교전관계에 있었던 50여 개 국가들과 대일강화조약을 체결하기 전까지는 주권을 제대로 행사할 수 없는 처지였다. 미국의 주선으로 한일회담이 개최된 것도 1951년 대일평화조약 체결 이후이며, 한국전쟁 휴전 후인 1953년 10월 에 열린 제3차 한일회담에서는 대일배상 외에 많은 현안이 논의되었다. 하지만 양국의 입장 차이가 너무나 극명해 대일배상을 기대하기 어려워졌다. 대일청구권문제와 한일국교정상화는 1965년에 가서야 해결되었다.

제(援助受容體制)를 수립하는 것이 급선무였다.[61] 당시 미국의 요구조건은 일제 통제경제의 잔재 청산, 통화안정, 재정의 건전성 및 인플레이션의 조속한 수습 등이었다.[62] 하지만 한국전쟁 수행을 위한 막대한 전비조달을 위한 재정지출로 인플레이션은 더욱 악화되어 1947년을 기준으로 도매물가지수는 1950년 348%, 1951년 2,294%, 1952년 4,721%, 1953년에는 5,446%까지 치솟았다.

인플레이션을 진정시키기 위하여 전쟁을 수행 중인 상황에서 당시 반대 여론에도 불구하고 이승만 정부는 '수입내지출'이라는 파격적은 긴축정책을 시행하였고, 1953년 2월 100원을 1환으로 하는 화폐개혁을 단행하여 물가안정에 대한 정부의 강력한 의지를 보여줌으로써 UN군대여금[63]을 상환 받을 수 있었다. 또한 1952년 5월 24일에는 '한미경제조정협정(韓美經濟調整協定)'[64]을, 1953년 12월 14일에는 '경제재건 및 재정안정계획에 관한 합동경제위원 협약'[65]을 성

61) 백두진, 'ECA원조와 한국경제부흥의 방향', 1950년, 신천지 5-1, p. 40.
62) 백두진, 'ECA원조와 한국경제부흥의 방향', 1950년, 신천지 5-1, p. 50.
63) UN군대여금(國際聯合軍貸與金, advances to UN forces)은 1950년 7월 26일 한국 정부와 국제연합군 사령부 사이에 체결된 '주한(駐韓) UN군 경비지출(經費支出)에 관한 협정'에 의거하여 한국 정부가 UN군에 대여한 통화(通貨)이다. UN군이 한국전쟁에 참전하게 되자 UN군 자체의 작전상과 UN군 군인의 개인용으로 한국 통화가 필요하게 되어 한국 정부로부터 원화(圓貨) 및 환화(圜貨)를 차입하였다. 이 협정에 의해 1955년 8월에 이르기까지 UN군이 한국정부로부터 대여 받은 통화는 약 2억 7천만 달러에 달하였다. 협정에 의하면 대여금 총액의 1할은 한국 측이 부담하도록 되어 있었고, 그 잔액은 1951~1955년에 상환하게 되어 있었다.
64) 한미경제조정협정(Agreement on Economic Coordination between the Republic of Korea and the United States of America)의 정식명칭은 '대한민국과 통일사령부간의 경제조정에 관한 협정'이다. 동 협정 제1조에 의거하여 같은 해 7월 경제조정 및 자문기구으로 한미합동경제위원회(Combined Economic Board, CEB)가 설치되었다. 동 위원회는 한국 정부대표인 경제조정관 1인과 국제연합군 총사령관 대표인 경제조정관 1인으로 구성되었으며, 분과위원회를 두었다. 주요기능은 한국 정부와 통일사령부의 효과적인 경제조정을 촉진하는 것이었다. 위원회의 임무는 한국의 주권을 침해함이 없이 한국에서 국제연합(UN)군 총사령부의 군사행동을 최대한 지원하고, 한국 국민의 고난을 구제하여 한국경제를 건전하게 발전시키고, 한국 정부와 통일사령부 간의 경제 전반에 걸친 문제들을 조정하는 것 등이었다.
65) 1953년 8월 7일의 미국 D. D. 아이젠하워 대통령(1890~1969년)의 행정명령에 의하여 국제연합군 총사령부 경제조정관으로 C. 타일러 우드(Tyler Wood)가 임명되었다. 같은 해 12월 14일 경제조정관과 한국 정부 간에 '경제재건과 재정안정계획에 관한 합동경제위원회 협정'이 체결되었다. 동 협정으로 전년에 체결된 한미경제조정협정에 의하여 발족한 한미합동경제위원회가 정상적으로 운영되기 시작하였다. 위원회는 한국에 대한 경제원조와 한국의 경

공적으로 이끌어낼 수 있었다.[66]

한국전쟁이 휴전한 1953년에서 5.16군사정변이 일어난 1961년까지 9년 동안 우리나라 국내총생산(GDP)의 합계는 151억 달러였다.[67] 이 기간 동안 우리나라가 미국으로부터 제공받은 무상경제원조는 약 22억 8천만 달러로 이는 당시 국내총생산의 15% 수준이었다. 이 시기 외국원조는 한국경제에서 가장 중요한 외화수입원이었을 뿐만 아니라 정부재정의 절반 이상이 원조물자를 매각하여 확보한 대충자금(對充資金)[68]으로 충당되고 있는 실정이었다. 1953년에서 1961년까지 우리나라가 수출을 통해 획득한 외화수입은 26백만 달러로 같은 기간 우리나라에 제공된 무상원조규모(약 22억 8천만 달러)의 12% 수준이었다.

제2차 세계대전(1939~1945년)과 한국전쟁(1950~1953년)을 통해 세계 최대강국으로 부상한 미국은 미소 냉전체제에 대응하는 자국의 동북아시아 안보전략차원에서 지정학적으로 중요한 위치에 있는 한반도와 일본을 중시할 수밖에 없었다. 당시 미국 점령 하에 있었던 패전국 일본은 이미 산업화가 상당히 진행되어 있었기 때문에 미국은 일본의 공업을 부흥시켜 일본을 아시아의 공장으로 만들고, 우리나라를 일본 공산품의 수출시장으로 묶는 지역경제통합을 구상하고 있었다.[69] 반면 이승만 정부는 경공업 중심의 공업건설을 통해 자립경제를 확립하려 했기 때문에 경제정책의 방향에서 한미는 자주 갈등을 빚었다.[70]

제부흥에 많은 기여를 하였다. 하지만 원조물자의 반입으로부터 사용에 이르기까지 모든 권한이 합동경제위원회의 미국인 단장에게 주어져 있어 한국에서의 판매가격마저도 미국인들이 마음대로 조정하는 등의 부작용도 있었다. 1961년 이후 위원회는 사실상 정상운영이 중단되었고, 1963년 7월 18일 '한미경제협력위원회'가 신설되어 한미합동경제위원회의 기능을 대신하게 되었다.

66) 정진아, '제1공화국기(1948~1960) 이승만정권의 경제정책론 연구 - 국가 주도의 산업화정책과 경제개발계획을 중심으로', 2007, 연세대학교 대학원 박사학위논문

67) 한국은행 경제통계연보(http://www.bok.or.kr). 참고로 1953년 우리나라 GDP는 13억 달러, 미국의 GDP는 3,793억 달러였다.

68) 대충자금(對充資金, counterpart fund)는 제2차 세계대전 후 미국의 대외원조 물자를 수원국(受援國)정부가 국내에서 팔아서 얻은 대금을 적립한 것이다.

69) 최상오, '이승만 정부의 수입대체공업화와 한·미간 갈등', 2003년, 사회연구 제16호, pp. 126~162.

70) 차철욱, '1950년대 미국의 대한 원조정책 변화와 이승만 정권의 수출정책', 2002년, 지역과 역사 제11호, pp. 223~254.

한국전쟁 휴전 후 전후복구사업 및 경제재건을 위한 재원을 전적으로 미국의 원조에 의존해야 했던 대한민국 정부로서는 미국의 정책기조를 따르면서 자립경제의 기반을 조성하는 양면작전을 펼칠 수밖에 없었다. 1954년에서 1960년 사이 한국경제는 연평균 4.7%의 성장하였고, 특히 공업 부문에서는 12.2%의 높은 성장을 달성하였다. 그 결과 산업구조가 개선되어 제2차산업이 차지하는 비중이 1954년의 14.0%에서 1960년에는 20.5%로 높아졌다. 정부는 외국원조 외에 내자조달을 위해 산업복구국채 및 산업금융채권 등을 발행하여 경제재건자금으로 충당하기도 하였다.

1950년대 중반 소련과 중국을 중심으로 하는 사회주의권은 인근 사회주의 국가에 대규모 경제원조를 지원하여 원조수혜국의 경제부흥을 이루게 되면서 종전의 무력대결구조 양상의 냉전은 표면적으로 평화공세로 전환되게 되었다. 한국전쟁 이후 전후복구와 상당 부분에서 경제재건을 달성한 북한도 예외가 아니어서 남한에 대한 우월적 경제적 자신감을 가지게 된 북한은 이산가족의 서신왕래와 방문, 남북경제회담 및 경제교류 제의 등 평화공세를 시작하였다. 이 같은 사회주의권의 태도변화로 미국 또한 변화를 강요받게 되었고, 1957년부터 자국의 대외원조정책을 군사원조에서 경제개발차관으로 전환하였다. 이로써 미국의 대한(對韓)경제정책도 긴축재정을 골자로 하는 기존의 경제안정정책 대신에 한국 정부가 지속적으로 요구하던 공업화 및 경제성장정책을 지지하는 쪽으로 돌아서게 되었다.

1956년 3월 J. F. 델레스(Dulles) 미 국무장관의 방한은 대한민국 정부 수립 이후 한국 정부가 그 동안 수차례 시도했지만[71] 재원부족으로 번번이 실행하지 못했던 경제개발계획이 본격화되는 전기가 되었다. 경제개발계획에 관한 미국과의 합의가 성숙되고 있었으나 대내적으로 1954년 11월 대통령 중임제한을 철폐한 사사오입 개헌 이후 정부와 자유당에 대한 여론이 악화되고 있었다. 1956년 선거에서 민주당 대통령 후보(신익희, 1894~1956년)가 투표 며칠 전에 사망하여 이

71) 1949년 '5개년산업부흥계획(産業復興計劃)'을, 1951년 상공부의 '상공생산종합계획(商工生産綜合計劃)'과 기획처의 '부흥물동계획(復興物動計劃)'을, 1952년 '한국경제부흥계획서(韓國經濟復興計劃書)'를, 1956년 '신경제부흥5개년계획(新復經濟興5個年計劃)'을 수립하였다.

승만 대통령이 재선되었지만 그의 정치적 입지는 이미 좁아져 있었다.

한편 정부는 미국의 무상경제원조가 1957년을 정점으로 감소하게 되자 원조자금에 의존한 수입구조를 수출중심구조로 전환하는 방안을 검토하였다. 1957년 12월 상공부는 수출진흥과 수입조정을 위해 '무역법(貿易法)'을 제정하였다. 정부는 1959년 3월에 입안한 '경제개발3개년계획'을 1960년 1월 국무회의를 거쳐 4월국회에 제출되었다. 1960년에 시작되는 3개년계획은 자립경제체제 확립이라는 장기적 문제를 해결하는 경제개발7개년계획의 전반부 계획으로 그 목적은 경제자립화의 기반을 조성하는 것이었다. 하지만 경제개발3개년계획은 1960년 3.15부정선거[72]와 4.19혁명[73] 그리고 1961년 5.16군사정변과 같은 국내사정으로 바로 실행되지 못했다. 4.19혁명이 일어나고 7일째 되는 4월 26일 이승만 대통령은 하야(下野)하여 29일 하와이로 망명하여 1965년 7월 19일 망명지에서 서거하였다.

1961년 5.16군사정변[74]으로 정권을 잡은 군사정부는 쿠데타의 순수 동기이

---

72) 1960년 3월 15일 실시된 제4대 정 · 부통령선거에서 자유당은 12년간 지속된 장기집권을 연장하고, 승계권을 가진 부통령 후보인 이기붕(1896~1960년)을 당선시키기 위하여 전국적으로 유령유권자 조작, 4할 사전투표, 입후보 등록의 폭력적 방해, 관권을 총동원한 유권자 협박, 야당인사의 살상, 투표권 강탈, 3~5인조 공개투표, 야당참관인 축출, 부정개표 등의 부정행위를 자행하였다. 그 결과 자유당 후보의 득표율이 95~99%에 이르게 되자 투표결과를 하향조정하여 이승만 963만 표(85%), 이기붕 833만 표(73%)로 발표하였다. 하지만 선거 당일 마산에서 부정선거에 항의하는 대규모 시위가 발생하였고, 시위를 진압하던 경찰이 쏜 실탄으로 최소한 8명이 사망하고, 72명이 총상을 입게 되었다.

73) 1960년 4월 11일 3월 15일 마산시위에서 실종되었던 김주열군이 눈에 최루탄이 박힌 채 참혹한 시체로 발견되자 분노한 시민들이 다시 시위에 나섰다. 4월 18일 고려대학교 학생 4천여 명이 "진정한 민주이념의 쟁취를 위하여 봉화를 높이 들자"는 선언문을 낭독하고, 국회의사당까지 진출하고 학교로 돌아가던 중 괴청년들의 습격을 받아 일부가 피를 흘리며 크게 부상당했다. 다음날인 4월 19일 분노한 전국의 시민과 학생들이 총궐기하여 "이승만 하야와 독재정권 타도"를 외치자 독재정권은 무력으로 시위대를 탄압하고 비상계엄령을 선포하였다. 4월 25일 독재정권의 만행에 분노한 서울시내 각 대학 교수단 300여 명은 선언문을 채택하였고, 학생과 시민들이 시위에 동참하였다. 4월 26일에도 무력에 굴하지 않고 서울 시내를 가득 메운 대규모시위군중은 더욱 완강하게 투쟁하였다. 결국 이승만 대통령은 하야하였다. 4.19혁명 이후 이기붕의 전 가족은 자살하였다. 1960년 3월 15일 실시된 정 · 부통령이어 4월 19일 대규모 시위가 전국적으로 확산되었다. 결국 4월 26일 대통령 이승만이 하야성명을 발표함으로써 자유당 정권은 붕괴되었다.

74) 1961년 5월 16일 새벽 제2군 부사령관이었던 박정희(1917~1979년) 소장과 김종필(1926년~)

든 쿠데타의 정당성을 찾기 위해서든 경제를 재건하는 것이 최급선무였고, 이를 위해서는 미국의 원조자금이 필요하였다. 더욱이 1961년부터 미국의 대외원조정책이 무상원조에서 유상차관으로 전환[75]됨에 따라 우리나라에 제공되던 무상원조가 1962년부터 중단되게 되었다. 1961년 11월 군사정부는 경제원조를 요청하기 위하여 미국을 방문하였으나 미국의 반응은 기대와 달랐다.[76] 1962년 미국의 경제원조(AID차관)는 1961년 1억 6천만 달러보다 적은 93백만 달러였다. 제1차 경제개발5개년계획(1962~1966년)이 실행되는 5년 동안 미국은 6억 4천 5백만 달러의 AID차관을 지원하였다.

군사정부는 심각한 외환부족을 극복하기 위하여 당시 우리나라와 같은 분단국으로 제2차 세계대전의 패전과 폐허상황을 극복하고 급속한 경제발전을 이루고 있던 서독에 차관을 요청하였고,[77] 1961년 11월 차관협정을 조인하여 4천만 달러의 상업차관을 확보하였다.[78] 당시만 해도 우리나라 외환보유고가 1억 달러가 안 되던 시절이었기 때문에 서독에서 도입한 4천만 달러는 우리나라 경제발전의 기폭제 역할을 하였다.[79]

중령을 중심으로 한 육군사관학교 8기생들은 장교 250여 명 및 사병 3,500명과 함께 한강을 건너 서울의 주요기관을 점령하였다. 쿠데타세력은 군사혁명위원회를 조직하여 행정·입법·사법 3권을 장악하였음과 함께 6개항의 혁명공약을 발표하였다. 정변 이틀 뒤인 5월 18일 군사혁명위원회는 국가재건최고회의(國家再建最高會議)로 개칭되었으며, 1963년 12월 17일 제5대 대통령 박정희가 취임할 때까지 통치를 하였다.

75) 미국은 1961년 9월 원조법(Foreign Assistance Act, FAA)을 개정하여 종래에 분리해 운영되어 오던 국제협력처(International Cooperation Administration, ICA)와 개발차관기금(Development Loan Fund, DLF)을 통합하여 국제개발처(Agency for International Development, AID)로 개칭하였다. 이후 미국은 경제원조와 군사원조를 명확하게 분리하였으며, 증여형식의 원조를 지양하고 개발차관으로 전환토록 하는 기본방침을 세웠다. 이에 따라 우리나라에 대한 미국의 원조는 1962년부터 AID원조가 주축을 이루게 되었다.

76) 2012년 1월 11일 연합뉴스 기사 '경재개발 50년, 101위 최빈국서 시작한 5개년 계획'에 의하면 박정희 최고회의장이 방미 때 5.16군사정변 직후인 7월에 신설한 경제기획원이 급하게 작성한 경제개발계획을 가지고 갔다고 한다. 동 계획에는 1960년대 국내총생산이 20억 달러인 나라가 개발계획이 실행되는 5년간 25억 달러(국내 18억 달러, 외자 7억 달러)를 마련한다고 되어있다고 한다. 그렇다면 미국이 한국 측이 제출한 경제개발계획의 실현가능성을 부정적으로 본 것은 어쩌면 당연하다고 볼 수 있다.

77) 동아일보, 1961년 10월 7일, '서독에 차관요청'

78) 동아일보, 1961년 12월 15일 '서독과 차관협정조인'

79) 서독은 당시 우리나라와 같은 분단국의 처지로 '라인강의 기적'이라 불리는 경제부흥으로 노

군사정부는 이승만 정권 말기에 수립된 경제개발3개년계획과 4.19혁명 이후 민주당 정권이 만든 경제개발5개년계획을 기초로 경제개발5개년계획을 시안(試案)하였다. 군사정부의 5개년계획은 1962년 1월 13일 발표되어 시행되었다. 한국은행 경제통계연보에 의하면 경제개발5개년계획이 실시되기 전 해인 1961년 우리나라 연간수출액은 4천만 달러에 불과하였다. 우리나라가 수출 1억 달러를 달성한 것은 1964년이며, 총수출액에서 수산물수출이 차지하는 비중은 20%이었다. 제1차 경제개발5개년계획이 종료되는 1966년부터 우리나라 국내총생산의 실질성장률은 두 자리 수로 돌아섰고, 1970년 5월 우리나라는 미국의 원조대상국에서 제외되었다.

우리나라의 수출액은 1971년 10억 달러, 1977년에 100억 달러, 1995년에 1,000억 달러로 급증하였다. 2011년 우리나라 수출액은 5.5천억 달러, 수입액은 5.2천억 달러로 무역 1조 달러 시대를 열었다. 일인당국민소득은 1963년에 1백 달러, 1973년에 1천 달러, 1995년에 1만 달러, 2007년에 2만 달러가 되었다. 우리나라 국내총생산은 1966년 36억 달러에서 1972년 100억 달러, 1986년 1천억 달러, 2010년 1조억 달러로 증가하였다.

2011년 국제통화기금(IMF)이 발표한 국가별 국내총생산(GDP) 순위에서 우리나라의 경제규모(약 1조 1,162억 달러)는 세계 12위이다. 더욱이 우리나라는 2009년 경제협력개발기구(OECD) 개발원조위원회(DAC)의 24번째 회원국이 되었다. 이는 1961년 OECD가 출범한 이래 외국의 경제원조 수혜국(受惠國, beneficiary country)에서 공여국(供與國, donor country)으로 지위가 바뀐 첫 번째 사례이다.

다시 8.15광복 후 또는 한국전쟁 휴전상황으로 되돌아가면 국가경제와 정부재정이 외국의 원조에 의존하고 있는 가운데 당시 정부는 전후 경제를 재건해야 했다. 당시 경제지식과 그 시대가 직면한 특유의 상황을 오늘날의 시각으로 평가해서는 안 된다. 이 시기는 자본주의체제와 사회주의체제의 대립, 식민지 독립전쟁과 제3세계[80]의 대두 등 대외적 변수가 어느 때보다도 많았다. 한반도

동력 부족이 심각하였다. 1961년 11월 13일 우리나라는 서독과 차관협정에 서명하여 1963년부터 1975년까지 간호사와 광부 11,200여명을 서독에 파견하였다. 당시 서독에서 들어온 4천만 달러의 차관은 독일에 파견한 간호사와 광부의 임금을 담보로 한 것이었다.

80) 제3세계(Third world)는 통상적으로 제2차 세계대전 이후 미소냉전시대 어느 쪽에도 가담하

분단과 한국전쟁이라는 우리의 역사를 같은 시기 패전국 독일이 연합국에 의해 분단된 사례와 식민지 독립전쟁에 이념적 대립이 개입되어 분단된 베트남과 분단 이후의 장기간에 걸친 전쟁 경과과정 등과 비교해보면 당시 우리의 선택폭이 그리 넓지 않았음을 알 수 있다.

1950년대에서 1960년대 초까지 우리나라 수출총액에서 수산물수출이 16%(12~22%)를 차지했다고 해서 당시 어업 또는 수산업이 산업적 기반을 갖추고 있었던 것은 아니다. 이마저도 미국의 경제원조로 부족하나마 어업용 자재가 도입되고, 어선이 보수 또는 건조되었기에 가능할 수 있었다. 우리나라 어업 또는 수산업의 발전에 물고가 트인 것은 1965년 한일국교정상화로 대일청구권자금과 어업협력자금이 들어오면서 부터이다.

광복 이후 미국의 경제원조와 함께 1965년 한일국교정상화와 관련한 대일청구권문제에 대해서는 지금까지도 각계각층에서 다양한 의견이 표출되고 있다. 어업뿐만 아니라 전후 국가경제를 재건함에 있어 우리 국민의 우수성과 근면성에 기초한 단합과 열의가 발휘되기 위해서는 자본이 필요했다. 외부자본의 수혈 없이 국민적 단합과 열의로만 광복 후 또는 한국전쟁 이후 경제를 재건하고 발전시키는 데에는 한계가 있었다.

어업을 제대로 이해하기 위해서는 먼저 어업은 국가산업의 한 부문에 불과하다는 것을 인정해야 한다. 어업의, 어업에 의한, 어업을 위한 정부 또는 나라는 현실적으로 불가능하다. 우리나라 경제가 본격적으로 성장하게 된 것은 베트남전쟁[81]에 파병이 본격화되어 막대한 외화수입이 발생한 1967년 부터이다.

지 않은 개발도상국을 총칭한다.

81) 베트남전쟁을 흔히 '30년 전쟁'이라고 하며 1, 2차 전쟁으로 구분하기 한다. 1차 전쟁은 1946년에서 1956년까지이다. 장기간 프랑스 지배하에 있었던 베트남은 독립을 위하여 1941년 공산주의 정당인 '베트남독립동맹'을 조직하였다. 일본은 제2차 세계대전 초기인 1940년 8월 프랑스령 인도차이나를 점령하였다. 1945년 일본이 연합국에 패전하자 1945년 9월 베트남독립동맹의 지도자 호치민(1890~1969년)은 하노이를 수도로 하는 베트남민주공화국(북베트남)을 수립하여 프랑스로부터 독립했음을 공식적으로 선포하였다. 이로써 프랑스군과 베트남독립동맹군(베트콩) 사이에 전쟁이 벌어졌다.

1954년 프랑스와 베트남독립동맹은 휴전을 위해 '제네바협정'을 체결하였다. 협정은 양쪽의 무력충돌을 막기 위해 프랑스군과 프랑스군의 지휘를 받는 베트남인들은 북위 17°선 남쪽으로 이동시키고, 베트남독립동맹군은 북위 17°선 북쪽으로 이동시킨 다음, 북위 17°선을 비

대일청구권문제(對日請求權問題)

대일청구권문제는 제2차 세계대전(1939~1945년)에 수반하는 일본의 배상문제로 1945년 7월 발표된 포츠담선언 제11항은 실물(實物)배상을 원칙으로 규정하였다. 미국이 무조건 항복한 일본을 점령한 초기까지만 해도 대일배상처리는 군국주의 시설의 완전 일소(一掃) 등 엄격한 조치였다. 하지만 미국과 소련의 냉전체제가 고착화되는 가운데 1949년 중국 본토에 공산정권인 중화인민공화국이 수립되자 미국은 불가피하게 대일정책의 기조를 변경하게 되었다. 이에 미국대표가 극동위원회에서 배상청구를 중지할 것을 제안하기도 하였다. 1951년 미국의 주선으로 일본과 교전관계에 있었던 연합국들과 일본 간에 체결된 대일평화조약에서 미국은 무배상주의(無賠償主義)를 취하였으나 동남아시아 국가들의 반대로 배상주의로 전환하였다.

일본은 미얀마와 2억 달러, 필리핀과 5억 5천만 달러, 인도네시아와 2억 3천만 달러, 남베트남과 39백만 달러에 달하는 배상협정을 체결하였고, 인도는 배상청구권을 포기하였다. 미얀마에는 추가배상으로 1965년 4월부터 1억 4천만 달러의 무상경제원조가 제공되었다.

1951년 대일평화조약의 영토분리에 의한 재정적·민사적 채권·채무 문제에 근거하여 1952년 한일회담 때 일본 측은 8개항의 대일청구권요강(對日請求權要綱)을 제시하였다. 그 내용은 ① 1909~1945년까지 조선은행을 통하여 일본으로 반출된 지금(地金) 249톤, 지은(地銀) 67톤, ② 조선총독부가 한국 국민에게 반제(返濟)해야 될 각종 체신국(遞信局)의 저금·보험금·연금, ③ 일본인이 한국의 각 은행으로부터 인출해간 저금액, ④ 재한(在韓) 금융기관을 통하여 한국으로부터 대체(對替) 또는 송금된 금품, 한국에 본사 및 주사무소(主事務所)가 있는 한국법인의 재일(在日)재산, ⑤ 징병·징용을 당한 한국인의 급료·수당과 보상금, ⑥ 종전 당시 한국인의 법인이나 자연인이 소유하고 있던 일본 법인의 주식, 각종 유가증권 및 은행권 등의 6개 조항과 지불 방법에 대한 2개 조항이었다. 하지만 이는 법적 근거를 가진 청구일 뿐이며 36년간의 일제강점기 동안 한국인이 당한 정신적·물질적 피해에 대한 보상은 포함되지 않았다.

무장지역(DMZ)으로 둘러싸인 군사분계선으로 정하고 있다. 또한 협정은 남북베트남을 국민에 의해 선출된 하나의 정부로 통합시키기 위해 국제감시위원회의 감독 아래 1956년 베트남 전역에 걸쳐 자유선거를 실시하도록 하였다. 하지만 미국의 지원을 받고 있던 남베트남이 이를 거부하자 북베트남은 군사력으로 베트남을 통일하고자 하였다. 북베트남에서 훈련을 받아 무장한 베트남독립동맹군(베트콩)은 게릴라전을 펼치는 가운데 베트공세력과 남베트남 내에 있는 공산주의자들의 세력은 점차 확대되었다.

1945년 12월 6일의 미군정법령 제33호 '귀속재산처리법'에 의하여 한국 내에 모든 일본 재산은 미군정청에 귀속되었으며, 일본도 1951년 조인된 대일강화조약에서 이 조치의 합법성을 추인하였다. 대한민국정부의 수립과 함께 1948년 9월 체결된 '한미 간의 재정 및 재산에 관한 최종 협정'으로 일본인 재산은 다시 한국 정부로 이양되었다. 일본이 대일강화조약을 추인함으로써 그전에 일본이 한국정부에 주장해 오던 대한청구권은 무효가 되었고, 한국의 대일청구권 문제만 남게 되었다. 하지만 일본은 계속해서 대한청구권을 주장하자 1952년 4월 연합국을 대표하여 미 국무부가 조약내용을 재확인함으로써 일본의 청구권 주장은 끝이 나게 되었다.

1952년 이후 우리나라는 대일청구권문제를 포함하여 여러 현안 타결을 위해 일본과 6차례나 회담을 하였으나 우리 측이 요구하는 8억 달러와 일본이 제시하는 최고액 7천만 달러의 엄청난 차이 때문에 좀처럼 의견이 좁혀지지 않았다. 당시 일본이 제시한 7천만 달러는 일본이 다른 동아시아 국가에 배상한 금액과 비교하면 상식적으로 이해할 수 없는 수준이었다. 이 문제는 1965년 6월 22일 '한일기본조약(韓日基本條約)'이 체결됨과 동시에 '재산과 청구권에 관한 문제해결과 경제협력에 관한 협정'이 정식으로 조인됨으로써 종지부를 찍게 되었다.

한일회담(韓日會談)

한일회담은 미국의 동아시아전략의 일환으로 한일국교정상화를 위한 한일 양국 간의 외교교섭으로 1952년 2월에 제1차 회담이 개최된 후 1965년 6월 22일에 '한일기본조약'이 체결되기까지 14년 동안 6차례에 걸쳐 개최되었다.

제1차 한일회담은 연합군 최고사령부 외교국장의 중개로 1951년 10월 21일부터 열린 예비회담을 거쳐, 다음해 2월 15일부터 당시의 이승만 정부와 일본의 요시다 시게루(吉田茂) 정부 사이에 본회담이 시작되었다. 하지만 쌍방의 입장 차로 4월 21일 중단되었다.

제2차 한일회담은 1953년 4월 15일에 열렸으나, 평화선(平和線)[82]문제, 재일교포

1960년 12월에는 '베트남민족해방전선(National Liberation Front)'을 조직하여 남베트남의 공산주의자들을 통합하였다. 이에 미국은 지원규모를 확대했으나 전쟁이 장기화되자 미국 내에서 반전여론이 높아졌고, 미국은 점차 군사력을 축소시켰다. 1973년 1월 프랑스 파리에서 5년여의 협상 끝에 전쟁을 종식하는 휴전회담이 개최되어 남북베트남 정부, 남베트남의 공산주의 세력과 미국 사이에 파리조약이 체결되었다. 미국 국무장관 H. A. 키신저(Kissinger, 1923~)는 북베트남에 40억 달러(미국 직접 원조 20억 달러, 세계은행(IBRD) 차관 20억 달러)의 원조를 제공하여 전쟁으로 파괴된 북베트남의 경제재건을 돕기로 하였다. 키신

의 강제퇴거문제 등으로 7월 23일 결렬되었다. 같은 해 10월 6일부터 재개된 제3차 회담에서 일본 측 수석대표 구보타 강이치로(久保田貴一郞)가 '일본의 36년간의 한국 통치는 한국인에게 유익했다'는 망언을 하여 10월 21일 또다시 결렬되었다.

제4차 한일회담은 1957년 말부터 열린 예비회담을 거쳐 1958년 4월 15일에 시작되어 재일교포의 북송문제로 난항을 거듭하다가 1960년 4.19혁명으로 자유당 정권이 붕괴되어 중단되었다. 이후 민주당정부가 한일회담의 재개를 추진하여 같은 해 10월 25일 제5차 한일회담이 열렸으나 1961년 5.16군사정변으로 다시 중단되었다.

군사정부는 1962년 11월 12일 중앙정보부장 김종필(1926~)을 특사로 일본에 파

저 장관은 베트남전쟁 종전을 이끈 공로로 노벨평화상을 받기도 하였다. 이 조약에 의하여 1973년 미군이 철수하였으며, 베트콩의 활동은 법적으로 보장받게 되었다. 하지만 정전협정 이후에도 크고 작은 전투행위가 지속되었고, 이 과정에서 남베트남의 세력은 점차 축소되어 1975년 북베트남이 남베트남을 점령하였다. 이른바 2차 전쟁(1960~1975년)이다. 1976년 7월 2일 베트남은 공식적으로 하노이를 수도로 하는 베트남사회주의공화국으로 통일되었다.

미국이 본격적으로 베트남전에 개입하게 된 것은 뒤에 자작극으로 밝혀졌지만 미해군 구축함 USS 매독스함이 북베트남 해군 어뢰정 공격을 받은 1964년 8월 이후이다. 이에 미국은 한국을 비롯한 우방에 지원을 요청하였고, 한국 정부는 1964년 9월 11일 130명의 의료진과 10명의 태권도 교관을 파견하였다. 같은 해 12월 28일 W. G. 브라운(Brown, 1907~1987년) 주한미국대사가 박정희 대통령(1917~1979년)을 방문하여 한국군 증파를 요청해옴에 따라 1965년 10월부터 전투부대를 파병하기 시작하였다. 1966년 3월 미국 정부가 재차 한국군의 증파를 요청해오자 한국의 안보와 경제발전 등 제반문제를 해결하기 위한 요구조건을 미국에 제시하였고, 이에 미국은 당시 주한미국대사의 이름을 딴 14개 조항의 '브라운 각서'를 한국 정부에 전달하였다.

1973년 철군할 때까지 8년 5개월 동안 베트남전에 참전한 한국군 수는 32만여 명에 달하여 한국은 미국 다음으로 많은 병력을 파병하였다. 이는 한국군 역사상 처음으로 군대를 해외에 파견한 것이기도 하다. 한편 베트남전 파병은 경제적으로 브라운 각서와 베트남전쟁 특수를 통한 고용증대와 경제성장을 가져다주었다. 하지만 미국의 요청으로 시작된 베트남전 참전으로 전사 5천여 명, 부상 1만 5천여 명의 큰 희생을 치렀다. 한편으로 다수의 서방 국가들로부터 비난도 받기도 하였다. 특히 베트남전에 참전한 장병과 근로자들이 남기고 온 현지인 2세(속칭 라이따이한) 문제와 고엽제 피해 등은 아직도 후유증으로 남아있다.

82) 평화선은 1952년 이승만 대통령(1875~1965년)이 우리나라 연안수역을 보호할 목적으로 선언한 해양주권선으로 해안에서부터 평균 60마일(96.6km)이다. 초기에는 어업보호수역안(漁業保護水域案)으로 국무회의에 상정되었는데 이승만 대통령이 확대·수정하게 하여 1월 18일 '대한민국 인접해양의 주권에 대한 대통령 선언'으로 국무원(國務院) 공고 제14호로 선포되었다. 평화선은 1965년 6월 22일 '한일기본조약'이 체결됨으로써 사실상 철폐되었다. 국무원은 1948년 제정헌법 이래 제5차 개헌 전까지의 헌법기관으로 대통령 또는 정부의 권한에 속하는 중요 정책을 의결, 관장하던 중앙행정기관이었다.

견하여 오히라 마사요시(大平正芳) 일본 외상과 비밀회담을 갖고 타결조건에 대한 합의를 끌어내게 하였다. 이른바 '김・오히라 메모'로 이때 교환한 메모 내용을 근거로 1965년 2월 20일 한일기본조약(韓日基本條約)이 가조인되었다.

1965년 2월 20일 한일기본조약(韓日基本條約)이 가조인되자 주요의제였던 대일청구권문제, 어업문제, 문화재반환문제 등에서 우리 측이 지나치게 양보하였다는 여론이 우세하여 굴욕적인 한일회담에 대한 반대투쟁이 거세게 일어났다. 군사정부는 6월 3일 비상계엄령을 선포하여 무력으로 진압한 후 6월 22일 '한일기본조약(韓日基本條約)'과 4개 부속협정[83]을 정식으로 조인하였다. 8월 14일에는 공화당 의원들만 참석한 가운데 국회에서 이를 비준함으로써 14년을 끌어오던 한일회담 즉 한일국교정상화문제가 마무리되었다.

재산청구권 관련 주요내용은 일본이 무상(無償)으로 3억 달러를 10년간 지불하고, 경제협력으로 정부 간의 차관 2억 달러를 연리 3.5%, 7년 거치 20년 상환조건으로 10년간 제공하며, 민간 상업차관으로 1억 달러 이상을 제공하는 것이었다. 외화가 절실했던 당시 대일청구자금의 규모는 우리 경제에 기여할 정도는 되었으나 제국주의 일본의 반인륜적 침략만행으로 직접적인 피해를 입은 우리나라에 대한 배상액을 다른 교전국과 비교해 보면 납득하기 어려운 수준이다.

당시 박정희 국가재건최고회의[84] 의장(1917~1979년)이 1961년 11월 미국 케네디(J. F. Kennedy, 1917~1963년) 대통령에게 경제원조를 요청하기 위하여 미국을 방문하기 전에 일본을 경유하여 이케다 하야토(池田勇人, 1899~1965년) 수상과 회담을 가졌고, 박의장의 방미 5개월 전에 이케다 수상이 워싱턴을 방문하여 케네디 대통령

---

83) 1965년 6월 22일 대한민국과 일본 양국 간의 기본관계에 관한 한일기본조약과 함께 '청구권・경제협력에 관한 협정', '재일교포의 법적지위와 대우에 관한 협정', '어업에 관한 협정'과 '문화재・문화협력에 관한 협정' 4개의 부속협정(한일협정)이 체결되었다. 기본조약은 1965년 12월 18일 발효되었다.

84) 1961년 5.16군사혁명으로 정권을 장악한 군은 군사혁명위원회를 조직하여 입법・사법・행정의 3권을 완전히 장악한 뒤 국회와 지방의회를 해산하였다. 군사혁명위원회는 5월 18일 국무총리 장면(1899~1966년)의 계엄추인으로 정권을 인수받아 5월 19일 군사혁명위원회를 국가재건최고회의라 개명하였다. 5월 20일 혁명내각을 발표하여 군사정부를 수립하였고, 국가재건최고회의는 군사정부의 최고통치의결기관이 되었다. 다음달 6일에는 국가재건최고회의에서 '국가재건비상조치법'을 제정하였고, 이 법에서 국가재건최고회의를 국가의 최고통치기관이라 규정하여 법적 근거를 가지게 되었다. 국가재건최고회의는 5.16군사혁명 후 총선거에 의하여 국회가 구성되고, 1963년 12월 17일 제3공화국 정부가 수립될 때까지 국가의 최고통치기관으로 존속하였다.

과 회담을 한 점과 당시 정세를 고려할 때 한일국교정상화는 외화가 절실했던 군사정부의 굴욕적인 외교라기보다는 일본과 미국 정부의 의지가 강하게 작용한 것으로 보인다. 여기에 쿠데타의 정당성을 인정받아야했던 박의장의 정치적 이해관계 등이 복잡하게 얽히게 된 것이 아닌가 싶다.

한일기본조약의 근거가 되었던 1962년 11월 작성된 '김 · 오히라 메모' 이른바 한일 비밀회담이 2년 뒤인 미국의 베트남전 참전이 본격화된 1964년 이후에 이루어졌다면 상황은 달라졌을 수도 있다. 하지만 역사에는 가정(if)이 없다. 대일청구권에서의 엄청난 손해를 우리나라는 많은 참전용사의 희생을 감수한 베트남전쟁 특수로 상당 부분 만회한 것으로 볼 수도 있지 않을까 싶다.

(2) 광복 후 어업과 어업제도 및 정책

8.15광복 후 국가적으로 직면하게 된 총체적 혼란기에 어업분야도 예외는 아니었고, 특히 일제 식민지시대 자행된 남획으로 황폐화된 어장을 기반으로 이루어지는 어업활동은 어업용 자재 및 자금부족으로 부진할 수밖에 없었다. 어업은 미군정청[85] 수산국과 조선수산업회[86]를 비롯한 수산인의 노력으로 다른 산업부문에 비해 비교적 빨리 안정화되어 해방되기 직전 수준의 어업생산성을 회복하고 있었으나 한국전쟁(1950년 6월 25일~1953년 7월 27일)이 발발하였다. 결과적으로 광복 이후 1953년 9월 우리나라 최초의 자주적 어업제도인 수산업법(水産業法)이 제정되기까지 어업질서는 거의 붕괴된 상태였고, 어업생산성은 제자리걸음을 하였다.

---

85) 광복 후 북위 38도선을 기준을 남북이 분할되어 남한은 1945년 9월 8일부터 1948년 8월 15일까지 미군의 통치를 받았다.

86) 조선수산업회는 1937년 조선어업조합으로 출발해 1944년 조선수산업회로, 1949년 한국수산협회로 개편되어 1962년 4월 1일 오늘날의 수산업협동조합으로 발족하였다.

실업사태 자원고갈 우려

- 수산업계, 평화선 양보를 반대

(경향신문, 1960년 9월 4일)

최근 국내 수산업계는 앞으로 신정부가 대일(對日)관계의 정상화를 기(期)한다하더라도 어업자원보선인 평화선(平和線)의 철폐는 어떠한 정치적인 협상에서 양보해서는 안 된다는 강경한 태도를 표명하고 있다.

이러한 이유로는 한국의 수산자원이 점차로 감퇴되어 그렇지 않아도 백만 어민들을 공포에 몰아넣고 있는데다가 만일 평화선까지도 철폐되면 일인 어부들이 한국 어업구역 내에서 선진적인 어로작업을 하게 되면 수년도 못가서 수산자원은 고갈되고, 대다수의 어민들은 도탄의 궁지에 빠져 실업사태를 초래케 하는 큰 문제가 제기된다는 것이다.

그러므로 수산업계를 수출산업면에서 지하자원개발과 동일한 비중 밑에 그 진흥과 개발 및 보호정책이 베풀어져야 할 것을 국내 수산업계는 요망하고 있으며 현재 세계 각국에서도 어족보호 또는 어로금지구역을 설정하고 일본은 소련과 중공과 실자적(實資的)으로 어업보호선을 설정하고 있는 실점임에 비추어 평화선의 존속이 국제적인 관례를 무시함이 아님을 강조하고 있다.

광복 후 총체적 혼란으로 인한 시대적 상황으로 식민지시대 남획으로 인한 수산자원고갈문제가 사회적 이슈로 표면화되지 못했다. 어쩌면 정부 당국, 정부 산하 연구기관 및 업계 어디에서도 일본 식민지시대 때 자행된 무분별한 수산자원남획의 심각성을 인지하지 못하고 있었는지도 모른다. 1960년 언론기사를 보면 수산자원의 감퇴(감소)를 우려하고 있지만 그 원인에 대해서는 현재 진행형으로 보고 있다. 당시 심각한 사회문제였던 높은 실업률을 앞세워 어민의 실업사태가 우려되니 일본 어민의 조업을 막아달라는 것이다. 또한 수산업에 대한 정부지원을 확대해 달라고 하고 있다.

한편 일제강점기를 겪으면서 오천년 역사에서 줄곧 소외 또는 천시되어 왔던 어업 또는 수산업의 경제적 가치, 특히 수산물수출이 외화획득의 수단이라는 것이 부각되기 시작하였다. 어업의 관점에서 1948년 수립된 대한민국 정부는 1894년 갑오개혁 때 6조를 의정부 산하 8개 부처[87]로 개편한 이래 줄곧 농업

87) 갑오개혁 때 8개 부처는 내무, 외무, 탁지, 군무, 법무, 학무, 공무, 농상공부이다.

부서에서 관장하던 어업 또는 수산업을 농업에서 분리시켜 무역과 상업을 관장하는 상공부(商工部)로 이관함으로써 어업에 대한 전통적인 사고에 일대전환을 가져왔다.

상공부는 어선 부족, 자재난, 자금난 등의 문제가 산적한 가운데 당시 절실했던 외화를 획득하기 위해 원양어업 진출을 적극 추진하였다. 하지만 당시 우리나라에는 원양어선이 한 척도 없었다. 이런 가운데 정부는 원양어업3개년계획을 수립하여 1948년 2억 원을 들여 원양어업회사를 설립하여 국내 민간업자가 보유하고 있는 우수한 어선 14척을 총동원하여 원양출어선단을 조직하여 제주도에서 약 113km떨어진 동남 중국 해안까지 진출하여 약 5,000만 원 상당의 어획고를 올렸으며, 민간 포경업자들을 독려하여 1억2천여만 원에 달하는 고래 60~70마리를 잡기도 하였다.[88] 원양어업3개년계획은 경제협력과 외국원조를 재원으로 100톤 이상의 어선 1백여 척을 수입할 계획도 포함하고 있었다. 1949년에는 미국의 대외원조기구였던 경제협조처[89]로부터 원조물자로 230톤급 워싱턴호(뒤에 지남호로 명명)를 증여받았다. 지남호를 인수하고 7개월 뒤에 한국전쟁의 발발하였다.

한국전쟁이 휴전하자 정부는 국가경제의 재건 또는 부흥차원에서 수산업을 진흥시키기 위하여 다각도의 노력을 기울였지만 외국원조에 의존하던 당시 국가재정은 어업의 직접적인 수단인 어선을 건조하여 생산성 향상을 이끌어내기에는 역부족이었다. 어선의 건조보다 시급한 것이 어선의 보수, 어업자재의 확보, 어업지원시설의 복구 등으로 우선 어업활동을 계속하는 것이 중요했다. 당시에는 정부의 개발의지를 뒷받침해 줄 민간자본도 빈곤한 실정이었다.

8.15광복에서 이어지는 한국전쟁과 전후복구과정까지의 전반적인 어업의 혼란과 부진을 수습하고 우리나라 어업이 발전하는 과정은 1962년 시작된 경제개발5개년계획과 불가분의 관계에 있다. 특히 광복에서 1965년 한일국교정상화까지 20년은 우리나라 어업이 발전하는 과정에서 눈여겨 볼 내용이 많다. 하지만 국민소득 2만 달러 시대에 사는 오늘날의 시각으로 과거를 평가하거나

88) 1949년 4월 17일 동아일보 '수산한국의 웅비 어선 백여 척을 또 수입'
89) Economic Cooperation Administration(ECA)

어업을 어업적 시각으로만 해석하는 우(愚)를 범하지 않기 위해서 8.15광복부터 어업이 자주적으로 발전할 수 있는 기반이 조성되기까지의 시대적 상황을 고려해야 한다. 이 부분은 앞서 언급했듯이 수산관련 공적개발원조[90]를 지원하는 오늘날의 우리나라 입장에서 원조사업을 성공적으로 수행하기 위해서 고려해야 할 부분이기도 하다.

우리나라 광복 이후 수산강국으로 도약하기까지 어업과 제도 및 정책을 시대별 살펴보면 다음과 같다.

① 1950년대

원조경제로 대변되는 1950년대 경제체제에서 정부는 자립경제를 목표로 미약하나마 수입대체산업에 비중을 두기도 하였지만 정부의 경제정책을 뒷받침할 자금, 특히 외화부족으로 정책의 실효를 거두지 못했다. 외국원조 외에 외화를 조달할 수 있는 방법은 수출이었다. 하지만 국민 생활에 직결되는 생필품 조달마저 어려울 정도로 산업적 생산시설기반이 취약한 가운데 국민 대다수가 궁핍한 생활을 하던 1950년대 연평균 국내총생산(GDP)[91]은 16억 달러, 연평균 수출총액은 23백만 달러로 국내총생산에서 수출액이 차지하는 비중은 1.6%에 불과하였다. 하지만 1950년대 우리나라 연평균수출총액에서 수산물수출이 자지하는 비중은 17%(약 4백만 달러)로 수산업은 국가경제에서 일익을 담당하고 있었다.[92] 그렇다고 당시 수산업이 산업적 기반을 갖추고 있었던 것은 아니다. 1950년대 국민총생산(GNP)[93]에서 어업 부문이 차지하는 비중은 1%에 불과하였다.[94]

---

90) Official Development Assistance(ODA)

91) 국내총생산(Gross Domestic Product, GDP)은 외국인이든 우리나라 사람이든 국적을 불문하고 우리나라 국경 내에 이루어진 생산활동을 모두 포함하는 개념으로 경제성장률 등 생산의 중요지표로 사용되고 있다.

92) 총수출금액은 한국무역협회 한국무역통계(http://www.kita.net), 수산물수출액은 수산통계연보

93) 국민총생산(Gross National Product, GNP)은 한 나라의 거주자가 일정 기간 동안에 생산한 모든 재화와 용역을 시장 가격으로 평가한 것으로 생산과정에서 마손된 고정자산의 소모분(고정자본소모충당금)을 포함한 개념이며 시장가격으로 평가되었다는 점에서 시장가격에 의한 국민총생산(GNP at market prices)이라 하기도 한다.

1953년 제정된 우리나라 최초의 자주적 어업제도인 수산업법은 면허와 허가 어업제도를 기초로 어업질서를 유지하고, 수산자원을 보호하는 조선어업령의 법체제를 답습하면서 1949년 제정된 일본 어업법을 모방하는 수준을 크게 벗어나지 못하고 있었다. 하지만 어업면허와 허가의 유효기간을 단축하였고, 종전 선착순 면허방식을 타파하고, 면허취득의 자격과 면허발급의 우선순위를 정하여 적격자가 우선적으로 면허를 받게 하였으며, 어업권의 대부를 금지하여 어업권의 이권화와 어업권자의 부재지주화(不在地主化)를 방지하였으며, 일인일건주의를 채택하여 특정 주체가 어업면허나 허가를 독점하는 것을 금지하는 등 당시로서는 개혁적인 내용도 포함하고 있었다.

제정 수산업법에서 나타난 개혁내용이 모두 독자적이었다고 할 수는 없지만 일제 식민지시대 총독부의 자의적 · 차별적 제도시행에 대한 반감(反感)과 어장을 어민에게 돌려줘야 한다는 어업의 민주화에 대한 사회적 분위기를 반영하고 있었던 것은 분명하다. 이는 광복 후 일제의 왜곡된 토지수탈정책을 바로 잡기 위한 토지개혁의 핵심이 농지를 직접 경작하는 사람이 농지를 소유하는 경자유전(耕者有田)원칙을 정립하는 것이었음과 맥을 같이 하고 있다. 하지만 수산업법 제1조 목적에서 명시된 어업의 민주화를 구현하는 방법에 있어 어장과 어업권의 배치에만 치중하여 어업의 민주화에 대한 정의를 명확하게 하지 않아 정부와 어민의 책임과 의무 같은 민주적 주체성을 확립하지 못했다.

수산통계연보에 의하면 1950년대 연평균어업생산량은 31.8만 톤으로 최근 대비 10분의 1수준에 불과하였다. 이 시기 어업생산량의 98%는 연근해어업으로, 2%정도가 양식어업으로 생산되고 있었다. 이 시기 어업별 생산량의 비중은 1945~1949년과 차이가 없었다. 하지만 연평균어업생산량은 광복 후 5년(28.9만 톤) 대비 10%정도 증가하였는데, 이 같은 증가세는 한국전쟁 휴전 후 높은 실업률로 어촌에 노동력이 유입되어 제한적이나마 가능할 수 있었다. 한편 정부는 정부 나름대로 1953년부터 1958년까지 미국으로부터 제공받은 경제원조액(약 15억8천 달러)의 약 10%(14.8백만 달러)를 수산부문에 배정하여 어선을 포함한 시설재 및 소비재를 도입할 수 있도록 지원하였다.

---

94) 한국은행 경제통계연보(http://www.bok.or.kr)

정부는 미국의 대외원조기구였던 국제협조처[95]의 원조자금을 재원으로 노후선박폐선5개년계획(老朽船廢船五個年計劃)을 수립하여 당시 어선세력의 1%수준인 약 400여 척의 노후선을 폐선 조치하는 동시에 어선건조사업을 벌어 어선세력을 확충하려 하였다.[96] 소형 연근해어선을 중심으로 하는 국내어선사업과 별도로 1959년에 참치연승어선, 트롤어선, 냉동운반선 등 7척을 도입하기도 하였다.

우리나라 원양어업의 효시는 1957년 인도양에서 지남호가 참치연승 시험조업을 한 것이며, 1958년에는 지남 1 · 2 · 3호가 남태평양 사모아에 출어하여 조업하였다. 한편 1959년 사라호태풍에 이어 1960년 태풍피해로 17,000여 척의 어선이 피해를 입기도 하였다.[97]

부흥부(復興部) 신설

1948년 대한민국 정부 수립시 정부구조는 10부 4처였으며, 이 중 경제부처로 재무부, 상공부, 기획처가 있었다. 재무부는 화폐 · 금융 · 국채 · 정부회계, 내국세제와 관세, 외국환 및 대외경제협력과 국유재산에 관한 사무를, 상공부는 상업 · 무역과 공업에 관한 사무를, 기획처는 재정 · 경제 · 금융 · 산업 · 자재와 물가에 관한 종합적 조사계획, 정부예산의 편성 및 결산의 심사에 관한 사무를 관장하였다. 하지만 차관급 기획처가 수립한 계획을 장관급 부처가 시행하도록 하는데 한계가 있어 이에 대한 논의가 있어왔으며, 한국전쟁 때에는 실질적인 역할을 수행하지 못하고 있었다.

1955년 정부조직법을 개정하여 기획처는 부흥부(復興部)로 개편되었다. 부흥부는 5.16군사정변 이후 군사정권은 각 부처에 분산된 경제정책과 관련된 조직을 하나로 통합하여 경제기획원을 설치함에 따라 부흥부가 폐지되었다.

1955년 개정된 정부조직법에 따라 상공부 산하에 수산 · 해양경비 · 조선 · 항만공사에 관한 사무와 일반항만 및 해군행정을 관장하기 위하여 해무청(海務廳)이 신설되었다. 동법의 개정으로 산업경제의 부흥에 관한 종합계획과 그 실

---

95) International Cooperation Administration(ICA)

96) 1956년 1월 8일 동아일보 '노후선 폐지 5년계획 추진'

97) 한규설, '어업경제사를 통해 본 한국어업제도 변천의 100년', 2001년, 선학사

시의 관리 · 조정에 관한 사무를 관장하는 부흥부(復興部)도 신설되었다. 부흥부는 1957년부터 1961년까지 약 24억 달러 규모의 부흥5개년계획안을 수립하였다.[98] 1953년부터 1961년까지 우리나라가 미국으로부터 받은 무상경제원조규모가 약 23억 달러였고, 같은 기간 연평균국내총생산이 19억 달러였음을 고려할 때 자금조달 측면에서 부흥부의 5개년계획은 실현가능성이 희박하였다고 할 수 있다.

1953년 수산업법이 제정되었으나 제도를 기반으로 어업을 진흥 · 개발하기 위해서는 어선건조 및 보수, 어업자재 확보, 어업지원시설의 복구 및 정비, 연근해어업의 진작, 원양어업의 장려, 어업운용자금의 확보 등 산적한 난제부터 풀어나가야 했다. 이를 위해 해무청은 수산부흥5개년계획을 수립하였는데, 동 계획에 책정된 예산(26백 달러)을 부흥부가 수립한 부흥5개년계획안(약 24억 달러)의 예산과 대비해 보면 당시 국가경제에서 수산업의 위치를 짐작할 수 있다. 수산부흥계획에는 대형어선 32척 도입과 어선 6,580척 국내 건조, 해태전업 굴증식계획, 천해간사지개발계획 등이 포함되어 있었다.[99] 뿐만 아니라 외화가득을 위하여 수산물 수출을 촉진시키고, 통조림을 생산하여 군대에 납품하며, 어망공장을 증 · 개설하는 등의 계획도 포함되어 있었다. 하지만 이 계획은 자금부족으로 소기의 목적을 달성하지 못했다.

② 1960년대

1961년 5.16군사정변 이후 단행된 정부조직개편으로 상공부 산하의 해무청이 폐지되어 수산업은 다시 농업부처로 이관되었다. 하지만 어업의 경제성과 국가경제에서 그 역할의 중요성에 대한 인식 또는 수산업 진흥의 필요성에 대한 정치적 · 경제적 · 사회적 합의는 변하지 않았다. 상공부 수산국 직제에서 어정, 어로, 증식, 제조 4개과였던 것이 농림부 수산국 직제에서 어정, 원양어업, 증식, 제조, 해양자원, 어선어항 6개과로 확대되었다.

군사정부는 우리나라의 협소한 국토면적, 내수시장의 발전한계, 빈약한 부

98) 1956년 3월 20일 조선일보 '現 원조계획과는 별도로 23억弗 증원 요청, 델레스 장관에 경제부흥5개년계획 제시'
99) 1955년 해무청 수산국 수산부분5개년계획

존자원 등을 고려하여 경제재건의 방향을 수출주도형 산업화로 정하고, 정부주도의 개발정책을 수립하여 1962년 경제개발5개년계획을 시행하였다. 경제개발계획이 시행되기 전인 1961년 우리나라 국내총생산(GDP)은 21억 달러였으며, 국민총생산(GNP)은 약 3천억 원 수준으로 국내총생산에서 농림 · 임업 · 어업의 비중은 40%였으며, 어업의 비중은 0.7%(20억 원) 수준이었다.

제1차 경제개발5개년계획(1962~1966년)이 시행되는 시기는 우리나라 어업구조의 변혁기로 군사정부는 경제개발특별회계에 의한 어업 근대화 목적으로 어업부문의 지원과 투자가 확대하였다. 또한 경제개발계획을 추진하는데 필요한 외화를 확보하기 위하여 어업을 수출산업으로 개발하였다. 어업제도의 정비도 이루어져 면허어업에 속하는 각종 소규모어업을 종합적 개념으로 편성하여 공동어업화하였고, 원양어업을 허가어업으로 분류하였고, 허가제였던 수산제조업을 허가 및 신고제로 개정하여 규제를 완화하였으며, 수산업의 장려와 진흥을 위하여 처음으로 보조금을 지원할 수 있는 법적 근거를 마련하였다.

1950년대 31.7만 톤 수준이었던 연평균어업생산량은 제1차 개발계획이 종료되는 1966년에 약 70만 톤 수준으로 2배 이상 증가하였다. 1960년대 연평균어업생산량은 최근 대비 5분의 1수준이었지만 종전의 연근해어업 중심의 생산구조에서 원양어업과 양식어업의 생산량이 가시화되어 생산구조가 다변화 되기 시작하였다.

1960년대 연평균어업생산량에서 어업별 생산량 비중을 보면 연근해어업이 85%, 원양어업 4%, 양식어업 11%이었다. 특히 1960년대 양식어업생산량이 1950년대 대비 무려 11배가량 증가하였다. 1958년 해무청이 수립한 해태전업굴증식5개년이 성공하지는 못했지만 이 때부터 대대적으로 굴양식증산계획이 추진되어 양식어업의 생산성이 향상되고 있었음을 알 수 있다. 이 시기 양식어업은 패류와 해조류 중심이었다. 1960년대 어업생산량의 증가는 1950년대 노동투입에서 한 걸음 나아가 어선과 어구와 같은 자본투입으로 가능할 수 있었다. 일례로 1960년대 어선세력은 1950년대 대비 2배 이상 증가하였고, 전체어선에서 동력선의 비중도 12%에서 19%로 높아졌다.

1960년대 우리나라 연평균 수출총액은 1950년대(23백만 달러) 대비 9배 이상 늘어난 215백만 달러로 수출총액에서 수산물수출이 차지하는 비중은 17%(39백만 달러)이었다. 이 시기 수산물수출비중은 1950년대와 같은 수준이지만 1960년대 국내총생산(GDP)은 1950년대 대비 2배 이상 증가한 35억 달러였으며, 국내총생산에서 수출이 차지하는 비중은 5.2%로 높아졌기 때문에 어업생산량의 증가가 바로 수출로 이어지는 구조였다고 할 수 있다.[100] 우리나라가 수출 1억 달러를 달성한 것은 1964년이며, 이때 수산물수출은 수출총액의 20%를 기여하였다. 이때까지만 해도 우리나라 전체인구에서 농가인구가 차지하는 비중은 56%이었다.

우리나라가 농업국가에서 경공업국가로 전환하는 1960년대 어업 또는 수산업은 당시 절실했던 외화 유동성을 공급하는 국가경제의 성장동력이었다고 할 수 있다. 그렇다고 해서 당시 수산업이 산업적 기반을 구축하고 있었던 것은 아니었고, 연해역에 조업하는 소형어선의 노후화가 여전히 심각한 가운데 원양어선이 이제 막 도입되는 시기였다.

바다 위의 달러박스(Dollar Box) - 원양어업 붐

우리나라 원양어업의 효시는 1957년 6월 인도양에 출어한 참치연승 시험조업으로 조업기간 2달 동안 200톤의 어획고로 15만 달러의 외화를 획득하였다. 1958년에는 남태평양에 출어하여 경제성을 타진하였으며, 1959년 남태평양 사모아에 기지를 확보, 1961년 참치연승어선 3척을 출어시켜 조업에 성공함으로써 원양어업이 바다 위의 달러박스 또는 바다 위에서의 수출이라는 사회적 반향을 일으켰다. 하지만 우리나라 원양어업은 정부가 아닌 일개 민간업자(제동산업)에 의해서 개척되었다.

민간에서 개척한 원양어업의 높은 외화가득률(外貨稼得率)[101]을 주목한 정부는 제1차 경제개발5개년계획에서 원양어업을 지원사업으로 선정하였다. 개발계획이 시행되는 첫해 6척의 원양어선을 건조하여 도입하였으며, 1963~1965

100) 한국은행 경제통계연보(http://www.bok.or.kr)

101) 외화가득률(rate of foreign exchange earning)은 상품수출가액에서 수입원자재가액을 뺀 금액, 즉 외화가득액을 상품수출가액으로 나눈 비율이다.

년까지 1억 6천만 원의 조선(造船)장려보조금을 교부하여 23척의 어선을 건조하기도 하였다.[102] 또한 정부는 민간차관(民間借款)에 대한 지불보증을 맡아 1963년에 3,580만 달러의 이탈리아 · 프랑스 어업차관에 계약하여 1965년에는 원양어선 90척을 도입하기도 하였다.

1957년 우리나라 최초로 원양어업(참치연승어업) 시험조업에 성공한 이후 1962년까지 출어한 원양어선척수는 5척에 불과하였으나 1963년 10척, 1964년 20척으로 급증하였고, 어업기지도 종래의 남태평양 사모아 중심에서 대서양과 인도양까지 확대되었다. 1964년 발족한 한국수산개발공사[103]는 1965년 4월 이태리 · 프랑스 어업차관으로 도입한 현대장비를 갖춘 37척의 어선을 인수하여 조업을 하여 시작하였다. 1965년에는 수산개발공사 소속의 72척을 포함한 19개 업체의 189척 원양어선이 태평양, 대서양, 인도양 등 13개 원양어업기지에 출어하여 대규모 선단조업을 벌일 정도가 되었다.

1966년 5월 한국수산개발공사가 이태리 · 프랑스 어업차관으로 도입한 제601 강화호를 이용하여 라스팔마스 근해에서 시험적으로 조업한 후 트롤 어선 7척을 동 어장에 출어시킴으로써 대서양 트롤어업이 시작되었다. 또한 1966년 7월 부산수산대학(지금의 부경대학교) 실습선 백경호와 삼양수산 소속의 저인망어선 10척이 베링해와 북해도 근해에서 북태평양 명태트롤어업의 시험조사와 시험조업에 성공함으로써 이후 본격화되었다.

1960년대 정부가 원양어업을 정책적으로 육성하여 원양어업이 선전하고 있었으나 원양어업을 1차산업으로 취급하여 수출산업으로서의 정책지원에는 인색하였다.[104] 육지에서 이루어지는 수출산업에 대해서는 수출금융이나 관세특혜 등을 부여하면서 위험부담률이 높은 참치어업에 대해서는 종전의 재정자금 지원마저 중단하여 업자들이 연리(年利) 20%가 넘는 고리의 금융자금으로 조업에 나서기도 하였다.

당시 경쟁국이었던 대만(9%)과 일본(6%)은 출어자금을 저리재정자금으로 지

102) 1968년 11월 6일 매일경제 '원양어업 발자취'

103) 한국수산개발공사는 우리나라 참치어업 및 트롤어업, 기타 각종 원양어업의 발전과 회원의 공동 권익 도모하기 위하여 설립되었다.

104) 1970년 2월 17일 매일경제 '10억불 예비점검, 참치-수익성 높은 바다의 보고'

원하고 있었다. 뿐만 아니라 어선세력의 확대를 위하여 도입한 차관(借款)을 빌려 쓰는 조건이 까다로웠고, 어획물의 독점매수를 전제조건으로 하고 있어 고가의 어획물을 독자적으로 판매할 수 없어 경제적 손실을 감수하고 있었다. 이외에도 국내 원양어선 전용항구가 없어 값비싼 입항료를 지불하면서 일본 항구를 이용하는가 하면 운반선의 부족으로 대규모 운반선을 소유한 일본 업자에게 어획물을 헐값에 팔아야 하기도 했다. 또한 국내조업선단을 장악하고 있던 일본 중간상인들의 가격조작도 위협요인으로 도사리고 있었다. 1968년에는 어장(漁場)변동으로 국내참치업계가 전반적으로 불황을 겪기도 하였다.

원양어업의 성장 이면의 인명피해

1963년 우리나라 원양어선 1호인 지남호의 조난사고로 21명의 선원이 희생되었고, 1967년에는 북양에 1차 시험출어한 삼양수산 독항선(獨航船)[105)]이 조난당하여 29명의 선원이 목숨을 잃었다. 우리나라 원양어업이 개척될 1963~1968년 사이 70여 명이 희생되었다.

군사정부는 자의든 타의든 한일관계를 개선하고자 1961년 한일회담을 재개하여 대일청구권문제와 관련하여 당시 거세게 일었던 반대여론에도 불구하고 1965년 6월 22일 한국과 일본 양국의 국교관계를 규정한 '한일기본조약(韓日基本條約)'을 체결하였다. 이로써 광복 후 20년간 지속된 양국의 비정상적인 관계가 정상화되었다. 한일기본조약과 함께 그 부속협정으로 '대한민국과 일본국간의 어업에 관한 협정(한일어업협정)'이 체결되어 1965년 12월 발효되었다.

8.15광복 후 어업진흥 또는 육성의 필요성에 대한 사회적·경제적·정치적 합의에도 불구하고 이를 실행할 재원이 부족하였기 때문에 정부의 수산진흥정책이 어업의 발전으로 바로 가시화되지 못했다. 하지만 대일청구권자금과 어업협력자금 등의 재원이 확보되자 정부는 어업의 근대화와 개발정책을 적극적으로 추진하기로 하고, 1966년 농림부 산하 외청으로 수산청(水産廳)을 출범시

105) 독항선은 원양어업에서 고기를 잡아 모선(母船)이나 기지(基地)에 넘기는 선박이다.

켰다. 수산청은 연안어업, 근해어업, 원양어업, 어업기본시설의 확충, 수산물 유통구조개선, 시험연구 강화와 어업기술 향상, 수산자금의 소요기금 확보 등에 대한 수산정책을 구체적으로 수립하였다.

당시 수산정책의 기본방침에는 연안어업에 있어 자원보호와 증식사업을 확장하여 '잡는어업에서 기르는 어업'을 지향한다고 하여 양식어업에 대한 정부의 의지를 엿볼 수 있게 한다. 수산청이 발족하기 한 해 전에 수립된 수산진흥계획에서도 증식사업을 생산성 향상이 용이하고, 고용증대 효과를 기대할 수 있다고 전망하고 있었다. 하지만 이때까지만 해도 증식사업에 대한 투자는 미비한 수준이었다. 또한 수산청이 수립한 수산정책 기본방침에는 원양어업 관련하여 국제기구 참여를 포함시켜 단순한 어업의 확대가 아닌 어업의 세계화 방침을 밝히고 있었다. 수산청 체제에서 연간어업생산량은 1986년 고점에 도달할 때까지 연평균 9%씩 성장하였다.

1969년 5월에는 어항의 지정과 시설 및 관리에 관한 사항을 규정함으로써 어항의 개발을 촉진하고, 그 이용과 관리의 적정을 도모하여 수산업 발전에 기여할 목적으로 30개 조문의 어항법(漁港法)[106]이 제정되었다. 어항이란 천연 또는 인공의 어업근거지가 되는 수역 및 육역(陸域)과 어항시설로서 어선의 정박뿐만 아니라 수송, 항로표식 · 신호시설 및 조명시설과 같은 항행보조시설, 어선 · 어구의 수리 및 건조 등 보전시설, 급수 및 급유 보급시설, 수산물 하역 · 야적 및 제빙 · 냉동 · 냉장시설 · 가공공장 · 판매장 및 수산물창고, 어업용 통신시설 및 선원 후생시설 등의 기능시설을 갖추고 있는 어업경영의 거점이다.

1965년 한일어업협정으로 12해리 배타적어업수역을 확인하고, 공동규제수역을 설정하고, 각종 조업규제에 합의하였을 뿐만 아니라 일본으로부터 받는 대일청구권자금, 어업협력자금, 경제개발특별회계자금 및 기타 차관이 도입되어 우리나라 어업발전의 물고가 트이게 되었다. 한일어업협정이 체결되고 이후에 시행된 제2차 경제개발5개년계획(1967~1971년)은 부국강국(富國强國)을 기치로 공업화를 본격적으로 추진하는 동시에 농어업의 근대화를 추진하고 있었

106) 어항법은 2005년 12월 어촌 · 어항법의 제정으로 폐지되었다. 어항법에 근거하여 1987년 사단법인 한국어항협회가 출범하였다.

다. 또한 베트남전에 국군파병으로 정부가 유용할 수 있는 외화가 급증하게 되어 정부의 공업화 추진정책은 한층 힘을 받게 되었다. 한편으로 급속하게 공업화를 추진하는 과정에서 환경문제가 대두되기 시작하였으나 무려 오천년 동안이나 농업국가로 유지되었던 우리나라의 당시 환경규제는 허술하였다.

대한민국 최초의 환경법 - 공해방지법 제정

1963년 11월 보건사회부가 21개 조문의 공해방지법을 제정할 당시만 해도 우리나라에는 공장이 거의 없는 상황이어서 동법의 제정이 시기상조라는 의견도 있었다. 공해방지법에서 공해는 대기를 오염하는 매연 · 분진 · 악취 및 가스와 화학적 · 물리학적 · 생물학적 요인에 의하여 하천을 오염하는 공장폐수 · 사업장폐수 및 일반하수와 소음 또는 진동으로 인하여 발생하는 보건위생상에 미치는 위해로 정의되었고, 해양오염은 고려되지 않았다. 또한 시행령과 같은 후속 입법의 미비로 공해방지법은 제정 후 바로 시행되지 못하다가 1964년 시행령이, 1969년 시행규칙이 제정되어 비로소 시행될 수 있었다.

일본은 우리나라보다 4년 늦은 1967년 공해대책기본법을 제정하였으며, 동법 이전에는 각 현에서 조례정도를 제정하고 있었다. 우리나라 공해방지법은 일본 오사카시(大阪市)의 조례를 그대로 모방한 것으로 사후대책 중심일 뿐만 아니라 지엽적인 오염문제를 다루고 있었고, 그 내용도 향후 인구의 도시집중화와 산업발전에 대비하여 공해방지를 해야 한다는 다분히 훈시적인 것으로 위반자에 대한 처벌도 가벼운 벌금수준이었다. 공해방지법은 정책적 무관심과 법적 · 행정적 기반의 미흡에 더해 당시만 해도 환경피해가 사회적으로 표면화 되지 않아 사실상 유명무실한 상태로 있다가 1978년 환경보전법이 제정되어 폐지되었다. 환경보전법에서도 해양오염은 고려되지 않았다.

③ 1970년대

제2차 경제개발5개년계획(1967~1971년)이 종료된 1971년의 국내총생산(GDP)과 일인당 국민소득은 시작년도인 1967년 대비 2배 이상 증가하여 각각 95억 달러와 291 달러였다.[107] 제3차 경제개발5개년계획(1972~1976년)의 주요목표는 중화학공업의 건설, 농어촌의 근대화, 수출증대에 의한 국제수지 개선이었다. 또한 1970년부터 근면 · 자조 · 협동을 기본정신으로 생활태도 혁신, 환경개선, 소득개선을 통

107) 한국은행 경제통계연보(http://www.bok.or.kr)

해 낙후된 농어촌을 근대화시키기 위하여 정부가 주도하여 범국민적 지역사회 개발운동인 새마을운동이 전개되기 시작하였다. 최근 정부는 공적개발원조를 추진함에 있어 새마을운동을 개발협력모델로 개발하고 있다.

한편 1973년 전 세계를 덮친 석유파동[108]으로 당시 모든 선진국들이 마이너스 성장을 기록하였음에도 불구하고 우리나라는 경제성장을 지속하여 1970년대 연평균 국내총생산(GDP)은 1950년대(16억 달러)와 1960년대(34.5억 달러) 대비 각각 17배와 8배 증가한 269 달러가 되었고, 1970년대 말에는 600 달러를 상회하게 되었다. 1977년 일인당 국민소득 1천 달러 시대를 맞이하였다. 소위 말하는 '한강의 기적'이다.

1962년 시작된 제1·2차 경제개발5개년계획의 종료로 국가산업구조가 재편되어 1970년대 국내총생산(GDP)에서 수출총액이 차지하는 비중은 21%로 높아졌다. 1970년대 국민총생산(GNP)은 2억 6천억 원으로 국민총생산에서 농림과 임업의 비중은 24%로 1950년대(42%)와 1960년대(35%)에 비해 큰 폭으로 낮아졌으나 같은 1차산업인 어업은 2.1%로 1950년(1%)와 1960년대(1.4%)대 대비 그 비중이 확대되었다.

우리나라는 1964년 1억 달러, 1971년 10억 달러를 수출한 이후 1977년에 수출 100억 달러를 달성하였다. 1970년대 수산물수출총액(4억 3천만 달러)은 1960년대(39백만 달러) 대비 11배 증가한 반면 수출총액(62억 달러)은 29배 증가하여 수출

108) 제1차 석유파동은 원유시장의 구조적 불균형과 국제정치적인 역학관계가 원인이 되어 일어났다. 원유시장의 구조면에서 1973년 세계의 1차 에너지소비에서 석유가 차지하는 비율은 47%, 특히 서방 선진국에서는 53%를 웃도는 수준이었다. 석유소비가 급증하였지만 새로운 유전의 발견과 개발은 소비증가에 따르지 못하여 세계석유공급구조는 석유수출국기구 회원국에 대한 의존도가 점점 높아지게 되었다. 국제정치학 측면에서 1973년 10월 6일부터 이집트와 시리아가 1967년 제3차 중동전쟁에서 이스라엘에게 빼앗긴 시나이반도를 탈환할 목적으로 이스라엘을 공격하여 제4차 중동전쟁이 발발하였다. 열흘 뒤 10월 16일 석유수출국기구(Organization of Petroleum Exporting Countries, OPEC)는 일방적으로 원유가격의 인상을 결의하였다. OPEC은 원유고시가격을 17% 인상함과 동시에 이스라엘이 점령지에서 철수하고 팔레스타인의 권리가 회복될 때까지 매월 전월에 비해 5%씩 원유생산을 줄인다고 선언하여 중동전쟁은 10월 17일부터 석유 전쟁으로 비화되었고, 이로써 세계 경제는 제2차 세계대전 이후 가장 심각한 불황에 직면하게 되었다. 1974년 1월 1일 OPEC의 석유수출가격은 사우디아라비아 기본유종(아라비안 라이트 34도)을 기준으로 배럴당 11.65달러로 고시되었는데, 이는 1973년 10월 수준의 4배에 가까운 것이었다.

총액에서 수산물수출액이 차지하는 비중은 7%로 낮아졌다.[109] 하지만 당시 수산물수출의 증가세는 우리나라를 세계수산물수출국 제4위로 도약하게 하였다.

1970년대 연평균어업생산량(1.9백만 톤)은 1960년대(63만 톤) 대비 3배 증가하였다. 이 시기 어업별 생산량은 1960년대 대비 연근해어업이 2배, 원양어업이 16배, 양식어업이 5배 증가하여 연간어업생산량에서 어업별 비중은 연근해어업이 61%, 원양어업이 22%, 양식어업이 17%로 원양어업과 양식어업의 성장이 두드러졌다. 이 같은 어업분야의 약진으로 수산업법의 조문수는 1970년대 들어 17개, 1960년대 대비 22% 늘어나게 되었다.

연근해 수산자원 고갈

(매일경제, 1970년 8월 10일)

우리나라 연근해의 수산자원개발이 그 한계에 도달, 어획량이 증가되지 않고 오히려 줄어들 것으로 지적되고 있어 수산자원의 보호육성대책이 촉구되고 있다.

10일 유엔개발계획(UNDP)기구 수산전문가가 조사하여 수산청에 제출한 '한국의 수산자원 평가보고서'에 의하면 동서해를 비롯한 한국 연근해의 어업자원은 이미 집중적으로 개발되어 앞으로 총생산량은 더 이상 증가될 수 없으며 오히려 감소될 것이라고 지적했다.

이 보고서는 또 한국 연안의 어업자원 특징은 다른 나라와 같이 몇 개의 단일종으로 지배되지 않고 다종다양(多種多樣)하며 그나마 거의 개발되어 사실상 미개발자원은 거의 없을 것이라고 보고했다. 특히 경제성장에 따른 어부의 인건상승은 연근해어업 수입(輸入)을 초과할 것이라고 지적, 한국어업개발장기계획은 연근해 수산자원을 보호육성하는 한편 참치를 비롯한 원양어업에 중점을 두어야 한다고 강조했다.

1970년대 연근해어업의 연평균어업생산량은 1.1백만 톤으로 1970년대 말 무렵에는 1.5백만 톤에 근접하고 있었다. 하지만 유엔개발계획(UNDP)[110] 보고

109) 총수출금액은 한국무역협회 한국무역통계(http://www.kita.net), 수산물수출액은 수산통계연보를 참조하였다.

110) 유엔개발계획(United Nations Development Programme)은 유엔의 개발도상국에 대한 개발원조계획을 조정하기 위하여 유엔특별기금(United Nations Special Fund, UNSF)과 확대기술원조계획(Expanded Programme of Technical Assistance, EPTA)을 통합하여 1966년 1월 발족하였다. 원조자금은 유엔과 피원조국이 부담하며, 특별기금부문은 투자 전 조사, 연구

서[111]에는 1970년 우리나라 연근해 수산자원은 이미 개발되어 점차 고갈될 것이라고 지적하면서 수산자원의 보호 및 육성정책의 필요성이 강조되어 있었다.

1975년 수산업법 개정에서 '자원의 보호관리'라는 새로운 장(章)이 신설되었다. 동 장에는 기존의 조항(보호수면의 지정 및 관리, 공사의 제한, 어장의 병해 방지를 위한 명령, 유해어업의 금지, 소하어류의 보호 및 인공부화 · 방류) 외에 범칙어획물의 판매금지, 범칙어획물의 방류명령, 자원의 조사보고, 어업의 금지구역 · 기간 및 대상, 자원보호에 관한 명령 5개 조항이 신설되었다. 제72조 자원의 조사보고에 있어서 조사에 관한 사항은 없고, 단지 어업면허 또는 허가를 받은 자가 그 어업의 조업동태, 어획실적 또는 판매실적을 수산청장 또는 도지사에게 보고하도록 하였으며, 보고와 관하여 필요한 사항은 농수산부령으로 정하도록 하였다.

1970년대 어업생산량의 증가와 함께 어선세력도 증강되었다. 1970년대 어선척수는 1960년대 대비 37% 증가하였으나 어선톤수는 2.6배, 어선마력수는 4.7배 증가하였고, 동력선의 비중도 1960년대 15%에서 34%로 높아져 어선세력은 양보다는 질적인 측면에서 강화되었음을 알 수 있다.

1970년대 어선세력이 급격한 증가로 어업행정관리 차원에서 어선의 관리통제가 필요하게 되었다. 뿐만 아니라 어업기술의 발전은 어선성능의 향상과 직결되어 어선의 건조 · 개조 · 정비의 효율적인 관리는 균형 있는 어업의 발전과 어업안전의 기본으로 어선의 기술향상을 위한 조사 · 연구의 관리가 필요하게 되었다. 1977년 12월에 이 법은 어선의 건조조정과 어선의 등록 · 검사에 관하여 필요한 사항을 규정하고, 어선에 관한 시험 및 연구를 통하여 어선의 성능향상을 도모함으로써 어업생산력의 증강과 수산업의 합리적 발전에 기여함을 목

소나 훈련소 설립, 경제개발계획의 작성 등 비교적 장기적 · 대규모 활동을 부담하는 반면 기술원조부문은 전문가 파견, 기술자 연수, 관련기자재 제공 등 단기적 · 소규모 활동을 지원한다. UNDP의 개발도상국 기술원조는 국가별 개발계획의 작성, 투자전 조사, 교육 · 기술훈련, 천연자원의 평가 등이며, 그 실시는 대부분 유엔 본부 및 유엔전문기구에 위탁된다. 우리나라는 1971년부터 참가하여 1970년대와 1980년대에 UNDP로부터 자금지원을 받은 대표적인 수혜국 중의 하나였으며, 1993년부터 우리나라는 수혜금액보다 지원금액이 많은 순공여국이 됐다.

111) '한국의 수산자원평가 보고서'를 직접 확인하지 못했지만 1970년 8월 8일 경향신문 '미(美) 전문가 보고, 수자원 개발 한계'와 8월 10일 매일경제 '연근해 수산자원 고갈'이라는 기사에서 언급되어 있다.

적으로 35개 조문과 부칙으로 구성된 어선법(漁船法)[112]이 제정되었다.

1970년대에는 무엇보다 원양어업의 성장이 두드러졌다. 1950년대 후반과 1960년대를 걸쳐 이루어진 원양어업별 시험조사와 시험조업에 성공한데 힘입어 1970년대에는 정책적으로 원양어선의 대형화가 추진되었다. 원양어선의 규모(척당 평균톤수)가 1962년 111톤에서 1970년 273톤, 1980년 398톤으로 대형화되었으며, 어선 척수도 1962년 5척에서 1972년 455척, 1977년 850척으로 기하급수적으로 증가하였다. 결과적으로 1962년 657톤이었던 원양어업생산량은 1977년에 60만 톤으로 900배 이상 증가하였다.

1979년 7월 우성수산의 제3 오룡호가 동북태평양어장에서 북태평양 빨강오징어를 대상으로 유자망 시험조업에 성공하여 이후 북태평양 빨강오징어유자망어업이 본격적으로 출어하기도 하였다. 이 같은 원양어업의 비약적인 성장을 예고하듯 1971년 개정된 수산업법에서 종전에 허가어업으로 분류되던 원양어업이 새로운 장(章)으로 분리되기도 하였다. 하지만 우리나라 영해를 벗어나 조업을 하는 원양어업의 급성장이 수치에서 나타나는 것처럼 순탄대로였던 것은 아니었다.

강국 눈총을 받는 북양(北洋)진출

- 미·일의 압력과 서울회담 전망

(동아일보 1970년 5월 13일)

최근 정부고위층은 '북양진출을 둘러싼 대미교섭에 있어서 우리가 너무 빨리 양보한 것 같다'고 후회 비슷한 말을 한 것으로 전해지고 있다. 이 말은 북태평양어업을 둘러싼 미국의 한국에 대한 압력을 알 수 있게 하는 것이다. 더욱이 이번 정규성씨의 태양어업 인수를 전후한 청와대, 제일은행 및 정씨 사이에 오간 파란도 오는 9월 서울에서 열릴 한미북양관계회담을 앞둔 진지구축작업의 서막으로 이해하는 것이 옳다.

북양진출의 필요성은 그곳이 세계3대어장의 하나이며, 미국·일본·캐나다 및 일소(日蘇)조약 등 국제적어업규제협정이 있으나 공해(公海)이며 지리적으로 우리의 인접해역이라는 점에서도 주장되지만 북괴(北傀)가 소련의 앞잡이로서 방금 4개 선단이나 되

---

112) 1996년 해양수산부 신설로 중복기능의 단일화 방침에 따라 선박안전법과 관련된 검사부분이 삭제되었다.

는 어선세력을 북양에 보내어 한 해 오천만 달러씩 벌어들이고 있는데 우리는 왜 미국의 눈치만 살피며 북양진출을 과감하게 하지 못하느냐는 불평으로써도 대변된다.

지난 66년에 수산청과 삼양수산에서 11척의 어선을 내보내 연어, 송어 7.8톤을 시험어업한 것을 시초로 67년 저인망어선 9척이 2.8톤을, 68년 저인망어선 9척이 2,367톤, 지난해에는 저인망 및 청어자망어선 17척이 11,455톤(8억 6천오백만 원어치)을 각각 어획했다. 이웃나라 일본은 이미 모선식 11선단, 유망 320척, 연승 369척을 내보내 763백 톤의 연어, 송어를, 2개 선단의 게공선에서 427천 상자의 게를, 그리고 모선식 12선단 독항선 33척, 캐처보트 30척 등 저인망어선에서 기타 잡어 829천 톤을 어획하여북양에서만 잡는 고기가 90만 톤에 이르러 우리나라 전체어획고와 맞먹는 수치를 보여주고 있다.

미국도 연어, 송어 3,068백 톤, 청어 58백 톤을 잡았고, 캐나다도 연어, 송어 802백 톤, 청어 29백 톤을 잡았으며, 소련도 연어, 송어 3,044백 톤, 청어 22천 톤을 잡았다. 이러한 미국·일본·캐나다·소련 등 연안어업국들 중, 특히 미국과 일본이 우리의 북양진출을 못마땅하게 여기고 이미 66년부터 압력을 가하기 시작했다.

미국은 66년 캐나다와 더불어 제13차 북태평양어업위원회에서 한국의 북양진출저지 결의안을 제출, 이를 결의시켰고, 67년에는 '펠리법안'이라는 것을 의회에 제출, 미국 속령인 사모아 기지로부터 한국 참치잡이어선을 추방하겠다고 위협하면서 오정근 수산청장을 미국으로 불러 연어, 송어를 잡지 말라고 압력을 가했다. 지난해에는 미해안 경비정이 우리나라 신흥수산 소속어선에 임검을 설시, 어획물에 대한 조사 및 사진촬영을 하여 미국무성은 우리나라 외무부에 대해 연어, 송어를 잡은 선박에 대해 처벌하고, 그 재발을 방지해 달라고 요구까지 했다. 미국무성은 또 우리 외무부에 대해 북양순시선 및 감독관의 파견을 요구하고 연어, 송어를 잡지 않겠다는 보장까지 제시하라고 요구했으며, 심지어 유세이드의 수산담당관으로 하여금 연어수출품 조사까지 실시케 했다. 금년에는 그 압력이 더욱 심해져 연어, 송어를 계속 잡으면 사모아의 참치시장을 상실할 우려가 있다고 위협했고, 지난 3월 13일 구자춘 수산청장을 미국으로 불러들기에 앞서 미국의 일부 강경론자들은 대한원조중단론까지 들먹이고 있었다.[113)]

일본도 66년에 주로 한국어선의 북양진출을 방해할 목적으로 외국인어업취체성명을 공포했고, 67년에는 일본어부의 외국어선승선을 금지시켰으며, 외국인어업규제법률을 공포한데 이어 한국의 북양출어선에 대해서는 대한협력자금을 주지말자고 일본 수산업계에 지시까지 했다.

113) 1970년 5월 우리나라는 미국의 원조대상국에서 제외되었다.

이러한 상황에서 오는 9월 서울에서 한미북양관계 담판이 열리는 것이다. 정부 한 관리는 이번 '서울회담의 분위기가 험악할 것'이라고 내다봤다. 북양진출에 대한 미국의 압력 때문에 방금 10억 규모의 태양어업이 북양 출어를 제대로 못하고 존폐의 가름길에서 헤매고 있으며, 태양어업의 채권은행인 제일은행마저 기둥이 흔들리고 있는 판국으로 정부의 입장으로서는 이번 한미회담이 일종의 막다른 결판이나 다름이 없다.

메커넌 국무장관 어업 및 야생동물 담당 특별보좌관을 수석대표로 하는 미국측은 이번 서울회담에서 한국정부에 대해 북양의 연어, 송어잡이를 영원히 포기할 것을 종용할 것이 거의 틀림없고, 한국측은 연어, 송어 잡이를 꼭 잡아야겠다고 끝까지 버티면서 적어도 연어, 송어잡이를 한미합작으로라도 해서 분할하자는 양보선을 제시할 것이다.

지난 번 구자춘 수산청장의 방미회담 때 한국의 어항시설 개선 및 어선 도입 등 어업근대화를 위한 7천만 달러의 장기저리차관요청에 대해 IDA(국제개발협회) 세계은행 및 아시아개발은행 등으로부터 차관을 주선하는데 최대한 노력하겠다고 미국측이 약속한 회의록 조목을 끝까지 실현시키도록 애쓸 것이다.

1970년대 어업정책은 어선척수의 증가로 어획량을 증가시켜 어민의 소득을 증대시킨다는 단순한 논리에 머물면서 원양어업은 해외어장 확대에, 원양어업을 포함한 어로어업은 어획노력량의 강화에, 양식어업은 생산성을 향상시키는 기술 개발에 주력하였다. 한편 1차산업인 어업의 생산방식은 여전히 노동집약적으로 이루어지고 있었지만 2차, 3차산업의 고도성장으로 이들 산업근로자의 임금이 가파르게 상승하여 점차 어업을 기피하는 사회적 현상이 나타나기 시작하였다. 이는 어업경영을 고려하지 않은 증산정책의 한계이다.

한편 국토를 확장하기 위한 대규모 간척사업, 발전소 건설, 대규모 자본투자로 에너지 다소비산업이자 오염물질 배출산업인 장치산업(철강, 조선, 석유화학, 자동차 등)과 같은 중화학공업의 육성으로, 특히 공단에서 방류하는 산업폐수와 선박들이 흘리는 폐유로 울산, 부산, 목포, 인천 등의 공단 앞바다가 오염되고 유탁되어 연안어장이 황폐화되어 축소되고 있었다. 1974년에는 심각한 연안오염으로 1974년 울산 공단 앞바다와 인천 수출공단에서 나오는 폐수가 흘러가는 북항 앞바다에서 기형어가 출현하기도 하였다. 하지만 당시에는 해양오염을 방지하는 법이나 대책이 없었다.

1970년대 수산업법은 전반적으로 규제가 완화되는 추세였으나 1971년 개정에서 산업시설 및 기타 사업장의 건설 또는 조업이나 유조선의 유류 누설 등에 의한 수질오염으로 발생한 어업손해에 대해 오염발생시설의 경영자가 배상하도록 하는 규정이 신설되었다. 수질오염에 의한 손해배상 조문의 신설은 당시만 해도 공장 굴뚝에서 연기가 안 나오면 가동하지 않은 공장이라는 인식이 팽배하던 때였음을 고려하면 산업폐수와 선박들이 흘리는 폐유로 인한 연안어장의 황폐화가 간과할 수 없는 수준이었음을 짐작할 수 있다. 하지만 이는 당시 정부가 황폐화된 어장과 그 주변 생태계를 회복 또는 복원하려 하기 보다는 피해보상이라는 소극적인 방법으로 대처하였음을 보여준다.

어업은 해양을 이용하는 한 방법에 불과하나 우리나라 수산주무부처는 우리나라 어업생산량의 99%가 해양에서 생산됨에도 불구하고 정작 어업생산의 장이 되는 해양환경 또는 해양생태계를 관리대상으로 생각하지 않았다. 1977년 보건사회부가 제정한 해양오염방지법체제에서 농수산부는 오염발생시 소관업무를 분담하는 정도의 소극적인 역할을 하였다.

1972년 UN인간환경선언

1972년 유엔인간환경회의에서 '인간환경이 인류의 복지, 기본적 인권, 생존의 향유를 위해 필요불가결한 것이며 인간환경의 보호와 개선은 인류복지와 경제발전에 영향을 미치는 주요한 과제로 이를 추구하는 것이 인류의 지상목표인 동시에 모든 정부의 의무이다'라는 유엔인간환경선언이 채택되었다.

한편 1972년 스웨덴 스톡홀름에서 개최된 유엔인간환경회의[114]에서 각국의 환경정책의 기본정신을 담은 유엔인간환경선언[115]이 채택되었다. 이후 세계

---

114) United Nations Conference on Human Environment

115) 1972년 유엔인간환경선언(Declaration of the United Nations Conference on the Human Environment)은 환경권이 국민의 기본권으로 제도화되는 전기를 마련하였으며, 유엔은 선언이 채택된 6월 5일을 '세계 환경의 날'로 제정하였다. 선언문의 원문은 http://www.un-documents.net/unchedec.htm에서 볼 수 있다.

각국은 앞 다투어 자국의 헌법에 환경권(環境權)을 국민의 기본권으로 도입하였는데 우리나라도 1987년 10월 헌법 제35조 '모든 국민은 건강하고 쾌적한 환경에서 생활할 권리를 가지며, 국가와 국민은 환경보전을 위하여 노력하여야 한다'는 환경권 규정이 신설되었다.

유엔인간환경선언은 1948년 세계인권선언에 이어 유엔 역사상 두 번째 빅이벤트(big event)라고 할 수 있으며, 당시 회의에서는 인간환경선언 외에 해양오염, 오염물질의 모니터링, 토양보전, 자연보호 등이 중점적으로 논의되었다.

우리나라 해양오염방지법[116]은 국제해양조약과 각국의 해양오염방지법을 참고하여 1977년 12월 31일 보건사회부에 의해 제정되었다. 보건사회부는 또한 공해라는 표현을 세계적 추세를 반영하여 환경보전이라 바꾸고 1978년 환경보전법을 제정하였다. 이로써 1963년 제정된 공해방지법이 폐지되었다. 보건사회부는 1980년 정부차원의 환경대책 기구로 환경청을 신설하였다. 환경청은 기획관리관과 계획조정국, 대기보전국, 수질보전국, 해양보전국, 측정관리국 5개국 30개 과로 출범하였다. 하지만 환경부는 태생적으로 해양환경을 다루기에는 취약한 조직이었다.

④ 1980년대

1979년 10.26사건[117]으로 인한 정치혼란과 제2차 석유파동(1980~1981년)[118]

---

116) 해양오염방지법은 선박 및 해양시설 등에서 해양으로 배출하는 기름 또는 폐기물을 규제하고 해양의 오염물질을 제거하여 해양환경을 보전하기 위하여 제정되었다.

117) 1979년 10월 26일 중앙정보부 부장 김재규가 박정희대통령(재임기관 1963~1979년)을 살해한 사건이다.

118) 1973년 제1차 석유파동의 결과 OPEC은 원유가격의 결정권을 장악하였으나 인플레이션과 달러가치하락을 고려하면 실질적으로 원유가격을 끌어올리지는 못하였다. 1978년 12월 OPEC 회의는 1976년 배럴당 12.70달러에서 단계적으로 14.5%의 인상을 결정하였다. 이와 때를 같이하여 12월 말 이란은 국내의 정치 및 경제적인 혼란을 이유로 인하여 석유생산을 대폭 감축시키고 수출을 중단하였다. 이 결과 1973년 제1차 석유파동 이후 배럴당 10달러선을 조금 넘어섰던 원유가격은 불과 6년 사이 20달러선을 돌파하였고, 현물시장에서는 배럴당 40달러에 이르게 되었다. 이것이 제2차 석유파동이다. 제2차 석유파동의 여파는 제1차 석유파동과 마찬가지로 세계경제에 큰 영향을 미쳐 선진국의 경제성장률은 1978년의 4.0%에서 1979년에는 2.9%로 낮아졌다. 물가면에서는 선진국의 소비자물가상승률은 10.3%를 기록하였으며, 개발도상국의 경우 32.0%의 급격한 상승세를 보였다.

등의 대내외 여건으로 광복 이후 우리나라는 1980년 사상 최초로 마이너스 성장을 기록하였다. 1973년 제1차 석유파동 때 우리나라는 다른 나라에 비해 크게 영향을 받지 않았으나 이후 경제체질을 개선하지 않고 계속해서 중화학공업 중심의 확대정책을 유지하여 제2차 석유파동 때에는 심각한 피해를 입었다. 하지만 다음 해 바로 회복하여 1980년대 실질성장률은 연평균 9.8%로 이 시기 국내총생산(GDP)은 1970년대 대비 4배 증가한 1,179억 달러로 증가하였다.[119] 서울올림픽게임이 개최된 다음 해인 1989년 국내총생산은 2,363억 달러, 일인당 국민소득은 5,556 달러가 되었다.

수출주도형 산업구조의 정착으로 국내총생산에서 수출총액이 차지하는 비중은 30% 수준으로 높아졌다. 하지만 경제규모의 확대와 재편으로 1980년대 국민총생산(GNP)에서 농업과 임업의 비중은 10%대로 낮아졌다. 경제규모가 커지자 1985년 이후 한국은행 경제통계연보에서 어업부문 국내총생산에 대한 기재가 빠지게 되었고, 1980~1984년까지 어업의 비중은 1.5%였다.

어획생산량 측면에서 우리나라 어업의 최대 전성기는 1980년대였으며, 연평균생산량은 3백만 톤 수준으로 1950년대 대비 10배가량 증가한 수준이었다. 또한 어획량 세계 국가별 순위에서 8위, 수산물수출 세계 4위로 명실 공히 수산강국으로 자리매김을 하였다. 1980년대 우리나라 연평균어업생산량은 1970년대(1.9백만 톤) 대비 61% 증가하였고, 어업별 생산량의 증가는 1970년대 대비 연근해어업은 36%, 원양어업은 69%인데 반해 양식어업은 무려 140배가량 증가하였다. 이 시기 어업생산량에서 어업별 비중을 1970년대와 비교해 보면 원양어업은 22%에서 24%로 소폭 증가하였고, 양식어업은 17%에서 25%로 증가하였으나 연근해어업은 61%에서 52%로 감소하였다. 연근해어업은 1986년에 광복 이후 최대치(1.8백만 톤)를 기록한 바로 다음 해 13% 감소한 것을 시작으로 이후 감소추세를 이어갔다.

1980년대 어선세력을 보면 어선척수는 1970년대 대비 31%(약 21천 척) 증가한 반면 톤수는 1.5배, 어선마력수는 2.4배 증가하였다. 또한 동력선의 비중도 34%에서 77%로 높아졌다. 이 시기에도 원양어선의 대형화는 지속되어 1962년

119) 한국은행 경제통계연보(http://www.bok.or.kr)

111톤, 1970년 273톤에 불과하던 어선의 규모(척당 평균톤수)는 1980년 398톤으로, 1980년대 후반 무렵에는 500톤 수준으로 증가하였다. 1980년대 어선세력과 어업생산량의 증가율을 과거와 비교해보면 어획노력량 증가에 비해 어업생산량의 증가가 확실히 둔화되었음을 알 수 있다. 다시 말해 정부 주도의 어획노력량의 강화로 내수와 수출을 축으로 하는 어업의 생산성을 향상시키는데 한계가 드러나기 시작하였다.

1980년대까지 우리나라 수산정책의 기조는 여전히 증산정책이었다. 구체적으로 면허 및 허가제도를 근간으로 신규진입을 규제하거나 완화하고, 어선·어구·어업 개발 및 장비의 현대화로 어획노력량을 강화하는 것이다. 어획노력량 증가정책은 해외어장을 개척하여 조업하는 원양어업을 포함한 모든 어로어업에 적용되었다. 한편으로 '잡는 어업에서 기르는 어업으로'라는 슬로건 하에 어류와 해조류의 양식기술을 개발하여 양식대상종을 확대하고, 생산량을 향상시켜 왔다.

제2차 석유파동(1980~1981년)으로 야기된 세계경제의 불황으로 우리나라 경제 전반에 대하여 새로운 개편문제가 제기되었는데, 가장 중요한 문제가 인플레이션과 국제수지악화였다. 제5차 경제개발5개년계획(1982~1986년)[120]의 목표는 종전과 달리 경제성장의 지속과 사회발전을 통한 국민복지 향상이었고, 명칭도 '경제개발계획'에서 '경제사회발전계획'으로 바뀌었다. 이 시기 소비자물가상승률은 3.5%로 물가안정을 유지하였고, 아시안게임이 열렸던 1986년에는 수출 336억 달러, 수입 293억 달러를 기록하여 경상수지는 45억 달러 흑자를 달성하였다.

수출주도형 신흥공업국의 경제구조에서 국내총생산(GDP)의 규모가 비약적으로 성장하는 동시에 국제수지가 흑자로 돌아서면서 국가경제에서 어업분야의 비중은 상대적으로 낮아졌다. 또한 산업부문별 성장률에서 제3산업 부문은 9.2%를 기록한 반면 농림어업 부문은 3.7% 성장하여 1차산업이 상대적으로 낙후되어 있었다.

어획노력량 증가에도 불구하고 자연자원에 의존적인 연근해어업생산량이

120) 제5차 경제개발계획은 1983년 수정계획이 수립되었다.

감소하고 있었지만 이와 관련하여 이 시기 수산업법의 주목할 만한 개정은 없었다. 1980년대 수산업법은 수산종묘생산업을 허가어업으로 신설하고, 행정처분의 당사자나 대리인에게 의견을 진술할 기회를 주는 청문 조항을 신설하고, 수산물통조림제조업 관련 업무가 보건사회부로 이전됨에 따라 수산제조업에서 통조림제조업을 제외하고, 벌금을 인상하는 등의 제도 보완적 수준에서 개정되었다.

⑤ 1990년대

1997년 아시아외환위기[121]로 우리나라가 같은 해 12월 IMF[122]구제금융을 받기 전까지 국내총생산(GDP) 실질성장률은 7.7%이었다.[123] 1997년에는 1980년에 이어 두 번째로 마이너스 성장을 기록하였으나 다음 해 바로 회복하였다. 1990년대 국내총생산은 4,188억 달러로 1980년대 대비 3.5배 증가하였다. 일인당 국민소득은 1977년 1천 달러에 도달한데 이어 우리나라가 1996년 경제협

121) 아시아외환위기는 1997년 태국의 고정환율제 포기로 인한 동남아시아의 통화위기가 동북아시아를 거쳐 세계경제에 불안을 가져온 일련의 금융위기사태로 당시 동남아시아 국가들의 통화가치가 30%~40% 평가절하되면서 신용경색을 불러왔다. 이러한 신용불안은 국제자본을 회수하게 하여 아시아 국가들은 단기외채시장에서의 차입연장 등에 어려움을 겪게 되었고, 결국 각국 정부는 국제통화기금(IMF)으로부터 구제금융을 받고, 강도 높은 금융개혁을 요구받았다. 금융시장의 불안은 실물경제의 위축으로 이어졌으며, 이러한 위기는 1999년에 들어서야 진정국면을 맞게 되었다.

우리나라는 1997년 한보철강이 5조 원의 경비가 드는 제철소를 4조 원의 빚으로 건설하려다 부도를 낸 것을 시작으로 기아그룹, 한신공영 등 대기업들의 연쇄부도사태가 일어났다. 급기야 1997년 12월에는 환율이 1달러당 2천 원으로 폭등하여 국가파산위기에 몰렸다. 이를 계기로 정치권에 뇌물을 바치고 정치권이 은행대출을 주선하는 이른바 정경유착 · 관치금융에 대한 문제점이 대두되었다. 국가파산 위기에 몰린 김영삼정권(1993~1998년)은 IMF에 구제금융을 신청, 1997년 12월 3일부터 IMF체제가 시작되었다. 구조조정의 여파로 실업자와 문을 닫은 공장이 속출했고, 1998년에는 대량실업사태가 벌어졌다. IMF에서 구제금융을 받은 지 3년 8개월째인 2001년 8월 23일 우리나라는 1억 4천만 달러를 상환함으로써 IMF체제에서 벗어나게 되었으나 경제불황은 지속되었고, 2003년에는 카드대란을 겪기도 하였다.

122) 국제통화기금(International Monetary Fund, IMF)는 1944년 체결된 브레턴우즈협정(Bretton Woods Agreements)에 따라 1945년에 설립되어 세계무역 안정을 목적으로 1947년 세계은행((International Bank for Reconstruction and Development, IBRD)과 함께 업무를 개시한 국제금융기구다.

123) 한국은행 경제통계연보(http://www.bok.or.kr)

력개발기구(OECD)[124] 회원국으로 가입하기 전인 1994년에 이미 1만 달러 수준에 근접해 있었다. 1990년대 우리나라 수출규모는 1,000억 달러로 커진 반면 수출총액에서 수산물수출액(16억 달러)이 차지하는 비중은 1.6%로 감소하였다.

1990년대 연평균어업생산량은 3.2백만 톤으로 1980년대 대비 6% 증가하였으나 증가량의 96%는 양식어업생산량에서 기인하였다. 이 시기 원양어업과 양식어업의 생산량은 1980년대 대비 20% 정도 증가하였으나 연근해어업은 광복 이후 처음으로 8% 감소세를 나타냈었다. 생산량에서 어업별 비중은 연근해어업이 45%, 원양어업이 26%, 양식어업이 29%이었다. 연근해어업의 비중은 1950년대 98%, 1960년대 85%, 1970년대 61%, 1980년대 52%로 거의 10년 단위로 10%씩 감소하였다. 1980년대 이전까지는 연근해어업생산량 증가에 불구하고 원양어업과 양식어업의 발전으로 상대적 비중이 감소한 것이지만 1990년대의 비중감소는 생산량 자체가 감소하여 과거와 달랐다. 특히 연근해어업생산량은 1986년 광복 후 최고치를 기록한 바로 다음 해부터 연평균 2%씩 지속적으로 감소하여 1999년에는 최고치 대비 24% 감소하였다.

과거 수출증대와 어민소득향상이라는 명분으로 정부는 연안어업의 허가에 대해서는 관대했다. 하지만 어획노력량의 과잉배치로 생산성이 저하되고 있는 가운데 우루과이라운드 타결이 임박해지자 국내 어촌의 피해대책이 불가피해져 1994년부터 연근해어선 감척사업을 착수하였다. 1994~1999년 사이 약 44백억 원의 예산을 투입하여 1,331척을 감척하였으나 1990년대 어선척수는 1980년대 대비 598척(0.7%) 감소하는데 그쳤다. 어선척수의 감소에도 불구하고 톤수는 11%, 마력수는 3배가량 증가하였고, 동력선의 비중은 1980년대 77%에서 87%로 높아졌다. 따라서 이 시기 어선세력은 규모보다는 성능을 중심으로 향상되었음을 알 수 있다. 감척사업이 원양어선으로 확대된 것은 1999년으로 이때까지 원양어선의 척당 평균톤수의 대형화는 지속되었다.

124) Organization for Economic Cooperation and Development

우루과이라운드 협상 타결과 WTO 출범

우루과이라운드(Uruguay Round of Multinational Trade Negotiation)는 1987년부터 본격적으로 진행되고 있는 관세 및 무역에 관한 일반협정(General Agreement on Tariffs and Trade, GATT)의 새로운 다자간무역협상을 통칭한다. GATT는 그 동안 다면적·다각적인 라운드 교섭을 벌여 세계무역의 확대에 기여해 왔으나 국제 경제교류의 다양화로 종래의 규칙으로는 감수할 수 없는 서비스무역·해외투자·지적소유권의 국제적 이전 등에 대한 새로운 규칙이 요구되었다. 뿐만 아니라 1980년대에 들어 통상마찰과 관련된 보호주의 움직임이 강화되어 새로운 교섭이 필요하게 되었다.

미국의 절대적 우위에 기초한 국제경제질서가 붕괴되어 세계자본주의의 중심이 미국·일본·유럽공동체 등으로 다극화되자 미국은 자국의 농업공황, 제조업 쇠퇴, 서비스산업 팽창이라는 산업구조변화와 경상수지의 적자에 직면하여 새로운 무역질서를 구축하고자 하였다. 즉, 농업·서비스산업 및 첨단기술의 비교우위를 무기로 하여 세계경제에 대한 패권을 회복하려고 한 것이다. 이 같은 미국 대자본의 이익추구가 GATT를 통해 반영된 것이 우루과이라운드이다. 우루과이라운드는 1986년 9월 개시선언 후 15개 분야로 나누어 교섭이 진행되었으며 교섭기간을 1990년 말까지로 하고 있었다. 1989년 4월 15개 분야에 대하여 중간합의가 성립된 이후 본격적인 마무리 작업에 들어갔지만 농산물부문의 협상은 서비스부문과 함께 각 나라가 안고 있는 정치·경제·사회적 특성과 협상 당사국 사이의 기본적인 시각차이로 인하여 첨예한 대립양상을 보이고 있었다.

농산물협상의 주요 의제는 국경보호조치 완화, 농업보조금 감축, 수출보조금 감축 또는 철폐, 식품위생 및 동식물 검역기준의 설정 등이었으며, 여기에 농업의 비교역적 기능과 개발도상국에 대한 우대조치를 어느 정도 반영시키느냐는 것도 주요 관심사항이었다.

수입제한품목의 자유화, 농업보조금 폐지, 이중곡가제 폐지, 영농자금 융자중단, 수출보조금 철폐 등의 문제는 우리나라 농어업의 존폐와 직결되는 중대사로 농산물협상의 타결은 한국의 농어업에 지대한 영향을 미치게 되어 있었다. 농산물협상은 1992년 11월 타결되었고, 우리나라는 1994년 WTO에 가입하였다.

연근해어업의 생산성이 감소하기 이전에는 어획노력량의 강화로 어로어업 생산성을 향상시키고, 원양어업을 통해 해외어장을 개척하고, 양식어업을 발전시키는 어업정책은 수출과 함께 인구증가와 소득향상으로 인한 수산물수요 증가에 부응하는 양적인 측면에서 성공적이었다고 평가할 수 있다. 하지만 어업생산량과 직결되는 수산자원관리 측면에서 보면 그렇지 않다.

그림 31. 광복 전후 연근해어업생산량의 추이

수리적 자원평가기법을 동원하지 않아도 1960년대 이후 연근해어업생산량의 추이를 일제강점기 어업생산량과 비교해 보면 우리나라 전체연간어업생산량의 규모가 어느 정도인지 대략적으로 파악할 수 있다(그림 31). 식민지시대 어업생산량은 오늘날 연근해어업과 비교할 수 있다. 하지만 당시 자료는 북한을 포함한 한반도 전체어업생산량으로 지난 한 세기 동안 한반도 어업생산량의 최고치는 1937년에 기록된 2.1백만 톤으로 이후 생산량은 감소하기 시작하여 불과 7년 뒤인 1944년 최고치의 7분의 1 수준으로 급감하였다.

1980년대 연근해어업 연평균생산량(1.5백만 톤)은 1937년 최고치의 73%이었으며, 1930년대 연평균생산량(1.4백만 톤)보다 7% 상회하는 수준이었다(그림 31). 1986년 고점(1.7백만 톤)은 1937년 최고치의 84%이었고, 고점 이후 어업생산량의 감소가 지속되어 적어도 1980년대 수산자원은 이미 고갈되고 있었다고 할 수 있다. 수산자원의 고갈에 대한 언론기사는 1960년대 이후 줄곧 있어 왔으나 이 때 상황은 과거와 달랐다. 광복 후 통계집계방식이 점진적 개선되었다고 하더라도 이 무렵 통계는 안정되어 있었다.

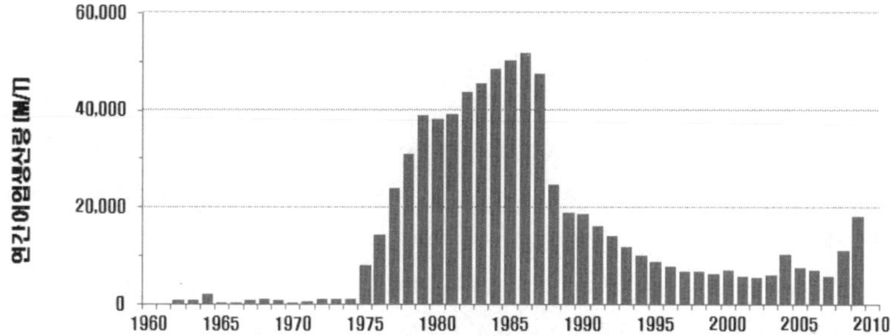

그림 32. 내수면 어로어업 연간생산량 추이

일제 식민지시대보다 더 극적인 어업생산량의 증감양상이 1960년대 이후 내수면어업 연간생산량에서 나타난다(그림 32). 내수면이라는 제한된 수면적에서 1970년대 연평균어업생산량(4.1만 톤)은 1960년대 대비(917톤) 대비 45배 증가하여 1986년에 최고치(5.2천 톤)을 기록하였다. 하지만 3년 뒤에 어업생산량은 최고치 대비 1/2 수준으로 감소한 데 이어 2001년에는 1/9수준으로 급감하였다.

내수면어업은 수산업법체제에서 관리되다 1975년 내수면어업촉진법이 제정되어 해면어업에서 분리되었다. 법 제정 이후 1999년까지 타법개정을 제외한 법조문 자체의 개정은 거의 없었고, 2000년 법명이 내수면어업법으로 바뀌었다. 법이 만능이 될 수는 없으나 적어도 내수면어업 생산제도의 기본법인 내수면어업촉진법이 수산자원이 급감되는 10여 년 동안 관련 내용이 한 번도 개정되지 않았다는 것은 법 제정 후 그냥 방치되었던 법이라고 해도 과언이 아닐 것이다. 중앙부처(당시 농림수산부)에서 내수면어업을 전담하기 위해 배치된 행정인력을 고려하면 이해하지 못할 상황도 아니다.

어업 총허용어획량제[125] 도입

1995년 8월 8일 동아일보

외국인의 국내 수산업 진출이 쉬워지며 효율적인 어업자원 관리를 위해 어업인별 총허용어획량(TAC)제도가 도입된다. 수산청은 7일 수산자원의 효율적 관리와 수산업의 경쟁력 강화를 위해 수산업법 개정안을 마련, 입법예고하였다.

개정안에 따르면 지금까지 외국인이 국내 어업권을 취득하려 할 때 국회동의를 얻어야 했던 것을 앞으로는 수산청장의 사전인가만으로도 가능하도록 완화했다. 또 어류 가두리양식업 등 많은 자본과 기술이 필요한 양식업은 연안 어민들뿐만 아니라 외지인들에게도 어업면허를 부여키로 했다. 해당지역 어촌계만 허가해주던 수산물가공업도 5명 이상의 어업이 수산진흥법인을 설립하면 수산물의 공동생산 가공수출도 허가해 주기로 했다. 이밖에 어업자원을 보다 효과적으로 관리하기 위해 특정 어종의 적정어획량을 설정, 어업인별로 쿼터를 정해주고, 이 범위 내에서 고기를 잡는 선진국의 TAC제도를 도입키로 했다.

연근해어업생산량은 일제 식민지시대 또는 1970년대와 1980년대 내수면어업 연간생산량의 증감에서 나타난 것처럼 극적이지는 않았지만 1980년대 초부터 성장세의 둔화가 가시화 되고 있었다(그림 31). 우리나라는 전통적으로 수산자원을 어선어업의 허가제를 근간으로 신규진입을 규제하고 어구 · 금어기 · 망목규제 같은 기술적 통제를 통해 관리해 왔다. 어선세력의 과잉문제를 해소하기 위하여 1994년부터 막대한 예산을 투입하여 어선감척사업을 벌렸고, 1995년에는 효율적인 수산자원관리를 위해 총허용어획량제도를 도입하여 종전의 기술적 규제와 어획노력량 통제수단 외에 어획량을 통제하게 되었다.

1953년 제정된 이후 수산업법은 수차례 개정되었으나 개정내용은 대부분 급속한 어업발전에 따른 보완적 성격이었다. 1990년대 개정내용에서 수산업법 제1조 '수산업에 관한 기본제도를 정하고 수면의 종합적 이용으로써 수산업의 발전과 어업의 민주화를 도모하며 수산자원을 보호함을 목적으로 한다'가 '수

125) 총허용어확량제도(Total Allowable Catch, TAC)는 단일어종에 대해 연간 잡을 수 있는 어획량을 설정하여 그 한도 내에서만 어획을 허용하여 자원을 관리하는 제도이다.

산업에 관한 기본제도를 정하여 수산자원을 조성 · 보호하며 수면을 종합적으로 이용 · 관리하여 수산업의 생산성을 높임으로써 수산업의 발전과 어업의 민주화를 도모함을 목적으로 한다'로 개정되어 수산자원의 보호가 어업생산성의 향상과 수산업 발전의 전제조건임을 분명히 하였다. 또한 정책의 범위에 수산자원의 보호뿐만 아니라 수산자원의 조성 그리고 수면의 이용뿐만 아니라 수면의 관리까지를 포함하게 되어 이와 관련한 법제도 정비가 이루어졌다(자세한 개정내용은 제6장 참조).

1990년대 농업 · 임업 · 어업이 340조 원 규모의 국민총생산(GNP)에서 차지하는 비중은 1980년대(11.7%) 대비 절반 수준인 6.5%(21조 원)으로 감소하여 국가경제에서 1차산업의 입지는 과거 어느 때보다 좁아져 있었다. 이 시기 통계청 어업생산통계조사와 한국은행 국민계정에 의하면 어업생산액과 어업부가가치가 국내총생산(GDP)에서 차지하는 비중은 0.5%였다. 대외적으로 우루과이라운드 협상타결이 임박해지자 정부는 농수산물 수입개방이 불가피하게 될 것에 대비하여 1990년 4월 정부는 '농어촌발전종합대책'을 수립하고, 이를 시행하기 위해 '농어촌발전특별조치법'과 농어촌공사 설립 및 농지관리기금 설치법'을 제정하였다.

정부가 발표한 대책은 농어촌의 구조를 상업적 전업농체제로 개선하는 것으로 농업과 어업을 산업적 측면에서 구조개선하는 것은 아니었다. 다시 말해 식량자급도와 농어업부문의 고용증대 등을 고려한 거시적 차원의 생산성 향상이 아니라 소수의 엘리트 농어가를 육성하여 농어업생산력을 향상시키는 것이었다. 하지만 어선세력 증가 - 어획증가 - 소득증대라는 논리로 접근하는 과거 수산정책은 어장축소, 자원감소, 생산수단(어선, 채취자)의 과잉 등으로 인한 어업왜곡이 심화되어 1990년대 들어 어선감축 - 자원육성 - 경영합리화로 전환하게 되었다.

1994년 4월 15일 모로코의 마라케시에서 세계 125개국 통상 대표가 7년 반 동안이나 진행해온 우루과이라운드 협상의 종말을 고하고 '마라케시 선언'을 공동으로 발표함으로써 1995년 1월 세계무역기구(WTO)가 정식으로 출범하여 우리나라 농수산물시장이 개방되었다.

1990년 농어촌발전종합대책 실효성[126)]

농어촌발전특별조치법의 요지는 농수산업의 경영합리화를 위해 영농조합법을 제정하고, 농작업의 전부 또는 일부를 대행할 위탁영농회사를 설립할 수 있게 해 보조금 지급이나 융자 등의 지원을 하여 법인세, 취득세 등을 감면하는 것이다. 또한 영세농어가의 전업을 위해 직업훈련, 취업알선, 전업장려금 등 전업지원책을 추진하는 것이다. 농어촌발전종합대책의 문제점을 보면 다음과 같다.

첫째 농수산물의 수입개방압력을 고려하여 농어업의 구조를 상업적 전업체제로 개선하여 국제경쟁력이 있는 농어업을 육성한다는 정부의 계획은 우리나라 농어업의 규모를 고려할 때 국제사회에서 경쟁력을 가지는 데에는 극히 일부를 제외하고는 현실적으로 어렵다.

둘째, 농어업의 공업화로 농어업 외 소득원을 개발하고, 도로포장 등 농어촌생활환경을 조성하는 등 농어촌 정주권(定住圈)을 개발하여 농어촌을 떠나지 않고 농어촌에서도 도시에 못지않은 소득과 생활을 향유하게 한다고 하지만 한국경제가 수출중심의 공업화를 추진하는 과정에서 이미 정치 · 경제 · 사회 · 문화가 중앙에 집중되어 있고, 대도시를 중심으로 개발되어 있는 상황에서 정부의 농어촌 정주권개발사업이 의도대로 성공할 가능성은 매우 낮다.

마지막으로 영세농어민의 이농을 촉진하기 위하여 직업훈련 및 생계지원을 하겠다고 하고 있지만 생계지원액은 생활보호대상자 수준에 불과하며 농어가인구가 50세 이상으로 고령화되고 있는 상황에서 이들이 직업훈련을 통해 전업을 하기는 사실상 어렵다. 이들 50세 이상의 상당수는 연금 등 사회보장의 대상이 되어야 할 부류인데 정부는 재정부담을 이유로 농어민연금제도를 실시할 수 없다는 입장이다.

한편 1994년 11월 유엔해양법이 발효되자 연안국들이 200해리 배타적 경제수역[127)]을 선포하였다. 1996년 일본의 배타적 경제수역 선포로 1965년 체결된 한일어업협정을 폐기하고 이를 대체할 새로운 어업협정[128)]이 필요하게 되어 양국 간에 협상이 진행되었다. 한편 중국과 양자 간에 논의되어 왔던 어업협정[129)]을 체결하기 위하여 협상이 개시되었다. 어업협정체결로 연근해 어장축소가

126) 1990년 3월 3일 한겨레 '농어촌발전대책 실효성 없다' 기사 요약
127) Exclusive Economic Zone, EEZ(排他的經濟水域)
128) 일본은 1996년 배타적 경제수역을 선포하여 1965년 체결된 한일어업협정을 대체할 새로운 어업협정을 체결하게 되었다. 신한일어업협정은 1999년 1월 발효되었다.
129) 한중어업협정은 1998년 11월 협상에 최종적으로 합의하였으나 2001년 6월 30일 발효되었다.

불가피하게 됨에 따라 국내 어가의 피해 및 지원대책이 필요하게 되었다.

1996년에는 과거 여러 행정기관에 분산되어 있던 수산 · 해운 · 항만 · 해양환경 보건 · 해양조사 · 해양자원개발 · 해양과학기술 등 해양 관련 행정기능을 통합하여 전담하는 해양수산부가 신설되었다. 하지만 해양수산부 체제에서 1990년대 후반 어업 또는 수산업제도에서 주목할 만한 개정은 없었다.

⑥ 2000년대

1997년 말 사상 초유의 외환위기를 맞아 국제통화기금(IMF)으로부터 195억 달러 규모의 구제금융을 지원받았으나 2001년 8월 차입금 최종잔액 1억 4천만 달러를 상환함으로써 IMF관리체제에서 벗어날 수 있었다. 2003년 국내카드대란으로 극심한 내수침체를 겪은데 이어 2008년 미국발 국제금융위기와 2009년 그리스발 유럽재정위기로 세계경제가 크게 위축되었지만 우리나라는 연평균 4.4.%의 실질성장률을 기록하여 2000년대 연평균 국내총생산(GDP)은 1990년대(4,188억 달러) 대비 1.8배 증가한 7,590억 달러로 증가하였다.[130] 2000년대 후반 국내총생산은 1조 달러에 진입하여 2010년 IMF가 발표한 국가별 세계경제순위에서 우리나라는 15위가 되었다. 하지만 국내총생산 규모로 보면 세계경제순위 1위인 미국은 우리나라보다 15배, 2위 중국은 6배, 3위 일본은 우리나라보다 5배 크다. 또한 유럽연합(EU)의 국내총생산 규모는 우리나라의 16배 수준이다.

2008년을 제외하면 2000년대 국제수지도 줄곧 흑자로 유지되었고, 2011년 무역규모 1조 달러 시대를 맞이하였다. 2000년대 일인당 국민소득도 1990년대 대비 2배가량 증가한 15.8천 달러였으며, 2000년대 후반 2만 달러 수준이 되었다. 1996년 우리나라가 경제협력개발기구(OECD) 회원국으로 가입한데 이어 2009년에는 OECD 개발원조위원회(DAC)[131]의 24번째 회원국이 되었다. 이는

130) 한국은행 경제통계연보(http://www.bok.or.kr)

131) 경제협력개발기구(OECD) 개발원조위원회(開發援助委員會, Development Assistant Committee, DAC)는 개발도상국을 돕기 위해 조직된 OECD의 산하기관이다. OECD 국가 중에서도 차관을 제공하는 나라들로 구성되어 있어 '공여국 클럽' 또는 '원조 선진국 그룹'으로 불리기도 한다. DAC의 전신은 1960년 출범한 개발원조그룹(Development Assistance Group, DAG)으로 1961년 OECD가 공식 출범하면서 DAG의 명칭이 DAC로 바뀌었다. DAC는 개발

1961년 OECD가 출범한 이래 외국의 경제원조 수혜국(受惠國, beneficiary country)에서 공여국(供與國, donor country)으로 지위가 바뀐 첫 번째 사례이다. 2010년에는 G20정상회의를 개최하기도 하였다.

2000년대 국민총생산(GNP)은 300조 원 규모의 1990년대보다 2.5배 증가한 800조 원 수준으로 높아졌고, 후반 무렵부터 1,000조 시대가 되었다. 한편 경제규모의 확대에 반해 우리나라 경제구조의 특성상 국민총생산에서 농업·임업·어업부분의 생산비중은 1990년대(6.5%)의 절반 수준인 3.2%(2조 5천억 원)로 낮아졌으며, 최근 1차산업의 비중은 2% 수준대로 떨어졌다. 2000년대 이후 국내총생산에서 수출비중은 38%로 연평균 수출총액(2,878억 달러)에서 수산물수출액(13억 달러)이 차지하는 비중은 1990년대의 3분의 1수준인 0.5%로 낮아졌다. 이 시기 통계청 어업생산통계조사와 한국은행 국민계정에 의하면 어업생산액과 어업부가가치가 국내총생산(GDP)에서 차지하는 비중은 0.3%였다. 2000년대 우리나라 인구에서 어가인구의 비중은 0.4%(75천 명)[132]로 감소하여 전체적으로 어업의 입지는 크게 위축되었다.

2000년대 연평균어업생산량은 2.8백만 톤으로 1990년대(3.2백만 톤) 대비 12% 감소하였다. 이 시기 연근해어업생산량은 1980년대 대비 25%(1986년 고점 대비 35%), 1990년 대비 19% 감소하여 어업생산량의 저하가 지속되고 있었다. 원양어업생산량도 1990년 대비 24%(1991년 고점 대비 40%) 감소하였으며, 양식어업생산량은 13% 증가하는데 그쳤다. 어업생산량에서 어업별 비중은 연근해어업 41%, 원양어업 22%, 양식어업 37%였으나 2000년대 후반 이후 양식어업의 비중이 43%로 높아졌다.

2000년대 정부는 1조 원 이상의 예산으로 15천여 척의 어선을 감척하였지만

도상국의 개발프로젝트를 지원하는 기구였지만 1960년대까지만 해도 원조에 적극적이지 않다는 비판을 받았다. 특히 선진국들은 차관을 내주면서 개도국에게 자기 나라의 물건만을 사도록 강요하는 조건부 원조를 실시해 비판의 대상이 됐다. 원조금액의 절반가량을 부담하고 있던 미국이 이 같은 조건부 원조를 강력히 주장하였다. 또한 일본은 다른 나라에 비해 금리는 높고 대출기간은 짧게 원조를 실시해 OECD로부터 지나치게 가혹한 조건의 원조라는 비판을 받기도 했다. 1970년 도쿄에서 열린 DAC 연례회의에서 일본이 OECD의 권고를 받아들여 원조조건을 완화하였고, 이후 선진국의 원조가 활성화됐다.

132) 참고로 2000년대 우리나라 인구에서 농가인구가 차지하는 비중은 7.3%(3.5백만 명)이다.

이 시기 어선척수는 1990년대 대비 262척 감소하였다. 또한 전체어선톤수는 22% 감소하였지만 전체어선마력수는 1.7배 증가하였고, 동력선의 비중은 1990년대 78%에서 2000년대 말 97%로 높아져 어선세력은 어선의 규모가 아닌 성능을 중심으로 증강되었음을 알 수 있다. 이 같은 추세는 원양어선에도 적용되어 척당평균톤수는 2000년 615톤이었으나 500톤 이하로 감소하였다. 1999~2002년 사이 원양어선 1,308척이 감척되었다.

1994년 유엔해양법 발효에 이어 1996년 1월 우리나라는 유엔해양법에 비준하였고, 같은 해 8월 유엔해양법협약에 규정된 배타적 경제수역을 설정하기 위해 배타적경제수역법(排他的經濟水域法)을 제정·공포하였다. 1999년 1월 한일어업협정이 발효되자 협정체결로 어업활동 등의 제한을 받는 어업인에 대한 지원대책을 강구하기 위하여 1999년 12월 '어업협정체결에 따른 어업인 등의 지원 및 수산업발전특별법'[133]이 제정되었다. 동 특별법 제18조에는 정부가 5년마다 수산진흥종합대책을 수립하도록 하였고, 2000년을 시작으로 현재 제3차 종합대책이 실시되고 있다. 2001년 6월에는 한중어업협정이 발효되었다.

제1차 수산진흥종합대책(2000~2004년)에는 해양법 발효로 21세기 신(新)해양시대에 부합하도록 수산업 구조를 개편하기 위하여 어선감척사업 지속 추진, 배타적 경제수역 어업관리, 총허용어획량제도(TAC) 및 자율관리어업 등에 중점을 두었다. 2004년 수산업법 개정에서 어업인이 자율적으로 수산자원을 보호·관리하고, 어업경영을 개선하도록 하자는 취지로 제72조 '어업의 자율관리지원'이 신설되었다.

2000년 1월 연안어업의 생산기반을 체계적으로 관리하기 위하여 주요 어장의 휴식년제 실시를 골자로 하는 어장관리법(漁場管理法)이 제정되었다. 환경오염이 심각한 어장에 대해 어민들과 협의를 거쳐 우선적으로 휴식년제를 실시하고, 휴식년 기간 동안 어장정화작업을 벌이는 내용도 포함되어 있다. 2002년 1월에는 어업협정과 유엔해양법의 발효 등으로 인한 어장의 축소와 연근해 수산자원의 고갈에 대응하기 위해 '기르는 어업 육성법'[134]이 제정되었다.

---

133) 어업협정체결에 따른 어업인 등의 지원 및 수산업발전 특별법은 2002년 제정된 기르는 어업 육성법과 통합되면서 2011년 7월 21일 폐지되었다

우리나라 최초의 자유무역협정이 칠레와 체결 · 발효되기 두 달 전인 2004년 4월에는 협정 체결에 따른 농어민 피해 보상을 위해 1조 2천억 원의 기금 마련을 골자로 하는 '자유무역협정 체결에 따른 농어민 등의 지원에 관한 특별법'이 제정되었다.

제2차 수산진흥종합대책(2005~2009년)은 2001년 세계무역기구(WTO) DDA[135] 출범과 자유무역협정(FTA) 체결 확대[136] 등으로 시장개방 압력이 높아짐에 따라 FTA 체결에 따른 국내 농어민 대책과 경쟁력강화, 어촌개발과 어민 삶의 질 향상에 중점을 두었다. 1969년 어항의 지정과 시설 및 관리에 관한 사항을 규정함으로써 어항의 개발을 촉진하고 그 이용과 관리의 적정을 도모하여 수산업 발전에 기여하게 함을 목적으로 제정된 '어항법(漁港法)'이 2005년 '어촌 · 어항법'[137]으로 개정되면서 법제정 목적이 어촌의 종합적이고 체계적인 정비 및 개발에 관한 사항과 어항의 지정 · 개발 및 관리에 관한 사항을 규정함으로써 수산업의 경쟁력을 강화하고 어촌주민의 삶의 질을 향상시켜 살기 좋은 어촌 건설과 국가의 균형발전에 이바지함을 목적으로 한다고 바뀌었다.

우리나라 원양어업은 시험 조업을 거쳐 1970년대 초부터 어선의 대형화로 생산증대로 급신장하였으나 유엔해양법 발효 이후 해외어장 축소와 국제어업

---

134) 기르는어업 육성법(育成法)은 1999년 제정된 어업협정체결에 따른 어업인 등의 지원 및 수산업발전특별법과 통합되어 2011년 7월 21일 폐지되었다.

135) DDA(Doha Development Agenda)협상은 1995년 WTO 출범 이래 최초로 개최된 다자간 무역협상으로 2001년 11월 카타르 도하에서 열린 제4차 WTO 각료회의에서 시작되었다. 현재 153개 회원국이 협상에 참여하고 있으며, WTO의 전신인 GATT 체제하에서는 라운드(round)라는 용어를 사용하여 8번의 다자간 무역협상이 진행되었으나 WTO 차원에서의 첫 협상의 경우 개도국의 경제개발 문제를 보다 심도있게 검토한다는 차원에서 협상 명칭을 기존의 '라운드'라고 하지 않고 '개발 어젠다(Development Agenda)'라고 하였다. DDA는 무역자유화를 더욱 진전시키고 무역행위를 관장하는 다자적인 규범(Rules)을 더욱 강화하기 위한 협상이다.

136) 2004년 한 · 칠레 FTA를 시작으로 2006년에는 한 · 싱가포르와 한 · EFTA(European Free Trade Association), 2007년에는 한 · ASEAN(Association of South-East Asian Nations)가 발효되었다.

137) 어항법에 근거하여 설립된 사단법인 한국어항협회는 어촌 · 어항법 제정으로 2006년 특수법인 한국어촌어항협회로 개편되었다. 동 협회는 어촌 · 어항법에 의거 국가어항시설물 안전점검, 기초조사 및 어촌 · 어항발전기본계획수립업무를 위탁 수행하고 있다.

규제의 강화로 생산량이 감소하기 시작하였다. 2000년대 원양어업생산량은 1990년 대비 24%(1991년 고점 대비 40%) 감소하자 수산업법에서 규정하던 원양어업 관련 조항을 계승하여 2007년 8월 '원양산업발전법'이 제정되었다.

2008년 정부조직법 전부개정으로 1996년 신설되었던 해양수산부가 폐지되고 수산어업정책업무가 13년 만에 다시 농림부로 이관되어 부처명칭이 농림수산식품부가 되었다. 농림수산식품부 체제에서 2009년부터 자율 · 자립 · 자강 수산업을 기치로 '신(新)수산 30대 프로젝트'가 추진되었다. 동 프로젝트의 주요내용은 자율관리어업 선진화, 연근해어업 구조조정체계 개편, 총허용어획량(TAC)제도 발전, 불법양식어업 정비대책, 연안어업 관리권한 지차제 위임, 해역별 어업조정위원회 도입, 연근해 어업허가 일제정비, 어구 인증제 도입, 기후변화 대응 어업규제 완화, 외해양식 발전 방안, 친환경 양식활성화, 신 갯벌어업 추진, 고래자원 활용, 내수면어업 진흥, 수산분야 공적개발원조(ODA) 추진 등이다.

수산업법의 목적에서 수산업의 발전을 명시하였지만 실제 법조문에는 수산업의 발전과 육성에 관한 규정은 없었는데 2009년 법체제 선진화계획에 따라 기르는어업 육성법과 어업협정에 따른 어업인 등의 지원 및 수산업발전특별법 등에 산재하던 수산업 발전과 육성에 관한 내용이 수산업법으로 통합되었다. 그 결과 수산업법에 기르는어업의 육성, 수산업의 육성과 수산발전기금이 새로운 장(章)으로 신설되었다. 한편 종전에 수산업법에 다루던 수산자원의 보호와 관리에 관한 사항은 2009년 새로 제정된 '수산자원관리법'으로 분리되었다.

2004년 농림부는 우리나라 최초의 자유무역협정인 한 · 칠레 FTA가 체결될 당시 농촌을 살리기 위해 2013년까지 119조원을 투입하겠다는 농업 · 농촌 종합대책을 선포한 바 있다. 하지만 당초 약속한 예산은 확보되지 않았다.

2008년 2월 출범한 농림수산식품부는 농어업이 다른 산업에 비해 뒤처져 있으나 식량안보와 직결되는 국가 중요 기간산업임에는 변함이 없으므로 WTO 도하개발어젠더(DDA) 협상으로 농수산물 시장 개방에 따른 국내 농어업의 상황 변화를 반영하여 농 · 어업인의 소득 증대를 위한 새로운 대책을 마련하기로 하였다.

2010년 2월에 발표된 '농림수산식품 · 농어촌 비전 2020'은 국민소득이 3만 달러에 진입할 것에 맞춰 2020년을 목표로 범정부 차원의 일자리 창출과 농림수산식품 산업 및 농어촌 현장 애로사항을 해소하고 향후 10년을 준비하기 위한 중장기 종합 대책이다. 비전 2020은 119조 종합대책에서 한 발 물러난 것은 틀림없지만 농어업을 더 이상 일차산업이 아닌 식품산업으로 포괄적으로 접근하고 있다는 점을 주목할 필요가 있다.

'농식품산업 비전 2020' 재원이 중요하다

(농민신문, 2010년 2월 26일)

정부가 앞으로 10년 후 우리 농업·농촌 모습을 담은 큰 밑그림을 내놓았다. 농림수산식품부가 현 정부 출범 3년차를 맞아 밝힌 '농식품산업 비전 2020'이 그것이다. 이 비전은 오는 2020년까지 우리 농업을 고부가가치 창출이 가능한 신성장 녹색 '생명' 산업으로 육성하고 식품을 비롯한 연관사업으로 영역을 넓혀 세계 10위권의 농식품 수출국으로 도약하겠다는 강한 의지를 품고 있다. 동시에 낙후되고 소외된 농촌을 쾌적하고 활력 넘치는 거주공간으로 탈바꿈시키겠다는 의욕도 가득하다. 도시와의 상대적 빈곤감과 지역 공동화 현상 등으로 실의에 젖어 있는 농업인들로서는 충분히 희망을 갖고 노력해 봄 직하다. 다만 아쉬운 점이 있다면 비전 실현을 위한 구체적인 사업지표와 추진전략은 제시하면서 정작 이를 뒷받침할 예산 소요액과 재정 지원에 대한 명확한 설명이 없다는 점이다. 올해부터 5년 동안의 소요액은 이 기간 중의 국가재정운용계획에 반영하고, 이 계획에 반영되지 않은 사업은 2015년 이후 재정 소요를 검토해 반영하겠다는 방향만을 밝혔을 뿐이다.

물론 농업을 비롯해 전체 산업을 둘러싼 대내외적인 환경이 급변하는 상황에서 다양한 사업 추진에 필요한 소요액을 정확히 계측하는 것이 쉽지만은 않을 것으로 본다. 또한 이를 조달하기 위한 방안을 농정당국의 힘만으로 구체적으로 제시하기에는 어려움이 많을 것이다. 하지만 농식품산업 비전 2020의 구현을 위한 사업이 설득력을 갖고 차질 없이 추진되도록 하려면 재원에 대한 분명한 방안 제시가 무엇보다 중요하다.

농정당국은 지금부터라도 재원 문제에 대한 심도 있는 논의와 함께 범부처적인 협조와 국민적 공감대를 이끌어내는 데 주력해야 한다. 오늘의 농업·농촌 문제는 농업계에만 국한된 것이 아니라 국민경제와 밀접한 관계에 있기 때문이다.

2008년 출범한 농림수산식품부가 2010년 발표한 농림수산식품 · 농어촌 비전 2020을 실현하기 위한 수산분야 실행계획인 제3차 수산진흥종합대책(2010~2014년)을 확정 · 발표하였다. 제3차 종합대책은 '경쟁력 있는 수산업과 풍요로운 어촌'을 기치로 지구 온난화 등 급변하는 조업환경에 능동적으로 대응해 어업현장의 애로를 해소하고, 수산업 재도약 기반을 구축하는 것으로 저탄소 녹색수산업의 발전을 표방하고 있다. 또한 수산정책의 방향에서 정부규제와 지원 중심의 정책수단을 어업인 자율과 자립으로, 획일적인 자원관리를 지역별 · 해역별 맞춤형으로 전환을 시도하고 있다.

제3차 수산진흥종합대책이 시행되는 기간 동안 총 7조 961억 원(연평균 1조 4,192억 원)규모의 투 · 융자가 이루어질 것이라고 하면서 6대 중점 추진과제를 선정하였다. 제3차 종합대책의 종료시점인 2014년의 성과목표치로 어업생산량 370만 톤(2008년 대비 10% 증산), 어가소득 3,800만 원(2008년 대비 22% 상승), 수산물 수출액 25억(2008년 대비 73% 증가)을 제시하였다. 또한 2007년 우리나라는 수산물 생산량 국가별 순위 세계 13위, 수출 26위이나 2014년에는 수산물 생산량 세계 10위, 수출 20위를 달성하여 수산강국의 위상을 높이는 계획을 포함하고 있다.

제3차 수산진흥종합계획(2010~2014년)

6대 중점추진과제

첫째, 저탄소 녹색 수산업으로의 전환하기 위하여 촉진어선 1,085척에 집어등을 LED로 교체하고,[138] 70km^{2}규모의 탄소흡수 바다숲을 조성한다.

둘째, 자원관리 기반 연근해어업의 경쟁력을 강화하기 위하여 연근해어선을 13% 감축하고 연안 바다목장 50개소를 조성하는 한편 자율관리를 전국으로 확대한다.

셋째, 친환경 · 고부가가치 양식산업을 육성하기 위하여 외해양식장 19개소와 갯벌어업단지 7개소를 개발하고, 친환경 인증대상품목을 확대한다.

넷째, 수산업의 세계진출을 확대하기 위하여 38척의 원양어선을 신규건조하고, 15개 연안국과의 양해각서(MOU)를 체결하여 수산물 수출 25억불 달성한다.

---

138) 2010년 전체어선척수의 1.4%에 해당하는 것으로 저탄소 녹색수산업의 목표치로 제시하기에는 초라한 수준이다. 참고로 집어등을 사용하는 어선은 전체유류사용량의 65%가 전력생산에 소비된다.

다섯째, 고품질 수산식품의 안정적 공급체계를 구축하기 위하여 73개소의 수산시장 시설을 개선하고 49개소의 다기능 수산물 유통시설을 조성한다.

여섯째, 어업인과 어촌의 활력증진을 위하여 매년 400여 명의 후계 수산업경영인을 육성하고, 어촌관광을 집중 육성한다.

제3차 수산진흥종합발전대책에는 지구 온난화시대 수산자원조성을 전담할 전문조직[139]과 해역별 어업지도단속 체제를 구축하는 등 수산 거버넌스의 개편, 어업구조조정 특별법 제정 및 수산업법 개정 등 2법령의 제정과 4개 법령의 개정계획이 포함되어 있다. 또한 그 동안 추진해온 어업구조조정과 자원회복 사업 등의 영향으로 연근 수산자원이 2002년을 저점으로 조금씩 회복세를 보이고 있고, 참치 외해양식 등 새로운 성장동력의 발굴과 같은 긍정적인 신호를 수산업 전반으로 확대하여 수산업을 재성장 산업으로 육성한다는 계획도 포함되어 있다.

수산 거버넌스(Fishery Governance)

세계농업식량기구(2011년)에 의하면 수산 거버넌스는 수산업 관리와 관련되는 법적 · 사회적 · 경제적 · 정치적 제도의 총칭으로 그 범위는 단기적으로 제도의 운용적 관리에서 장기적으로는 정책개발과 기획 그리고 기존의 전형적인 행정부와 참가형 의사결정 과정을 가진 현대적 행정부를 아우르는 제도(institutrions), 수단(instruments) 및 과정(processes)를 말한다.

정책과 체제의 관점에서 수산 거버넌스는 수산업의 주요원칙과 목표를 설정하고, 정부와 시민사회를 연결하여 개인별 부문별 사회적 균형을 이루게 하고, 사회질서와 생산적인 사회경제적 체계를 유지한다. 이해당자의 상호작용을 적법화 및 조화, 법률과 관련 규정을 집행하는데 있어 사법적 시공간적 범위에서 일관성을 유지하게 한다. 수산 거너넌스의 궁극적인 목표는 지속가능한 수산자원의 이용 · 관리 및 개발이다.

139) 2009년 제정된 수산자원관리법에 근거하여 2011년 자원조성사업을 전담하는 수산자원사업단이 발족하였으며, 사업단은 2012년에 한국수산자원관리공단으로 개편되었다.

제3차 수산진흥종합대책의 세부내용을 살펴보면 첫째로 자율관리어업 선진화, TAC제도 선진화 방안 및 지역실정에 맞는 연안어업의 관리방안 마련 등 이용자 중심의 자율관리어업 기반을 강화한다. 또한 친환경 고생산성 새우양식 보급, 어장환경 상시측정 및 정보망 구축, 항공관측을 이용한 불법 양식어장 정비 등 어장환경을 지속적으로 이용 가능하도록 개선하고, 그동안 기관별로 산발적으로 추진해 오던 해외수산자원 개발사업을 원양어선 입어국과 수출전략 국가별로 차별화 전략을 수립하여 원양산업의 경쟁력을 높인다는 방침이다. 아울러 농업분야에 비해 상대적으로 취약한 수산분야의 직불제 도입을 검토하고 어선원보험 당연가입 대상 확대 및 요양급여금 산정기준을 개선하는 등 어업인 복지향상을 도모하자는 계획이다.

제3차 수산진흥종합대책은 '농림수산식품 · 농어촌 비전 2020'의 틀에서 '신수산프로젝트'와 연계해서 실행되고 있다. 2011년 3월 농림수산식품부는 2009년부터 추진해온 '신(新)수산 30대 프로젝트' 후속조치로 '2011 신(新)수산프로젝트'를 추진한다고 3일 밝혔다. 이에 따라 정부는 정부위주의 정책추진을 이용자 중심의 자율관리어업으로 무게중심을 옮기고, 지속가능한 어업의 기반을 만들기 위해 어장환경개선에 역점을 두기로 했다. 또 해외수산자원 개발과 어업인 복지강화 등 모두 17개 과제를 중점 추진할 계획이다.

2010년 수산업법 개정을 통해 외해양식어업이 면허어업에 포함되었으며, 2012년 8월 '연근해어업 구조개선 및 지원에 관한 법률이 제정'되었고 이와 관련하여 수산업법에서도 구조개선과 관련하여 개정이 있었다.

연근해어업은 어업구조조정, 자원회복사업과 불법어업 단속 등으로 2002년을 저점으로 최근 회복세를 보이고 있다. 한편 어선세력의 과잉배치를 해결하기 위해 1994년부터 어선감척사업을 실시하였으나 실제로 어획강도가 높은 어선은 감척되지 않았고, 감척사업의 실효성에 대해 문제가 곳곳에서 제기되자 2012년 8월 6일 농림수산식품부는 '연 · 근해어업 구조개선법' 시행령 및 규칙을 공포하여 자원남획형 어선감척제도를 도입한다고 밝혔다. 여기에는 자원남획형 어업을 하거나 상습적으로 수산관계법을 위반하는 자에 대해 정부직권으로 어선감척을 추진하는 내용도 포함되어 있다.

정부 '2011 신수산 프로젝트' 발표

- 어업인 복지향상 위해 직불제 도입 추진

(한국농어민신문 2011년 3월 7일)

정부가 자율관리어업 선진화 및 연근해어업 구조조정체계 개편 등을 담은 2011 신수산 프로젝트를 추진키로 했다. 농림수산식품부는 지난해 역점으로 추진한 '신수산 30대 프로젝트' 후속조치의 일환으로 2011 신수산 프로젝트를 추진한다고 밝혔다. 이에 따르면 자율관리어업 선진화를 위해 민간컨설팅 강화 및 마케팅 지원 등을 통해 정책지원을 확대하고 조직 활성화 및 어업정책을 선도할 정예인력을 육성할 예정이다. 또한 연근해어업 구조조정체계를 개편해 어획강도가 높은 근해어선을 중심으로 연근해어업 전반에 걸친 어업구조개선을 규정하는 종합적인 법적근거도 마련한다. 여기에 TAC(총허용어획량)제도 선진화를 위해 TAC를 지자체 중심으로 개선하는 한편 총허용어획량 ITO(양도성개별할당)제도 도입도 검토한다.

양식 및 내수면어업 분야에서는 친환경 고생산성 새우양식 보급과 어장환경 상시측정 및 정보망 구축, 항공관측을 이용한 불법 양식어장 정비 등 지속 이용 가능한 어장환경을 개선토록 할 계획이다. 아울러 정부는 어업인에 대한 복지향상에도 주력한다는 방침이다. 농업분야에 비해 상대적으로 취약한 수산분야의 직불제 도입을 검토하고 어선원보험 당연가입 대상 확대 및 요양급여금 산정기준을 개선하는 등의 복지향상이 그 내용이다.

농식품부는 "이번 프로젝트는 그동안 정부 위주의 정책추진에서 이용자 중심의 자율관리어업 기반을 강화하고 지속 이용가능한 어장환경을 개선하는 한편 전략적 해외수산자원 개발 및 어업인 복지강화 등의 과제가 중점 추진될 계획이다"고 밝혔다.

한편 2008년 정부조직개편으로 출범하게 된 농림수산식품부는 2010년 향후 10년을 준비하기 위한 중장기대책으로 발표한 '농림수산식품 · 농어촌 비전 2020'을 효율적으로 추진하기 위하여 내부 공감대 형성과 추진동력 확보를 위하여 워크숍을 개최하였는데, 여기서 '농림수산식품부가 망하는 5가지 길'을 주제로 난상토론을 벌려 눈길을 끌었다. 이 때 제시된 농림수산식품부가 망하는 길에는 일회성 · 시혜성 생산보조금의 계속 지급, 탁상행정, 패거리문화, 비전부재로 신성장동력을 찾지 못하는 것 등이 있었다. 불과 2년 전의 일이다.

수산자원 남획 땐 어선 직권 감척

(부산일보, 2012년 8월 6일)

어민이 수산자원을 남획하거나 법을 상습적으로 위반하면 어선 감척 대상이 될 수 있다. 농림수산식품부는 이같은 내용을 담은 '연근해어업 구조개선 지원 및 지원에 관한 법률 시행규칙'이 6일 최종 공포됨에 따라 연근해어업 구조개선 지원을 위한 제도적 정비가 완료됐다고 이날 밝혔다. 이번 법령의 주요 내용 중 하나는 정부 주도 자원관리형 어선감축 제도의 도입이다.

지금까지 어선 감척이 어업인 희망에 의해서만 추진되다 보니 어획 강도가 높은 어선의 참여 저조 등 감척사업의 효율성이 떨어진다는 지적이 있었다. 따라서 이번에 시행되는 법령에는 자원남획형 어업 및 수산 관계법령 상습 위반자 등에 대해 정부 직권으로 감척을 추진할 수 있는 근거를 마련했다. 만일 자원관리형 감척에 불응할 경우 면세유 공급량 제한, 정부융자 불이익 등 정부지원 사업을 제한하는 조치를 포함시킨 것이다.

지금까지 사업시행 지침으로 운영해오던 감척지원금 근거 규정도 마련됐다. 즉 감척어업의 종류 통합이나 변경 등으로 못쓰게 된 어선·어구는 정부에서 사들일 수 있고, 이로 인해 어업 경영이 20% 이상 악화된 경우 그 손실액을 보전해 줄 수 있도록 했다. 농식품부는 내년 어업 실태 조사를 거쳐 어선 직권 감척에 착수할 예정이다.

농식품부 직원이 꼽은 '농식품부 망하는 5가지 길

(세계일보, 2010년 3월 22일)

농림수산식품부 직원들이 '농식품부가 망하는 길 5가지'를 꼽아 눈길을 끌고 있다. 농식품부는 지난 21일부터 '끝장 토론' 형식의 워크숍을 통해 농식품부가 정부 직제표에서 사라지는 5가지 방법을 도출했다.

첫 번째는 시혜적 정책의 반복이다. 일회성·시혜성 생산 보조금을 계속 지급하고, 경제적 합리성보다는 정치·사회적 개념을 우선시하는 정책을 과감하게 혁신하지 않으면 농식품부의 존립 자체가 의문시된다는 것이다.

두 번째는 정책이 현장의 목소리와 괴리될 때다. 일명 '탁상행정'을 고수하는 경우다. 농어업 현장과 동떨어진 정책을 수립·추진하거나, 일관성 없는 행정을 계속하면 고객의 신뢰 상실로 위험에 급속히 노출되기 때문이다.

세 번째는 변화를 거부하는 철밥통 문화의 지속이다. 국내외 시장 여건, 정책수요자의 요구 등에 어떻게 민감하게 선제적으로 대응하느냐에 따라 조직의 운명도 좌우된다는 것이다.

네 번째는 소통 부재, 끼리끼리 문화가 확산할 때다. 권위적 리더십 팽배, 학연·지연에 얽매인 사람 챙기기, 하의상달 부재 등이 확고히 자리 잡게 될 때 생명 없는 조직으로 급속히 추락한다는 우려가 나왔다.

마지막으로는 비전 부재로 신성장동력을 찾지 못하게 될 때다. 밑 빠진 독에 물붓기식 지원이 계속되거나 국가경제발전의 걸림돌로 작용할 경우 조직 위축도 불가피하다는 판단에서다.

농식품부 직원들이 이 같은 토론을 벌인 것은 '농정 비전 2020'의 효율적·가시적 추진을 위한 내부 공감대 형성과 추진동력을 확보하기 위해서다. 따라서 위에서 꼽은 대로 하면 농식품부가 망하는 만큼 그 대안을 찾자는 것이다. 이들은 망하지 않기 위한 대안으로 일하는 방식 개선, 부처의 기능 재편 등 다양한 아이디어를 내놓았다.

3. 지속가능한 수산업

20세기 중반까지만 해도 18세기 영국에서 시작된 산업혁명 이래 경제성장으로 인한 물질적 풍요와 자연의 혜택을 향유하던 시기였다. 일부에서 인구증가, 자원고갈, 환경오염 등을 직시하고 자연자원의 유한성과 지구상에서의 성장의 한계 다시 말해 인류의 미래에 대해 고민하려는 움직임이 일어났다.

1968년 이탈리아 실업가 A. 페체(Peccei, 1908~1984년)와 영국 과학자 A. 킹(King, 1909~2007년)은 인류의 미래에 대해 연구하기 위해 전·현직 국가원수, 유엔관료, 정치가, 정부고위관료, 외교관, 과학자, 경제학자, 기업인정치가, 경제인 등으로 구성된 민간단체성격의 로마클럽[140]을 결성하였다. 로마클럽은 1970년 첫 사업으로 '인류의 위기[141]에 관한 프로젝트'를 시작하면서 미국 매사

140) 로마클럽(Club of Rome)의 명칭은 1968년 4월에 이탈리아 로마에서 첫 회의를 가진 것에 유래하며, 1972년 경제성장이 환경에 미치는 부정적 영향을 다룬 사업보고서 '성장의 한계'를 출판하면서 국제적인 명성을 얻기 시작하였다. '성장의 한계'는 역사상 환경 관련 서적으로는 최고의 베스트셀러로 출판 이래 지난 30년 동안 12백만 부가 팔렸다. 국제미래연구기관인 로마클럽의 본부는 로마에 있었으나 2008년 스위스 위셔너리(Winterthur)로 이전하였다. 2009년 환경과 자원, 세계화, 국제개발, 사회변혁, 평화와 안전 5개 분야별 주제를 다루는 새로운 사업 '세계 개발의 새로운 길(A New Path for World Development)'을 시작하였다.

141) The Predicament of Mankind

추세츠공과대학[142] 과학자들에게 사업을 위탁하였다. 로마클럽은 1972년 사업 보고서 '성장의 한계'[143]를 발표하였다.

성장의 한계는 미래를 예측하는 것이 아니고 컴퓨터 모델링을 통해 무한한 자원, 경제성장 및 인구증가의 상관관계를 연구한 것으로 인구증가나 환경오염 등이 지속되면 100년 이내에 지구상의 성장은 한계에 달할 것이라고 경고하면서 인류의 파국을 막기 위해서는 조속한 시일 내 적극적인 경제성장억제정책과 인구안정화정책을 실시하여 세계를 균형상태로 유도해야 한다고 하였다. 어떤 면에서 성장의 한계는 지구라는 제한된 자연환경에서 생존에 필요한 물자를 생산하는 인구가 일정수준 이상으로 많아지면 한 사람에게 돌아가는 생산물의 양이 줄어들어 인구와 생활수준 사이에는 역관계가 성립한다는 1798년 T. 멜서스(Mathus, 1766~1834년)가 출판한 '인구론'[144]의 반향(反響)이라 할 수 있다.

성장의 한계 출판 직후까지만 해도 세계는 전통적인 멜서스의 세계관에서 벗어나 생산요소를 투입하여 과거보다 더 많은 생산을 가능하게 하는 기술의 발전으로 인구증가와 인류의 평균적인 생활수준의 향상이 동시에 진행되는 근대적 경제성장이 우세하였기 때문에 지구생태계의 한계라는 개념에 대한 반대 의견이 많아 찬반논쟁에 휩싸였다. 그럼에도 불구하고 국제사회에서는 자연자원의 유한성 내지는 지구생태계의 수용능력(carrying capacity)[145]에 대한 논의가 본격화되었다.

성장의 한계가 출판되었던 1972년 스웨덴 스톡홀름에서 유엔인간환경회의[146]가 개최되었고, '인간환경이 인류의 복지, 기본적 인권, 생존의 향유를 위

142) Massachusetts Institute of Technology(MIT)

143) Donella H. Meadows, Jørgen Randers, and Dennis L. Meadows, "The Limits to Growth: The 30-Year Update", 2004, Chelsea Green Publishing Company and Earthscan 또는 도넬라 H. 메도즈, 데니스 L. 메도즈, 요르겐 랜더스 저(김병순 역), '성장의 한계', 2012년, 갈라파고스

144) An Essay on the Principle of Population

145) 수용능력은 환경수용능력이라고도 하며 생태계에서 개체군의 수 혹은 밀도가 증가할 수 있는 최대치(K), 다시 말해 개체군의 증식이 시간이 경과함에 따라 무한정 계속되는 것이 아니라 환경의 저항 때문에 K값 이상의 증가는 불가능하다는 것이다. 일정한 삶의 질을 지속적으로 유지할 수 있는 수준에서 일정 지역이 지탱할 수 있는 인구밀도와 일정 지역의 개발 속도와 규모 등과 같은 인간의 활동범위를 설정하는 것이다.

해 필요불가결한 것이며 인간환경의 보호와 개선은 인류복지와 경제발전에 영향을 미치는 주요한 과제로 이를 추구하는 것이 인류의 지상목표인 동시에 모든 정부의 의무이다'라는 유엔인간환경선언[147]이 채택되었다. 이후 세계 각국은 앞 다투어 자국의 헌법에 환경권(環境權)을 국민의 기본권으로 도입하였는데 우리나라도 1987년 10월 헌법 제35조 '모든 국민은 건강하고 쾌적한 환경에서 생활할 권리를 가지며, 국가와 국민은 환경보전을 위하여 노력하여야 한다'는 환경권 규정이 신설되었다.

1980년 국제자연보전연맹,[148] 유엔환경계획[149]과 세계야생생물기금[150]은 공

---

146) United Nations Conference on Human Environment

147) 1972년 유엔인간환경선언(Declaration of the United Nations Conference on the Human Environment)은 환경권이 국민의 기본권으로 제도화되는 전기를 마련하였으며, 유엔은 선언이 채택된 6월 5일을 '세계 환경의 날'로 제정하였다. 선언문의 원문은 http://www.un-documents.net/unchedec.htm에서 볼 수 있다.

148) 1948년 10월 유엔교육과학문화기구(UNESCO)회의에서 국제자연보호연맹(International Union for the Protection of Nature, IUPN)의 설립이 결정되었다. IUPN은 1956년 국제자연보전연맹(International Union for the Conservation of Nature, IUCN)으로 개칭하였다. IUCN은 세계에서 가장 역사가 오래된 최대 규모의 환경기구이다.

UNESCO(United Nations Educational, Scientific and Cultural Organization)의 연원(淵源)은 오늘날 유엔의 전신으로 1920년 설립된 국제연맹(League of Nations) 때로 거슬러 올라간다. 1921년 국제연맹 결의문에 의거하여 1922년 국제지식협력위원회(International Committee on Intellectual Co-operation, ICIC)가 구성되었고, 1925년 8월 프랑스 파리에 ICIC의 집행기구로 국제지식협력연구소(International Institute for Intellectual Cooperation, IIIC)를, 12월에는 비정부기관인 국제교육사무국(International Bureau of Education, IBE)을 개설하였다.

1945년 4월 미국 샌프란시스코에서 50개국 대표들은 국제기구에 관한 연합 국회의를 개최하여 유엔헌장(Charter of the United Nations)을 작성하였다. 1945년 11월 영국 런던에서 개최된 교육·문화기구 설립에 관한 회의에서 UNESCO헌장(Constitution of UNESCO)이 채택되어 오늘날과 같은 유엔전문기구인 UNESCO가 설립되었다.

149) 유엔환경프로그램(United Nations Environment Programme, UNEP)은 1972년 6월 스웨덴 스톡홀름에서 개최된 유엔인간환경회의에서 유엔 내 환경전문기구를 설립하는데 합의함으로써 그 해 설립되었다.

150) 세계자연보호기금(World Wide Fund for Nature, WWF)의 전신은 세계야생생물기금(World Wildlife Fund)으로 영국의 진화생물학자로 UNESCO 첫 사무총장을 역임한 영국의 J. 헉슬리(Huxley, 1887~1975년)가 영국 신문 'Observer'에 발표한 기고문이 계기가 되어 1961년 설립되었다. 세계최대 민간자연보호단체로 1981년 영국 엘리자베스 여왕 2세의 부군인 필립공(재임기간 1981~1996년)이 총재로 취임한 이후 활동영역을 확대하였다.

동으로 생물자원의 보전과 지속가능한 발전에 관한 세계 최초의 정책안내서인 '세계자연보전전략'[151]을 발표하면서 처음으로 '지속가능한 발전(Sustainable Development)'이라는 용어를 사용하였다. 1972년 채택된 유엔인간환경선언과 더불어 1980년 발표된 세계자연보전전략은 국제사회에서 환경문제에 대한 인식을 전환하는 계기를 마련하였다.

선진국들은 산업화, 경제개발 및 인구증가로 인한 환경문제의 심각성을 인식하고 성장에 수반되는 환경영향을 저감하는 방법을 모색하기 시작하였다. 이 같은 선진국들의 움직임에 대해 아직 산업화를 이루지 못한 개발도상국에서는 환경오염저감기술을 도입하기 위해서는 막대한 자금이 필요하므로 산업화를 이루기까지는 환경오염을 유발하더라도 기존의 저비용기술의 사용이 불가피하다고 주장하였다. 이에 유엔은 경제 · 사회적 여건과 복잡하게 얽히어 있는 환경문제를 효과적으로 대응하기 위하여 1984년 환경과 경제발전문제를 독립적으로 다루는 위원회[152]를 설립하였다.

환경과 개발에 관한 세계위원회는 1987년 보고서 '우리 공통의 미래(Our Common Future)'를 발표하면서 지속 가능한 발전을 '미래세대의 필요를 충족시킬 수 있는 가능성을 손상시키지 않으면서 현재세대의 필요를 충족시키는 발전'[153]으로 정의하여 미래세대에 대한 기성세대의 책무를 새롭게 인식시키고 하나뿐인 지구의 지나친 개발을 제한해야 한다고 주장하였다. 이후 지속가능한 발전의 개념은 환경, 경제, 사회라는 세 축의 균형적 발전으로 구체화되어 국제사회에서 하나의 지도원리가 되었다.

1972년 6월 스톡홀름에서 개최된 유엔인간환경회의가 20주년이 되는 1992년 6월 브라질 리우 데 자네이로에서 유엔환경개발회의[154]가 개최되었다. 이

151) 세계자연보전전략(World Conservation Strategy)은 세계환경보전전략이라 하기도 하며 원문은 http://data.iucn.org/dbtw-wpd/edocs/WCS-004.pdf에서 볼 수 있다.

152) 환경과 개발에 관한 세계위원회(World Commission on Environment and Development, WCED는 흔히 첫 위원회 의장의 이름(G. H. Brundtland, 1939년~)을 따서 브란트란트위원회라고 하기도 한다.

153) Sustainable development as development that "meets the needs of the present without compromising the ability of future generations to meet their own needs"

154) 1992년 유엔환경개발회의(United Nations Conference on Environment and Development)

회의에서 논의된 주요 의제는 지구온난화, 대양오염, 산림보호, 동식물보호, 기술이전, 인구조절, 환경을 고려한 자연개발이었으며, 지구온난화 방지를 위한 '기후변화에 관한 기본협약'[155)]과 생물종[156)] 보호를 위한 '생물다양성협약'[157)]이

는 리우 정상회담(Rio Summit), 리우회의(Rio Conference) 또는 지구정상회의(Earth Summit)라고 불리기도 한다. 공식적으로는 172개국 대표단과 108개국 정상이 참석하였지만 당시 각국 민간단체가 중심이 된 지구환경회의를 비롯해 세계도시회의, 국제환경기술박람회, 열대식물환경조사회의 등이 함께 개최되어 185개국에서 2만 5천여 명이 참여한 사상 최대의 국제회의라는 기록을 남겼다.

155) 기후변화에 관한 기본협약(United Nations Framework Convention on Climate Change, UNFCCC, http://unfccc.int/2860.php)은 지구온난화 방지를 위해 모든 온실가스의 인위적 방출을 규제하기 위한 협약으로 1994년 3월 21일 발효되었다. 기후변화협약은 전문과 26개 조항으로 구성되어 있으며 주요 내용은 가입국의 의무사항, 재정지원, 기술이전, 조직 등이다. 의무사항은 개발도상국과 선진국 모두에게 공통적으로 적용되는 일반의무사항과 선진국에만 적용되는 특별의무사항으로 구분된다. 협약에 따라 1997년 교토의정서, 2007년 발리로드맵과 2010년 칸쿤합의가 채택되었다.

교토의정서(Kyoto Protocol)은 1997년 12월 일본 교토에서 개최된 제3차 유엔기후변화협약 당사국총회에서 채택된 이산화탄소(CO2), 메탄(CH4), 아산화질소(N2O), 불화탄소(PFC), 수소화불화탄소(HFC), 불화유황(SF6) 등 6가지 온실가스배출량을 줄이기 위한 국가 간의 합의서로 2005년 2월 16일부터 발효되었다. 교토의정서는 미국, 유럽연합(EU), 일본 등 선진국(38개국)들은 2008~2012년 사이 1990년 대비 평균 5.2%를 감축하는 것을 목표로 한다. 또한 감축목표의 효율적 이행을 위해 감축의무가 있는 선진국들이 서로의 배출량을 사고 팔 수 있도록 하였으며(배출권거래제), 다른 나라에서 달성한 온실가스 감축실적도 해당국 실적으로 인정해 주는(청정개발체제, 공동이행제도) 등 다양한 방법을 인정하고 있다.

발리로드맵(Bali Road Map)은 2007년 12월 인도네시아 발리에서 개최된 제13차 유엔기후변화협약 당사국총회에서 채택되었으며 2012년 교토의정서 만료 이후 각국의 온실가스 감축량을 정하는 협상규칙이다. 교토의정서가 만료되는 2013년부터 모든 나라는 온실가스 감축의무를 지게 되어 각 나라들이 자국 실정에 맞게 '측정과 검증 가능한 방법'으로 온실가스를 줄이도록 규정하였다.

칸쿤합의(Cancun Agreements)는 2010년 11월 멕시코 칸쿤에서 개최된 제16차 유엔기후변화협약 당사국총회에서 선진국의 감축목표(2020년까지 1990년의 25~40%)와 녹색기후기금(Green Climate Fund)조성에 대한 합의이다. 하지만 구제척인 목표와 이행방향에 대한 추가합의를 남겨두고 있다.

156) 생물종(生物種)은 지구상의 모든 생물종과 이 생물종들이 서식하는 생태계와 생물이 지닌 유전자까지를 포함하는 개념이다.

157) 생물다양성협약(Convention on Biological Diversity, CBD, http://www. cbd.int/)은 전문과 42개 조항 그리고 2개 부속서로 구성되어있으며, 1993년 12월 29일 발효되었다. 주요 내용은 환경영향평가의 도입을 유도하고, 각종 개발사업이 생물에 미치는 악영향을 최소화하고, 유전자원의 이용은 상호 합의된 조건과 사전 통보된 협의에 따르도록 하며 그에 따른 기술접근과 기술이전을 공정한 조건으로 각 당사국에 제공하는 것이다.

채택되었다. 이 두 협약은 향후 논의될 주요 환경문제의 시발점이 되었다. 1992년 환경개발회의에서는 또한 지속 가능한 발전과 환경보전을 위해 국제적인 협력관계를 이어가자는 리우선언[158], 지속가능 발전과 환경보존을 위한 행동지침인 '의제21'[159]과 '산림원칙'[160]이 채택되었다.

1992년 유엔환경개발회의가 10주년 되는 해인 2002년 남아프리카공화국 요하네스버그에서 지속가능한 발전 세계정상회의[161]가 개최되었다. 정상회의에서 지속가능한 발전을 이루는 환경, 경제, 사회 세 가지 축 간의 균형 있는 발전 방향이 논의되었으며, 다자간 협력을 강조하는 '요하네스버그 선언문[162]'과 지

---

158) 리우선언(Rio Declaration on Environment and Development)은 자연과 인간 그리고 환경보전과 개발의 양립(兩立)을 목표로 하는 27개 기본원칙으로 구성되어 있으며 주요 내용은 인간은 지속가능한 발전을 위해 자연과 조화를 이룬 건강하고 생산적인 삶을 향유하여야 하며(원칙 1), 환경영향평가제도가 국가적 제도로 실시되어야 하고(원칙 17), 여성은 환경관리개발에 중요한 역할을 맡으며(원칙 20), 국가는 환경분쟁을 유엔헌장에 따라 평화적이고 적절한 방법으로 해결해야 하고(원칙 26), 각 국가와 국민은 이 선언에 표명된 원칙의 실천을 향하여 성실히 또한 동반자의 정신으로 협력해야 한다(원칙 27)는 것이다. 원문은 http://www.un-documents.net/ rio-dec.htm에서 확인할 수 있다.

159) 의제21(Agenda 21)은 리우선언의 세부행동지침이라 할 수 있으며 21세기 지구환경보전의 실천강령으로 전문과 4개 부(Section)로 구성되어 있다. 사회경제적 차원을 다루는 제1부는 7개장으로, 개발을 위한 자원의 보존관리를 다루는 제2부는 14개장으로, 주요그룹의 역할 강화를 다루는 제3부는 9개장으로, 이행방안을 다루는 제4부는 8개장으로 구성되어 있다. 또한 Agenda 21에서 다루는 38개 의제는 개별적으로 실천기반, 목표, 활동사항 및 이행방안 등 4개 부분으로 구성되어있다. 주요내용은 대기, 토지오염, 생물다양성, 생명공학, 유해폐기물, 독성화학물질, 해양 등 각 환경사안별 대응방안과 빈곤퇴치, 인구, 인간정주, 보건 등 공동사안(사회, 경제적 측면)별 해결방안, 재정문제, 기술이전문제 및 제도문제 등 이다.

160) 산림원칙(Forest Principles)은 전 세계 산림의 경영, 보전 및 지속가능한 개발에 관한 원칙으로 산림분야는 지속가능한 환경과 발전에 관련된 모든 분야와 불가분의 관계가 있다는 전제하에서 총 15개항으로 구성되어있다.

161) 2002년 지속가능한발전세계정상회의(World Summit on Sustainable Development)는 1992년 유엔환경개발회의(United Nations Conference on Environment and Development) 10주년이 되는 해에 개최되어 'Rio+10'이라고 하기도 하며 2002년 지구정상회의(Earth Summit)라고 하기도 한다.

162) 요하네스버그 선언문(Johannesburg Declaration)은 1972년 유엔인간환경회의에서 채택된 '유엔인간환경선언'과 1992년 유엔환경개발회의에서 채택된 '리우선언'에 기초하여 작성된 것으로 지속가능한 발전에 대한 국제사회의 의지를 재확인하면서 빈곤퇴치 · 소비 및 생산경제 패턴 · 자연자원 보호가 지속가능한 발전에 필수요건이며, 세계화의 혜택과 비용이 불균형하게 배분되고 있고 특히 개발도상국이 어려움에 직면하고 있다고 지적하였다. 맑은

속가능한발전세계정상회의 이행계획'[163]이 채택되었다.

지속가능한 발전에 대한 논의는 어업분야에서도 예외가 아니었다. 1991년 제94차 세계농업식량기구(FAO)[164] 수산위원회[165]회의에서 지속가능한 발전은 '자연자원에 기초한 관리와 보전 및 현재세대와 미래세대의 필요를 달성하고 지속적으로 만족시킬 수 있는 기술적 · 제도적 변화의 지향으로 보고 육상, 식물과 유전자원을 보전하는 이 같은 발전은 환경을 악화시키지 않으며, 기술적으로 적합하고, 경제적으로 실행가능하며 사회적으로 수용할 수 있는 것이다'라고 정의하였다. 지속가능한 수산업은 자원 및 환경상태, 어획 후 처리기술, 무역, 경제적 수지, 사회적 편익, 법적 · 행정적 지원, 국가 간 협력 등을 총체적으로 고려한 합리적인 수산자원관리 이른바 책임있는 수산업을 통해 가능할 수 있다. 이에 지속가능한 수산업의 발전을 위한 원칙인 'FAO의 책임있는 수산업을 위한 국제규범'[166]이 1995년 제28차 FAO 총회에서 채택되었다. 국제규범

물 · 위생 · 주거 · 에너지 · 보건 · 식량안보 · 생물다양성 등 기본적인 요구사항을 충족시키는 한편 재원 · 시장개방 · 능력개발 · 기술이전 · 인적자원개발 · 교육 및 훈련 등의 제공이 필요하다고 강조하였다. 또한 지속가능한 발전에 심각한 위협이 되는 만성기아, 영양실조, 외국인 점령, 무장분쟁, 마약, 부패, 테러, 증오, HIV/AIDS 등의 문제에 대해서도 적극적으로 대처할 것을 촉구하였다. 원문은 http://www.un-documents.net/jburgdec.htm에서 확인할 수 있다.

163) 지속가능한발전세계정상회의 이행계획(Plan of Implementation of the World Summit on Sustainable Development)은 빈곤퇴치, 생산 및 소비패턴의 변화, 기후 · 생태계 · 해양 등 자연자원 보호, 재원 및 기술 등 이행수단을 마련과 지속가능한 발전 관리체제 등으로 구성되어 있다. 원문은 http://www.un-documents.net/jburgpln.htm에서 확인할 수 있다.

164) 세계농업식량기구(Food and Agriculture Organization of the United Nations, FAO)는 유엔 산하 전문기구로 1945년 설립되어 그 해 34개 FAO헌장(FAO 서명국 Constitution) 서명국이 참석한 가운데 제1차 FAO 총회가 개최되었다. 설립목적은 영양상태 향상, 농업생산성 개선, 농촌의 생활상태 향상 및 세계 경제발전에 기여이다.

165) 1965년 제30차 FAO 총회에서 수산위원회(Committee on Fisheries, COFI) 발족을 결정하였다. 수산위원회의 주요 기능은 FAO 어업 및 양식 분야 사업계획을 검토하고, 어업 및 양식 분야 문제점과 이에 대한 해결책을 모색하는 것이다.

166) 1995년 채택된 FAO의 책임있는 수산업을 위한 국제규범(Code of Conduct for Responsible Fisheries)의 배경은 1980년대에 들어 세계적으로 수산자원의 감소현상이 뚜렷하게 나타나자 1991년 3월 제19차 FAO 수산위원회(Committee on Fisheries, COFI)에서 새로운 개념의 국제규범을 도입하기로 하고, 제27차 FAO 총회에서 책임 있는 수산업에 대한 국제규범을 작성키로 결의하였으며 1995년 제28차 FAO 총회에서 마침내 이 규범이 채택되었다. 국제규범은 전문과 12개 조항으로 구성되어 있으며 어선어업, 양식, 가공, 수산물무역 등 수산

에서 지속가능한 수산업의 발전과 수산자원의 지속가능한 이용, 지속가능한 수산자원관리를 강조하고 있다.

1972년 '성장의 한계'와 '유엔인간환경선언', 1980년 '세계자연보존전략'과 1987년 '우리 공통의 미래'가 발표되는 사이 국제사회의 환경 또는 자연에 대한 인식 및 접근방법의 변화는 1982년 채택된 유엔해양법과 1995년 채택된 책임 있는 수산업을 위한 국제규범에서 확인할 수 있다. 해양법에서는 자원관리의 기준 또는 방법으로 최대지속생산량(最大持續生産量, MSY)[167]을 채택하고 있는데 MSY는 어업의 대상이 되는 어종의 개체군에 초점을 맞춘 간단한 생물적 기법으로 생산성의 공간적 차이, 어업대상이 되지 않는 다른 종 및 영양단계와 같은 생태적 요인을 고려하지 않아 최근에는 거의 사용되지 않고 있다. 국제규범에서는 자원보전과 관리를 목표로 환경과 경제적 요인까지도 고려하도록 하고 있으나 당시만 해도 생태계에 기초한 수산자원관리가 정립되지 않았다.

우리나라 어업의 기본제도를 규정하는 수산업법에서 '지속가능'이라는 용어는 2009년 4월 전부개정 이후 제74조에서 '…국제어업질서에 능동적으로 대처하고 수산업의 지속가능하고 경쟁력 있는 육성 · 발전…' 처음으로 그러나 총 102개 조항 중에서 단 한 차례 사용되었다. 국제사회에 합의된 지속가능한 어업은 생산양식, 소비패턴, 삶의 양식변화 등을 포함하고 있기 때문에 우리나라 어업이 나아갈 방향을 함축적으로 제시한다고 할 수 있다. 단어 하나로 우리나라 어업외교 또는 어업의 국제화 수준을 판단할 수는 없지만 '지속가능한'은 단순한 형용사가 아니고 국제사회에서 합의된 기본규범인 동시에 미래정책의 방향이다. 참고로 선진국 등 해외 133개국이 국가지속가능개발위원회(NCSD)를 구성하여 각종 정책을 조절하고 있고, 우리나라도 2000년 9월 대통령자문기구로 '지속가능발전위원회'가 발족되었다.

업 전반에 걸쳐 책임 있는 수산업의 이행을 위하여 모든 국가들이 앞으로 지향해 나가야 할 기본지침을 포괄적으로 규정하는 자율형태의 규범이다.

167) 최대지속생산량(Maximum Sustainable Yield)은 수산자원이 되는 생물개체군을 감소시키지 않고 지속적으로 어획할 수 있는 최고의 생산량이다.

제9장

결 어

우리나라 어업이 나아가야 할 방향을 고민하기 위해 제5장에서부터 제8장에 걸쳐 지난 한 세기 우리나라 어업제도와 어업의 전개과정에 대해 알아보았다. 제4장에서는 식민지배라는 시대적 불행을 어업적 시각으로 조명하여 단순히 수산자원침탈기로 규정하고 넘어가면 우리나라 어업을 객관적으로 이해하기 어렵기 때문에 국권피탈과정의 개략적 배경과 한일합방 이전에 국가 대 국가로 양국 간에 맺어진 일련의 어업협정을 통해 일본의 어업침투과정을 살펴보았다.

우리나라 어업을 이해하기 위해서는 유엔해양법이 발효되는 1994년 전후사정에 대한 고찰도 필요하지만 그 내용이 방대하여 이 책에서는 다루지 않았다. 유엔해양법 발효로 먼저 해외어장이 축소되었고, 뒤 이어 체결된 한일어업협정(1999년)과 한중어업협정(2001년)으로 연근해 조업어장이 축소되었는데, 이 부분은 국제사회에서 수산거버넌스의 발전과정과 어업외교차원에서 접근할 필요가 있어 다른 기회에 언급하고자 한다. 또한 이 책은 수산물유통과 가공 그리고 수산금융에 대해서 다루지 않았고, 어업의 양적 팽창으로 그 동안 어업제도가 세분화되었음에도 불구하고 우리나라 어업제도의 기본이 되는 수산업법을 중심으로 기술하는 한계를 가지고 있다.

위에서 언급한 이 책의 한계에도 불구하고 이 책에서 어업은 시종일관 해양을 이용하는 하나의 방법으로 접근하고 있다. 이런 맥락에서 해양시대가 개척되는 근대 세계사를 제4장에서 간략히 소개하기도 하였다. 15세기 한반도의 반대편에 위치한 서유럽국가들이 해양탐험에 도전하여 당시만 해도 미지의 영역이었던 지리상의 발견으로 새로운 항로가 개척하게 됨에 따라 교역과 통상의 시대가 열리게 되었다. 이는 다시 산업혁명으로 이어져 자본주의라는 독특한 경제체계를 형성하였다.

이윤추구를 목적으로 하는 자본이 지배하는 새로운 경제체제 하에서 서구열강들은 값싼 원료를 공급하고, 생산한 공산품의 판매시장을 확보하기 위해 비서구지역을 식민지화하기 시작하였다. 근대사에서 우리나라를 36년 동안 식민통치하였던 일본과의 불행한 관계가 시작되는 또는 우리나라를 개항하게 만든 계기가 1875년 연안관측이라는 명분을 내세운 250톤 급 일본 군함이 우리 영해를 침입한 사건(운요호사건)이었음을 되짚어 보았다.

해양시대라는 근대 세계사를 고려하여 제3장에서는 왜구의 침입역사를 통해 우리나라를 지배하던 대륙중심의 세계관과 해양에 대한 전통적 접근방식을 간접적으로 조명하였다. 역사적으로 우리나라는 해양진출에 대체로 소극적이었고, 여기에는 대마도를 중심으로 활동하면서 우리나라를 침입하여 오랜 세월 가공할 재산상의 손실과 인명피해를 입힌 왜구의 영향이 직 · 간접적으로 작용하였다. 1592년에는 대마도를 중심으로 한 종전의 도적떼의 집단(왜구)이 아닌 일본 본토 정예군의 침략을 받아 7년간 전쟁을 치렀다. 임진왜란 이후 300년간 왜구 또는 왜적의 침입이 잠잠하였지만 조선 정부는 방어적 차원에서 어업활동의 반경을 육지와 접해있는 연안으로 제한하였다.

제2장에서 선사시대부터 시대별 어업의 특징을 간략히 정리하여 우리나라 오천년 역사에서 어업의 정치적 · 경제적 · 사회적 위치를 알아보았다. 다시 말해 조선 정부는 해상세력을 강화하여 해양으로 진출할 의사가 없었고, 어민들은 사농공상의 신분체제에서 어업이 가지는 경제적 · 사회적 인센티브가 없었기 때문에 외해로 나아가 어장을 확대하거나 어업기술을 개발하는 것과 같은 적극적인 노력 없이 과거의 어업방식을 답습하는 수준에 머물러 어업발전은 극히 제한적이었다. 실제로 서력(西曆) 이후 1910년 한일합방까지 우리나라 어업발전은 같은 기간 이루어진 농업발전과 비교할 수 없을 정도로 저조하였다. 어업이 이 같이 더디게 발전한 데에는 전통적으로 농업중심의 국가경제구조

유지, 바다 또는 해양을 등한시하는 중국대륙 중심의 세계관, 어업을 천시하는 사농공상의 사회적 신분제도, 잦은 왜구의 침입으로 바다의 접근성을 제한하는 정책 등이 복합적으로 작용하였다.

우리나라 어업발전은 자주적 산업화가 전개되는 1960년대 초에 본격화되었고, 그 출발점은 산업화의 초기진입과 마찬가지로 1876년 개항 이후 일본 어민이 한반도 연해에서 불법적 또는 합법적 어업을 하면서 부터라고 할 수 있다. 일본 식민지시대에는 당시 한국에 거주하거나 한반도 연안에서 어업을 하는 일본인의 근대화된 어업방식을 모방하여 생산성을 향상시키기도 하였지만 자금력 부족으로 어업의 영세성을 극복하지 못했다. 본 장에서는 지난 한 세기 우리나라 어업의 전개 및 발전과정을 편의상 8.15광복 전후로 나누어 회고하면서 향후 어업의 발전방향을 고민하려 한다.

1. 일본의 수산자원 침탈기에 대한 회고

일본의 한반도 수산자원 침탈역사는 국가의 주권적 권리행사와 직결되는 문제로 1910년 한일합방이 되기 훨씬 이전에 우리나라가 근대 국제법에 기초하여 외국과 맺은 최초의 조약인 조일수호조규(강화도조약)가 체결된 1876년 2월로 거슬러 올라간다. 조일수호조규는 일본 군함이 1875년 9월 조선 해안을 탐측한다는 명분으로 조선 영해를 불법적으로 침입한 운요호사건을 빌미로 일본의 군사적 강압에 의해 체결된 불평등조약이다(조약 전문 제4장에 수록).

일본이 운요호사건을 일으키기 전에 미국과 프랑스 등 구미열강은 포함외교(砲艦外交)로 조선을 개항시키려고 시도[1]했으나 흥선대원군(1820~1898년)의 강경한 쇄국양이정책(鎖國壤夷政策)에 부딪쳐 모두 실패하였다. 열강의 개항시도를 무산시켰다고 해서 조선이 일방적으로 승리를 거둔 것은 아니었다. 산업혁명의 여파로 좋은 의미든 나쁜 의미든 19세기는 세계사의 변곡점이었고, 조선은 급변하는 국제사회의 동향을 제대로 파악하지 못하여 결국 일본의 식민지국으로 전락하게 되었다.

1) 1865년 제너럴 셔먼호사건, 1866년 병인양요, 1871년 신미양요가 일어났다.

1876년 2월 일본의 강압에 의해 체결된 조일수호조규(강화도조약) 제11관에 따라 같은 해 7월 양국 간의 통상관계를 규정하는 '조일무역규칙'이 조인되었다(전문 제4장에 수록). 여기에서 조선 정부는 무관세무역 다시 말해 일본의 무제한적인 경제적 침략을 허용하는 실수를 범했다. 근대 국제법과 경제에 대한 지식이 부족했던 조선 정부가 일본 측이 작성해온 초안을 그대로 받아들인 것이 화근이 되었다.

뒤늦게 무관세무역의 부당함과 관세권의 중요성을 인식한 조선 정부는 조일무역규칙 제11관 개정절차를 근거로 일본 측에 지속적으로 조약의 개정작업을 요구하여 1883년에 '조일통상장정'을 체결할 수 있었다(전문 제4장에 수록). 총 42개 조항으로 구성된 통상장정은 말 그대로 통상조약이나 제41관에 일본 어민의 어업권을 부분적으로 허용하는 규정이 포함되어 있었다. 조일통상장정은 국익차원에서 중요한 관세권을 회복하기 위하여 어업권을 양보한 것으로 볼 수 있는데, 이때는 이미 일본의 강압과 조선 정부의 무지를 논하기에는 늦었으므로 조일통상장정의 교섭내용은 당시로는 최선의 선택이었다고 할 수 있다.

조일통상장정 제41관에는 일본 어민이 한반도 연안에서 조업하는 것을 허용하고 있을 뿐만 아니라 상호주의원칙에 입각하여 조선 어민이 일본 연안에서 조업하는 것을 허용하고 있었다. 조일통상장정이 체결되던 날 한반도 해역에서 규정을 위반한 일본 어민의 처리문제를 다루는 '조선국해안어채범죄조규(朝鮮國海岸漁採犯罪條規)'가 조인되었다(전문 제4장에 수록). 범죄조규의 핵심내용은 일본 어민이 조선 근해에서 어로작업을 하다가 저지른 위법행위에 대해 치외법권을 인정하여 조선정부의 재판을 받지 않고 일본의 주조선영사재판(駐朝鮮領事裁判)을 받도록 한다는 것과 조선 관리가 일본인을 기모능학(欺侮凌虐)[2)]할 수 없다는 것이다. 이는 일본 어민의 잘못을 일본이 처리하겠다는 단순한 치외법권의 문제가 아니라 조선 정부 또는 조선 관리의 통치력에 대해 일본이 간섭하겠다는 것이다. 여기서 조일통상장정에서 허용한 일본 해역에서 조선 어민의 위반행위를 다루는 범죄조규가 따로 체결되지 않았음을 주목할 필요가 있다.

일본 연안에서 조선 어민의 위법행위에 대한 처리규정은 조일통상장정이 체

2) 기모능학은 업신여기고 모욕하거나 학대하는 것을 말한다.

결되고 6년 뒤인 1889년에 조인된 '조일통어장정(朝日通漁章程)'에서 처음으로 명시되었다(전문 제4장에 수록). 하지만 일본국 해변에서 처리해야 할 문제에 대해서는 일본지방재판소의 판결에, 조선국 해변일 경우에는 그 지방관을 경유하여 가까운 일본영사관에 통지하여 그 판결에 귀속시킨다고 하였다. 다시 말해 자주독립국인 조선은 사법권조차 제대로 행사하지 못하고 있었다.

1883년 체결된 조일통상장정에서 조선 어민에게 허용된 일본 연안 6곳 중의 하나인 대마도는 부산과 불과 40여 km 거리에 위치해 있으나 이때까지 조선의 어업은 대마도까지도 진출하지 않았고, 육지에 인접한 수역에서 제한적으로 이루어졌음을 짐작할 수 있다. 한반도 연안에 수산자원이 풍부하였기 때문에 굳이 일본 연안까지 가서 조업할 이유가 없었다고 할 수도 있으나 이보다는 조선 정부는 자국 연해 풍부한 어족자원을 산업적으로 개발하거나 어업을 장려 또는 개발할 필요성을 느끼지 못했고, 연해 수산자원을 활용하기 위한 어업인프라가 구축되어 있지 않았다고 보는 것이 더 현실적일 것 같다. 일본과 체결한 일련의 어업관련 불평등조약에서 나타나는 일본의 기만적 행위는 한편으로 당시 조선 어민은 조약에서 허용한 일본 해역으로 건너가 조업할 의사도 또 그럴 능력도 없었음을 보여주는 것이라 할 수 있다.

1904년 체결된 한일양국인민어채조례(韓日兩國人民魚採條例)를 통해 양국은 자국 연안에서의 상호 입어할 수 있는 조업구역을 확대하였다. 1883년 조일통상장정 이후 20여년이 경과할 때까지 조선 어민이 일본 연안에 진출하여 조업하지 않았음을 고려하면 일본이 내세운 상호주의원칙 앞에 조선 정부는 일본의 일방적인 한반도 어장침투를 속수무책으로 당하고 있었다고 볼 수 있다.

1910년 한일합방에 앞서 일본이 조선을 병탄할 목적으로 설치한 감독기관인 통감부는 1907년 포경어업관리법과 1908년 어업법을 제정하여 한반도 어업의 관리주체가 되었다. 1876년 일본의 강압에 의한 개항부터 1910년 한일합방까지 제국주의적 침략의도를 가진 일본과 맺은 일련의 불평등조약과 통감부가 제정한 일련의 법[3]을 보면 조선 정부가 자주독립국가의 지위를 제대로 행사하

3) 통감부는 1906년과 1907년에 걸쳐 다수의 토지제도 관련법을, 1907년 광업법과 산림법을 제정, 공포하였다.

지 못한 것은 결국 국력의 열세와 정부의 무지에서 기인함을 알 수 있다.

한일합방 이후 식민지 통치기관인 조선총독부체제에서 총독부가 발행한 통계연보에 의하면 1911년에서 1932년 사이 한반도 어가인구 중에서 당시 한국에 거주하던 일본인 어가인구의 비중은 3% 수준에 불과하였으나 이들은 당시 전체어선척수의 20%를 소유하여 전체어업생산량의 42%를, 전체어업생산금액의 50%를 점유하고 있었다. 우리나라보다 23년 빨리 미국의 포함외교에 굴복하여 개항한 일본은 정책적으로 어업의 근대화를 추진하면서 동시에 어업장려정책을 펼쳤기 때문에 당시 일본 어민의 어업생산성이 향상되어 있어 소수의 일본인이 한반도 어업을 쉽게 독점할 수 있었다. 한반도에서 일본인의 어업독점은 또한 조선의 저렴한 노동력 제공, 일본인의 풍부한 자금력 그리고 조선총독부가 일본인에게 유리하도록 편향적으로 어업정책을 펼쳤기 때문에 가능할 수 있었다.

한일합방 후 10년이 경과하였을 무렵, 조선총독부는 일본의 해안선 길이는 한반도보다 약 2배 정도 길지만 일본의 어업생산금액은 조선보다 5배 높다고 지적하면서 조선 어업의 후진성을 개선하기 위하여 오늘날 국립수산과학원의 전신인 수산시험장을 설립하였다. 이 무렵 조선 어민과 당시 한국에 거주하던 일본인의 연간어업생산량은 한일합방 직후 대비 모두 3배가량 증가하여 생산성 향상이 가시적 성과로 나타나고 있었으나 우리나라보다 먼저 어업 근대화를 이룬 일본인의 눈에 조선의 어업은 여전히 후진성을 면하지 못하고 있는 것으로 보였던 것 같다.

식민지 통치기관이었던 조선총독부의 적극적인 어업장려정책으로 1920년대 말 무렵 한반도 연간어업생산량은 1백만 톤 수준에 근접하게 되었고, 1930년대에는 1.5백만 톤 수준으로 급증하였을 뿐만 아니라 1937년에는 지난 한 세기 우리나라 최고어업생산량(2.1백만 톤)을 기록하였다(표 40). 일제 식민지시대 어업통계는 한반도 전체를 대상으로 하고 있다고 해도 당시 어업생산량은 오늘날의 연근해어업에 해당하는 것으로 1930년대 어업기록은 당시 어선세력과 어업기술을 고려할 때 경이로운 수치라고 할 수 있다. 참고로 2000년대 우리나라 연근해어업 연평균생산량은 1.2백만 톤 수준이다.

표 40. 일제 식민지시대 어업통계 평균 비교

	어가 인구수(명)	연간어업 생산량(톤)	어선수(척)	동력선 비중(%)	척당 어획량 (톤)
1910년대	243,054	304,468	19,714	-	14.0
1920년대	356,628	652,600	31,567	1.4	19.9
1930년대	390,076	1,461,193	46,526	3.5	30.8
1940년대	475,945	630,809	61,877	-	21.5

어업생산량 측면에서 1930년대는 식민지시대 한반도 어업의 전성기라고 할 수 있다. 하지만 연간어업생산량은 1937년 최고치를 기록한 후 감소하여 불과 6년 뒤인 1944년에는 최고치의 7분의 1수준으로 급감하였다(표 40). 1930년부터 1945년까지 15년 동안 일본은 전쟁을 수행하였기 때문에 조선총독부의 어업장려정책은 결과적으로 군수물자를 동원하고, 어업자원을 수탈하는 수단으로 전락하였다. 또한 수산자원의 유한성을 고려하지 않은 조선총독부의 무분별한 증산정책은 수산자원의 심각한 남획으로 이어져 어획생산량이 급감하는 결과를 낳았다.

공교롭게도 식민지시대 어획생산량이 급감하는 시기는 일본의 패전으로 당시 어업생산량의 절반정도를 차지하였을 것으로 추정되는 일본 어민의 본국 귀국과 광복 후 한반도에서 벌어졌던 정치적 · 경제적 · 사회적 혼란기와 맞물려 어업활동이 전반적으로 부진할 수밖에 없던 때로 식민지시대 자행된 수산자원의 남획과 자원고갈 문제는 사회적으로 이슈가 되지 못했다. 어쩌면 정부당국을 비롯한 어느 누구도 당시 수산자원 고갈문제를 인식하지 못하고 있었는지도 모른다.

식민지시대 자행된 수산자원의 수탈은 비교적 잘 알려져 있으나 일제가 자행한 남획과 수산자원의 고갈에 대해서는 오늘날에도 잘 알려져 있지 않은 것은 안타까운 일이다. 지금이라도 식민지시대 수산자원의 이용실태에 대한 체계적인 연구를 수행하여 당시 자료를 정리해둘 필요가 있다. 한편 광복 후 국가차원의 총체적 혼란과 뒤 이은 한국전쟁과 전후복구과정이 진행되는 동안의 어업부진은 결과적으로 어업강도를 약화시켜 식민지시대 고갈된 수산자원이 자연적으로 회복할 수 있는 시간을 벌어주었다.

어업제도 측면에서 보면 우리나라 최초의 근대적 어업제도인 어업법이 1908년 통감부에 의해 제정되었고, 이어지는 식민지시대에 어업령(1911년)과 조선어업령(1929년)이 제정되어 제도적 발전은 이루어지고 있었다. 조선어업령과 그 하부법령은 어법별 조업금지구역, 금지어구, 망목제한, 금어(금지)체장, 금어기 등과 같은 자원보호조치를 규정하고 있다. 하지만 이 같은 제도적 장치는 당시 증산위주의 어업정책이 추진됨에 있어 수산자원이 남획되는 걸 막지 못했다.

효과적으로 어업제도를 시행하기 위해서는 행정주체뿐만 아니라 어업을 관리하는 주체가 있어야 하지만 식민지시대에는 정책을 시행하는 주체만 있었고, 어업정책을 뒷받침할 수 있는 과학적 기초자료를 생산하는 기관이 없었다. 1921년 조선총독부가 설립한 오늘날 국립수산과학원의 전신인 수산시험장의 당시 기능은 수산자원관리가 아니고 어업기술개발과 어업지도 및 장려였다.

식민지라는 특수상황에서 이루어진 한반도의 어업발전은 지속가능한 어업의 측면에서 보면 자원관리에 실패한 일시적인 생산성의 향상에 불과하다. 더욱이 당시 생산성 향상은 수산자원의 침탈로 귀착되어 조선 어민은 어업발전에 따른 수혜를 향유하지 못했다. 한편 식민지시대 당시 한국에 거주하던 또는 한반도 연해로 건너와 조업하던 일본인의 어업방식을 모방하여 조선 어업에서도 점진적인 어업기술의 진보가 있었고, 일시적이나 생산성 향상을 경험하게 되어 우리나라 오천년 역사에 줄곧 소외 또는 천시되었던 어업의 경제적 가치가 인식되기 시작하였다.

2012년 광복 68주년을 맞은 우리나라의 국가별 경제순위는 15위, 국가경쟁력 순위는 19위로 식민지를 직접 경험한 세대가 산업 일선에서 물러났고, 국가의 주권적 권리행사를 하지 못하던 식민지시대의 암울한 기억이 많이 지워졌다. 하지만 오늘날에도 자주독립국가의 지위를 행사하기 위해서는 국력이 뒷받침 되어야 한다는 것에는 변함이 없다. 여기서 국력은 각종 기록물과 자료의 체계적 정리와 관리, 국제사회동향에 대한 면밀한 분석, 자국의 이익을 수호하기 위한 포괄적 지식 그리고 이를 뒷받침할 정부조직의 구조와 협상전문인력까지를 포함한다. 19세기 말에서 20세기 초를 뒤돌아보면 제국주의적 침략의

지로 무장한 일본의 강압은 결국은 조선의 국력열세와 정부 당국의 무지 때문에 가능할 수 있었다고 할 수 있다.

우리나라 역사뿐만 아니라 세계사의 흐름에서 한 나라의 국력열세와 정부 또는 국민의 무지로 초래된 국가적 치욕을 국제사회가 나서 인도주의적 차원에서 해결해주는 사례는 거의 없다. 일본의 일부 우익세력은 일본의 식민지배가 한국의 근대화에 기여하였다고 하기도 하는데, 이 같은 일본 측의 주장에 대해 감정적으로 대응하기 보다는 정부는 지금이라도 36년 식민지시대 진행된 산업화 또는 근대화에 대한 자료를 체계적으로 분석하여 국제사회의 보편적 가치에 부응하는 대응자료를 확보해야 한다.

또한 정부는 식민지시대 어업뿐만 아니라 각 분야별 자료를 정량적 · 정성적 · 객관적으로 정리하여 국민들이 쉽게 열람할 수 있게 해야 한다. 식민지 과거사 정리는 정치적 이해관계 또는 일시적 감정폭발과 같은 여론몰이로 해결할 것이 아니고 과거기록과 자료를 수집하여 정량적 · 정성적 · 객관적으로 분석하고 정리하여 체계적으로 관리하는 것에서 시작되어야 한다. 이를 위해서는 과거를 반면교사(反面教師)로 삼아 건설적인 미래로 나아가기 위한 국민적 합의가 선행되어야 한다.

2. 자주적 어업 발전에 대한 회고

8.15광복으로 식민통치에서 벗어나 자주독립을 되찾았으나 주권국가체계의 기초는 식민지시대를 기반으로 정립되었다. 어업제도도 예외는 아니었다. 1953년 우리나라 최초의 자주적 어업제도인 수산업법(水産業法)이 제정되었지만 식민지시대 어업제도를 답습하고, 당시 일본의 어업제도를 모방하는 수준으로 개혁성이나 독창성이 결여되어 있었다. 그럼에도 불구하고 수산업법은 제정 이후 세 차례 전부개정을 포함하여 지금까지 40여 차례 개정되어 우리나라 어업의 기본제도를 다루는 모법(母法)으로서의 지위를 굳건히 하고 있다.

우리나라 어업의 양적 질적 팽창으로 법제도가 세분화되었고, 산업적 기반 구축과 제도적 지원을 위하여 다수의 관련법이 제정되었다(그림 33).

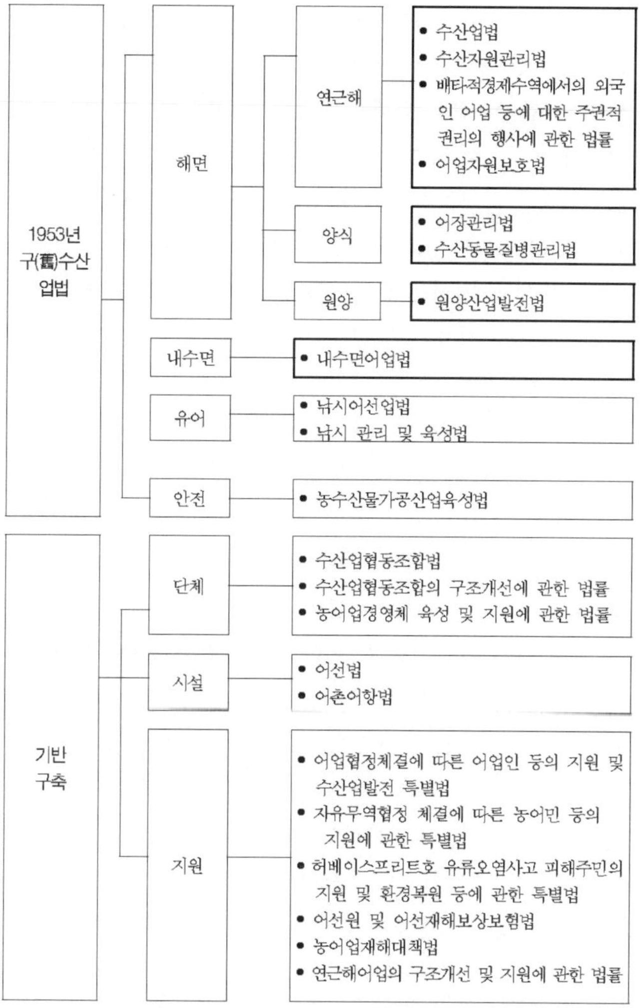

그림 33. 2012년 우리나라 수산관계법 체계도

2007년에는 수산업법에 사용되는 어려운 한문용어를 우리말로 풀어쓰고, 법문장 표기를 한글화하는 노력도 있었다. 2009년에는 법체계 선진화 계획에 따라 '기르는 어업 육성법', '어업협정 체결에 따른 어업인 등의 지원 및 수산업

발전특별법' 등에 분산되어 있던 수산업 관련 규정을 수산업법에 통합하고, 수산자원 보호 및 관리에 관한 사항을 분리하여 '수산자원관리법(水産資源管理法)'을 제정하여 오늘날과 같은 법체계를 갖추게 되었다. 하지만 이 책은 지난 한 세기 우리나라의 근대적 어업제도가 출발하는 전후사정 그리고 제도와 어업의 발전과정에 초점을 맞추었기 때문에 수산업법만을 다루고 있다.

광복 후 미군정 3년을 거쳐 1948년 대한민국정부가 수립되었다. 정부조직을 하드웨어라고 한다면 인력은 소프트웨어라고 할 수 있다. 1953~1960년까지 군인을 제외한 국가·지방·교육공무원의 수(평균적으로 약 24만 명)[4]를 고려하면 정부 수립 당시 공무원의 수는 어림잡아 10만~20만 명 수준이었을 것으로 짐작할 수 있다. 광복 당시 한반도 인구 2.5천만 명에서 12세 이상 인구의 문맹률은 78%(약 8백만 명)이었으며,[5] 한글을 읽을 수 있는 사람을 포함하는 비문맹자의 수는 약 2.3백만 명이었다. 광복 직후만 해도 한글이 상용화되던 때가 아니어서 비문맹자 중에 기본한자를 함께 읽고 쓸 수 있는 사람의 수는 제한적이었을 것이다. 광복 직후 전문학교 이상의 고등교육기관에서 교육받는 학생인구는 78백여 명에 불과했다.[6] 참고로 1930년 조선인 전체의 문맹률은 78%였으며, 비문맹자 중에서 조선어와 일본어를 함께 읽고 쓸 수 있는 사람은 6.8%(약 3만 명)이었다.[7] 독립에 대한 오랜 열망과 자주독립국가의 출범에 대한 기대와는 별개로 가용할 인적자원이 제한된 상황에서 한 세대를 지배한 식민통치의 잔재를 청산하는 것은 쉬운 일이 아니었을 것이다.

1948년 수립된 정부조직에서 수산행정을 관장하던 상공부 수산국에는 4개 과(課)[8]가 있었고, 당시 상공부직제에는 정원이 명시되어 있지 않았다.[9] 1955

4) 방효순, '일제시대 민간 서적발행활동의 구조적 특성에 관한 연구', p. 151, 2001년, 이화여자대학교 박사학위논문
5) 나라기록포털(http://contents.archives.go.kr)
6) 경향신문, 1987년 1월 10일, '교육정책의 근본철학'
7) 방효순, '일제시대 민간 서적발행활동의 구조적 특성에 관한 연구', p. 17, 2001년, 이화여자대학교 박사학위논문
8) 상공부 수산국에는 어정과, 어로과, 증식과 및 제조과가 있었다.
9) 1948년 상공부에는 비서실 외 상무국, 무역국, 광무국, 수산국, 전기국 및 공업국이 있었다. 1955년 해무청이 신설되면서 총무과와 상역국, 광무국, 전기국 및 공업국으로 개편되었고 당시 상공부직제에 규정된 정원은 130여 명이었다.

년 상공부 외청으로 신설된 해무청[10]의 직제에서 해양경비원을 제외한 정원은 218명으로[11] 이 중 수산국의 어정과,[12] 어로과,[13] 제조과[14]에서 수산관련 업무를 수행한 공무원의 수는 25~50명 수준이었을 것으로 짐작할 수 있다. 한국전쟁 이후 정부의 재정축소 차원에서 행정의 간소화가 지속적으로 대두되어 여러 차례 공무원 감원결정이 내려졌지만 전체 공무원의 수는 크게 변하지 않았다.[15] 따라서 광복 후 가용할 수산행정인력의 규모를 직제규정에 명시된 업무내용과 비교해 보면 당시 인력구조로는 기본적인 행정업무를 꾸려가기에도 벅찼을 것으로 보인다.

광복 후, 막 자주적 어업이 전개되려고 할 때 수산분야가 직면한 당면과제는 행정, 제도 및 인력의 취약성이 아니라 어업활동에 필수적인 어선, 자재 및 자금 부족과 같은 보다 실질적인 문제를 해결하는 것이었다. 이 같이 열악한 어업여건은 정치적 · 경제적 · 사회적 혼란기와 맞물려 어업활동 자체가 부진하게 되는 결과를 낳았다. 한국전쟁과 전후복구과정이 진행되었던 1950년대는 전후혼란을 수습하여 어업활동을 정상화하는 것이 급선무였기 때문에 제도적 또는 산업적 기반구축 등의 문제는 후순위가 되었다.

한국전쟁 휴전 후 국가경제재건이라는 시대적 과업을 추진해야 하는 정부의 입장에서 가장 절실했던 것은 자금 즉 외화였다. 당시만 해도 농업 중심의 경제구조로 산업기반이 거의 전무하던 때여서 어업은 외화획득의 수단이자 대안이었다. 1950년대 우리나라 인구에서 어가인구가 차지하는 비중은 3%에 불과하였지만 연평균수출총액에서 수산물 수출이 차지하는 비중은 17%(약 4백만 달러)로 수산물 수출은 정부의 주요 외화수입원이었다. 다시 말해 오천년 역사에서

10) 해무청은 상공부 수산국과 교통부 해운국 기능을 통합하여 신설되었다.

11) 해무청직제(대통령령 제1010호, 1955년 2월 17일 제정)

12) 어정과는 수산업에 관한 정책계획과 통계, 수산단체와 관리수업의 감독, 수산업장려, 수산자금, 제망, 제강, 자재수급, 인사, 문서, 관인관수, 예산, 결산, 회계 및 청내 타국과의 주관에 속하지 않는 사항을 분장하였다.

13) 어로과는 어로어장과 어구의 조사, 어업처분 및 어선관리에 관한 사항을 분장하였다.

14) 제조과는 수산제조업처분, 수산물의 제조가공, 통조림제관, 랭동 및 수산동식물의 양식에 관한 사항을 분장하였다.

15) 방효순, '일제시대 민간 서적발행활동의 구조적 특성에 관한 연구', pp. 149~150, 2001년, 이화여자대학교 박사학위논문

줄곧 소외 또는 천시되어 왔던 어업의 경제적 가치가 재조명되어 전후 국가경제재건기에는 어업의 필요성에 대해 정치적 · 경제적 · 사회적 합의에 이르게 되었다.

광복 후 우리나라 어업의 전개과정을 생산요소 투입 측면과 수산자원과 해양환경 측면에서 회고하면 다음과 같다.

1) 생산요소의 투입 측면

지난 한 세기 우리나라 어업의 발전과정은 편의상 유엔해양법이 발효된 1994년을 전후로 나누어볼 수 있고, 광복에서 1990년대 초까지 어업의 전개과정은 다시 생산요소 중 노동력이 투입되던 시기와 자본이 투입되던 시기로 구분할 수 있다. 노동력 투입 시기는 광복에서 1950년대 또는 1960년대 초까지로 정부가 적극적으로 어업을 개발하고 장려할 의지를 분명히 하였음에도 불구하고 이를 추진할 자금이 부족하여 뚜렷한 성과를 내지 못하던 때이기도 하다. 하지만 당시 높은 실업률로 어촌에 일시적으로 인구가 유입되어 이들 가용 노동력을 어업에 투입하여 제한적이나마 어획생산량이 증가할 수 있었다.

노동투입에 이어 자본투입이 이루어진 것은 1965년 한일국교정상화가 이루어진 다음해부터 대일청구권자금과 어업협력자금이 들어와 집행되면서 부터이다. 여기에 1967년부터는 베트남전쟁에 국군파병이 본격화되어 막대한 외화수입이 발생하게 되었다. 정부의 자금사정 호전에 힘입어 어업에 본격적으로 자본투입이 이루어지자 어선세력이 강화되어 연근해어업 생산량이 비약적으로 증가하기 시작하였다(그림 34). 원양어업진출도 활발해졌다. 또한 양식어업의 생산량도 점차 향상되기 시작하였다. 따라서 어업생산구조는 식민지시대 연근해어업 중심에서 원양어업과 양식어업으로 확대되었고, 어업생산량 측면에서 자본이 투입되기 이전과 비교할 수 없을 정도로 어업발전이 가시화되었다. 어업별 통계가 작성되기 시작한 이래 내수면어업이 전체생산량 비중에서 차지하는 비중은 줄곧 1% 미만이었다.

광복에서 한일국교 정상화까지 20년의 시차가 있었음에도 불구하고 당시 정부와 그 소속기관은 식민지시대 자행된 남획으로 어획생산량이 감소하였음을 감지하지 못했기 때문에 한일회담 때 식민지시대 수산자원 고갈문제를 의제화하지 못했다. 이는 꼭 배상을 위한 것이라기보다는 지리적으로 양국 간에 지속될 수밖에 없는 어업관계를 고려할 때 하나의 근거자료를 남길 수 있는 좋은 기회를 놓쳤다는 점에서 아쉬운 부분이다. 뿐만 아니라 자원고갈의 인과관계를 인지하지 못했기 때문에 1980년대까지 정부의 어업정책은 마치 조선총독부의 증산정책을 계승한 것처럼 어획노력량 증가(어선세력의 강화) 다시 말해 생산성

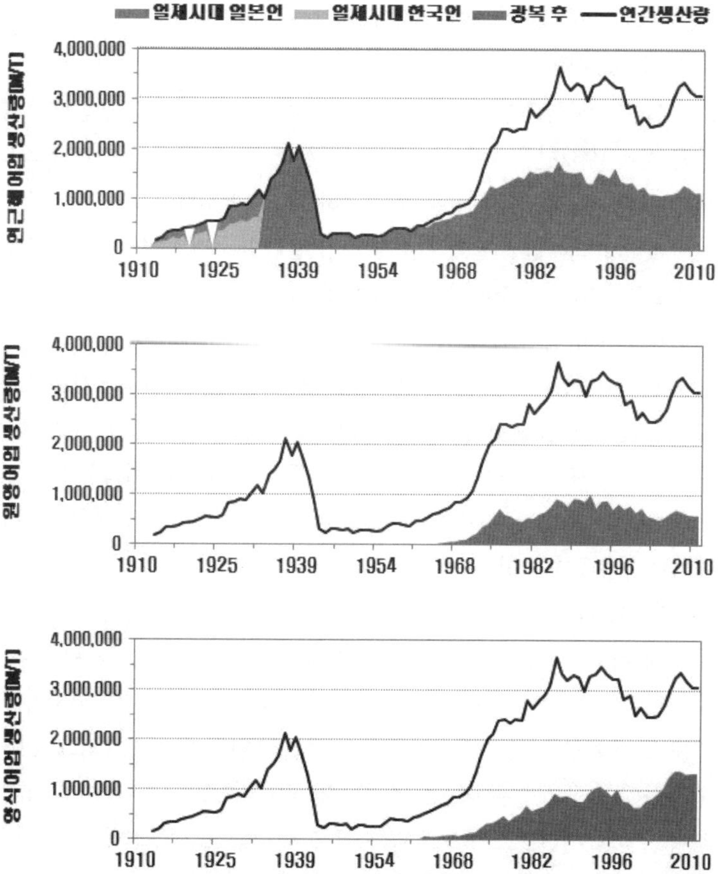

그림 34. 연근해, 원양 및 양식어업 생산량 추이

향상에 집중되어 있었다.

어업생산량 측면에서 우리나라 어업의 전성기는 1980년대로 1950년대 대비 10배 정도 증가하였다(그림 34). 1980년대 연근해어업에 이어 1990년대 원양어업 생산량이 감소하였음에도 불구하고 전체어업생산량은 1980년대 수준인 3백만 톤을 유지하였다. 이는 원양어업을 포함한 어로어업 생산량의 감소폭을 양식어업 생산량의 증가가 상쇄하는 생산구조로 전환되었기 때문에 가능할 수 있었다. 자연생태계에 분포하는 수산자원에 의존적인 연근해어업 생산량의 증가는 1970년대 중반부터 둔화되어 이후 1.5백만 톤 수준에서 거의 정체되어 있다가 1980년대 후반부터 감소하기 시작하여 2000년대 연평균생산량은 1980년대 대비 25%감소하였다.

1957년 인도양 시험조업으로 시작된 우리나라 원양어업은 그 생산량이 통계로 작성된 것은 1962년부터이며, 이후 연평균 40%씩 성장하여 1992년 최고치를 기록할 때까지 무려 1,500배 이상 증가하였다(그림 34). 하지만 원양어업 생산량은 1994년 유엔해양법 발효 이후 내려진 일련의 국제어업규제조치로 해외어장이 축소됨에 따라 감소하기 시작하여 2000년대 연평균생산량은 1990년대 대비 26% 감소하였다.

우리나라의 어업통계에서 양식어업 생산량이 기재되기 시작한 것은 식민지시대부터이지만 당시 전체어업생산량에서 차지하는 비중은 0.1~2.4%(평균 0.5%) 수준에 불과하였다. 양식어업의 비중이 두 자리 숫자를 기록한 것은 1960년대이다(그림 34). 최근 양식어업의 비중은 44%로 높아졌고, 1960년대 대비 생산량은 11배가량 증가하였다.

우리나라 연근해에서 생산되는 어획량 감소추세가 장기화되기 시작한 1980년대에 세계 어업생산량도 감소하여 국제사회에서 남획과 수산자원고갈문제가 대두되기 시작하였다. 1994년 유엔해양법 발효 이후 국제적으로 어업규제가 다각도로 강화되고 있지만 수산자원은 여전히 완만하게 회복되고 있어 세계 어업생산량의 증가축은 어로어업에서 양식어업으로 옮겨갔다. 다시 말해 어업에 투입되는 생산요소가 노동과 자본에서 기술로 전환되었다는 것이다. 여기에 기후변화라는 범지구적 환경이슈가 급부상하여 세계는 지금 저탄소 녹색어업으로 즉 녹색어업기술 혁명시대로의 진입을 시도하고 있다.

2) 수산자원과 해양환경 측면

우리나라 어업정책을 수산자원과 해양환경 측면에서 회고한다면 수산업법에서 '자원의 보호관리'라는 용어가 처음으로 등장하는 1975년 개정 때를 제도 측면에서 수산자원 보호 및 관리에 대한 개념이 도입되는 분수령으로 볼 수 있다. 하지만 광복 후 만성적인 외화부족으로 고전하던 정부에 외화수입원이 발생한 1960년대 후반부터 어업 분야에 대한 투자가 본격화되어 어업별 어업생산량이 비약적으로 증가하던 1970년대까지 실효적인 수산자원 보호 및 관리조치는 없었다고 봐도 무난할 것 같다.

1975년 개정에 앞서 1971년 수산업법 개정에서 산업시설 및 기타 사업장의 건설 또는 조업이나 유조선의 유류 누설 등에 의한 수질오염으로 발생한 어업손해에 대해 오염발생시설의 경영자가 배상하도록 하는 규정이 신설되었는데, 이는 급격한 산업화 과정에서 산업단지 주변의 연안어장이 황폐화되고 있음을 정부가 인정하였다는 증표이다. 하지만 이때까지 정부는 어장과 그 주변 생태계를 고려한 지속가능한 어업에 대한 개념이 정립되지 않아 수질오염으로 인한 어업손실을 피해보상이라는 소극적인 방법으로 대처하였다.

자연생태계에 서식하는 수산자원량에 의존적인 연근해어업생산량의 감소가 가시화된 것은 1980년대 후반이었지만(그림 34) 1970년 유엔개발계획(UNDP)은 한국 연안의 수산자원은 이미 집중적으로 개발되어 향후 어업생산량이 감소할 것이라는 전망과 함께 수산자원을 보호·육성하는 정책이 필요하다는 보고서를 정부(당시 농림부 산하 수산청)에 제출하였다. 하지만 정부와 그 소속기관은 어획생산량의 감소가 장기화되고 있었던 1980년대까지도 실효적인 자원보호 및 관리대책을 제시하지 못했다.

1966년 농림부 외청으로 수산행정을 전담하는 수산청이 신설된 데 이어, 1973년에는 기관 명칭이 농수산부로 변경되었다. 이는 정부 부처명에서 처음으로 '수산'이 명시된 것으로 수산의 위상이 높아졌음을 보여준다. 하지만 원양어업을 포함한 우리나라 어업생산량의 99% 이상이 해면에서 생산되고 있음에도 불구하고 지속가능한 수산업이라는 개념과 해양을 관리대상으로 보는 인식의 전환은 없었다. 1977년 수산청이 어선세력의 급격한 증가로 어업행정관리 차원에서 어선을 관리·통제하기 위하여 '어선법'을 제정하였을 때 보건사회부는 '해양오염방지법'을 제정하였다. 어떻게 보면 이때까지 우리나라에는 해양환경의 관리 주체가 없었던 것으로 보여 진다.

1948년 대한민국정부가 수립될 때 상공부 산하에는 중앙수산시험장[16]이 있었고, 1949년 제정된 중앙수산시험장직제에는 동 시험장의 직무는 수산에 관한 일체의 조사·시험·분석· 감정 및 양식용 종묘의 배수(配守)에 관한 사항을 관장하는 것이며, 그 하부조직으로 서무과, 어로과, 제조화학과, 증식과 및 해양조사과를 두도록 규정하고 있었다. 당시 해양조사과의 사무분장은 해양 및 내수면 조사 및 연구에 관한 것이었다. 중앙수산시험장에 수산자원의 생태 및 량(量)적 동태와 어황에 대한 조사 및 연구를 수행할 자원조사과가 신설된 것은 1962년이며, 이 때 해양조사과의 사무분장도 해양, 해양기상과 어장의 해양학적 조사·시험·연구로 구체화되었다.

1963년 중앙수산시험장은 국립수산진흥원으로 개편되었고, 당시 국립수산진흥원직제에서 규정된 직무는 수산진흥에 관한 조사시험연구와 수산기술지도 및 교육이었으며, 하부조직으로 서무과, 지도과, 해양조사과, 자원조사과, 증식과, 어업개발과와 이용가공과가 있었다. 해양조사과의 사무분장은 해양환경 조사연구, 해수의 화학적 조사, 연안정지관측, 해양과 해조류의 물리학적 조사연구, 조석·조류와 파랑에 관한 조사연구, 부유생물에 관한 조사·연구, 해저지형과 지질에 관한 조사·연구, 지열(地熱)[17]과 지자기(地磁氣)[18]에 관한 조사·연구, 해양기상에 관한 조사·연구, 해양관계 표본관수 및 수질오탁에 관

16) 중앙수산시험장의 전신인 수산시험장은 조선총독부가 1921년 설립하였다.
17) 지열(geothermy)은 지구 내부에 보유되는 열을 통틀어 일컫는 말이나 인간이 개발·이용할 수 있는 범위만을 대상으로 하는 경우도 있다. 넓은 뜻의 지열은 맨틀대류의 열공급과 지각 속의 방사성 물질붕괴의 복사열이 그 열원(熱源)이다. 좁은 뜻의 지열 열원은 마그마로 화산지역에서 국소적으로 뚜렷이 나타나는 고온 분기(分岐), 온천현상 등이 있으며, 천연의 열수나 증기의 지열자원이 지열발전, 지역난방, 농공업 등에 이용된다.
18) 지자기(geomagnetism)는 지구와 지구주위에 나타나는 자석과 같은 자성으로 지구는 큰 자석으로서 북극 부근에 S극, 남극 부근에 N극이 있다.

한 조사·연구였다. 자원조사과의 사무분장은 수산자원의 생물생태학적 조사·연구, 자원보호에 관한 조사·연구, 수산생물의 조사·통계, 어황조사, 어황공표 및 무선전신실 운영이었다.

국립수산진흥원의 정원은 1963년부터 1981년까지 약 2배, 1989년까지는 연구직 정원만 2배 증가할 정도로 조직이 확대되었다. 하지만 수산청 또는 당시 농수산부는 해양과 해양생태계에 대한 개념부족으로 1977년 보건사회부가 '해양오염방지법'을 제정한 데 이어 1980년 외청으로 환경청을 신설하여 해양환경문제를 관장하게 되는 것을 방관하였다. 환경청은 태생적 해양환경문제를 접근하는데 한계를 가지고 있는 조직으로 환경청의 해양관련 업무는 1996년 신설된 해양수산부와 그 소속기관으로 점차적으로 이관되었다.

우리나라 수산자원의 보호 및 관리 조치는 1990년대에 구체화되기 시작하였다고 할 수 있다. 수산동물의 산란·수산동식물의 종묘발생이나 치어의 성장을 위하여 적합하다고 인정하는 수면에 대하여 보호수면으로 지정할 수 있게 한 것에 더해 1990년 개정에서 수산자원의 보호를 위한 제도로 정착성 수산물이 대량 서식하는 수면과 수산자원의 조성을 위하여 수산종묘를 방류하거나 시설물을 설치한 수면을 육성수면(育成水面)으로 지정하여 관리할 수 있게 하였다. 하지만 보호수면과 육성수면의 구분이 명확하지 않다.

1995년 개정에서는 첫째 연안수역의 환경개선을 위하여 연안수역정화사업을 실시하게 하였다. 둘째, 어초시설사업, 수산종묘의 생산·공급 및 방류사업, 어선감척 등 어업구조조정사업 및 기타 수산자원조성에 필요한 사업을 시행하게 하였다. 마지막으로 '총허용어획량 설정'을 신설하여 수산자원의 보존 및 관리를 위하여 대상어종 및 해역을 정하여 총허용어획량(總許容漁獲量)을 정할 수 있게 하였다.

우리나라의 전통적인 수산자원 및 어업관리는 어업허가제를 통한 신규진입 규제와 어구·금어기·망목규제와 같은 기술적 규제 중심이었으나 총허용어획량제도의 도입으로 어획량까지도 규제할 수 있게 되었다. 현행 수산통계연보에서 총허용어획량제도는 해면어로어업 대상종으로 기재되는 120여 종 중에 12종[19]에 한해 실시되고 있다. 통계연보에 기재되는 어종을 상업적으로 유용한 종이라고 본다면 현재 시행되는 총허용어획량제도는 이들 종의 10%를 대상으로 시행되고 있는데, 이 제도를 어디까지, 특히 국민선호도가 높은 다획성(多獲性) 어종까지 확대될 수 있을지 확인해 볼 필요가 있다. 또한 현행 어업통계 집계방식에서 어종별로 할당된 총허용어획량의 준수여부를 모니터링하고, 점검하는 방법에 문제가 없는지 생각해 볼 필요가 있다.

총허용어획량제도를 시행함에 있어 무엇보다 우리나라 어업실정을 고려할 필요가 있다. 허가제 어업면허는 무분별한 신규진입을 규제하여 자원보호에 기여하고 있으나 현행 면허 및 허가제는 어장별 어종을 대상으로 허가하는 것이 아니라 어업기능별[20]로 분류하고 있다. 예를 들어 기선저인망, 자망, 연승, 안강망 등의 어업은 모두 저서어종을 대상으로 하고 있으며 이들 어업은 명태, 대구, 가자미 등 10여 종을 어획할 수 있다. 또한 현행 수산업법에서 근해어업과 연해어업을 어선 톤수(10톤)를 기준으로 구분하고 있고, 허가정한수를 정할 수 있게 하고 있지만 어선의 마력 및 어로장비의 기계화로 10톤 미만으로 연안어업으로 분류된 어선어업이 근해어업으로 분류된 동종의 어업을 같은 어장에서 조업할 수 있게 되었다.

수산자원과 해양환경을 효과적으로 보호하고 관리하기 위해서는 이를 과학적으로 지원하는 기관, 특히 전문인력이 필요하다. 국립수산진흥원직제에서 1963년 과장을 수산연구관에 보(補)하도록 하는 규정과 1966년 수산연구기원보, 수산연구기원, 수산연구기사보, 수산연구기사와 같은 직급(職級)이 등장하나 오늘날과 같이 전문성을 겸비한 연구직 개념이 아니었다. 1966년 국립수산진흥원정원표에 명시된 정원은 272명이었으며, 앞에서 언급한 연구 직급의 비율은 45%, 123명이었다. 정원표에서 연구직급이 연구관과 연구사로 이분화된 것은 1981년이며, 당시 정원은 1966년대 대비 448명으로 큰 폭으로 증가하였으나 연구직은 정원의 30%에 해당하는 132명으로 증원되어 증가폭이 크지 않았다.

---

19) 홍어, 전갱이, 고등어, 정어리, 도루묵, 붉은 대게, 꽃게, 대게, 오징어, 소라, 키조개, 개조개
20) 현행 수산업법 제8조에서 면허어업은 정치망어업, 해조류 · 패류 · 어류 등 양식어업, 복합양식어업, 마을어업, 협동양식어업, 외해양식어업으로 분류되며, 제41조 허가어업은 구획어업, 육상해수양식어업, 종묘생산어업으로 분류하고 있다.

수산청직제에서 1995년 국립수산진흥원의 하부조직은 서무과, 연구기획과, 어촌지도과, 해양자원부, 증식부, 어구어법연구실, 이용가공연구실로 정비되어 있었다. 1996년 해양수산부가 출범으로 국립수산진흥원의 조직은 서무과, 연구기획과, 어촌지도과, 어업자원부, 증식부, 적조연구부, 위생가공연구실 및 수산경제연구실로 확대되었다. 경제개발5개년계획의 추진과 함께 양적으로 질적으로 급성장한 수산업 분야에 연구기능의 강화는 시대적 요구에 부합하는 것으로 실제로 국립수산진흥원의 연구직 정원은 30년 전인 1966년 대비 2.5배 증가한 300여 명으로 증원되었다. 1990년대 전후로 우리 사회에 나타나기 시작한 학력인플레이션으로 석사 또는 그 이상의 학위소지자가 국립수산진흥원에 충원되기 시작하였다. 하지만 수산자원과 해양환경의 보호와 관리에 대한 기본개념부족으로 조직의 연구비전과 방향은 여전히 양식어업과 어로어업에 머물고 있었다.

1970년대부터 국제사회는 해양오염과 수산자원의 남획문제를 비중 있게 다루면서 1990년대 들어서는 수산자원과 해양환경의 보호 및 관리대책으로 '지속가능한 수산업'을 제시하였다. 1996년 신설된 해양수산부체제에서 환경부가 소관 하던 해양관련 조사업무가 국립수산진흥원으로 이전되었고, 2002년에는 국립수산과학원으로 기관명이 개명되었다.

국립수산과학원은 1970년대와 1980년대 우리나라 어업이 팽창하는 시기에 조직의 기능이 확대됨에 따라 인력충원도 꾸준히 이루어졌다. 1996년까지 증원된 연구직 정원 175명 중에 관리급 연구관이 75명 대폭적으로 증원되었다. 하지만 증원된 관리직 자리에는 새로운 연구수요에 부합하는 신규인력이 충원되기 보다는 대부분 근무연수를 기준으로 자체 승진형식으로 채워져 연구환경의 변화라는 시대적 요구에 소극적으로 대응하는 아쉬움을 남겼다. 2008년 정부조직개편으로 해양수산부에서 농림수산식품부 소속기관으로 바뀌었지만 그 직무규정에는 주목할 만한 변화가 없었다. 2011년 수산자원사업단(뒤에 수산자원관리공단)이 발족하면서 국립수산과학원 연구직 49명이 이직하여 전체적으로 정원이 감소되는 효과를 가져왔다.

한 나라의 수산자원관리는 환경 또는 생태계의 건강성을 전제로 어획노력을 조절하는 것이라고 할 수 있다. 제8장의 그림 31과 그림 32에서 나타난 지난 한 세기 우리나라 어획생산량의 추이는 그 동안의 수산자원관리노력이 성공적이지 못했음을 보여준다. 일부 어족자원은 사라질 위기에 처해있다. 이 같은 결과는 수산자원과 해양환경에 접근하는 기본개념의 부족과 관리적 접근방법에서 국제화를 등한시하여 생산에만 집중한 과거 우리나라 수산행정의 총체적 문제에 기인한다고 할 수 있다. 다시 말해 어업의 미래를 통찰하여 조직의 비전과 방향을 제시하는 정책수립 능력의 부재이다. 국립수산과학원도 그 사무분장을 고려할 때 여기서 자유롭기 어렵다. 90여 년의 연구역사를 가진 국립수산과학원에 세계적 인지도를 가진 분야별 전문가가 거의 없는 것도 조직비전의 한계성을 보여주는 것이라 할 수 있다.

현행 국립수산과학원의 사무관장에는 고도의 전문성을 필요로 하는 순수 연구업무뿐만 아니라 테크니션(technician)의 기능에 준하는 업무도 포함되어 있으므로 향후 조직개편에서는 연구 직렬을 테크니션과 연구직으로 구분하는 것도 고려해 봄직하다. 실무분야 기술자 개념의 테크니션과 연구직(researcher)은 연구목적과 방법을 수립하는 능력에서 차이가 있다. 또한 연구관리직은 전공분야에 제한된 석 · 박사급 실무진의 연구능력과 경험을 조직의 연구비전과 방향에 맞게 활용하여 조직성과차원에서 관리하고, 국가 차원에서 이루어지는 어업정책을 체계적으로 지원하는 과학연구 및 자료생성을 주도할 수 있는 소양을 갖추고 있어야 한다.

한편 1980년대 중반 이후 국내 어로어업생산량이 감소 추세로 돌아선데 이어 1994년 유엔해양법 발효 이후 국제어업규제 강화로 해외어장이 축소되어 원양어업이 위축되기 시작하였다. 여기에 더해 1993년 우루과이라운드 타결과 1994년 세계무역기구(WTO)체제 출범으로 농수산물시장이 개방되게 됨에 따라 정부는 농어가피해대책을 수립해야 했다. 이 때 어촌피해대책의 일환으로 연근해어선감척사업이 이루어져 정부차원의 어획노력량 규제가 시작되었다. 2012년에는 감척사업의 실효성을 제고하기 위하여 그 동안 감척을 원하는 어업인을 중심으로 운영되던 제도를 자원남획형 어선을 대상으로 다시 말해 정부 주도 자원관리형 어선감척제도가 도입되었다. 1998년과 2000년에는 한일어업협정과 한중어업협정이 각각 체결되어 연근해어업 생산량 감소에 이어 조업수역까지 축소되게 되었다.

1990년대는 대내외적 어업여건변화와 함께 수산자원 보호 및 관리가 제도적으로 구축되던 시기로 수산업법에서 처음으로 '불법어업방지'라는 용어가 등장하였다. 불법어업은 어업질서 확립뿐만 아니라 수산자원의 관리적 측면에서도 중요하다. 정부는 정부 주도의 수산자원관리에 한계를 극복하기 위하여 2004년 수산업법 개정에서 '어업의 자율관리 지원'을 신설하여 어업인이 자율적으로 수산자원을 보호 · 관리하고, 어업경영을 개선하도록 하였다. 자율관리형어업제도가 도입된 것은 2001년이며, 지난 10여년에 동안 자율관리형어업에 참여하는 공동체의 수와 참여어업인이 지속적으로 증가하여 어촌사회의 변화를 주도하는 세력으로 수산정책의 한 영역으로 정착되었다(표 40).

표 41. 자율관리형 어업 통계 현황

	2001년	2003년	2005년	2007년	2009년	2011년	2012년 9월
공동체 (개소)	63	122	308	579	758	932	972
- 마을어업	32	61	159	294	391	465	481
- 양식어업	11	15	46	72	80	89	95
- 어선어업	8	29	52	102	135	175	181
- 복합어업	12	17	43	94	124	153	163
- 내수면어업	-	-	8	17	28	50	52
참여어업인 (명)	5,107	10,765	24,805	44,061	56,100	63,860	65,952
공동체당 평균 구성원수 (명)	81.1	88.2	80.5	76.1	74	68.5	68

1990년대 마련된 일련의 자원보호 및 관리 조치는 각종 규정의 재정립과 함께 어선감척사업으로 어획노력량을, 총허용어획량제 실시로 어획량을 규제할 수 있게 되었다. 이런 일련의 조치의 결과인지는 더 지켜봐야 하겠지만 2000년대 후반 들어 연근해어업생산량이 조금씩 회복되는 경향을 나타내고 있다(그림 34). 하지만 최근에 기록된 연근해어업생산량은 1980년대 평균대비 76%, 1986

년 고점대비 67%, 1939년 최고점 대비 58% 수준이다.

최근 회복조짐을 보이고 있는 수산자원을 어느 수준에서 이용해야 지속가능성을 유지할 수 있을지에 대한 과학적 검토가 필요하다. 또한 지속가능한 수산업을 위해서 어업생산의 장이 되는 해양환경을 생태계차원에서 어떻게 보호하고 관리할 것인지에 대한 정책목표와 관리방안도 제시되어야 한다. 이를 위해서는 최근 국제사회에서 논의되고 있는 생태계 관리형 자원관리(Ecosystem Approach to Fisheries, EAF) 개념을 검토하여, 우리 실정에 맞는 생태계 관리형 자원관리시스템을 개발해야 한다.

3. 우리나라 어업이 나아가야 할 방향

어업은 해양을 이용하는 한 방법으로 해양은 조선, 항만, 해운, 해양자원과 에너지, 해양과학기술 등과 같은 해양산업과 해양조사와 해양환경보전이라는 기본적 관리기능을 포함한다. 역사적으로 해양진출에 대체로 소극적이었던 우리나라가 오늘날 조선(造船)과 해운분야에서 확보하고 있는 국제경쟁력을 보면 해양에 대한 접근방법이 과거와 달라졌음을 알 수 있다. 다시 말해 해양에 대한 인식전환이 없었다면 1960년대 초부터 정부가 주도한 일련의 산업화정책이 실효를 거두기 어려웠을 수도 있었다.

좋은 의미든 나쁜 의미든 우리나라는 저성장-저임금 절대빈곤에서 고성장-저임금단계를 거쳐 고성장-고임금시대에 진입하였고, 2012년 1분기 기준 명목 국내총생산(GDP)에서 수출비중이 58%를 차지하는 수출주도형 경제구조로 전환되었다. 세계경제침체와 경제양극화 확산에도 불구하고 오천년 역사에서 유래가 없는 물질적 풍요를 누리는 시대에 살고 있음을 부인하기 어렵다.

농업국가였던 우리나라가 산업화 단계로 진입하는 초기에 어업은 외화유동성을 공급하는 성장동력으로 국가경제에 기여하기도 하였지만 세계국가별 경제순위에서 14인 오늘날과 같은 수출주도형 공업경제구조에서 어업의 위상은 예전과 같지 않다. 우리나라 역사에서 어업의 산업적 기능은 산업화과정에서 부각되었다고 할 수 있으며, 여기서 어업의 위상은 정치 · 경제 · 사회구조에서 해당산업이 가지는 영향력이라고 할 수 있다.

우리나라가 세계국가경제순위 14위라고 하나 세계경제규모에서 차지하는 비중은 1.6%이며, 국내총생산(GDP)규모는 미국의 15분의 1, 중국과 일본의 5분의 1수준이다. 어업생산량 측면에서 우리나라의 국가별 순위는 경제순위와 비슷한 13위이며, 수산물 수출에 있어 국가별 순위도 26위여서 수산강국의 위치에 있다고 하나 세계어업생산량에서 우리나라가 차지하는 비중은 2% 미만이다. 원양어업을 고려한다고 해도 우리나라의 국토면적과 인구규모를 고려할 때 국가별 순위와는 별개로 수산물의 생산 또는 수출로 우리나라가 세계수산시장을 제패하는 것은 어업생산방식에 있어 우리나라가 주도하는 산업혁명과 같은 획기적인 기술혁신이 없이는 현실적으로 어렵다.

현행 수산업법에서 어업은 수산동식물을 포획·채취하거나 양식하는 사업으로, 수산업은 어업과 어획물운반업 및 수산물가공업으로 정의된다. 하지만 포괄적 의미의 어업은 생존, 상업적 가치 또는 레저가치를 위해 수산동식물의 포획·채취·양식하는 행위이며, 수산업은 어업으로 생산된 수산물을 이용한 2차·3차산업을 모두 포함하는 개념이다. 지속가능한 수산업은 어업대상이 되는 수산자원과 어업생산의 장이되는 해양환경뿐만 아니라 생산에서 소비단계에 이르는 전 과정을 관리대상으로 보는 것이다.

수산자원과 해양환경의 보전이라는 기본적인 관리기능을 전제로 어업에 있어 정부의 역할은 수산식량원 확보와 어업을 통한 일자리 창출과 경제적 파급효과로 산업 부문을 활성화시키는 것이다. 정부의 역할론에 있어 과거처럼 생산단계에서의 양적 성장이 아닌 질적 성장 다시 말해 지속가능한 어업기술력과 지속가능한 어업을 통한 지속가능한 부가가가치 창출이 강조되어야 한다. 또한 어업생산물의 최종 귀착지는 식품으로 소비되는 것이므로 수산과 식품은 연계해서 다루어져야 한다.

앞에서 언급했던 '자주적 어업발전에 대한 회고' 즉 지난 한 세기 우리나라 어업발전을 결과론적으로 본다면 광복 이후 우리나라 자주적 어업은 노동과 자본이라는 생산요소를 투입하여 어업생산 측면에서 비약적으로 성장하였다. 이 과정에서 어업을 1차산업 영역에 국한시켜 다루었기 때문에 생산자의 소득,

어업경영, 부가가치 창출과 산업의 확대 등은 그다지 강조되지 않았다. 그럼에도 불구하고 2012년을 기준으로 지속가능한 수산업을 위해 아직까지 해결하지 못하고 있는 부문은 어업대상이 되는 수산자원과 어업활동의 장이 되는 해양환경에 대한 개념 정립과 체계적 관리이다.

지속가능한 수산업을 위해 수산자원과 해양환경을 보호하고 관리하는 어업정책뿐만 아니라 국가 단위로 수행되는 모든 정책에서 예산과 인력은 중요하다. 하지만 이 둘에서 자유로운 정부는 지구상에 거의 없다고 봐도 될 것 같다. 성공한 정책과 실패한 정책은 부족한 예산과 인력을 최대한 활용하여 현재 상황을 정확하게 분석 또는 인지하는 능력과 미래를 예측하는 통찰력으로 판가름 난다고 할 수 있으며, 여기에는 현재 상황에 대한 분석과 미래예측과정에서의 오류를 조기에 인지하는 능력도 포함된다. 또한 수립된 정책에는 정책목표를 구체적으로 실현할 수 있는 단계별 접근법도 제시되어야 한다.

우리나라뿐만 아니라 세계적 차원에서 봐도 어업의 궁극적인 목표는 지속가능한 수산업을 유지하기 위한 총체적 또는 공동의 노력이다. 수산자원과 해양환경 관리 측면에서 우리가 나아가야 할 방향은 최근 국제사회에서 논의되고 있는 생태계 관리형 자원관리(Ecosystem Approach to Fisheries, EAF)가 아닌가 싶다.

21세기 우리나라 어업 또는 수산업이 나아가야 할 방향을 고민하기 위해서는 과거의 성공과 실패에 대한 진솔한 성찰, 현재 상황에 대한 정확한 분석과 인지 그리고 미래를 예측하는 통찰력이 필요하다. 이를 위해서는 무엇보다 수산업에 접근하는 기본개념의 정립이 되어야 한다. 수산물 수요와 어업생산의 축, 양식어업, 소득창출, 어업경영, 부가가치 창출, 친환경 친생태적 수산물, 녹색어업기술, 어업의 민주화 관점에서 우리나라 어업이 나아가야 방향을 고민해보면 다음과 같다.

❶ 수산물 수요와 어업생산의 축 일정 수준 이상으로 경제성장을 이룬 나라에서 수산물 수요는 인구증가보다는 소득수준과 식생활문화패턴에 탄력적으로 반응하기 때문에 어업을 1차산업의 원론적 기능인 수산식량확보 측면에서 접근하면 안 된다. 실제로 소득수준의 향상과 웰빙문화의 확산으로 우리나라 국

민 한 사람이 연간 소비하는 수산물소비량은 최근 10년 사이 10kg이상 증가한 49.8 kg으로, 세계평균(16.8 kg)보다 3배가량 높다. 이 같은 수산물소비량의 증가세로 최근 국내어업생산량보다 많은 수산물이 수입되고 있다.

원양어업을 포함한 어로어업의 생산량은 자연자원에 의존적이어서 현재 수준에서 최적의 수산자원관리가 이루어진다고 해도 증가일로에 있는 수산물 수요를 충당하기 어려우므로 공급 측면에서 어업생산의 축을 지속가능한 양식어업으로 전환해야 한다. 이를 위해서는 수산물 안전성을 검증하는 제도적 장치와 관리체계의 정비가 필요하다. 또한 정부가 마련한 수산식품안전기준은 수입수산물에도 엄격히 적용되어야 한다.

❷ **양식어업** 최근 어업생산량의 증가와 어가소득의 증대요인이 주로 양식어가에서 기인하고 있으나 현재 수산통계연보에서 양식어업 생산량으로 기재되는 대상종은 어로어업의 42% 수준인 48여 종이며, 이 중 8종의 양식생산량이 양식어업 전체생산량에서 차지하는 비중이 95%로 양식어업이 특정 어종에 편중되어 있다.

양식기술이 개발되어 있음에도 불구하고 양식생산이 저조한 어종에 대해서는 단순히 기술보급의 부진인지, 상업화 단계에서 기술적 보완이 필요한 것인지, 소비자의 선호도가 없는 종에 대해 시험적으로 양식기술이 개발된 것인지, 수입 또는 자연산과 비교할 때 가격경쟁력 문제로 양식어가의 참여가 저조한 것인지 등을 면밀히 분석하여 수요와 공급 차원에서 선택적으로 지원하거나 보완하는 정책이 강구되어야 한다. 신품종개발로 양식대상종을 확대함에 있어도 수입대체효과를 기대할 수 있거나 양식기술개발이 용이한 어종과 국민적 선호도가 높아 이미 시장이 확보되어 있지만 양식기술개발이 어려운 종(예, 명태, 민물장어 등)을 구분하여 전략적으로 접근할 필요가 있다.

양식수산물의 가격안정 측면에서 자율관리형어업제도에 참여하는 양식어가 또는 어종별로 구성된 어업인단체들이 서로 협의하여 해당어종을 시장수요 이상으로 과잉생산하지 않도록 유도하는 방안이 검토되어야 한다. 어가소득 측면에서 과잉생산으로 인한 가격폭락보다 적정량의 생산으로 가격안정성을 확보하는 것이 유리하다. 또한 태풍과 같은 자연재해, 적조와 같이 현재로서는 특단의 조기대처법이 개발되지 않은 환경문제 및 최근 빈번해지는 기상이변 등으로 인한 피해를 최소화할 수 있는 친환경저탄소를 골자로 하는 지속가능한 양식시스템을 개발하는 노력도 병행되어야 한다.

국내에서 양식한 수산물의 가격경쟁력 또는 판로확보를 위해서는 원산지표시나 대대적인 원산지단속보다 효과적인 방법은 국민(소비자)이 신뢰할 수 있는 수산물 안전성검사체계 확립과 이에 대한 대국민 홍보임도 잊지 말아야 한다.

❸ 소득창출 수산물 수요를 공급하는 입장에 있는 수산물 생산자와 생산된 수산물을 매개로 파생되는 2차 · 3차산업에 종사하는 수산 관계자 경제행위의 궁극적인 목표가 소득창출임을 분명히 해야 한다. 1970년대와 1980년대에 걸쳐 전개되었던 우리나라 어업의 호황기가 오래 유지되지 못한 것은 수산자원 고갈로 인한 어획생산량의 감소보다는 국가경제가 고도로 성장하던 시기에 수반된 임금상승률을 노동집약적 생산구조를 가진 어업이 감당하지 못했기 때문이라고 할 수 있다. 당시 어가의 연평균소득[21]은 농가에 비해 11.7%, 도시근로자가구에 비해 19.7% 낮은 수준이었다.

2000년대 우리나라 어가구의 연평균소득은 도시근로자가구의 79%수준이며, 어가구의 53%는 어업활동을 통해 최저생계비조차 조달하지 못하고 있는 실정이다. 이 수치는 어가의 낮은 전업비율(32%)과 도시근로자소득에 미치지 못하는 어업소득으로 신규인력이 어업으로의 진입을 기피하여 어업종사자가 급속히 노령화되고 있는 현실을 고려해서 이해해야 한다. 참고로 2010년 우리나라 어가인구에서 60세 이상이 인구가 차지하는 비중은 42%로, 신규인력의 충원이 없다면 2020년에는 60세 이상의 인구가 차지하는 비중이 75%로 높아지게 된다.

어업을 통한 소득창출은 어업의 영세성과 같은 맥락으로 어업생산구조의 영세성문제도 해결되어야 한다. 이를 극복하기 위해서는 먼저 노동집약적 생산구

---

21) 수산통계연보에서 어가소득은 어업소득, 어업 외 소득, 이전소득과 비경상소득을 합한 것이다.

조와 경제성장에 따른 임금상승률을 따라가지 못하는 어업소득문제가 해결되어야 한다. 지금까지의 어업생산량 증산정책은 어업생산량과 상관없이 어가에 안정적인 소득을 보장할 수 있는 정책으로 전환되어야 한다. 어업의 영세성문제에 접근함에 있어서도 어업여건이 과거와 달라 어업에 대한 신규진입이 제한적인 가운데 어업종사자의 노령화가 급속히 진행되고 있음을 주지해야 한다.

어업은 포획·채취하거나 양식할 수산자원이 있다는 전제하에 이를 이용하는 어민이 있어야 성립되는 산업생산이며, 어구나 어선 및 어로기술 등은 산업생산성을 향상시키는 도구이다. 노동집약적 생산구조와 경제성장에 따른 임금상승률을 따라가지 못하는 어업소득문제를 해결하지 않고는 다시 말해 수산자원을 이용할 어업종사가가 확보되지 않으면 우리나라의 수산자원과 해양환경을 성공적으로 관리한다고 해도 지속가능한 수산업을 기대하기 어렵다.

어가인구의 노령화와 젊은 층의 신규진입 기피문제는 우리나라 1차산업 전반에 걸쳐 나타나는 현상으로 오래 전부터 논의되어 왔고, 여러 차례 관련 대책(예, 어민후계자 또는 후계 수산업경영인 육성 등)이 마련되었다. 하지만 아직까지도 뚜렷한 성과를 거두지 못하고 있는 것은 어업인과 수산업 종사자 경제활동의 목적이 소득창출이라는 점이 강조되지 않았기 때문이다. 제한적으로 이루어지는 어업으로의 신규진입과 가속화되는 노령화를 피할 수 없다면 어업활동에 대한 대가 즉 소득문제를 개선할 수 있는 생산구조를 바꾸는 것으로 문제해결에 접근해야 한다.

❹ **어업경영** 어업을 통한 소득창출은 어업경영의 문제로 먼저 생산단가 절감과 부가가치를 창출하기 위한 다각적인 방안이 검토되어야 한다. 일례로 좁은 국토면적을 최대한 이용하여 수산물 유통구조를 개선하여 유통비 절감이 수산물개방시대에 수산물 가격경쟁력으로 이어질 수 있도록 제도를 개선하는 방안을 검토할 수 있다.

어업경영의 생산 측면에서 어업분야로 유입되는 신규인력이 미진한 가운데 최근 가속화되고 있는 어업종사자의 노령화 추세를 고려하면 인건비·연료비(난방비)·사료비 등과 같은 생산원가를 절감할 수 있는 방안을 어업별 생산단계별로 검토할 필요가 있다. 여기에는 정부의 기초응용연구지원(예, 사료, 난방, 연료효율 향상, 양식어종의 육종연구, 양식어종 개발 등)으로 해결될 수 있는 부분도 있다. 또한 효율이 낮은 기존장비의 대체, 인건비 또는 생산비 절감효과를 기대할 수 있는 작업과정의 기계화·자동화하는 기술 또는 장비의 도입과 개발, 저비용고효율 양식기술시스템 개발 등이 고려될 수 있다.

어업경영과 관련하여 정부는 제도적[22]으로 협업(協業)적 수산업경영을 통하여 생산성을 높이고 수산물의 출하·유통·가공·수출 등을 공동으로 하는 영어조합법인을 설립할 수 있게 하였다. 영어조합법인은 어촌계와 지구별 수산업협동조합(수협)과 같이 일정한 지역 안에 거주하는 어업인의 공동이익과 어업생산성 향상을 위해 어업면허를 취득할 수 있다. 뿐만 아니라 영어조합법인, 어촌계 또는 지구별 수협은 어업인의 공동이익을 증진하기 위하여 어업에 지장이 없는 범위에서 그 면허 또는 허가받은 수역의 일정 구역을 체험학습이나 낚시 등 관광용 어장으로 운영할 수 있도록 하여 제도적 차원에서 어업의 수산물 생산기능 외에 수면의 다면적 가치를 어업경영에 이용할 수 있게 하였다. 주5일제근무의 정착으로 공간적 수면의 활용가치가 레저와 여가활동으로 다면화되고 있으므로 정부는 어촌관광 또는 이와 연계된 사업을 보다 적극적으로 추진할 필요가 있다.

❺ **부가가치 창출** 부가가치 창출에 있어 최근 감소하는 수산물자급률과 이에 반해 증가하는 수입수산물의 비중을 고려하여 수산물을 이용하는 가공업·제조업·외식업 및 수출업 등을 국가식품클러스터산업으로 육성할 필요가 있다. 이 부분은 이미 정책적 합의를 거쳐 시행단계에 들어갔다고 할 수 있으나 기 구축된 수산식품클러스터를 산업으로 활성화시키기 위해서는 수산물을 이용한 가공식품 및 기능성 식품개발, 수산물의 브랜드화, 외식업의 품격화 등과 같은 소프트웨어적인 지원과 보완이 강화되어야 한다.

❻ **친환경 친생태적 수산물** 지속가능한 수산업을 위해 어로어업의 경우에는

---

22) 농어업·농어촌 및 식품산업 기본법, 농어업경영체 육성 및 지원에 관한 법률

생태계 친화적인 방법으로 어획된 수산물에 대해 정부인증제도의 도입과 이에 대한 대국민 홍보를 고려할 수 있다. 양식어업으로 생산된 수산물에 대해서는 국제기준에 맞는 수산물안전성검사제도를 확립하여, 식품안전성을 강조해야 한다. 또한 어로어업과 양식어업에 상관없이 시중에 판매되는 수산물에 탄소발자국과 같은 친환경제도를 도입하는 것도 검토해볼 필요가 있다. 우리나라 수산물이 수입수산물에 비해 열세적 위치에 있는 것은 대부분 생산단가 기준의 가격경쟁력에서 기인하는 것으로, 이를 극복 위해서는 식품안전성과 탄소발자국과 같은 친환경 친생태적 개념을 수산물에 적용할 필요가 있다.

❼ 녹색어업기술 과거 어선세력 강화로 어업생산량을 증대하는 정부의 어업정책은 1990년대 들어 수산자원감소가 만성화되면서 증산정책의 한계에 부딪치기도 했지만 양식어업의 도약으로 어업생산량은 전체적으로 평균수준으로 유지할 수 있었기 때문에 생산 측면에서는 성공적이었다. 이 같은 성공은 노동, 자본(어선세력 강화), 기술이라는 생산요소를 단계적으로 적기에 투입함으로써 가능할 수 있었다.

우리나라는 현재 기술투입단계에 진입해 있고, 지금까지의 기술투입은 단위노력당 어획량 증가와 양식대상어종의 확대 및 생산성 향상을 위한 양식기술개발에 중점을 두었다면 이제부터는 노동집약적 생산구조의 개선과 경제성장에 따른 임금상승률 수준에 부합하는 어업인의 소득향상을 위한 기술투자가 이루어져야 한다. 여기에는 어업으로의 신규진입이 극히 제한적인 가운데 어업종사자의 노령화가 급속히 진행되고 있는 현실도 고려되어야 한다.

한편 중장기적으로 저탄소 녹색어업기술 시대를 대비해야 한다. 작업의 기계화 또는 자동화 및 저비용고효율 어업기술개발을 포괄적 개념의 녹색어업기술로 확대하면 어업기술특허와 국내 연구진이 개발한 어구 및 장비의 수출까지를 염두에 두고 친환경저탄소 어선, 어구, 각종 어업장비, 양식시스템기술 등과 같은 개발사업을 정책적으로 추진하는 것도 검토해 봄직하다. 수산업을 수산물을 직접적으로 이용하는 2차 · 3차산업 영역에서 어업생산기술산업까지로 확대하자는 것이다.

❽ 어업의 민주화 1953년 수산업법이 제정될 때부터 법제도의 목적을 수산업의 발전과 어업의 민주화라고 명시하였다. '어업의 민주화'라는 말은 제2차 세계대전에서 패망하고 미국의 위임통치를 받던 일본이 민주화정책을 추진하는 과정에 제정된 현행 일본 어업법의 영향으로 보인다. 하지만 이 보다는 식민지시대 때 한반도에 거주하던 일본인에 대한 조선총독부의 일방적인 어업특혜와 소수(일본인)에 의해 어업이 독점되던 것에 대한 반국민적 정서를 반영한 것이라 볼 수 있다. 당시 농지개혁에서 농지는 농업인과 농업법인만이 소유하게 하는 경자유전(耕者有田)의 원칙이 적용되었다. 이와 같은 맥락에서 어장을 어민에게 돌려준다는 취지로 제정 수산업법은 일인일건주의(一人一件主義)원칙을 채택하여 특정 주체가 어업면허나 허가를 독점하는 것을 금지하기도 하였다. 이 조항은 1975년 삭제되었다.

우리나라 어업제도는 어업을 하고자 하는 어민에게 기회를 고르게 주는 것에 치중하고 있다. 또한 현행 수산업에서 면허의 결격사유에는 어장 면적을 포함하고 있으며, 기업과 그 계열기업의 어업면허를 제한하고 있다. 어민에게 어업기회를 주기위한 이 배려 조항은 그 동안 여러 차례 개정을 통해 많이 완화되어왔다. 하지만 지속가능한 수산업의 측면에서 만성적인 어업의 영세성과 어업종사자의 급속한 노령화문제를 고려할 때 이런 규제가 그대로 유지되어야 하는지에 대해 장기적 관점에서 검토할 필요가 있다. 이와 함께 수산업법에 명시되어 있는 '어업의 민주화'에 대한 법적 정의와 사회적 합의를 이끌어낼 필요가 있다.

지속가능한 수산업을 정책적으로 함축해보면 수산자원과 해양환경의 관리와 어업을 통한 건전한 소득창출과 안전한 수산물의 생산구조를 확립하는 것이라 할 수 있다. 우리나라 국토면적과 인구규모를 고려할 때 우리나라가 수산물 생산 또는 수출로 세계수산시장을 제패하는 것은 현실적으로 어려워 보인다. 하지만 우리나라는 단백질 소비에서 수산물이 육류보다 비교우위에 있다. 일인당 수산물소비량은 세계평균보다 3배가량 높아 공급이 수요를 따라가지 못하고 있어 최근 연간어업생산량보다 많은 수산물이 수입되고 있다.

이웃하는 일본은 세계 1위의 수산물 수입국이자 최대 수산물 소비국이다.

13억 인구의 중국 일인당수산물소비량은 국민소득이 5천 만 달러 수준으로 향상됨에 따라 수산물 소비가 급증하고 있으며, 이 같은 증가세는 지속될 것으로 보인다. 더욱이 지금까지 세계 각국의 사례로 볼 때 국민소득 1만 달러시대로의 진입은 식생활문화의 변화를 수반한다.

우리 국민의 높은 수산물 선호도로 구축되어 있는 내수시장의 규모와 주변국의 수산물 소비동향과 전망을 고려할 때 우리나라가 수산물을 지속적으로 생산할 수만 있다면 수산물 수출전망은 희망적이다. 다시 말해 우리나라 어업이 제2의 도약기를 맞을 여건이 갖추어졌다는 것이다. 하지만 우리나라 어업생산구조와 어업기술력을 지속가능한 어업생산체제로 전환하지 않으면 우리나라 어업의 재도약은 장밋빛 전망으로 끝날 수도 있다.

우리나라는 1961년 경제협력개발기구(OCED)가 출범한 이래 원조수혜국에서 원조공여국으로 지위가 바뀐 첫 번째 사례로 과거 우리의 경험을 어업을 통해 경제발전을 이루고자하는 개발도상국의 성장모델로 개발하여, 어업분야 공적개발원조사업을 수행하는데 적극 활용할 필요가 있다. 어업 분야 공적개발원조사업은 과거 어업이 국가경제발전의 초석을 마련하는데 성장동력으로 기여한 것과 같이 우리나라의 국격을 높이는데 기여하게 될 것이다.